AF293995

Wolfgang Bobeth (Hrsg.),
W. Berger, H. Faulstich, P. Fischer, A. Heger,
H.-J. Jacobasch, A. Mally und I. Mikut

Textile Faserstoffe

Beschaffenheit und Eigenschaften

Mit 201 Abbildungen und 120 Tabellen

Springer-Verlag
Berlin Heidelberg New York
London Paris Tokyo
Hong Kong Barcelona Budapest

Professor Dr.-Ing. Wolfgang Bobeth
Institut für Technologie der Fasern (vorm.)
Hohe Straße 6
8010 Dresden

Die Autoren dieses Buches waren an der Abfassung der einzelnen Kapitel wie folgt beteiligt:
Prof. Dr. rer. nat. habil. Werner Berger – Kap. 2 und 12; Prof. Dr.-Ing. habil. Wolfgang Bobeth – Kap. 1, 3 bis 7, 9, 10; Dr.-Ing. Heidemarie Faulstich – Kap. 5; Dr. rer. nat. Peter Fischer – Kap. 2 und 12; Prof. Dr. sc. techn. Adolf Heger – Kap. 8; Prof. Dr. sc. nat. Hans-Jörg Jacobasch – Kap. 4; Dr.-Ing. Annerose Mally – Kap. 2, 5 bis 9, 12; Doz. Dr.-Ing. habil. Ingeborg Mikut – Kap. 11.

Additional material to this book can be downloaded from http://extras.springer.com

ISBN 978-3-642-77656-4   ISBN 978-3-642-77655-7 (e-Book)
DOI 10.1007/978-3-642-77655-7

Die Deutsche Bibliothek – CIP-Einheitsaufnahme

Textile Faserstoffe: Beschaffenheit und Eigenschaften ; mit
120 Tabellen / Wolfgang Bobeth (Hrsg.). Bearb. von W. Berger
... – Berlin ; Heidelberg ; New York ; London ; Paris ; Tokyo ;
Hong Kong ; Barcelona ; Budapest : Springer, 1993
   ISBN-13:978-3-642-77656-4 (Berlin ...)
NE: Bobeth, Wolfgang [Hrsg.]; Berger, Werner [Bearb.]

Einbandentwurf: Erich Kirchner, Heidelberg; Innengestaltung und Herstellung: Hans Schönefeldt, Berlin;

53/3020-5 4 3 2 1 0 – Gedruckt auf säurefreiem Papier

Autorenverzeichnis

Prof. Dr. rer. nat. habil. WERNER BERGER,
Technische Universität Dresden, Sektion Chemie,
Wissenschaftsbereich Hochpolymere und Textilchemie,
Mommsenstr. 13, O-8027 Dresden

Prof. Dr.-Ing. habil. WOLFGANG BOBETH,
Jägerstr. 15, O-8060 Dresden

Dr.-Ing. HEIDEMARIE FAULSTICH,
Technische Universität Dresden, Sektion Verarbeitungs- und Verfahrenstechnik,
Wissenschaftsbereich Textil- und Bekleidungstechnik, Mommsenstr. 13,
O-8027 Dresden

Dr. rer. nat. PETER FISCHER,
Technische Universität Dresden, Sektion Chemie,
Wissenschaftsbereich Hochpolymere und Textilchemie,
Mommsenstr. 13, O-8027 Dresden

Prof. Dr. sc. techn. ADOLF HEGER,
Zamenhofstr. 9, O-8045 Dresden

Prof. Dr. sc. nat. HANS-JÖRG JACOBASCH,
Institut für Polymerforschung Dresden e.V., Hohe Str. 6, O-8010 Dresden

Dr. Ing. ANNEROSE MALLY,
Institut für Polymerforschung Dresden e.V., Hohe Str. 6, O-8010 Dresden

Doz. Dr. sc. techn. INGEBORG MIKUT,
Technische Universität Dresden, Sektion Verarbeitungs- und Verfahrenstechnik,
Wissenschaftsbereich Textil- und Bekleidungstechnik, Mommsenstr. 13,
O-8027 Dresden

Vorwort

Dieses als Kompendium charakterisierte Buch vermittelt Grundwissen über die äußere Beschaffenheit sowie die Eigenschaften textiler Faserstoffe. Es ist in erster Linie für ingenieurmäßig tätige Technologen gedacht, die mit der Herstellung, Verarbeitung oder dem Einsatz textiler Faserstoffe maßgebend verbunden sind. Für sie ist es unumgänglich, sich ausreichend mit der chemisch-strukturellen Beschaffenheit, den zahlreichen Eigenschaften sowie den Struktur-Eigenschafts-Beziehungen der Fasern zu befassen, denn solide Kenntnisse über elementare Zusammenhänge sind Voraussetzung für eigenständiges und schöpferisches Denken sowie kritisches Entscheiden. Sie sollen den Fachmann auch befähigen, sachkundig zu beurteilen, in welchen Fällen z. B. rechnergestütztes Arbeiten zum Auffinden korrelativer Zusammenhänge zwischen verschiedenen Eigenschaften sinnvoll ist und eine Entscheidungsfindung unterstützen kann.

Die hier interessierenden Eigenschaften der gebräuchlichen textilen Faserstoffe werden möglichst vergleichend betrachtet, was mit zahlreichen Tabellen und Diagrammen verbunden ist und diesem Buch z. T. den Charakter eines Nachschlagewerkes gibt. Mitunter sind Anwendungsbeispiele aus Forschung und industrieller Praxis zum besseren Verständnis bzw. zur Nutzanwendung eingeflochten. Umfangreiche Literaturhinweise zeigen außerdem Möglichkeiten zu weiterführenden Studien auf. Dabei wurde auch ältere Literatur herangezogen, die sich durch bemerkenswerte Systematik und Anschaulichkeit auszeichnet und oft zu Unrecht vergessen wird.

Der in diesem Buch zusammengetragene Stoff basiert einerseits auf Vorlesungen für Technologen an der Technischen Universität Dresden (Prof. Berger, Prof. Bobeth, Dr. Faulstich, Dr. Mally, Doz. Mikut), andererseits auf Forschungsarbeiten im Institut für Technologie der Fasern – seit 1984 Institut für Technologie der Polymere, seit 1992 Institut für Polymerforschung Dresden e.V. – (Prof. Bobeth, Prof. Heger, Prof. Jacobasch, Dr. Mally) und berücksichtigt einschlägige Literatur bis 1991.

Das Manuskript wurde im Frühjahr 1990 vertragsgerecht einem DDR-Verlag übergeben. Dieser sah sich nach der Vereinigung Deutschlands aus finanziellen Gründen nicht mehr in der Lage, seinen Verpflichtungen nachzukommen und reichte im Februar 1991 das Manuskript zurück. Dankenswerterweise war der Springer-Verlag Heidelberg bereit, die Drucklegung zu übernehmen. Allerdings machte es die neue gesamtdeutsche Situation erforderlich, das Manuskript hinsichtlich der terminologischen Gegebenheiten, Normen und der neueren Fachliteratur zu überarbeiten. Hier sei lediglich auf die Schutzrechtsprozesse um den Fabrikatnamen „Gütermanns Nähseide" vor und nach dem Krieg vor den höchsten Gerichten in Leipzig bzw. Karlsruhe hingewiesen. Danach durften in der Bundesrepublik Deutschland bei Chemiefasern Wortverbindungen mit Seide (Begriff ist geschützt für Naturseide), wie Chemie-, Viskose-, *Perlon*-Seide nicht benutzt werden, was zu den Ersatzlösungen Endlosgarn bzw. Filamentgarn führte. Der Oberbegriff Faserstoffe durfte zudem durch Faser ersetzt werden, die endlich (Spinnfaser) oder endlos (Filament) ist. In der ehemaligen DDR wurden diese Ersatzlösungen nicht eingeführt.

Für die Anregung, dieses Buch herauszugeben, bin ich besonders meinem Kollegen Prof. Dr.-Ing. habil. Peter Offermann dankbar und hoffe, daß es ihm in absehbarer Zeit möglich sein wird, im Sinne einer Fortsetzung zu diesem Buch die Grundlagen textiler Verarbeitungsmethoden sowie die Eigenschaften der erhaltenen Halb- und Fertigfabrikate zu veröffentlichen. Vielseitige Unterstützung erhielt ich als Emeritus im Institut für Technologie der Polymere (vormals zur Akademie der Wissenschaften der DDR gehörig) durch anregende Diskussion, Literaturbereitstellung, Schreib-, Zeichnungs- und Vervielfältigungsarbeiten. Für diese stets problemlose Förderung meiner Arbeit möchte ich den betreffenden Mitarbeitern meinen Dank aussprechen.

Mein besonderer Dank für nützliche gutachterliche Tätigkeit gilt Herrn Prof. Dr. rer. nat. habil. H.-J. Flath und Herrn Prof. Dr.-Ing. habil. P. Offermann. Gleichermaßen danke ich Frau Dr.-Ing. Mally für ihren unermüdlichen Einsatz bei der erforderlichen Manuskriptaktualisierung.

Ganz besonders danke ich Herrn Prof. Dr.-Ing. Dr. h. c. mult. H. Zahn, der es ermöglichte, das Manuskript im Zusammenhang mit dessen Aktualisierung vor der Drucklegung gutachterlich durchzusehen und wertvolle Anregungen und Hinweise gab.

Dresden, im November 1992   Wolfgang Bobeth

Inhaltsverzeichnis

1 Einleitung

Die beeindruckende Entwicklung der Textilindustrie in diesem Jahrhundert ist den großen, kaum für möglich gehaltenen Fortschritten der Naturwissenschaften sowie der Technikwissenschaften zu verdanken. Ständig waren Experten bestrebt, die neuesten Erkenntnisse und Entwicklungen zum Nutzen dieses Industriezweiges und der Verbraucher neuer Produkte anzuwenden, wobei immer mehr Wissensgebiete und Ressourcen einbezogen wurden. Daß bei dieser rasanten Entwicklung allerdings auch Gefahren für Mensch und Umwelt entstanden, ist erst in neuerer Zeit hinreichend erkannt worden – ebenfalls wieder durch neue Erkenntnisse der Naturwissenschaften sowie der Medizin. Es sei hier nur hingewiesen auf Asbestprobleme, Formaldehydreste bei Knitterarmausrüstungen, Chlorbleichrückstände, Waschmittelreste, Tetrachlorkohlenstoff und Fluorchlorkohlenwasserstoffe bei chemischer Reinigung bzw. Veredlung, einige allergieauslösende Farbstoffe und Begleitsubstanzen. Die Umweltministerien vieler Industrieländer sind heute darum bemüht, auf gesetzlichem Wege regulierend einzugreifen, was auch die Auswirkungen der Fabrikation auf Abwässer und Abluft betrifft. In diesem Zusammenhang ist zu beachten, daß Textilien oft aus solchen Ländern importiert werden, die Umweltgesetzen weniger oder gar nicht unterliegen und dadurch wirtschaftliche Vorteile haben.

Die zahlreichen heute zur Verfügung stehenden und hier interessierenden *Arten textiler Faserstoffe* sind in Abb. 1.1 (s. hinterer Vorsatz) auf der Basis ihrer Herkunft unterteilt. Dieser Übersicht sind die Substanzen der Naturfasern zu entnehmen, die pflanzlicher, tierischer oder anorganischer Herkunft sein können. Wesentlich vielgestaltiger sind die Chemiefasern, die erstens aus natürlichen Polymeren pflanzlichen, tierischen oder anorganischen Ursprungs, zweitens aus synthetischen Polymeren organischen oder anorganischen Ursprungs oder drittens aus Nichtpolymeren anorganischen Ursprungs bestehen und hinsichtlich Struktur, Chemismus und Herstellungsverfahren stark variieren. Die angeführten Markennamen beschränken sich auf wenige, meist weltbekannte Beispiele.

Naturfasern sind vorwiegend längenbegrenzt. Lediglich die Kokonfasern seidenspinnender Insekten, z. B. bombyx mori, weisen ungewöhnlich große Längen auf, so daß diese nach DIN 60001, Teil 2, als endlose Fasern gekennzeichnet werden. Die gleiche Norm bezeichnet alle endlichen Fasern als Spinnfasern, auch wenn sie nicht versponnen werden, sondern zur Herstellung von Vliesstoffen, Filzen, Watten u. a. Verwendung finden. Ferner sind folgende

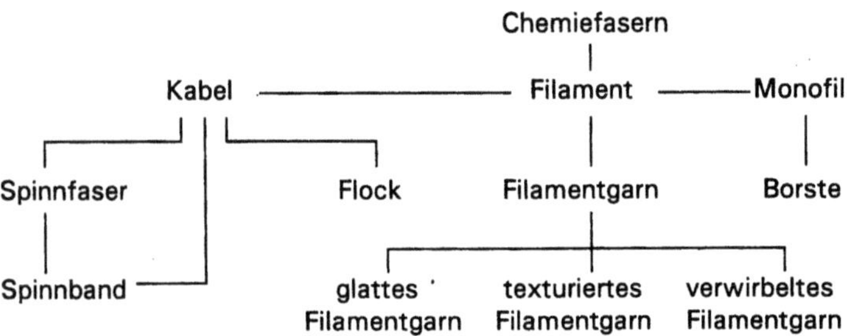

Abb. 1.2. Benennungen für Herstellungsformen von Chemiefasern (nach DIN 60001, Teil 2)

Tabelle 1.1. Pro-Kopf-Verbrauch (kg/Kopf) von textilen Faserstoffen 1986/1987 in ausgewählten Ländern [1]

| Land | Jahr | Chemiefasern | | Wolle | Baum-wolle | Leinen | Insgesamt |
		cellulo-sische	synthe-tische				
Welt	1986	0,6	2,6	0,4	3,5	0,2	7,3
Bundesrepublik Deutschland	1987	2,1	7,6	2,1	9,6	0,1	21,5
Frankreich	1987	1,4	6,0	1,2	6,5	0,1	15,2
Großbritannien	1987	1,3	9,5	1,7	6,3	0,1	19,0
Österreich	1987	2,7	6,8	2,1	8,2	0,8	20,5
Schweiz	1987	1,7	8,3	2,6	10,3	0,2	23,1
UdSSR	1987	2,1	3,6	1,6	7,4	1,2	15,8
USA	1987	1,3	14,2	0,7	10,4	0,5	27,1
Japan	1987	1,5	7,6	1,7	9,3	0,1	20,3
China	1986	0,2	1,4	0,2	3,5	0,2	5,4
Indien	1986	0,2	0,3	0,0	1,8	0,0	2,4
Pakistan	1986	0,2	0,3	0,1	1,3	0,0	1,8
Saudi Arabien	1986	2,2	14,0	1,5	5,9	0,4	23,9
Ägypten	1986	0,4	1,2	0,1	4,4	0,2	6,2
Kenia	1986	0,1	0,6	0,1	0,5	–	1,3
Tansania	1986	0,1	0,2	0,0	0,6	–	0,8
Australien	1987	1,1	10,3	2,2	8,0	0,1	21,7

Fachausdrücke genormt: Linters (nicht verspinnbare Kurzfasern des Baumwollsamens), Kämmlinge (fallen beim Kämmprozeß an), Schappe (bei Haspelseidenherstellung anfallende längenbegrenzte Fasern), Bourette (beim Schappespinnprozeß anfallende Abfallfasern), Werg (bei der Aufbereitung von Bast- und Hartfasern in Form von Wirrfasern anfallender Abfall), Flockenbast (mechanisch und/oder chemisch aufgeteilte Bastfasern, deren Längen denen der Baumwolle nahe kommen – „Kotonisierung").

Tabelle 1.2. Entwicklungstrend des Weltaufkommens wichtiger Fasergruppen seit 1970 (in Anlehnung an [1–3])

Faser	Entwicklungstrend des Faseraufkommens (kt) während der letzten 20 Jahre		
Naturfasern		→ etwa	22 000
Baumwolle, entkörnt	11 000 →		18 500
Flachs	600 —		900
Hanf	150 —		250
Jute	300 —		600
Sisal	400 —		500
Wolle, gewaschen	1 600 →		2 000
Seide	40 →		70
Chemiefasern		→ etwa	18 860
Cellulosefasern	3 400 ←		3 200
Synthesefasern	4 900 →		15 660
PES	1 600 →		8 445
PA	1 900 →		3 750
PAN	1 000 →	2 600 ←	2 250
Anorganische Fasern			
Glasfasern	700 →		2 000

→ steigend
← sinkend
— schwankend

Für *Chemiefasern* enthält DIN 60001, Teil 2, zahlreiche Begriffe, die sich auf die möglichen Herstellungsformen beziehen (Abb. 1.2). Unter Filament (auch als Kapillare bzw. Elementarfaden bezeichnet) wird eine Faser praktisch endloser Länge verstanden. Ist deren Durchmesser $>0,1$ mm, spricht man von einem Monofil (Draht). Ein Kabel besteht aus einer Vielzahl von Filamenten ohne oder mit nur geringfügiger Drehung, ein Filamentgarn (vormals auch als Chemieseide bezeichnet; Glasseide ist noch in Anwendung) besteht aus einem bzw. mehreren Filamenten mit oder ohne Drehung. Fasern endlicher Längen werden wie bei den Naturfasern als Spinnfasern bezeichnet. Ein Spinnband entsteht aus einem Kabel durch Schneiden der Filamente unter Beibehaltung der Parallellage der entstandenen Spinnfasern. Flock sind meist kürzere Fasern zur Beflockung von Flächengebilden. Monofile endlicher Länge sind Borsten. Weitere Angaben zur Fasergeometrie sind Kap. 3 zu entnehmen.

Textile Faserstoffe stellen wirtschaftspolitisch eine bedeutsame *Rohstoffressource* dar, die den Bedarf der wachsenden Weltbevölkerung an Textilien (1950: 2,5 Mrd., 2000: etwa 5,6 Mrd. Menschen) decken soll. Der gegenwärtige *Pro-Kopf-Verbrauch* an Fasern ist in Tabelle 1.1 für ausgewählte Länder mit unterschiedlichem Lebensstandard wiedergegeben. Daraus geht hervor, daß die quantitative Entwicklung der Textilfasern im Vergleich zur Entwicklung der Weltbevölkerung überproportional sein muß. Der gegenwärtige Stand der Weltproduktion wichtiger Fasergruppen ist Tabelle 1.2 zu entnehmen. Dieser bis 1970 zurückreichende Überblick läßt überwiegend Produktionssteigerun-

Tabelle 1.3. Chemiefaserverbrauch 1987–1989 für die wichtigsten Einsatzgebiete in der Bundesrepublik Deutschland [2]

Einsatzgebiet	Chemiefaserverbrauch					
	1987		1988		1989	
	t	%	t	%	t	%
Bekleidung	188 100	33	187 240	31	195 920	31
Heimtextilien	216 600	38	217 440	36	227 520	36
Technische Textilien	165 300	29	199 320	33	208 560	33
Insgesamt	570 000	100	604 000	100	632 000	100

gen erkennen – bei den Naturfasern allerdings weniger ausgeprägt als bei den Chemiefasern. Konstante Situationen bzw. leicht rückgängige Tendenzen in der Mengenentwicklung sind bei den Stengel- und Blattfasern und den Chemiefasern aus Cellulose sowie – wohl nur vorübergehend – aus Polyacrylnitril zu verzeichnen. Die Weltproduktion der Naturfasern ist noch immer etwas größer als die der Chemiefasern. In wenigen Jahren wird aber der Verbrauch an Chemiefasern trotz einer zunehmenden Aversion gegenüber deren Einsatz im Bekleidungssektor mengenmäßig etwa dem Naturfaserverbrauch entsprechen, weil die Steigerungsraten bei der Gewinnung von Baumwolle und Wolle relativ gering sein werden und sich ein beträchtlicher Faserbedarfsanstieg bei den Heimtextilien und vor allem bei den technischen Textilien abzeichnet (Tabelle 1.3).

Wie sich an Hand statistischer Veröffentlichungen [4] der letzten Jahre in Deutschland Eigenproduktion und Importe wichtiger Fasern darstellt, ist Tabelle 1.4 zu entnehmen, worin West- und Ostdeutschland einander gegenüber gestellt sind. Im Falle Ostdeutschlands (ehemalige DDR) wurden relativ große Mengen an cellulosischen Chemiefasern (insbesondere Viskosefasern) erzeugt, was auf der ungleichen Verteilung der Viskosefaserbetriebe nach der Teilung von 1945 beruhte. Bei Wolle wurde in Ostdeutschland 1988 eine Eigenproduktion von 8000 t erbracht, wodurch die Importquote auf 12 000 t gesenkt werden konnte. Andererseits mußte Ostdeutschland größere Mengen Asbest (50 000 – 60 000 t/a) aus der ehemaligen UdSSR importieren, womit diese die DDR-Mitwirkung an Asbestgrubenerschließungen bezahlte. Alttextilien wurden durch das in Ostdeutschland bestehende Sero-System über viele Jahre relativ gut erfaßt. Welche Mengen der in der Bundesrepublik Deutschland erzeugten bzw. importierten Fasern hier unmittelbar zur Verwendung kamen und welche Mengen wieder exportiert wurden, läßt sich in etwa Tabelle 1.5 entnehmen [4]. Die Entwicklung der relativen Preise beim Import wichtiger Faserarten seit 1985 (= 100%) zeigt Tabelle 1.6 [1]. Die größten Preisschwankungen zwischen 1985 und 1989 treten bei Wolle mit über 50% auf, die geringsten mit 12% bei cellulosischen Chemiespinnfasern.

Die Marktwirtschaft zwingt, die zur Verfügung stehenden Fasern optimal einzusetzen, zumal der größte Kostenfaktor textiler Endprodukte auf die ver-

Tabelle 1.4. Eigenproduktion bzw. Import wichtiger Textilfasern in West- und Ostdeutschland [4]

Fasern		Mengen kt		
		1987	1988	1989
Baumwolle, entkörnt	W	401	305	377
	O	116	122	137
Stengel-/Blatt-Fasern	W	23	26	30
	O	1	2	
Schurwolle, gewaschen	W	115	110	110
	O	19	20	
Cellulosische Chemiefasern	W	162	171	179
	O	145	142	
Synthetische Chemiefasern	W	821	826	837
	O	161	178	192
Alttextilien, erfaßt	W	152	156	153
	O	100	96	

W Westdeutschland (damalige BRD)
O Ostdeutschland   (ehemalige DDR)

wendeten Fasern entfällt. Dabei kommt es auf die jeweils erforderlichen Fasereigenschaften und deren Zusammenwirken im Endprodukt an. Ausgehend von den Gebrauchsanforderungen an das Fertigprodukt ist eine Wichtung der einzelnen Eigenschaften zweckdienlich. Solche Eigenschaftsprofile veranschaulichen, ob die jeweilige Eigenschaft für den vorgesehenen Einsatz unumgänglich – sehr wichtig – wichtig – weniger wichtig – unwichtig – nicht gefordert ist. Derartige Einschätzungen sind um so verläßlicher, je mehr Kenntnisse über die Eigenschaften unverarbeiteter und verarbeiteter Fasern im Zusammenhang mit speziellen physikalischen oder chemischen Beanspruchungen vorliegen. Damit verknüpft ist die Frage nach dem *„Gebrauchswert"* einer Ware, der bei globalen Vergleichen, Vorgaben bzw. Zielstellungen für Forschung und Entwicklung, Gebrauchswert-Kosten-Analysen bzw. Ermittlung von Preis-Leistungs-Verhältnissen usw. möglichst praxisnah zu quantifizieren ist. Allerdings ist eine solche „Gebrauchswert-Zahl" [5, 6] physikalisch nicht definiert, da sie verschiedene subjektive und objektive Aussagen zusammenfaßt.

Interessant im Zusammenhang mit dem Fasereinsatz sind auch vergleichende Betrachtungen über den *Erdöl-* bzw. *Energieaufwand* bei der Gewinnung bzw. Herstellung textiler Faserstoffe (Tabelle 1.7). Diesbezügliche Zahlenangaben in der Fachliteratur [7–11] sind z. T. recht unterschiedlich, da der Erdölverbrauch offensichtlich unterschiedlich erfaßt wurde (z. B. mit oder ohne Transportleistungen). Der massebezogene Erdöl- bzw. Energieaufwand für die Herstellung von Viskose- und Polypropylenfasern ist relativ niedrig. Etwas größer ist dieser Aufwand bei der Polyester- und Polyacrylfaserproduk-

Tabelle 1.5. Textile Rohstoffsituation (Import, Export und Eigenproduktion) in der Bundesrepublik Deutschland (nach [4])

Textile Rohstoffe	1987		1988		1989	
	Import kt	Export kt	Import kt	Export kt	Import kt	Export kt
Baumwolle, roh und bearbeitet, Reißbaumwolle, Abfälle	401,2	72,8	304,9	64,9	377,1	77,7
Bastfasern und sonstige pflanzliche Spinnmaterialien	23,3	1,4	25,6	2,4	29,8	3,3
Abfälle von Gespinstwaren, Lumpen	33,9	160,6	31,5	179,4	28,4	190,8
Rohseide und Seidengespinste	0,5	0,2	0,5	0,1	1,7	1,2
Abfallseide und Seidengehäuse	0,9	0,6	1,1	0,6	1,1	0,5
Wolle und andere Tierhaare, roh und bearbeitet, Reißwolle	115,4	34,5	110,4	37,4	109,7	33,2
Chemiefasern und Abfälle von Chemiefasern	207,1	447,7	220,6	458,0	236,9	455,6
	Eigenproduktion kt					
Cellulosische Chemiefasern	162		171		179	
Synthetische Chemiefasern	821		826		837	
davon Filamentgarn	372		395		401	
Summe aller Chemiefasern	983		997		1016	

Tabelle 1.6. Preisindexschwankungen 1985–1989 für ausgesuchte Fasergruppen [1]

| Jahr | Index der ausländischen textilen Rohstoffpreise (Einfuhrpreise) | | | | | Index der Erzeugerpreise, Inlandabsatz |
| | Importierte Textilrohstoffe insgesamt | Baumwolle | Wolle | Chemiefasern | | Chemiefasern |
				Cellulosische Spinnfasern	Synthetische Spinnfasern	
1985	100,0	100,0	100,0	100,0	100,0	100,0
1986	75,7	64,2	72,1	100,1	92,2	101,0
1987	76,5	67,2	81,7	90,3	84,4	94,5
1988	83,3	62,3	122,4	92,4	83,8	93,6
1989	90,3	79,3	115,5	102,3	90,1	96,6

Tabelle 1.7. Erdöl- bzw. Energieaufwand bei der Herstellung bzw. Gewinnung von Fasern [7–11]

| Faser | Erdöläquivalent t Erdöl je t Faser | | | Energieaufwand GJ je t Faser [10], [11] |
	[7]	[8]	[9]	
Viskose	1,69	2,7	2,4	114
Polyacryl	3,75	(6,9)	4,2	155
Polyamid		5,5	5,5	177 (PA 6)
Polyester	3,75	3,9	2,7	124
Baumwolle			0,7 [a]	
Wolle			0,9 [a]	
Glasfaser				22
zum Vergleich:				
Aluminium				330

[a] geschätzt

tion, bei der Polyamidfaserherstellung treten die größten Aufwandswerte auf. Bei der Herstellung von Glasseiden werden die Aufwandswerte der synthetischen Chemiefasern beträchtlich unterschritten. Die für Baumwolle und Wolle angegebenen Schätzwerte für den Erdölverbrauch dürften Gewinnung, Aufbereitung und Transport betreffen.

Zur Abrundung der einleitenden Anmerkungen sei noch darauf hingewiesen, daß die enorme Entwicklung von Chemiefaser- und Textilindustrie die *Kosten eines Arbeitsplatzes* beträchtlich ansteigen ließ, was sich jedoch durch Produktivitätssteigerung und Arbeitskräfteeinsparung auszahlt. 1978 betrugen in der Textilindustrie der Bundesrepublik Deutschland die Kosten eines Arbeitsplatzes etwa 250 000 DM und übertrafen damit die Arbeitsplatzkosten in der Elektrotechnik, im Maschinenbau, in der Glasindustrie und in der Kunststoffe verarbeitenden Industrie um das 1,5- bis 2fache; lediglich in der Zellstoff- und Papierindustrie lagen die Arbeitsplatzkosten um das 1,5- bis

2,5fache über der Textilindustrie [12]. Einen gewissen Eindruck von der in diesem Jahrhundert erzielten *Produktivitätssteigerung* vermittelt das folgende Beispiel aus der Spinnerei: um 1900 benötigte man zur Herstellung von 1 kg Garn 50 min, 1988 dagegen nur 2–3 min. Ähnliche Steigerungsraten wurden bei der Gewebeherstellung erreicht [13], während sie bei der Maschen- und Vliesstofftechnik z. T. noch größer sind. Auch die Chemiefaserindustrie kann auf eine Vervielfachung ihrer Produktivität verweisen.

Literatur

1. Gesamttextil (Hrsg) Jahrbuch der Textilindustrie (1990) Textil-Service- und Verlags-GmbH, Frankfurt/M.
2. Die Chemiefaser-Industrie in der Bundesrepublik Deutschland 1987, 1988, 1989, Informationsmaterialien der Industrievereinigung Chemiefaser e. V., Frankfurt/M.
3. – (1991) Chemiefaser-Weltproduktion 1990, Chemiefasern-Text.-Ind. 41/93:169
4. – (1990) Statistisches Jahrbuch 1990 für die Bundesrepublik Deutschland, Metzler-Poeschel, Stuttgart
5. Bobeth W, Mally A (1978) Probleme des Gebrauchsverhaltens von Textilien im Zusammenhang mit der Faserstoffsubstitution, Formeln, Faserstoffe, Fertigware 4:1–12
6. Bobeth W (1980) Zur Quantifizierung des Gebrauchswertes, dargestellt am Beispiel textiler Werkstoffe, Sitzungsberichte der AdW der DDR, 1N, Akademie-Verlag, Berlin
7. Kogler F (1980) Kostentrends bei Viskosefasern, Chemiefasern-Text.-Ind. 30/82:695–696
8. Jambrich M (1981) Fortschritte in der Produktion von Polypropylenfaserstoffen. III. Chemiefasersymposium Kalinin
9. – (1988) Energieaufwand in der Faserstoffherstellung, Textiles 17:2
10. Steemann JWM, v. Cooten P, Jacobs H (1981) Energiekosten und Chemiefaserproduktion, Chemiefasern-Text.-Ind. 31/83:912–916
11. Heinrich KF (1988) Naturkautschuk im Jahre 2000, Kautschuk Gummi 41:233–235
12. Scherzberg H (1980) Die Produktion von Textilien und Bekleidung in den 90er Jahren, Melliand Textilber. 61:897–900
13. Hartmann U (1988) Textilien im Jahre 2000, Text. Asia 154–159

2 Struktur der textilen Faserstoffe

2.1 Einführung

Die Beschaffenheit und Eigenschaften der Fasern resultieren aus der jeweiligen chemischen Zusammensetzung und dem Entstehungsprozeß, dem sich gewollte oder ungewollte Modifizierungen, aber auch gezielte Veredlungsbehandlungen unmittelbar oder später anschließen.

Die Ausgangsstoffe für die Fasern sind hauptsächlich natürliche oder synthetische organische Polymere; aber auch anorganische Substanzen, wie z. B. Glas, Schlacke, Gestein, Keramik, Metall, werden eingesetzt.

Natürliche organische Polymere (Biopolymere) umfassen nach ihren Grundbausteinen
- Polyisoprene (z. B. Naturkautschuk),
- Polysaccharide (Cellulose, z. B. Baumwolle),
- Polypeptide bzw. Proteine (Eiweiße, z. B. Keratin der Wolle, Fibroin der Seide),
- Polynukleotide (z. B. Desoxyribonukleinsäure – DNS – mit genetischem Code).

Die *Naturfasern*, z. B. Baumwolle oder Wolle, bestehen aus Polymeren, welche auf natürlichem Wege entstanden sind; sie können als durch die Natur dem Menschen „vorsynthetisierte" Modellfasern angesehen werden. Deren Untersuchung erschließt wertvolle Erkenntnisse über den Zusammenhang von Struktur, Eigenschaften und Verarbeitbarkeit der Fasern. Sie werden in der Natur durch von Biokatalysatoren (Enzyme) strukturabhängig gesteuerte Aufbauprozesse gebildet. Besonders hervorzuheben ist die exakte Reproduzierbarkeit von Sequenzen (Reihenfolge unterschiedlicher Grundbausteine) z. B. in den Proteinen und Polynukleotiden, die Grundlage der Vererbung sind, und im Laufe zahlloser aufeinanderfolgender Generationen immer wieder mit genau der gleichen Konstitution und Konfiguration aufgebaut werden. Der Mensch hat allerdings begonnen, in den Wachstumsmechanismus z. B. der Baumwollfasern über Enzyme oder über speziell ausgewählte Bedingungen (Wachstumsversuche im Kosmos) einzugreifen. Ziel derartiger biotechnischer bzw. gentechnischer Arbeiten ist die Steigerung von Quantität und Qualität der Naturfasern.

Aus pflanzlicher Cellulose (z. B. Holzzellstoff, Baumwoll-Linters, Stroh, Schilf oder Bagasse), aus tierischen und pflanzlichen Eiweißen (Casein, Keratin, Fibroin, Eiweiß aus Mais, Erdnuß u. a.), aus Chitin (Insektenpanzer) u. a. können nach Isolierung der Biopolymere und deren Lösung – meist als Derivat mit anschließender Regenerierung – Fasern ersponnen werden. Diese zählen zu den *Chemiefasern aus natürlichen organischen Polymeren*, wie z. B. Regeneratfasern aus Cellulose (Viskose-, Kuoxamverfahren) und Celluloseesterfasern (Acetatverfahren).

Die *synthetischen organischen Polymere* werden durch Verknüpfen einfacher Grundbausteine der unbelebten Materie nach Synthesemethoden der organischen Chemie produziert. Anwendungstechnisch werden nach physikalischen Gesichtspunkten unterschieden:
- Fluidoplaste: bei 20 °C flüssige Polymere, z. B. Siliconöl,
- Thermoplaste: nicht härtbare, durch Wärmeeinwirkung vielfach wieder verformbare Polymere wie Polyolefine, Polyvinylverbindungen, Polyamide, Polyester,
- Duroplaste: härtende bzw. härtbare Polymere, die während oder nach der Formgebung zu nicht mehr erweichbaren Stoffen erstarren wie Phenol-, Harnstoff-, Polyesterharze,
- Elaste: Polymere mit kautschukelastischem Verhalten (insbesondere Natur- und Synthesekautschuk sowie Polyurethanelastomer).

Faserbildende synthetische Polymere als Grundsubstanz der *Chemiefasern aus synthetischen Polymeren* für den textilen Einsatz sind insbesondere durch folgende Merkmale charakterisiert, die in engem Zusammenhang miteinander stehen und sich teilweise gegenseitig bedingen:

a) optimale (in der Regel hohe) Molmasse bei möglichst enger Molmassenverteilung,
b) lineare Form der Makromoleküle (möglichst ohne Verzweigungen oder Vernetzungen),
c) Bindungsarten unterschiedlicher Energie,
   - homöopolare Bindungen in Kettenrichtung der Makromoleküle (Hauptvalenzbindungen: 200–500 kJ/mol je Bindung, wobei die Abstände der Kettenatome etwa 0,07–0,3 nm betragen),
   - inter- und intramolekulare Wechselwirkungen (Nebenvalenzbindungen zwischen den Makromolekülen und zwischen Atomen bzw. Molekülteilen eines gefalteten Makromoleküls: 4–40 $\text{kJ} \cdot \text{mol}^{-1}$ je Wechselwirkung), auch als inter- bzw. intracatenare Kräfte bezeichnet,
d) „partiell-kristalline" Struktur (alle Zustände zwischen beiden Grenzzuständen „ungeordnet" (amorph) und „höchstmöglich geordnet" (kristallin) sind in realen Polymeren möglich),
e) Möglichkeit der Bildung konzentrierter Lösungen oder beständiger Schmelzen als Grundlage für den Faserspinnprozeß,
f) Färbbarkeit.

Beim *Entstehungsprozeß der pflanzlichen Naturfasern*, die an Samenkörnern (Baumwolle), in Pflanzenstengeln (z. B. Flachs), Blättern (z. B. Sisal) und Früchten (z. B. Kokos) vorkommen, handelt es sich um einen naturgegebenen Wachstumsvorgang, der durch Umweltbedingungen mehr oder weniger stark beeinflußt wird (z. B. Bodenbeschaffenheit bzw. Bodenermüdung, Wassermangel, Klima, Pflanzenschädlinge). Davon sind Menge und Beschaffenheit der Fasern weitgehend abhängig. Im Falle von Wassermangel ist beispielsweise bei Flachs mit großen Ertragseinbußen und erschwerten Aufbereitungsbedingungen zu rechnen. Baumwollfasern neigen mehr oder weniger schnell zu Degenerationserscheinungen (viele tote bzw. unreife sowie mißgestaltete Fasern), was laufende Qualitätsüberwachung und Züchtung neuer Sorten erforderlich macht. Gleiches gilt auch für die tierischen Wollen und Haare.

Beim *Herstellungsprozeß der Chemiefasern* geht es darum, Polymerlösungen oder polymere bzw. sonstige Schmelzen in Faserform zu überführen, wobei sich in der Regel Prozeßstufen wie Recken, Fixieren u. a. anschließen. Dadurch werden weitgehend die übermolekulare Struktur der Fasern sowie deren Oberflächenbeschaffenheit und Feinheit (s. Abschn. 3.2) festgelegt. Hierbei spielen die Dehn- und Scherdeformation des Polymers bei unterschiedlichen Zustandsbedingungen (Temperatur) und Krafteinwirkungen eine wichtige Rolle. Folgende konventionelle Faserbildungsverfahren sind bekannt:

1. Lösungsspinnverfahren
   Die spinnfähige Masse wird durch Lösen des Polymers oder eines Derivates desselben in einem geeigneten Lösemittel erhalten und durch eine Düsenplatte gepreßt. Die Faserverfestigung erfolgt durch Entfernen des Lösemittels, gegebenenfalls bei gleichzeitiger Abspaltung eingeführter chemischer Gruppen des Derivates (Regenerierung).
   - Naßspinnverfahren: CV, CUP, PAN, CLF, PUR, (PE)
     Die Faserbildung erfolgt durch Verdrängen des Lösemittels in einem oder in mehreren aufeinanderfolgenden Spinnbädern, wobei im speziellen Fall gleichzeitig das Derivat in das ursprüngliche Polymer zurückverwandelt wird (neuerdings auch als sog. Gelspinnen zur Herstellung von hochfestem Polyethylen in Anwendung [25, 38]).
   - Trockenspinnverfahren: CA, PAN, CLF
     Die Faserbildung erfolgt durch Verdampfen des Lösemittels. Dieses Verfahren ist für Polymere mit ausreichender thermischer Beständigkeit im Siedebereich des Lösemittels anwendbar.
     Eine spezielle Variante stellt das elektrostatische Spinnen dar, bei dem die Spinnlösung (im Kontakt mit einer Elektrode) in ein elektrostatisches Feld versprüht wird, wo sich die Tropfen infolge der Kraftwirkung bei gleichzeitigem Verdampfen des Lösemittels zu feinen Fasern ausziehen. Die Fasern werden von der Gegenelektrode in Form eines Vlieses aufgenommen.

2. Schmelzspinnverfahren
   Die spinnfähige Masse wird durch Schmelzen des Polymers erhalten. Die
   Faserbildung erfolgt in der Regel durch Auspressen der Spinnmasse durch
   Düsenlöcher und Faserverfestigung durch Abkühlen:
   - PA, PES, PE, PP, auch anorganisches Schmelzen (Glas, Schlacke, Ge-
     stein u. a.).
   Daneben gibt es folgende speziellen Verfahren:
   - Düsenblasverfahren,
   - Stababziehverfahren,
   - Schleuderverfahren,
   - Extrudieren zu Schlauchnetzen,
   mit denen Fasern bzw. Netze erzeugt werden können.

3. Dispersionsspinnverfahren
   Es kommt für unschmelzbare und unlösbare Polymere in Betracht, die in
   der Lösung eines Spinnvermittlers emulgiert oder suspendiert werden.
   Nach der Fadenbildung wird der Spinnvermittler durch Herauslösen, Her-
   ausschmelzen, Verdampfen oder Zersetzen entfernt und die verbleibende
   Fasermasse durch Sintern verfestigt:
   - PTFE, Keramikfasern.

Da mit den klassischen Faserbildungsverfahren nur Feinheiten bis etwa
0,8 dtex einwandfrei herstellbar sind (s. auch Abschn. 3.3), aber der Bedarf an
noch feineren Fasern mit speziellen Eigenschaften für textile (z. B. Velour) und
technische Zwecke (z. B. Filter) steigt [39, 40], wurden neue Wege zur Herstellung *ultrafeiner Fasern* (Supermicrofasern) mit einem Durchmesser von
<0,1 µm bzw. Feinheiten von <0,1 dtex beschritten (Matrix-Segment- und
Matrix-Fibrillen-Prinzip).
   „*Quasifasern*" werden aus gereckten Folien (PE, PP, PES) durch Zerschnei-
den zu feinen Bändern (z. B. am Kettbaum einer Webmaschine) oder Splitten
der Folie zu Fasern (z. B. mittels Kratzenwalzen oder durch Zernadeln während des Nähwirkprozesses auf einer Malimomaschine) erhalten. Der Her-
stellungsaufwand für derartige Fasern ist geringer als bei Spinnverfahren; sie
werden hauptsächlich im technischen Sektor verwendet.
   Die ständig steigende Zahl der Einsatzgebiete sowie die Forderung nach
Verarbeitbarkeit auf Hochleistungsmaschinen und nach optimalem Gebrauchsverhalten stellen hinsichtlich der Weiterentwicklung der Chemiefasern
eine ständige Herausforderung besonders an die naturwissenschaftliche sowie
technisch/technologische Forschung dar. Wie komplex hierbei mit zahlreichen
Wissensgebieten zusammengearbeitet werden muß, verdeutlicht Abb. 2.1.
Wenn heute der Schwerpunkt vieler Forschungsarbeiten die Struktur-
Eigenschafts-Beziehungen betrifft, so kann man hieran das Bemühen erkennen, die dem Polymer naturbedingt innewohnenden Eigenschaften wie
Fließfähigkeit, Selbstorganisationsvermögen usw. bei der Faserherstellung
weitgehend zu nutzen, zumindest aber diesen nicht entgegenzuarbeiten, da
andernfalls z. B. die energetischen Aufwendungen beim Erspinnen und Weiter-
verarbeiten unvertretbar ansteigen [1]. Letztendlich muß in absehbarer Zeit

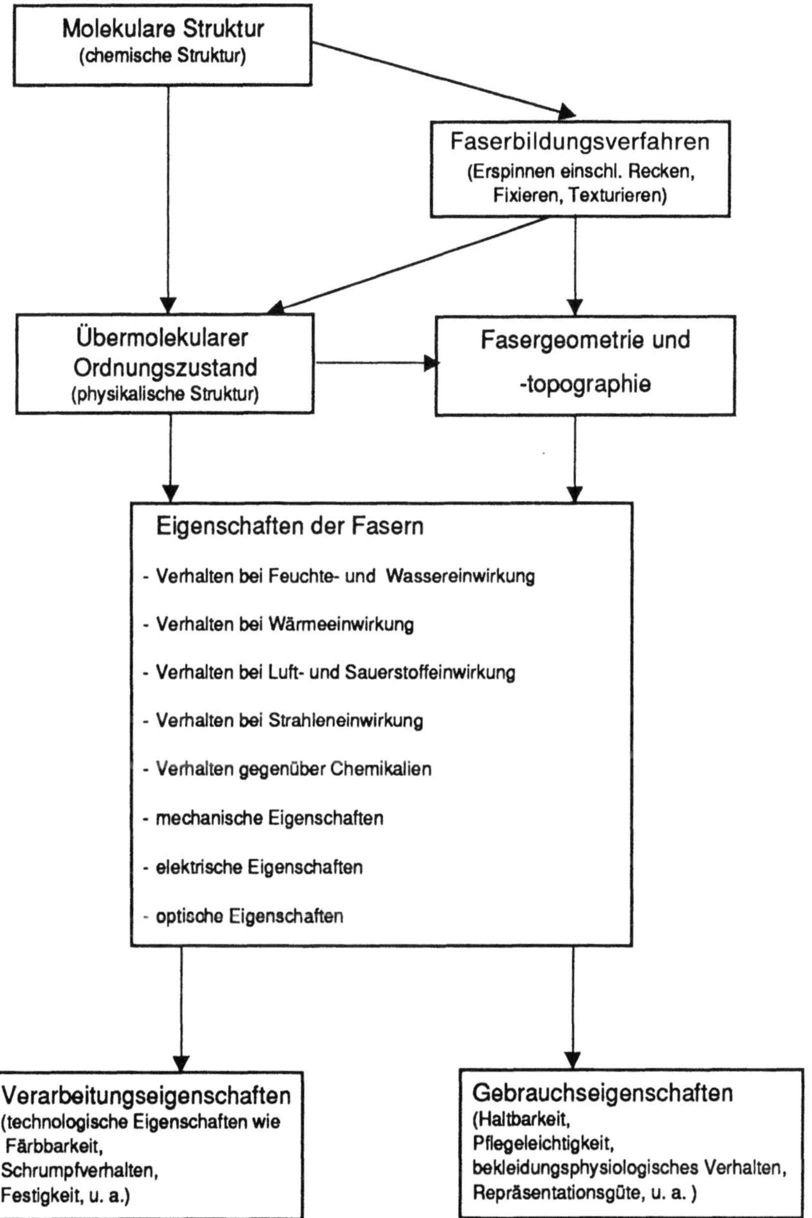

Abb. 2.1. Zusammenhang zwischen Struktur, Faserbildungsverfahren und Eigenschaften der Fasern

erreicht werden, daß das Grundlagenwissen über die Polymere so weit entwikkelt ist, daß der Technologe lückenlos hierauf aufbauen kann. Erst dann läßt sich sagen, daß das „know why" dem „know how" vorausgeht. Das ist besonders für das Erzeugen von Fasern mit gewünschten Eigenschaften („Fasern nach Maß") z. B. für technische Zwecke wichtig. Es muß aber ausdrücklich festgestellt werden, daß es nicht möglich ist, eine Idealfaser herzustellen, die **allen** Anforderungen gerecht wird. Zu sehr sind die Eigenschaften an die chemische Struktur der Faser gebunden und allzuoft bringt die Verbesserung einer Eigenschaft die Verschlechterung anderer mit sich. Auch ist einzuschätzen, daß es in absehbarer Zeit keine prinzipiell neuen Massenfasern geben wird, wohl aber kommt es durch Modifizierung zu verbesserten bzw. veränderten Eigenschaften der Chemiefasern. Daneben wird es zunehmend Spezialfasertypen in kleineren Mengen geben, denen spezielle Polymere und auch Polymermischungen zu Grunde liegen, wobei neue Erkenntnisse der kunststoffherstellenden und -verarbeitenden Industrie von Einfluß sein werden.

Um die Eigenschaften der zahlreichen Faserarten richtig deuten und optimal nutzen zu können, sind hinreichende Kenntnisse über deren strukturellen Aufbau unumgänglich. Daher werden im folgenden – ausgehend vom Makromolekül – die molekularen und die übermolekularen Strukturen näher besprochen.

2.2 Molekulare Struktur

Faserbildende Polymere sind Makromoleküle, deren relative Molekülmasse mindestens 10000 und mehr beträgt. Am Aufbau eines Makromoleküls sind mehr als 1000 Atome beteiligt. In der Regel entstehen diese Polymere durch kovalente Verknüpfung von Monomeren im Ergebnis einer Polymerisations-, Polykondensations- oder Polyadditionsreaktion. Der statistische Charakter der Reaktionsschritte während der Aufbaureaktion führt zu unterschiedlich langen Makromolekülen. Die hohe Molmasse und die Tatsache, daß zwischen den Makromolekülen nebenvalente Wechselwirkungen existieren, sind die Ursache für das Herausbilden der polymerspezifischen Eigenschaften.

Die *Konstitution* beschreibt Art und Anordnung der Kettenatome sowie deren Verknüpfungsart, Art und Stellung der funktionellen Gruppen und ihre Polarität sowie die Molmasse bzw. den Polymerisationsgrad und die Molmassenverteilung. Wie erwähnt entstehen die Polymere durch Verknüpfung von Monomeren (Ausgangsmonomere). Diese bringen in das Makromolekül die „Grundbausteine" oder auch Monomereinheiten ein, die damit immer einen Hinweis auf die während der Aufbaureaktion eingesetzten Monomere geben. Die kleinste immer wiederkehrende Einheit wird „Strukturelement" genannt; dabei kann das Strukturelement größer, kleiner oder so groß wie ein Grundbaustein sein (Tabelle 2.1).

Sind an der Aufbaureaktion bifunktionelle Monomere beteiligt, so erfolgt deren Hauptvalenzverknüpfung zu linearen, kettenförmigen Makromolekülen. Werden tri- oder polyfunktionelle Monomere eingesetzt, so entstehen

Tabelle 2.1. Grundbausteine und Strukturelemente verschiedener Polymere

Polymer	Ausgangsmonomere	Grundbausteine	Strukturelemente
Polyethylen	$H_2C{=}CH_2$	$-CH_2-CH_2-$	$-CH_2-$
Polyamid 6.6	$H_2N(CH_2)_6NH_2$ $HOOC(CH_2)_4COOH$	$-HN(CH_2)_6NH-$ $-OC(CH_2)_4CO-$	$[HN(CH_2)_6NH-OC(CH_2)_4CO]$
Polyethylen-terephthalat	$HO(CH_2)_2OH$ $HOOC-C_6H_4-COOH$	$-O(CH_2)_2O-$ $-OC-C_6H_4-CO-$	$[O(CH_2)_2O-OC-C_6H_4-CO]$
Polyacrylnitril	$H_2C{=}CH-C{\equiv}N$	$-CH_2-CH(C{\equiv}N)-$	$-CH_2-CH(C{\equiv}N)-$

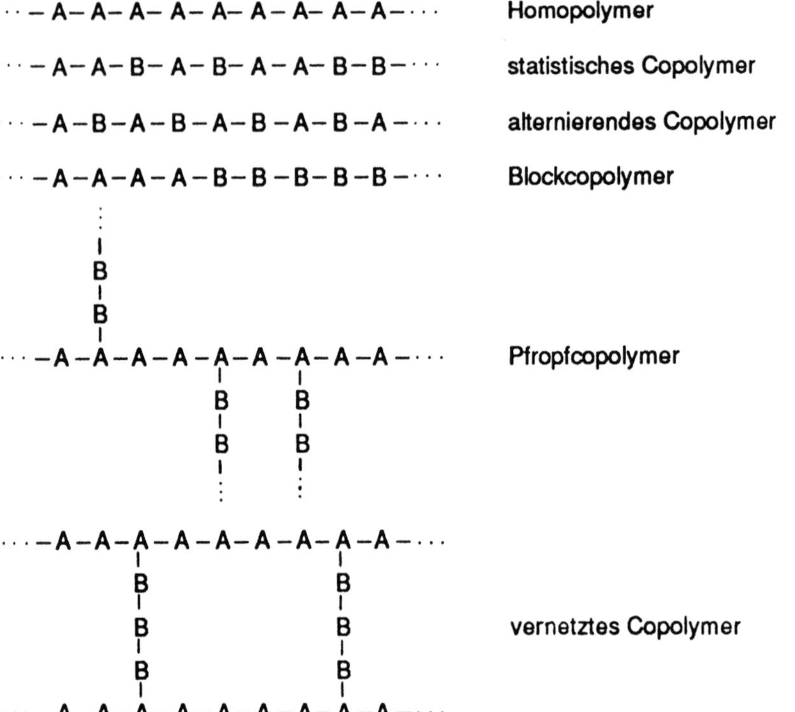

Abb. 2.2. Polymertypen – Homopolymer und Anordnungsvarianten der Monomere A und B in einem Heteropolymer (Copolymer)

verzweigte oder vernetzte, für die Faserbildung meist nicht geeignete Polymere.

Sind die Makromoleküle nur aus einem Polymer aufgebaut, so entsteht ein *Homopolymer*, sind zwei oder mehr verschiedenartige Monomere beteiligt, so erhält man *Heteropolymere (Copolymere)* (Abb. 2.2).

Lineare, verzweigte oder vernetzte Polymere aus derselben Anzahl chemisch identischer Monomere können sich hinsichtlich der räumlichen Anordnung der Strukturelemente unterscheiden: man bezeichnet sie als *Strukturisomere*. Bei der Polymerisation von Vinyl- oder Vinylidenverbindungen muß man mit zwei verschiedenen Möglichkeiten der Anlagerung der Monomere an das wachsende Polymermolekül und damit der Anordnung der Grundbausteine im Makromolekül rechnen, was eine weitere Möglichkeit für Strukturisomerie darstellt.

$$\begin{array}{ccccc} \mathbf{K} & \mathbf{S} & \mathbf{K} & \mathbf{S} & \\ \sim CH_2 - CH \!\!\mid\!\! CH_2 - CH \!\!\mid\!\! CH_2 - CH \sim & & & & (2.1) \\ \mid & & \mid & & \mid \\ Cl & & Cl & & Cl \end{array}$$

Kopf/Schwanz-Verknüpfung

$$\begin{array}{cccc} \mathbf{K} & \mathbf{K} & \mathbf{S} & \mathbf{S} \end{array}$$

$$\sim CH_2 - CH \dashv CH - CH_2 \dashv CH_2 - CH \sim \qquad\qquad (2.2)$$

$$\begin{array}{cccc} | & | & & | \\ Cl & Cl & & Cl \end{array}$$

Kopf/Kopf- bzw. Schwanz/Schwanz-Verknüpfung

In der Praxis tritt meistens die Kopf/Schwanz-Verknüpfung auf.

In Abhängigkeit von der chemischen Konstitution der Ausgangsmonomere und der Art der Verknüpfungsreaktion entstehen in den einzelnen Polymeren jeweils spezifische *Bindeglieder*, die Einfluß auf die Eigenschaften – insbesondere die Hydrolysebeständigkeit, aber über die von den Bindegliedern ausgehenden intermolekularen Wechselwirkungen auch auf die Beständigkeit allgemein sowie die Festigkeit – ausüben. Nachstehend einige Beispiele:

$$-\overset{|}{C}-\overset{|}{C}-$$
gesättigte Kohlenstoff-Kohlenstoff-Bindung bei Polyvinylverbindungen und Polyalkenen

$$-\overset{H}{\underset{|}{N}}-\overset{|}{\underset{\parallel}{C}}-\ \ \ O$$
Carbonamidgruppe bei Polyamiden und Polypeptiden

$$-O-\overset{|}{\underset{\parallel}{C}}-\ \ O$$
Carbonestergruppe bei Polyestern

$$-O-\overset{|}{\underset{\parallel}{C}}-\overset{|}{\underset{|}{N}}-\ \ O\ \ H$$
Urethangruppe bei Polyurethanen

$$\overset{H}{\underset{|}{>}}C-O-\overset{H}{\underset{|}{C}}<$$
Vollacetalgruppe bei Cellulose

Einen entscheidenden Einfluß auf die chemische Reaktionsfähigkeit und somit auf verschiedene Verarbeitungs- und Gebrauchseigenschaften haben die *funktionellen Gruppen* vieler Bindeglieder in der Hauptkette und der Seitengruppen an der Hauptkette sowie der Endgruppen an Haupt- oder Seitenketten. Es handelt sich vor allem um saure Gruppen ($-COOH$), basische Gruppen ($-NH_2$) und chemisch relativ indifferente aber polare Gruppen ($-OH$, $-CN$). Sie wirken außerdem über die von ihnen ausgehenden inter- und intramolekularen Wechselwirkungen auf die Eigenschaften ein.

In Tabelle 2.2 sind die wichtigsten faserbildenden Polymere und in Tabelle 2.3 einige Spezialpolymere, die durch relativ steife aromatische Makromoleküle bzw. starke intermolekulare Wechselwirkungen gekennzeichnet sind, hinsichtlich ihrer chemischen Struktur zusammengestellt.

Tabelle 2.2. Wichtige faserbildende Polymere und deren chemische Struktur

Faser bzw. Polymer	Kurzzeichen nach DIN 60001, T4	Monomer	Strukturelement bzw. Polymerkettenausschnitt
Naturfasern			
Baumwolle Cellulose (Polysaccharid)	CO	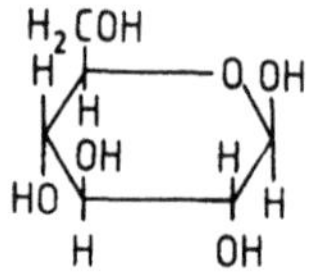 β-D-Glucose	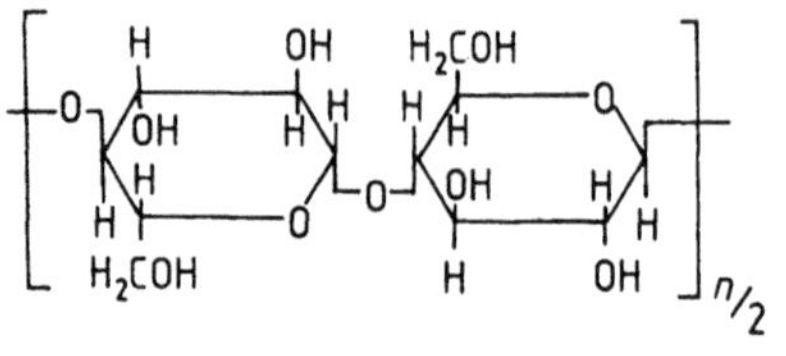
Wolle Keratin (Polypeptid)	WO	$H_2N-\underset{\underset{R^{1,2}\ldots}{\vert}}{\overset{\overset{H}{\vert}}{C}}-COOH$ bis 20 α-Aminosäuren verschiedener chemischer Struktur	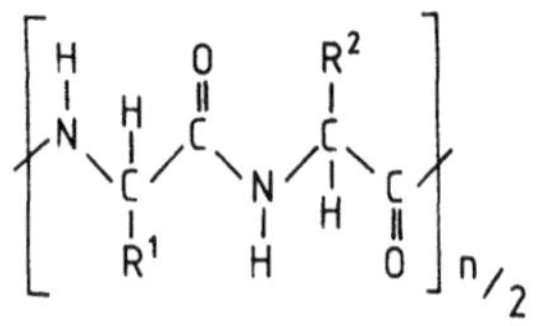
Seide (bombyx mori) Fibroin (Polypeptid)	SE	$H_2N-\underset{\underset{R^{1,2}\ldots}{\vert}}{\overset{\overset{H}{\vert}}{C}}-COOH$ verschiedene α-Aminosäuren (etwa 50% Glycin: R = H, kein Cystin)	s. Keratin
Asbest	AS		$Mg_6[(OH)_8(Si_4O_{10})]$ Serpentinasbest (Chrysotil) $Ca_2(Fe, Mg)(Si_8O_{20})(OH)_2$ Hornblendeasbest (Krokydolith)
Chemiefasern aus natürlichen Polymeren			
Viskose	CV VI[a]		
Cupro	CUP CU[a]	s. Cellulose	s. Cellulose
Modal (besonderes Viskoseverfahren)	CMD MD[a]		

[a] Häufig alternativ verwendetes Kurzzeichen

_DP_	Bindeglied	End-gruppe	Seiten-gruppe	Bemerkungen
3000–7000 (14000)	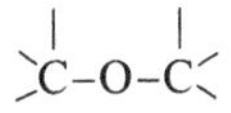 $\underset{}{>}\!C\!-\!O\!-\!C\!<$	$-OH$ $-CH_2OH$	$-OH$ $-CH_2OH$	
Molmasse 9000–60000	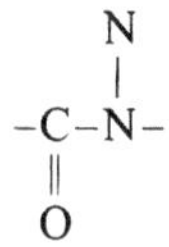 $-\overset{N}{\underset{\overset{\parallel}{O}}{C}}\!-\!N-$	$-NH_2$ $-COOH$	$-NH_2$ $-COOH$ $-OH$ $-SH$ $-CH_3$	Disulfidbrücke $(-S-S-)$ auch als Haupt-valenzbindung zwischen zwei Ketten
Molmasse 218000	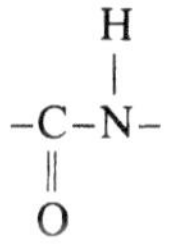 $-\overset{H}{\underset{\overset{\parallel}{O}}{C}}\!-\!N-$	$-NH_2$ $-COOH$		
				kettenförmige fasrige Aggregate silicatischer Mineralien (kristallin)
300–350 (hochfest 400–450)				
300–400	s. Cellulose	s. Cellulose	s. Cellulose	
500–800				hoher Naß-modul, große Höchstzug-kraft (HWM-, Polynosic-Faser)

Tabelle 2.2 (Fortsetzung)

Faser bzw. Polymer	Kurzzeichen nach DIN 60001, T4	Monomer	Strukturelement bzw. Polymerkettenausschnitt
Acetat (2 ½ Acetat)	CA AC [a]	s. Cellulose, aber: je Strukturelement sind 5 von 6 OH-Gruppen mit Essigsäure verestert	(Cellulose-Ringstruktur mit $OCOCH_3$, CH_2OCOCH_3, OH-Gruppen)$_r$
Triacetat	CTA TA [a]	s. Cellulose, aber: alle OH-Gruppen sind mit Essigsäure verestert	(Cellulose-Ringstruktur mit $OCOCH_3$, CH_2OCOCH_3-Gruppen)$_{n/}$

Chemiefasern aus synthetischen Polymeren (Polymerisation)

Faser bzw. Polymer	Kurzzeichen nach DIN 60001, T4	Monomer	Strukturelement bzw. Polymerkettenausschnitt

Polyacryl (Polyacrylnitril-Homopolymer)	PAN	$H_2C=CH$
		    |
		    CN
		
		Acrylnitril
			$\left[CH_2-CH-CH_2-CH\right]_{n/2}$ mit CN-Seitengruppen

Polyacryl (Polyacrylnitril-Copolymer)
 	
z. B.: ternäres Copolymer
	PAN	$H_2C=CH$
		    |
		    CN
		
		Acrylnitril ($\geq 85\%$)
		———————
		$H_2C=CH$
		    |
		    $COOCH_3$
		Acrylsäuremethylester Comonomer 1
		
		$H_2C=CH$
		    |
		    CH_2SO_3Na
		Allylsulfonat Comonomer 2
			$\left[(CH_2-CH)_x-CH_2-CH-\ldots\right.$ mit CN und $COOCH_3$
			
			$\ldots -(CH_2-CH)_y-CH_2-CH-(CH_2-CH)_z$ mit CN, CH_2SO_3Na und CN

DP	Bindeglied	End-gruppe	Seiten-gruppe	Bemerkungen
250–400	s. Cellulose	$-OH$ $-OCOCH_3$	$-OH$ $-OCOCH_3$	
300–400	s. Cellulose	$-OCOCH_3$	$-OCOCH_3$	Einsatz für technische Zwecke
1000–2000	$-\underset{\underset{H}{\mid}}{\overset{\overset{H}{\mid}}{C}}-\underset{\underset{CN}{\mid}}{\overset{\overset{H}{\mid}}{C}}-$	Initiator-rest	$-CN$	nur für Spezial-einsatzzwecke
1000–2000	$-\underset{\underset{H}{\mid}}{\overset{\overset{H}{\mid}}{C}}-\underset{\underset{CN}{\mid}}{\overset{\overset{H}{\mid}}{C}}-$ $-\underset{\underset{H}{\mid}}{\overset{\overset{H}{\mid}}{C}}-\underset{\underset{COOCH_3}{\mid}}{\overset{\overset{H}{\mid}}{C}}-$ $-\underset{\underset{H}{\mid}}{\overset{\overset{H}{\mid}}{C}}-\underset{\underset{CH_2SO_3Na}{\mid}}{\overset{\overset{H}{\mid}}{C}}-$	Initiator-rest	$-CN$ $-COOCH_3$ $-CH_2SO_3Na$	

Tabelle 2.2 (Fortsetzung)

Faser bzw. Polymer	Kurzzeichen nach DIN 60001, T4	Monomer	Strukturelement bzw. Polymerkettenausschnitt
Modacryl (Mischpolymer)	MAC	$50\% < H_2C=CH < 85\%$ mit Gruppe CN (Acrylnitril) und $H_2C=C$ mit H und Cl (Vinylchlorid) oder $H_2C=C$ mit Cl und Cl (Vinylidenchlorid)	
Polyvinylchlorid	CLF PVC[a]	$H_2C=CH$ mit Cl (Vinylchlorid)	$+CH_2-CH+_n$ mit Cl
Polyvinylidenchlorid	CLF PVD[a]	$H_2C=C$ mit Cl und Cl (Vinylidenchlorid)	$\left[+CH_2=C+\right]_n$ mit Cl und Cl
Polyvinylalkohol	PVAL	$H_2C=CH$ mit $OCOCH_3$ (Vinylacetat)	$+CH_2-CH+_n$ mit OH
Polyethylen	PE (HDPE[a] LDPE[a])	$H_2C=CH_2$ (Ethen)	$+CH_2-CH_2+_n$
Polypropylen	PP	$H_2C=CH$ mit CH_3 (Propen)	$+CH_2-CH+_n$ mit CH_3

DP	Bindeglied	End-gruppe	Seiten-gruppe	Bemerkungen
1000–2000	$\begin{array}{cc} H & H \\ \| & \| \\ -C-C- \\ \| & \| \\ H & CN \end{array}$ $\begin{array}{cc} H & H \\ \| & \| \\ -C-C- \\ \| & \| \\ H & Cl \end{array}$ $\begin{array}{cc} H & Cl \\ \| & \| \\ -C-C- \\ \| & \| \\ H & Cl \end{array}$	Initiator-rest	$-CN$ $-Cl$	für spezielle Einsatzgebiete verringerte Brennbarkeit
800–1000	$\begin{array}{cc} H & H \\ \| & \| \\ -C-C- \\ \| & \| \\ H & Cl \end{array}$	Initiator-rest	$-Cl$	meist erfolgt Nach-chlorierung
200–2000	$\begin{array}{cc} H & Cl \\ \| & \| \\ -C-C- \\ \| & \| \\ H & Cl \end{array}$	Initiator-rest	$-Cl$	chemikalien-beständig, schwer entflammbar
1000–1600	$\begin{array}{cc} H & H \\ \| & \| \\ -C-C- \\ \| & \| \\ H & OH \end{array}$	Initiator-rest	$-OH$	Polymerisation von $\begin{array}{cc} H & H \\ \| & \| \\ C=C \\ \| & \| \\ H & OCOCH_3 \end{array}$, Verseifung im Polymer, z. T. Vernetzung der OH-Gruppen
10000–500000	$\begin{array}{cc} H & H \\ \| & \| \\ -C-C- \\ \| & \| \\ H & H \end{array}$	Initiator-rest	$-H$	HD hohe Dichte LD niedere Dichte
5000–7000	$\begin{array}{cc} H & H \\ \| & \| \\ -C-C- \\ \| & \| \\ H & CH_3 \end{array}$	Initiator-rest	$-CH_3$	isotaktisches PP als Faser

Tabelle 2.2 (Fortsetzung)

Faser bzw. Polymer	Kurzzeichen nach DIN 60001, T4	Monomer	Strukturelement bzw. Polymerkettenausschnitt
Fluoro (Polytetrafluorethylen)	PTFE	$F_2C=CF_2$ Tetrafluorethen	$\left[\begin{array}{c} F\ \ F \\ \vert\ \ \ \vert \\ -C-C- \\ \vert\ \ \ \vert \\ F\ \ F \end{array}\right]_n$

Chemiefasern aus synthetischen Polymeren (Polykondensation)

Faser bzw. Polymer	Kurzzeichen nach DIN 60001, T4	Monomer	Strukturelement bzw. Polymerkettenausschnitt
Polyamid 6	PA PA 6 [a]	$\begin{array}{l} CH_2{-}CH_2{-}CO \\ \quad\quad\quad\quad\ \ \backslash\!NH \\ CH_2{-}CH_2{-}CH_2 \end{array}$ ε-Caprolactam	$\left[\begin{array}{c} \quad\quad\quad O\quad\quad\quad\quad\quad O \\ \quad\quad\quad \parallel\quad\quad\quad\quad\quad \parallel \\ {-}N{-}(CH_2)_5{-}C{-}N{-}(CH_2)_5{-}C{-} \\ \ \ \vert\quad\quad\quad\quad\quad\vert \\ \ \ H\quad\quad\quad\quad\quad H \end{array}\right]_{n/2}$
Polyamid 6.6	PA PA 6.6 [a]	$H_2N{-}(CH_2)_6{-}NH_2$ Hexamethylendiamin $HOOC{-}(CH_2)_4{-}COOH$ Adipinsäure	$\left[\begin{array}{c} \quad\quad\quad O\quad\quad\quad\quad\quad O \\ \quad\quad\quad \parallel\quad\quad\quad\quad\quad \parallel \\ {-}N{-}(CH_2)_6{-}N{-}C{-}(CH_2)_4{-}C{-} \\ \ \ \vert\quad\quad\quad\vert \\ \ \ H\quad\quad\quad H \end{array}\right]_{n/2}$
Polyester (Polyethylenterephthalat)	PES PETP [a]	$HO{-}CH_2{-}CH_2{-}OH$ Ethylenglykol $HOOC{-}\langle\!\!\bigcirc\!\!\rangle{-}COOH$ Terephthalsäure oder $CH_3OOC{-}\langle\!\!\bigcirc\!\!\rangle{-}COOCH_3$ Terephthalsäuredimethylester	$\left[\begin{array}{c} {-}C{-}\langle\!\!\bigcirc\!\!\rangle{-}C{-}O{-}CH_2{-}CH_2{-}O{-} \\ \parallel\quad\quad\quad\quad\parallel \\ O\quad\quad\quad\quad O \end{array}\right]_n$
Polybutylenterephthalat	PBTP [a]	$HO{-}(CH_2)_4{-}OH$ Butylenglykol $HOOC{-}\langle\!\!\bigcirc\!\!\rangle{-}COOH$ Terephthalsäure	$\left[\begin{array}{c} {-}C{-}\langle\!\!\bigcirc\!\!\rangle{-}C{-}O{-}(CH_2)_4{-}O{-} \\ \parallel\quad\quad\quad\quad\parallel \\ O\quad\quad\quad\quad O \end{array}\right]_n$

DP	Bindeglied	End-gruppe	Seiten-gruppe	Bemerkungen
1000–100 000	F F | | –C–C– | | F F	Initiator-rest	–F	temperatur- und chemika-lienbeständig, schwer brennbar, UV-Strahlen-beständig, schwer benetzbar
100–200	H | –C–N– || O	(–NH$_2$) –COOH	keine	Polymer-bildung durch – Hydrolyse des Lactams – Polyaddition – Polykonden-sation
80–100	O || –N–C– | H	–NH$_2$ –COOH	keine	
100–200	–C–O– || O	–OH	keine	
	–C–O– || O	–OH	keine	carrierfrei färbbare Teppichfaser

Tabelle 2.2 (Fortsetzung)

Faser bzw. Polymer	Kurzzeichen nach DIN 60001, T4	Monomer	Strukturelement bzw. Polymerkettenausschnitt
Poly(1,4-dimethylen-cyclohexan-terephthalat)		$HO-CH_2-\langle H\rangle-CH_2OH$ 1,4-Bis-(hydroxymethyl)cyclohexan $HOOC-\bigcirc-COOH$ Terephthalsäure	$\left[O-CH_2-\langle H\rangle-CH_2O\overset{\text{C}}{\underset{O}{}}-\bigcirc-\overset{\text{C}}{\underset{O}{}}\right]_n$
Polycarbonat	PC [a]	$Cl-CO-Cl$ Phosgen oder $\bigcirc-O-\underset{O}{\overset{\|}{C}}-O-\bigcirc$ Diphenylcarbonat $HO-\bigcirc-\underset{CH_3}{\overset{CH_3}{C}}-\bigcirc-OH$ 4,4'-Dihydroxydiphenyl-2,2-propan	$\left[\underset{O}{\overset{\|}{C}}-O-\bigcirc-\underset{CH_3}{\overset{CH_3}{C}}-\bigcirc-O\right]_n$
Polysiloxan		$HO-\underset{CH_3}{\overset{CH_3}{Si}}-OH$ Dimethylsiloxan	$\left[O-\underset{CH_3}{\overset{CH_3}{Si}}\right]_n$

Chemiefasern aus synthetischen Polymeren (Polyaddition)

Faser bzw. Polymer	Kurzzeichen nach DIN 60001, T4	Monomer	Strukturelement bzw. Polymerkettenausschnitt
Polyurethan	PUR [a]	$\underset{O}{\overset{\|}{C}}=N-(CH_2)_x-N=\underset{O}{\overset{\|}{C}}$ Diisocyanat $HO-(CH_2)_y-OH$ Diol	$\left[\underset{O\ H}{\overset{\|\ \|}{C}}-N-(CH_2)_x-N-\underset{H\ O}{\overset{\|\ \|}{C}}-O-(CH_2)_y-O\right]_n$
Elastan (Polyurethan-elastomer)	EL PUE [a]	$\underset{}{\overset{O}{\|}}\qquad\overset{O}{\|}$ $C=N-R^1-N=C$ Diisocyanat $HO\sim\sim\sim OH$ Makrodiol $H_2N-R^2-NH_2$ Diamin	$\left[\underset{N-C-O-\sim\sim\sim-O-C-N-R^1-\ldots}{\overset{H\ O\qquad\qquad O\ H}{}}\right.$ weich hart $\ldots-N-\underset{}{C}-N-R^2-N-\underset{}{C}-N-R^1\left.\right]_n$ hart

DP	Bindeglied	End-gruppe	Seiten-gruppe	Bemerkungen
	$-\overset{\underset{\|}{O}}{C}-O-$	$-OH$	$-OH$	Teppichfaser, Füllstoff
	$-\overset{\underset{\|}{O}}{C}-O-$	$-OH$	$-OH$	für faser-verstärkte Kunststoffe (Konstruktionswerkstoffe)
	$-\overset{\underset{\|}{}}{\underset{\|}{Si}}-O-$	$-OH$	$-OH$	Siliconöl, Silicongummi
	$-\overset{\underset{\|}{H}}{N}-\overset{O}{\overset{\|}{C}}-O-$	$-OH$	keine	Hartpolyurethan (Eigenschaften ähnlich dem PA)
	$-\overset{\underset{\|}{H}}{N}-\overset{O}{\overset{\|}{C}}-O-$	$-NH_2$	keine	hochelastisch, da Blockcopolymer aus alternierenden harten und weichen Segmenten [47]

Tabelle 2.3. Spezialpolymere für Hochleistungsfasern (technischer Einsatz) (nach [2, 6, 33, 42])

Polymer	Kurz-zeichen	Polymerkettenausschnitt

Aromatische Polyamide (Aramide)

Polymer	Kurz-zeichen	Polymerkettenausschnitt
Poly(*m*-phenylen-isophthalsäure-amid)	PMI	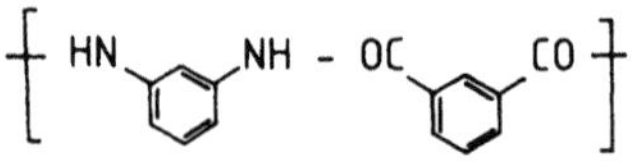 $[$HN—⟨⟩—NH – OC—⟨⟩—CO$]$
Poly(*p*-phenylen-terephthalsäure-amid)	PPTA	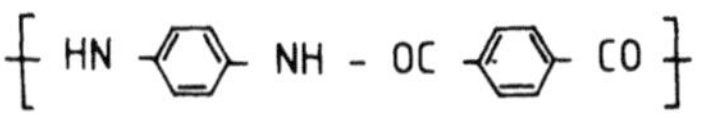 $[$HN—⟨⟩—NH – OC—⟨⟩—CO$]$
Poly(*p*-phenylen-co-3,4'-diphenyl-ether-terephthal-säureamid)	PEA	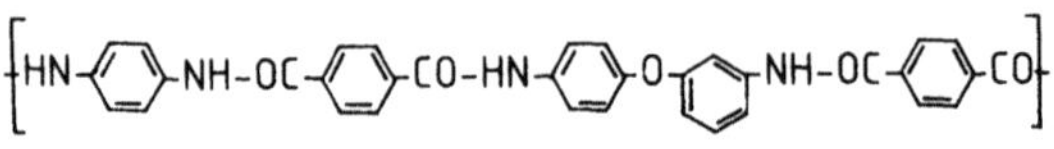 $[$HN—⟨⟩—NH–OC—⟨⟩—CO–HN—⟨⟩—O—⟨⟩—NH–OC—⟨⟩—CO$]$

Polyimide

Polymer	Kurz-zeichen	Polymerkettenausschnitt
Poly(4,4'-diphenyl-methan-co-2,6-toluylen-benzo-phenontetra-carbonsäureimid)	PI	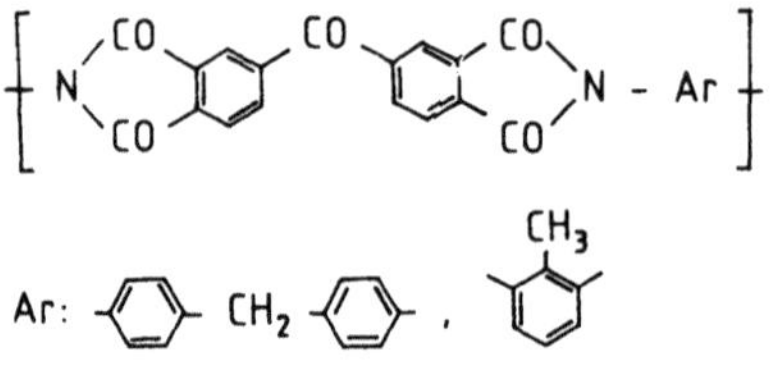 (Imid-Struktur) … N – Ar Ar: —⟨⟩—CH₂—⟨⟩— , (2,6-Toluylen mit CH₃)
Poly(4,4'-diphenylmethan-trimellithimid-amid)	PAI	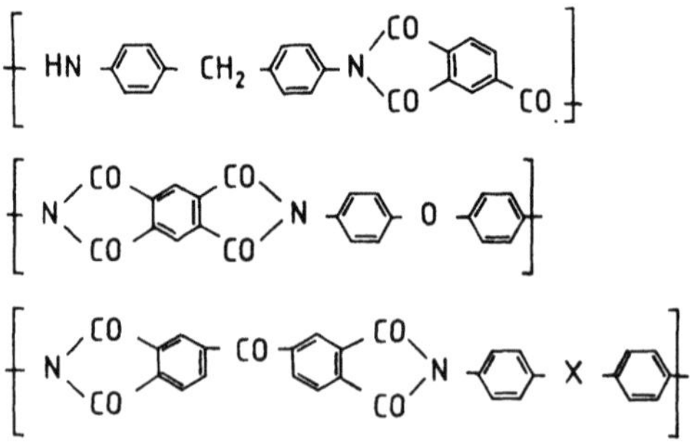 (drei Strukturausschnitte)

n.e.   nicht erfaßbar
(   )   Temperaturangaben aus weiterer Literatur

Handelsname (Hersteller)	charakteristische Temperaturen °C			Dichte g·cm^{-3}	besondere Merkmale HF hochfest HM hochmodulig wb wärmebeständig se schwer ent- flammbar bzw. nicht brennbar	
	T_g	T_m	T_z			
Nomex (Du Pont)	273 (275)	–	370	1,37–1,38		wb
Conex (Teijin)						se
Kevlar (Du Pont)	342 (345)	n.e. (560)	530	1,44	HF	wb
Twaron (Enka)					HM	se
Technora (Teijin)	318	479 (485)	440	1,39	HF	wb
					HM	se
P 84 (Lenzing)	306 (315)	–	500	1,41		wb
						se
Kermel (Rhone-Poulenc)	286 (285)	–	370	1,34		wb
						se
Kapton (Du Pont)						wb
						se
Polyimid 2080, X: $-CH_2-$ (Dow Chemical)						wb
Skybond, X: $-O-$ (Monsanto)						se

Tabelle 2.3 (Fortsetzung)

Polymer	Kurz- zeichen	Polymerkettenausschnitt

Sonstige heterocyclische Polymere

Polymer	Kurz- zeichen	Polymerkettenausschnitt
Poly(2,2'-m-phe- nylen-5,5'-bis- benzimidazol)	PBI	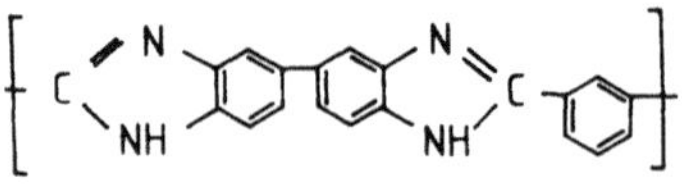
Poly(phenylen- 1,3,4-oxadiazol)	POD	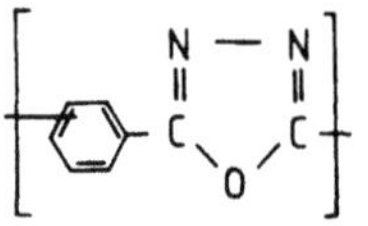
Poly(p-phenylen- sulfid)	PPS	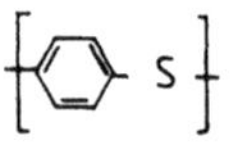
Poly (p-ether- etherketon)	PEEK	
Kohlenstoff- faser (aus PAN)	CF	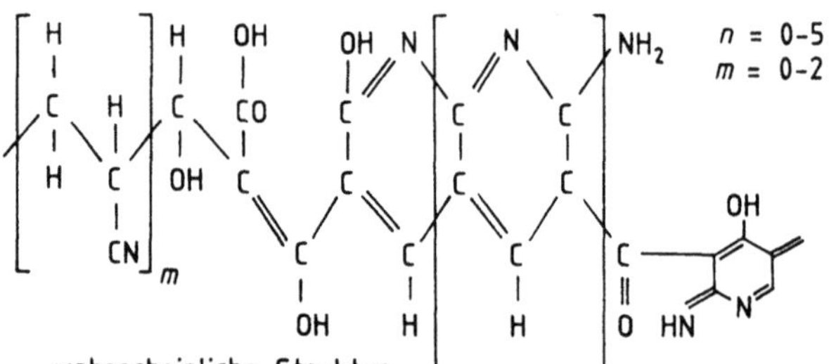 $n = 0\text{–}5$ $m = 0\text{–}2$ wahrscheinliche Struktur graphitartige Struktur

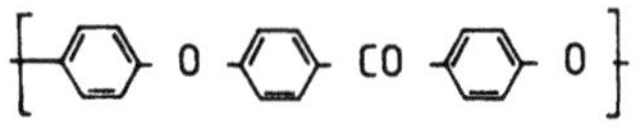

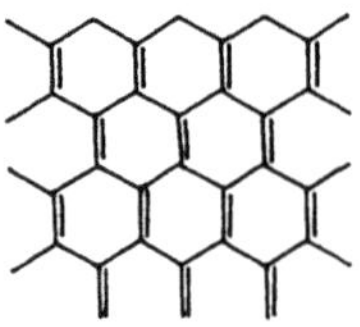

Handelsname (Hersteller)	charakteristische Temperaturen °C			Dichte g·cm^{-3}	besondere Merkmale HF hochfest HM hochmodulig wb wärmebeständig se schwer ent- flammbar bzw. nicht brennbar
	T_g	T_m	T_z		
PBI (Celanese)	n.e. (430)	–	460	1,41	wb se
Typ: *Oxalon* (UDSSR)	404	–	500	1,36	wb se
Ryton	n.e. (85)	279 (278)	380	1,34– 1,37	
Zyex	166 (144)	343 (334)	430	1,27– 1.32	wb
[schwarzes PAN: entstanden durch Cyclisierung, Dehydrierung und Oxidation von PAN unter Spannung] ↓	400			1,40	se
[C-Faser HF *Tenax HTA* durch Carboni- sierung bei 1200–1600 °C] ↓				1,8	HF
[C-Faser HM *Tenax HM* durch Graphi- tierung bei 2200–3000 °C]				1,90	HM

Eine sehr wichtige Größe für die Verarbeitungs- und Gebrauchseigenschaften faserbildender Polymeren stellt die Länge der Makromoleküle dar, die durch die *Molmasse M* oder den *Polymerisationsgrad P* gekennzeichnet wird. Der Polymerisationsgrad gibt die Anzahl der Monomere bzw. Grundbausteine in den Makromolekülen des Polymeren an. Liegen diese unter $P = 50$, so spricht man nicht mehr von Polymeren, sondern von Oligomeren. In Tabelle 2.2 sind die Polymerisationsgrade der wichtigsten faserbildenden Polymere mit enthalten, die aus der experimentell erhältlichen Molmasse nach Gl. (2.3) berechenbar sind

$$P = \frac{M}{M_0}.\tag{2.3}$$

M Polymermolekülmasse

M_0 Masse des Grundbausteins

Die relative Molmasse $(g \cdot mol^{-1})$ wird häufig als dimensionslose Zahl angewendet: sie gibt an, wieviel mal schwerer das Molekül als der zwölfte Teil eines Atoms Kohlenstoff ^{12}C ist. Makromoleküle gleicher chemischer Zusammensetzung aber unterschiedlicher Molmasse bzw. Länge – was bei den Faserpolymeren durchweg der Fall ist – werden als „Polymerhomologe" und somit als „polymolekular" bezeichnet. Daraus ergibt sich, daß die meist benutzte Polymer-Charakterisierung durch den „**D**urchschnittlichen **P**olymerisationsgrad" (*DP*) bzw. die entsprechende Molmasse mehr oder weniger ungenau bzw. nicht eindeutig ist. Eine eindeutige Charakterisierung erfordert die Ermittlung der *Molmassen- bzw. Polymerisationsgradverteilung* (Abb. 2.3), was

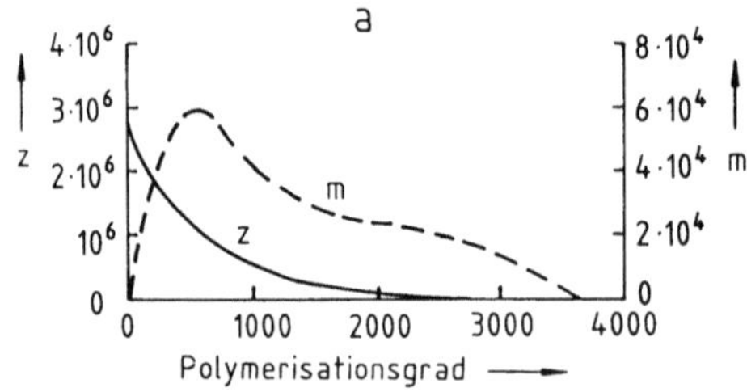

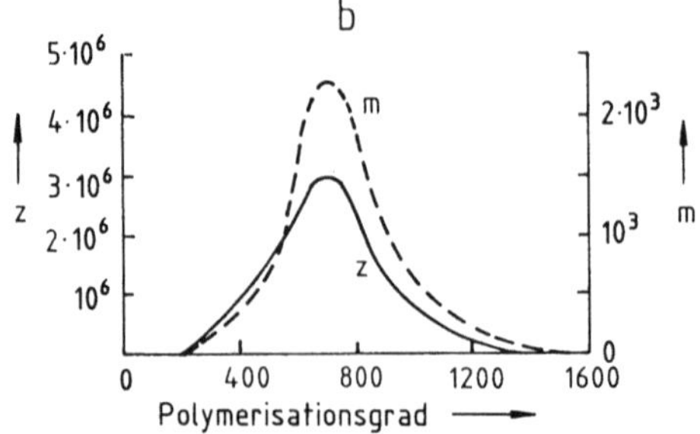

Abb. 2.3. Polymerisationsgradverteilungen (nach Schulz) auf Grund der Molekülanzahl z bzw. der Molekülmasse m (absolute Häufigkeit) für Polyisobutylen (**a**) und Nitrocellulose (**b**)

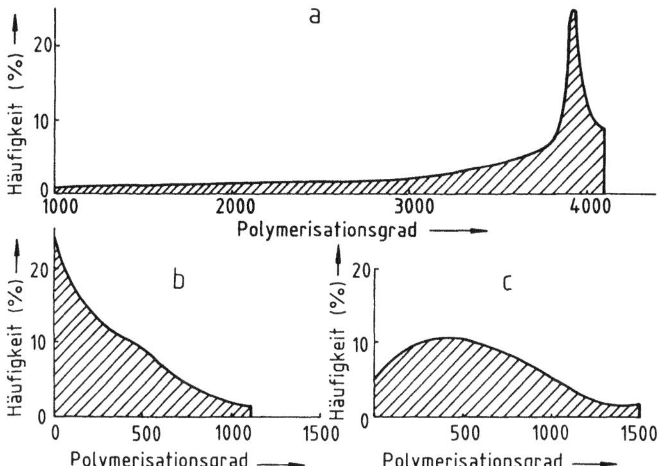

Abb. 2.4. Polymerisationsgradverteilungen auf Grund der Molekülmasse m (relative Häufigkeit) für Baumwolle (nach Dolmetsch) (**a**), Viskose (nach Cumberbirch) (**b**) und Cupro (nach Cumberbirch) (**c**)

relativ zeitaufwendig ist. Derartige Verteilungskurven lassen sich durch fraktionierte Auflösung in verschiedenen Mischungen aus Lösemittel und Nichtlöser erhalten, da die Löslichkeit der Makromoleküle mit steigendem Polymerisationsgrad geringer wird. Eine einfache und schnelle Methode zur Bestimmung der Molmassenverteilung stellt die Gelpermeationschromatographie dar. Eine enge und gleichmäßige Verteilung ist für die physikalischen und technologischen Eigenschaften vorteilhafter als eine zu breitgezogene und ungleichmäßige Verteilung (Abb. 2.4).

Meist begnügt man sich aber mit dem Durchschnittswert des Polymerisationsgrades bzw. der Molmasse. Die verschiedenen praktischen Meßmethoden führen allerdings zu unterschiedlichen Mittelwerten. Spricht die Meßmethode auf die Anzahl der einzelnen Polymerhomologen an (z. B. osmotische Messungen, Endgruppenbestimmung), so erhält man das Zahlenmittel $\bar{z}$. Ist der gemessene Effekt proportional der Teilchenmasse bzw. Teilchengröße (Lichtstreuung, Trübungstitration, chromatographische Verfahren, bedingt Viskositätsmessungen), so mißt man das Massenmittel $\bar{m}$

$$\bar{z} = \frac{\sum n_i \cdot P_i}{\sum n_i}, \tag{2.4}$$

$$\bar{m} = \frac{\sum c_i \cdot P_i}{\sum c_i}. \tag{2.5}$$

n_i molarer Anteil (bzw. äquivalente Anzahl) der Moleküle mit dem Polymerisationsgrad P_i

c_i Massenkonzentration der Moleküle mit dem Polymerisationsgrad P_i

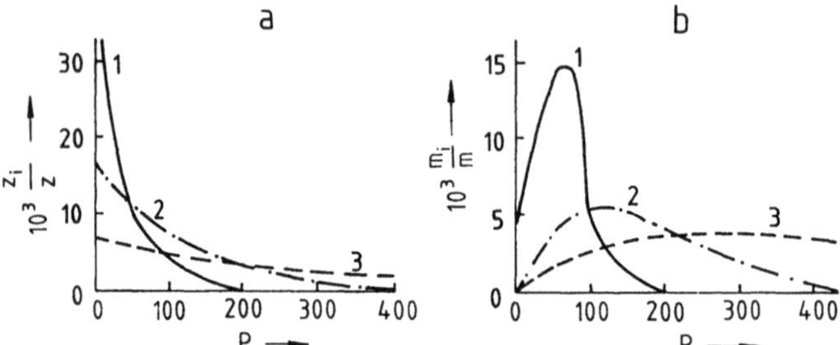

Abb. 2.5. Polymerisationsgradverteilungen für lineare Polykondensate (nach [4]) auf Grund der Molekülanzahl (**a**) und der Molekülmasse (**b**) für verschiedene Umsätze p; *1* 0,96, *2* 0,9875, *3* 0,995

Es gilt $\bar{m} \geq \bar{z}$. Je uneinheitlicher ein Polymerisat ist, um so mehr weicht der Quotient $\bar{m}/\bar{z}$ von 1 ab. Deshalb ist es erforderlich anzugeben, nach welcher Meßmethode der *DP* ermittelt wurde. In der normalen Prüfpraxis, die sich für verarbeitungs- bzw. anwendungsbedingte *DP*-Veränderungen interessiert, werden vorwiegend viskosimetrische Verfahren angewendet.

Im Zusammenhang mit den Polykondensations- und radikalischen Polymerisationsprozessen, die zu „Schulz-Flory-Verteilungen" führen, ist Abb. 2.5 von Interesse, die Verteilungskurven für lineare Polykondensate bei unterschiedlichen Umsätzen in der Darstellung der Zahlen- sowie der Massenhäufigkeit enthält [4]. Danach nimmt die Anzahl der Makromoleküle desselben Polymerisationsgrades mit zunehmendem Polymerisationsgrad unabhängig vom Umsatz ab. Dagegen durchläuft die Massen- bzw. Monomerenhäufigkeit je Polymer eines bestimmten Polymerisationsgrades ein Maximum. Dieses wird mit zunehmendem Umsatz zu höheren Polymerisationsgraden verschoben, wobei die Verteilung breiter wird. Das Maximum wird also durch die Makromoleküle gebildet, die aus relativ vielen Monomeren aufgebaut sind und zahlenmäßig häufig vorkommen. Der Kurvenverlauf für die radikalische Polymerisation ist prinzipiell ähnlich; die Form wird dabei vor allem durch die Art der Abbruchreaktion bestimmt.

Unter *Konfiguration* eines Moleküls wird die räumliche Anordnung der Substituenten um ein bestimmtes Atom verstanden. Die Konfiguration wird durch die Verknüpfung der Monomere während der Synthesereaktion festgelegt, d. h. die Umwandlung unterschiedlicher Konfigurationen ineinander ist nur unter Lösen und Neuverknüpfen von chemischen Bindungen möglich. Makromoleküle gleicher chemischer Zusammensetzung, aber unterschiedlicher Konfiguration, sind z. B. bei der Verknüpfung von Bausteinen des Typs

$$-CH_2-CH- \atop {\displaystyle | \atop \displaystyle R} \tag{2.6}$$

zu erwarten. In der Regel entstehen durch Kopf/Schwanz-Verknüpfung sog. reguläre Polymere. Sind die Seitengruppen räumlich statistisch verteilt, so spricht man von ataktischen Polymeren. Liegt bezüglich der Anordnung der

Substituenten eine geordnete Struktur vor, so handelt es sich um taktische oder auch stereoreguläre Polymere. Letztere entstehen durch sog. *stereospezifische Polyreaktionen*. Sind dabei alle Seitengruppen im Molekül nach einer Raumrichtung orientiert und befinden sich auf der gleichen Seite der durch das vollgestreckte C−C-Gerüst definierten Ebene, so entsteht ein isotaktisches Polymer. Wenn die Raumrichtung regelmäßig wechselt, liegt ein syndiotaktisches Polymer vor.

Die Ursache für diese räumliche Isomerie ist begründet in der tetraedrischen Substituentenanordnung am sp^3-Kohlenstoffatom. Da seine vier Substituenten unterschiedlich sind, wird es zu einem Stereoisomeriezentrum. Bei gleicher Konstitution können sich also zwei räumliche Anordnungen ausbilden, die spiegelbildlich sind. Bei Polymeren führen diese Asymmetriezentren im Gegensatz zu niedermolekularen Verbindungen nicht zu optischer Aktivität. Man bezeichnet diese C-Atome deshalb als pseudoasymmetrisch ($-C^*-$):

$$\sim CH_2 - \overset{\displaystyle \overset{H}{|}}{\underset{\displaystyle \underset{R}{|}}{C^*}} - CH_2 - \overset{\displaystyle \overset{H}{|}}{\underset{\displaystyle \underset{R}{|}}{C^*}} \sim \tag{2.7}$$

Die Taktizität der Polymeren, die also auf die regelmäßige Folge pseudoasymmetrischer Kohlenstoffatome zurückzuführen ist, kann man, wie Abb. 2.6 zeigt, auf die Papierebene projizieren.

Die Stereoregularität bzw. die Taktizität der Polymere ist eine notwendige, jedoch nicht immer hinreichende Voraussetzung für die Fähigkeit zur Kristallisation. Als Maß für die Stereoregularität eines Polymeren gilt sein *Taktizitätsgrad*. Dieser ergibt sich aus der Verteilung von Sequenzen syndio- oder isotaktischer Folgen, d.h. aus der Wahrscheinlichkeit für das Auftreten sog. Diaden, Triaden, Tetraden usw. bestimmter Konfigurationen [5, 6]. Der Einfluß des Taktizitätsgrads auf die Eigenschaften, wie z.B. Kristallinität und damit Festigkeit, Beständigkeit, Löslichkeit, wird insbesondere am Beispiel des Polypropylens und Polyacrylnitrils deutlich (Abschn. 2.6).

Experimentell ist die Konfiguration durch eine Reihe absoluter bzw. relativer Meßmethoden zugänglich, wie Röntgenographie, Kernresonanzspektroskopie, Infrarotspektroskopie (in speziellen Fällen durch Fällungstitration bzw. anhand der Dipolmomente, Strömungsdoppelbrechung und Verseifungsgeschwindigkeit) [6].

Unter *Konformation* versteht man die bevorzugte Raumlage von Atomgruppen, die als Folge der freien Drehbarkeit von −C−C-Bindungen möglich ist. Prinzipiell können verschiedene Konformationen ohne Lösen chemischer Bindungen durch Drehung ineinander überführt werden. Die Raumlage wird dabei durch den Rotationswinkel (auch Azimutwinkel oder Torsionswinkel) und ein bestimmtes, von dem Drehwinkel abhängiges Energieniveau ausgedrückt. Infolge z.B. der Wärmebewegung ändert sich die Konformation zeitlich. Bindungswinkel und -längen kann man jedoch in diesem Fall in guter Näherung als konstant betrachten. Um verschiedene Konformationsisomere

$$
\begin{array}{ccccccc}
H & H & H & H & R & H & H \\
| & | & | & | & | & | & | \\
-C- & C- & C- & C- & C- & C- & C- \\
| & | & | & | & | & | & | \\
R & H & R & H & H & H & R
\end{array}
\qquad \text{ataktisch}
$$

$$
\begin{array}{ccccccc}
H & H & H & H & H & H & H \\
| & | & | & | & | & | & | \\
-C- & C- & C- & C- & C- & C- & C- \\
| & | & | & | & | & | & | \\
H & R & H & R & H & R & H
\end{array}
\qquad \text{isotaktisch}
$$

$$
\begin{array}{ccccccc}
H & H & R & H & H & H & R \\
| & | & | & | & | & | & | \\
-C- & C- & C- & C- & C- & C- & C- \\
| & | & | & | & | & | & | \\
R & H & H & H & R & H & H
\end{array}
\qquad \text{syndiotaktisch}
$$

Abb. 2.6. Fischer-Projektion des Kettensegmentes eines Vinylpolymers

in Substanz isolieren zu können, muß deren Rotationsbarriere mehr als $65-85\ \text{kJ} \cdot \text{mol}^{-1}$ je Bindung betragen [6].

In der makromolekularen Chemie betrachtet man neben der Konformation um eine Einfachbindung (Mikrokonformation) auch die „Bruttokonformation", d. h. die Gestalt des gesamten Makromoleküls (Makrokonformation). Die Bruttokonformation von Polymeren kann sich in Lösung und im festen Zustand wesentlich unterscheiden und folgt statistischen Gesetzen. Allgemein versucht man die Bruttokonformation aus der Mikrokonformation und die wiederum aus der chemischen Struktur abzuleiten. Prinzipiell sollte sich die Konformation eines Moleküls aus den Wechselwirkungseffekten bei Beachtung eventueller sterischer Behinderungen berechnen lassen. Eine exakte quantenmechanische Berechnung aller Wechselwirkungen ist jedoch selbst für das relativ einfache Ethanmolekül noch nicht gelungen, so daß man sich in der Regel auf Näherungen stützen muß.

Jeder Konformation ist ein Energiepotential zuzuordnen. Als Potentialschwelle wird dabei die Energiedifferenz zwischen dem höchsten Maximum und dem niedrigsten Minimum bezeichnet. Je niedriger eine Potentialschwelle ist, um so leichter ist der Übergang von einer Konformation in die andere möglich, das Makromolekül wird damit beweglicher, flexibler (Abb. 2.7). Die Höhe der Potentialschwelle nimmt mit abnehmendem Bindungsabstand der Kettenatome und mit zunehmender Substitution (sterische Hinderung) zu, das Makromolekül wird damit steifer (Tabelle 2.4).

Für hohe *Flexibilität der Makromoleküle* sind grundsätzlich verantwortlich:
- großer Bindungsabstand der Kettenatome (niedrige Potentialschwelle),
- viele konkurrierende Lagen (gleiche Konformationsenergie) bei gleichen Substituenten,

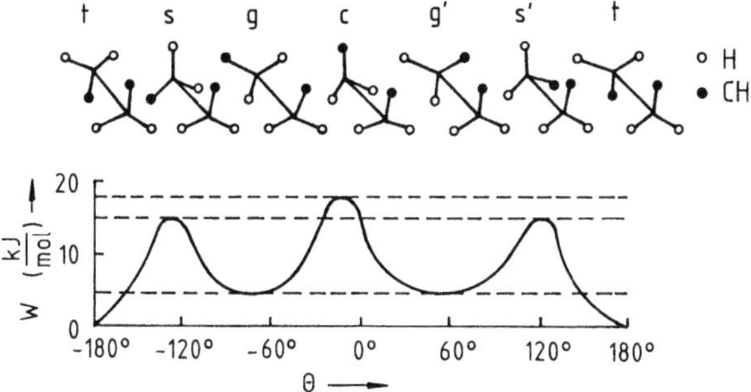

Abb. 2.7. Konformationen und Potentialschwellen der CH_2-CH_2-Bindung beim Butan $(CH_3-CH_2-CH_2-CH_3)$ als Funktion des Rotationswinkel θ zwischen den Methylengruppen [6]. t *trans* (gestaffelt, auf Lücke), g, g' *gauche* (schief), s, s' *schief* (teilweise verdeckt), c *cis* (ekliptisch)

Tabelle 2.4. Potentialschwelle bei Rotation um die mit Pfeil gekennzeichneten Bindungen ausgewählter Moleküle (nach [6])

Verbindung	Potentialschwelle kJ · mol⁻¹	Bindungsabstand nm
H_3C — OH	4,5	0,144
H_3Si — SiH_3	4,2	0,234
H_3C — SiH_3	7,1	0.193
H_3C — CH_3	12,3	0,154
H_3C — CH_2 - CH_3	14,9	0,154
H_3C — C(—H)(CH₃)CH₃	16,3	0,154
H_3C — C(—CH₃)(CH₃)CH₃	20,1	0,154
Cl_3C — CCl_3	42,0	0,154

- geringe Substitution bzw. kleine Substituenten (sterische Hinderung),
- geringe Potentialunterschiede zwischen *gauche*- und *trans*-Lagen infolge starker Bindungsorientierung.

Die Konformation von Makromolekülen im kristallinen Zustand wird vorwiegend von den intracatenaren Kräften (Kräfte innerhalb einer Kette) bestimmt. Intercatenare Kräfte (Kräfte zwischen den Ketten) beeinflussen, besonders bei flexiblen Ketten, die gegenseitige Packung der Ketten. Die Konformation wird vermutlich durch das Äquivalenzprinzip (die Konformation einer Kette wird durch die Aufeinanderfolge gleicher Struktureinheiten bestimmt, wobei diese geometrisch äquivalente Stellungen bezüglich der kristallographsichen Achse einnehmen) und das Prinzip der kleinsten intracatenaren Konformationsenergie (im Kristall nimmt eine isolierte Kette die Konformation mit der geringsten Energie ein, die mit dem Äquivalenzprinzip noch verträglich ist) geregelt. Mit diesen beiden Prinzipien und den bekannten van der Waals-Radien der Substituenten läßt sich die Konformation von Polymeren im kristallinen Zustand abschätzen [6].

Im Falle des Polyethylens beträgt z. B. der van der Waals-Radius der H-Atome 0,12 nm. Aus dem Bindungsabstand der C-Atome von 0,154 nm und dem $C-C-C$-Valenzwinkel von 109,6° folgt, daß die H-Atome benachbarter C-Atome bei einer *trans*-Stellung 0,25 nm entfernt sind. Dieser Abstand ist größer als die Summe der van der Waals-Radien von 0,24 nm. Erst bei Annäherung bis auf den van der Waals-Radius beginnen sich die Atome gegenseitig infolge der Wechselwirkung der Elektronen, die hauptsächlich abstoßend wirkt, zu stören. Polyethylen weist deshalb im ideal-kristallinen Zustand eine sog. *all-trans*-Konformation (*gestreckte Zickzackform*) auf (Abb. 2.8). Diese entspricht dem Potentialminimum. Beim Übergang zur *gauche*-Konformation wird der Abstand der CH_2-Gruppen etwas kleiner und die Konformationsenergie erhöht sich.

Existieren Substituenten, wie $-F$, $-CH_3$, $-CN$, bei denen die Summe der van der Waals-Radien die Abstände der benachbarten Kettenatome übersteigt, so weichen die Makromoleküle durch Veränderung des Rotationswinkels aus der idealen *all-trans*-Lage in eine *Helix-Konformation* aus (s. Abb. 2.8). Hierbei vergrößert sich der Abstand der Substituenten. Wenn

planare *all-trans*-Konformation   Helix-Konformation

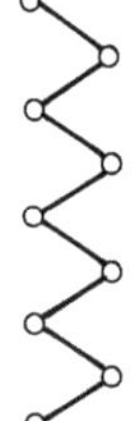
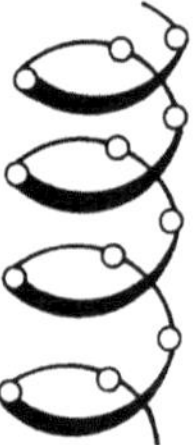

Abb. 2.8 Schematische Darstellungen der beiden Bruttokonformationsmöglichkeiten von Kettenmolekülen im kristallinen Zustand

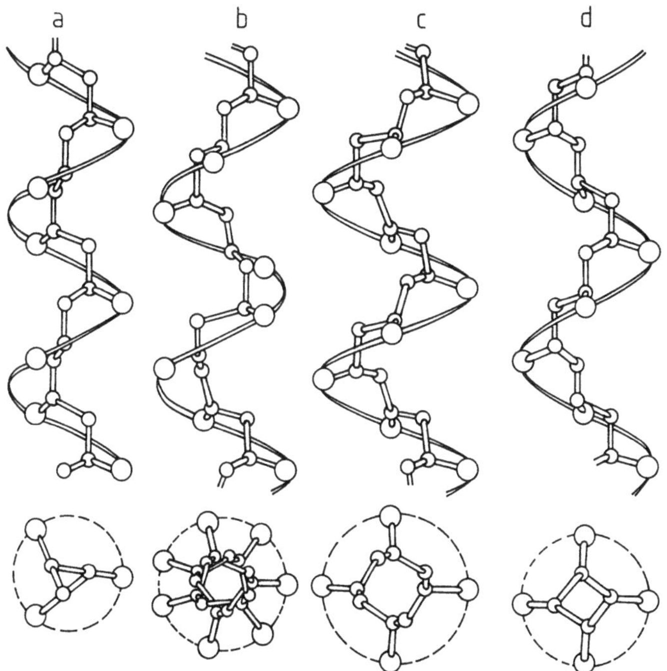

Abb. 2.9. Schematische Darstellung der Helix-Typen verschiedener isotaktischer Polymerer $+CH_2-CHR+_n$ (nach Natta, Corradini, Bassi in [6]). **a** 3_1-Helix; **b** 7_2-Helix; **c** 4_1-Helix; **d** 4_1-Helix

zwei *gauche*-Lagen möglich sind, können rechts- und linksdrehende Helices existieren [6]. Helices werden durch die Größe „p_q" gekennzeichnet, wobei p die Anzahl Grundbausteine je q Windungen angibt, nach denen die Ausgangslage wieder hergestellt ist. Isotaktisches Polypropylen z. B. bildet eine 3_1-Helix (Abb. 2.9). Von Superhelices spricht man beispielsweise, wenn ein oder zwei Helices ineinandergewunden vorliegen (z. B. Doppelhelix DNS).

Im kristallinen Zustand wird die Bruttokonformation durch die Bindungsorientierung und durch die Wechselwirkung zwischen den Substituenten bestimmt. Im Falle der *trans-gauche*-Konformation des Polyethylenterephthalats liegt in den kristallinen Bereichen ausschließlich die *trans*-Konformation vor, während in den nichtkristallinen Bereichen die trans- neben der überwiegenden *gauche*-Konformation auftritt. Es ist anzunehmen, daß der kristalline Zustand der energieärmsten Konformation entspricht.

Die lineare eindimensionale Ordnung der Kette im Kristall kann in Lösung nur erhalten bleiben, wenn die intramolekularen Kräfte stärker als die desorientierenden Kräfte der thermischen Bewegung sind. Hinzu kommt der Einfluß durch Solvatation, wobei der Energieunterschied zwischen den *trans*- und *gauche*-Konformationen geringer wird. Es treten also häufiger *gauche*-Konformationen auf. Diese „Knicke" in der Kette erhöhen die Entropie und begünstigen den gelösten Zustand. Unsubstituierte Ketten werden daher in

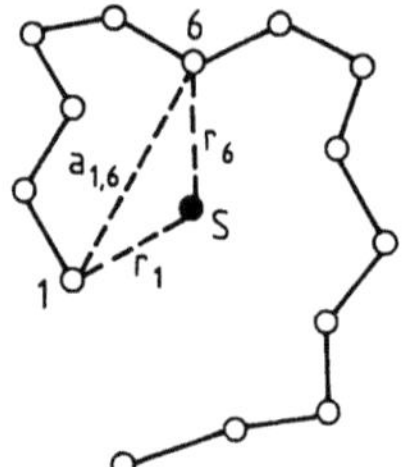

Abb. 2.10. Schematische Darstellung eines Knäuelmoleküls; a Abstand der Bindeglieder, r Trägheitsradius, S Schwerpunkt

Lösung in einer unregelmäßigen Konformationsfolge vorliegen. Polyethylen geht beim Lösen z. B. aus der regelmäßigen *all-trans*-Konformation in die Form eines sog. *„statistischen Knäuels"* über. Ein derartiges knäuelförmiges Makromolekül in Lösung kann z. B. durch seinen Fadenendenabstand a oder seine Trägheitsradien r charakterisiert werden [6] (Abb. 2.10).

In Tabelle 2.5 sind die Molekülanordnungen einiger wichtiger faserbildender Polymere dargestellt. Die Konformationsmöglichkeiten im Polymeren stehen im Zusammenhang mit seiner Flexibilität bzw. mit der Beweglichkeit von Kettensegmenten. Diese wiederum bestimmt mit die Schmelztemperatur, die Schmelzviskosität und das Kristallisationsverhalten und damit indirekt alle Eigenschaften, die mit dem kristallinen Zustand zusammenhängen.

An kristallisierten Makromolekülen sind röntgenographische Konformationsbestimmungen möglich, wenn der größte Teil der Grundbausteine in der gleichen Konformation vorliegt und diese Konformation zudem regelmäßig zueinander angeordnet ist. Auch spektroskopische Methoden liefern Aussagen über die Anteile unterschiedlicher Konformationen (z. B. sind mittels der Infrarotspektroskopie im Falle des Polyethylenterephthalats Bestimmungen der *trans*- bzw. *gauche*-Konformationsanteile möglich) [6].

2.3 Übermolekulare Ordnungszustände

Für die Eigenschaften von faserbildenden Polymeren ist ebenfalls ihre übermolekulare bzw. physikalische Struktur von ausschlaggebender Bedeutung. Sie ist ein Ausdruck dafür, wie sich die Einzelmoleküle zueinander organisiert haben bzw. welche Raumlagen sie – meist unter dem Einfluß der äußeren Bedingungen des Faserbildungsprozesses und der Folgeverarbeitung (z. B. Recken) – eingenommen haben. Erst das kooperative Wirken mehrerer Makromoleküle führt zu den spezifischen Polymereigenschaften.

Für die Bildung makromolekularer Festkörper, in der Regel aus der Schmelze oder Lösung, sind ein Entropiefaktor, der für eine gewisse Verknäuelungstendenz verantwortlich ist und den Zustand der größtmöglichen Unordnung anstrebt, sowie ein Energiefaktor, der durch die gegenseitige Wechselwirkung der Molekülketten verursacht wird, von Bedeutung. Überwiegt der Entropiefaktor, so ist die übermolekulare Struktur wenig ausge-

Tabelle 2.5. Molekülanordnung der wichtigsten faserbildenden Polymere im festen Zustand

Polymer	Faser	Konfiguration	bevorzugte Bruttokonformation	Mikrokonformation
Cellulose	CO, CV	–	linear gestreckte Konformation	Sesselkonformation
Keratin	WO	–	α-Helix $(3,6_1)$	–
Fibroin	SE	–	etwa linear gestreckte Konformation	–
Polyethylen	PE	–	linear gestreckte Zickzack-Konformation (*all-trans*-Konformation)	–
Polypropylen	PP	isotaktisch	3_1-Helix	–
Polyethylen-terephthalat	PES	–	linear gestreckte Konformation	*trans*-Konformation *gauche*-Konformation (energiereicher)
Polyamid 6	PA 6	–	linear gestreckte Konformation	–
Polyacrylnitril (radikalisch polymerisiert)	PAN	heterotaktisch (ataktische Kettenmoleküle mit Sequenzen isotaktischer und syndiotaktischer Konfiguration)	unregelmäßige Helix	–

prägt, es liegt ein Polymer mit kautschukartigen Eigenschaften vor. Bilden sich starke intermolekulare Wechselwirkungen aus, so entstehen Polymere mit einem hohen Ordnungsgrad, die meist zur Faserbildung geeignet sind. Unter dem Einfluß der intermolekularen Wechselwirkungen wird die Struktur durch die Packung der Makromoleküle und durch den Orientierungsgrad kristalliner Bereiche sowie der Molekülsegmente, Einzelketten und Aggregate in den nichtkristallinen Bereichen geprägt.

2.3.1 Intermolekulare Wechselwirkungen

Bei gegenseitiger Annäherung der Makromoleküle treten diese zunehmend in Wechselwirkung, wobei Anziehungs- und Abstoßungskräfte wirksam werden. Diese lassen sich auf die in den Makromolekülen vorhandenen elektrischen Ladungen zurückführen. In Abhängigkeit von der Beweglichkeit und von eventuellen sterischen Behinderungen durch Seitengruppen sowie von den äußeren Bedingungen, wie Temperatur, Scherkräfte u. a., sind die Makromoleküle bemüht, eine Lage einzunehmen, die durch ein Energieminimum (im besten Falle der kristalline Zustand) gekennzeichnet ist. In Abb. 2.11 wird am Beispiel der Atome 1 und 2 gezeigt, wie sich als Funktion des gegenseitigen Abstandes a die Spannung σ und die Energie W verändern und sich im Falle a_0 ein Energieminimum in Form einer Potentialmulde ausbildet. Die Potentialmulde verdeutlicht zugleich, warum ein Material nicht nur dem Zerreißen, sondern auch dem Zusammendrücken Widerstand leistet. Bei $a_{\sigma\,max}$ wird mit σ_{max} gewissermaßen die Fließgrenze erreicht. Die bei a_0 an die σ-Kurve angelegte Tangente soll nach de Boer den Modul m ergeben [7].

In Tabelle 2.6 sind die prinzipiellen Arten der intermolekularen Wechselwirkungen bei punktförmiger Berührung und in Tabelle 2.7 die für die wichtigsten textilen Faserstoffe maßgebenden Wechselwirkungen zusammengestellt. Die

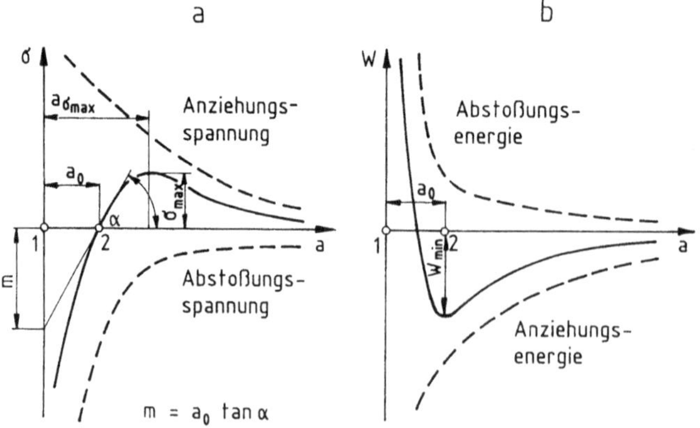

Abb. 2.11. Spannungs- und Energieverhältnisse zwischen zwei Atomen (nach Houwink). **a** Spannung $\sigma = f(a)$; **b** potentielle Energie $W = f(a)$ – Potentialmulde; a_0 Gleichgewichtslage

Tabelle 2.6. Arten der intermolekularen Wechselwirkungen (nach [20])

Art der Kräfte	Wechselwirkung zwischen	Für die Kräfte maßgebende Molekülkonstanten	Formelmäßige Darstellung	Temperaturabhängigkeit	Kräfte treten auf bei
Dispersionskräfte[a]	atomaren Dipolen	α, I	$\dfrac{\alpha^2 \cdot I}{a^7}$	schwach	unpolaren und polaren Molekülen
Richtkräfte[a]	permanenten Dipolen	μ	$\dfrac{\mu^2}{a^4}$	stark	polaren Molekülen
Induktionskräfte[a]	primären und induzierten Dipolen	α, μ	$\dfrac{\alpha \cdot \mu^2}{a^7}$	schwach	polaren Molekülen
π-Elektronenwechselwirkungen	p-Phenylengruppen				Phenylengruppen enthaltenden Molekülen
Wasserstoffbrücken[b]	OH- oder NH-gruppen einerseits und O- oder N-Atomen andererseits	Acidität des H-, Basizität des Partner-O- oder N-Atoms		stark	Alkoholen (z. B. Cellulose), Säuren, Aminen, Amiden, Iminen u. a.
Ionen-Ionen-Wechselwirkungskräfte (Coulombsche Kräfte)	Ionen	e, ε	$\dfrac{e^2}{\varepsilon \cdot a^2}$	schwach	dissoziierten Molekülgruppen
Ionen-Dipolkräfte	Ionen und Dipolen	e, μ	$\dfrac{e \cdot \mu}{\varepsilon \cdot a^3}$	mittelstark	
Ionen-Induktionskräfte	Ionen und polarisierbaren Atomen	α, e	$\dfrac{\alpha \cdot e^2}{\varepsilon \cdot a^5}$	schwach	

[a] van der Waalssche Kräfte
[b] Kohäsionsenergie der Wasserstoffbrücken: etwa $25\,\text{kJ} \cdot \text{mol}^{-1}$ (d. h. 2- bis 3mal höher als van der Waalssche Kräfte und 1–2 Zehnerpotenzen geringer als homöopolare Bindungen)

μ Dipolmoment I Ionisierungsenergie
α Polarisierbarkeit e Ladung
ε Dielektrizitätszahl a Abstand der Molekülgruppen

Tabelle 2.7. Für Struktur und Eigenschaften wichtiger Fasern maßgebende intermolekulare Wechselwirkungen

Polymer	Faser	Wechselwirkung bzw. Bindung	Beteiligte Atome bzw. Molekülgruppen
Cellulose	CO CV CMD CUP	Wasserstoffbrücken	Hydroxylgruppen
Keratin Fibroin (keine Disulfidbrücken)	WO SE	Ionen-Ionen-Wechselwirkungen (= Salzbrücken) Wasserstoffbrücken Disulfidbrücken hydrophobe Wechselwirkungen	Amino- und Carboxylgruppen Carbonamid-, Hydroxyl-, Amino-, Carboxyl- und Imidazolgruppen S-Atome Methylgruppen
Polyethylenterephthalat	PES	π-Elektronenwechselwirkungen (Richtkräfte, Dispersionskräfte)	p-Phenylengruppen (Estergruppen, Methylengruppen)
Polyamid	PA	Wasserstoffbrücken	Carbonamidgruppen
Polyacrylnitril	PAN	Richtkräfte (= Dipolkräfte)	Nitrilgruppen
Polyurethan	EL	Wasserstoffbrücken	Urethangruppen
Polyethylen, Polypropylen	PE PP	Dispersionskräfte	CH_2-Gruppen

Dispersionskräfte sind z. B. im Falle von elektrisch neutralen Molekülen auf Ladungsfluktuationen zurückzuführen, die durch Elektronenbewegung entstehen. Die dadurch gebildeten fluktuierenden Dipole beider Moleküle beeinflussen sich gegenseitig. Dabei kommt es zu einer Phasenverschiebung und damit zu einer gegenseitigen Anziehung (Dispersions- oder Londonenergie). *Richtkräfte* kommen nur bei polaren Makromolekülen vor, wobei unsymmetrische Molekülgruppen permanente Dipole darstellen, die sich in Abhängigkeit von ihrem Abstand und der gegenseitigen Orientierung anziehen. Gerät durch Annäherung ein symmetrisches (elektrisch neutrales) Molekül in den Bereich des elektrischen Feldes eines permanenten Dipols, so kann das neutrale Molekül zu einem induzierten Dipol werden, was – wie oben dargestellt – zu einer Wechselwirkung zwischen dem permanenten und induzierten Dipol im Sinne einer Anziehung führt (*Induktionskräfte*). Die *π-Elektronenwechselwirkungen* sind den Dispersionskräften sehr ähnlich. Die *Wasserstoffbrücken* stellen im wesentlichen Richt(Dipol)kräfte relativ hoher Wechselwirkungsenergie dar, die immer dann entstehen, wenn sich zwei Dipole in Form einer elektronegativen Gruppe und einer unsymmetrischen Gruppe mit relativ locker gebundenem H-Atom nähern.

2.3.2 Packungs- bzw. Faserdichte

In Abhängigkeit von der Konformation, vom Volumen vorhandener Seitengruppen und vom Grad der jeweiligen Ordnung unter dem Einfluß äußerer Bedingungen können die Polymermoleküle unterschiedlich dicht gepackt vorliegen. Makromoleküle ohne Seitengruppen und in einer *all-trans*-Konformation werden dichter gepackt sein als Makromoleküle mit großen, sperrigen Substituenten als Helix oder in ataktischer Konfiguration. Innerhalb eines chemisch einheitlichen Polymers nimmt in der Regel die Dichte der Packung mit zunehmendem Kristallinitätsgrad zu.

Die Faserdichte ist über verschiedene Methoden (Schwebe-, Pyknometer-, Gradientenrohrmethode u. a.) experimentell erfaßbar und beeinflußt Eigenschaften wie z. B. Farbstoff- und Feuchteaufnahme, Quellbarkeit, Beständig-

Tabelle 2.8. Dichte von Polymeren und daraus hergestellten Fasern (nach [44])

Polymer/Faser	Dichte $g \cdot cm^{-3}$		als Faser
	amorph	kristallin	teilkristallin
Polypropylen, isotaktisch	0,854	0,937	0,90–0,93
Polyethylen, HD bzw. LD	0,855	1,000	0,91–0,96
Polyamid 6	–	–	1,14
Polyamid 6.6 (α-Modifikation)	1,069	1,220	1,14
Polyacrylnitril	–	–	1,17
Polyamid 4.6	–	–	1,18
Wolle	–	–	1,32
Acetat	–	–	1,32
Aramid (*Kermel*)	–	–	1,34
Seide, entbastet	–	–	1,37
Aramid (*Phenylon*)	–	–	1,37
Aramid (*Nomex*)	–	–	1,38
Polyvinylchlorid, nicht nachchloriert	–	–	1,38–1,40
Polyethylenterephthalat	1,335	1,455 (1,515)	1,38–1,44
Polyimid (*P 84*)	–	–	1,41
Aramid (*Durette*)	–	–	1,41–1,43
Polybenzimidazol (*PBI*-Faser)	–	–	1,43
Aramid (*Kevlar, Arenka*)	–	–	1,44
Polyvinylchlorid, nachchloriert	–	–	1,44
Polyoxadiazol (*Oxalon*)	–	–	1,45
Viskose	–	–	1,51
Cupro	–	–	1,52
Baumwolle	–	–	1,52
Kohlenstoff	–	–	1,70–2,00
Polytetrafluorethylen	–	–	2,10–2,30
Glas	–	–	2,40–2,54
Chrysotilasbest	–	–	2,50
Aluminium, legiert	–	–	2,75
Amphibolasbest	–	–	3,10
Titan, legiert	–	–	4,50
Bor	–	–	7,60
Stahl	–	–	7,80

keit, mechanische Eigenschaften mit. Tabelle 2.8 enthält eine Zusammenstellung der durchschnittlichen Dichten der wichtigsten Fasern sowie einige Extremwerte des jeweiligen Polymeren im vollkommen amorphen bzw. kristallinen Zustand.

2.3.3 Kristallinität

Unter der kristallinen Struktur von Polymeren versteht man die strenge räumliche (dreidimensionale) Anordnung von Kettenatomen bzw. Kettengliedern mehrerer linear gestreckter oder parallel gefalteter Makromoleküle bei maximal wirksamen inter- bzw. intramolekularen Wechselwirkungen und unter Ausbildung eines höchstmöglichen Ordnungsgrades. Bei der Ordnungsbildung, speziell der Kristallisation von Polymeren, zeigt sich, daß ein hoher Grad an Symmetrie der Makromoleküle und optimale kooperative Wirksamkeit der intermolekularen Wechselwirkungskräfte das Kristallisationsvermögen fördern, während sperrige, versteifende Seitengruppen und Kettenverzweigungen diesen Vorgang hemmen.
   Voraussetzung für stabile kristalline Bereiche sind
– eine möglichst dichtgepackte dreidimensionale Anordnung der Ketten und
– eine optimale Änderung der inneren Energie (Energieminimum).
Diese Voraussetzungen erfüllen stereoreguläre Polymere.

Die kleinste, sich periodisch wiederholende Kristalleinheit wird *Elementarzelle* genannt. Sie ist durch definierte Begrenzungsflächen und Winkel derselben zueinander charakterisiert. Im Falle der faserbildenden Polymeren werden in Abhängigkeit von der chemischen Struktur folgende Kristallgitterformen festgestellt: hexagonal, tetragonal, trigonal, rhombisch, monoklin und triklin. Kubische Gitter sind wegen der Anisotropie der Atomabstände nicht möglich.
   In realen faserbildenden Polymeren stellen die beiden Ordnungszustände „kristallin" (höchstmögliche Ordnung, Elementarzelle) und „amorph" (höchstmögliche Unordnung) die beiden Grenzzustände (*Zweiphasenmodell*) dar. Zwischen diesen sind alle Übergangsformen möglich. Es liegt insgesamt ein „partiell-kristalliner Zustand" unterschiedlichen Ordnungsgrades vor (Abb. 2.12).
   Nach Hosemann [8] handelt es sich dagegen bei der Molekülanordnung in realen faserbildenden Polymeren um eine „parakristalline Struktur" (*Einphasenmodell*). Während gemäß Abb. 2.13 beim idealen Kristallgitter keinerlei Abweichung von der periodisch regelmäßigen Anordnung der Bausteine eines kristallinen Festkörpers in allen drei Raumrichtungen auftritt, gibt es diese exakte Fernordnung der Gitterbausteine bei einem Parakristall nicht. Das parakristalline Gitter ist durch die Abstandsstatistiken eines Gitterbausteines zu seinen nächsten Nachbarn bestimmt.
   Faserbildende Polymere kristallisieren in Abhängigkeit von den Temperatur- und Orientierungsbedingungen in der Regel unvollkommen. Ursachen dafür sind vor allem

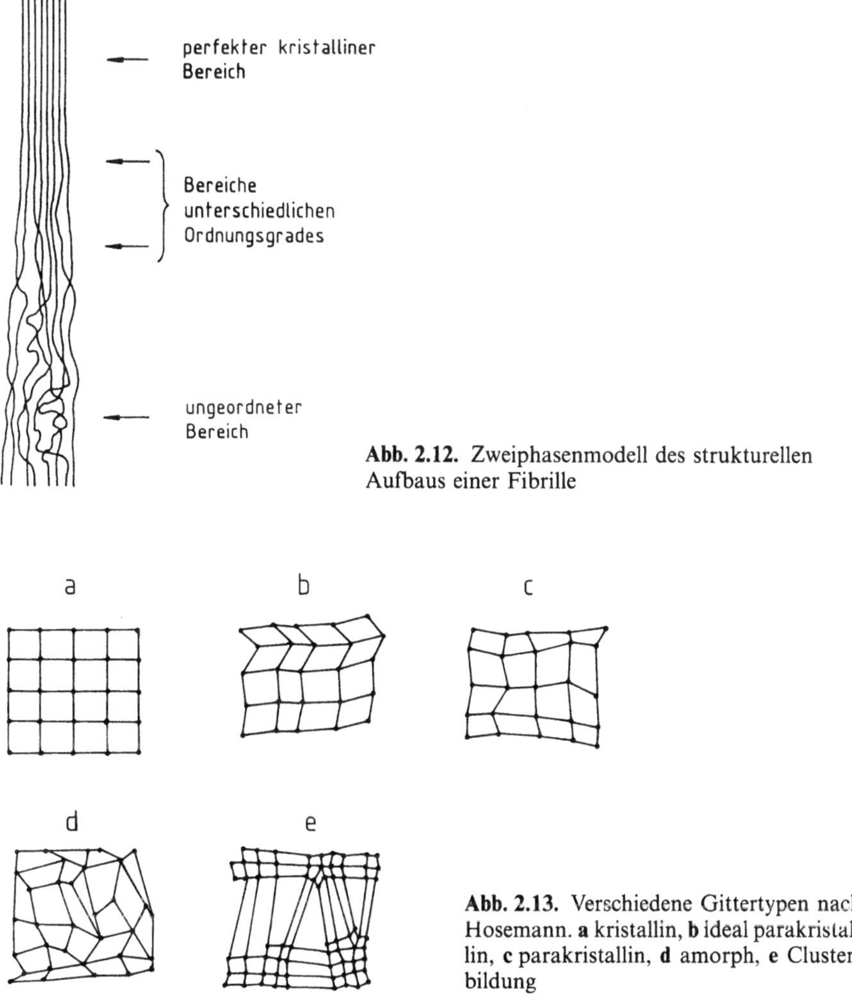

Abb. 2.12. Zweiphasenmodell des strukturellen Aufbaus einer Fibrille

Abb. 2.13. Verschiedene Gittertypen nach Hosemann. **a** kristallin, **b** ideal parakristallin, **c** parakristallin, **d** amorph, **e** Clusterbildung

- das Nichterreichen des thermodynamischen Gleichgewichts,
- das Vorliegen unterschiedlicher Kettenlängen und Kettenverschlaufungen,
- das Auftreten kinetischer Hemmungen.

Bei gegebener Temperatur resultiert die Kristallisationsgeschwindigkeit aus den Geschwindigkeiten der Keimbildung und des Wachsens der Keime zu morphologischen Strukturen [9]. Man unterscheidet
a) die homogene Keimbildung mit der Entstehung
   - athermischer Keime (durch Temperaturerniedrigung z. B. aus der Schmelze auf die Kristallisationstemperatur werden „Embryonen" als Kristallkeime sofort wachstumsfähig) und

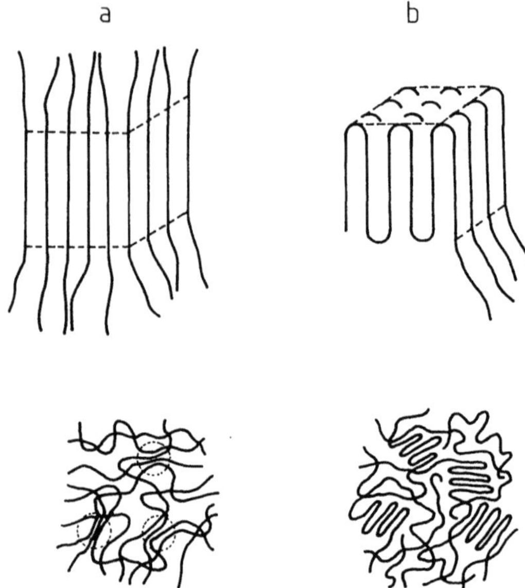

Abb. 2.14. Schematische Darstellung von Strukturen mit Fransenkristalliten (**a** unten) ausgehend von Fransenkeimen (oben) oder mit Faltungskristalliten (**b** unten) ausgehend von Faltungskeimen (oben)

 – thermischer Keime (wachstumsfähige Gebilde als Keime entstehen erst nach und nach durch Schwankungserscheinungen, dabei ist eine Inkubationszeit feststellbar);

b) die heterogene Keimbildung (der Aufwand an freier Enthalpie zur Bildung eines Kriställchens, z.B. aus der Schmelze, wird geringer und damit die Keimbildung bzw. Kristallisation beschleunigt, wenn eine oder mehrere seiner Begrenzungsflächen an der Gefäßwand, an Verunreinigungen bzw. an zugesetzten Kristallen desselben oder eines strukturell ähnlichen Stoffes anliegen).

Bei der Keimbildung können durch Zusammenlagerung von gestreckten Polymeren „*Fransenkeime*" oder von Kettensegmenten gefalteter Polymermoleküle „*Faltungskeime*" entstehen (Abb. 2.14), die in der resultierenden Polymerstruktur in der Regel als Fransen- bzw. Faltungskristallite wiederzufinden sind [13].

Bei der Kristallisation der Polymere lassen sich deutlich zwei Phasen, die Hauptkristallisation und die Nachkristallisation, unterscheiden (Abb. 2.15). Die Hauptkristallisation entspricht vorwiegend dem Wachsen der Keime zu morphologischen Gebilden, die Nachkristallisation hingegen der Erhöhung des Ordnungsgrades innerhalb dieser Gebilde.

Erfolgt die Ordnungsbildung isotrop, also ohne einen merklichen Orientierungseinfluß, so wachsen die Keime kugelförmig zu einem *Sphärolith* heran, d.h. es bilden sich vom Keim als Zentrum nach allen Raumrichtungen Lamel-

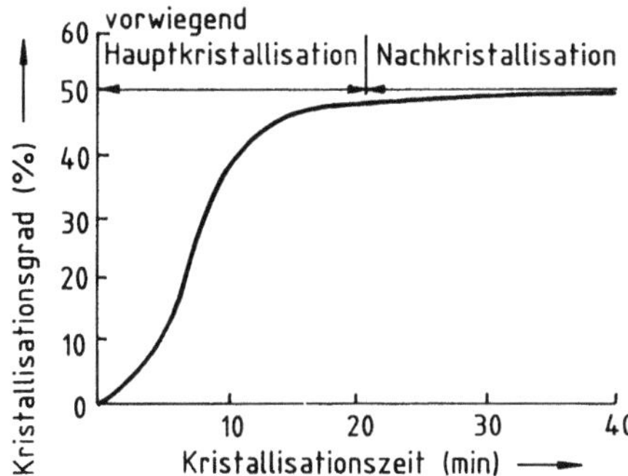

Abb. 2.15. Kristallisationsisotherme von Polyethylenterephthalat (nach [9])

Abb. 2.16. Schematische Darstellung eines Sphäroliths; a amorph, k kristallin

lenstrukturen aus, so daß der Sphärolith das gesamte Ordnungsspektrum von kristallin bis zu amorph enthält (Abb. 2.16). Die Sphärolithe wachsen während der Hauptkristallisation raumausfüllend aufeinander zu und berühren sich schließlich; unter gegenseitiger Deformation wird eine unregelmäßige Grenzschicht gebildet. Wird beim Tempern ausgehend vom festen Zustand die Temperatur für das Maximum der *Keimbildungs*geschwindigkeit hinreichend langsam durchlaufen, so entstehen sehr viele Keime; die Sphärolithe stoßen schon als kleine morphologische Gebilde aneinander, was zu einer sog. mikrokristallinen Struktur führt. Wird jedoch sofort die Temperatur für das Maximum der *Keimwachstums*geschwindigkeit gewählt, so entstehen nur wenige Keime, die sehr schnell zu großen Sphärolithen heranwachsen.

Erfolgt die Kristallisation aus der Schmelze unter starkem Orientierungseinfluß (z. B. Scherdeformation im Spinndüsenkanal), dann ist anzunehmen, daß die gebildeten Sphärolithe während des Wachstums zu Strukturen deformiert werden, die fibrillenähnlichen Aufbau zeigen, und daß danach die Bildung dieser *fibrillären Struktur* bevorzugt wird.

Im folgenden werden einige Modellvorstellungen der Struktur von Polymeren dargestellt. Abbildung 2.17a zeigt eine Struktur aus „Fransenmizellen" (nach Kratky), die vorwiegend für Naturfasern aus Cellulose angenommen wurde [10]. In Abb. 2.17b, c sind Fibrillenmodelle ohne und mit Kettenrückfaltungen dargestellt, wobei ersteres dann vorliegt, wenn sehr starke Orientierungskräfte wirken. Es kommt hierbei zur Ausbildung von „extended

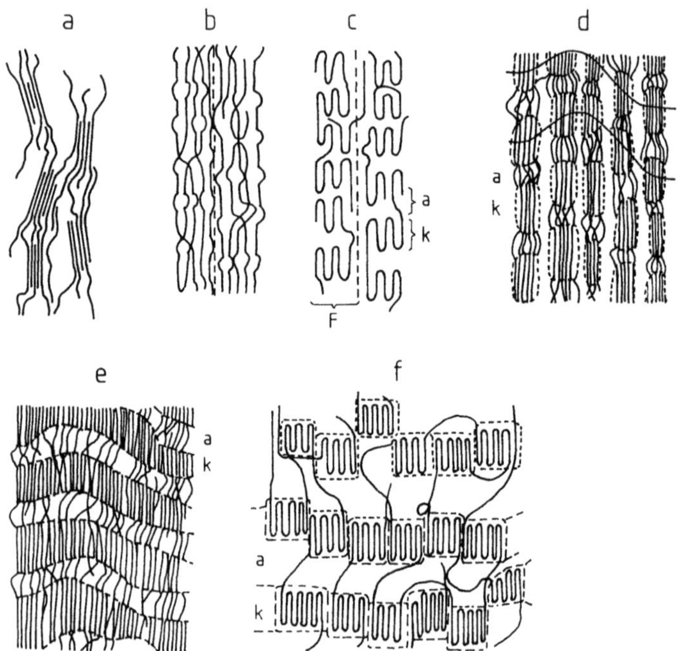

Abb. 2 17. Strukturmodelle verschiedener Autoren. **a** Fransenmizellen nach Kratky; **b** Fibrillenmodell ohne Kettenrückfaltungen nach Hess und Kiessig; **c** Fibrillenmodell mit Kettenrückfaltungen; **d** parakristallines Makrogitter nach Hosemann; **e** parakristallines Schichtgitter mit durchlaufenden Ketten und Kettenrückfaltungen nach Bonart; **f** Lamellenmodell nach Peterlin; a amorph, k kristallin, F Fibrille

chains", d.h. Polymerketten, die nahezu gestreckt parallel nebeneinander liegen.

Die Frage nach dem Bau der nichtkristallinen Zwischenschicht wird nach dem Modell der Fransenfibrillen so beantwortet, daß ein Teil der Makromoleküle an der Grenze eines Kristallits zur Seite biegt und nicht in den gegenüberliegenden Kristallit einmündet. Nach neueren Forschungsergebnissen [41] vereinigen sich jedoch die bändchenförmigen Cellulosemoleküle in Algen zu *einphasigen* kristallinen Mikrofibrillen, was auch für Baumwolle angenommen wird.

Nach Hosemann, Bonart, Keller wie auch nach Žurkov liegt im Kristallit eine gefaltete Konformation der Makromoleküle vor und nur ein Teil der Makromoleküle verbindet die Kristallite in Orientierungsrichtung. Die Festigkeit wird dabei von der Zahl der Ketten im Querschnitt der Fibrillen bestimmt. Parakristallin gestörte Gitter treten z. B. beim Polyethylen sowohl im Bereich atomarer als auch kolloidaler Dimensionen auf [9]. Bausteine der sog. Makrogitter (kolloidale Dimension), Abb. 2.17d, sind die Ultrafibrillen (einzelne Fibrille mit einem Durchmesser von etwa 10 nm). Je 4, 9 bzw. 16 Ultrafibrillen bilden Fibrillarstränge (Fibrillenbündel) mit einem Durchmesser von etwa 20, 30 bzw. 40 nm. Diese konnten röntgenographisch durch Analyse der

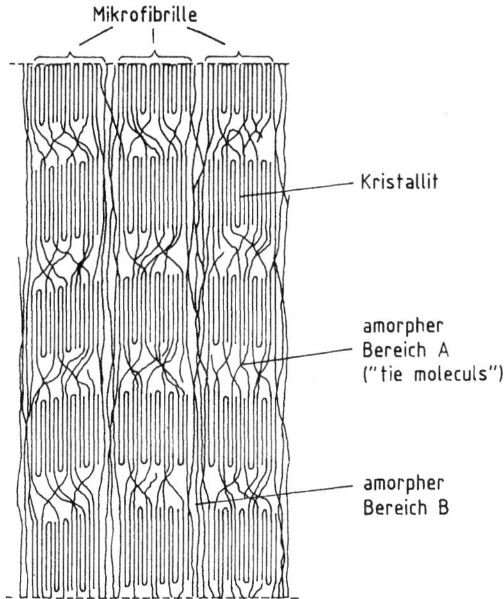

Abb. 2.18. Strukturmodell (für PA 6) nach Prevorsek (nach [14]). A Ungeordnete Ketten innerhalb der Mikrofibrillen, die die kristallinen Bereiche verbinden, B gestreckte ungeordnete Ketten im interfibrillären Raum

Kleinwinkelstreuung und in Auswertung von Weitwinkelreflexen gefunden werden. Wenn die geordneten Bereiche des parakristallinen Makrogitters nach Hosemann „seitlich zusammenkristallisieren" ergibt sich das parakristalline Schichtgitter nach Bonart (Abb. 2.17e). An dieses Strukturmodell lehnt sich die Lamellenanordnung des Modells nach Peterlin (Abb. 2.17f) an, die z. B. an Chemiefasern aus synthetischen Polymeren bei der Kristallisation aus der Schmelze möglich ist. Dieses Aufbauprinzip mittels Kettenfaltung läßt sich aus röntgenographischen und elektronenmikroskopischen Untersuchungen an Einkristallen aus Polyethylenterephtalat und anderen Polymeren ableiten [11, 12].

Das Modell nach Prevorsek [14] für synthetische Polymere (Abb. 2.18), z. B. für Polyamid 6 und Polyethylenterephthalat, benutzt Elemente der in Abb. 2.17 dargestellten Strukturmodelle. Es handelt sich dabei um ein *„Dreiphasenmodell"*, in dem neben der kristallinen und amorphen Phase (vorwiegend durch die „tie moleculs" repräsentiert, d. h. Moleküle, die verschiedene kristalline Bereiche verbinden) in Fibrillenlängsrichtung eine zweite amorphe Phase existiert. Diese besteht aus gestreckten, nichtkristallisierten Kettenmolekülen, die den seitlichen Raum zwischen den Fibrillen ausfüllen.

Abbildung 2.19 zeigt ein Strukturmodell, in dem links eine parakristalline Ultrafibrille, in der Mitte ein fast isolierter Einkristall (Kristallit) und außerdem alle möglichen Übergänge und Strukturdefekte zu erkennen sind. Diesem Modell lassen sich mit großer Näherung synthetische Polymere mit flexibler Kette, die aus der Schmelze kristallisieren, zuordnen.

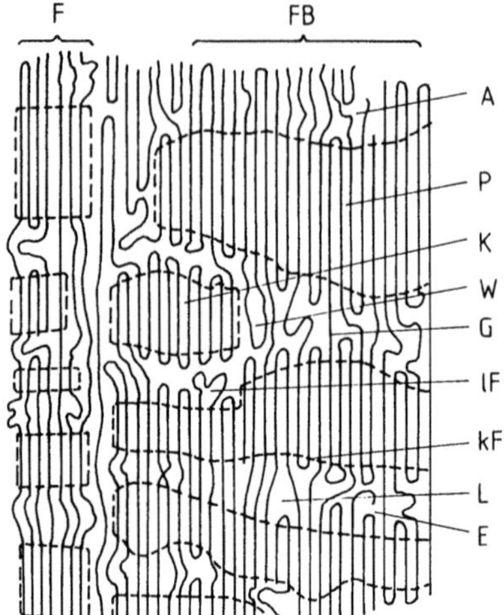

Abb. 2.19. Strukturmodell nach Hosemann (nach [34]). F einzelne Fibrille (kalt gereckt), FB Fibrillenbündel – seitlich zusammengebackene Fibrillen (warm gereckt), A amorpher Bereich, K Kristallit, P parakristallines Schichtgitter, W Kristallwachstum im geknäuelten Kettenmolekülbereich, G gerade durchlaufendes Makromolekül, kF Kettenfaltung mit kurzen Schleifen, lF Kettenfaltung mit langen Schleifen, E Ende eines Makromoleküls, L „Loch" (Hohlraum atomarer Dimension)

Besonderes Interesse haben neuerdings Polymersysteme gefunden, die in der Lage sind, *flüssig-kristalline Phasen* auszubilden. Niedermolekulare Stoffe mit diesen Eigenschaften fanden als LCD-Anzeigeelemente (LCD = liquid cristal diode) z. B. in Quarz-Digitaluhren weltweite Verbreitung. Inzwischen hat sich gezeigt, daß LC-Polymere (LCP) erstaunliche Eigenschaften in Kombinationen mit anderen Polymeren (Werkstoffe, Fasern usw.) bewirken und auch zur Selbstorganisation bzw. Selbstverstärkung befähigt sind [15, 16]. Derartige LCP stellen einen Übergang zwischen der dreidimensionalen regelmäßigen Struktur eines Kristalls und der Nahordnung der Molekülketten einer Schmelze bzw. Lösung im isotropen Zustand dar. Der entscheidende Unterschied zur üblichen Schmelze (thermotropes Polymer) bzw. Lösung (lyotropes Polymer) besteht in der Existenz einer Vorzugsorientierung für die molekularen Achsen innerhalb makroskopischer Bereiche bereits ohne äußere Krafteinwirkung. Eine schematische Darstellung der prinzipiell möglichen Kettenmolekülanordnungen zeigt Abb. 2.20. Grundsätzlich werden drei flüssigkristalline Phasen unterschieden, die nematisch, smektisch oder cholesterisch sein können [6, 45]. Im Falle nematischer Struktur weisen die Makromoleküle eine Vorzugsrichtung auf, in der smektischen Phase ordnen sich die Moleküle zu einer Schichtstruktur, während in der cholesterischen Phase die Makromolekülordnung durch periodische Verdrillungen gekennzeichnet ist.

Die anisotrope Schmelze bzw. Lösung ist gegenüber der isotropen, insbesondere bei hohem Schergefälle, durch eine vergleichsweise deutlich ernied------

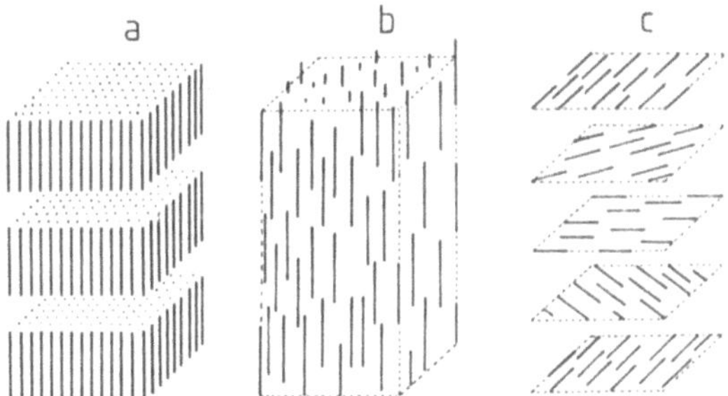

Abb. 2.20. Strukturmodell flüssig-kristalliner Phasen (nach [35]). **a** Smektisch; **b** nematisch; **c** cholesterisch

rigte Viskosität gekennzeichnet. Durch den Einfluß geringer äußerer Kräfte werden während eines Verformungsprozesses spontane Molekülorientierungen ausgelöst, die letztlich zu einer Makroorientierung und damit zu hohen Festigkeiten und Moduln führen. In diesem Sinn scheint insbesondere die nematische Struktur für die Erzielung optimaler mechanischer Eigenschaften geeignet zu sein, während die cholesterische, sofern die Verdrillungsperiode in der Größenordnung der Wellenlänge des sichtbaren Lichts liegt, interessante optische Eigenschaften aufweist.

Polymere mit flüssig-kristallinen Eigenschaften sind auf Grund ihrer chemischen Struktur durch eine spezielle geometrische Gestalt (Längen-Breiten-Verhältnis) und eine bestimmte Steifigkeit der Moleküle bzw. Kettensegmente charakterisiert. Polyethylen bzw. Polyethylenterephthalat sind zu flexibel, Poly(*m*-phenylenisophthalsäureamid) (*Nomex*) bzw. Poly(*p*-phenylenterephthalsäureamid) (*Kevlar*) genügen zwar den oben genannten Kriterien, jedoch sind sie auf konventionelle Weise nicht mehr zu verarbeiten. Man gelangt dagegen zu Polymeren mit flüssig-kristallinen Eigenschaften, die konventionell (z. B. aus der Schmelze) verarbeitbar sind, indem man versteifende Kettenglieder in die Hauptkette flexibler Polymere einbaut oder Gruppen mit der Tendenz zur Ausbildung flüssig-kristalliner Phasen als Seitengruppen an eine flexible Kette anbaut (kammartige Polymere). Beispielsweise erhält man derartige nematische Schmelzen aus einem Copolymer, welches aus Polyethylenterephthalat und mindestens 30 mol% p-Hydroxybenzoesäure besteht.

Über hochfeste Aramidfasern (eindimensionale Fibrillenstruktur) im Vergleich zu Kohlenstoffasern (zweidimensionale Schichtstruktur) und Glasfasern (dreidimensionale Struktur, isotrop) berichtet Heintze [17].

Es ist somit festzustellen, daß in den Polymeren in Abhängigkeit von den Kristallisationsbedingungen, wie Temperatur, Orientierungskraft, Zeit u. a., alle möglichen Ordnungszustände von vollständig ungeordnet (amorph) bis höchstmöglich geordnet (kristallin) vorliegen. In der Regel besteht kein Gleichgewichtszustand. Hinzu kommt, daß die angewandten Methoden zur Kristallinitätsgradbestimmung auf verschiedene Ordnungsgrade bzw. Polymermerkmale unterschiedlich ansprechen, so daß man mit verschiedenen

Tabelle 2.9. Meßmethoden zur Charakterisierung des übermolekularen Ordnungszustandes von Fasern (nach [27])

Methode	Strukturelement bzw. Strukturparameter, Charakterisierungsgröße	Dimension
Lichtmikroskopie	Faser	$> 2\,\mu m$
Elektronenmikroskopie (Raster-, Durchstrahlungs-)	Fibrillen, Lamellen	$>10\,nm$
Röntgen-Kleinwinkelstreuung	Hohlräume	$100-1\,nm$
Röntgen-Weitwinkelstreuung	kristalline Bereiche	$1-0,1\,nm$
Röntgen-Kleinwinkelstreuung	nichtkristalline Bereiche	$10-1\,nm$
Spektroskopie (IR-, Kernresonanz-)	Molekülgruppen, Segmentverteilung	
Röntgen-Weitwinkel- und Röntgen-Kleinwinkelstreuung	Orientierung der Lamellen, Kristallite	
IR-Spektroskopie, Doppelbrechungs- und Schallgeschwindigkeitsmessung	Orientierung der Molekülsegmente oder Molekülgruppierungen	
Differenz-Thermoanalyse, Differenz-Kalorimetrie	Glas-, Kristallisations-, Schmelz-, Zersetzungstemperatur und -wärme; Ordnungsgrad	
Dichtemessung	Packungsdichte, Ordnungsgrad	

Methoden an der gleichen Probe unterschiedliche Kristallinitätsgrade mißt. Ein absoluter Kristallinitätsgrad ist deshalb schwer zu definieren. Angaben zum Kristallinitätsgrad müssen sich immer auf definierte Kristallisationsbedingungen und auf die jeweilige spezielle Meßmethode beziehen [18].

Folgende Methoden werden vorwiegend zur Charakterisierung des Ordnungsgrades (Tabelle 2.9) angewendet:
- Röntgenographie (Röntgenkristallinität, Elektronenbeugung an Netzebenen),
- Dichtebestimmung (Dichtekristallinität, Packungsdichte),
- Differenz-Scanning-Kalorimetrie (DSC-Kristallinität, Kristallisationsenthalpie),
- Infrarotspektroskopie (IR-Kristallinität, Konformationszustand),
- indirekte Methoden, die davon ausgehen, daß verschiedene physikalische oder chemische Vorgänge in den geordneten und ungeordneten Bereichen eines Polymers unterschiedlich verlaufen (Wasserdampfsorption, Farbstoffdiffusion, Hydrolyse, Formylierung, Deuteriumsaustausch u. a.).

Tabelle 2.10. Kristallinitätsgrade von Polymeren (röntgenographisch gemessen) (nach [18])

Polymer/Faser	Kristallinitätsgrad %
Polystyren, ataktisch	0
Polyvinylchlorid	10
Viskosefilamentgarn	40
Polyacrylnitril	40
Polyethylenterephthalat	55–75
Polyethylen, verzweigt	60
Polyamid	60–80
Baumwolle	70
Polyvinylidenchlorid	75
Polyethylen, linear	80–95
Aramid	bis 95

Zusammenfassend ist zum kristallinen Zustand festzustellen, daß die faserbildenden Polymere in Abhängigkeit von
– ihrer chemischen Struktur,
– den Kristallisationsbedingungen, wie Temperatur, Orientierung u. a.,
– den angewandten Meßmethoden

Kristallinitätsgrade bis über 90 % aufweisen können (Tabelle 2.10). Ein ideal kristalliner Zustand ist aus bereits erwähnten Gründen (unterschiedliche Kettenlängen, Kettenschlaufen, sonstige Defekte, kein thermodynamisches Gleichgewicht, kinetische Hemmungen) unter konventionellen Strukturbildungsbedingungen nicht zu erreichen.

Folgende Modellvorstellungen werden zur Beschreibung des Ordnungszustandes verwendet:
– *Einphasenmodell* (kristalline „Phase" enthält Fehlstellen – s. Abb. 2.13),
– *Zweiphasenmodell* (kristalline und amorphe Bereiche („Phasen") liegen als zwei extreme Ordnungszustände nebeneinander vor, dazwischen alle möglichen Übergangszustände – s. Abb. 2.12),
– *Dreiphasenmodell* (Koexistenz amorpher und kristalliner Bereiche sowie interfibrillärer gestreckter, nichtkristalliner Kettenbereiche – s. Abb. 2.18).

Als eine Art Substruktur erweist sich dabei die fibrilläre Anordnung. Die Bildung von Fibrillen wird bei halbsteifen amorphen Polymeren häufig und bei kristallisierenden Makromolekülen in nahezu allen Fällen beobachtet [5]. Der Kristallinitätsgrad bestimmt wesentlich die mechanischen Eigenschaften, wie z. B. Festigkeit, Beständigkeit, Deformationsverhalten, aber auch das Sorptionsverhalten und die Diffusionsgeschwindigkeiten bei Veredlungsprozessen (z. B. Färben).

2.3.4 Orientierung

Sowohl nichtkristallisierende (amorphe) wie auch kristallisierende Polymere können einem Orientierungsprozeß unterworfen werden. Unter Orientierung versteht man das Ausrichten von Makromolekülen oder Makromolekül-segmenten in den nichtkristallinen Bereichen und/oder das Ausrichten von Kristalliten bzw. kristallinen Bereichen sowie von Fibrillen in eine Vorzugs-richtung, d. h. in Richtung der einwirkenden Deformationskraft. Der *Orientie-rungsgrad* gibt als Mittelwert den Grad der Ausrichtung der Makromoleküle bzw. Struktureinheiten bezüglich der Faserachse an.

Im Falle von *nichtkristallisierenden Polymeren* verläuft die Orientierung kontinuierlich und der orientierte Zustand kann durch äußere Spannung, Ab-kühlen bis unterhalb der Glastemperatur, Vernetzen oder im jeweiligen Fall durch Entfernen des Lösemittels stabilisiert werden, während bei kristallisie-renden Polymeren der Orientierungseffekt durch die Kristallite weitgehend fixiert wird und der Orientierungsvorgang – durch die Kristallisation verur-sacht – sprungartige Abläufe zeigt. Im Gegensatz zu kristallisierenden sind nichtkristallisierende Polymere durch Recken nur unvollkommen zu orientie-ren; selbst bei sehr hohen Reckgraden verbleibt eine breite Verteilung der Orientierungsgrade der Kettensegmente. In beiden Fällen haben sich durch die Orientierung übermolekulare Strukturen gebildet, die – wie auch bestimmte Eigenschaften – durch Anisotropie gekennzeichnet sind. Temperaturerhöhung oder Quellung führen zur Verminderung der „Zähigkeit" und fördern die Desorientierung.

In den *dichtgepackten linearen amorphen Polymersystemen* sind die Wechsel-wirkungen zwischen den verschiedenen Gruppen der Makromoleküle unter-schiedlich, es existieren Kettenabschnitte mit stärkeren Wechselwirkungen (z. B. zwischen polaren Gruppen, H-Brücken, Verhakungen, Verschlaufun-gen), die als zeitweilige „Knoten" eines Netzwerkes wirken. Dieses Netzwerk ist im Gegensatz zu dem dreidimensionalen Netzwerk chemisch vernetzter Polymerer sehr empfindlich. Unter dem Einfluß äußerer Einwirkungen kön-nen sich die „Knoten" lösen und an anderer Stelle neu ausbilden. Bei Defor-mation oder Wärmeeinwirkung ordnet sich das Netzwerk um, es finden Relaxationsvorgänge statt. Die mechanischen Eigenschaften linearer amor-pher Polymere hängen deshalb stark von der Dauer der Spannungseinwirkung und Deformationsgeschwindigkeit ab. Dies drückt sich z. B. deutlich in der Spannungsrelaxation (zeitabhängige Abnahme der Spannung bei einer be-stimmten Deformation) aus. Ein solches Netzwerkmodell wurde von Tobolsky [5] und Mitarbeitern vorgeschlagen. Auf der Grundlage dieses Modells be-schrieben Kuvśinskij sowie Śiśkin und Mitarbeiter den Vorgang der Orientie-rung und die mechanischen Eigenschaften von linearen amorphen Polymeren [5]. Bartenev und Mitarbeiter erarbeiteten ebenfalls ein theoretisches Modell für die Orientierung solcher Polymere, wobei für sie dieses Netzwerk eine geeignete Näherung zur Beschreibung der verschiedenen intermolekularen Wechselwirkungen darstellt [5].

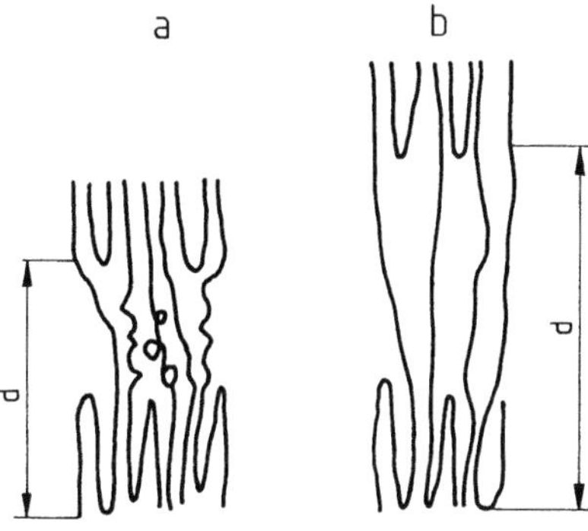

Abb. 2.21. Verminderung der Dichte in der nichtkristallinen Zwischenschicht der Fibrillen und Verlängerung der großen Periode d während des Orientierungsvorganges (nach Hosemann, Bonart, Keller in [5]). **a** Ungedehntes Polymer; **b** gedehntes Polymer

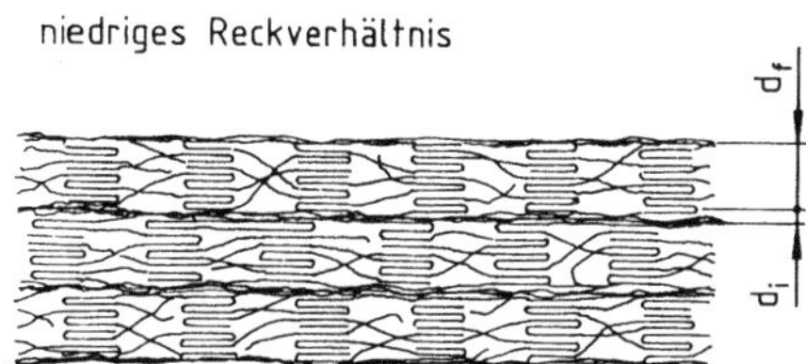

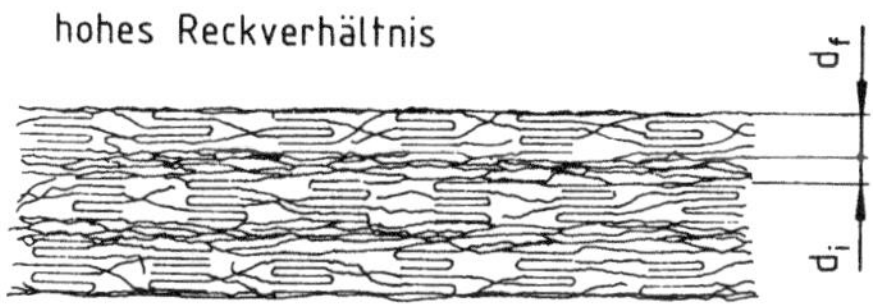

Abb. 2.22. Schematische Darstellung des Einflusses der Orientierung auf die Fibrillenstruktur von Chemiefasern aus synthetischen Polymeren – z. B. PA 6 oder PES (nach [14]); d_f Dicke der Fibrille, d_i Dicke des interfibrillären Bereiches

Im Falle *flexibler, kristallisierender Polymere* ist von Strukturelementen mit einer Folge amorpher und kristalliner Bereiche (Abb. 2.7) auszugehen, wobei Hess und Kiessig im Ergebnis der Untersuchung meridialer Schichtreflexe im Röntgen-Kleinwinkelgebiet erstmals auf die sog. „große Periode" (Langperiode), d. h. den Abstand gleichartiger Bereiche (z. B. kristallin zu kristallin) hinwiesen [5]. Während des Orientierungsvorganges nimmt die Dichte der amorphen Zwischenschicht im Gegensatz zur Ansicht Prevorseks (s. Abb. 2.22) ab und die Langperiode zu. Dies wird in Abb. 2.21 im Modell nach Hosemann, Bonart, Keller deutlich (s. auch [19]). Nach Ansicht von Prevorsek (Abb. 2.22) verringert sich während des Orientierens der Anteil der kristallinen und amorphen Kettenanteile der Mikrofibrillen zugunsten der gestreckten, nichtkristallisierten Ketten, die den interfibrillären Raum ausfüllen, was Festigkeitseigenschaften und Färbbarkeit maßgeblich beeinflußt.

Das *einachsige Orientieren* der Molekülketten in den Fasern vollzieht sich durch

– vorwiegend elastische *Dehndeformation* der Polymerschmelze oder -lösung im Einzugsbereich des Düsenkanals,

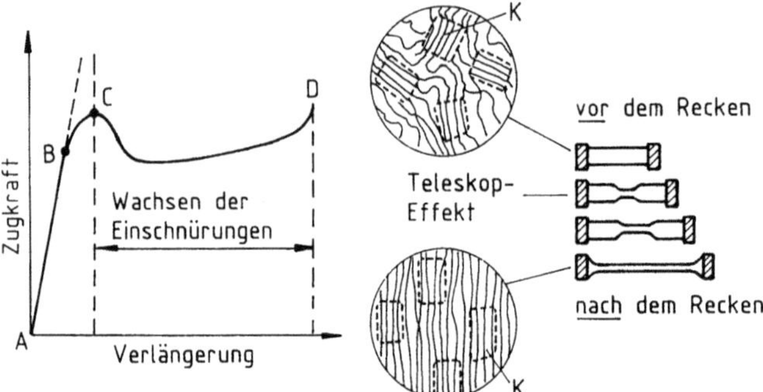

Abb. 2.23. Reckverlauf mit Einschnürungen (Teleskopeffekt), die kontinuierlich größer werden und den Orientierungseffekt bewirken; A-B elastische Deformation, C-D irreversible Deformation (Reckung), C Reckgrenze, D Fadenbruch, K kristalliner Bereich

- *Scherdeformation* während des Durchströmens des Düsenkanals beim Erspinnen aus der Schmelze oder Lösung (der Relaxationsprozeß im Düsenkanal und unmittelbar nach dem Verlassen des Düsenkanals (Spinnzwiebel) hebt jedoch zum größten Teil den erzielten Orientierungseffekt wieder auf),
- Dehndeformation im Ergebnis des *Verzugs* während des Verfestigungsprozesses der Schmelze oder Lösung (der Verzug ergibt sich aus dem Verhältnis von Aufwickel- zu Düsenaustrittsgeschwindigkeit),
- *Recken* (Längung) im bereits verfestigten Zustand: Kalt- oder Heißrecken auf das Mehrfache der ursprünglichen Länge. Das Recken kann im Falle der Fasern nur einachsig in Faserrichtung, dagegen im Falle der Folien zweiachsig, also in zwei Richtungen, erfolgen.

Während des einachsigen Reckens laufen folgende Vorgänge ab:
- Zunahme der Faserlänge bei Verkleinerung des Faserquerschnitts,
- Ausrichtung der Faserbauelemente (Makromoleküle bzw. Makromolekülsegmente, Kristallite, Fibrillen) in Richtung der einwirkenden Kraft (Abb. 2.23),
- Aufziehen von Kettenschlaufen und Annäherung von Kettenmolekülen bzw. Kettensegmenten sowie verstärkte Ausbildung intermolekularer Wechselwirkungen,
- Erhöhung des Anteils kristalliner Bereiche durch Nachkristallisation,
- (nach dem Modell von Prevorsek) Zunahme der interfibrillären gestreckten, nichtkristallinen Ketten als wesentliche Träger zunehmender Festigkeit zu Lasten des Anteils der Kettenmoleküle in den Fibrillen (s. Abb. 2.22),
- Verminderung der Inhomogenität bezüglich der Verteilung der Spannungen in Orientierungsrichtung, welche durch das Wirken der sehr unterschiedlich starken kovalenten Kräfte in Kettenrichtung und der intermolekularen nebenvalenten Wechselwirkungskräfte senkrecht dazu hervorgerufen werden.

Insgesamt resultiert aus der Orientierung eine Anisotropie der Struktur und damit Anisotropie einiger, mit der Struktur in Verbindung stehender Eigenschaften, vor allem der Festigkeit. Die einachsige Orientierung erhöht die Festigkeit in Richtung der Orientierung.

In Abb. 2.23 ist der Orientierungsvorgang während des Reckprozesses schematisch dargestellt. Vorwiegend während des Kaltreckens zeigen sich Einschnürungen, die als *„Teleskopeffekt"* bezeichnet werden. Es hat den Anschein, als ob eine Faser mit geringerem Querschnitt aus einer stärkeren Faser herausgezogen wird. Ursache hierfür ist die örtlich begrenzte Erniedrigung der Reckspannung durch „Lockerung" der intermolekularen Wechselwirkungen infolge örtlicher Erwärmung der Faser (bedingt durch das zwangsweise aneinander Vorbeigleiten von Ketten- bzw. Struktureinheiten).

Der Orientierungsgrad ist oft nur schwierig, seine Verteilungsfunktion bisher überhaupt nicht meßbar. Aus diesem Grund wird häufig das Reckverhältnis (der Verstreckungsgrad) als Maß für die Orientierung verwendet. Da jedoch im Extremfall während der Orientierung in Abhängigkeit von den Bedingungen nur viskoses Fließen auftreten kann, ist dieser nur bedingt aussagefähig.

Folgende Charakterisierungsmethoden für den Orientierungsgrad sind üblich (vgl. Tabelle 2.9):
- Doppelbrechung,
- Infrarot-Dichroismus,
- Röntgen-Klein- und Weitwinkelstreuung,
- magnetische Kernresonanz.

2.4 Strukturverhalten bei Temperatur- und Lösemitteleinwirkung

2.4.1 Glastemperatur

Wird ein faserbildendes Polymer ausgehend von der Zimmertemperatur einer gleichmäßig ansteigenden Erwärmung ausgesetzt, dann ist mit einer sprunghaften Änderung z. B. der spezifischen Wärme immer dann zu rechnen, wenn bei einer bestimmten Temperatur Strukturveränderungen bzw. Umordnungsvorgänge ablaufen, die in der Regel mit weiteren Eigenschaftsveränderungen verbunden sind. Zur diesbezüglichen thermischen Charakterisierung polymerer Stoffe eignen sich u. a. die Methoden der Differenz-Thermoanalyse (DTA) bzw. Differenz-Scanning-Kalorimetrie (DSC). Das Meßprinzip beruht darauf, daß jeweils eine Polymerprobe und eine inerte Probe, welche im interessierenden Temperaturbereich vollkommen unverändert bleibt, gemeinsam mit konstanter Geschwindigkeit aufgeheizt werden. Die in der Regel mit Thermoelementen gemessene Temperatur beider Proben bleibt solange gleich, bis sich im Polymer energieverbrauchende oder energiefreigebende Strukturverände-

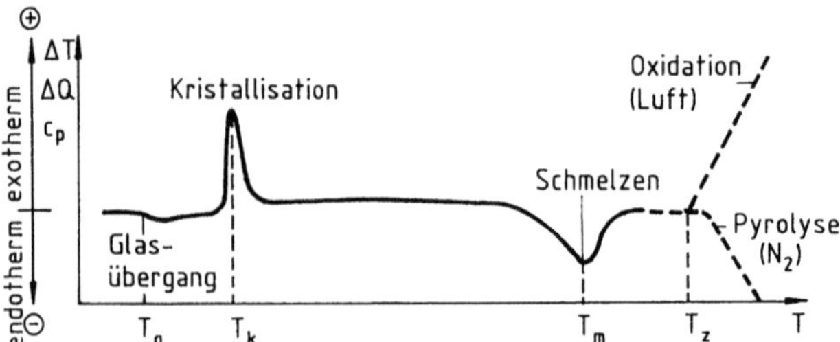

Abb. 2.24. DTA- bzw. DSC-Kurve für abgeschrecktes Polyethylenterephthalat; T_g Glasübergangstemperatur (347 K), T_k Kristallisationstemperatur (405 K), T_m Schmelztemperatur (537 K), T_z Zersetzungstemperatur (abhängig von Umgebungsbedingungen)

rungen vollziehen. Im Falle der DTA wird die resultierende Temperaturdifferenz ΔT registriert. Bei der DSC wird die höhere oder niedrigere Temperatur der Polymerprobe durch Abführung oder Zuführung von Wärmeenergie auf die Temperatur der inerten Vergleichsprobe gebracht. Die sich ergebende Differenzenergie wird in Form der spezifischen Wärme c_p registriert.

In Abb. 2.24 ist der schematische Verlauf einer DTA-bzw. DSC-Aufnahme dargestellt [38, 46]. Dem Thermogramm können die jeweiligen Übergangstemperaturen entnommen werden. Im Falle einer DSC-Aufnahme sind die Flächen unter den jeweiligen Peaks direkt proportional den Enthalpieänderungen. Diese können über eine entsprechende Eichung bestimmt werden.

Unter der *Glastemperatur* T_g wird die Temperatur verstanden, bei der kooperative Bewegungen von Polymerkettensegmenten, d. h. von etwa 30–50 Kettengliedern bzw. -atomen in den nichtkristallinen Bereichen (Mikrobrownsche Bewegung) bei steigender Temperatur einsetzen (kautschukelastischer Zustand) bzw. bei fallender Temperatur „einfrieren" (glasiger Zustand). Dieser Vorgang ist keine thermodynamische Umwandlung (oberhalb und unterhalb der Glastemperatur herrscht kein Gleichgewicht); er wird vielmehr kinetisch kontrolliert. Die beim Abkühlen und Aufheizen gemessenen Temperaturen sind nicht identisch.

Nach der Theorie von Flory und Fox [4] nimmt das oberhalb der Glastemperatur vorhandene sog. freie Volumen (unbesetzter Raum, der durch die unvollkommene Packung ungeordneter Ketten in den nichtkristallinen Bereichen zustande kommt) bei Temperaturerniedrigung kontinuierlich ab bis die Glastemperatur erreicht ist. Der dabei erreichte Volumenwert bleibt dann auch bei weiterer Temperaturerniedrigung konstant.

Ebner et al. [48] unterscheiden zwischen der Glastemperatur T_g und der Einfriertemperatur T_e. Die Einfriertemperatur ist durch das Beweglichwerden größerer Molekülsegmente in den nichtkristallinen Bereichen bestimmt. Es werden Platzwechselvorgänge möglich, welche die Diffusion ganzer Moleküle (Makrobrownsche Bewegung) einschließen und die gegebenenfalls zur Bildung zusätzlicher kristalliner Bereiche führen können. Das bedingt oberhalb von T_e eine erleichterte Verformbarkeit. T_e und T_g werden in der Praxis häufig durch dieselbe Temperatur charakterisiert.

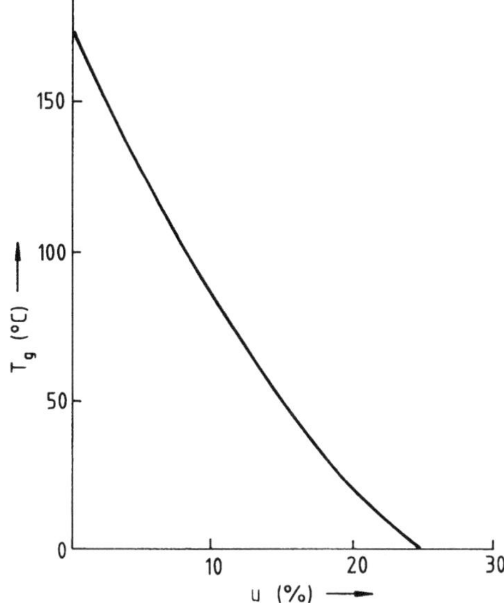

Abb. 2.25. Einfluß der Feuchte auf die Glastemperatur verschiedener Wollproben (nach Wortmann [61])

Das Überschreiten der Glastemperatur ist mit der deutlichen Änderung einiger wichtiger Parameter und Eigenschaften verbunden wie spezifisches Volumen, Modul, Wärmekapazität, Brechzahl, Ausdehnungskoeffizient, Kompressibilität, Wärmeleitfähigkeit, Dielektrizitätskonstante. Von diesen Eigenschaftsänderungen leiten sich zahlreiche Bestimmungsmethoden für die Glastemperatur ab:

- *statische Methoden:* Temperaturabhängigkeit von Dichte, spezifischer Wärme, Brechzahl und spezifischem Volumen,
- *dynamische Methoden:* Temperaturabhängigkeit des mechanischen Verlustes, des dielektrischen Verlustes und der Breitlinien-Kernresonanz.

Bei der Bestimmung der Glastemperatur ist neben der Meßmethode (dynamische Methoden liefern höhere Werte als statische Methoden) und der Meßgeschwindigkeit (höhere Aufheizgeschwindigkeit liefert höhere Werte) auch das Medium zu beachten, in dem sich das Polymer während der Messung befindet. Die in Luft, im Wasser oder in einem organischen Lösemittel ermittelten Werte für dasselbe Polymer können aufgrund der Beeinflussung der intra- und intermolekularen Wechselwirkungen und damit der Kettenbeweglichkeit durch das Medium unterschiedlich ausfallen. In Abb. 2.25 ist als Beispiel der Einfluß der Feuchte auf die Glastemperatur der Wolle wiedergegeben. Fremdmoleküle, welche die Kohäsionsenergie zwischen den Polymerketten erniedrigen, können ebenfalls den T_g-Wert beträchtlich herabsetzen.

Die Glastemperatur ist wie auch die Schmelztemperatur (s. Abschn. 2.4.2) zwar mit den Bewegungen von Kettenteilen in Zusammenhang zu bringen, jedoch unterscheiden sich beide darin, daß die Glastemperatur mit den Beweglichkeiten der Molekülsegmente in den nichtkristallinen Bereichen in

Tabelle 2.11. Glas- und Schmelztemperatur von Polymeren (nach [6])

Polymer	Grundbaustein	T_g °C	T_m °C	T_g/T_m K/K
Polyethylen	$-CH_2-CH_2-$	-70	144	0,48
Polytetrafluorethylen	$-CF_2-CF_2-$	$-$	327	$-$
Polyethylenoxid	$-CH_2-CH_2-O-$	-67	67	0,61
Polypropylen, isotaktisch	$-CH_2-CH-$ $\qquad\quad\vert$ $\qquad\ CH_3$	-15	170	0,58
Polyisobutylen	$\qquad\ CH_3$ $\qquad\quad\vert$ $-CH_2-C-$ $\qquad\quad\vert$ $\qquad\ CH_3$	-73	44	0,63
Polyacrylnitril, syndiotaktisch	$-CH_2-CH-$ $\qquad\quad\vert$ $\qquad\ CN$	104	317	0,64
Polyvinylidenchlorid	$\qquad\ Cl$ $\qquad\ \vert$ $-CH_2-C-$ $\qquad\ \vert$ $\qquad\ Cl$	-17	198	0,54
Polyamid 6	$-NH-(CH_2)_5-CO-$	49	223	0,64
Polyamid 4.6	$-NH-(CH_2)_4-NH-OC-(CH_2)_4-CO-$	69	281	0,62
Polyethylenterephthalat	$-CH_2-CH_2-O-OC-\langle\bigcirc\rangle-CO-O-$	67	268	0,64

Beziehung steht, während die Schmelztemperatur mit Beweglichkeiten in den kristallinen Bereichen korreliert, und daß die Schmelztemperatur thermodynamisch definiert ist, die Glastemperatur jedoch nicht. Das Verhältnis von Glastemperatur T_g zu Schmelztemperatur T_m verschiedener Polymere schwankt nur in engen Grenzen (Tabelle 2.11)

$$\frac{T_g}{T_m} = 0{,}48 - 0{,}69 \, . \tag{2.8}$$

Polymere mit ataktischer Konfiguration haben sehr niedrige Schmelz- und Glastemperaturen. Stereospezifische Aufbaureaktionen bilden dagegen iso- bzw. syndiotaktische Konfigurationen und damit Polymere, die auf Grund der intensiveren intermolekularen Wechselwirkungen und der ausgeprägten übermolekularen Ordnung höhere Schmelz- und Glastemperaturen aufweisen.

Der Einbau versteifender Gruppen (z. B. Phenylenringe, voluminöse Substituenten) in ein Makromolekül führt zu einer Erhöhung der Glastemperatur (Tabelle 2.12).

Tabelle 2.12. Einfluß aromatischer Ringe auf die Glastemperatur T_g und die Schmelztemperatur T_m des Polymeren (nach [4])

Chemische Struktur des Polymeren	T_g K	T_m K
$+ CH_2 - CH_2 +_n$	188	400
$+ CH_2 - CH_2 - O +_n$	206	339
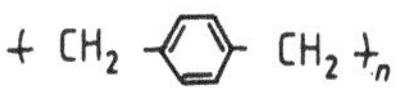 $+ CH_2 -\langle\bigcirc\rangle- CH_2 +_n$	–	≈ 653
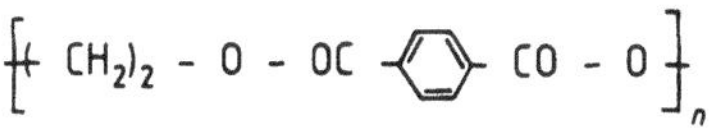 $[+ (CH_2)_2 - O - OC -\langle\bigcirc\rangle- CO - O]_n$	342	538
$+ HN - (CH_2)_6 - NH - OC - (CH_2)_4 - CO +_n$	320	538
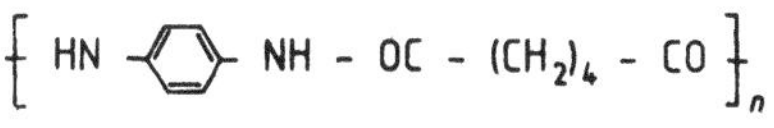 $+ HN -\langle\bigcirc\rangle- NH - OC - (CH_2)_4 - CO +_n$	–	613
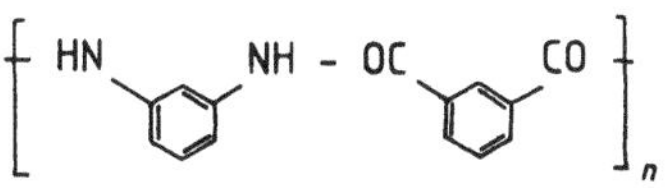 $[HN -\langle\bigcirc\rangle- NH - OC -\langle\bigcirc\rangle- CO]_n$ (meta)	546	≈ 635 (Abbau)
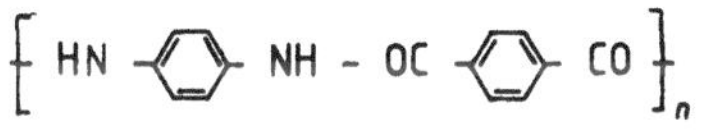 $+ HN -\langle\bigcirc\rangle- NH - OC -\langle\bigcirc\rangle- CO +_n$	–	≈ 773

Bei hohen Molmassen ($\approx 20\,000$) ist die Glastemperatur von der Molmasse nahezu unabhängig. Bei niedrigen Molmassen nimmt sie mit sinkender Molmasse ab.

In statistischen Copolymeren erfolgt oft durch das Comonomer eine Erniedrigung der Glastemperatur (innere Weichmachung); für zahlreiche Vinylpolymere gilt folgende Beziehung [4]:

$$\frac{1}{T_g^{AB}} = \frac{W_A}{T_g^A} + \frac{W_B}{T_g^B} \tag{2.9}$$

T_g^{AB} Glastemperatur des statistischen Copolymers

T_g^A Glastemperatur des Homopolymers aus dem Monomer A

T_g^B Glastemperatur des Homopolymers aus dem Monomer B

W_A, W_B Massenbrüche der Monomeren A und B

Bei Blockcopolymeren mit genügend langen Blöcken mißt man häufig zwei Glastemperaturen.

Abschließend ist festzustellen, daß die Glastemperatur T_g für das Verarbeitungs- und Gebrauchsverhalten makromolekularer Substanzen wohl eine der wichtigsten Kenngrößen ist. In zahlreichen Arbeiten sind deshalb über die Beziehung der chemischen Struktur der Polymere und der Glastemperatur Untersuchungen und theoretische Betrachtungen vorgenommen worden (z. B. [22]). Im Falle der Chemiefasern aus synthetischen Polymeren werden in technologischer Hinsicht von der Glastemperatur vor allem das Thermofixieren, Recken, Färben und die Formbeständigkeit beim Waschen beeinflußt. Während Verarbeitungsoperationen in der Regel oberhalb der Glastemperatur durchgeführt werden (gezielte Veränderungen oberhalb der Glastemperatur werden bei Abkühlung „eingefroren"), dürfen Behandlungen im Haushalt nur unterhalb der Glastemperatur erfolgen, um die bei der Verarbeitung erzielten Effekte nicht wieder zu verändern.

2.4.2 Schmelztemperatur – Schmelzverhalten von Polymeren

Unter dem Schmelzen von Polymeren wird der Übergang von der regelmäßigen, dreidimensionalen Gitterordnung des festen Zustandes in eine „statistische Nahordnung" der Makromoleküle in der Schmelze verstanden. Durch Energiezufuhr werden infolge von Drehschwingungen und Rotationsbewegungen der Moleküle bzw. Molekülsegmente die intra- und intermolekularen Wechselwirkungen gelockert und langsam bis zu einem gewissen Grade überwunden. Das Kristallgitter weitet sich, übermolekulare Strukturen, wie z. B. Sphärolithe und Fibrillen, werden abgebaut bis schließlich das Kristallgitter vollkommen „zerstört" ist. Die gestreckt lineare Form der Makromoleküle verschwindet; da jedoch im Gegensatz zu einer stark verdünnten Polymerlösung die intra- und intermolekularen Wechselwirkungen in der Schmelze noch einen gewissen Einfluß haben, behalten die Polymermoleküle eine gewisse „Ordnung" bei. Für völlig kristalline Substanzen stellt das Schmelzen eine thermische Umwandlung, d. h. einen Gleichgewichtsprozeß (Änderung der freien Enthalpie ist gleich 0) dar, der durch eine meßbare Volumenänderung und eine exakte Schmelztemperatur charakterisiert ist.

Für einen niedermolekularen unendlich großen Einkristall (∞) gilt nach Gibbs-Helmholtz thermodynamisch

$$\Delta G_m^\infty = \Delta H_m^\infty - T_m^\infty \cdot \Delta S_m^\infty = 0 \tag{2.10}$$

$$T_m^\infty = \frac{\Delta H_m^\infty}{\Delta S_m^\infty}. \tag{2.11}$$

ΔG_m Änderung der freien Enthalpie beim Schmelzen
ΔH_m Schmelzenthalpie
ΔS_m Schmelzentropie
T_m absolute Schmelztemperatur

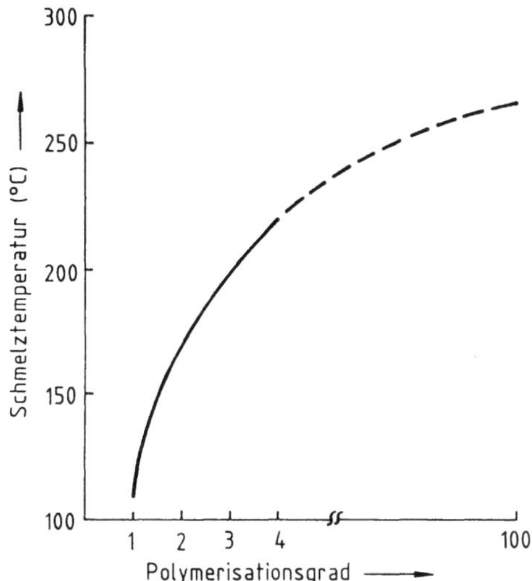

Abb. 2.26. Schmelztemperatur in Abhängigkeit vom Polymerisationsgrad für Polyethylenterephthalat (nach Zahn [29])

Synthetische kettenförmige Makromoleküle kristallisieren unter realen Bedingungen stets unvollkommen, d. h. es liegen kristalline Bereiche unterschiedlicher Größe neben ungeordneten Bereichen vor (s. Abb. 2.17). Für sie gilt näherungsweise

$$T_m = \frac{\Delta H_m}{\Delta S_m}; \quad \text{wobei} \quad \Delta H_m < \Delta H_m^\infty. \tag{2.12}$$
$$\Delta S_m < \Delta S_m^\infty$$

Die *Schmelztemperatur* ist also die Temperatur, bei welcher die intra- und vor allem intermolekularen Wechselwirkungen weitgehend überwunden und die kristalline und die „schmelzflüssige" Phase koexistent sind. Die Schmelztemperatur liegt um so höher, je intensiver die zu überwindenden intra- und intermolekularen Wechselwirkungen (Betrag von ΔH ist groß) sind und je geringer die Zahl der möglichen Konformationen, d. h. der erreichbare Unordnungsgrad, in der Schmelze ist (Betrag ΔS bleibt klein).

Die Schmelztemperaturen nehmen in einer polymerhomologen Reihe mit zunehmender Molmasse zu und bleiben dann oberhalb einer Molmasse von etwa $10^4 - 10^5$ annähernd konstant (Abb. 2.26). Oberhalb einer bestimmten Molmasse wird der Schmelztemperaturbereich immer breiter (Abb. 2.27).

Beim Vergleich der mittleren Kohäsionsenergien (Maß für die Größe der intra- und intermolekularen Kräfte) und der Schmelztemperaturen verschiedener Polymere ist festzustellen, daß es oft zwischen diesen Größen keine erkennbaren Abhängigkeiten gibt. Daraus kann man schlußfolgern, daß nicht die intra- und intermolekularen Wechselwirkungen allein, sondern auch die Flexibilität des Einzelmoleküls die Höhe der Schmelztemperatur beeinflussen [6]. Tabelle 2.13 verdeutlicht, daß längere CH_2-Sequenzen und die Gruppen $+O+$, $+COO+$ und $+O-COO+$ die Schmelztemperatur erniedrigen, d. h.

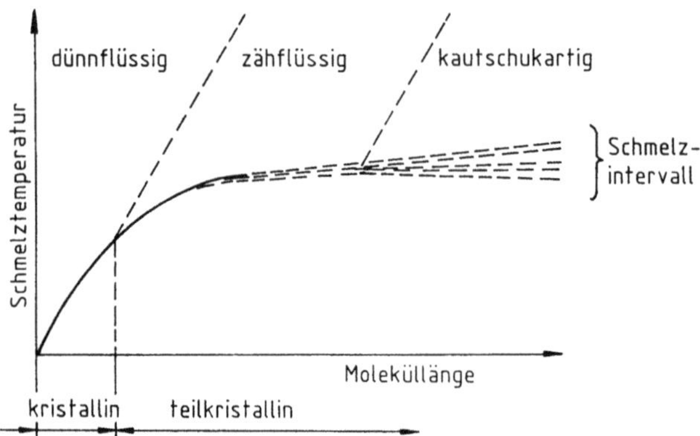

Abb. 2.27. Zusammenhang zwischen Schmelztemperatur, Moleküllänge und Phasenzustand

die Kettenflexibilität erhöhen. Stärker polare Gruppen, wie $+SO_2+$ und $+CONH+$ erhöhen dagegen die Kettensteifheit und begünstigen das Zustandekommen intra- und intermolekularer Wechselwirkungen, was höhere Schmelztemperaturen bedingt. Aromatische Ringe in den Ketten führen ebenfalls zu einer erheblichen Kettenversteifung und damit Erhöhung der Schmelztemperaturen (Tabelle 2.11).

Erfolgt in einer Polymerkette der statistische Einbau eines Comonomers, so wird unter bestimmten Bedingungen (Comonomer liegt in geringer Konzentration vor und wird nicht in das Kristallgitter eingebaut) die Schmelztemperatur in Abhängigkeit vom Molenbruch der eingebauten Komponenten erniedrigt. Es gilt unter diesen Bedingungen näherungsweise die Beziehung von Flory [28]

$$\frac{1}{T_\mathrm{m}} - \frac{1}{T_\mathrm{mA}} = - \frac{R}{\Delta H_\mathrm{u}} \cdot \ln X_\mathrm{A} . \qquad (2.13)$$

T_m absolute Schmelztemperatur des Copolymers
T_mA absolute Schmelztemperatur des Homopolymers
X_A Molenbruch der kristallisierenden Komponente
ΔH_u Schmelzwärme der Grundeinheit der kristallinen Komponente
R Gaskonstante

In Abb. 2.28 ist die schmelztemperatursenkende Wirkung des statistisch eingebauten Butandiols im Polyethylen-/Polybutylenterephthalat-Copolyester (größere Flexibilität der Ketten durch die längere aliphatische Sequenz) im Vergleich zur Polymermischung sichtbar. Im Falle der 5,5 h bei 270 °C behandelten 50%/50%-Schmelzemischung ist die Schmelztemperaturerniedrigung durch teilweise erfolgte Umesterung zu einem statistischen Copolyester zu erkennen.

Zusammenfassend ist festzustellen, daß das Schmelzverhalten von Polymeren insbesondere durch die Schmelztemperatur sowie die Schmelzenthalpie

Tabelle 2.13. Einfluß verschiedener, in eine Kohlenstoffkette eingebauter Glieder auf die Schmelztemperatur (nach [4])

Polymer	Grundbaustein	Schmelztemperatur K				
		$n = 2$	3	4	5	6
Polyethylen	$+(CH_2)_n+$	400	–	–	–	–
Polyester	$+(CH_2)_n-CO-O+$	395	335	329	335	325
Polycarbonat	$+(CH_2)_n-O-CO-O+$	312	320	330	318	320
Polyether	$+(CH_2)_n-CH_2-O+$	308	333	–	–	–
Polyamid	$+(CH_2)_n-CO-NH+$	598	538	532	496	506
Polysulfon	$+(CH)_n-CH_2-SO_2+$	573	544	516	493	–

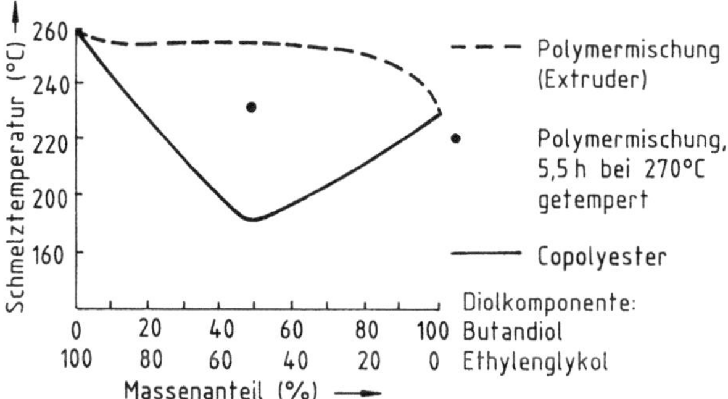

Abb. 2.28. Schmelztemperaturen von statistisch aufgebauten Polyethylen-/Polybutylen-terephthalat-Copolyestern und entsprechenden PES/PBTP-Schmelzemischungen (nach [36]) (Schmelzemischung 50%/50% wurde 5,5 h bei 270 °C gehalten)

und -entropie charakterisiert wird. Diese Größen stehen in engem Zusammenhang zur Molekülbeweglichkeit, zu den intra- und intermolekularen Wechselwirkungen und zur chemischen sowie physikalischen Struktur. In technologischer Hinsicht sind diese Beziehungen für das Schmelzspinnverfahren, die Verformbarkeit und Thermobeständigkeit von Bedeutung.

2.4.3 Löseverhalten der Polymere

Die Lösung stellt allgemein eine Mischphase, also eine einheitliche homogene Mischung verschiedener Stoffe in unterschiedlichen Mengenverhältnissen dar. Lösungen, in denen die Komponenten etwa in gleichen Mengen vorliegen und in denen die Komponenten in reiner Form unter den gleichen äußeren Bedingungen (Temperatur, Druck) den gleichen Aggregatzustand aufweisen wie die Lösung, bezeichnet man als Mischung.

Die Lösungen unterteilen sich in
- echte Lösungen (molekulardisperse Verteilung der Komponenten, Teilchengröße $10^{-7}-10^{-8}$ cm) und
- kolloidale Lösungen (Teilchengröße $10^{-4}-10^{-7}$ cm; im Falle der Polymere ergibt sich diese Teilchengröße u. a. auch durch Zusammenlagerung von Molekülen). Streng genommen dürfen sie nicht als Lösungen bezeichnet werden, da sich z. B. disperse Teilchen von der homogenen Grundphase aufgrund des „Tyndall-Phänomens" (Lichtstreuung an dispersen Teilchen, deren Durchmesser kleiner als die Wellenlänge des beleuchtenden Lichtes ist) unterscheiden. Sie stellen vielmehr heterogene, zweiphasige Systeme dar.

Das *Quellen und Lösen* (Abb. 2.29) verläuft folgendermaßen:
1. Diffusion der Lösemittelmoleküle in die nichtgeordneten („amorphen") Bereiche, Makromolekülsegmente binden Lösemittelmoleküle über intermolekulare Wechselwirkungen (Solvatationen, im Falle von Wasser Hydratation), Quellung dieser Bereiche und Bildung eines „Lyogels" (voluminöse, makromolekulare, raumausfüllende Struktur, deren Hohlräume mit assoziierten Lösemittelmolekülen gefüllt sind).
2. Diffusion der Lösemittelmoleküle auch in die geordneten („kristallinen") Bereiche unter Überwindung der zwischenmolekularen Wechselwirkungen, Solvatation und Quellung auch dieser Bereiche und Ausbildung eines Sols (Lyosol, kolloiddisperser Zustand bzw. kolloide Lösung).
3. Überschuß an Lösemittel und gegebenenfalls Zuführen von mechanischer Energie (Rühren) führen zur regellosen Verteilung der solvatisierten Makromoleküle. Sie sind aus der gestreckten Form in den Zustand eines statistischen Knäuels übergegangen und zwischen ihnen gibt es keine intermolekularen Wechselwirkungen mehr (molekulardisperser Zustand bzw. ideale oder echte Lösung).

Das Lösen von Polymeren besteht also aus sich zeitlich überlagernden Lockerungs- und Überwindungsvorgängen intra- und intermolekularer Wechselwirkungen der Makromoleküle. Dabei solvatisieren die Makromoleküle und es vollzieht sich der Übergang von der nahezu linear gestreckten oder Helix-Konformation in die Form regellos verteilter statistischer Knäuel.

Der Lösungsvorgang verläuft unter Abnahme der freien Enthalpie des Systems ab. In der ersten Phase müssen die intermolekularen Wechselwirkungen vollständig überwunden werden, d. h. es muß die Molekül- bzw. Kristallgitterenergie aufgebraucht werden (endothermer Vorgang). In der Regel erfolgt dies bei nichtvernetzten Polymeren durch die freiwerdende Solvatationsenergie (Solvatation ist ein exothermer Vorgang). Bei Entstehung einer idealen Lösung (intermolekulare Kräfte bei Lösemittel und gelöstem Stoff stimmen im reinen Zustand in Art und Größe überein) ist die molare Lösungswärme gleich der molaren Schmelzwärme des gelösten Stoffes. Die zweite Phase des Lösungsprozesses wird durch die positive Mischungsentropie bestimmt. Beim Lösen von Polymeren spielen also sowohl der Enthalpie- als auch der Entropiefaktor eine Rolle, wobei insbesondere im Falle polarer Partner vom Betrag her ersterem die größere Bedeutung zukommt.

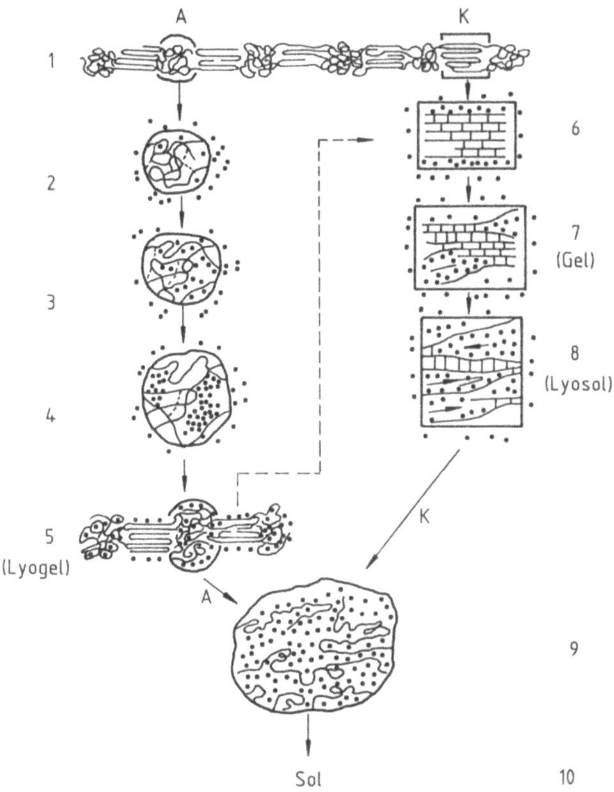

Abb. 2.29. Quell- und Lösevorgang bei teilkristallinen Polymeren. *1* Polymer mit nicht-kristallinen (A) und kristallinen (K) Bereichen, *2* Diffusion des Löse-/Quellmittels in das Polymer (interkristalline Bereiche), *3* interkristalline Adsorption, *4* Assoziation von Löse-mittelmolekülen in den interkristallinen Bereichen, *5* interkristalline Quellung (Lyogel), *6* Diffusion der Lösemittelmoleküle in die kristallinen Bereiche, „Überwindung" der inter-molekularen Wechselwirkungen in den kristallinen Bereichen, *7* intrakristalline Quellung (Gel), *8* Solvatation der Polymermoleküle, Gel-Sol-Umwandlung (Lyosol = kolloidale Lösung), *9, 10* weitere Verdünnung mit Lösemittel (Sol = molekulardisperser Zustand, regel-lose Verteilung der Makromoleküle in Form statistischer Knäuel)

Näherungsweise gilt: das Lösen des Polymers A im Lösemittel B wird mög-lich, wenn

$$K_{A,B} \geqq K_{A,A} \quad \text{bzw.} \quad K_{B,B}. \tag{2.14}$$

K Intensität der intermolekularen Wechselwirkungskräfte

Hierbei spielen die Art und Größe der intermolekularen Wechselwirkungs-kräfte eine entscheidende Rolle und es gilt die Faustregel:

„Ähnliches" löst sich in „Ähnlichem", d. h. polare Lösemittel lösen polare Makromoleküle und unpolare Lösemittel lösen unpolare Makromoleküle.

So lösen sich z. B. die unpolaren Kohlenwasserstoffe (Paraffine) nicht im polaren Wasser, wenig in Ethanol, dagegen sehr gut in unpolarem Benzin oder Ether. Das Polyacrylnitril mit seinen stark polaren Nitrilgruppen ist in den üblichen organischen Lösemitteln unlöslich, löst sich aber in stark polaren Lösemitteln, wie z. B. Dimethylformamid, Dimethylsulfoxid, γ-Butylrolacton und Ethylencarbonat.

Für den Lösevorgang gilt also

$$\Delta G_L = \Delta H_L - T \cdot \Delta S_L . \tag{2.15}$$

ΔG_L Änderung der freien Enthalpie beim Lösen
ΔH_L Lösungsenthalpie
ΔS_L Lösungsentropie
T absolute Temperatur

Bei $G_L < 0$ ist Lösung bzw. Mischbarkeit gegeben.

Zusammenfassend ist festzustellen, daß Quellbarkeit und Löseverhalten der Polymere durch die Änderung der Enthalpie und Entropie sowie die jeweilige Temperatur bestimmt werden. Diese Größen stehen in engem Zusammenhang mit der chemischen bzw. physikalischen Struktur des Polymers und des Lösemittels und damit mit der Art und Intensität der intra- und intermolekularen Wechselwirkungen zwischen beiden Komponenten. Technologisch spielen Quellbarkeit bzw. Löslichkeit im Zusammenhang mit dem Lösungsspinnverfahren, der Verarbeitung und Veredlung von Fasern in einem flüssigen Medium (z. B. Wasser oder organisches Lösemittel) sowie mit der Beständigkeit gegenüber einwirkenden flüssigen Medien während des Gebrauchs eine Rolle.

2.4.4 Eigenschaften von Polymerschmelzen und -lösungen

Schmelzen oder Lösungen polymerer Festkörper unterscheiden sich von niedermolekularen Flüssigkeiten dadurch, daß sie strukturviskoses und damit nicht-Newtonsches Verhalten zeigen, und daß sie bis zu einem gewissen Grad elastische Eigenschaften, sog. viskoelastische Eigenschaften, aufweisen. Diese Eigenschaften spielen z. B. eine wichtige Rolle während der Verformung zu Fasern nach dem Lösungs- oder Schmelzspinnverfahren.

Die dynamische Viskosität (Zähigkeit) niedermolekularer Substanzen ist eine durch molekulare Wechselwirkungen („innere Reibung") hervorgerufene Eigenschaft insbesondere von flüssigen und gasförmigen Stoffen. Diese zeigen Newtonsches Fließverhalten, wenn sie im stationären Zustand bei Einwirkung

einer konstanten Kraft (Schubspannung) eine konstante Verformungsgeschwindigkeit aufweisen. Nach dem Newtonschen Fließgesetz gilt

$$\tau = \eta \cdot D \tag{2.16}$$

$$\eta = \frac{\tau}{D}. \tag{2.17}$$

τ Schubspannung (Deformationsspannung)
D Verformungsgeschwindigkeit
η Viskositätskonstante

Die Deformationsgeschwindigkeit ist direkt proportional der einwirkenden
Schubkraft; η ist eine für jede Substanz typische Stoffkonstante.

Die Viskosität von Schmelzen nimmt im Falle einer homologen Reihe
makromolekularer Substanzen bei konstanter Temperatur mit steigender
Molmasse $\bar{M}_w$ unterhalb einer bestimmten kritischen Molmasse M_{krit} proportional zu

$$\eta = K \cdot \bar{M}_w. \tag{2.18}$$

Oberhalb dieser kritischen Molmasse M_{krit} erhöht sich die Viskosität einer
Schmelze mit steigender Molmasse $\bar{M}_w$ schubspannungsabhängig stärker
(Abb. 2.30). Diese Erscheinung bezeichnet man als strukturviskoses Verhal-
ten.

Für $\tau \rightarrow 0$ gilt

$$\eta = K' \cdot \bar{M}_w^x \tag{2.19}$$

x materialabhängiger Exponent (>1)

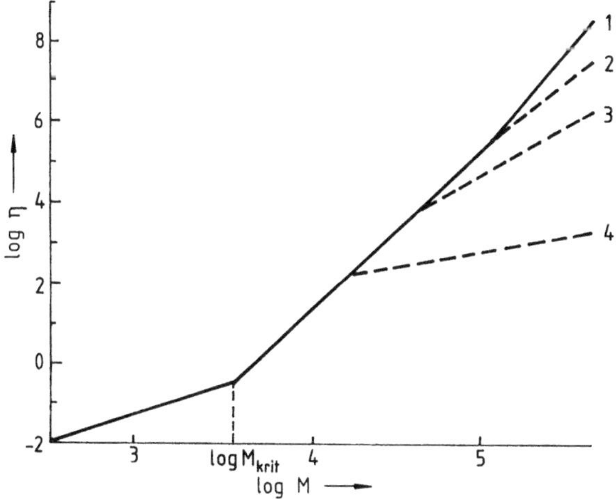

Abb. 2.30. Schmelzviskosität unverzweigter Polyethylene als Funktion der Molmasse M
bei 190 °C und verschiedenen Schubspannungen τ (nach Schreiber, Bagley, West [6]);
1 0 MPa, *2* 0,045 MPa, *3* 0,25 MPa, *4* 1,0 MPa

In diesem Fall ist die Viskosität keine Stoffkonstante mehr, sondern abhängig von der einwirkenden Schubspannung und nimmt mit steigender Schubspannung ab. Ursache für diese „Strukturviskosität" ist, daß oberhalb der kritischen Molmasse M_{krit} die Wirksamkeit der intermolekularen Wechselwirkungen stärker wird und sich in der Schmelze bzw. Lösung eine bestimmte Ordnung der Kettenmoleküle herausbildet, die mit zunehmender Schubspannung stärker gestört wird. Dieser Effekt wird beispielsweise meßbar, wenn man eine frisch hergestellte konzentrierte Polymerlösung intensiv rührt und damit teilweise intermolekulare Wechselwirkungen überwindet; gegenüber der Ausgangssituation sinkt der Viskositätswert deutlich ab. Läßt man die gerührte Polymerlösung stehen, nähert sich der Viskositätswert wieder dem Ausgangswert. Praktische Bedeutung hat dies z. B. für das Durchpressen hochviskoser Polymerschmelzen oder -lösungen durch die Spinndüsenkanäle, denn mit steigender Schubspannung wird die Viskosität erniedrigt, und die Fließgeschwindigkeit erhöht sich. Für derartige rheologische Vorgänge wird in Abwandlung des Newtonschen Fließgesetzes das Potenzgesetz angewendet

$$\tau = \eta \cdot \dot{\gamma}^n \tag{2.20}$$

τ Schubspannung

η Viskositätskonstante

$\dot{\gamma}$ Deformationsgeschwindigkeit

n Fließexponent

In Abb. 2.31 ist eine verallgemeinerte Fließkurve für eine derartige nicht-Newtonsche Flüssigkeit und zum Vergleich für eine Newtonsche Flüssigkeit dargestellt [21]. Das bereits erwähnte „viskoelastische" Verhalten von polymeren Flüssigkeiten ist dadurch gekennzeichnet, daß gleichzeitig zeitunabhängige elastische und zeitabhängige viskose Eigenschaften (Relaxation) wirken.

Als Modell für einen energieelastischen Körper (Hookescher Körper) dient eine Sprungfeder (Abb. 2.32a). Sie verhält sich näherungsweise gemäß dem Hookeschen Gesetz

$$\sigma = m \cdot \varepsilon \tag{2.21}$$

σ Zugspannung

m Zugmodul

ε Dehnung (Deformation)

Als Modell für das Wirken einer Newtonschen Flüssigkeit wird ein Stempel in einem Kolben, gefüllt mit einer viskosen Flüssigkeit (Dämpfer), verwendet (Abb. 2.32b).

Das Phänomen des viskoelastischen Verhaltens kann in grober Näherung durch Verknüpfen von Feder und Dämpfer verständlich gemacht werden:
- Das Maxwell-Modell (Abb. 2.33a) setzt voraus, daß die Beiträge zur Deformation (elastischer und viskoser Anteil) additiv und die Spannungen in

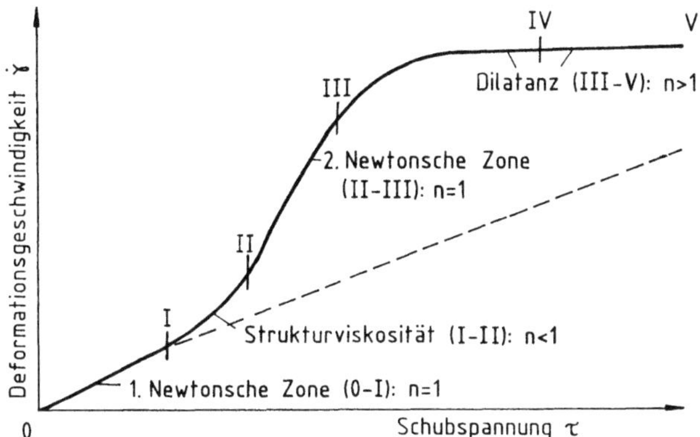

Abb. 2.31. Verallgemeinerte Fließkurven (nach [21]) für Newtonsche Flüssigkeit ‒‒‒‒‒,
nicht-Newtonsche Flüssigkeit ‒‒‒‒‒; n Fließexponent

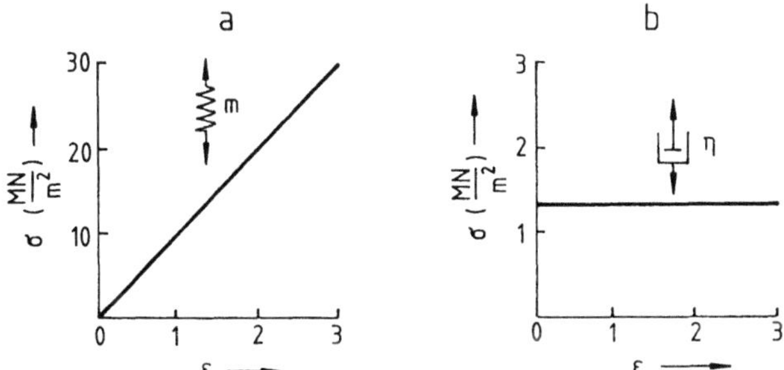

Abb. 2.32. Spannungs-Dehnungs-Verhalten. **a** Hookescher Körper (Feder mit dem Modul
m); **b** Newtonscher Körper (Dämpfer der Viskosität η)

beiden Elementen gleich groß sind (geeignet zur Simulation der Relaxation:
Abnahme der Spannung bei einer konstanten Deformation).
- Beim Voigt-Kelvin-Modell (Abb. 2.33b) verteilt sich die angelegte Spannung auf die beiden Elemente; jedes Element ist der gleichen Deformation
unterworfen (geeignet zur Simulation der Retardation: Zunahme der Deformation mit der Zeit bei konstanter Spannung).

Diese polymertypischen Eigenschaften in Form des nicht-Newtonschen und
viskoelastischen Verhaltens bestimmen maßgebend die sich bei der Dehn- und
Scherdeformation im Düsenkanal sowie während des Entspannungsprozesses
unmittelbar nach dem Verlassen der Düse abspielenden Vorgänge des Faserbildungsprozesses.

Bei der mechanischen Deformation von polymeren Fasern treten die gleichen Vorgänge auf (Abschn. 5.1). Legt man an ein polymeres Formgebilde
eine konstante Zugspannung an, so verursacht diese spontan einen bestimmten Dehnungsbetrag, welcher mit der Zeit langsam zunimmt. Für diese Ver-

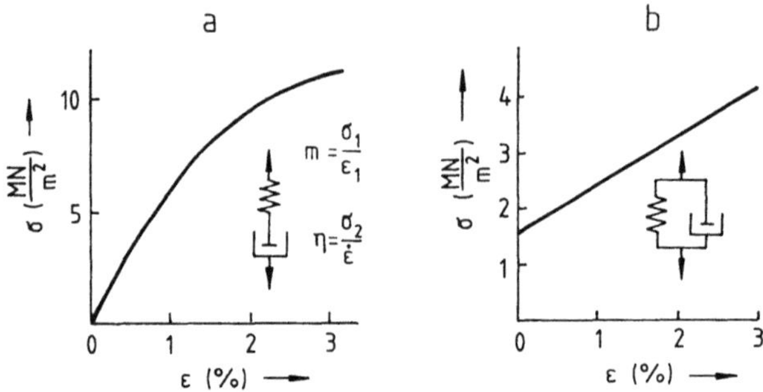

Abb. 2.33. Spannungs-Dehnungs-Verhalten beim Maxwell-Modell (**a**), beim Voigt-Kelvin-Modell (**b**)

zögerung zwischen Ursache und Wirkung ist das viskoelastische Verhalten verantwortlich. Dieses führt u. a. zu folgendem Verhalten der Polymere:

– Dehnungsrelaxation (Retardation) bzw. Kriechen oder „kalter Fluß"
  (Bei schneller Zugbeanspruchung tritt eine verzögerte Dehnung auf, welche die Ursache für eine weitere zeitabhängige Verformung ist. Aufgrund der speziellen Wechselwirkungs- und Strukturbedingungen neigen besonders Polyolefine, z. B. Polyethylen, Polypropylen, zum Kriechen.)
– Spannungsrelaxation oder Erschlaffen
  (Nach schneller Dehnung erfolgt ein verzögerter Spannungsabfall. Spannungs-Dehnungs-Messungen ermöglichen Aussagen über Modul, Sprödigkeit, Höchstzugspannung, Streckgrenze.)
– Hystereseerscheinungen bei dynamischer Beanspruchung
  (Eine stetig wechselnde sinusförmige Spannungseinwirkung verursacht eine phasenverschobene Dehnung gleicher Frequenz.) Sie geben Aufschluß über Modul und Dämpfung.

Zusammenfassend ist festzustellen, daß das Verhalten von Schmelzen oder Lösungen der Polymere durch nicht-Newtonsches Fließen und viskoelastische Eigenschaften geprägt ist. Daraus resultiert das Relaxationsverhalten (Kriechen bzw. Erschlaffen), welches in technologischer Hinsicht nicht nur bei der Verarbeitung von polymeren Flüssigkeiten, sondern auch von polymeren Formgebilden bis hin zum textilen Endprodukt sowie bei dessen Gebrauch von Bedeutung ist.

2.5 Struktur und Färben

Das Ziel des Färbens textiler Materialien besteht darin, faserbildenden Polymeren durch eine technisch realisierbare und ökonomisch vertretbare Technologie eine gewünschte Farbigkeit in spezieller Farbtiefe und -nuance mit hoher

Gleichmäßigkeit und Farbechtheit zu verleihen. Von Bedeutung ist dabei, daß ein vorliegendes Polymer hinreichend intensiv mit einem speziellen Farbstoffmolekül in Wechselwirkung treten muß.

Das Färben wird meistens in wäßrigem Medium vorgenommen. Daher spielen der Quellzustand der Faser und der Dissoziations- sowie Assoziationsgrad des Farbstoffs je nach vorliegender Faser-Farbstoff-Kombination (Tabelle 2.14) eine Rolle [30, 31, 49].

Der *Ablauf der Färbung* (Abb. 2.34) ist durch folgende zwei wesentliche Färbeschritte gekennzeichnet:

- Farbstoffdiffusion in die Faser – bestimmt in der Regel die Geschwindigkeit des Färbevorgangs,
- Farbstoffixierung durch die Faser – bestimmt die dabei erzielte Beständigkeit der Färbung gegenüber Verarbeitungs-, Gebrauchs-, Pflege- und Umwelteinflüssen (Farbechtheit). Die Lichtechtheit allerdings wird maßgebend durch die chemische Konstitution des Farbstoffs in Verbindung mit seiner Wechselwirkung mit der Faser bestimmt.

In den letzten Jahren wurden für die Diffusion von Farbstoffen in Fasern Modellvorstellungen (Abb. 2.35) entwickelt [23, 24]:

- Im Falle des *Porenmodells* wird die Bewegung von gelösten Farbstoffmolekülen als eine Diffusion durch wassergefüllte Poren der Faser gedeutet, wobei die Diffusionskoeffizienten u. a. maßgeblich durch den Anteil der Poren im Faservolumen bei gegebenen Färbebedingungen bestimmt werden. Gleichzeitig mit der Diffusion durch diese Poren wird der Farbstoff an den Porenwänden adsorbiert (Affinität). Voraussetzung für die Anwendbarkeit dieses Modells ist, daß die Poren genügend groß im Verhältnis zur Größe der Farbstoffmoleküle sind und daß das Porennetzwerk für die Farbstoffmoleküle zugänglich ist.
- Beim *freien Volumenmodell* erfolgt die Farbstoffdiffusion durch Hohlräume (Löcher molekularer Dimension) in den ungeordneten Bereichen, die oberhalb der Glastemperatur durch die einsetzende Beweglichkeit von Segmenten der Polymerketten entstehen und sich zeitlich verlagern. Man nimmt an, daß durch dieses sich ständig verändernde „freie Volumen" die Diffusion genügend kleiner Moleküle begünstigt wird.

Der *Einfluß des Wassers* auf die Diffusionsgeschwindigkeit ergibt sich aus seiner speziellen Struktur in den Hohlräumen der Faser. Es wird unterschieden in

- an das Polymer über Wasserstoffbrücken und andere Wechselwirkungen gebundenes, folglich relativ wenig bewegliches Wasser, das bei Temperaturerniedrigung nicht zu Eis erstarrt,
- schwächer gebundenes, aber bei Temperaturerniedrigung erstarrendes Wasser,
- freies bewegliches Wasser.

Für die ungehinderte Farbstoffdiffusion steht deshalb nur ein Teil des Porenwassers zur Verfügung, weshalb Hori und Mitarbeiter für das Porenmodell

Tabelle 2.14. Für das Färben der verschiedenen Fasern geeignete Farbstoffklassen
(nach [30, 31, 49])

Faser	Farbstoff	Bemerkung
Baumwolle	Direkt- Reaktiv- Küpen- Leukoküpenester- Schwefel- Entwicklungs- Oxidations-	
Viskose, Cupro	Direkt- Reaktiv- Küpen- Entwicklungs- Leukoküpenester- (Schwefel-)	
Modal	Direkt- Reaktiv- Küpen- Entwicklungs- Leukoküpenester-	
Acetat	Dispersions- (Küpen-) (Entwicklungs-) (kationische)	
Triacetat	Dispersions- (Küpen-) (Entwicklungs-)	
Wolle	Säure- Chromierung- 1:1-Metallkomplex- 1:2-Metallkomplex- Reaktiv- (kationische) (Direkt-) (Küpen-)	
Seide	Säure- Chromierungs- 1:2-Metallkomplex- Reaktiv- Küpen- Leukoküpenester- kationische	
Asbest	Küpen- Schwefel- Entwicklungs- Direkt- } Säure- }	 nach Vorbeize mit Aluminiumsalzen

Tabelle 2.14 (Fortsetzung)

Faser	Farbstoff	Bemerkung
Glas	anionische	nach Vorbehandlung mit kationaktiven Hilfsmitteln
	Direkt- kationische	dsgl. mit Metallbeizen dsgl. mit Säure
Polyvinylchlorid	Dispersions-	in Verbindung mit Carrier
	Pigment- (Entwicklungs-) (kationische) (Pigment-)	Spinnfärbung mit Bindemittel
Polyvinylalkohol	Dispersions- Direkt- Säure- Metallkomplex- Küpen- Entwicklungs-	
Polyacryl	Dispersions- kationische (Küpen-) (Leukoküpenester-)	
Modacryl	kationische Säure- Dispersions- Metallkomplex-	
Polyetylen	Pigment- (Dispersions-) (Entwicklungs-) (Küpen-)	Spinnfärbung
Polypropylen	Pigment- Dispersions-	Spinnfärbung aus organischen Lösemitteln
Polyester	Dispersions- Leukoküpenester- (Küpen-) (Entwicklungs-)	HT-, Carrier- oder Thermosol- verfahren
Polyamid	Dispersions- Säure- 1:2-Metallkomplex- (Chromierungs-) (1:1-Metallkomplex-) (Küpen-) (Reaktiv-)	
Elastan	Dispersions- Säure- Chromierungs-	
Aramid (*Nomex, Kevlar*)	kationische	Spinnfärbung, Gelfärbung (in gequollenem unverstrecktem Zustand)

( ) bedingt geeignet

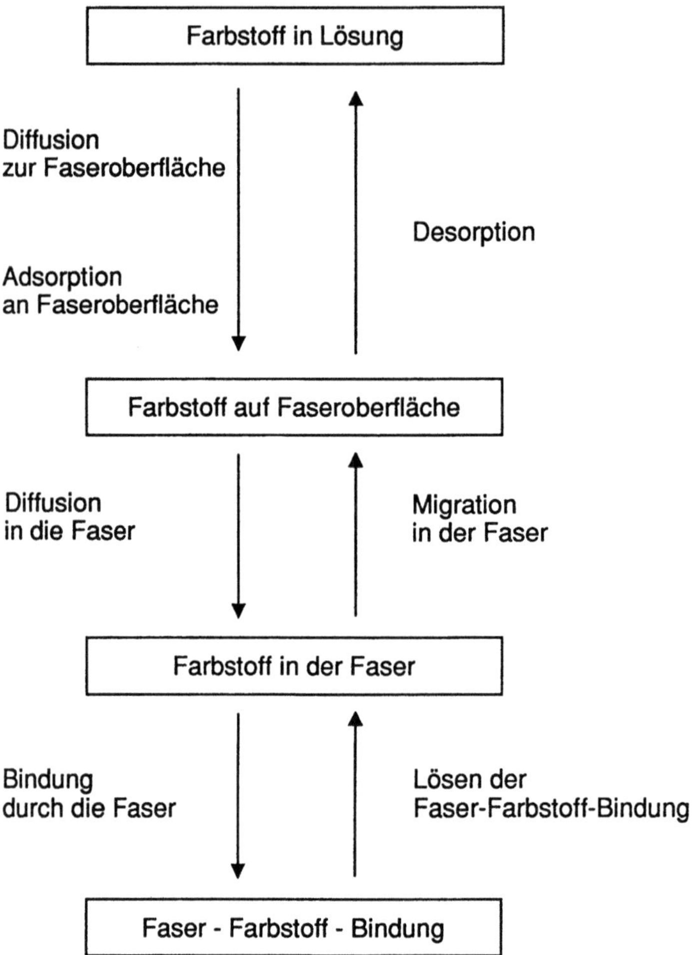

Abb. 2.34. Wechselwirkung Faser – Farbstoff beim Färbeprozeß

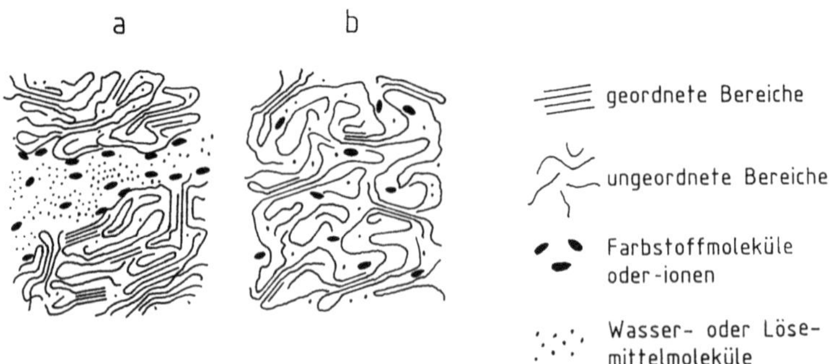

Abb. 2.35. Diffusion von Farbstoffen in Fasern (nach Hori, Meyer in [23]). **a** Porenmodell; **b** freies Volumenmodell

einen kleineren Diffusionskoeffizienten ermittelten als für freies Wasser. Je stärker die Quellung und je größer die Porendurchmesser sind, umso mehr wird die Farbstoffdiffusion begünstigt sein. Im Falle des freien Volumenmodells führen Wassermoleküle, die in den nichtkristallinen Bereichen zwischen die Makromoleküle gelangen konnten, zur Erniedrigung der intermolekularen Wechselwirkungen und folglich zu erhöhter Molekülbeweglichkeit (Erniedrigung der Glastemperatur T_D) und auf diese Weise zu einer Beschleunigung der Farbstoffdiffusion [50].

Für das Färben von PES und PA mit Dispersionsfarbstoffen wurde der gemessene Difussionskoeffizient gemäß Gl. (2.22) in einzelne Terme zerlegt und diesem aus experimentellen Ergebnissen entsprechende Anteile zugeordnet (nach [23]):

Flüssigkeits- diffusion (Porenmodell) — Affinität — Segmentbeweglichkeit (freies Volumenmodell)

$$\ln D = \underbrace{\ln \frac{\phi_0 \cdot \delta}{6} + \ln \frac{\theta}{\tau}} - \ln K - \underbrace{\frac{\Delta H_H}{RT} - \frac{AB}{B + (T - T_D)}} \tag{2.22}$$

	Flüssigkeitsdiffusion	Affinität	Segmentbeweglichkeit
PA 6	20–35 %	33–41 %	39–42 %
PES	13–17 %	28–38 %	49–55 %

D Diffusionskoeffizient

ϕ_0 Frequenz der Diffusionssprünge

δ Sprungdistanz des diffundierenden Farbstoffs auf Grund der Ortsveränderung der „Löcher" infolge der Segmentbeweglichkeit der Polymermoleküle bzw. entsprechender Löcher in flüssigem Wasser

θ Volumenanteil der gequollenen nichtkristallinen Bereiche

τ Labyrinthfaktor

K Verteilungskoeffizient des Farbstoffs zwischen dem Substrat und dem Färbebad (sog. Affinität)

ΔH_H Enthalpieänderung, die nötig ist, um ein „Loch" für einen Diffusionssprung zu schaffen

T_D Glastemperatur unter Färbebedingungen

T Färbetemperatur

A, B   halbempirische Konstanten für die Berücksichtigung der Segmentbeweglichkeit in Polymeren

Es ist zu erkennen, daß im gegenüber PA hydrophoberen PES der Anteil an Diffsuion im freien Volumen größer, aber andererseits die Diffusion im freien Wasser in beiden Fällen nicht zu vernachlässigen ist.

Der Anteil von Poren- und freiem Volumenmechanismus bei der Farbstoffdiffusion wurde für die nachstehenden Fasern wie folgt gefunden:

<table>
<tr><td rowspan="4">Poren-
mechanismus
nimmt zu ↑</td><td>Cellulose</td><td rowspan="4">freier Volumen-
mechanismus
nimmt zu ↓</td></tr>
<tr><td>poröses PAN</td></tr>
<tr><td>reguläres PAN</td></tr>
<tr><td>PA 6</td></tr>
<tr><td></td><td>PES</td><td></td></tr>
</table>

Das heißt, daß z. B. der freie Volumenmechanismus bei hydrophoben Fasern, wie z. B. PES, dominiert, bei quellbaren Fasern auf Cellulosebasis jedoch in guter Näherung vernachlässigt werden kann.

Betrachtet man den Vorgang des Färbens aus der Sicht des freien Volumenmodells, so kann man schlußfolgern, daß die Farbstoffdiffusionsgeschwindigkeit in Fasern sowohl durch die Hohlräume bzw. nichtkristallinen Bereiche (Größe und Zugänglichkeit des „freien Volumens") sowie insbesondere durch die Kettensegmentbeweglichkeit in diesen Bereichen als auch durch die Affinität des Farbstoffs zur Faser und somit vor allem durch die chemische Struktur und die damit zusammenhängenden intermolekularen Wechselwirkungen des faserbildenden Polymers beeinflußt werden. Die Kettenbeweglichkeit in den nichtkristallinen Bereichen korreliert mit der Höhe der Glastemperatur T_g, und zwar vollzieht sich das Färben erst bei Temperaturen von etwa 30–50 K oberhalb der Glastemperatur mit vertretbaren Geschwindigkeiten. Zum Beispiel sind PA 6 und PBTP mit einer Glastemperatur im Bereich von 30–50 °C in kochendem Wasser in tiefen Farbtönen färbbar, dagegen sind bei PES mit einer Glastemperatur zwischen 68–95 °C unter diesen Bedingungen nur mittlere Farbtiefen erreichbar. Tiefe Farbtöne lassen sich aber in kochendem Wasser bei Einwirkung von Carriern (Auflockerung der Struktur in den nichtkristallinen Bereichen und damit Erniedrigung der Glastemperatur) oder durch das Färben bei Temperaturen von etwa 130 °C realisieren. An Polyesterfasern ist zu beobachten, daß das *Farbstoffaufnahmevermögen* mit zunehmender Orientierung und Kristallinität abnimmt. Läßt man die Fasern bei höherer Temperatur schrumpfen, so ist dies mit einer Desorientierung und Kristallinitätszunahme infolge Rückfaltung von Molekülen und der damit einhergehenden Vergrößerung des für den Farbstoff zugänglichen „freien Volumens" verbunden, was zu einer höheren Farbstoffaufnahme führt. Diese verbesserte Färbbarkeit bleibt nach erneutem Recken der PES-Fasern erhalten [27].

Für *Wolle* sind die beiden Mechanismen auf Grund der komplizierten morphologischen Struktur nicht ohne weiteres anwendbar. Wolle besteht zu etwa 30 % aus kristallinen Bereichen und zu etwa 70 % aus nichtkristallinen Wollproteinen. Wasser wird bevorzugt von diesen nichtkristallinen Bereichen gebunden. Die Farbstoffmoleküle diffundieren zuerst durch die interzellularen, cystinarmen morphologischen Komponenten, wandern dann in die Kutikula- und Kortexzellen und befinden sich nach einer Gleichgewichtsfärbung in der gesamten Wollsubstanz verteilt [24, 55–60].

Die *Echtheiten der Färbungen*, vor allem gegen Naßbeanspruchungen, hängen vorwiegend mit den Wechselwirkungen zwischen den chemischen Gruppierungen des Farbstoffmoleküls und den farbstoffaffinen Gruppen der Faser sowie deren Nachbargruppierungen zusammen. Diese Zusammenhänge sind komplexer Natur und in zahlreichen Fällen nachgewiesen. Demgegenüber ist die Lichtechtheit der Färbungen vor allem mit dem Bau der Farbstoffe und nach neueren Erkenntnissen mit der Anordnung der Farbstoffmoleküle in den nichtkristallinen Bereichen bzw. Hohlräumen der Faser, d. h. mit der Farbstoffaggregation, erklärbar [26]. Letztere wiederum wird durch die sich unter dem Einfluß hoher Temperaturen verändernde Hohlraumstruktur bestimmt.

Die Verteilung des Farbstoffs über den Querschnitt, d. h. die Entstehung von Durch- oder Ringfärbung, ergibt sich vor allem aus den Orientierungs- und Kristallinitätsgradverteilungen über den Querschnitt, welche durch die Herstellungs-, Verarbeitungs- und Veredlungsbedingungen der Fasern gegeben sind.

Zusammenfassend ist festzustellen, daß die wesentlichen Vorgänge des Färbens

– die Diffusion des Farbstoffs in die Faser (beeinflußt die Färbegeschwindigkeit) und
– die Bindung des Farbstoffs an die Faser (beeinflußt u. a. die Waschechtheit)

sind. Die Färbevorgänge können mit dem Poren- und mit dem freien Volumenmodell erklärt werden, wobei je nach Faserart das eine oder das andere Modell dominiert bzw. modifizierte Modelle herangezogen werden können [37]. Die Farbstoffbindung in der Faser ist mit den funktionellen Gruppen von Polymer und Farbstoff bzw. mit den intermolekularen Wechselwirkungen zwischen diesen in Verbindung zu bringen.

2.6 Betrachtungen zu Struktur-Eigenschafts-Beziehungen

Voraussetzung für die gezielte Herstellung von Fasern mit bestimmten Eigenschaften sind Kenntnisse über die Zusammenhänge zwischen ihrer molekularen sowie übermolekularen Struktur und ihren Eigenschaften.

Zur Struktur-Eigenschafts-Charakterisierung werden verschiedene chemische und physikalische Meßmethoden angewendet. Es ist äußerst schwierig und bisher nur für begrenzte Problemstellungen gelungen, molekulare Kenngrößen folgerichtig mit makroskopisch wirksamen bzw. gemessenen Größen oder Eigenschaften in Zusammenhang zu bringen und damit Voraussetzungen für die Realisierung gewünschter Eigenschaften durch gezielte Änderung molekularer bzw. übermolekularer Parameter zu schaffen. Praktisch ist es bisher nicht gelungen, eine mathematische Modellierung der komplexen Struktur-Gebrauchswert-Beziehung vorzunehmen, die es gestattet, in befriedigender Weise umfassend die Entstehung gewünschter Eigenschaften durch gezielte Strukturbildung zu steuern.

Im folgenden werden aus der Sicht von Konstitution, Konformation und Konfiguration an Hand typischer Beispiele ausgewählte Struktur-Eigenschafts-Beziehungen betrachtet.

Konstitution. Die Art der funktionellen Gruppen in und an den Haupt- und Seitenketten bestimmen die chemische Reaktivität der Faser, d. h. ihre Beständigkeit gegenüber dem Einfluß von Säuren, Laugen, Oxidations- und Reduktionsmitteln, Wasser und anderen Lösemitteln, das Verhalten bei Einwirkung von mechanischer, Licht- und Wärmeenergie und ihr Verhalten gegenüber den Farbstoffmolekülen.

Die Regelmäßigkeit und Symmetrie des chemischen und räumlichen Baus beeinflussen die Höhe des möglichen Ordnungsgrades, während die Beweglichkeit der Kettensegmente die Geschwindigkeit beeinflußt, mit welcher der betreffende Ordnungsgrad erreicht wird.

- So erweist sich z. B. das Fibroin der Seide, welches zu etwa 40 % aus Glycin besteht (bringt keine Seitengruppen in das Makromolekül) und kein Cystin enthält, im Vergleich zum Keratin der Wolle als wesentlich reaktionsträger und höher geordnet (höhere Festigkeit und Beständigkeit gegenüber chemischen und physikalischen Einwirkungen).
- Das Polyethylenterephthalat zählt wegen seines regelmäßigen Baus, der fehlenden Seitengruppen und seiner relativ steifen Moleküle zu den Polymeren, die sich zwar langsam aber zu vergleichsweise hohen Kristallinitätsgraden ordnen.
- Die lineare Makromolekülform ohne Vernetzungen ist in der Regel die Gewähr für Schmelzbarkeit bzw. Löslichkeit (Faserbildungsverfahren).
- Nicht ohne Bedeutung ist es für zahlreiche Eigenschaften eines Copolymers, ob das Comonomer statistisch verteilt oder als Block angeordnet im Makromolekül vorliegt.

Von außerordentlicher Wichtigkeit für die Eigenschaften sind die Molmasse und die Molmassenverteilung. In Abhängigkeit von der chemischen Struktur bilden sich mit zunehmender Molmasse ab einem bestimmten Mindestpolymerisationsgrad spezielle Eigenschaften heraus wie

- für die Erspinnung erforderliche Viskosität der Schmelze bzw. Lösung,
- Strukturviskosität (nicht-Newtonsches Verhalten, viskoelastisches Verhalten),
- Deformierbarkeit,
- Reckbarkeit,
- Festigkeit.

Die mit wachsender Moleküllänge abnehmende Erspinnbarkeit und Reckbarkeit setzen der Molmasse aber unter dem Gesichtspunkt der praktischen Nutzung obere Grenzen.

Die jeweils in Abhängigkeit von der chemischen Struktur von den Makromolekülen ausgehenden intra- und intermolekularen Wechselwirkungen prägen auch die physikalischen Wechselwirkungen und bestimmen damit die Ausbildung der übermolekularen Struktur sowie von dieser abhängige Eigenschaften. Deutliche Zusammenhänge existieren zwischen der Beweglichkeit von Molekülen bzw. Molekülsegmenten, die sich u. a. aus der chemischen Struktur der Strukturelemente (Aromaten, Aliphaten) und der Verspanntheit

zwischen kristallinen Bereichen und dem vorhandenen „freien Volumen" ergibt, und den Eigenschaften bzw. dem Verhalten der Polymeren, wie
- Löslichkeit,
- Einfrieren, Kristallisieren,
- mechanische Eigenschaften,
- Diffusionsmöglichkeiten im Polymer für z. B. Farbstoffe.

Konformation. Polymere, die über voluminöse bzw. polare Seitengruppen verfügen und eine Helix-Konformation ausbilden (z. B. PAN), sind oft weniger dicht gepackt als linear gestreckte ohne Seitengruppen (z. B. PES). Dies bedingt geringere Ordnungsgrade in der Faser. Somit beeinflußt die Konformation der Polymeren mittelbar alle Eigenschaften, die mit dem kristallinen Zustand im Zusammenhang stehen.

Konfiguration. Ein gutes Beispiel für den Zusammenhang zwischen Konfiguration und Eigenschaften stellt Polypropylen dar. Radikalisch polymerisiertes Polypropylen führt zu einem ataktischen Polymer, welches bei Zimmertemperatur ein hochviskoses Öl bzw. eine nicht-feste Substanz ohne Faserbildungsvermögen darstellt. Ein unter dem Einfluß stereospezifisch wirkender Katalysatoren (Ziegler-Natta-Katalysatoren) hergestelltes Polymer mit vergleichbarer Molmasse weist dagegen eine isotaktische Konfiguration auf und stellt ein relativ gut verarbeitbares faserbildendes Polymer dar. Ebenfalls sei darauf hingewiesen, daß sich z. B. das faserbildende Polymer Cellulose aus β-D-Glucose, die Stärke als zur Faserbildung nicht geeignetes Polymer dagegen aus α-D-Glucose aufbaut. Durch radikalische Polymerisation hergestelltes Polyacrylnitril stellt ein heterotaktisches Polymer mit neben vorwiegend ataktischen auch isotaktischen und syndiotaktischen Sequenzen dar. Durch Veränderung der Verhältnisse der verschiedenen Konfigurationsanteile als Folge der stereospezifischen Polymerisation ist indirekt über die Veränderung der übermolekularen Struktur eine Einflußnahme auf die Eigenschaften möglich.

Darüber hinaus werden die Fasereigenschaften durch die übermolekulare Struktur bestimmt. Mit Ansteigen von *Orientierung und Kristallinität* nehmen zu:
- Wirksamkeit der intra- und intermolekularen Wechselwirkung,
- Festigkeit,
- Beständigkeit;
bzw. werden vermindert:
- Beweglichkeit der Molekülsegmente,
- Löslichkeit,
- Quellbarkeit,
- Färbbarkeit,
- Wassersorption.

Wie gezeigt werden mit der Wahl der Monomere und Reaktionsbedingungen bereits bei der Synthese bzw. Biosynthese die chemische Natur und damit die wesentlichen Eigenschaften der textilen Faserstoffe festgelegt.

Hierbei wird entschieden, ob es
- zur Bildung von statistischen oder Blockpolymeren,
- zu linearen oder verzweigten bzw. vernetzten Makromolekülen,
- zu stereospezifischen Aufbaureaktionen (z. B. durch Wahl des Katalysators),
- zur Bildung von reaktiven Polymeren (befähigt zu polymeranalogen Umsetzungen) oder
- zur Bildung hochorientierter flexibelkettiger Polymere, wenn diese z. B. in der Lösung eines gestreckten steifkettigen Polymers aufgebaut werden,

kommt.

Neben der Schaffung von Spezialpolymeren durch den Einsatz neuer Monomere für spezielle Anwendungsbereiche gibt es vielfältige Möglichkeiten, die Beschaffenheit und Eigenschaften bekannter sog. Massenpolymere zu modifizieren:

1. Die *chemische Modifizierung* bezweckt die Veränderung der übermolekularen Struktur und der Eigenschaften der Fasern durch eine Änderung der molekularen (chemischen) Struktur im Ergebnis von chemischen Reaktionen:
   - statistische Copolymerisation und Copolykondensation durch anteiligen Einbau von Comonomeren während der Synthese, die Comonomere sind im Makromolekül statistisch verteilt; auf diese Weise kann man u. a. die Kettenflexibilität zur Verbesserung der Diffusionseigenschaften erhöhen, ionische oder polare Gruppen einbringen (Bindung von Farbstoffen, Wassersorption), spezielle Funktionen, wie flammenhemmend, bakterizid erreichen;
   - Blockpolymerisation durch Einbau von beständigen Blöcken aus Monomeren mit einer anderen chemischen Struktur (z. B. alternierende harte und weiche Polyester- der Polyetherblöcke zum Erzielen der hochelastischen Eigenschaften des Polyurethanelastomers, Polyester-Polyether-Blockcopolymere mit einer geringeren Schmelzpunkterniedrigung im Vergleich zu dem entsprechenden Copolymeren mit statistischer Verteilung der Comonomeren);
   - Propfcopolymerisation durch Radikalbildung an der Polymerkette und Copolymerisation von chemisch andersartigen Monomeren als Seitenkette (z. B. Pfropfen von Acrylnitril auf Polyamid oder Baumwolle zur Erhöhung der Lichtbeständigkeit, Bakterienresistenz bzw. der Bauschigkeit);
   - polymeranaloge Umsetzungen durch Reaktion ausgewählter Verbindungen mit funktionellen Gruppen der Makromoleküle, wobei im wesentlichen die mittlere Molmasse erhalten bleibt. (Neben Eigenschaftsänderungen können funktionalisierbare Polymere entstehen, die als Ausgangsmaterialien für weitere Umsetzungen oder interessante Arbeitstechniken fungieren können. Beispiele sind polymergebundene Enzyme, Pharmaka, Plasthilfsstoffe [51].) Auch die Ester- und Etherreaktionen mit den OH-Gruppen der Cellulosefaser, z. B. zur Hydrophobierung, die

molekülvernetzenden Reaktionen der Cellulosefaser zur Bügelfreiveredlung bzw. der Wolle zur Filzarmveredlung, das Färben von Baumwolle, Wolle und Polyamid mit Reaktivfarbstoffen sowie die thermische Behandlung von Polyacryl- oder Viskosefasern zur Herstellung von Kohlenstoffasern sind hier einzuordnen.

2. Die *physikochemische Modifizierung* führt zur Veränderung der übermolekularen Struktur und spezieller Eigenschaften aufgrund der Änderung der chemischen Zusammensetzung durch Mischen in der Schmelze oder Lösung:
   - Zumischen von niedermolekularen Verbindungen vor dem Erspinnen (z. B. Mattierung durch TiO_2, Spinnfärbung durch Farbstoffpigmente, Flammenhemmung durch phosphorhaltige Zusätze);
   - Mischen beständiger, chemisch unterschiedlicher Polymere zur Herstellung von Polymermischungen/-legierungen mit z. B. Matrix/Insel- bzw. Matrix/Fibrillen-Strukturen (wie PES/PA oder umgekehrt – durch Lösen der Matrix werden ultrafeine sog. Supermicrofasern für Wildlederimitate erhalten, PES/PE-Florofolverfahren), Herstellen schwer entflammbarer Polyacrylfasern durch Einspinnen polymerer Phosphorverbindungen [52] sowie sog. Hybridfasern durch Mischen von Cellulose und Polyacrylnitril [53].

3. Die *physikalische Modifizierung* besteht in einer Veränderung der Eigenschaften und zum Teil der übermolekularen Struktur bei Beibehaltung der molekularen Struktur durch:
   - Änderung der Spinnlösungs- und Spinnbadzusammensetzung und/oder der technologischen Parameter des Erspinnprozesses (z. B. Beeinflussung der Kern/Mantel-Struktur beim Viskoseverfahren, Modalfaserherstellung als Alternative zum klassischen Viskoseverfahren, Erspinnen einer Cellulosefaser aus einer N-Methylmorpholin-N-oxid-Lösung [54]);
   - Einsatz von Spezialdüsen zur Erzeugung von Profil-, Hohlprofil-, Bikomponenten- und Matrix/Fibrillen-Fasern;
   - Recken;
   - Texturieren;
   - Titerverfeinerungen z. B. im Falle von PES-Fasern durch oberflächliches chemisches „Abschälen" zur Herstellung von Microfasern.

Weitere Möglichkeiten der Eigenschaftsbeeinflussung, die sich nicht in dieses Schema einordnen lassen, bieten die vielgestaltigen Textilveredlungsverfahren, das Verarbeiten von Faser- und Titermischungen, das Herstellen von schichtenförmig aufgebauten textilen Flächengebilden usw.

Bereits während der Bildung der Makromoleküle in der Natur oder im Reaktor und während der Verarbeitung kann ein in der Regel unerwünschter *Abbau* des Polymers einsetzen, der zur Entstehung kürzerer Kettenmoleküle und zusätzlicher Endgruppen führt. Folgende Abbauarten, die sich in der Praxis oft überlagern, sind zu unterscheiden: mechanischer, thermischer, thermooxidativer, enzymatischer, photochemischer und hydrolytischer Abbau.

Im Zusammenhang mit der Besprechung der Fasereigenschaften in den folgenden Kapiteln werden jeweils Beispiele für die gezielte Beeinflussung der Fasereigenschaften mittels der einen oder anderen der vorstehend beschriebenen Methoden behandelt.

Literatur

 1. Frenkel SJ, Baranov VG, Eljasevic GK (1984) Probleme der Festigkeit von Polymeren: Paradoxa, Perspektiven, Prognosen, Acta Polym. 35:393–400
 2. Rossbach V, Leumer G (1988, 1989) Identifizierung von technischen Spezialfasern I und II, Melliand Textilber. 69:351–361, 70:212–220
 3. Cumberbirch RJE (1959) The degree of polymerization and its distribution in cellulose rayons, Part. IX., J. Text. Inst. 50:T528–T547
 4. Cowie JMG (1976) Chemie und Physik der Polymere, Verlag Chemie, Weinheim
 5. Bartenev GM, Zelenev JV (1979) Physik der Polymere, Verlag für Grundstoffindustrie, Leipzig
 6. Elias HG (1976, 1990) Makromoleküle, Hüthig/Wepf, Basel
 7. Houwink R (1938) Elastizität, Plastizität und Struktur der Materie, Verlag Theodor Steinkopf, Dresden Leipzig
 8. Hosemann R, Lemm K, Schönfeld A et al. (1967) Teilchengröße und parakristalline Gitterstörungen, Kolloid-Z. Polym. 216/217:103–110
 9. Zachmann G (1964) Das Kristallisations- und Schmelzverhalten hochpolymerer Stoffe, Fortschr. Hochpolym.-Forsch. 3:581–687
10. Kratky O (1953) Der übermolekulare Aufbau der Cellulose, in: Pummerer R (Hrsg) Chemische Textilfasern, Filme und Folien, Ferdinand Enke, Stuttgart
11. Wunderlich B (1973) Macromolecular Physics, Vol. 1. Academic Press, New York
12. Braun D et al. (1979) Praktikum der makromolekularen organischen Chemie, Dr. Alfred Hüttig, Heidelberg
13. Schatt W (1981) Einführung in die Werkstoffwissenschaft, Deutscher Verlag für Grundstoffindustrie, Leipzig
14. Geil PH, Bear E, Wada Y (1974) The Solid State of Polymers, Marcel Dekker, New York
15. Rätzsch M (1987) Flüssigkristalline Polymere, LCP-Strukturen, Eigenschaften, Anwendungen, Arb. Plenum Kl. AdW DDR, Berlin 12:2–26
16. Kock HJ (1986) Flüssigkristalline Polymere – Neue Werkstoffe mit breitem Anwendungsspektrum, Melliand Textilber. 67:757–758
17. Heintze A (1986) Hochfeste Aramidfasern – ihre Eigenschaften und Anwendungsmöglichkeiten, Melliand Textilber. 67:529–532
18. Schurz J (1974) Physikalische Chemie der Hochpolymere, Springer, Berlin Heidelberg New York
19. v. Falkai B (1981) Synthesefasern, Verlag Chemie, Weinheim
20. Fuchs O (1967) Die zwischenmolekularen Kräfte und die physikalischen Eigenschaften makromolekularer Stoffe, Kolloid-Z. Polym. 216:224–235
21. Lenk SR (1971) Rheologie der Kunststoffe, Carl Hanser, München
22. Becker R (1978) Beziehungen zwischen der Glastemperatur und der chemischen Struktur von Polymeren (Fortschrittsbericht), Faserforsch. u. Textiltechn. 29:361–385
23. Zollinger H, Hori T (1987) Einfluß der Wasserstruktur in Polymeren auf die Diffusion von Farbstoffen in Textilfasern, Melliand Textilber. 68:267–269
24. Hori T, Zollinger H (1987) Einfluß der Fasermorphologie und des Quellungswassers auf die Diffusion von Farbstoffen in Wolle, Melliand Textilber. 68:675–677
25. Kirschbaum R (1986) Hochfeste Polyethylen-Fasern, Chemiefasern-Text.-Ind. 36/38: T134–T139
26. Vicini L, Sadocco P, Canetti M et al. (1984) Färbeverhalten und Lichtechtheit von Polyethylenenterephthalat-Filmen: Korrelation mit der morphologischen Struktur (englisch), Acta Polym. 35:588–592

27. Berg H (1986) Leistungsfähigkeit von Fasern und die dafür verantwortlichen Strukturelemente. XXV. Internat. Chemiefasertagung Dornbirn, 1986
28. Flory PJ (1955) Theory of Crystallization in Copolymers, Faraday Soc. 51:848–885
29. Zahn H et al. (1957) Synthese von einheitlichen linearen Oligoestern vom Polyglykolterephtalattyp, Makromol. Chem. 23:31–53
30. Rath H (1972) Lehrbuch der Textilchemie, 3. Aufl. Springer, Berlin Heidelberg New York
31. Handbuch für Färber und Drucker (Ratgeber). Chemapol A.G., Praha
32. Vogelsang J, Gölden HD (1982) Faserprodukte aus thermisch modifiziertem Polyacrylnitril – ein Beitrag zur Asbestsubstitution, Chemiefasern-Text.-Ind. 32/84:422–432
33. Fourné F (1982) Kohlenstoffasern – ihre Herstellung, Chemiefasern-Text.-Ind. 32/84:433–436
34. Berg H (1966) Über Ordnungszustände in synthetischen Fasern und einige Zusammenhänge mit ihren Eigenschaften, Kolloid-Z. Polym. 210:64–78
35. Wendorff JH (1983) Flüssig-kristalline Kunststoffe – Struktur und Eigenschaften, Kunststoffe 73:524–528
36. Herlinger H (1977) Eigenschaften von Polymermischungen und ihr möglicher Einsatz zur Faserherstellung, Lenzinger Ber. 43:24–33
37. Flath HJ (1991) Polymerstruktur und Farbstoffdiffusion, Melliand Textilber. 72:132–139
38. Allen G, Bevington JC (Hrsg) (1989) Comprehensive Polymer Science (The Synthesis, Characterization, Reactions & Applications of Polymers, Vol. 1–7. Pergamon Press, Oxford
39. Koslowski HJ (1990) Microfasern – feiner als die Natur, Chemiefasern-Text.-Ind. 40/92:73–74
40. Wiegner D (1991) Färben von Polyester-Microfasern, Chemiefasern-Text. Ind. 41/93:148–152
41. Zahn H (1990) Neues über die Feinstruktur von Baumwolle, Text.-Prax.-Int. 45:459–466
42. Elias HG, Vohwinkel F (1983) Neue polymere Werkstoffe für die industrielle Anwendung, Carl Hanser, München Wien
43. Zahn H (1990) Neues über den Feinbau der Wolle, Textilveredlung 25:164–171
44. Brandrup J, Immergut EH (1989) Polymerhandbook, Jahn Wiley & Sons, New York
45. Woodward AE (1989) Atlas of Polymer Morphology, Carl Hanser, Munich
46. Cheremissinoff NP (Hrsg) (1989) Handbook of Polymer Science and Technology, Marcel Dekker, New York
47. Legge NR, Holden G, Schroeder HE (Hrsg) (1987) Thermoplastic Elastomers (A comprehensive Review), Carl Hanser, Munich
48. Ebner G, Schelz D (1989) Textilfärberei und Farbstoffe, Springer, Berlin
49. Peter M, Rouette HK (1989) Grundlagen der Textilveredlung: Handbuch der Technologie, Verfahren und Maschinen, 13. Aufl. Deutscher Fachbuchverlag, Frankfurt a. M.
50. Zollinger H (1989) Färbetheorie – Modelle und Wirklichkeit der Diffusion von Farbstoffen in Textilfasern, Textilveredlung 24:133–142
51. Fedtke M (1985) Reaktionen an Polymeren, 1. Aufl. Deutscher Verlag für Grundstoffindustrie, Leipzig
52. Herlinger H et al. (1991) Herstellung schwer entflammbarer Polyacrylnitrilfasern durch Einspinnen polymerer Phosphorverbindungen, Melliand Textilber. 72:353–359
53. Berger W, Morgenstern B (1991) Zur Entwicklung von Hybridfaserstoffen auf der Basis von Polyacrylnitril-Cellulose-Mischungen, Melliand Textilber. 72:399–401
54. – (1990) Lösungsmittel-Spinnverfahren für Cellulosefasern, Chemiefasern-Text.-Ind. 40/92:1114
55. Deutz H, Wortmann FJ, Höcker H (1990) Hochdruckdifferentialkalorimetrische Untersuchungen von verschiedenen Keratinen, International Wool Textile Organisation: Dubrovnik Meeting 03.–07.06.1990, Preprint: 1–10

56. Leeder JD, Rippon JA, Rothery FE, Stapelton IW (1985) Use of the transmission electron microscope to study dyeing and diffusion processes, Proceedings of The 7th International Wool Textile Research Conference, Vol. V:99–108, Tokyo
57. Marshall RC (1990) Protein and fibre chemistry of Wool, Procceedings of The 8th International Wool Textile Research Conference, 07.–14.02.1990, Vol. I: 169–185, Christchurch
58. Zahn H (1988) Intermedialfilamente im Cytoskelett und Struktur der Wolle, Chimia 42:289–297
59. Zahn H (1992) Forschung von gestern – Praxis von heute, Melliand Textilber. 73:147–152
60. Zahn H (1991) Zur Rolle von Mohair in der Keratinforschung. Melliand Textilber. 72:926–931
61. Wortmann FJ, Rigby BJ, Phillips DG (1984) Glass transition temperature of wool as a function of regain, Text. Res. J. 54:6–8

3 Fasergeometrie

Zur Fasergeometrie gehören Länge, Feinheit, Kräuselung bzw. Verwindung, Querschnittsform und Oberflächenbeschaffenheit der Fasern. Sie beeinflußt in Verbindung mit zahlreichen weiteren Eigenschaften das Verarbeitungs- und Gebrauchsverhalten der Fasern. Da das Reibungsverhalten der Fasern nicht nur von der Oberflächengestalt, sondern auch von den Oberflächenkräften abhängt, wird darauf in Abschn. 4.2 näher eingegangen.

Für die Ermittlung der geometrischen Kenngrößen stehen zahlreiche Verfahren zur Verfügung, die einerseits an Einzelfasern, andererseits im Interesse der Zeiteinsparung und Automatisierung an Bündeln durchgeführt werden. Es ist nicht Anliegen dieses Buches, auf derartige Verfahren näher einzugehen, weshalb auf die Fachliteratur (z. B. [3, 4, 6]) sowie die zugehörigen Normen verwiesen wird.

3.1 Länge

In Tabelle 3.1 sind die Längen und auch Breiten der wichtigsten Naturfasern zusammengestellt, wobei es sich um Durchschnittswerte handelt. Für den Spinner ist es wichtig, die *Faserlängenverteilung* zu kennen. Diese ist Faserlängenschaubildern (Summenhäufigkeitskurve, Stapeldiagramm, Stapelschaulinie) zu entnehmen (Abb. 3.1), und zwar auf Basis Faseranzahl, Faserlänge, Fasermasse oder Faserquerschnitt (Abb. 3.2); zwischen diesen bestehen Umrechnungsmöglichkeiten [4]. Neben den bei der Garnherstellung störenden Kurz- und Langfaseranteilen, deren Grenzlängen zu vereinbaren bzw. genormt sind, kennt der Praktiker den Maximalstapel (die längsten Fasern), den Handstapel (nach Frenzel die Länge, die von 10 % aller Fasern überschritten wird; auch als Nennstapel bezeichnet) und den Spinnerstapel (zur Streckwerkseinstellung benötigt; wird einige Millimeter kürzer als der Nennstapel gewählt).

Die zur Verfügung stehenden Naturfasern lassen sich in *Kurzfasern* (insbesondere Baumwolle) und *Langfasern* (Kammwolle, Seiden-Schappe, Stengel-, Blatt- und Fruchtfasern) unterteilen, wobei es sich bei den meisten pflanzlichen Langfasern um „technische Fasern" handelt. Diese bestehen aus insbesondere durch Pektine in einem Faserbündel zusammengehaltenen *Elementar-*

Tabelle 3.1. Faserlängen und Faserbreiten gebräuchlicher Naturfasern
(nach Koch, Wagner et al.)

Faser	Faserlänge mm		Faserbreite µm
	Mittel	Extrembereich	Mittel
Baumwolle	20–30	12–64	etwa 15
indisch (kurzstapelig)	12–20		14,5–22,0
amerikanisch (mittelstapelig)	16–32		13,5–17,0
ägyptisch (langstapelig)	34–42		12,0–14,5
Sea Island (hochstapelig)	bis 50		11,5–13,0
Kapok	10–30		21–29
Flachs			
Elementarfaser	25–30	4–66	20–25
techn. Faser, Schwingflachs	200–1500		
techn. Faser, Hechelflachs	100–600		
Hanf			
Elementarfaser	15–25	5–55	etwa 22
techn. Faser, Schwinghanf	1000–2500		
techn. Faser, geschnitten	650–750		
Ramie			
Elementarfaser	120–150	60–250	etwa 50
techn. Faser	2000		5000
Jute			
Elementarfaser	2–3	1–5	18–20
techn. Faser	1500–2500		
techn. Faser, geschnitten	650–750		
techn. Faser, gehechelt	200–250		
Sisal			
Elementarfaser	3–4	2–5	22–23
techn. Faser	1000–1250		2000–4000
Kokos			
Elementarfaser	1		16
techn. Faser	150–330		
Schafwolle	55–300	25–550	20–50
fein (Merino)	55–75		18–26
mittel (Crossbred)	70–150		27–44
grob	150–300		40–60
Mohair (Angoraziege)	150–300		14–90
Kamelhaar (Flaum)	50–80		9–40
Seide (bombyx mori)			
Filament			20–25
Kokonfadenlänge	(1000–4000 m)		
abhaspelbare Länge	(500–900 m)		
Schappe	(50–250 m)		
Bourette (Kämmlinge)	(10–50 m)		
Asbest			
im Gestein	bis 300		
nach Aufbereitung	10–20		
Chrysotilasbest			0,75–1,5
Amphibolasbest			1,5 –4,0
Elementarfaser			
Chrysotilasbest (hohl)			0,02–0,04
Amphibolasbest			0,1 –0,2

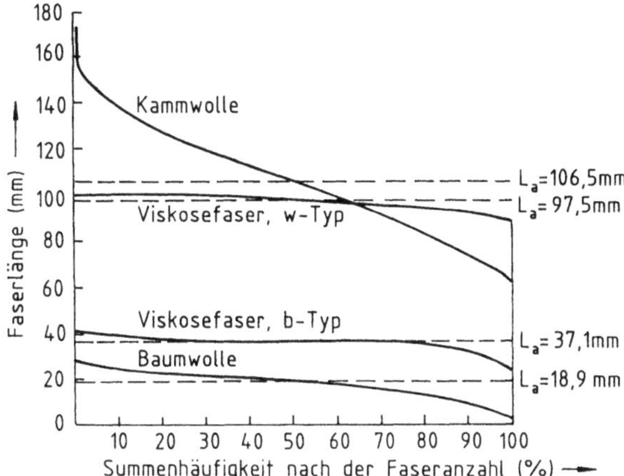

Abb. 3.1. Stapelschaulinie und mittlere Faserlänge L_a nach der Faseranzahl für verschiedene Fasern (nach [21])

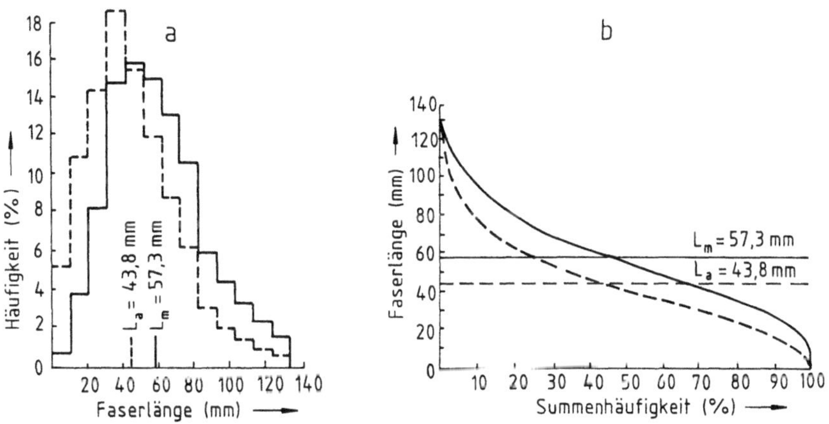

Abb. 3.2. Häufigkeitsschaubild (**a**) und Summenhäufigkeitsschaulinie (**b**) für Kammwolle; – – – – nach der Faseranzahl, ——— nach der Fasermasse

fasern, die durch chemische oder mechanische Behandlung freigelegt werden können. Nur bei Flachs und Hanf haben die Elementarfasern eine für die Verspinnung geeignete Länge (mindestens 10–15 mm erforderlich) und entsprechen Baumwolle (deshalb wird von Kotonisierung, d. h. „Verbaumwollnen", gesprochen). Ramiefasern und manche technischen Fasern müssen vor dem Verspinnen gekürzt werden. Sollen sehr kurze Fasern (z. B. anorganische Fasern) versponnen werden, dann wird mit „Trägerfasern" (z. B. Viskosespinnfasern) gemischt.

Prinzipielle Möglichkeiten zur Herstellung längenbegrenzter Chemiefasern und deren Einfluß auf Faserlänge und Faserlängenverteilung sind in Tabelle 3.2 [5] wiedergegeben. Eine Stapelschaulinie in Dreieckform ist der un-

Tabelle 3.2. Einflußgrößen auf Länge und Längenverteilung von Chemiefasern [5]

Länge bei der Faserbildung	Trennprinzip	Einflußgrößen auf Faserlänge	Charakteristik der Faserlängenverteilung (theoretisch)
längenbegrenzt Whisker [a]	entfällt	Geschwindigkeit und Zeit *t* des Kristallwachstums	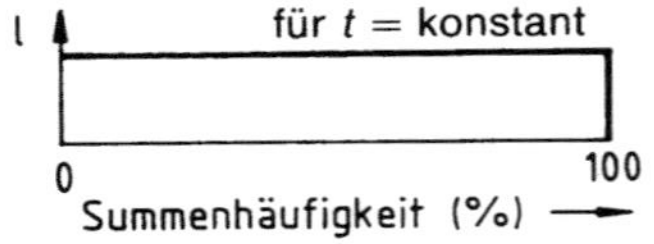
Fibrid [b] Faser		Flüssigkeitstropfen-Volumen Verhältnis von Verformungs- zu Verfestigungsgeschwindigkeit	
endlos Filament	*Radialkraft* (Messer bzw. Spiralschneidewalze): Schneidkonverter	Konstruktion und Geschwindigkeitsverhältnisse zwischen Kabel und Schneidwerkzeug am Schneidkonverter	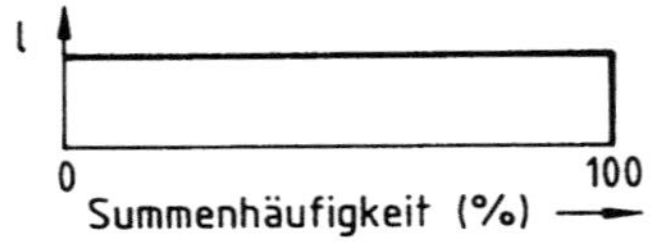
	Axialkraft (Differenz der Umfangsgeschwindigkeiten zwischen Liefer- und Abzugswalzenpaar): Reißkonverter	Länge der Reißzone am Reißkonverter	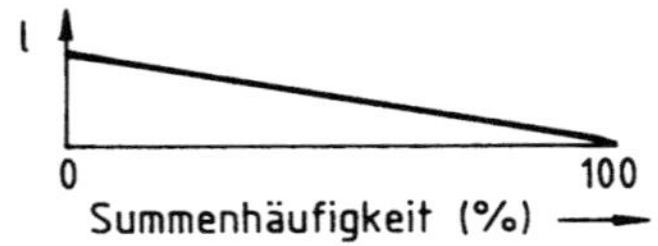
	Radial- und Axialkraftkomponente (strömendes Medium geneigt zur Faserachse): Düsenblasverfahren	Neigungswinkel und Druck des Mediums	
endlos mit eingelagerten längenbegrenzten Komponenten Matrix-Fibrillen-Faden	Lösen der Matrix	Verhältnis der Viskositäten und Normalspannungsdifferenz von Insel und Matrix	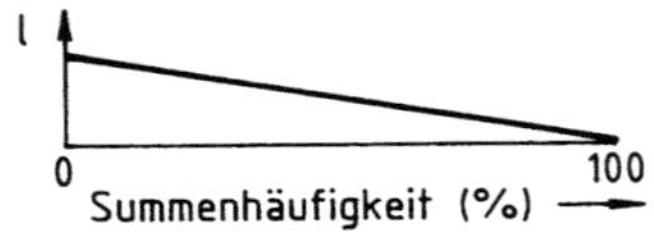

[a] Whisker: sehr feine, haar- oder nadelförmige, organische oder anorganische Kristalle, aus Lösungen, Schmelzen oder aus der Gasphase gezüchtet

[b] Fibrids: feine fasrige, unregelmäßig geformte Bändchen aus Polymeren, die in Wasser dispergiert werden können und als Bindemittel bei der Herstellung von Flächengebilden aus synthetischen Fasern verwendbar sind

Tabelle 3.3. Schnittlängen gebräuchlicher Chemiefasern

Benennung	Kurzzeichen	Schnittlänge mm	Faserart
Baumwolltyp	bt	32–50	CV, PAN, PA, PES
Wolltyp	wt	38–120	CV, PAN, PA, PES, CLF
Teppichtyp	tt	30–150	CV, PAN, PA, PES
Jutetyp	jt	60–180	CV
Grobtyp	gt	60–150	CV, PAN

günstigste, in Rechteckform dagegen der günstigste Fall. Letzteres trifft auf einwandfrei geschnittene Chemiefasern zu, bei denen die Nenn-Schnittlänge mit der Ist-Schnittlänge übereinstimmt. Die Schnittlängen der Chemiefasern (Tabelle 3.3) sind den Naturfaserlängen und damit auch den jeweiligen Garnherstellungsverfahren angepaßt. Spezielle Anwendungen (Flock, Bürsten, Besen, Pinsel, Zahnbürsten u. a.) bedingen zweckentsprechend andere Schnittlängen.

Bei einer exakten Längenbestimmung an Einzelfasern müssen diese einwandfrei gestreckt vorliegen, ohne daß es zu einer Dehnungsbeanspruchung kommt. Bei einigen Fasern (z. B. Wolle, Polyamid) ist zu beachten, daß mit der Veränderung der Luftfeuchte auch eine merkliche Längenänderung eintritt (s. Abschn. 6.3). Auch vorangegangene mechanische Beanspruchungen (Konverter-Reißen, Walzenpressen u. a.) können zeitabhängig und in Verbindung mit Feuchteeinflüssen latente Spannungen freisetzen und zu Längenänderungen führen.

Im Zusammenhang mit der Betrachtung der Faserlängen muß auch auf extreme Längen eingegangen werden. Hierzu gehören die Chemiefilamente, die als praktisch endlos gelten. Wichtig ist, daß im Filamentgarn möglichst wenig Knoten vorhanden sind und daß die Zahl der Filamente konstant bleibt. Von Glasseiden ist bekannt, daß während des Erspinnens einzelne Filamente verloren gehen und nicht nachgesetzt werden können. Wird hier eine gewisse Filamentanzahl unterschritten, muß die Glasseide neu angesponnen werden. An Seiden (bombyx mori), deren Fäden aus Kokons abgezogen werden (500–900 m abhaspelbar), müssen Schwankungen in der Filamentanzahl in Kauf genommen werden. Rohseide (Grège) von 22/24 dtex besteht aus etwa 8 Kokonfäden (= 16 Fibroin-Filamente) und ist bei einem 40 g-Grège-Strang 16 400–18 000 m lang [21]. Sobald ein Kokon ausgelaufen ist, muß ein neuer angelegt werden. Während dieser Manipulation fehlt ein Kokonfaden, weshalb der Titer mit zwei Zahlen angegeben wird. Durch Filieren (Vordrehen), Doublieren (Fachen) und Moulinieren (Zwirnen) werden die Titerschwankungen gemindert. Die im Kokon (besteht aus etwa 1000–4000 m Kokonfaden) verbliebenen Fäden werden in der Langfaserspinnerei als Seiden-Schappe und Seiden-Bourette (Kämmlinge) verarbeitet.

Extrem kurze Gebilde stellen die *Fibrids* dar [22, 23], die im trockenen Zustand faserartig und bändchenförmig vorliegen und gute Bindemittel in textilen Flächenstrukturen und bei der Papiererzeugung sind. Mark [22] unterscheidet harte und weiche Fibrids, was auf den Schmelzpunkt des jeweils verwendeten Polymers bezogen ist. Die durchschnittlichen Längen der meisten Fibrids liegen zwischen 1–5 mm.

3.2 Kräuselung

Die Kräuselung der Fasern ist für die Verarbeitbarkeit zu Garnen, deren Zusammenhalt und Festigkeit und schließlich für Voluminosität und damit Wärmehaltung, Griff, Knittererholung u. a. der textilen Flächengebilde bedeutsam. Die Länge l_{Rv} einer gekräuselten Faser und die Länge l_k einer mit geringstmöglicher Vorspannkraft entkräuselten Faser benutzt man zur Berechnung des *Kräuselungsgrades*

$$Kg = \frac{l_k}{l_{Rv}} \tag{3.1}$$

oder zur Berechnung der Längendifferenz beim Entkräuseln

$$\Delta l_k = l_k - l_{Rv}. \tag{3.2}$$

Darüber hinaus interessieren die *Entkräuselung*

$$\delta = \frac{l_k - l_{Rv}}{l_{Rv}} = \frac{\Delta l_k}{l_{Rv}} = Kg - 1 \tag{3.3}$$

sowie Bogenanzahl, Kräuselungsdurchmesser, Kräuselungsbeständigkeit, Entkräuselungskraft usw. Hierzu und auch zur Voluminositätsmessung gibt es umfangreiche Literatur und Normen [3, 4], nicht aber über vergleichende Darstellungen z. B. über die *Kräuselungsbeständigkeit* verschiedener Chemiefasern. Lediglich in Fasermonographien wird mitunter im Zusammenhang mit Struktur- bzw. Herstellungsproblemen auf die Art und Beständigkeit der Kräuselung näher eingegangen. Von Rockstroh [7] wurde zur Charakterisierung der Kräuselungsbeständigkeit von Chemiefasern vor und während der Verarbeitung in der Streichgarnspinnerei ein Kräuselungserholungsdiagramm erarbeitet (Abb. 3.3), in dem Wolle verschiedenen Chemiefasern gegenübergestellt wurde.

Pflanzenfasern weisen keine Kräuselung auf. Im Falle der technischen Fasern (Flachs, Hanf u. a.) kommt der Verspinnbarkeit das stellenweise Abspalten von Faserbündeln oder Elementarfasern entgegen. Baumwollfasern im normalreifen Zustand weisen *Verwindungen* (Drehungen) auf, die den Garnzusammenhalt ähnlich wie die Kräuselungen durch stellenweises „Ineinandergreifen" verbessern. Die Anzahl der Drehungen wurde an vielen Baumwollprovenienzen durch zahlreiche Autoren gemessen und liegt etwa zwischen 20 und 100 Drehungen/cm. Die Drehungsrichtung und der Abstand zwischen den Drehungen wechseln an einer Faser mehrfach. Das Verhältnis von Z- zu S-Drehungen liegt bei etwa 1:1, was allerdings erst bei der Ausmessung größerer

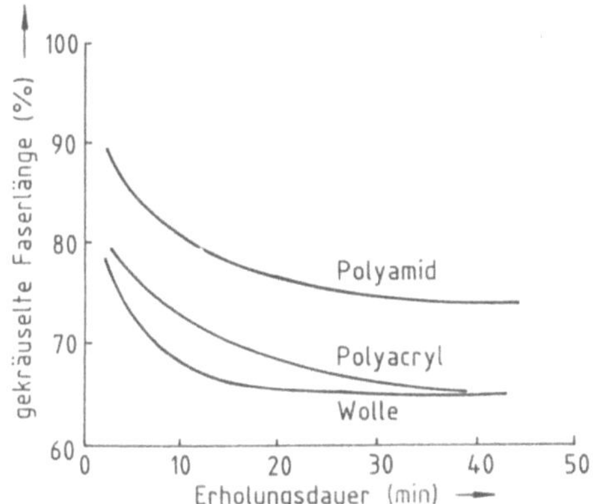

Abb. 3.3. Kräuselungserholung (gekräuselte Faserlänge in % der gestreckten Faserlänge) nach halbstündiger Entkräuselungsbelastung für verschiedene Fasern (nach [7]). Länge der gekräuselten Ausgangsfaser = 60%, Entkräuselungsbelastung: Polyacryl 200–300 cN · mm^{-2}, Polyamid 100–300 cN · mm^{-2}, Wolle 100–150 cN · mm^{-2}

Fasermengen erkennbar wird. Die Drehungszahlen und deren Verteilung können nicht zur Charakterisierung von Baumwollprovenienzen herangezogen werden (Klima, Bodenbeschaffenheit u. a.) [8]. Grundsätzlich ist aber festzustellen, daß feinere Baumwollen mehr Drehungen/cm aufweisen als gröbere. Die Drehungen gehen in Wasser zurück und fehlen nahezu an überreifen sowie an gut merzerisierten Baumwollen (Abb. 3.4).

Wollen, insbesondere die der Schafe, weisen mehr oder weniger intensive Kräuselungen auf (Abb. 3.5) [9]. Diese werden durch den Aufbau aus gegenseitig verspannter Ortho- und Parakortex bewirkt (s. Abschn. 4.1.1), was sehr hohe Kräuselungspermanenz ergibt und die Chemiefaserhersteller veranlaßte, dieses Prinzip nachzuahmen. Stark gekräuselte Wollen sind markfrei und wer-

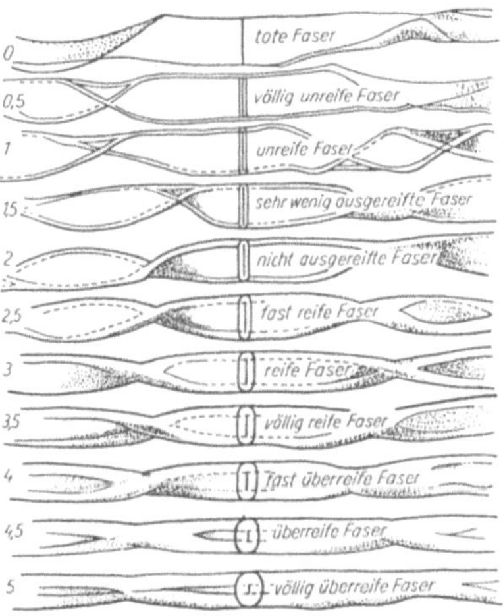

Abb. 3.4. Zusammenhang zwischen Baumwoll-Reifegrad und Faserquerschnitt und -verwindungen [34]

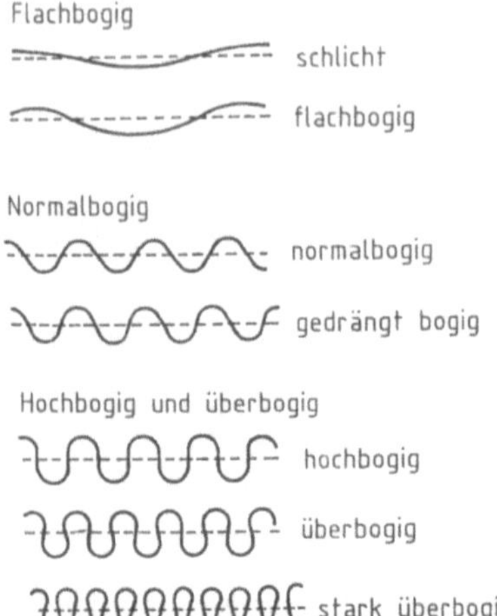

Abb. 3.5. Wellungs- und Kräuselungsformen von Schafwollen (nach [9, 10])

den vorwiegend in der Streichgarnspinnerei verarbeitet. Flachbogige bzw. schlichte Wollen sind hauptsächlich der Kammgarnspinnerei vorbehalten. Die Formulierung eines mathematischen Zusammenhangs zwischen der Feinheit der Wollen und der Bogenanzahl/cm bzw. der Länge der Kräuselbogen [10] muß abgelehnt werden, da sich die Korrelation im Laufe der Zeit mit der genetischen Beschaffenheit der Tiere ändert [11]. Es ist aber möglich, die Tendenz der Zunahme der Bogenanzahl/cm mit kleiner werdenden Faserdurchmessern (Feinheitsklassen) darzustellen (Tabelle 3.4) [12].

Chemiefasern liegen ohne besondere Vorkehrungen nach dem Erspinnen in nahezu ungekräuseltem Zustand vor. Prinzipielle Möglichkeiten zum Erreichen einer für die Verarbeitung und den Einsatz gewünschten Kräuselung enthält Tabelle 3.5 [5], wobei für die Faserkräuselung vor allem das Stauch- und das Zahnradverfahren (Fall 1) in Betracht kommen. Während diese Kräuselung bei synthetischen Chemiefasern durch Thermofixierung stabilisiert werden kann, ist die Knitterkräuselung der Celluloseregeneratfasern im nassen

Tabelle 3.4. Beziehungen zwischen Feinheit und Kräuselung der Wolle [12]

Feinheitsklassen	Anzahl der Bogen/cm
4 A	über 12
2 A	11–12
A	10–11
A/B	9–10
B/C	8–9
C II	7–8
D I	6–7
D II	5–6
E	4–5

Tabelle 3.5. Prinzipielle Möglichkeiten zur Kräuselung von Chemiefasern (nach [5])

Ausgangszustand	Auslenkung der Faserachse	Lagestabilisierung	Beispiele
1. Gleichgewicht G G	durch äußere Kraft F (Spannungsaufbau S) $F \longrightarrow$ $\quad G \xrightarrow{F} S$	durch Spannungsabbau (bei Thermofixierung T) $S \xrightarrow{T} G$ durch äußere Kraft F' zum Aufrechterhalten der Auslenkung $S + F'$	Drehungsverfahren Stauchverfahren Klingenverfahren Zahnradverfahren Düsenverfahren mit Thermofixierung Strick-Fixier-Verfahren (Krinklegarn) Düsenverfahren ohne Thermofixierung
2. Innere Spannungen S $S_1 > S_2$ (Grenzwert: $S_2 = G$) 2.1. innerhalb einer Faser bzw. eines Filaments $S_1\ S_2$	durch Spannungsabbau infolge molekularer Beweglichkeit B $S_1, S_2 \xrightarrow{B} G$	gewährleistet durch G	Bikomponentenverfahren Viskosefaser-Strukturkräuselung
2.2. zwischen Fasern bzw. Filamenten $S_1\quad S_2$	durch äußere Kraft F auf Komponente 2, verursacht durch Schrumpfkraft infolge B in Komponente 1 $S_1 \xrightarrow{B} G$ $S_2 \xrightarrow{F} S_2'$ $(S_2' > S_2)$	durch Spannungsabbau $S_2' \xrightarrow{T} G$ durch äußere Kraft F' zum Aufrechterhalten der Auslenkung $S_2' + F'$	keine Anwendung bekannt Differenzschrumpfverfahren (Reckunterschiede, variable Titer)

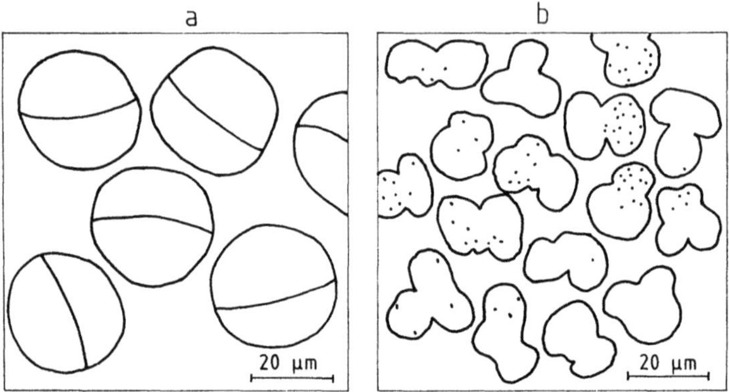

Abb. 3.6. Querschnitte von Bikomponentenfasern. **a** Nylon-Cantrece (nach [14]): **b** Orlon-Sayelle (nach [13])

Zustand nicht permanent und veschwindet nach der ersten Beanspruchung (Verspinnen) meist vollkommen, falls nicht durch Nachbehandlung mit geeigneten aushärtbaren Harzen eine gewisse Permanenz erreicht wurde.

Bilateral bewirkte Kräuselung (Fall 2.1) wird dadurch erreicht, daß aus geteilten Düsenlöchern („Seite an Seite") zwei Spinnmassen zu einem Filament zusammengeführt werden. In den beiden Fadenteilen müssen unterschiedliche innere Spannungen aufgebaut werden. Infolge der Schrumpfdifferenz beim Abbau der inneren Spannungen tritt gegenseitige Verspannung der beiden Fadenteile und damit die gewünschte permanente Kräuselung ein. Besonders bekannt wurde *Cantrece* (PA 6.6) und *Orlon-Sayelle* (PAN) – Abb. 3.6. Nach dem gleichen Prinzip wurde bereits im vorigen Jahrhundert „Engelshaar" aus zwei Glassorten hergestellt.

Strukturbedingte Kräuselungen lassen sich an klassischen Viskosespinnfasern (Spezialfall zu 2.1 in Tabelle 3.5) auf Basis des Kern-Mantel-Aufbaues erzielen, da im Mantel die kristallinen Bereiche gut in Faserachsrichtung orientiert sind, im Kern dagegen weniger orientiert vorliegen. Bei saurer Nachbehandlung und Trocknung kontrahiert der Kern in Längs- und Querrichtung, während sich der schon feste Mantel der Längskontraktion widersetzt. Dadurch kommt es aber senkrecht zur Faserachse in Kern und Mantel zu einer retardierenden Kraft, die ausgeglichen wird, wenn die gesamte Faser Spiralform einnimmt (setzt ungehindertes Verformen und geschlossenen Fasermantel voraus). Nach Weber liegt in diesem Falle eine „echte" Strukturkräuselung vor [15], die sich nach Deformation und Feuchteanwesenheit wieder zurückbildet. Die Richtung der Spiralwindungen kann sich ändern. Bei gleichem Spinnverfahren ist die Anzahl der sich bildenden Bogen/Längeneinheit abhängig vom Verstreckungsgrad, Titer und Trocknungszustand. Ist der Mantel gerissen, ungleichmäßig oder einseitig ausgebildet (Abb. 3.7), dann kommt es zu einer Fehlstellenkräuselung oder nach Weber „unechten" Strukturkräuselung (ebenfalls Fall 2.1), die durch ungleichmäßige Kräuselungsbogen charakterisiert ist.

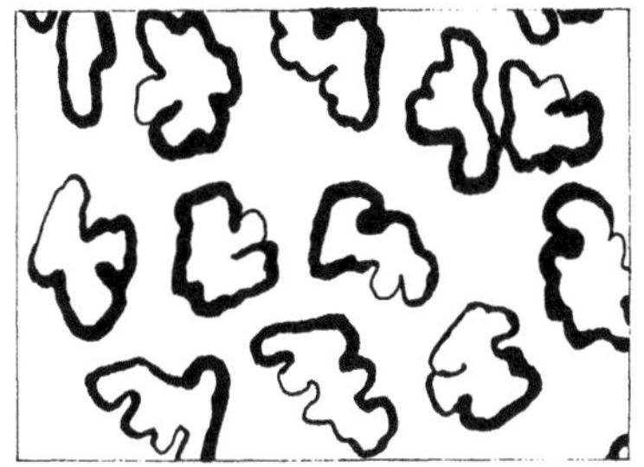

Abb. 3.7. Querschnitt einer Viskose-Kräuselfaser mit ungleichmäßigem Mantel („unechte" Strukturkräuselung, Mantelfärbung) (nach [16])

Das in Tabelle 3.5 als Fall 2.2 aufgeführte Prinzip der Erzeugung voluminöser Fäden oder Flächengebilde bedingt keine Kräuselung der Fasern bzw. Filamente. Das Auslenken der Komponente 2 erfolgt erst im Faden- oder Flächenverbund auf Grund der Schrumpfdifferenz zwischen beiden Komponenten und wird durch Haftkräfte zwischen den Fasern (F') aufrechterhalten.

Zur Theorie der Faserkräuselung, Kräuselungsgeometrie, Entkräuselungskraft, Kräuselungsumkehrpunkte, Kräuselungsbeschreibung usw. hat es in Verbindung mit der Chemiefaserentwicklung zahlreiche Veröffentlichungen gegeben, auf die hier nur hingewiesen werden kann (z. B. [17–20]).

3.3 Feinheit

Die Faserfeinheit ist der Quotient aus der Masse m und der Länge l des betreffenden Materials und wird heute nach dem Tex-System (Titer Tex, Tt) angegeben

$$1 \text{ tex} = \frac{1 \text{ g}}{1000 \text{ m}}. \tag{3.4}$$

Zulässig sind auch

$$1 \text{ mtex (Millitex)} = \frac{1 \text{ mg}}{1000 \text{ m}}, \tag{3.5}$$

$$1 \text{ dtex (Dezitex)} = \frac{1 \text{ g}}{10\,000 \text{ m}}, \tag{3.6}$$

$$1 \text{ ktex (Kilotex)} = \frac{1 \text{ kg}}{1000 \text{ m}}. \tag{3.7}$$

Für die früheren Feinheitssysteme (Denier Td, metrische Nummer Nm u. a.) stehen im Anhang Umrechnungsbeziehungen und Rundwerte zur Verfügung.

Die derzeit produzierten klassischen Fasern weisen Feinheiten von über 10 tex bis weit unter 0,01 tex auf. In Tabelle 3.6 wurde eine Unterteilung in sechs charakteristische Feinheitsbereiche vorgenommen und entsprechende

Tabelle 3.6. Charakteristische Feinheitsbereiche der Fasern (in Anlehnung an Wagner [21], Berger [24], Hartig [25] et al.)

Feinheitsbereich			Naturfaser – Beispiele		Chemiefaser – Beispiele	
Bezeichnung	Tt tex	Durchmesser[a] µm	Faser	Tt tex	Faser	Tt tex
ultragrob	> 10	> 100	Schweineborste	31	PA-Borsten (für Besen)	61
			Roßhaar	27	PA-Hohlborsten (*Nylon*)	46
			deutsches Rinderhaar	17	PA (*Thynex*)	34
			Dachshaar	13	PAN (*Wolpryla RH*)	15
grob	10–0,5	100–22	Wolle F bis A	10–0,5	CV – jt	2
			chin. Langhaarziegenhaar	5	CV, PAN, PA, PES, – tt	4 –0,7
			Feh	2	CV, PAN, PA, PES, CLF – wt	1,1 –0,5
normal	0,5–0,15	22–12	Wolle 2A bis 4A	0,5–0,28	CV, PAN, PA, PES, CLF – wt	0,5 –0,3
			Baumwolle	0,4–0,15	CV, PAN, PA, PES – bt	0,28–0,15
			Seide	0,17–0,15		
fein	0,15–0,10	12–10	Baumwolle	0,15–0,13	PES, PA, AR	0,15–0,13
			Seide/Schappe	0,15–0,12	PES, PA, AR	0,13–0,10
			Baumwolle (Sea Island)	0,13–0,10	Fibrids	0,13–0,10
hochfein (Microfasern)	0,10–0,01	10–3			PES, PA, PAN, PE, PP, CV	0,10–0,01
					Fibrids	0,10–0,01
ultrafein (Supermicro- fasern)	< 0,01	< 3			PES, PA, PAN	0,01–0,0001

[a] Berechnet aus Tt mit einer durchschnittlichen Dichte $\varrho = 1{,}3\,\mathrm{g}\cdot\mathrm{cm}^{-3}$ (real: $\varrho = 0{,}9{-}1{,}5\,\mathrm{g}\cdot\mathrm{cm}^{-3}$)

Tabelle 3.7. Ausspinngrenzen beim Ringspinnverfahren (nach Wagner [21])

Garnart	$\dfrac{\text{Faseranzahl}}{\text{Garnquerschnitt}}$		Garnfeinheit	
			Tt tex	Nm $\text{m} \cdot \text{g}^{-1}$
Baumwollgarn	15–17		2	500
Wollgarn (3A/4A)			10	100
Wollgarn (A)	12–45		14	70
Wollgarn (C)			28	35
Flachsgarn	5–6	techn. Faser, bestehend aus	8,4	120
	4–5	Elementarfasern		

Natur- und Chemiefasern zugeordnet. Wie schon erwähnt, kommt in Verbindung mit anderen Eigenschaften der Feinheit (spezifische Oberfläche) bei der Verarbeitung und im Gebrauch eine große Bedeutung zu; an Hand von einigen Beispielen soll dies verdeutlicht werden. So weist Wagner [21] darauf hin, daß feinere Garne sich nur aus feinen Fasern herstellen lassen, da eine Mindestfaseranzahl im Garnquerschnitt erforderlich ist. Die dadurch bedingten Ausspinngrenzen beim Ringspinnverfahren sind in Tabelle 3.7 angegeben. Analoges gilt auch für Chemiefasern. Im Falle des Rotorspinnens synthetischer Feinfasern hat Brunk [26] theoretisch ausspinnbare Garnfeinheiten in Abhängigkeit von Faserfeinheit und Faseranzahl im Querschnitt wiedergegeben (Abb. 3.8) und stellt fest, daß zur Fadenbildung für gleiche Festigkeit gegenüber dem Ringspinnverfahren mindestens 40% mehr Fasern erforderlich sind. Ferner bedeutet dies, daß ausgehend von der gegenwärtig im Baumwollsektor üblichen Faserfeinheit von etwa 0,17 tex wesentliche Faserverfeinerungen notwendig sind, um feinere Rotorgarne erzeugen zu können. Zur Herstellung eines Garnes der Feinheit 10 tex wäre eine Faserfeinheit von kleiner 0,08 tex erforderlich (Abb. 3.8), wobei gute Verarbeitungseigenschaften vorausgesetzt werden, die insbesondere von den Faserpräparationen (Beschaffenheit und Menge) abhängen. Unter vergleichbaren Präparationsbedingungen erhält man nach Brunk für Fasern der Feinheit 0,17 tex etwa 0,30% und von 0,05 tex etwa 0,55% Präparationsauflage, was zu bedeutsamen Verhaltensunterschieden beim Rotorspinnen führen kann. Dies veranschaulichen die feinheitsbezogenen Haftkräfte an Polyacrylspinnfaser-Bändern, die bereits zwischen 0,11 tex und 0,17 tex Faserfeinheit beträchtliche Unterschiede ergeben (Tabelle 3.8). Bedingt sind diese Unterschiede durch die wesentlich größeren spezifischen Oberflächen der feineren Fasern, was den Reibungsschluß im Faserband erhöht.

Inwiefern noch zahlreiche weitere Eigenschaften, insbesondere die der Fertigwaren, von der gewählten Faserfeinheit beeinflußt werden, läßt Tabelle 3.9 erkennen.

Derzeit besteht besonderes Interesse an möglichst feinen Fasern oder Filamenten (Microfasern [32]), deren Einsatzmöglichkeiten in Abb. 3.9 wieder-

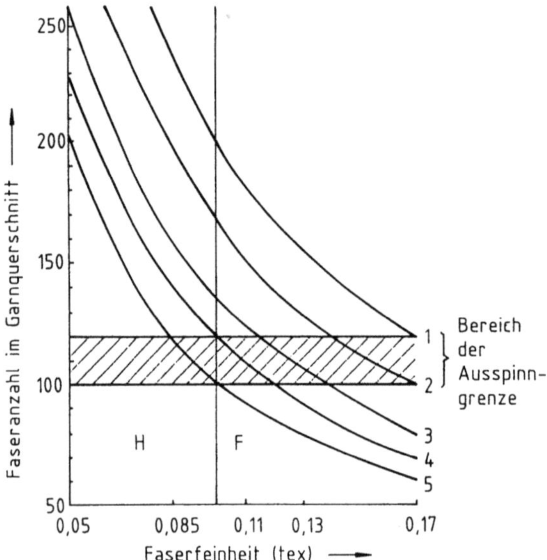

Abb. 3.8. Theoretisch ausspinnbare Garnfeinheiten in Abhängigkeit von Faserfeinheit und Faseranzahl im Querschnitt beim OE-Rotorspinnverfahren [26]; *1* 20 tex, *2* 17 tex, *3* 14 tex, *4* 12 tex, *5* 10 tex, H hochfeine Fasern, F feine Fasern

Tabelle 3.8. Einfluß der Faserfeinheit auf die Haftkräfte [26]

Probe	Feinheitsbezogene Haftkraft $mN \cdot tex^{-1}$ bei Faserfeinheit	
	0,11 tex	0,17 tex
Kardenband	0,35	0,23
1. Streckenband	0,47	0,28
2. Streckenband	0,48	0,26
3. Streckenband	0,39	–

Tabelle 3.9. Tendenzieller Einfluß der Faserfeinheit auf Eigenschaften des textilen Flächengebildes (nach Zimmermann [17])

Eigenschaft	Faserfeinheit	
	fein	grob
Griff	weicher	kerniger, härter
Bauschvolumen	höher	geringer
Deckkraft	höher	geringer
Biegesteifheit	geringer	höher
Kräuselungskontraktionskraft	geringer	höher
Knitterresistenz	geringer	höher
Warenoptik	matter	glänzender
Farbeindruck	schwächer	stärker

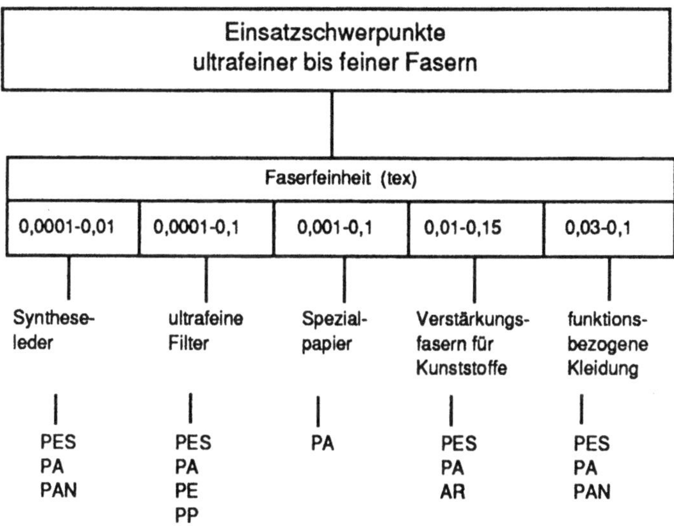

Abb. 3.9. Derzeitige Einsatzschwerpunkte ultrafeiner bis feiner Fasern (nach [24, 32])

gegeben sind. Tabelle 3.10 zeigt grundsätzliche Wege zur Erzeugung feiner Fasern. Ultrafeine Fasern werden z. B. nach dem Matrix-Fibrillen-Faden-Verfahren (Fall 4: Freilegung aus Bikomponenten-Fasern) erzeugt und lassen Feinheiten bis zu 0,0001 tex erreichen, die z. B. für wildlederähnliche und naturseidenähnliche Produkte sowie für Höchstleistungsfilter (Reinsträume für Mikroelektronikfertigung u. a.) benötigt werden.

Andererseits werden ultragrobe Fasern und Monofile als Schuß in beschichteten Geweben für Transportbänder, für Siebgewebe, Nähdrähte, Reißverschlußdrähte, Spiralen für Saugdruckschläuche (Staubsauger) usw. benötigt.

Erwähnt sei noch, daß Spinnfaser- und Filamentgarne Titermischungen enthalten können und auch Titerschwankungsfilamentgarne für Effektwirkungen erzeugt werden.

Eine besondere Gruppe stellen die „*Quasi-Fasern*" dar, bei denen es sich um geschnittene bzw. gespleißte Folien handelt (meist Polyolefine). Hierbei erweist sich Polypropylen als besonders fest und steif, während Niederdruck-Polyethylen weiche Fasern ergibt, die leicht deformierbar und weniger erholungsfähig sind.

3.4 Querschnitt

Die Querschnittsformen der Fasern sind außerordentlich vielfältig und nehmen mehr oder weniger Einfluß auf die Verarbeitung (besonders in der Spinnerei) und die Gebrauchseigenschaften. Anhand der Querschnitte und

Tabelle 3.10. Theoretische Möglichkeiten zur Verminderung der Querschnittsfläche von Chemiefaserstoffen [5]

Bezugsmodell gereckter Faserabschnitt	A_0	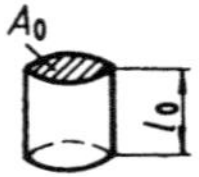 A_0 Querschnittsfläche l_0 Länge V_0 Volumen	***Zielgröße*** Querschnittsfläche A_x mit $A_x < A_0$		
Prinzip der Einflußnahme	Veränderung				erreichte minimale Feinheit tex
	allgemein	Varianten von A_x bez. Achsrichtung (Faserlänge)			
		konstant		variabel	
1 Formgebung (Bildung)	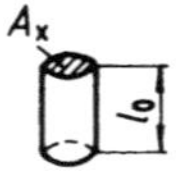 $A_x < A_0$ $l_x = l_0$ $V_x < V_0$	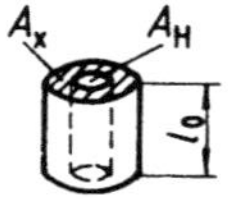 $A_x + A_H = A_0$ A_H: Fläche Hohlraum		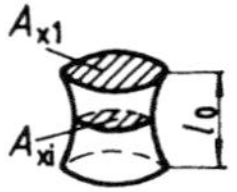 $A_{x1} \leqq A_0$ $A_{xi} < A_0$	0,05 0,0001 (Whisker)
2 Deformation	 $A_x < A_0$ $l_x > l_0$ $V_x = V_0$			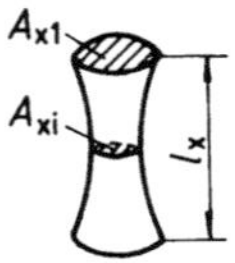 $A_{x1} \leqq A_0$ $A_{xi} < A_0$	0,002 (Glas) 0,01 – 0,03 (Kettenmoleküle: flexibel/halbstarr)
3 Zerteilen	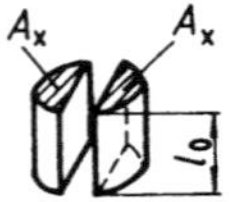 $nA_x = A_0$ $l_x = l_0$ $nV_x = V_0$ $n > 1$	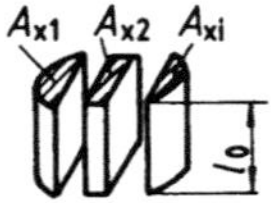 $\sum_{n=1}^{i} A_{xi} = A_0$ $A_{x1} \neq A_{xi}$		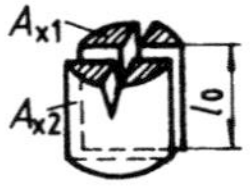 $A_{x1}: n = 4$ $A_{x2}: n = 2$ n variabel	0,001
4 Abtrennen	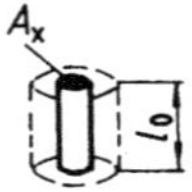 $nA_x < A_0$ $l_x \leqq l_0$ $nV_x < V_0$ $n \geqq 1$			 n und l_x variabel	0,12 (1 Polymer) 0,0001 (>1 Polymer)

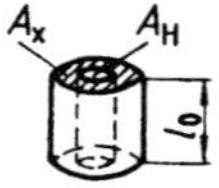

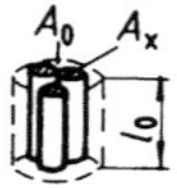

gegebenenfalls der Längsansicht sind heute nur noch die Naturfasern mit ziemlich hoher Sicherheit identifizierbar.

Runden oder z.T. leicht ovalen Querschnitt weisen Schafwollen (mit oder ohne Lumen) und andere tierische Fasern auf. Auch gut merzerisierte und überreife Baumwollfasern können hinzugerechnet werden.

Celluloseregeneratfasern (Abb. 3.10), die mittels des Thieleschen Spinntrichters [33] erzeugt werden und damit ein mildes Koagulationsverfahren durchlaufen, haben ebenfalls runde Querschnitte. Das gilt hauptsächlich für Cuprofasern. Auch Viskosefasern (z.B. vormals *Lanusa*) fallen nach diesem kaum noch genutzten Verfahren mit runden Querschnitten an. Modalfasern weisen vorwiegend rundliche, nicht gekerbte Querschnitte auf, ebenso regenerierte Eiweißfasern (Casein, Zein u.a.). Schmelzegesponnene Fasern aus PA, PES, PE, PP und anderen Polymeren weisen normalerweise runden Querschnitt (Abb. 3.11) auf; das gilt auch für solche aus Glas, Quarz, Schlacke, Silikat, Keramik, Metall und anderen anorganischen Substanzen.

Spezielle Querschnittsformgebungen sind bei den thermoplastischen Fasern bekannt, wobei es sich um verschieden profilierte Querschnitte (Stern-, Band-, aber auch eckige Profile) oder Hohlprofilquerschnitte mit einem größeren Hohlraum oder mehreren kleinen Hohlräumen handelt. Dazu sind speziell geformte Düsenlöcher erforderlich (Abb. 3.12). Abnutzungserscheinungen an den Düsenlöchern bei längerer Laufzeit der Düsen führen zu Querschnittsdeformierungen (Tabelle 3.11) und machen einen rechtzeitigen Austausch der Düsenlochplatten erforderlich.

Die aus Folien erzeugten Quasi-Fasern weisen bandförmige Querschnitte auf.

Bei lösungsgesponnenen Chemiefasern erfolgt in den meisten Fällen eine Veränderung des beim Austritt aus der Düse runden Querschnitts. Die nach dem Trockenspinnverfahren erzeugten Fasern haben häufig hantel-, nieren-, x- oder y-förmige Querschnitte und sind meist nicht so stark gelappt, zerfurcht, gekerbt wie die Querschnitte der nach dem Naßspinnverfahren erzeugten Fasern, deren Form aber durch die gewählten Spinnbedingungen gezielt beeinflußbar ist. Der Einfluß der Fadenbildungsbedingungen (Spinnbadzusammensetzung) auf die Querschnittsform der nach dem Viskoseverfahren hergestellten Fasern (Tabelle 3.12) sei hier beispielhaft erläutert. Dabei sind die Phasen der Koagulation (Umwandlung des Cellulosexanthogenat-Sols durch desolvatisierende Mittel, i.allg. Salzlösungen, in ein Gel) und der Regenerierung (Abspaltung der Xanthatgruppen durch die Einwirkung von Schwefelsäure) zu unterscheiden. Laufen diese beiden Phasen der Fadenbildung zeitlich parallel nebeneinander ab (erfolgt also die Regenerierung im Mantelbereich des Fadens schon zu einem Zeitpunkt, bei dem die Koagulation im Fadenkern noch nicht abgeschlossen ist), entstehen Fäden mit Kern-Mantel-Struktur. Der zuerst regenerierte Mantel (feinkristalline, gut orientierte Struktur) wirkt wie eine semipermeable Membran, durch die auf Grund des geringeren osmotischen Drucks der koagulierenden Kernsubstanz gegenüber dem höheren osmotischen Druck des Spinnbades eine Wanderung von Flüssigkeit aus dem Fadeninnern in das Spinnbad einsetzt. Der Kern verarmt an Substanz, der

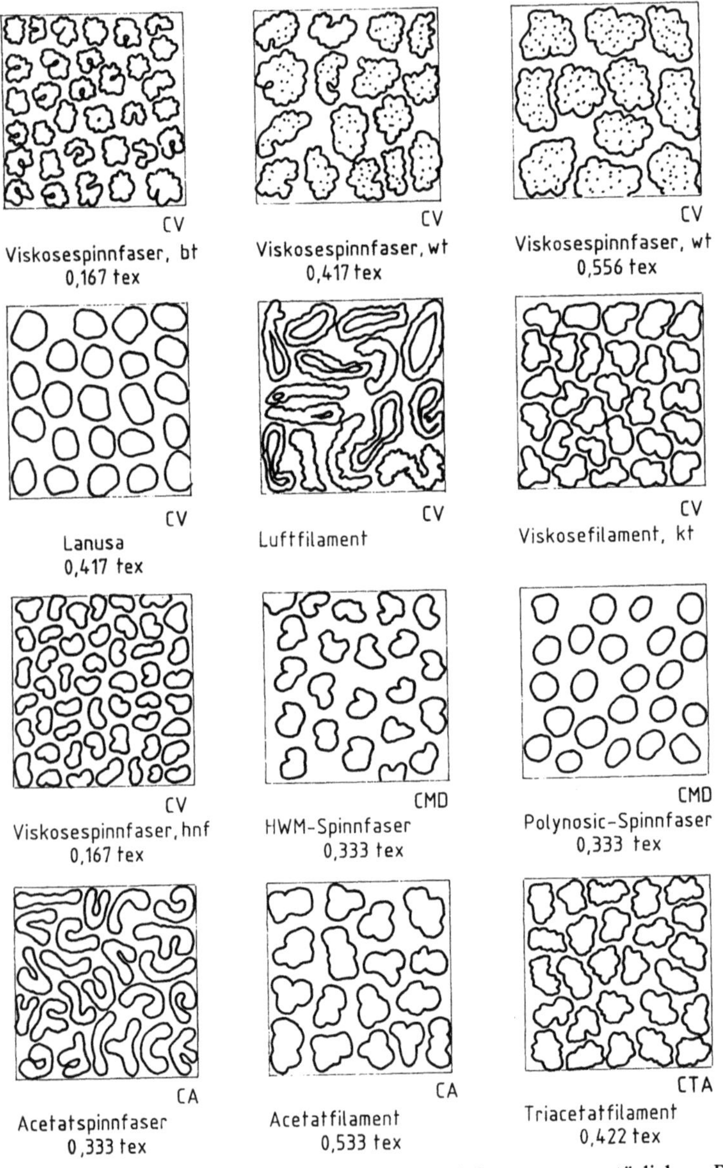

Abb. 3.10. Querschnitte verschiedener Chemiefasern aus natürlichen Polymeren (nach Koch et al.)

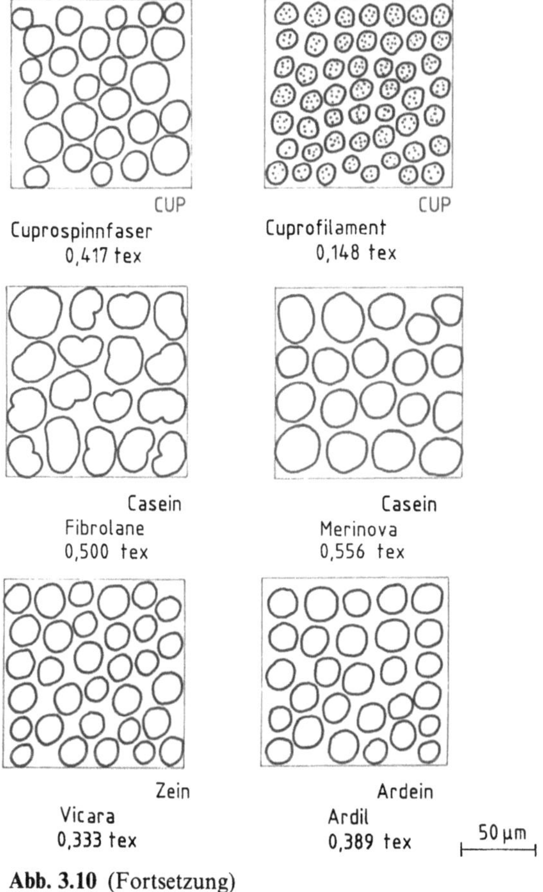

Abb. 3.10 (Fortsetzung)

Faden wird durch den Überdruck des Spinnbades zusammengedrückt, und es entstehen gelappte Faserquerschnitte. Rundliche Faserquerschnitte verbunden mit einer relativ einheitlichen übermolekularen Struktur über dem Faserquerschnitt (Superkordgarn, Modalfasern) entstehen dagegen, wenn die Regenerierung gegenüber der Koagulation zeitlich zurückgedrängt wird, meist durch Anwendung von zwei getrennten Spinnbädern: Koagulationsbad mit wenig Schwefelsäure und Natriumsulfat (langsame gleichmäßige Koagulation, wobei wenige Kristallisationskeime infolge geringer Säurekonzentration zu größeren Kristalliten führen) und Regenerierungsbad mit noch geringerer Schwefelsäure- und Natriumsulfatkonzentration (langsame Regenerierung, gleichzeitig im Fasermantel und -kern). Die Ausbildung einer einheitlichen Struktur über den Faserquerschnitt kann durch Spinnbadzusätze begünstigt werden. Zinksulfat führt z.B. in der äußersten Randzone zur Bildung von Zink-Schwefel-Verbindungen, die die H-Ionen-Diffusion und damit die Regenerierung des Fadens verzögern. Modifikatoren (aliphatische oder hydro-

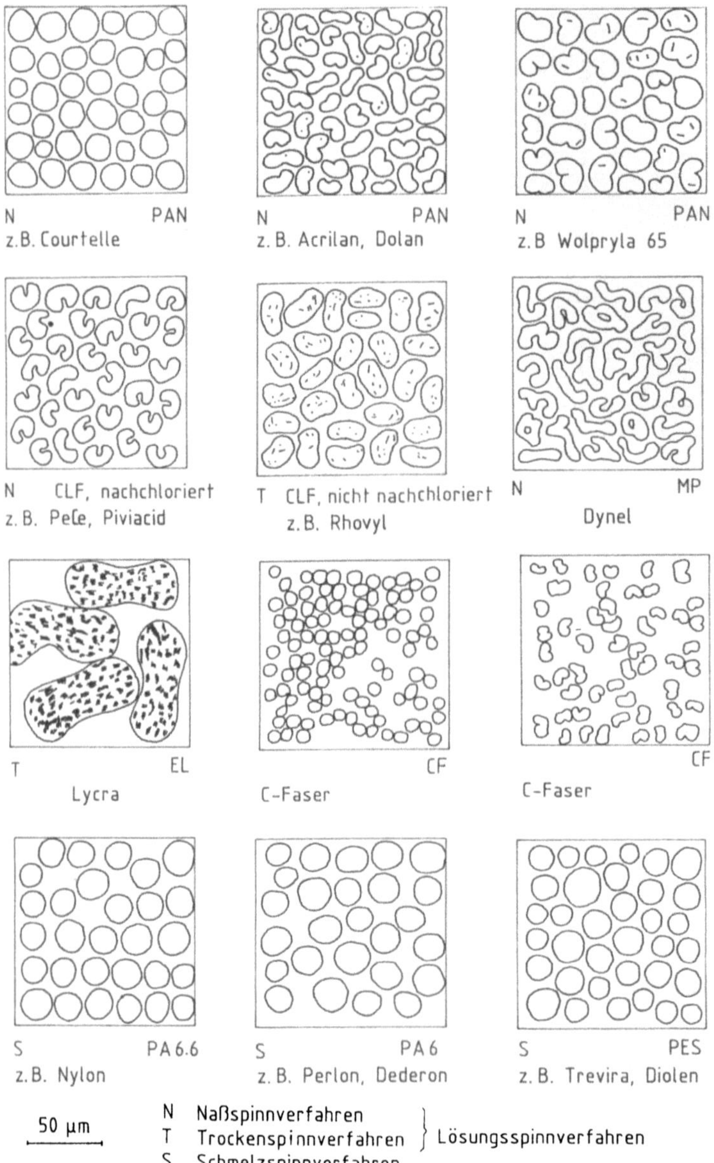

Abb. 3.11. Querschnitte verschiedener Chemiefasern aus synthetischen Polymeren (nach Koch, Stratmann, Busch)

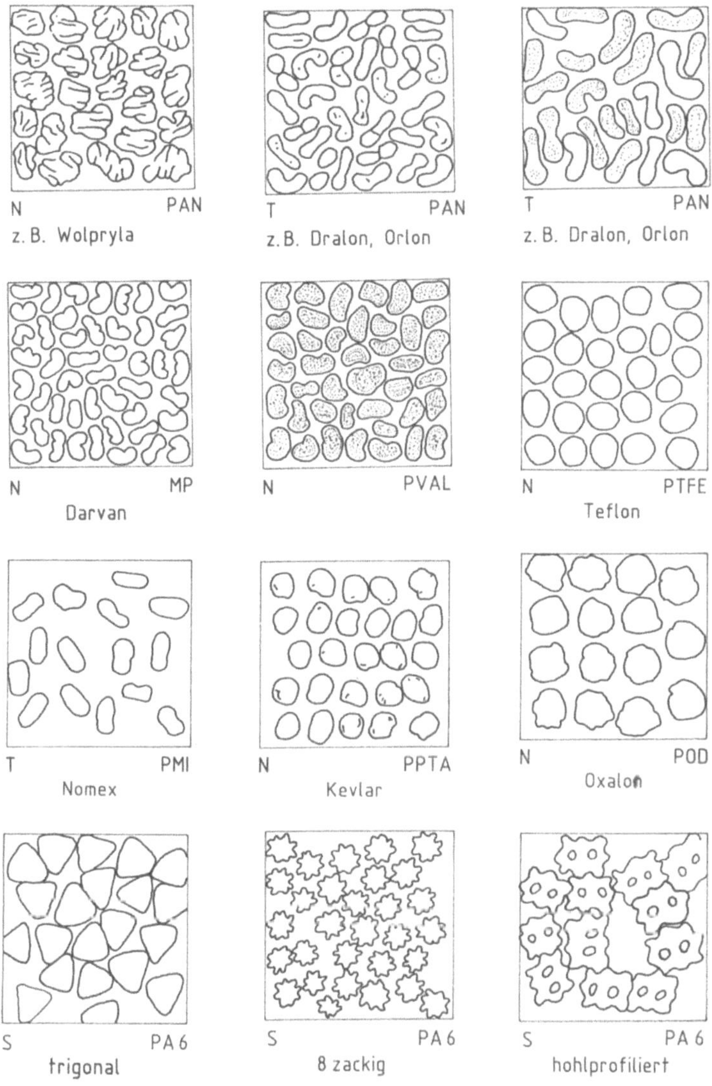

Abb. 3.11 (Fortsetzung)

aromatische Amine bzw. Ethylenoxid-Polykondensationsprodukte) können die verzögernde Wirkung des Zinksulfats unterstützen.

Zu den Naturfasern mit meist unrunden Querschnitten (Abb. 3.13) gehört normale Baumwolle, die in der Samenkapsel zwar noch mit kreisförmigem Querschnitt vorliegt, aber nach der Ernte zusammenfällt und nieren-, bohnen- bzw. bandförmige Querschnitte mit offenen oder zusammengedrückten Lumina aufweist, was weitgehend vom Reifegrad abhängig ist.

Kapokfasern sind im Querschnitt nahezu kreisförmig mit dünner Wand und großem Lumen. Sie können aber auch bandförmig zusammengedrückt vor-

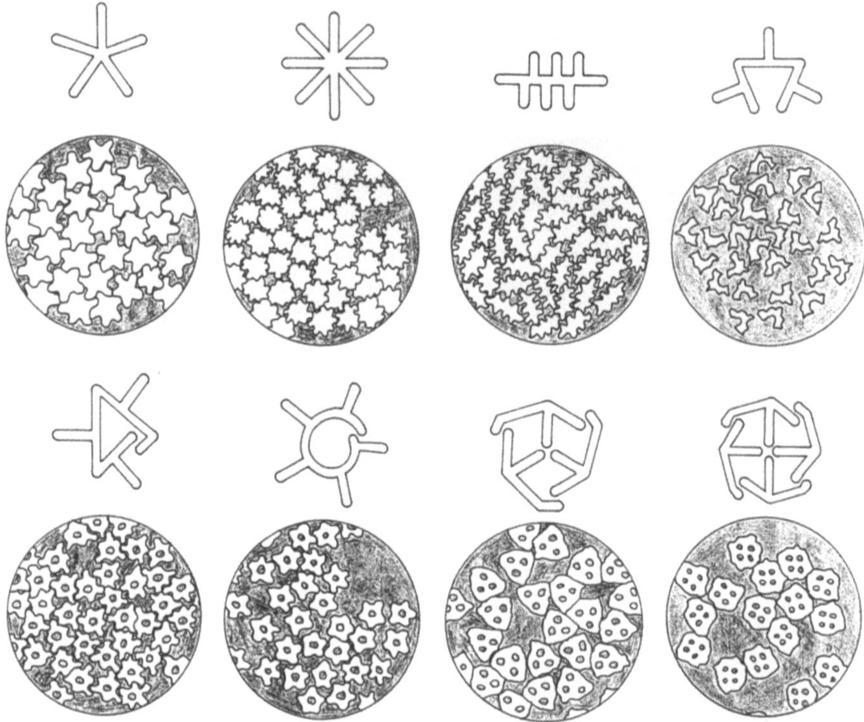

Abb. 3.12. Verschiedene Profil- (oben) und Hohlprofil-Polyamidfasern (unten) mit zugehörigen Düsenlochformen (nach [28])

Tabelle 3.11. Einstufung von Hohlprofilfaserquerschnitten in Qualitätsklassen [29]

Qualitätsklasse	Querschnittsform
Klasse 1	
Klasse 2	
Klasse 3	
Klasse 4	
Klasse 5	

Tabelle 3.12. Einfluß der Spinnbadzusammensetzung auf die Querschnittsform von Viskosespinnfasern (nach Herzog [33])

Spinnbadsubstanzen	Konzentration %	Viskosespinnfasern Querschnittsformen
Schwefelsäure	9,95	
Schwefelsäure Natriumsulfat	10,13 5,35	
Schwefelsäure Natriumsulfat	9,97 8,87	
Schwefelsäure Natriumsulfat	10,05 14,21	
Schwefelsäure Natriumsulfat	10,09 24,47	
Schwefelsäure Natriumsulfat	9,82 29,38	

liegen, wobei noch ein gewisser Lumenanteil erhalten bleibt. Die Elementarfasern von Flachs und Hanf haben polygonalen Querschnitt mit rundem Lumen. Gewisse Verformungen zu ovalen und bandförmigen Querschnitten können vorkommen. Auch Jute-Elementarfasern sind im Querschnitt polygonal und weisen große und kleine Lumina auf. Dabei ist typisch, daß der Lumendurchmesser in Faserachsrichtung extremen Schwankungen unterliegt. Die polygonalen Querschnitte von Kenaf, Sisal, Kokos u. a. sind vor allem durch mehr oder wenige große Lumina gekennzeichnet. Ramie-Elementarfasern unterscheiden sich von den anderen Stengelfasern durch im Mittel doppelte Breite und einen bandförmigen Querschnitt mit zusammengedrücktem Lumen sowie einer gewissen Rissigkeit. In Abb. 3.13 ist noch entbastete Maulbeerseide angeführt, deren Querschnitte vorwiegend drei- und auch mehreckig mit meist abgerundeten Ecken sind. Tussahseiden zeigen bandartige Querschnitte, die z. T. längliche Dreiecksformen erkennen lassen. Die Elementarfasern technischer Asbestfasern haben submikroskopische Abmessungen (etwa 0,02–0,03 µm) und kreisförmigen Querschnitt, wobei es sich im Falle des Chrysotilasbestes um hohle Gebilde handelt.

Außerdem ist anzumerken, daß bei der Verarbeitung oder im Gebrauch viele Faserquerschnitte Veränderungen unterliegen können. So ist zu beobachten, daß z. B. bei Polyamidfilamentgarnen nach einer Falschdrahttexturierung die Filamentquerschnitte leicht polygonal werden und Monofile nach einem Kantenkräuselverfahren einseitig abgeplattete, halbkreisartige Querschnitte aufweisen. Auch intensives Kalandern kann zu bleibenden Abplattungen führen (Abb. 3.14). In Verbindung mit Wärme oder Quellmitteln fallen derartige Verformungen noch intensiver aus.

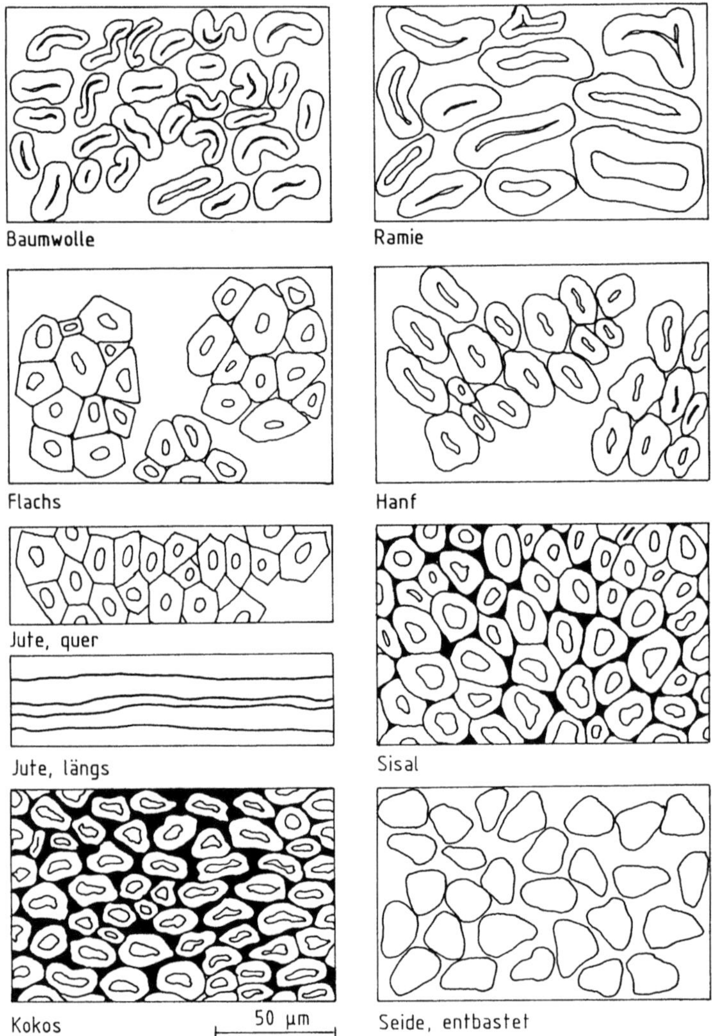

Abb. 3.13. Querschnitte verschiedener Naturfasern (nach Herzog, Stratmann)

3.5 Eigenschaftsbeeinflussungen

Wie die Fasergeometrie durch Länge, Kräuselung, Feinheit, Querschnittsform und Oberflächenbeschaffenheit im Komplex mit weiteren Eigenschaften die Verarbeitungs- und Gebrauchseigenschaften von Halb- und Fertigprodukten mit beeinflußt, sei hier speziell am Beispiel der Garnherstellungsverfahren dargestellt. Folgende Eigenschaften sind mehr oder weniger intensiv wirksam:
- Faserlänge (Faserlängenverteilung)
- Faserfeinheit (spezifische Oberfläche)

Abb. 3.14. Querschnittsverformung von Polyamid 6-Filamentgarn [30]. **a** Unkalandert;
b 5mal kalandert; **c** 10mal kalandert

- Querschnittsform
- Kräuselung bzw. Verwindung
- Oberflächenbeschaffenheit
ferner:
- Avivage bzw. Präparationsmittel
- Faserlage (parallel, wirr)
- Verschmutzungsanteile
- mechanische Eigenschaften (Festigkeit, Dehnung, Elastizität,
  Biegesteifheit usw.)

Dabei ist auch zu beachten, daß diese Eigenschaften durch Waschen, Färben
und Veredlungsbehandlungen verändert werden können. Je nach angewand-
tem mechanischen *Spinnverfahren* kann die Gewichtigkeit der einzelnen
Eigenschaften recht unterschiedlich sein, wie das einer Darstellung von
Deussen [1] bezüglich der wichtigsten Eigenschaften nachfolgend zu entnehmen ist:

Ringspinnen	*Rotorspinnen*	*Luftspinnen*	*Friktionsspinnen*
1. Länge	1. Festigkeit	1. Länge	1. Festigkeit
2. Festigkeit	2. Feinheit	2. Feinheit	2. Feinheit
3. Feinheit	3. Länge	3. Festigkeit	3. Länge
4. Reibung	4. Reinheit	4. Reibung	4. Reibung
	5. Reibung	5. Reinheit	5. Reinheit

Aus diesen unterschiedlichen Wichtungen lassen sich Rückschlüsse auf die
verschiedenartigen Beanspruchungen ziehen; in jedem Falle ist aber der Fasergeometrie eine maßgebende Bedeutung beizumessen. Daß auch Aussehen und

Eigenschaften der vier Spinnfasergarntypen recht unterschiedlich ausfallen, liegt auf der Hand und wird in vielen Veröffentlichungen diskutiert (z.B. [2]).

Von den Eigenschaften, die den Verarbeiter und Verbraucher interessieren und auf die in weiteren Kapiteln noch eingegangen wird, stehen Griff, Glanz, Deckkraft und Verschleiß mit der Fasergeometrie in engem Zusammenhang. Allerdings sind dies meßtechnisch nicht hinreichend exakt erfaßbare Eigenschaften, bei denen z.T. subjektive Einflüsse (Praktikerbeurteilungen) in Kauf genommen werden.

Das gilt besonders für die Einschätzung des *Griffes*, dessen Abhängigkeit von der Feinheit bereits in Tabelle 3.9 aufgezeigt wurde. Auch hier liegt ein komplexes Zusammenwirken der besprochenen fasergeometrischen Größen vor, wozu noch Reibungsverhalten, Biegesteifheit, Bauschelastizität, Wärmeleitfähigkeit, Begleitsubstanzen u.a. kommen. Der Praktiker, der Faserproben aus angelieferten Faserballen entnimmt, charakterisiert den jeweiligen Griff mit Begriffen wie kernig, matschig, knirschend, seifig, warm u.a. und leitet davon Maßnahmen für die Verarbeitung ab. Es liegt auf der Hand, daß die komplexe Eigenschaft Griff physikalisch nicht direkt zu messen ist. Doch lassen sich Meßmethoden entwickeln, die Einzeleigenschaften bzw. kleinere Eigenschaftskomplexe des Griffes objektiv vergleichbar machen (z.B. Bauschvolumen, Bauschelastizität). Es ist weiter vorstellbar, daß in absehbarer Zeit eine Methodik zur objektiven Erfassung des Griffs von Einzelfasern oder Faserpackungen in Analogie zu der Meßmethodik von Kawabata [35] zur Bewertung des Griffs von Flächengebilden – nämlich schrittweise Regression bestimmter mechanischer Parameter innerhalb der Eigenschaftsblöcke Zug, Biegung, Scherung, Kompressibilität, Oberflächenbeschaffenheit und Fasergeometrie – entwickelt wird.

Ähnlich ist die Situation bei der Charakterisierung des Glanzes der noch nicht verarbeiteten Fasern einzuschätzen. Der *Glanz* ist nach Richter [3] nicht identisch mit der „Glätte" einer Oberfläche, sondern ein physiologisch-optisches Kontrastphänomen und somit keine Materialkonstante (s. Abschn. 11.2.3). Man hat versucht, den Glanzeindruck von Fasern mit Begriffen wie seidig, schimmernd, matt, glitzernd, samtartig, flimmernd, silbrigweiß, glänzend, spiegelnd, speckig usw. zu charakterisieren, ohne aber zu verbindlichen Festlegungen zu kommen. In Anlehnung an Ordnungsversuche verschiedener Autoren erfolgte in Tabelle 3.13 die Zuordnung bekannter Fasern zu einer Glanzstufenskala (s. Tabelle 11.4).

Der Begriff *Deckkraft* (Opazität) wird hauptsächlich bei textilen Flächengebilden angewendet und charakterisiert die Dichtheit von Fäden bzw. Flächengebilden gegenüber unmittelbarem Lichtdurchtritt zwischen den Fasern bzw. Fäden, was von der geometrischen Beschaffenheit der Fasern, der Fadenkonstruktion, der Bindung und Gewebedichte, der Maschenform und Fadenanzahl bei Maschenwaren, dem Vliesverfestigungsverfahren und der Vliesdicke, den diversen Nachbehandlungsverfahren u.a. abhängt. Im Falle der textilen Faserstoffe interessiert speziell die *Lichtdurchlässigkeit* (s. Abschn. 11.1), die ebenfalls von der geometrischen Form, den Mattierungsmittelanteilen und der Eigenfarbe bzw. der aufgebrachten Farbstoffmenge

Tabelle 3.13. Zuordnung der Fasern zu den Glanz-Empfindungsstufen

Empfindungsstufe	Kurzzeichen	Faser
hochglänzend	hgl	glänzende Chemiefilamentgarne, Kunstroßhaar, Spinnbändchen, Glasseide, entbastete Seide
glänzend	gl	merzerisierte Baumwolle, nicht entbastete Seide, Ziegenhaar, chlorierte Schafwolle
halbmatt	hm	ägyptische Baumwolle, Flachs, Ramie, Jute, gewaschene Schafwolle, Chemiefasern mit wollähnlichem Mattglanz
matt	m	grobe Baumwolle, mattierte Chemiefasern
tiefmatt	tm	Chemiefasern mit eingelagerten Metallsalzpigmenten

abhängt. Lichtundurchlässig sind z. B. Gummifäden, Metallfäden und Kohlenstoffasern. In einer Arbeit zur Messung der Durchsichtigkeit von Gewirken [31] sind die Probleme der visuellen Beurteilung und der objektiven Messung (Reflexion, Transparenz, Durchsichtigkeit) in ihrer Vielfalt dargestellt.

Die geometrischen Formen haben, besonders wenn es sich um stark profilierte (auch hohle) bzw. gefurchte Fasern handelt, außerdem einen positiven oder negativen Einfluß auf z. B. Wärmehaltung, kapillaren Feuchtetransport, Verschleiß und Anschmutzung. Bezüglich des Einflusses der Fasergeometrie auf die *Anschmutzung* ist festzustellen, daß der effektive Schmutzanteil (Schmutzmasse/Fasermasse) mit sinkender Faserdicke größer wird (vgl. analoge Beobachtungen bez. der Präparationsmittelmengen in Abschn. 3.3), und daß Fasern mit kreisförmigem Querschnitt und damit kleinerer spezifischer Oberfläche weniger Schmutz aufnehmen als solche mit unregelmäßigem Querschnitt. Allerdings korreliert das Aussehen der verschmutzten Faser nicht mit dem Verschmutzungsgrad (s. auch Abschn. 4.2.4 und Abschn. 11.2.4).

Literatur

1. Deussen H (1989) Konventionelle und neue Kurzstapelspinnverfahren, Melliand Textilber. 70:815–820
2. Tetzlaff N (1986) Gewebe aus OE-Rotor-Garn im Vergleich zu Ringspinngarn aus der Sicht des Ausrüsters, Melliand Textilber. 67:664–670
3. Sommer H, Winkler F (1960) Die Prüfung von Textilien, in: Siebel E (Hrsg) Handbuch der Werkstoffprüfung, 2. Aufl. 5. Band. Springer, Berlin Göttingen Heidelberg
4. Reumann RD (1984) Untersuchungen von Form und makroskopischer Struktur, in: Prüfen von Textilien, 3. Band. Fachbuchverlag, Leipzig
5. Mikut I (1988) Gestaltsmerkmale textiler Faserstoffe Kennzeichnung, Einflußgrößen, Wirkungen. Dissertation Technische Universität Dresden
6. Meredith R, Hearle IWS (1959) Physical Methods of Investigating Textiles, Textile Book Publishers, Inc. A Division of Interscience Publishers, New York

7. Rockstroh E (1958) Die Beständigkeit der Kräuselung von Chemiefasern vor und während der Verarbeitung in der Streichgarnspinnerei, Textiltechn. 8:61
8. Koch PA, Bobeth W (1941) Über die Drehungsverhältnisse des Baumwollhaares, Klepzigs Text.-Z. 44:461−464
9. Altenkirch W (1959) Schafzucht, Deutscher Bauernverlag, Berlin
10. Doehner H, Reumuth H (1964) Wollkunde, 2. erw. Aufl. Paul Parey, Berlin Hamburg
11. von Bergen W (1963) Wool Handbook, Vol. one. 3. enl. edn. Interscience Publishers, A Division of John Wiley & Sons, New York London
12. Autorenkollektiv (1967) Textile Faserstoffe, 2. verb. Aufl. Fachbuchverlag Leipzig
13. Stratmann M (1961) Zwei-Komponenten-Faserstoffe, Z. Ges. Textilind. 63:249−252
14. Bigler N (1965) Erste mikroskopische Beobachtungen an Nylon-Cantrece, SVF-Fachorgan 20:175−176
15. Weber P (1959) Theorie der Strukturkräuselung bei Viskosestapelfasern, Text.-Prax. 14:62−68
16. Götze K (1967) Chemiefasern nach dem Viskoseverfahren, Springer, Berlin Heidelberg New York
17. v. Falkai B (1981) Synthesefasern, Verlag Chemie, Weinheim Deerfield Beach/Florida Basel
18. Geitel K (1969) Die Bogenzahl, eine notwendige Größe zur Beschreibung der Kräuselung? Faserforsch. u. Textiltechn. 20:259−266
19. Ronca G, Sorta E (1972) Ein Beitrag zur Theorie der Faserkräuselung, Faserforsch. u. Textiltechn. 23:55−60
20. Ronca G, Sorta E (1972) Kräuselung von Bikomponentenfasern, Auftreten und Verteilung von Kräuselungsumkehrpunkten sowie deren Einfluß auf die Kraft-Dehnungs-Kurve der Fasern, Faserforsch. u. Textiltechn. 23:277−279
21. Wagner E (1981) Die textilen Rohstoffe, 6. Aufl. Dr. Spohr-Verlag/Deutscher Fachbuchverlag, Frankfurt/M.
22. Mark H (1967) Herstellung, Eigenschaften und Verwendung von Fibrids, Lenzinger Ber. 23:5−15
23. Berger W, Daniel E, Hubig HP et al. (1975) Untersuchungen zur Herstellung von Fibriden als neuartige Polymerbinder und Vliesbildner, Faserforsch. u. Textiltechn. 26:581:584
24. Berger W, Kammer HW (1982) Stand und Entwicklungsschwerpunkte auf dem Gebiet der Herstellung von ultrafeinen Faserstoffen, Formeln, Faserstoffe, Fertigware 4:1−13
25. Hartig S et al. (1980) Wolpryla-Spezialtypen mit grober Elementarfadenfeinheit, Warenzeichenverband für Kunststofferzeugnisse der DDR − e.V. Rudolstadt/Thür.
26. Brunk N (1984) Feine Rotorgarne aus synthetischen Feinfasern − eine Möglichkeit zur Einsatzerweiterung des Rotorspinnverfahrens, Textiltechnik 34:475−481
27. Weatherburn AS et al (1957) Die Schmutzcharakteristik von Textilfasern, 2. Mitt. Der Einfluß der Fasergeometrie auf die Verschmutzung, Textile Res. J. 27:199−208
28. Böhringer H, Bolland F (1958) Entwicklung und Erprobung profilierter Synthesefasern mit und ohne Hohlraum, Faserforsch. u. Textiltechn. 9:405−416
29. Bobeth W (1966) Untersuchungen über den Einfluß verschiedener Erspinnungsparameter auf die Gleichmäßigkeit schmelzeersponnener Faserstoffe, Wiss. Z. TU Dresden 15:309−318
30. Bobeth W (1958/59) Beiträge zur Prüfung des Quetschverhaltens von Textilfaserstoffen, Wiss. Z. TH Dresden 8:370−378
31. Bobeth W, Mally A (1967) Messung der Durchsichtigkeit von Gewirken, Dt. Textiltechn. 17:374−383
32. − (1990) Microfasern: Aktuelle Markentrends und Typenprogramme, Chemiefasern-Text.-Ind. 40/92:382−384
33. Klare H (1985) Geschichte der Chemiefaserforschung, Akademie-Verlag, Berlin
34. Trujewzew NI (1955) Spinnerei, Fachbuchverlag, Leipzig
35. Kawabata S, Niwa M (1989) Fabric Performance in Clothing and Clothing Manufacture, J. Text. Inst. 80:19−50

4 Topographie und Oberflächeneigenschaften

Die Verarbeitungs- und Gebrauchseigenschaften textiler Fasern werden in starkem Maße durch deren Oberflächenbeschaffenheit beeinflußt. Das bezieht sich auf die Oberflächentopographie sowie auf die von den Faseroberflächen ausgehenden Wechselwirkungskräfte zu gleichartigen oder anderen Substanzen. Im folgenden wird ein Überblick über Möglichkeiten zur Charakterisierung der Fasertopographie und von Wechselwirkungskräften sowie zur Auswirkung beider Parameter auf technologisch relevante Fasereigenschaften gegeben.

4.1 Topographie

Unter Topographie wird im vorliegenden Fall die Oberflächengestaltung der Fasern verstanden, wobei auch vorhandene Poren, Spalten und Risse, Quellschichten (einschl. innerer Oberfläche) u.a. in die Betrachtung einbezogen werden. Die Charakterisierungen beruhen auf mikroskopischen und physikalisch-chemischen Untersuchungen. Auf die Querschnittsform der Fasern wurde bereits in Abschn. 3.3 eingegangen.

4.1.1 Mikroskopische Charakterisierung

Licht- und elektronenmikroskopische Untersuchungen haben sehr wesentlich dazu beigetragen, die Oberflächenbeschaffenheit der Fasern weitgehend aufzuklären. Dabei geht es um die Art der Unebenheiten bis hin zu fibrillären Erscheinungen, Abspaltungen, Spalten, Rissen, Kerben, Poren, Quetschungen, Einlagerungen usw. Aber auch das Vorhandensein einer Oberflächenhaut oder eines Mantels interessiert. Häufig ergeben sich beträchtliche Oberflächenveränderungen durch thermische, chemische und verarbeitungsbedingte mechanische Einwirkungen. Anhand einiger bekannter Fasern wird im folgenden unter Berücksichtigung des strukturellen Aufbaus (s. auch Abschn. 2.3) auf die Beschaffenheit der Oberfläche und der oberflächennahen Schichten eingegangen.

Baumwolle. Die aus Schichten aufgebaute Baumwollfaser (Abb. 4.1) ist unmittelbar nach der Ernte (noch am Samenkorn oder kurz nach dem Abreißen

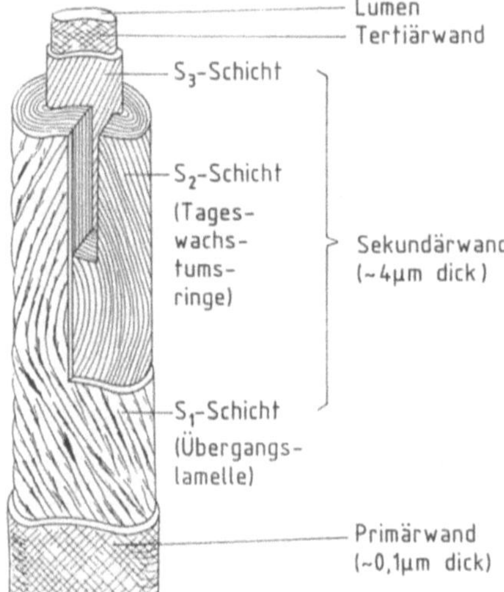

Abb. 4.1. Modell zum Aufbau einer Baumwollfaser [1]

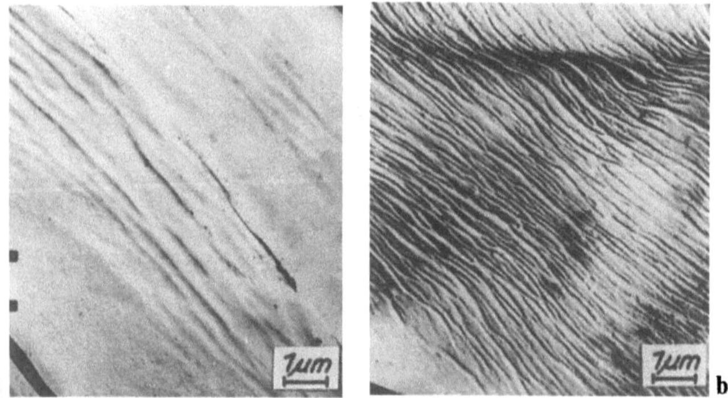

Abb. 4.2. Primärwand einer Baumwollfaser, EM-Aufnahmen [2]. **a** Ungetrocknet: nahezu strukturlose Oberfläche; **b** ausgetrocknet: stark strukturierte (rillige) Oberfläche

vom Samenkorn) im Querschnitt rund und weist eine nahezu glatte strukturlose Oberfläche auf (Abb. 4.2a). Trocknen die Fasern aus, dann nehmen die
reifen Baumwollfasern einen nierenförmigen Querschnitt an und weisen –
bedingt durch fibrillären spiraligen Aufbau – Z- bzw. S-förmige Drehungen
auf. Die Oberfläche hat zudem eine hohe Rilligkeit (Abb. 4.2b), da die Cellu-
losemikrofibrillen, die in der gequollenen Primärwand nur wenige Volumen-
prozente einnehmen, im trockenen Zustand durch die ausgetrocknete Matrix
der Primärwand hindurchdrücken [3]. Die Matrix der Primärwand enthält
Hemicellulosen, Pektine, Wachse, Eiweiße und Fette, die der Oberfläche eine
für die Faserverarbeitung günstige Glätte erteilen. Wird diese Oberflächen-

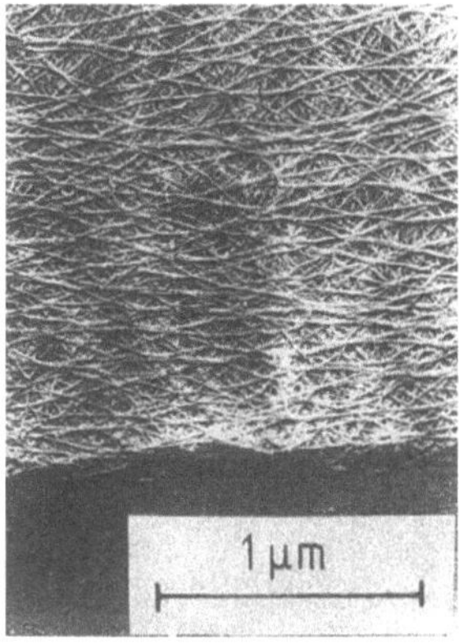

Abb. 4.3. EM-Aufnahme der Primärwand einer Baumwollfaser nach Extraktion der Nichtcellulosebestandteile [4]

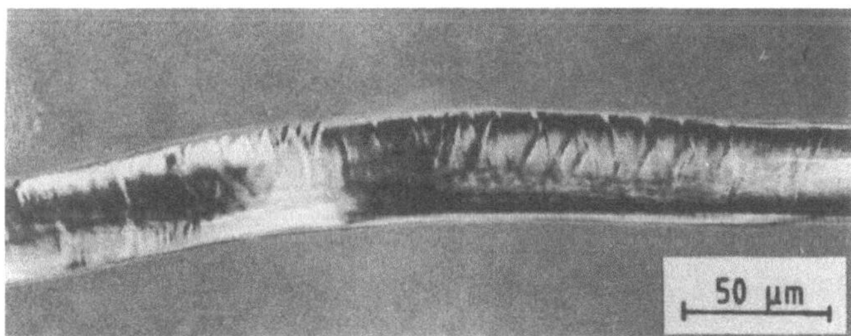

Abb. 4.4. Risse in Baumwollfasern, polarisationsmikroskopische Aufnahme zwischen parallelen und nahezu gekreuzten Nicols (Aufnahmen: Herzog [5])

glätte durch z. B. Flockefärbung mit Schwefelfarbstoffen (Natriumsulfid als Reduktionsmittel) gestört (Abb. 4.3 zeigt den Extremfall), muß im Interesse der Verspinnbarkeit eine glättende Präparation auf die gefärbten Fasern aufgebracht werden. Die Primärwand wird nahezu vollständig durch Beuch- und Bleichbehandlungen beseitigt, so daß dann die S 1-Schicht der Sekundärwand (auch als „Übergangslamelle" bezeichnet) die Oberfläche bildet. Diese S 1-Schicht besteht aus grobfibrillären schraubenförmigen Lamellen, die gegenläufig zu den feineren Fibrillen der S2-Schicht verlaufen. Die schraubenförmigen Lamellen (mit einem Drehspan vergleichbar) umfassen den Faserkörper nicht lückenlos, was z. B. Aufnahmen von Herzog (Abb. 4.4)

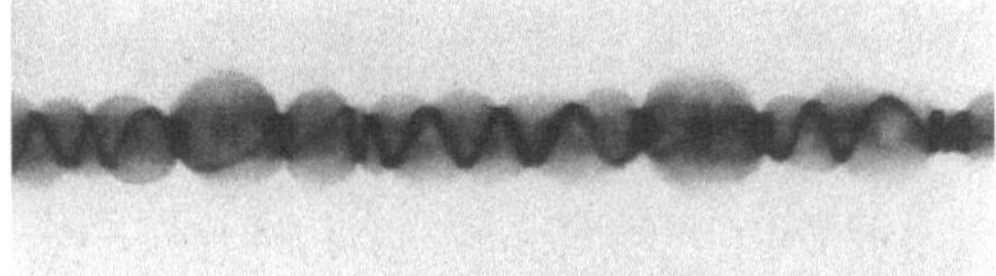

a

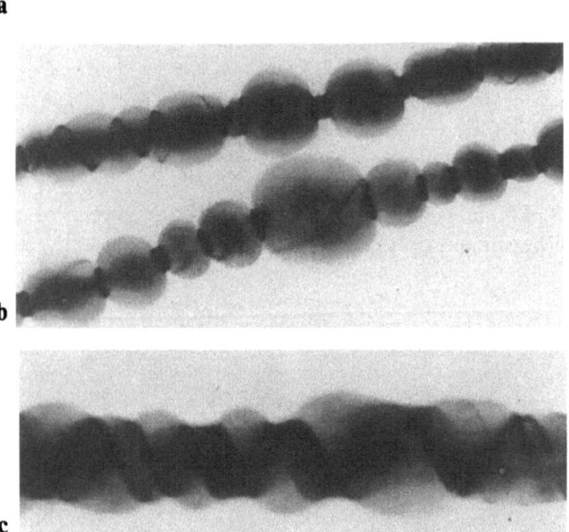

b

c

Abb. 4.5. Baumwollquellung in Chlorzinkiodlösung (nach Bargash) – unterschiedliche Verdrängung der S1-Schicht [1]. **a** Usbekische Baumwolle, roh; **b** usbekische Baumwolle, nach Extraktion; **c** amerikanische Baumwolle, roh

und Nettelnstroth [6] zu entnehmen ist. Diese deutlich erkennbaren Vertiefungen zwischen den Lamellenwindungen übertragen sich auch auf die Primärwand und sind hinsichtlich der Widerstandsfähigkeit gegenüber Chemikalien- und Bakterieneinwirkungen Schwachstellen. Es ist möglich, die unter der S1-Schicht liegenden Tageswachstumsschichten der S2-Schicht (bestehen aus am Tage gewachsenen relativ feinen Cellulosefibrillen, während sich in der Nacht eine Zwischenschicht aus Matrixsubstanz bildet) mittels Chlorzinkiodlösung nach Bargash[1] in Quellung zu versetzen, an der die resistentere S1-Schicht nicht teilnimmt. Jedoch wird die S1-Schicht durch den Quelldruck entweder spiralig auseinandergezogen oder umgibt abschnittsweise manschettenartig die kugelförmig heraustretende gequollene Substanz (Abb. 4.5). Je nach Veredlungsbehandlung (Merzerisation, Beuchen, Bleichen) gibt es unterschiedliche Erscheinungsformen; diese bleiben im Falle einer Überdosierung (z. B. zu hohe Bleichmittelkonzentration) aus, da dann auch die S1-Schicht ihre Resistenz verliert und der Faserkörper gleichmäßig quellend zerfällt. Daß die S1-Schicht einer Baumwollfaser noch intakt ist, läßt sich auch nach Einlegen von Baumwollfaserabschnitten in 15%iger NaOH unter dem Mikroskop daran erkennen, daß an den Schnittenden die S2-Schicht pilzkopfartig herausquillt, da in diesem Falle die S1-Schicht dem Quelldruck standhält.

---

[1] 100 g Zinkchlorid, 32 g Kaliumiodid, 34 g dest. Wasser und so viel Iod, wie die Lösung aufnimmt.

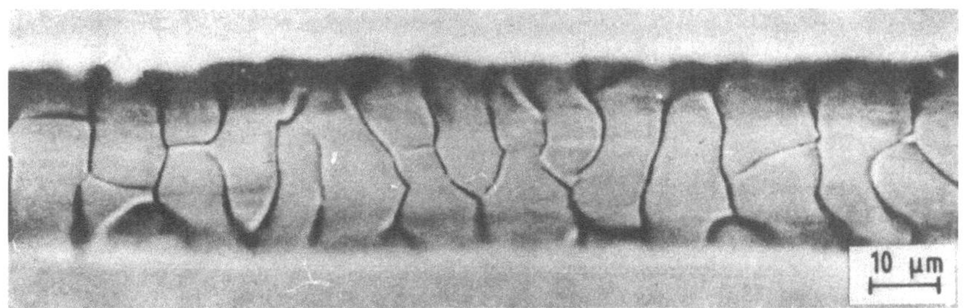

Abb. 4.6. Oberflächenabdruck eines Wollhaares (Aufnahme: Herzog [5])

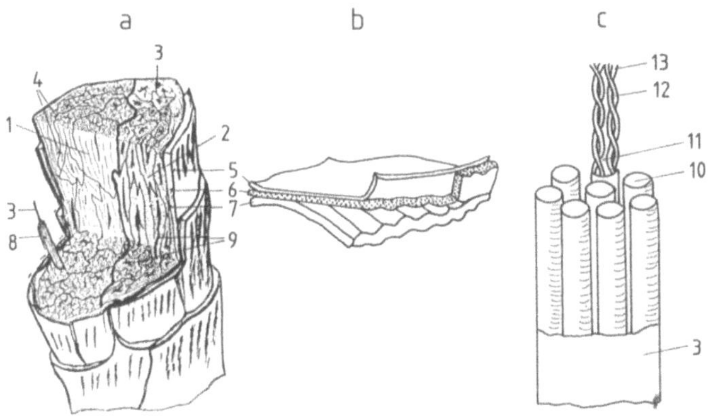

Abb. 4.7. Aufbau eines Wollhaares (nach Zahn [7] und Sikorski [8]). **a** Schematischer Aufbau eines Wollhaares; **b** schematischer Aufbau der Wollschuppenschicht; **c** schematischer Aufbau eines Intermediärfilaments. *1* Orthokortex, *2* Parakortex, *3* Intermediärfilament (Mikrofibrille), ≈ 10 nm $\varnothing$, bestehend aus 8 Protofilamenten, *4* Zellmembran, *5* Epikutikula, *6* Exokutikula, *7* Endokutikula, *8* Makrofilament (Makrofibrille), *9* Protein- und Zellreste, *10* Protofilament (Protofibrille), bestehend aus vielen in Längsrichtung zusammengefügten Tetrameren, *11* Tetramer (≈ 2 nm $\varnothing$, 48 nm lang), *12* Dimer (Doppelhelix), *13* Einzelstrang (α-Helix)

Wolle. Wie den Abb. 4.6 und 4.7 zu entnehmen ist, enthält das normale Schafwollhaar eine gut ausgeprägte Schuppenoberfläche, deren Schuppen dachziegelartig angeordnet sind und in Richtung der Haarspitze weisen; etwa ein Drittel ihrer Länge liegt frei. Vergleicht man die Schuppen verschiedener Tierhaare, so sind beträchtliche Unterschiede hinsichtlich ihrer gegenseitigen Überdeckung, Größe, Form, Farbe, Beständigkeit usw. festzustellen.

Im Interesse guter Verarbeitbarkeit muß Rohwolle so gewaschen werden, daß noch ein geringer Restfettgehalt verbleibt, der bisher in der Regel bei 1 % lag, neuerdings aber auf 0,3–0,4 % herabgedrückt wird, um möglichst frei von allergieauslösenden Begleitsubstanzen (z. B. Insektizide) zu sein. Die Schuppen bestehen aus drei Schichten (Abb. 4.7). Die äußerste Schuppenschicht

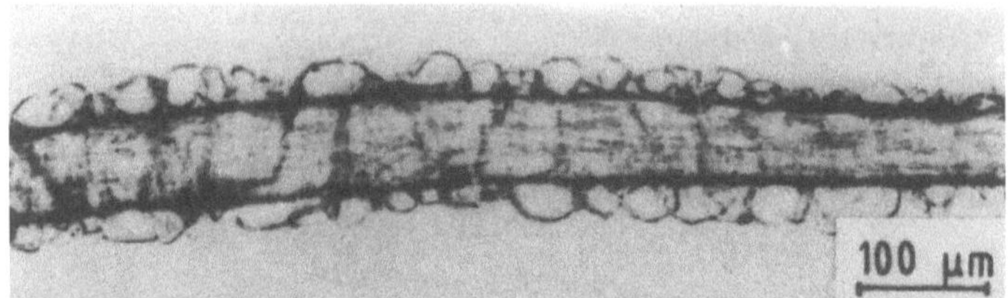

Abb. 4.8. Allwördensche Reaktion an einem Wollhaar: Epikutikula wird an den freiliegenden Schuppenteilen durch die quellende Exokutikula bläschenförmig aufgetrieben (Aufnahme: Herzog [5])

(Epikutikula) hebt sich bei der Allwördenschen Reaktion[2] an den freiliegenden Schuppenteilen in Form von Blasen vom Untergrund ab (Abb. 4.8); früher wurde diese mehr oder weniger stark eintretende Reaktion als Schädigungsnachweis verwendet. Heute interessiert man sich erneut für die „Allwördensche Membran", die nur 1 % der Faser ausmacht, wegen ihres Einflusses auf das Benetzungs- und Diffusionsverhalten bei chemischen Reaktionen und physikalisch-chemischen Vorgängen, auf die Faser-gegen-Faser-Reibung z. B. beim Verarbeiten und auf die Harzhaftung bei maschinenwaschbarer Wolle [38–40].

Technologisch werden die intakten Schuppen einerseits für das Walken bzw. Filzen von Halbfabrikaten aus Wolle benötigt, andererseits stören die Schuppen bei der Erzeugung und insbesondere Nutzung glatter Wollgewebe und feiner Maschenwaren, da es unter Schrumpfung zu störender Verfilzung und zur Pillingbildung kommt. Um diese Erscheinungen zu vermeiden, wurden zahlreiche Antifilzverfahren entwickelt. Diese lassen sich in folgende Kategorien unterteilen [41, 42]:

1. *subtraktive Verfahren:* chemische Veränderungen der Schuppen, insbesondere mittels Oxidationsverfahren auf der Basis von Chlor (trocken, naß), Kaliumpermanganat, Peroxymonoschwefelsäure, Peressigsäure, Wasserstoffperoxid u. a. [42] sowie physikalische Veränderung der Schuppen mittels Niedertemperaturplasma [40];
2. *additive Verfahren* zur umhüllenden Maskierung bzw. Fixierung der Schuppen mit Polymeren, z. B. multifunktionelle Epoxide [41], gegebenenfalls auch Pfropfung;
3. *Kombination* vorstehender Verfahren.

Wichtig ist, daß bei diesen Verfahren die Eigenschaften der Wolle weitgehend erhalten bleiben, was z. B. die Hydrophobie der Faseroberfläche betrifft. Bei der Antifilzbehandlung dominiert heute das Hercosett-Verfahren, das eine schonende Chlorierung mit einer Oberflächen-Polymerausrüstung kombiniert. Mit dem gleichen Ziel wird auch die Plasmamodifizierung mit der Harz-

---

[2] Entfettete Wolle wird unter dem Mikroskop mit Chlorwasser (1 Teil gesättigtes Chlorwasser und 1 Teil Wasser) behandelt.

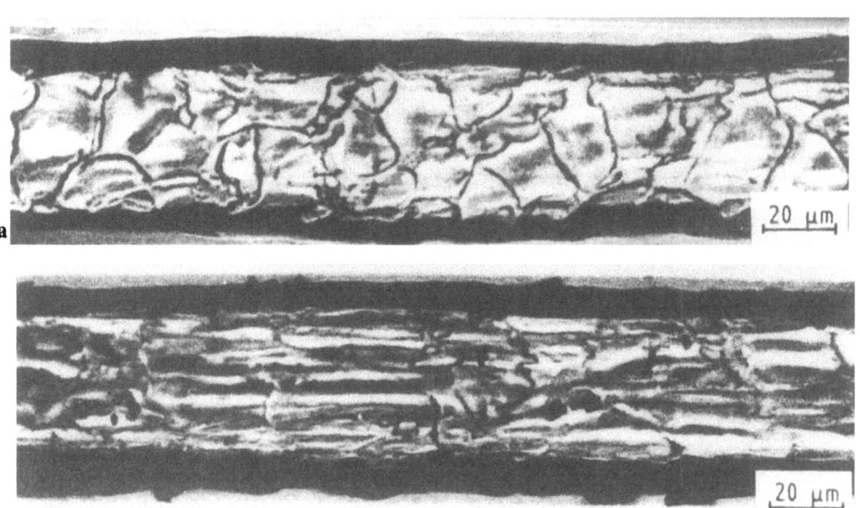

Abb. 4.9. Negativabdruck chemisch geschädigter grober Wolle (Aufnahme: Lassé [35]).
a Leicht geschädigtes Haar; **b** stark geschädigtes Haar

ausrüstung kombiniert. Mit einer exzessiven Chlorierung erhält man dagegen
ein glattes, glänzendes, schuppenfreies Haar, das die freiliegenden Kortexzellen gut mikroskopisch erkennen läßt (Abb. 4.9). Letztere lassen sich auf
enzymatischem Wege freilegen und dann näher analysieren.

Celluloseregenerat- und -acetatfasern. Abgesehen von querschnittsbedingten
Einbuchtungen, Kerben usw. sowie ggf. Mattierungsmitteleinlagerungen erscheinen die Oberflächen im Lichtmikroskop relativ glatt. Elektronenmikroskopische Aufnahmen lassen allerdings an modifizierten Viskosefilamenten
(Abb. 4.10a) eine feine Längsrilligkeit erkennen. Im Falle von Viskosekord-
filamenten sind vor allem im Inneren längliche (zigarrenförmige) Hohlräume
nachweisbar, die in Fadenachsenrichtung liegen (Abb. 4.10b) und z.T. auch
die Längsrilligkeit der Oberfläche beeinflussen. Im gequollenen Zustand sind
an Modalfasern Fibrillenstrukturen in Längsrichtung lichtmikroskopisch gut
ausgeprägt (Abb. 4.11), während an klassischen Viskosefasern nur gewisse
Strukturandeutungen erkennbar sind [32]. Es hat nicht an Versuchen gefehlt,
die Oberflächen bewußt „narbig" zu gestalten, indem man der Viskose Salze
zusetzte, die im Regenerierungsbad durch Gasentwicklung kraterförmige
Öffnungen, Narben oder schuppenartige Strukturen in der Oberfläche hervor-
riefen (Abb. 4.12). Die Oberflächenbeschaffenheit wird auch durch die Art
und Intensität des Trockenvorgangs beeinflußt, was sich besonders auf deren
Glätte (auch Glanz) bzw. Rauhigkeit bezieht. Kontakttrocknungen (Trocken-
trommeln, Bügeleinrichtungen usw.) führen vielfach zu einer Zunahme der
Oberflächenglätte, während Hochfrequenz- und Infrarottrocknung infolge
Wasserverdampfung **im** Faserkörper und Dampfaustritt an der Faserober-

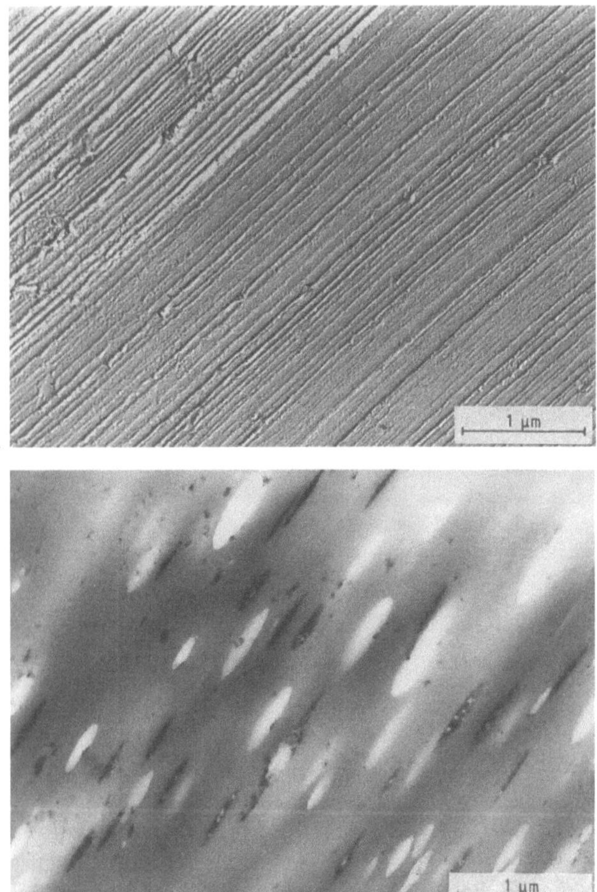

Abb. 4.10. Topographische Besonderheiten an Viskosekord (Aufnahme: Müller). **a** EM-Aufnahme des Oberflächenabdrucks eines Filaments eines Viskosesuperkordgarns; **b** EM-Aufnahme des Längsschnittes durch ein Filament eines Viskosekordgarns

fläche einen Anstieg der Faseroberflächenrauhigkeit (Elöd sprach von „Mikrokratern" bei Cellulosefasern) bewirken können. Mehrfachtrocknungen führen insbesondere an Celluloseregeneratfasern auch deshalb zur Rauhigkeitszunahme, weil es neben Quellungsminderung und Versprödung (Schlingen-Höchstzugkraft-Verhältnis sinkt ab) zu Oberflächenverkrustungen infolge Ablagerung von Rückständen aus der Waschflotte kommen kann. Präparationen (Haft- und Gleitmittel) dringen infolge der Quellbarkeit der Cellulose in die obere Faserschicht ein und sind lichtmikroskopisch kaum wahrzunehmen. Auch Hochveredlungsverfahren zur Verbesserung vor allem der Knitter-, Form- bzw. Schrumpfbeständigkeit, aber auch zur Erzielung antistatischer Eigenschaften, Schmutzabweisung, Hydrophobierung, Flam-

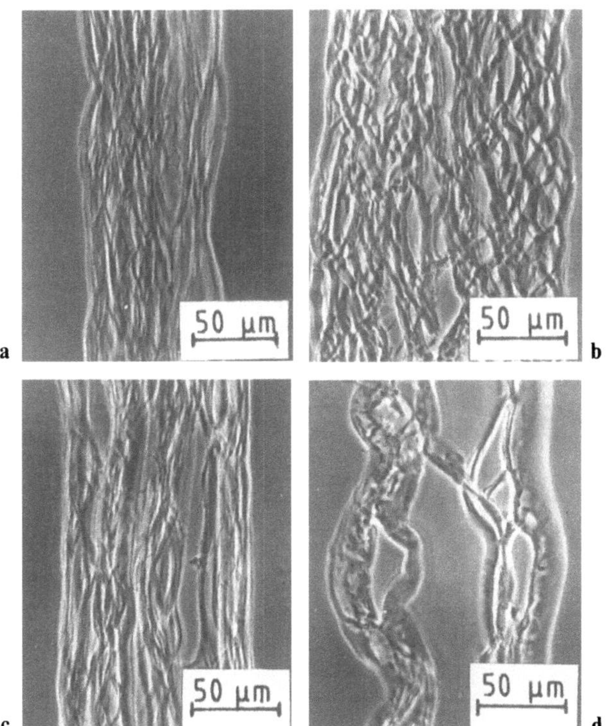

Abb. 4.11. Fibrillare Strukturen an Viskosespinnfasern – Defibrillierung nach Quellung in 60%iger Salpetersäure, nach 1 min Quelldauer gequetscht (Phako [33]). **a** Polynosefaser nach dem Formaldehydspinnverfahren; **b** Polynosefasern nach dem Tachikawa-Verfahren; **c** HWM-Faser; **d** hochnaßfeste Viskosefaser

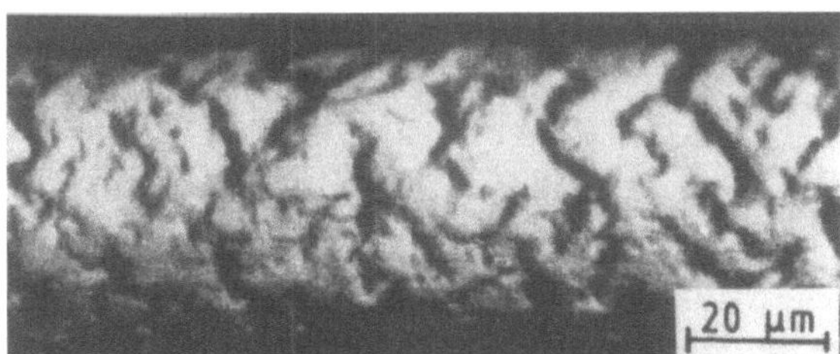

Abb. 4.12. Viskosespinnfaser mit Schuppenstruktur (nach Schwerdtner [9])

menhemmung, Mattierung, Griff u. a. können die Oberflächenbeschaffenheit verändern. Dabei wird häufig eine rauhere Oberfläche erhalten, doch läßt sich dies durch Weichmacher bzw. Modifikatoren mindern.

Synthetische Chemiefasern. Die Oberflächen von Polyamid- und Polyesterfasern sind bei runden Querschnittsformen lichtmikroskopisch vorwiegend

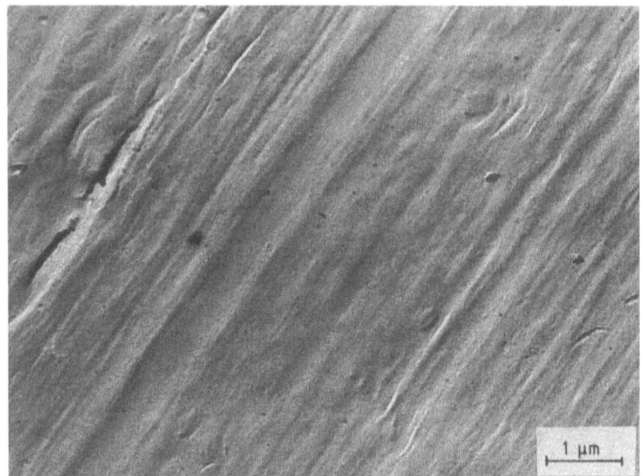

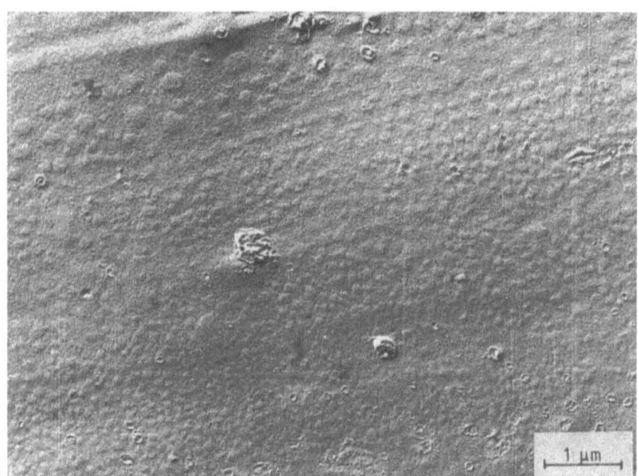

Abb. 4.13. EM-Aufnahmen der Oberflächen von Spinnfasern (Aufnahmen: Müller). **a** Polyamid 6.6; **b** Polyester

glatt und strukturlos, falls nicht Mattierungsmittel eingelagert wurden. Das trifft vorwiegend auch auf Polyethylen- und Polypropylenfasern zu, wenngleich hier mitunter schwache Strukturen (längs, quer, narbig, Einschlüsse) zu finden sind [10]. Elektronenmikroskopisch ist erkennbar (Abb. 4.13), daß Polyamid fibrilläre Längsstreifigkeit aufweist, während Polyester wesentlich glatter bzw. feinstrukturiert erscheint, sofern keine Auflagerungen (insbesondere Oligomere) auftreten. Die Oberflächenbeschaffenheit von Polyacrylfasern ist wesentlich mannigfaltiger, was vom Herstellungsverfahren (trocken, naß), von Comonomeren sowie Spezialverfahren (z. B. Porösfasern) abhängt (Abb. 4.14 und 4.15).

Vielfach interessiert das Vorhandensein eines Mantels an den synthetischen Chemiefasern, da dieser meist chemisch/physikalisch anders beschaffen ist als der übrige Faserkörper, was auf schnellere Verfestigung und eine damit ver-

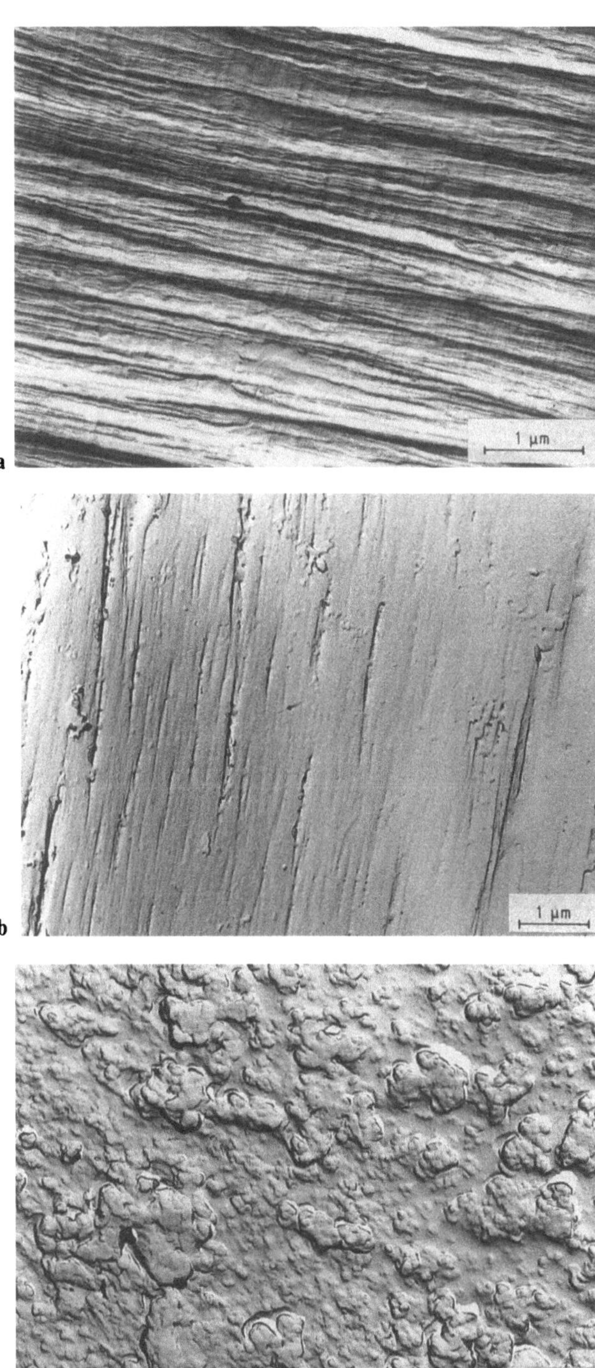

Abb. 4.14. EM-Aufnahmen von Oberflächen nach verschiedenen Verfahren hergestellter Polyacrylspinnfasern (Aufnahmen: Müller). **a** *Wolpryla*, Naßspinnverfahren; **b** *Dralon*, Trockenspinnverfahren; **c** *Zefran*, Naßspinnverfahren

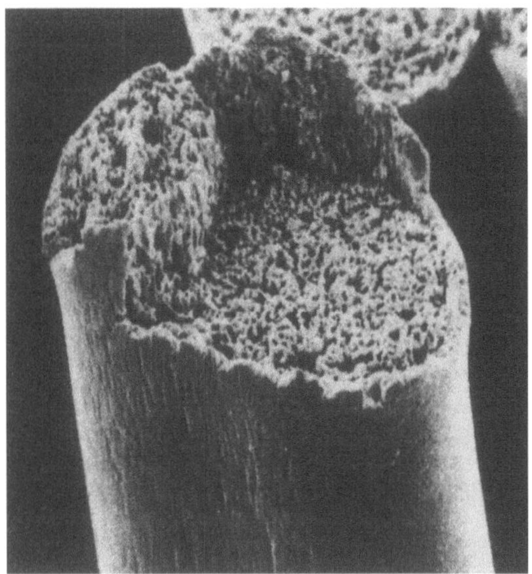

Abb. 4.15. REM-Aufnahme der porösen Polyacrylfaser *Dunova*, Bayer AG [23]

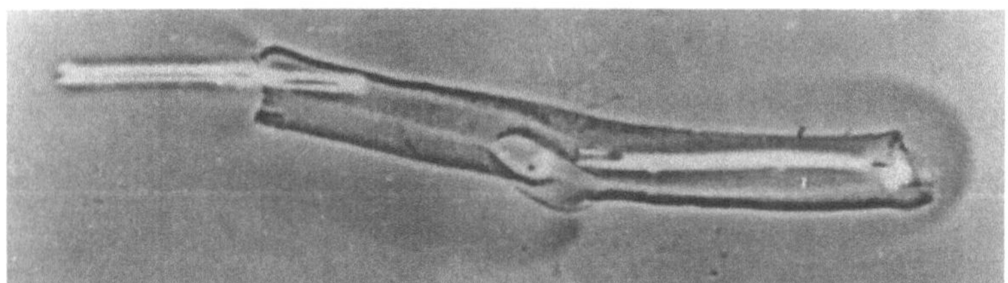

Abb. 4.16. Heißluftfixierte Polyacrylspinnfaser *Zefran* in 55%iger Salpetersäure. Faserinneres löst sich auf und tritt an den Schnittenden und Mantelschadstellen aus, wobei auch noch nicht gelöste Kernmasse (links) aus dem resistenten Fasermantel herausschwimmt.

bundene höhere Orientierung sowie auf Grenzflächenreaktionen zurückführbar ist. Nachfolgende Fixierbehandlungen verstärken mehr oder weniger diesen Manteleffekt. Bekannt sind vor allem die schwerer löslichen Mantelschichten von Polyamid- und Polyacrylfasern (können z.T. als leere Schläuche zurückbleiben – Abb. 4.16). An Polyesterfasern wird sogar gezielt die äußere Schicht topochemisch mittels NaOH-Laugierung entfernt, um zu einer weniger glatten Oberfläche zu gelangen, ohne daß die physikalischen Eigenschaften der verbleibenden Substanz verändert werden. Die neue Oberfläche ist leicht wellig (narbig), hat dezenteren Glanz, eine niedrigere Reibungszahl und günstigeres Anschmutz- und Waschverhalten. Die Behandlung wird meist an Geweben aus Polyesterfilamentgarn vorgenommen und erteilt diesen einen naturseidenähnlichen Habitus [11].

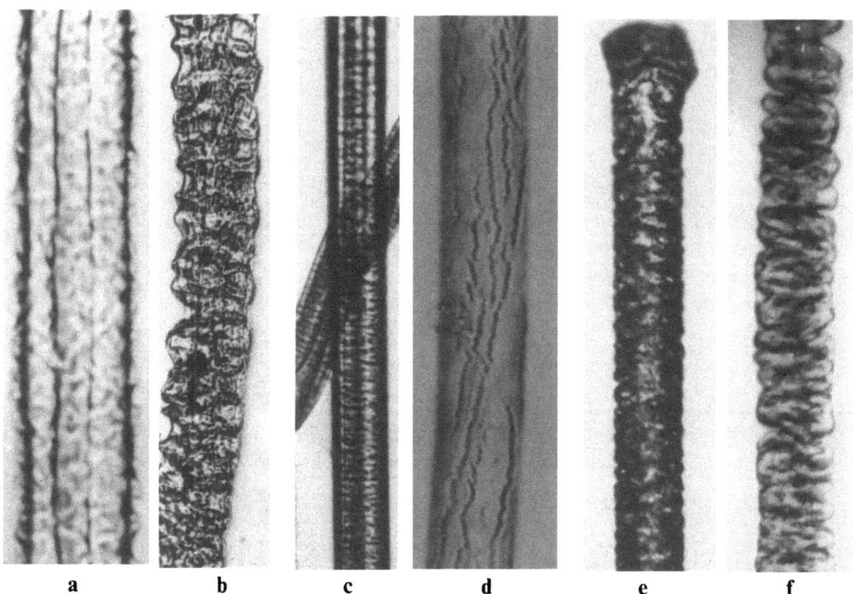

a   b   c   d   e   f

Abb. 4.17. Oberflächenmodifizierung synthetischer Chemiefasern durch Chemikalieneinwirkung. **a** Polyacrylfaser zu Beginn der Einwirkung einer Butylacetat/Schwefelsäure-Mischung; **b** *Dynel* (40% Acrylnitril/60% Vinylchlorid) nach Kochen in Chlorzinkiodlösung; **c** *PeCe* (CLF, nachchloriert) nach Einwirkung einer Dioxan/Alkohol-Mischung (1:1); **d** Polyamid 6-Faser nach Einwirkung einer Resorzin/Alkohol-Mischung; **e** Polyamid 6-Faser nach Einwirkung von Bichromat/Schwefelsäure; **f** Polyamid 6-Faser nach Einwirkung von Chlorzinkiodlösung

Im übrigen lassen sich alle synthetischen Chemiefasern durch spezielle chemische Behandlungen so an der Oberfläche verändern, daß es schließlich zu markanten Fältelungen, Längs- oder Querrissen kommt (Abb. 4.17); allerdings ist damit eine Faserschädigung verbunden. Gegebenenfalls läßt sich dieser Vorgang vorzeitig unterbrechen, um lediglich eine brauchbare Oberflächenveränderung zu erzielen, die das Verarbeitungs- und Gebrauchsverhalten der Fasern positiv beeinflußt. Dieses Ziel scheint auf physikalischem Weg besser erreichbar zu sein. So konnten Schollmeyer und Bahners [37] an PA- und PES-Fasern mit Hilfe eines UV-Lasers (Excimerlaser) Oberflächenstrukturen erzeugen, die zwar eine gewisse Ähnlichkeit mit dem Frottéeffekt an Polyamidfasern bei Einwirkung von Chlorzinkiodlösung (nach Koch – Abb. 4.17f) aufweisen, sich aber bei optimaler Dosierung auf den Oberflächenbereich beschränken und den Faserkörper nicht schädigen. Ohne hier näher auf das Verfahren und die interessante physikalische Effektdeutung der genannten Autoren einzugehen, sei nur herausgestellt, daß der in Abb. 4.18 wiedergegebene Oberflächeneffekt von der Wellenlänge λ, der Pulsenergie und Pulszahl des Lasers abhängig ist, d.h. die an der Oberfläche erkennbaren „Berge" und „Täler" lassen sich variieren und verlaufen nahezu senkrecht zur Faserachse. Wichtig ist, daß das Hochpolymere die Laserstrahlen möglichst

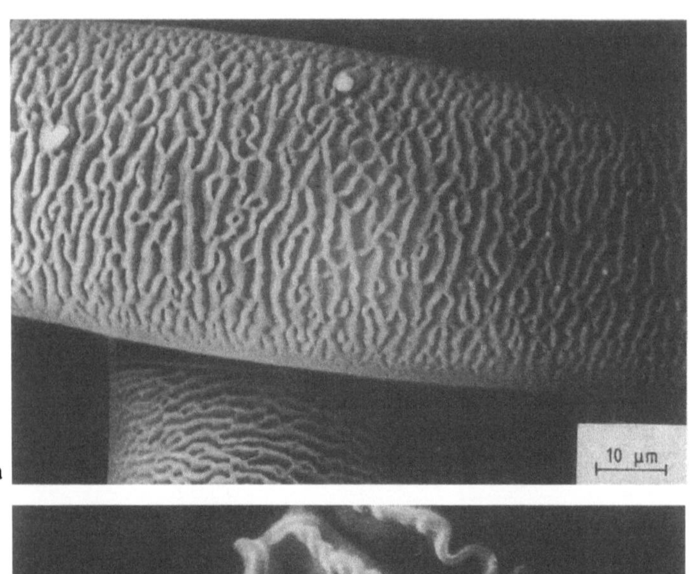

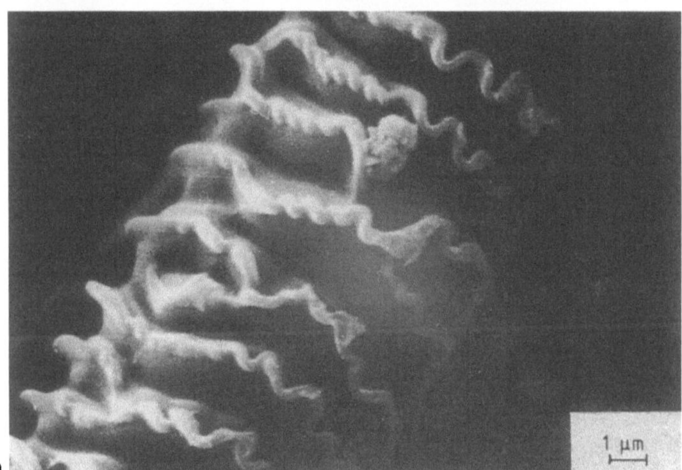

Abb. 4.18. REM-Aufnahmen von mittels UV-Laserstrahlen ($\lambda = 193$ nm) strukturierten synthetischen Fasern (Aufnahmen: Schollmeyer, Bahners [37]). **a** Polyamid 6, Gewebe, 10 Pulse je 114 mJ $\cdot$ cm^{-2}; **b** Polyester, Faser, 30 Pulse je 114 mJ $\cdot$ cm^{-2}

stark absorbiert, was der angewendete UV-Laser ($\lambda = 193$ bzw. 248 nm) ermöglicht, und die Energie in einer Oberflächenschicht dünner als 0,5 µm speichert. Diese Lasertechnologie bewirkt zwar eine Ablation an den modifizierten Fasern, aber die feinheitsbezogene Höchstzugkraft wird kaum vermindert. Mittels dieser Oberflächenveränderung ist eine bessere Faser-Matrix-Haftung in Verbundwerkstoffen möglich, aber auch Reibungsverhalten, Glanz, Benetzungseigenschaften, Adsorptionsvermögen von Farbstoffmolekülen usw. werden nach Schollmeyer und Bahners günstig beeinflußt. Diese untersuchten ferner an Siebgeweben die Partikelhaftung (Staubfiltration) und die Pigmentfärbung (Konturen beim Textildruck) und stellten

Abb. 4.19. REM-Aufnahmen an E-Glasfilamenten (9 µm $\varnothing$) nach etwa 30minütiger Einwirkung von 1 n H_2SO_4 bei 80 °C. Die Neigung der Schraubenlinie bezüglich der Faserachse nimmt mit der Intensität einer thermischen Vorbehandlung zu und erreicht im Extremfall 90° (Ringkerben) – nach Wiedemann [12]. (Aufnahmen: Institut für Festkörperphysik und Elektronenmikroskopie Halle)

an den oberflächenmodifizierten Geweben eindeutige Effektverbesserungen fest. Selbst Polyetherimidfasern wurden mittels dieser Laserbestrahlungsmethode bereits mit einer ausgezeichneten Oberflächenstrukturierung versehen [36]. Zu klären bleibt das Aufwand-Nutzen-Verhältnis.

Auch an *anorganischen Chemiefasern*, insbesondere solchen aus Glas, ist man bestrebt, die glatte und strukturlose Oberfläche zu modifizieren. Eine Behandlung mit verdünnter Flußsäure vermag die Oberfläche selektiv auszulaugen und eine gewisse Narbigkeit zu erreichen [12]. Auch mit weiteren Säuren und Laugen wurden Versuche zur Erzeugung von Narben, Kerben usw. durchgeführt, da man sich für Glasfasern als Verstärkungsmaterial in Kunststoffen eine bessere Verankerung erhoffte. Wegen zu starken Eigenschaftsverfalls erwies sich ein solcher Weg bisher als unbrauchbar. Extremversuche (Abb. 4.19) von Wiedemann [12] führten an Glasfasern sogar zu regelmäßigen mehr oder weniger tief in den Fadenkörper einschneidenden Schraubenlinien bzw. ringförmigen Kerben.

Glasseiden enthalten stets eine Textilschlichte (z. B. 60 % Stärke/40 % emulgiertes Pflanzenöl), die allerdings oft thermisch entfernt und durch ein geeignetes Bindemittel für die Kunststoffverstärkung ersetzt werden muß. Abbildung 4.20 läßt erkennen, daß mitunter verkohlte Restpartikel auf der Glasoberfläche verbleiben.

4.1.2 Physikalisch-chemische Messungen

Während licht- und elektronenmikroskopische Untersuchungen mehr qualitative Aussagen über das Vorliegen von Unebenheiten bzw. Rauhigkeiten, Poren usw. auf oder in den Fasern ergeben, sind quantitative Bestimmungen hierzu mit Hilfe von Sorptions- und Porositätsmessungen möglich. Zum besseren

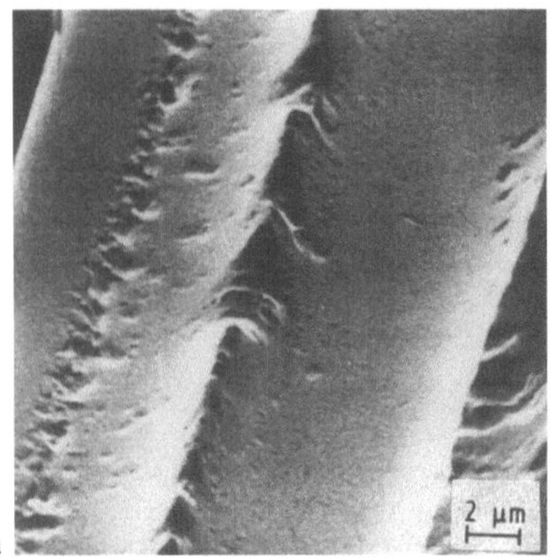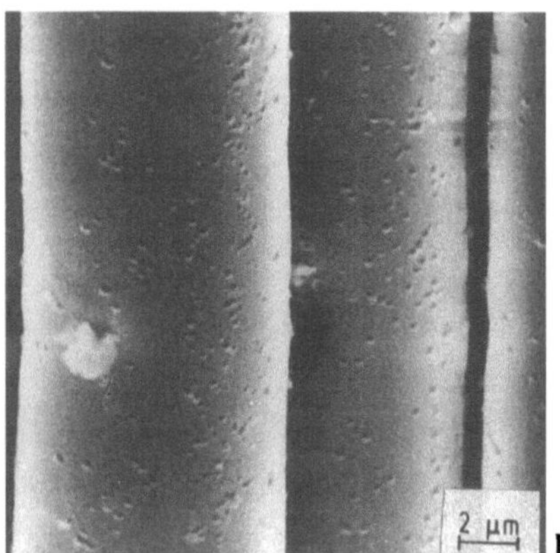

Abb. 4.20. REM-Aufnahmen von 9 µm-Glasfilamenten mit Textilschlichte (**a**) und nach deren thermischer Entfernung (**b**), wobei verkohlte Restpartikel (0,1 %) zu erkennen sind (Aufnahmen: Reumuth)

Verständnis derartiger Messungen wird im folgenden auf einige Untersuchungsmethoden eingegangen.

Bei *Messung der spezifischen Oberfläche*, d. h. der Größe der Oberfläche je Masseneinheit, wird zwischen der äußeren und der inneren Oberfläche unterschieden. Erstere entspricht annähernd der geometrischen Oberfläche; bei der inneren Oberfläche wird die Oberfläche von Poren, die im Inneren der Fasern vorliegen oder infolge Quellungserscheinungen während des Meßvorganges entstehen, berücksichtigt. Die Bestimmung der Gesamtoberfläche beruht vorwiegend auf der Auswertung von Sorptionsmessungen nach der Methode von Brunauer, Emmet und Teller (BET-Methode) [13]. Dabei wird entweder die Adsorption von inerten Gasen wie Stickstoff, Argon oder Krypton bei Temperaturen nahe $-200\,°C$ (Kühlung mit flüssigem Stickstoff bzw. mit flüssigem Sauerstoff) oder die Adsorption von Wasserdampf bei Raumtemperatur untersucht. Die Adsorption dieser Gase an Fasern läßt sich im allgemeinen durch eine Adsorptionsisotherme beschreiben, die der BET-Gl. (4.1) gehorcht

$$m_a = \frac{m_m \cdot C \cdot p}{(p_s \cdot p)[1 + (C-1)p/p_s]}. \tag{4.1}$$

m_a die beim relativen Druck p/p_s adsorbierte Gasmenge
m_m die für eine Monoschichtbildung erforderliche Gasmenge
p Druck
p_s Sättigungsdampfdruck
C $\exp(E_1 - E_2)/RT$
E_1 Adsorptionswärme für die erste adsorbierte Schicht
E_2 Kondensationswärme des Meßgases
R Gaskonstante
T absolute Temperatur

Gemäß (4.1) kann m_m ermittelt werden, indem m_a im relativen Druckbereich $p/p_s = 0,05-0,25$ als Funktion des relativen Drucks p/p_s bestimmt wird. Aus m_m ergibt sich die spezifische Oberfläche A_s gemäß (4.2) zu

$$A_s = \frac{m_m \cdot L \cdot A_M}{M \cdot m_E}. \tag{4.2}$$

L Loschmidtsche Zahl
A_M Platzbedarf eines adsorbierten Gasmoleküls
M relative Molmasse des Meßgases
m_E Masse der Meßprobe (Einwaage)

Während durch die Adsorption von Inertgasen die spezifische Oberfläche ungequollener Fasern bestimmt wird, läßt sich bei Verwendung von Wasserdampf als Meßgas die durch Quellungserscheinungen verursachte Vergrößerung der inneren Oberfläche erfassen. Die sich im Kontakt mit wäßrigen Lösungen ausbildende innere Oberfläche wird durch die Untersuchung der Adsorption von in Wasser gelösten Substanzen, wie z. B. Farbstoffe oder grenzflächenaktive Stoffe, bestimmt. Bei Kenntnis des Platzbedarfs der sorbierenden Moleküle läßt sich aus der eine Monoschicht bildenden molaren Sorbatmenge die spezifische Oberfläche nach (4.2) ermitteln. Die experimentelle Bestimmung der durch Fasern adsorbierten Gasmenge erfolgt vorwiegend gravimetrisch, wozu im Falle der Inertgasadsorption die Mikrowägetechnik anzuwenden ist. Die aus wäßrigen Lösungen am Fasermaterial adsorbierte Substanzmenge wird allgemein aus der Konzentrationsänderung der Lösung bestimmt.

Die vorstehend skizzierten Gassorptionsmessungen können auch zur *Charakterisierung von Porenstrukturen* angewandt werden. Gemäß der Kelvin-Gleichung (4.3) ist der Dampfdruck von Flüssigkeiten, die sich in Kapillarsystemen befinden, niedriger als im kompakten Zustand

$$RT \ln p/p_0 = -\frac{2\sigma_l \cdot V}{r} \cdot \cos\theta. \tag{4.3}$$

R Gaskonstante
T absolute Temperatur
p Dampfdruck der feinverteilten Flüssigkeit
p_0 Dampfdruck der kompakten Flüssigkeit
σ_l Oberflächenspannung der Flüssigkeit
V Molvolumen der Flüssigkeit
θ Kontaktwinkel zwischen Flüssigkeit und Kapillarwand
r Kapillarradius

Die Dampfdruckerniedrigung führt dazu, daß Flüssigkeitsdämpfe in Poren bei niedrigeren Dampfdrücken als dem Sättigungsdampfdruck der Kompaktflüssigkeit kondensieren (Kapillarkondensation). Da bei gegebener Temperatur die in einem bestimmten Druckintervall kondensierte Gasmenge einem definierten Porengrößenbereich zuzuordnen ist, kann aus den bei verschiedenen Druckstufen aufgenommenen Gasmengen die Porengrößenverteilung bestimmt werden. Das spezifische Porenvolumen entspricht dem beim Sättigungsdruck aufgenommenen Volumen des verflüssigten Meßgases. Als Meßgase werden für Porositätsmessungen Stickstoff oder Argon verwendet, wobei mit Temperaturen des flüssigen Stickstoffs oder Sauerstoffs zu arbeiten ist. Die Verwendung von Wasserdampf verbietet sich wegen des Auftretens von Quellungserscheinungen während des Meßvorganges. Die Kapillarkondensationsmethode gestattet die Charakterisierung offener Poren im Radiusbereich von etwa 2,5–30 nm. In größeren Poren findet keine meßbare Kapillarkondensation statt; die in kleineren Poren stattfindenden Kondensationserscheinungen lassen sich durch die Kelvin-Gleichung nicht quantitativ beschreiben.

Zur Charakterisierung von Porenstrukturen mit Radien > 30 nm wird allgemein die Quecksilberhochdruckporosimetrie verwendet. Die Anwendung dieser Methode beruht darauf, daß der das Eindringen von Quecksilber in ein Porensystem verhindernde Kapillardruck durch einen äußeren Druck kompensiert wird. In jedem angewendeten Druckintervall werden Poren des zugehörigen Radius gefüllt. Der quantitative Zusammenhang zwischen Kapillardruck p und -radius r ergibt sich nach (4.4) zu

$$r = \frac{8\gamma \cdot \cos\theta \cdot K}{p} \; . \tag{4.4}$$

γ bzw. θ Grenzflächenspannung bzw. Kontaktwinkel zwischen
            Porenwand und Quecksilber
K dimensionsloser Umrechnungsfaktor

Poren, die mit der Umgebung nicht in Verbindung stehen (geschlossene Poren), können durch die beschriebenen Methoden nicht charakterisiert werden. Hierfür läßt sich die Röntgenkleinwinkelstreuung anwenden, wobei für Porendurchmesser < 80 nm Aussagen über das spezifische Porenvolumen, die spezifische Oberfläche und das Verhältnis von Porenlänge zu -querschnitt erhalten werden. In bezug auf methodische Einzelheiten sei auf die Literatur [14, 15] verwiesen.

Im folgenden sind einige wichtige der mittels der erläuterten physikalisch-chemischen Meßverfahren erhaltenen *Untersuchungsergebnisse* zusammengestellt. So enthält Tabelle 4.1 durch Tieftemperatur-Gassorptionsmessungen ermittelte Werte der spezifischen Oberfläche wichtiger Fasertypen. Es ist zu erkennen, daß sich die Werte für die einzelnen synthetischen Chemiefasern nur geringfügig unterscheiden und daß auch die Differenzen zu den aus den Faserabmessungen und der Faserdichte berechneten äußeren Oberflächen (etwa $0{,}2\ \mathrm{m^2 \cdot g^{-1}}$) gering sind. Das bedeutet, daß an diesen Fasern der Betrag von Poren und Rauhigkeiten zur spezifischen Oberfläche klein ist. Demgegenüber weist sich die Rauhigkeit von Wolle und Baumwolle in einer im Vergleich zu den synthetischen Chemiefasern größeren spezifischen Oberfläche aus. Den bisher einzigen großtechnisch hergestellten Fasertyp mit nennenswerter Porosität und damit erheblich vergrößerter innerer Oberfläche stellt die PAN-Faser

Tabelle 4.1. Spezifische Oberfläche *ungequollener* Fasern – bestimmt durch Stickstoffadsorption bei 77,4 K

Spinnfaser	Spezifische Oberfläche $m^2 \cdot g^{-1}$	Literatur
Viskose, 0,34 tex	0,32	[15]
Polyester (*Grisuten*), 0,44 tex	0,22	[15]
Polyamid (*Dederon*), 0,44 tex	0,22	[15]
Polyacryl (*Wolpryla 65*), 0,34 tex	0,27	[15]
Baumwolle	0,60–0,72	[30]
Wolle	0,96	[30]

Tabelle 4.2 Spezifische Oberfläche gequollener Fasern – bestimmt durch Wasserdampfsorption bei Raumtemperatur (zum Vergleich: spezielle getrocknete Fasern – Stickstoffadsorption bei 77,4 K nach [30])

Faser	Spezifische Oberfläche $m^2 \cdot g^{-1}$	
	H_2O bei 293 K	N_2 bei 77,4 K
Baumwolle	108	16–19
Viskose	236	
Wolle	206	
Seide	140	
Acetat	58,8	
Polyamid	45	
Polyacryl		65–220

Dunova (Bayer AG) dar, die nach Angaben des Herstellers eine Dichte von etwa $0,9\,cm^3 \cdot g^{-1}$, d.h. ein spezifisches Porenvolumen von etwa $0,26\,cm^3 \cdot g^{-1}$, aufweist. Das mikroskopische Erscheinungsbild dieser Faser zeigt einen kompakten, von relativ dicken Kanälen durchzogenen Mantel und einen porösen Faserkern (vgl. Abb. 4.15). Eine große, allerdings unerwünschte Porosität tritt an unvollständig getrockneten, nach dem Naßspinnverfahren ersponnenen Polyacrylfasern auf. Diese Fasern können durch Porositätsmessungen im Hinblick auf ihre Verarbeitbarkeit und ihre Präparationsmittelaufnahme charakterisiert werden.

Im Gegensatz zu den unter Verwendung von Inertgas erhaltenen Meßwerten zur inneren Oberfläche werden bei Verwendung von Wasserdampf als Meßgas deutlich höhere Werte erhalten (Tabelle 4.2). Eine große spezifische Oberfläche liegt auch dann vor, wenn die Struktur gequollener Fasern durch eine Gefriertrocknung oder einen Lösemittelaustausch fixiert wird (Tieftemperatur-Gassorptionsmessung).

4.1.3 Zusammenhang zwischen Topographie und technologischen Fasereigenschaften

Die topographische Beschaffenheit der Fasern (Unebenheiten, Poren, Spalten, Risse usw.) beeinflußt deren Eigenschaften bei der Verarbeitung oder während des Gebrauchs der Fertigprodukte teils positiv und teils negativ, worauf nachfolgend an Hand ausgewählter Beispiele näher eingegangen wird.

Das Zusammenwirken von Fasern untereinander oder gegenüber anderen Materialien hinsichtlich *Haften* und *Gleiten* ist wesentlich von der Beschaffenheit der Oberflächen abhängig und wird durch die *Reibungszahl* μ [3] charakterisiert. Nach dem Coulombschen Reibungsgesetz ist diese für Gleit- bzw. Haftreibung zwischen starren Körpern annähernd

$$\mu = \frac{F}{N}.\tag{4.5}$$

F Reibungskraft
N Normalkraft

Danach ist μ unabhängig von der Kontaktflächengröße, was aber insbesondere für die viskoelastischen Fasern nicht gilt. Deshalb wurde nach Arbeiten von Bowden und Tabor [16] et al. folgende Beziehung vorgeschlagen:

$$\alpha = \frac{F}{N^n}\tag{4.6}$$

Dabei ist α ein μ entsprechender Proportionalitätsfaktor, während der Exponent n zwischen 2/3 (rein plastische Deformation) und 1 (rein elastische Deformation) liegt und das viskoealstische Verhalten bzw. die Kontaktflächengröße berücksichtigt. Beim Reibvorgang ist die geometrische Oberfläche keineswegs identisch mit der tatsächlichen Kontaktfläche, die je nach Unebenheiten der Oberfläche mehr oder weniger kleiner ist. Auch ist zu beachten, daß die ineinandergreifenden Unebenheiten der beiden Kontaktflächen Bereiche aufweisen, die den beim Reibvorgang entstehenden Drücken nicht standhalten, so daß – besonders bei wiederholter Reibbeanspruchung – *Verschleiß* eintritt. Gegebenenfalls sind auch Einflüsse von Reibungsgeschwindigkeit, Probenspannung, Begleitsubstanzen (Avivagen, Präparationen, Mattierungsmittel, Farbstoffe, Feuchte u.a.) [43, 44] und nicht zuletzt der chemisch-physikalischen Beschaffenheit der Fasersubstanz (unterschiedliche Adhäsionskräfte – s. Abschn. 4.2) zu beachten, worauf Schäfer [17] z.T. ausführlich eingeht.

Untersuchungen des Reibungsverhaltens von Fasern werden mit zahlreichen Methoden [18, 45, 46] vorwiegend unter technologischen bzw. anwendungstechnischen Aspekten durchgeführt und ergeben oft abweichende Meßwerte. Es ist aber möglich, mit der jeweils angewandten Methode Vergleiche an

---

[3] Statt Reibungskoeffizient bzw. -zahl μ wird in der Tribotechnik zunehmend die Reibungszahl α verwendet.

Tabelle 4.3. Reibungsverhalten verschiedener Fasern

a) Reibungszahl μ, ermittelt nach einem Zwirntrennverfahren (nach Gralén et al. [34])

Faser	μ	Faser	μ
Wolle, trocken		Viskosefilamentgarn	0,43
in Richtung der Schuppen	0,11	Acetatfilamentgarn	0,56
Wolle, naß		Caseinspinnfaser	0,46
in Richtung der Schuppen	0,15	Polyvinylidenchlorid (*Saran*)	0,55
Wolle, trocken		Polyamid 6.6 (*Nylon*)	0,47
gegen die Schuppen	0,14	Polyester (*Terylene*)	0,58
Wolle, naß			
gegen die Schuppen	0,32		
Baumwolle	0,22		
Jute	0,46	zum Vergleich:	
Seide	0,52	Stahl-Draht	0,29

b) Statische und dynamische Reibungszahl unbehandelter und modifizierter Wolle

Faser-zustand	Lite-ratur	Statische Reibungszahl				Dynamische Reibungszahl			
		in Schuppen-richtung μ_1	gegen Schuppen-richtung μ_2	Differenz-reibungs-effekt DFE$_1$	DFE$_2$	μ_1	μ_2	DFE$_1$	DFE$_2$
unbehandelt	[40]	0,23	0,45	0,32	2,13				
unbehandelt	[20]	0,24	0,37	0,21	1,47	0,17	0,30	0,28	2,55
plasma-modifiziert	[40]	0,37	0,55	0,21	0,93				
chloriert	[20]	0,91	0,92	0,00	0,01	0,82	0,78	−0,02	−0,06

$$\mathrm{DFE}_1\ (\text{Mercer}) = \frac{\mu_2 - \mu_1}{\mu_2 + \mu_1} \qquad\qquad \mathrm{DFE}_2\ (\text{Lindbergh}) = \frac{1}{\mu_1} - \frac{1}{\mu_2}$$

diversen Fasern, besonders im Interesse von Optimierungen, vorzunehmen. Zahlreiche Werte für statische Reibungszahlen von Fasern haben 1950 Gralén et al. nach einem Zwirntrennverfahren (Abziehen zweier miteinander verzwirnter Fasern voneinander [18]) ermittelt (Tabelle 4.3 a) [19], die erkennen lassen, daß Polyesterfasern die höchste Reibungszahl μ aufweisen; es ist allerdings anzunehmen, daß laugiertes Material (wellige Oberfläche) niedrigere Werte ergibt. Andererseits steigen die niedrigen Reibungszahlen der Wolle stark an, wenn deren Schuppen verändert werden (Tabelle 4.3 b) [20]. Wie Begleitsubstanzen sowie thermische und chemische Behandlungen, aber auch Bewetterung und Alterung das Reibungsverhalten beeinflussen können, wurde nach der Methode der schiefen Ebene z. B. an alkalihaltigen Glasfasern untersucht (Tabelle 4.4) [21].

Wie schon erwähnt, führt wiederholte Reibung an Textilien mehr oder weniger schnell zum Verschleiß, was weitgehend von der Fasersubstanz (fibrillärer

Tabelle 4.4. Reibungszahl verschieden behandelter alkalireicher Glasfasern [21]

Vorbehandlung bzw. Material	Nachbehandlung	Reibungszahl μ
unbehandelt	keine	0,28
	1 h bei 500 °C erhitzt	0,30
	4 Wochen bewettert	0,21
imprägniert mit *Lanaestrol* (Fettchemie)	keine	0,18
	Alkohol/Ether-Extraktion	0,20
	1 h bei 500 °C erhitzt	0,28
imprägniert mit Paraffinöl	keine	0,22
	1 h bei 500 °C erhitzt	0,31
imprägniert mit Siliconöllack	keine	0,19

Aufbau) und deren Oberflächenbeschaffenheit abhängt. Besonders widerstandsfähig ist Polyamid, gefolgt von Polyester sowie – z.T. in beträchtlichem Abstand – Polyacryl, Baumwolle und Viskose. Veredlungsmaßnahmen an der Oberfläche von Baumwolle oder Viskosefasern können infolge Einlagerungen und Vernetzung versprödend wirken und den Verschleiß zusätzlich beträchtlich beschleunigen (Abb. 4.21). Umgekehrt ist festzustellen, daß laufende Fäden mit ihren Unebenheiten (besonders wenn die Mattierungsteilchen aus TiO_2 bestehen) zu Verschleiß an Fadenführungselementen aus Glas, Porzellan, Metall, Keramiken usw. führen, wobei sie tiefe Rillen in den Werkstoff einarbeiten. Im Falle der Falschdrahttexturierung laufen die Filamentgarne aus synthetischen Polymeren mit z. B. $1000\,\mathrm{m} \cdot \mathrm{min}^{-1}$ um Drallgeberstäbchen $(0,5–0,8\,\mathrm{mm}\,\varnothing$ und $2–3\,\mathrm{mm}$ Länge), die sich mit 800000 U/min drehen und mindestens 4 Monate Dauerbetrieb aushalten müssen. Das ist nur mit Hilfe

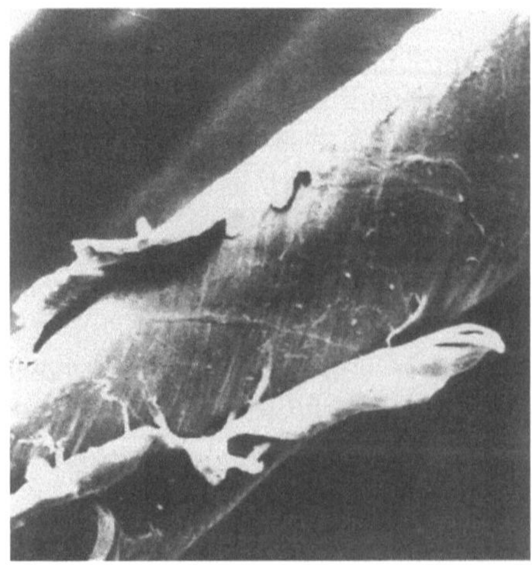

Abb. 4.21. REM-Aufnahmen einer vernetzten Baumwollfaser nach Naßscheuerung [4]

Tabelle 4.5. Verschleißarbeit an Fadenführungswerkstoffen durch mattiertes Polyesterfilamentgarn 5 tex (20), Fadenlaufgeschwindigkeit: 300 m · min^{-1} (nach Becker [22])

Rang	Werkstoff	Oberfläche	Verschleiß-arbeit kJ · mm^{-3}	Angaben auf Grund von
1	Leichtmetall	gezogen	0,15–0,25	Messungen
2	Leichtmetall	durnicoat	0,30–0,45	Messungen
3	Leichtmetall	hartcoat	0,80–1,30	Messungen
4	Kohlenstoffstahl	weich	2,5	Messungen
5	leg. Stahl	Hartchrom	3,6	Messungen
6	leg. Stahl	hart, angelassen	7–16	Messungen
7	leg. Stahl	hart	18	Messungen
8	Achat	poliert	60	Schätzung
9	Widia	gesintert	180	Schätzung
10	Saphir	natur	9000	Schätzung
11	Oxidkeramik	gesintert	nicht angebbar	–

spezieller Saphire oder Oxidkeramiken mit höchsten Vickershärten (10000–23000 N · mm^{-1}) realisierbar. Becker [22] hat an verschiedenen Fadenführerwerkstoffen mit mattiertem Polyesterfilamentgarn 5 tex (20) bei einer Fadengeschwindigkeit von 300 m · min^{-1} und einer Zugkraft von 0,15–0,20 N Verschleißversuche durchgeführt und an Hand der entstandenen und ausgemessenen Rillen die Verschleißarbeit errechnet bzw. abgeschätzt (Tabelle 4.5); an gesinterter Oxidkeramik konnten nach 10000 km Fadenlauf keine Verschleißspuren festgestellt werden.

Die *Benetzungs- und Adhäsionseigenschaften* der Fasern (vgl. Abschn. 4.2) werden durch Rauhigkeiten und Poren nicht einheitlich beeinflußt. Der Zusammenhang zwischen dem die Benetzbarkeit durch eine Flüssigkeit charakterisierenden Randwinkel θ ($\theta = 0°$: Spreitung, $\theta = 180°$: keine Benetzung; für reale Systeme gilt: $0° < \theta < 180°$) und der Oberflächenrauhigkeit ist durch die Wenzelsche Gl. (4.7) gegeben

$$\cos \theta = R \cdot \cos \theta_0. \tag{4.7}$$

θ Randwinkel auf einer rauhen Oberfläche (experimenteller Wert)

θ_0 Randwinkel auf einer glatten Oberfläche der gleichen Substanz (theoretischer Wert)

R Rauhigkeitsfaktor = Quotient aus tatsächlicher und geometrischer Oberfläche (≥ 1)

Aus (4.7) geht hervor, daß für spreitende Flüssigkeiten ($\theta_0 < 90°$) durch Rauhigkeiten eine Verbesserung der Benetzung (d.h. $\theta < \theta_0$), für schlecht spreitende Flüssigkeiten ($\theta_0 > 90°$) eine Verschlechterung der Benetzung (d.h. $\theta > \theta_0$) verursacht wird. Da lediglich Polypropylen sowie hydro- oder oleophobierte Fasern gegenüber waßrigen Lösungen einen Randwinkel größer 90° bilden können, tritt also an rauhen Fasern im Vergleich zu glatten meist eine verbesserte Benetzung ein.

Die Haftkraft als Maß für die Adhäsion zwischen Fasern und anderen festen Substanzen ist durch die auf die Flächeneinheit bezogene spezifische Haftkraft und die Größe der Haftflächen bedingt. Da Rauhigkeiten allgemein zu einer Vergrößerung der Haftfläche führen, wird an rauhen Oberflächen eine verbesserte Haftung, beispielsweise von Beschichtungen, beobachtet. Lediglich an schlecht benetzenden Oberflächen kann der entgegengesetzte Effekt auftreten. Die spezifische Haftkraft wird, wie im Abschn. 4.2.1 dargestellt, durch das Auftreten von Poren vermindert, so daß beispielsweise poröse Fasern weniger zur Anschmutzung neigen als kompakte.

Einen wesentlichen Einfluß üben Rauhigkeiten und Poren auf die *optischen Eigenschaften* von Fasern aus (vgl. Kap. 11). Liegen die Abmessungen der Poren in der Größenordnung der Wellenlänge des sichtbaren Lichtes (400–800 nm), dann tritt eine Lichtbeugung analog der eines Mattierungsmittels ein. Poröse bzw. rauhe Fasern haben somit bei entsprechender Größe der Unregelmäßigkeiten den Nachteil, daß im Vergleich zu kompakten Fasern zur Erzeugung des gleichen Farbtons eine größere Farbstoffmenge erforderlich ist. Andererseits ist an porösen Fasern der Schmutz weniger sichtbar (Soilhiding-Effekt).

Als ein Vorteil poröser Fasern wird neben der geringeren Anschmutzung und Schmutzsichtbarkeit das verbesserte *bekleidungsphysiologische Verhalten* angegeben [23]. Dies ist auf die höhere Aufnahmekapazität und die höhere Sorptionsgeschwindigkeit von Wasserdampf zurückzuführen. Außerdem wird die „Feuchtefühlgrenze" erhöht.

Zusammenhänge zwischen der Porosität und *textilphysiologischen Parametern* wurden intensiv an Polyacryl-Versuchsfasern untersucht [24]. Danach werden durch das Vorliegen von Poren die Neigung zur elektrostatischen Aufladbarkeit und die Biegesteifheit erhöht, Höchstzugkraft und Höchstzugkraft-Dehnung werden nur geringfügig beeinflußt. Die relativ schlechte *Verarbeitbarkeit* poröser PAN-Fasern ist in erster Linie durch die erhöhte Präparationsmittelaufnahme (Diffusion in die Poren) und die dadurch veränderten textilphysikalischen Eigenschaften bedingt.

4.2 Oberflächenkräfte

4.2.1 Einteilung der Oberflächenkräfte

An der Grenzfläche zwischen Fasern und mit ihnen im Kontakt befindlichen Substanzen treten Wechselwirkungskräfte auf, deren Natur und Größe von der Art der Wechselwirkungspartner und ihrem Abstand abhängen (s. Tabelle 2.6). Mit Ausnahme der Dispersions- und der elektrostatischen Kräfte gelten für die an der Oberfläche der Fasern auftretenden Wechselwirkungskräfte die gleichen Gesetzmäßigkeiten wie für Makromoleküle im Inneren der Faser. Dies bedeutet, daß beispielsweise die Stärke der Dipolkräfte durch das

Moment und die Orientierung der Dipole funktioneller Gruppen der Makromoleküle an der Oberfläche bedingt sind. Die Wechselwirkungsenergien infolge der Wasserstoffbrückenbindungen ergeben sich aus der Acidität bzw. Basizität der in Wechselwirkung tretenden Molekülgruppen. Die auf die Flächeneinheit bezogenen Kräfte bzw. Wechselwirkungsenergien ergeben sich dann durch Multiplikation der zwischen einzelnen Molekülgruppen auftretenden Kräfte bzw. Energien mit der Zahl der je Flächeneinheit vorliegenden, in Wechselwirkung tretenden Molekülgruppen. Diese Größen sind im allgemeinen für praktische Systeme nicht bekannt und auch nicht exakt bestimmbar, so daß meist Näherungsmethoden zur Charakterisierung der einzelnen Kräftekomponenten angewandt werden (s. Abschn. 4.2.2).

Charakteristisch für die Dispersionswechselwirkungen zwischen Festkörpern ist, daß sich die zwischen Einzelmolekülen wirkenden Kräfte in makroskopischen Körpern addieren. Während für die Wechselwirkungsenergie zwischen Einzelmolekülen (4.8) gilt

$$E_{12} = \frac{\beta}{r^6}, \qquad (4.8)$$

β Londonsche Konstante
r Molekülabstand

ergibt sich beispielsweise die Wechselwirkungsenergie $E_{\mathrm{Disp.}}$ zwischen zwei planparallelen Festkörpern nach (4.9)

$$E_{\mathrm{Disp.}} = - \frac{\pi \cdot \beta \cdot q^2}{12\,d}. \qquad (4.9)$$

q Anzahl der Moleküle je Volumeneinheit
d Abstand zwischen den Platten

Die Reichweite der Dispersionswechselwirkung ist im Vergleich zu den vorher behandelten Wechselwirkungen deutlich höher. Bis zu Abständen von etwa $1{,}5 \cdot 10^{-8}$ m nimmt die Wechselwirkungsenergie nach (4.9) mit dem Abstand ab, bei größeren Abständen treten sogenannte retardierte van der Waalssche Kräfte auf, die einer anderen Energie-Abstands-Funktion gehorchen.

Speziell zwischen Festkörpern kann zusätzlich zu den bisher behandelten Wechselwirkungskomponenten eine weitere, elektrostatische Wechselwirkung auftreten, die darauf beruht, daß zwischen Adhäsionspartnern ein Elektronenaustausch stattfindet. Von einem Partner gehen Elektronen zum anderen über. Dabei bildet sich an der Grenzfläche eine elektrische Doppelschicht aus, die zu elektrostatischer Anziehung führt. Die Anziehungskraft F_{el} ergibt sich nach

$$F_{\mathrm{el}} = \frac{\varepsilon_0 \cdot U^2}{2\,d^2}. \qquad (4.10)$$

ε_0 elektrische Feldkonstante, Influenzkonstante
U Potentialdifferenz
d Abstand der Partner

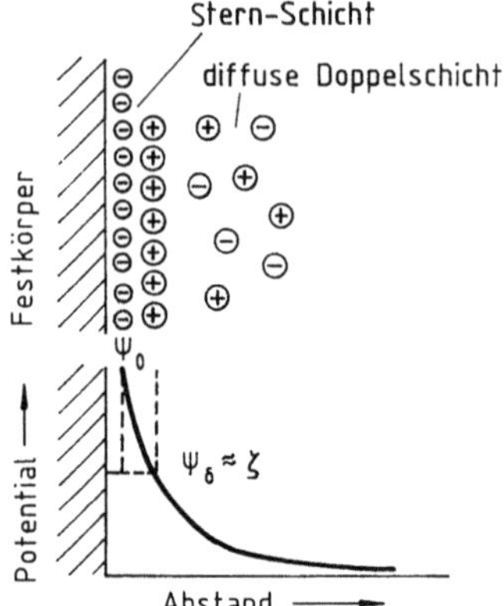

Abb. 4.22. Aufbau einer elektrischen Doppelschicht im System Festkörper/wäßrige Elektrolytlösung; ψ_0 Grenzflächenpotential des Festkörpers, ψ_δ Grenzflächenpotential der Sternschicht, ζ Zetapotential

Die Reichweite elektrostatischer Anziehungskräfte ist vergleichsweise sehr hoch (bis zu 10^{-6} m).

Befinden sich Festkörper im Kontakt mit wäßrigen Lösungen, dann bildet sich an der Phasengrenze ebenfalls eine elektrische Doppelschicht aus (Abb. 4.22). Infolge Dissoziation entsprechender Molekülgruppen und/oder unterschiedlich starker Adsorption von Anionen und Kationen kommt es zu einer Anreicherung von Ladungsträgern, die dann in einer sogenannten starren Doppelschicht oder Stern-Schicht[4] an der Phasengrenze vorliegen. Ihre Ladung wird ebenso wie die Wandladung durch entgegengesetzt geladene Ionen kompensiert, die sich in einer sogenannten diffusen Doppelschicht befinden. Die komplizierten Gesetzmäßigkeiten gehorchenden Wechselwirkungen können näherungsweise

– für den Fall ebenfalls elektrisch geladener kolloider Teilchen durch (4.11)

$$E = \frac{\varkappa}{Z^2} + \left(\varkappa \cdot \frac{d}{2} \right)_K , \qquad (4.11)$$

– für die Wechselwirkung mit in der Lösung befindlichen Ionen durch (4.12) beschrieben werden

$$E = Z \cdot e_0 \cdot \zeta . \qquad (4.12)$$

E Wechselwirkungsenergie
$\varkappa$ Debye-Hückel-Parameter
d Abstand
K $\left(\dfrac{Z \cdot e_0 \cdot \zeta}{kT} \right)$
Z Ladungszahl
e_0 Elementarladung
ζ Potential an der Grenze starre/diffuse Doppelschicht (= Zeta-Potential)
k Boltzmannkonstante

---

[4] Benannt nach Otto Stern, der 1924 das auch heute noch gültige Modell der elektrischen Doppelschicht entwickelte.

Die Reichweite elektrischer Doppelschichtkräfte beträgt in wäßrigen Elektro-
lytlösungen bis zu etwa 15 nm.

In der neueren Literatur wird als eine wesentliche Wirkungskomponente
zwischen Festkörpern bzw. zwischen Festkörpern und Flüssigkeiten die *Säure-
Base-Wechselwirkung* betrachtet (vgl. [25]). Im weitesten Sinne handelt es sich
bei Säuren um Elektronenakzeptoren und bei Basen um Elektronendonatoren
(Lewis-Theorie). Beim Kontakt von Basen mit Säuren, die in dieser Betrachtung neutrale Molekülgruppen unterschiedlicher Polarität an Festkörpern sein
können, findet ein Elektronenübergang zwischen den Molekülgruppen statt,
der entsprechend der Theorie der elektrostatischen Wechselwirkung behandelt
werden kann.

4.2.2 Charakterisierung der von den Oberflächen ausgehenden Wechselwirkungskräfte

Eine quantitative Beschreibung der Wechselwirkungen zwischen Fasern und in
der Praxis vorkommenden Wechselwirkungspartnern (Fasern, Verarbeitungs-
maschinenteile, Veredlungsmittel, Beschichtungen, Schmutz usw.) setzt die
Kenntnis der in Tabelle 4.1 sowie in (4.8–4.12) enthaltenen Größen sowie
der Kontaktfläche voraus. Da eine exakte Bestimmung dieser Parameter an
realen Systemen außerordentlich schwierig ist, werden im folgenden einige
Näherungsmethoden beschrieben, die für Fasern anwendbar sind und qualitative Aussagen über die Höhe der Wechselwirkungsenergie zwischen Fasern
und praktisch mit diesen in Kontakt befindlichen Substanzen gestatten.

Die *Möglichkeit des Auftretens chemischer Bindungen* an der Faseroberfläche läßt sich im allgemeinen aus der chemischen Zusammensetzung der
Monomereinheiten der faserbildenden Polymere ableiten. So ergibt sich
beispielsweise die Reaktivität der Oberfläche von Cellulosefasern aus dem
Vorliegen von Hydroxid- oder Carboxylgruppen, die mit entsprechenden Substanzen zu Ester- oder Ethergruppen umgesetzt werden können.

Bei Oberflächenbehandlungen von Fasern (z. B. thermische und oxidative
Schädigung, chemische Modifizierung, Textilveredlungsvorgänge) treten
jedoch meist Veränderungen der chemischen Zusammensetzung der Oberflächenregion ein, so daß deren Reaktivität nicht der der faserbildenden Polymere gleichgesetzt werden kann. Es ist also eine chemische Oberflächenanalyse
notwendig, die mit modernen spektroskopischen Methoden, wie z. B. Trans-
form-Infrarot-Spektroskopie (FTIR), Photoelektronenspektroskopie (ESCA,
XPS), aber auch mit Hilfe der Zeta-Potential-Messung durchgeführt werden
kann (vgl. [15]). Diese Untersuchungsmethoden ergeben Aussagen über die
Art und Oberflächendichte funktioneller Gruppen.

Eine für Fasern anwendbare Untersuchungsmethode, die vielfältige Aussagen über von der Faseroberfläche ausgehende Wechselwirkungen liefert, ist
die Bestimmung der freien Oberflächenenergie mittels *Randwinkelmessungen*.
Die Theorie dieser Methode soll daher im folgenden, auch als ein Beispiel
oberflächenchemischer Arbeitsweise, dargestellt werden.

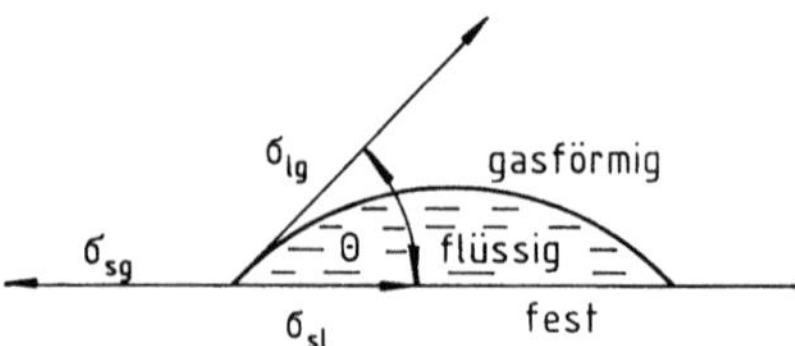

$$\sigma_{sg} = \sigma_{sl} + \sigma_{lg}\, \cos\theta$$

Abb. 4.23. Grenzflächenspannungen am Flüssigkeitstropfen auf einer Festkörperoberfläche; $\sigma_{sg} \approx \sigma_s$ freie Oberflächenenergie des Festkörpers, $\sigma_{lg} \approx \sigma_l$ freie Oberflächenenergie (Oberflächenspannung) der Flüssigkeit, σ_{sl} Grenzflächenspannung fest-flüssig, θ Randwinkel

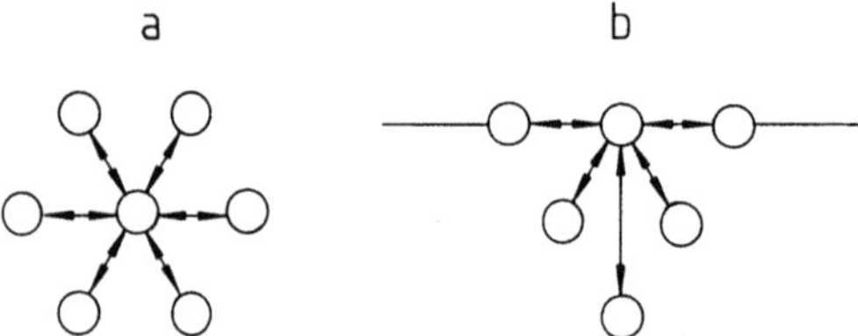

Abb. 4.24. Schematische Darstellung der Wechselwirkungskräfte zwischen Molekülen im Phaseninneren (**a**) bzw. an der Phasengrenze (**b**)

Der sich zwischen einer Festkörperoberfläche und einem Flüssigkeitstropfen ausbildende Kontaktwinkel (Randwinkel) ist gemäß Abb. 4.23 und (4.13) durch die auftretenden Grenzflächenspannungen bedingt

$$\sigma_{sg} = \sigma_{sl} + \sigma_{lg} \cdot \cos\theta. \tag{4.13}$$

σ_{sg} Grenzflächenspannung fest – gasförmig
σ_{sl} Grenzflächenspannung fest – flüssig
σ_{lg} Grenzflächenspannung flüssig – gasförmig
θ Kontakt- oder Randwinkel

Das Wesen der Grenzflächenspannung kondensierter Phasen (Flüssigkeiten und Festkörper) läßt sich aus molekulartheoretischer und thermodynamischer Sicht verständlich machen. Im Inneren von Flüssigkeiten oder Festkörpern treten in den drei Raumrichtungen zwischen allen Molekülen gleiche Wechselwirkungskräfte auf. Demgegenüber sind die Moleküle, die sich in der Oberflächenschicht befinden, gleichen Wechselwirkungskräften nur mit den im Phaseninneren und in der Oberflächenschicht befindlichen Molekülen unterworfen (Abb. 4.24). Es muß also eine Arbeit gegen die zwischenmolekularen Wechselwirkungskräfte geleistet werden, um Moleküle aus dem Phaseninneren an die Oberfläche zu bringen. Befinden sich zwei kondensierte Phasen 1 und 2 im Kontakt miteinander, dann müssen für den Übergang der Moleküle 1 und 2 in 1 cm^2 Grenzschicht die Energien W_1 und W_2 aufgebracht werden. Es wird jedoch die Wechselwirkungsenergie W_{12} frei, d.h. die Energiebilanz ergibt sich je Flächeneinheit zu

$$W = W_1 + W_2 - 2\,W_{12}. \tag{4.14}$$

Die Wechselwirkung zwischen den Molekülen der Oberflächenschicht und den Molekülen einer umgebenden Gasphase ist im allgemeinen vernachlässigbar klein gegenüber den Wechselwirkungskräften im Inneren kondensierter Phasen, so daß die Oberflächenspannung des Festkörpers σ_s bzw. der Flüssigkeit σ_l den Grenzflächenspannungen σ_{sg} bzw. σ_{lg} gleichgesetzt werden.

Vom thermodynamischen Standpunkt aus ist die Oberflächenspannung σ gleich der reversiblen Arbeit, die notwendig ist, um die Oberfläche einer von ihrem Dampf umgebenen kondensierten Phase O um 1 cm^2 zu vergrößern. Die reversible Arbeit ist bei einem bestimmten Volumen V und einer bestimmten Temperatur T gleich dem Oberflächenkoeffizienten der freien Energie F (s. Lehrbücher der Physikalischen Chemie), d. h.

$$\sigma = \left(\frac{\partial F}{\partial O}\right)_{V,T}. \tag{4.15}$$

σ wird demzufolge auch als freie Oberflächenenergie bezeichnet. Sie läßt sich in Terme aufspalten, die sich aus den verschiedenen Wechselwirkungsmöglichkeiten ergeben, d. h.

$$\sigma = \sigma^d + \sigma^p + \sigma^x. \tag{4.16}$$

σ^d Dispersionsanteil
σ^p polarer Anteil $\quad\}\quad$ der freien Oberflächenenergie
σ^x sonstige Anteile

Für die Bestimmung von σ_s^d und σ_s^p von Polymeren wurden von Owens und Wendt (4.17) sowie von Wu (4.18) Näherungslösungen abgeleitet, wobei σ^x vernachlässigt wird.

$$\frac{1 + \cos\theta}{2} \cdot \frac{\sigma_l}{\sqrt{\sigma_l^d}} = \sqrt{\sigma_s^d} + \sqrt{\sigma_s^p}\,\sqrt{\frac{\sigma_l \cdot \sigma_l^p}{\sigma_l^p}} \tag{4.17}$$

$$\frac{1 + \cos\theta}{4} \cdot \sigma_l = \frac{\sigma_d^l \cdot \sigma_s^d}{\sigma_l^d + \sigma_s^p} + \frac{\sigma_l^p \cdot \sigma_s^p}{\sigma_l^p + \sigma_s^p} \tag{4.18}$$

Die Indizes s bzw. l kennzeichnen die feste bzw. flüssige Phase, das hochgestellte d bzw. p den Dispersions- bzw. polaren Anteil der freien Oberflächenenergie.

Zur Lösung von (4.17) und (4.18) sind Randwinkelmessungen [27] mit mindestens zwei Flüssigkeiten bekannter Oberflächenspannungsterme durchzuführen. Allgemein werden Wasser ($\sigma_l^d = 21,8\,\text{mN} \cdot \text{m}^{-1}$ und $\sigma_l^p = 51,0\,\text{mN} \cdot \text{m}^{-1}$ bei 20 °C) und Methyleniodid ($\sigma_l^d = 48,5\,\text{mN} \cdot \text{m}^{-1}$ und $\sigma_l^p = 2,3\,\text{mN} \cdot \text{m}^{-1}$ bei 20 °C) als Flüssigkeitspaar verwendet. Die nach (4.17) für Fasern erhaltenen Werte weichen i. allg. um 5–10 % von den nach (4.18) ermittelten Werten ab. Tendenzen in der Änderung der freien Oberflächenenergie als Folge von Modifizierungen, Veredlungen u. ä. werden nach beiden Gleichungen in gleicher Weise wiedergegeben. Die Frage der geeigneteren Auswertemethode ist daher von untergeordneter Bedeutung.

Eine Verfeinerung der von Owens und Wendt bzw. von Wu vorgenommenen Ableitungen erfolgte durch Fowkes [25]. Danach soll die polare Wechselwirkung vorwiegend durch Säure-Base-Wechselwirkungen bedingt sein. Die Acidität oder Basizität einer Faseroberfläche kann demzufolge durch Randwinkelmessungen mit Flüssigkeiten bekannter Säure-Base-Charakteristik bestimmt werden.

Bei textilen Flächengebilden kann der Kontaktwinkel zwischen Einzelfäden und der Meßlösung nicht direkt beobachtet werden. Eine indirekte Bestimmung ist jedoch über die Messung der Benetzungsgeschwindigkeit möglich. Die Kinetik des Benetzungsprozesses von Kapillarsystemen, wie sie textile Flächengebilde darstellen, ergibt sich nach der Washburnschen Gl. (4.19) [31]

$$\frac{h^2}{t} = \frac{K \cdot \sigma_{sl} \cdot \cos \theta}{2\eta}. \tag{4.19}$$

h Steighöhe der benetzenden Flüssigkeit
t Zeit
K Faktor, der von der Kapillarform im Flächengebilde abhängt
σ_{sl} Grenzflächenspannung fest – flüssig ($\approx \sigma_s$)
θ Randwinkel
η dynamische Viskosität der Meßflüssigkeit

K kann nach Langmann [26] durch Messung der Benetzungsgeschwindigkeit von spreitenden Flüssigkeiten ($\cos \theta = 1$) bestimmt werden.

Wie in Abschn. 4.2.1 dargestellt, bildet sich beim Kontakt zwischen Fasern und wäßrigen Lösungen eine elektrische Doppelschicht aus, die in einen „starren" und einen „diffusen" Teil unterteilt wird. Die meßtechnisch zugängliche, die Doppelschicht charakterisierende Größe stellt das elektrokinetische oder ζ-(Zeta-)Potential dar, das annähernd gleich dem Potential an der Grenze starre/diffuse Doppelschicht ist (s. Abb. 4.22).

Die Anwendbarkeit der *Zeta-Potential-Messung* zur Charakterisierung von Oberflächenkräften ergibt sich aus den folgenden Überlegungen:

a) Die mit der Ausbildung der Doppelschicht verbundene Anreicherung von Ladungsträgern an der Grenzfläche führt zu elektrostatischer Wechselwirkung (Anziehung oder Abstoßung) mit in der Lösung befindlichen Ionen oder auf die gleiche Weise geladenen kolloiden Teilchen.

b) Da in realer Atmosphäre (Raumtemperatur, relative Luftfeuchte > 30%) alle lufttrockenen Fasern mehr oder weniger große Mengen adsorbierten Wassers enthalten, existiert auch an diesen Fasern eine ungleiche Verteilung von Ladungsträgern an der Oberfläche, die die Wechselwirkung zu anderen trockenen Substanzen beeinflußt.

c) Die Ausbildung einer elektrischen Doppelschicht an Fasern beruht auf der Dissoziation entsprechender Molekülgruppen an der Faseroberfläche und/oder der Adsorption von Ionen aus der Lösung. Da man beide Vorgänge getrennt voneinander bestimmen kann, läßt sich sowohl die Art funktioneller Gruppen an der Faseroberfläche als auch die Größe der Adsorptionskräfte bestimmen.

Die quantitativen Zusammenhänge, die den unter a)–c) dargestellten Betrachtungen zugrunde liegen, sind der Spezialliteratur zu entnehmen [28, 29].

Die Messung des Zeta-Potentials beruht auf einem der vier elektrokinetischen Effekte
- Strömungspotential/Strömungsstrom,
- Elektroosmose,
- Elektrophorese und
- Sedimentationspotential,

die ihrerseits auf die feste Haftung der Ladungsträger der „starren" Doppelschicht und die Verschiebbarkeit der Ladungen der „diffusen" Doppelschicht zurückzuführen sind. Wird in einem mit einer wäßrigen Lösung gefüllten Kapillarsystem (z.B. Glaskapillare, Faserbausch, textiles Flächengebilde) aufgrund einer hydrostatischen Druckdifferenz eine Flüssigkeitsströmung erzeugt, dann wandern lediglich die Ionen der „diffusen" Doppelschicht mit der Lösung. Es entsteht ein Strömungspotential, bzw. es fließt ein Strömungsstrom. Aus diesen elektrischen Größen errechnet sich das Zeta-Potential zu

$$\zeta = \frac{U \cdot \eta \cdot l}{\varepsilon \cdot \varepsilon_0 \cdot q \cdot \Delta p \cdot R} \tag{4.20}$$

bzw.

$$\zeta = \frac{I \cdot \eta \cdot l}{\varepsilon \cdot \varepsilon_0 \cdot q \cdot p}. \tag{4.21}$$

U Strömungspotential
I Strömungsstrom
ε Dielektrizitätszahl der Meßlösung
η dynamische Viskosität der Meßlösung
ε_0 Influenzkonstante
l Länge des Kapillarsystems
q Querschnitt des Kapillarsystems
R elektrischer Widerstand des Kapillarsystems
Δp Druckdifferenz zwischen Einström- und Ausströmseite

Der dem Strömungspotential/Strömungsstrom inverse Effekt ist die Elektroosmose. Wird an das vorstehend beschriebene Kapillarsystem eine Gleichspannung angelegt, dann wandern wiederum nur die Ionen der „diffusen" Doppelschicht. Diese Bewegung führt aufgrund der inneren Reibung zwischen Ionen und Wasser zu einer Wanderung der Lösung durch das Kapillarsystem. Aus der angelegten Spannung und der Wanderungsgeschwindigkeit kann das Zeta-Potential berechnet werden.

Das Zeta-Potential von im flüssigen Medium dispergierten Teilchen läßt sich aus der elektrophoretischen Wanderungsgeschwindigkeit bzw. dem Sedimentationspotential bestimmen (vgl. [28]).

Für Untersuchungen an Fasern werden fast ausschließlich Strömungspotential-/Strömungsstrom- [15] und elektroosmotische Messungen [15, 17] angewendet.

4.2.3 Wechselwirkungskräfte an Fasern

Homöopolare chemische Bindungen treten zwischen Fasern und mit ihnen im Kontakt befindlichen Substanzen nur dann auf, wenn die Reaktionspartner reaktionsfähige Gruppen enthalten und geeignete Reaktionsbedingungen vorliegen. Da dies bei der Faserherstellung und -verarbeitung nur an Cellulose- und Polyamidfasern sowie Wolle und Seide und auch hier nur in sehr speziellen Fällen auftreten kann, sollen im folgenden lediglich die übrigen Bindungsarten betrachtet werden. Detaillierte Untersuchungen ergaben, daß für alle faserbildenden Polymere die Dispersionskräfte in der gleichen Größenordnung liegen. Unterschiede im Oberflächenverhalten müssen also auf Abweichungen in den übrigen Wechselwirkungskomponenten zurückzuführen sein.

Die aus Randwinkeln berechneten Terme der freien Oberflächenenergie sowie das Zeta-Potential in Wasser und verdünnter KCl-Lösung sind für die wichtigsten Chemiefasern in Tabelle 4.6 dargestellt. Es ist ersichtlich, daß
- die hydrophoben Synthesefasern Polypropylen und Polyethylenterephthalat relativ niedrige polare Anteile der freien Oberflächenenergie, die Viskosefasern dagegen sehr hohe polare Anteile aufweisen, Polyacryl- und Polyamidfasern nehmen eine Mittelstellung ein;
- alle untersuchten Fasen zeigen in destilliertem Wasser und einer $10^{-3}\,n$ KCl-Lösung ein negatives Zeta-Potential, d.h. es liegen negative Überschußladungen an der Faseroberfläche vor. Die synthetischen Chemiefasern zeigen ein deutlich höheres negatives Zeta-Potential als die Cellulosefasern.

Der polare Anteil der freien Oberflächenenergie und auch das Zeta-Potential werden stark durch Oberflächenmodifizierungen der Fasern (Einführung funktioneller Gruppen, Aufbringen von Präparationsmitteln und Textilhilfsmitteln) beeinflußt. Abbildung 4.25 zeigt die Veränderung von σ_s^p an Polyesterfasern durch eine Alkalibehandlung, Tabelle 4.7 den Einfluß des Gehaltes an Natriumallylsulfonat auf die freie Oberflächenenergie von Polyacrylfasern. Generell spiegelt sich das Vorhandensein polarer Molekülgruppen ($-OH$, $-COOH$, $-SO_3H$, $-NH_2$ u.ä. Gruppen) an der Oberfläche in σ_s^p wider, σ_s^d

Tabelle 4.6. Freie Oberflächenenergie und Zeta-Potential von Fasern (nach [15])

Faser	Freie Oberflächenenergie $mN \cdot m^{-1}$			Zeta-Potential mV	
	σ_s^d	σ_s^p	σ_s	ζ_{H_2O}	$\zeta_{10^{-3}\,nKCl}$
Polyamid 6	31,6	12,9	43,2	$-31,7$	$-55,0$
Polyester	29,2	7,8	37,0	$-52,0$	$-58,0$
Polyacryl	20,2	17,2	37,4	$-60,0$	$-57,8$
Polypropylen[a]	30,5	0,7	31,2		
Viskose				$-22,0$	$-18,5$
bei 32% r.L.	27,4	34,8	62,2		
bei 84% r.L.	24,5	45,0	69,5		

[a] Die Meßergebnisse wurden an Folien erhalten

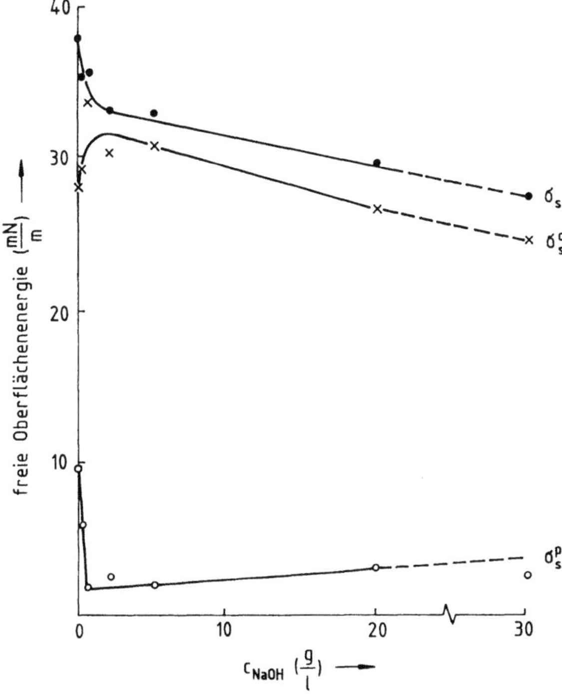

Abb. 4.25. Änderung der freien Oberflächenenergie von Polyesterfasern durch eine Alkalibehandlung (90 °C, 30 min) als Funktion der NaOH-Konzentration

wird durch Modifizierungen dagegen weniger beeinflußt. Bei der Ablagerung von Tensiden an der Faseroberfläche ist σ_s^p und damit auch σ_s durch die Orientierung der hydrophoben Tensidteile bedingt. Da diese stark von der Konzentration der aufgebrachten Tenside auf der Faseroberfläche abhängt, ist auch die Änderung von σ_s^p bzw. σ_s von der Konzentration abhängig (s. Abb. 4.29). Das Vorzeichen des Zeta-Potentials wird durch basische Modifizierungsmittel (z. B. Amine, quarternäre Ammoniumsalze), kationaktive Tenside

Tabelle 4.7. Abhängigkeit der freien Oberflächenenergie von PAN-Fasern vom Gehalt an Natriumallylsulfonat (nach [15])

Natriumallylsulfonatgehalt %	Freie Oberflächenenergie mN · m^{-1}		
	σ_s^d	σ_s^p	σ_s
0	20,2	19,4	39,5
0,5	21,0	21,2	42,2
1,0	20,1	20,0	40,1
1,5	19,7	27,8	47,5
2,5	19,1	28,4	47,5

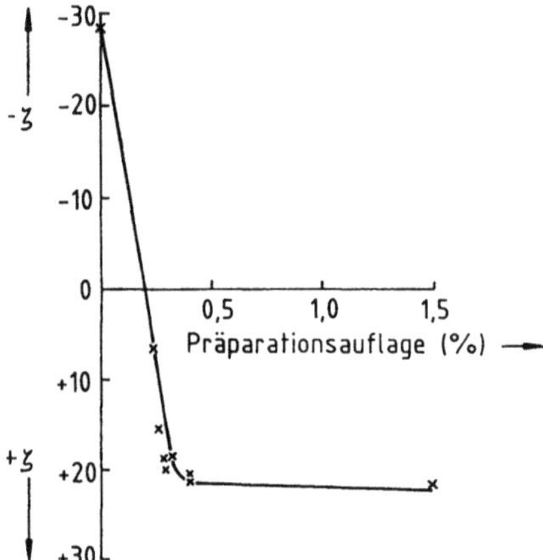

Abb. 4.26. Zeta-Potential von Polyacrylfasern in Wasser als Funktion der Auflage an kationaktivem Textilhilfsmittel *Marvelan SF spez.* (Fettchemie Chemnitz)

und Salze drei- und mehrwertiger Kationen zu positiven Werten geführt. Der Einfluß eines Kationtensids auf das Zeta-Potential von Polyacrylfasern ist in Abb. 4.26 dargestellt.

4.2.4 Einfluß der Wechselwirkungskräfte auf das Verarbeitungs- und Gebrauchsverhalten

Die von der Faseroberfläche ausgehenden Kräfte bedingen die Wechselwirkung mit den bei der Faserherstellung, -verarbeitung und -veredlung sowie beim Gebrauch textiler Erzeugnisse in Kontakt kommenden gasförmigen, flüssigen (einschließlich gelösten) und festen Substanzen in bezug auf die aufgenommene Menge und die Bindungsenergien. Im folgenden seien zunächst die Gesetzmäßigkeiten für einige wichtige Substanzklassen und dann ihre technologische Relevanz dargestellt.

1. Wechselwirkung mit Wasser. Die Wechselwirkung mit Wasser wird vorwiegend durch das Vorliegen polarer Gruppen beeinflußt. Sind diese ausschließlich an der Oberfläche angeordnet, dann führen sie zu einer festen Bindung adsorbierten Wassers über Wasserstoffbrückenbindungen und zu niedrigem Randwinkel zwischen Faser und Wasser, d.h. guter Benetzung. Gemäß Abb. 4.23 und (4.19) ist der Randwinkel bzw. die Benetzungsgeschwindigkeit durch die freie Oberflächenenergie gegeben. Der Gehalt polarer Gruppen im Faserinneren führt zur Diffusion von Wasser in die Faser und damit zur Ausbildung einer großen inneren Oberfläche.

2. Aufnahme von Präparationen und Textilhilfsmitteln. Die Aufnahme von in Wasser gelösten und dispergierten Substanzen durch die Faseroberfläche und auch das Faserinnere wird stark durch das Ladungsvorzeichen der Faseroberfläche (Zeta-Potential) und den Gehalt an dissoziierenden Gruppen bestimmt.

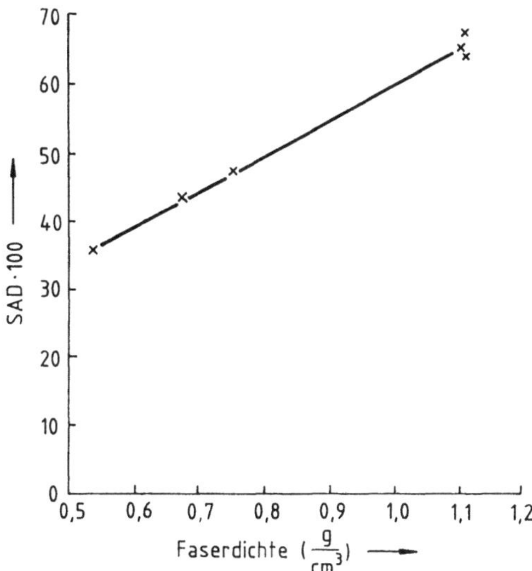

Abb. 4.27. SAD-Wert an Polyacrylfasern unterschiedlicher Porosität (Dichte), bestimmt durch Messung des Reflexionsgrades

Bedingt durch das meist negative Zeta-Potential der Fasern werden kationaktive Hilfsmittel wesentlich stärker als anionaktive adsorbiert. Erstere können oberhalb der Glasumwandlungstemperatur in die Faser diffundieren. Anionaktive Tenside und andere negativ geladene Hilfsmittel diffundieren dagegen im allgemeinen nicht in das Faserinnere. Die Aufnahme nichtionogener Tenside wird durch die elektrische Doppelschicht nicht beeinflußt, sie wird dagegen durch den Gehalt polarer Gruppen, die mit Ethylenoxidgruppen der nichtionogenen Tenside in Wechselwirkung treten, begünstigt.

3. Haftung fester Substanzen an der Faseroberfläche (Adhäsion). Die Haftung fester Körper aneinander stellt einen sehr komplexen Vorgang dar, der u.a. durch die folgenden Faktoren beeinflußt wird:
- Art und Größe der Wechselwirkungskräfte an der Kontaktfläche,
- Gegenwart dritter Substanzen wie Haftvermittler, adsobiertes Wasser, Verarbeitungshilfsmittel, Verunreinigungen,
- Diffusion der Haftpartner ineinander,
- Geometrie der Haftfläche,
- Härte der Oberflächenregion.

Am Beispiel der Pigmentschmutz-Haftung an textilen Fasern sei der Einfluß der Wechselwirkungskräfte, die mit den vorstehend beschriebenen Methoden charakterisiert wurden, dargestellt. Aus (4.9) geht hervor, daß die Dispersionswechselwirkungsenergie von der Anzahl der Teilchen je Volumeneinheit abhängt. Dies bedeutet, daß poröse Fasern eine geringere Anschmutzungsneigung als kompakte zeigen. Abbildung 4.27 zeigt, daß der die aufgenommene Schmutzmenge charakterisierende SAD-Wert (soiling additional density)

$$SAD = \log \frac{\textit{Reflexionsgrad der unangeschmutzten Probe}}{\textit{Reflexionsgrad der angeschmutzten Probe}} \qquad (4.22)$$

linear mit der Dichte der Fasern abnimmt.

Die Zusammenhänge zwischen dem Zeta-Potential (bzw. dem Maximalwert des Zeta-Potentials in unterschiedlich konzentrierten KCl-Lösungen) sowie der freien Oberflächenenergie und der Haftung trockenen Pigmentschmutzes sind in den Abb. 4.28 bis 4.30 dargestellt. Daraus geht hervor, daß
– die Anschmutzungsneigung der Fasern in erster Linie durch die Wechselwirkungskräfte zwischen der Faseroberfläche und den Schmutzpartikeln bestimmt ist,
– sowohl polare als auch Dispersionskräfte für die Schmutzhaftung verantwortlich sind.

Die Möglichkeiten zur Verminderung der Anschmutzungsneigung liegen demzufolge in der Reduzierung beider Kraftkomponenten. Neben den prinzipiellen Möglichkeiten
– Schaffung poröser Fasern und
– Einführung unpolarer Molekülgruppen (CH_3- oder CF_3-Gruppen) in die Faseroberfläche bzw. Abtragung polarer Gruppen

kann die Anschmutzungsneigung in der Textilveredlung insbesondere durch das Aufbringen stark adsorbierender Substanzen auf die Faseroberfläche reduziert werden. Die Wirkung derartiger Substanzen läßt sich aus folgenden Überlegungen ableiten: das „Reaktionsgleichgewicht" zwischen der Faser-

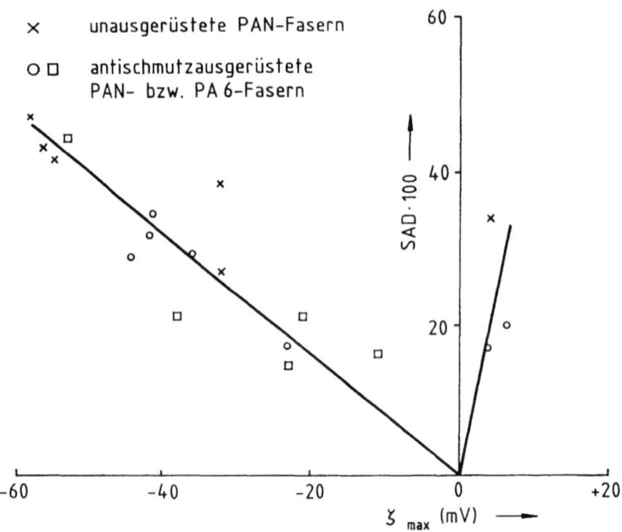

Abb. 4.28. Maximales Zeta-Potential in KCl-Lösungen und Trockenschmutzhaftung an Polyacryl- und Polyamid 6-Fasern

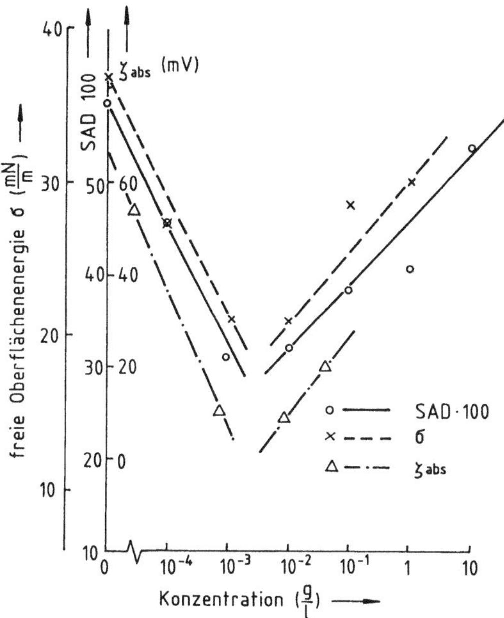

Abb. 4.29. Maximales Zeta-Potential in dest. Wasser, freie Oberflächenenergie und Trocken-schmutzaufnahme von mit Zirkoniumacetat-Lösungen behandelten und anschließend ge-trockneten Polyacrylfasern als Funktion der Behandlungskonzentration

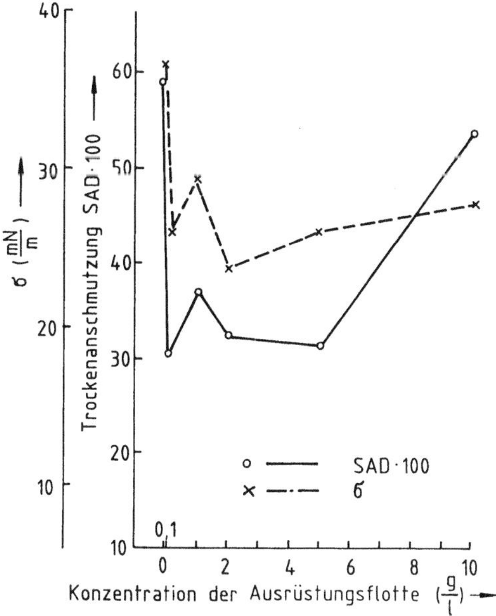

Abb. 4.30. Freie Oberflächenenergie und Trockenschmutzaufnahme von Polyacrylfasern, die mit einem kationaktiven Hilfsmittel (*Ceranin HCS*, Sandoz AG) in unterschiedlichen Konzentrationen behandelt und anschließend getrocknet worden waren

oberfläche A und den Schmutzpartikeln S in Gegenwart einer dritten Substanz T (z. B. Tenside, Wasser, Hilfsmittel u. ä.) läßt sich durch

$$AS + 2\,T \rightleftharpoons AT + ST \tag{4.23}$$

ausdrücken.

Unter Verwendung der Thermodynamik chemischer Reaktionen läßt sich ableiten, daß das Gleichgewicht dieser „Reaktion" umso mehr auf der rechten Seite der Gleichung liegen wird, je stärker die Substanz T an der Faser oder an den Schmutzpartikeln adsorbiert wird. Solche stark adsorbierenden Substanzen, die die Anschmutzungsneigung textiler Fasern deutlich vermindern, stellen hochdisperse anorganische Stoffe wie kolloidale Kieselsäure, Aluminiumoxid oder Titandioxid dar.

Der Ansatz gemäß (4.23) läßt sich auch auf den textilen Waschprozeß übertragen. Auch hier findet die Schmutzverdrängung durch Adsorption von Waschmittelbestandteilen oder von Wasser am Textilgut bzw. am Schmutz statt. Es konnte gezeigt werden, daß die Schmutzverdrängung an den hydrophilen Fasern vorrangig über die Adsorption von Wasser erfolgt, an den hydrophoben synthetischen Chemiefasern in erster Linie durch die Adsorption von Tensiden.

Die das Anschmutzungs- und Waschverhalten textiler Erzeugnisse charakterisierenden theoretischen Zusammenhänge können zwanglos auch für andere technologisch relevante Adhäsionsprobleme angewendet werden. Dies betrifft u. a. das Reib- und Gleitverhalten, die Herstellung und die Eigenschaften beschichteter Textilien u. ä. Bei der Betrachtung dieser Vorgänge oder Eigenschaften ist immer zu berücksichtigen, daß die Adhäsion nur ein Teil eines meist komplexen Ganzen ist und daß auch die zwischenmolekularen Wechselwirkungskräfte nicht ausschließlich für eine gute oder schlechte Haftung verantwortlich sind.

Literatur

1. Bobeth W (1967) Mikroskopische Quellungsuntersuchungen an unbeanspruchten und beanspruchten Baumwollfasern, Faserforsch. u. Textiltechn. 18:213–222
2. Hamby, Dames (1969) The American Cottonhandbook I, III. Ausg. John Wiley & Sons, New York London Sidney
3. Frey-Wyssling A (1959) Die pflanzliche Zellwand, Springer, Berlin Göttingen Heidelberg
4. de Gruy IY, Carra JH, Goynes WR (1973) The fine structure of cotton, Marcel Dekker, New York
5. Herzog A (1955) Mikrophotographischer Atlas der technisch wichtigen Pflanzenfasern, Akademie-Verlag, Berlin
6. Nettelnstroth K (1965) Mikroskopische Quellbilder zur Morphologie der Baumwolle, Z. Ges. Textilind. 67:699–703
7. Zahn H (1990) Neues über den Feinbau der Wollfaser, Textilveredlung 25:164–171
8. – (1962) Die Wolle, CIBA-Rdsch. 6:2–4
9. Schwerdtner H (1954) Chemische und physikalische Grundlagen textiler Faserstoffe, Verlag Technik, Berlin
10. Stratmann M (1973) Erkennen und Identifizieren der Faserstoffe, Dr. Spohr, Stuttgart

11. Gutmann W (1956) Mechanische, thermische und chemische Maßnahnmen als Grundlage für die Ausrüstung von Textilien aus Polyester-Fasern, Melliand Textilber. 37: 1085–1087
12. Wiedeman G (1971) Beitrag zur strukturellen Deutung ausgewählter Eigenschaften der Glasseide unter besonderer Berücksichtigung morphologischer Erscheinungen. Dissertation Technische Universität Dresden
13. Gregg SJ, Sing KSW (1982) Adsorption, Surface Area and Porosity, Academic Press, London New York
14. Schurz J, Janosi A, Wrentschur E et al. (1982) Eine Röntgenkleinwinkelanalyse von Polyacrylnitril-Fasern. Ermittlung des Hohlraumsystems, Colloid Polym. Sci. 260: 205–211
15. Jacobasch HJ (1984) Oberflächenchemie faserbildender Polymerer, Akademie-Verlag, Berlin
16. Bowden FP, Tabor D (1950) The Friction and Lubrification of Solids, University Press, Oxford
17. Schäfer J (1983) Untersuchungen zum Reibungsverhalten von Garnen für die Großrundstrickerei. Dissertation Technische Universität Dresden
18. Meredith R, Hearle JWS (1959) Physical Methods of Investigating Textiles. Textile Book Publishers, A Division of Interscience Publishers, New York
19. Howell HG, Mieszkis KW, Tabor D (1964) Friction in Textiles, Butterworths, London
20. Doehner H, Reumuth H (1964) Wollkunde, 2. Aufl. Paul Parey, Berlin Hamburg, S 225
21. Bobeth W, Böhme W, Techel J (1955) Anorganische Textilfaserstoffe, Verlag Technik, Berlin
22. Becker O (1971) Untersuchungen über Verschleißerscheinungen an Fadenführern, Melliand Textilber. 52:640–651
23. Körner W, Blankenstein G, Dorsch P et al. (1973) Dunova, eine saugfähige Acrylfaser für hohen Tragekomfort, Chemiefasern-Text.-Ind. 29/81:452–462
24. Grosse I, Jacobasch HJ (1981) Zusammenhänge zwischen Porosität und Gebrauchseigenschaften von PAN-Faserstoffen, Formeln, Faserstoffe, Fertigware 3:21–28
25. Fowkes FM (1983) in: Mittal KL (Hrsg) Physicochemical Aspects of Polymer Surfaces, Plenum Press, New York London
26. Langmann W (1973) in: Chemie, physikalische Chemie und Anwendungstechnik grenzflächenaktiver Stoffe. Berichte vom VI. Intern. Kongreß für grenzflächenaktive Stoffe, Zürich 1972, Bd. II. Carl Hanser, München, S 547
27. Grindstaff TH (1969) Eine einfache Apparatur und Technik für Randwinkelmessungen an Einzelfasern mit kleiner Denierzahl, Text. Rex. J. 39:958–962
28. Hunter RJ (1981) Zeta-Potential in Colloid Science, Academic Press, New York
29. Jacobasch HJ, Grosse I (1987) Zur Anwendung der Zeta-Potential-Messung in der Textilforschung und Praxis, Textiltechnik 37:266–268, 316–319
30. Flath HJ, Kühne Ch (1968) Zur Bestimmung der spezifischen Oberfläche von Faserstoffen mit Hilfe der Tieftemperatur-Gassorption, Faserforsch. u. Textiltechn. 19:265–272
31. Washburn EW (1921) Phys. Rev. 17:474
32. Künschner A (1967) Querschnitts- und quellungsmorphologische Untersuchungen zur Unterscheidung der einzelnen Typen von Modalfasern untereinander und von anderen nach dem Viskoseverfahren hergestellten Fasern und Baumwolle. Teil III. Die Untersuchung des Fibrillengefüges der Fasern mittels Marschall-Lösung als Reaktion zur Unterscheidung der Fasertypen, Chemiefasern 17:1002–1009
33. Bobeth W, Mally A, Lohauß R (1971) Nutzungsmöglichkeiten der Lichtmikroskopie zur Analyse der Beschaffenheit strukturell modifizierter Viskosefasern. Teil 1. Qualitative Untersuchungen, Faserforsch. u. Textiltechn. 22:287–296
34. Gralén N, Olofsson B (1947) Measurement of Friction Between Single Fibers, Textile Res. J. 17:488
35. – (1955) Die Oberfläche von Schafwolle und anderen tierischen Haaren, Ciba-Rdsch. 119:4414–4421
36. Böhringer B, Schilo D, Birkenfeld W et al. (1991) Neue Filamente und Fasern aus Polyetherimid, Chemiefasern-Text.-Ind. 41/93:T12–T16

37. Schollmeyer E, Bahners T (1990) Oberflächenveränderungen von Fasern durch Laserbestrahlung, Melliand Textilber. 71:251–256
38. Allen CF, Dobrowski SA, Speakman PT et al. (1985) Evidence for lipid an filamentous protein in Allworden membrane, Proceedings of The 7th International Wool Textile Research Conference, Vol. I:143–181, Tokyo
39. Marshall RC (1990) Protein and fibre chemistry of wool, Proceedings of The 8th International Wool Textile Research Conference, Vol. I:169–185, Christchurch
40. Rakowski W (1989) Plasmamodifizierung der Wolle unter industriellen Bedingungen, Melliand Textilber. 70:780–785
41. Umehara R, Shibata Y, Ito H et al. (1991) Shrink-resist treatments for wool using multifunctional epoxides, Text. Res. J. 61:89–93
42. Peter M, Rouette HK (1989) Grundlagen der Textilveredlung, Handbuch der Technologie, Verfahren, Maschinen. 13. überarb. Aufl., Deutscher Fachverlag, Frankfurt/M
43. Kowalski K (1991) Modellierung der Faden-Festkörper-Reibung, Melliand Textilber. 72:171–175
44. Gupta BS, Yehia EEM (1991) Friction in fibrous materials. Part I: Structural model, Text. Res. J. 61:547–555
45. Hepworth K, Hewa-Kapuge A, Munden DL, Speakman PT (1978) Dyeing increases the friction of synthetic polymer yarns, Nature 276, 5683:250–252
46. Lünenschloß J, Kampen W (1978) Einfluß der Faserlänge und des Reibungskoeffizienten auf die Formierung der „Bauchbinden", Melliand Textilber. 59:181–185

5 Mechanische Eigenschaften

Fasern sind für textile und erst recht für technische Zwecke nur verwendbar, wenn sie eine bestimmte Mindestfestigkeit (Böhringer gab für feine Fasern $5\,kp \cdot mm^{-2}$ bzw. $50\,N \cdot mm^{-2}$ an [1]) und ausreichende Verformbarkeit (Dehnung, Elastizität usw.) aufweisen. Vor allem im Zusammenhang mit der Entwicklung der Chemiefasern wurden weitere Parameter im Interesse der Erfassung des Gebrauchsverhaltens der Fasern bedeutsam, die sich aus den zahlreichen in der Praxis vorkommenden Beanspruchungsarten (Abb. 5.1) ergeben. Nachfolgend sind derartige, die mechanischen Eigenschaften erfassende Beanspruchungsarten, zusammengestellt:

- Zugbeanspruchung (Festigkeit, Dehnung, Elastizität), die vor allem längs, aber auch quer erfolgen kann (einschl. Wechselbeanspruchungen),
- Biegebeanspruchung (Schlingen- bzw. Knotenfestigkeit; Knitterverhalten; Dauerbiegefestigkeit),
- Druckbeanspruchung in axialer oder radialer Richtung,
- Torsionsbeanspruchung,
- Scherbeanspruchung,
- Scheuerbeanspruchung u. a.

In Abhängigkeit von der Beanspruchungsart treten die in Abb. 5.2 dargestellten Spannungsverteilungen über dem Faserquerschnitt auf.

Bevor auf die vorgenannten Beanspruchungsarten näher eingegangen wird, sollen einige thermodynamische bzw. rheologische Aspekte angesprochen werden.

5.1 Thermodynamische und rheologische Aspekte

Durch die möglichen mechanischen Beanspruchungen (s. Abb. 5.1) werden die Fasern deformiert. Derartige Deformationen können je nach Beanspruchungsintensität sowie Substanz und Struktur der Fasern mehr oder weniger reversibel sein. Dabei besteht Abhängigkeit von der Dauer der Einwirkung sowie von der Erholungsdauer nach Entlastung.

Deformationen sind thermodynamische Zustandsänderungen, mit denen sich z. B. Freudenthal [2] ausführlich befaßte. Er geht in erster Linie von realen Festkörpern (insbesondere Metallen) aus, die reversibel endliche Beträge

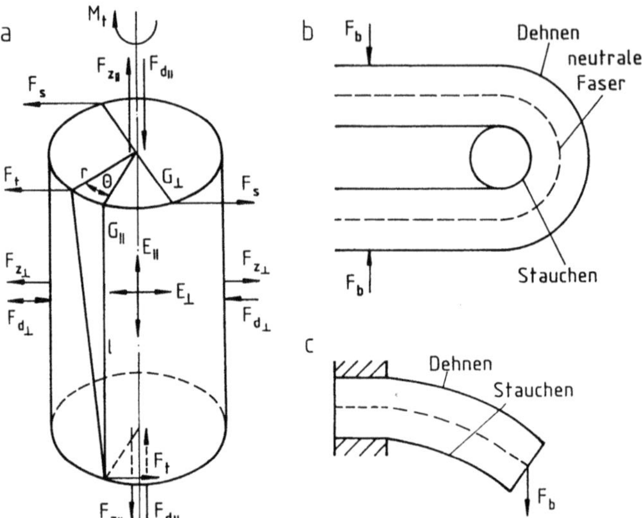

Abb. 5.1. Varianten der mechanischen Beanspruchung. **a** An einem Faserabschnitt der Länge l; **b** beim Biegen (analog Schlingen-Zugversuch); **c** beim Biegen (Freiträgerprinzip); $F_{z||}$ Längszugkraft (Dehnen), $F_{z\perp}$ Querzugkraft, $F_{d||}$ Axialdruckkraft (Stauchen), $F_{d\perp}$ Radialdruckkraft (Quetschen), F_s Scherkraft, F_b Biegekraft, F_t Torsionskraft, M_t Torsionsmoment, $E_{||}$ Zugmodul (längs), $E_\perp$ Zugmodul (quer), $G_{||}$ Torsionsmodul, $G_\perp$ Schermodul, r Faserradius, l Faserlänge, θ Torsionswinkel

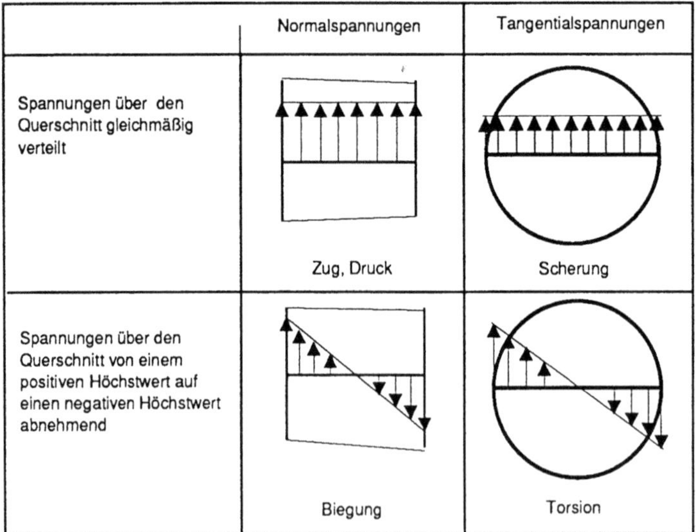

Abb. 5.2. Varianten der Spannungsverteilung über dem Faserquerschnitt bei verschiedenartigen mechanischen Beanspruchungen [47]

potentieller Energie aufspeichern können. Die Grundgleichung für eine thermodynamische Zustandsänderung auf Basis des ersten und zweiten Hauptsatzes der Thermodynamik (5.1) gilt für konstante Masse

$$\frac{\mathrm{d}W_\mathrm{P}}{\mathrm{d}t} = T\frac{\mathrm{d}S}{\mathrm{d}t} + \frac{\mathrm{d}W_\mathrm{i}}{\mathrm{d}t}.$$ (5.1)

W_P potentielle Energie
S Entropie
W_i Arbeit der inneren Kräfte
T Temperatur
t Zeit

Die Entropie definiert den augenblicklichen thermodynamischen Zustand. Im Falle der Irreversibilität ist $\mathrm{d}S/\mathrm{d}t > 0$; bei Reversibilität ($\mathrm{d}S/\mathrm{d}t = 0$) besteht Identität zwischen Anfangs- und Endzustand, was aber praktisch nicht exakt erreicht wird.

Zerlegt man eine Deformation in ihre Volumen- und Verzerrungskomponente und geht davon aus, daß die Volumenänderung praktisch reversibel und damit ohne bleibenden Einfluß auf die Deformation ist, dann läßt sich nach Freudenthal [2] als Zustandsgleichung für isochore (volumenkonstante) irreversible Deformationen unter Berücksichtigung des Energiegesetzes der Mechanik ($\mathrm{d}W_\mathrm{K} = \mathrm{d}W_\mathrm{a} - \mathrm{d}W_\mathrm{i}$) angeben

$$\frac{\mathrm{d}W_{\mathrm{K}_0}}{\mathrm{d}t} + \frac{\mathrm{d}W_{\mathrm{P}_0}}{\mathrm{d}t} + \frac{\mathrm{d}W_\mathrm{D}}{\mathrm{d}t} - \frac{\mathrm{d}W_{\mathrm{a}_0}}{\mathrm{d}t} = 0,$$ (5.2)

W_i Arbeit der inneren Kräfte (Spannungen)
W_K kinetische Energie
W_D äußere Energie
W_P potentielle Energie
W_a Arbeit der äußeren Kräfte

wobei Index 0 die Verzerrungskomponenten kennzeichnet.

Damit ist eine Aufteilung der zeitlichen Änderungen der kinetischen, potentiellen und zerstreuten (thermischen) Energie bei Änderung des Verzerrungszustandes gegeben. Zur bildlichen Darstellung des energetischen Zustandes zu jeder Zeit benutzte Freudenthal in Anlehnung an Weissenberg [3] Dreieckskoordinaten. Ein solches „Energiedreieck" zeigt Abb. 5.3. Hier bedeuten

Gerade AB: reversibler Austausch zwischen potentieller und kinetischer Energie (elastische Schwingungen),
Gerade BC: irreversible Relaxationen potentieller Energie,
Gerade AC: irreversible Umwandlung kinetischer Energie in Wärme (innere Reibung bzw. zähes Fließen).

Den jeweiligen Zustand des Körpers charakterisiert ein aus den drei Koordinaten sich ergebender Punkt im Dreieck. Ein Anwendungsfall für gedämpfte freie

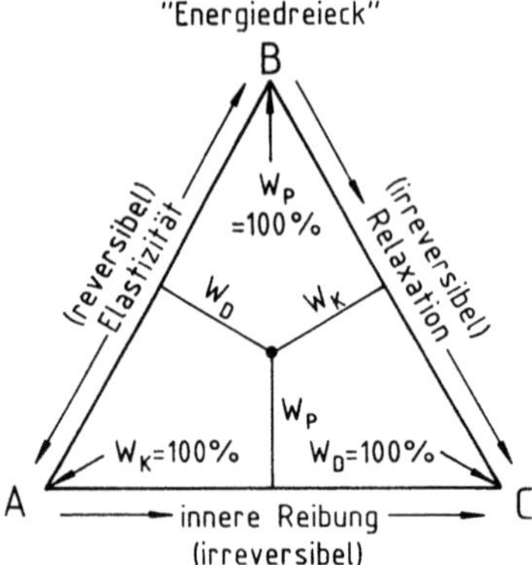

Abb. 5.3. Darstellung des Energiezustandes eines Körpers mit allgemeinem Verhalten in Dreieckskoordinaten (Pfeile zeigen mögliche Richtungen der Energietransformation an) [2]; W Energieinhalt des Systems ($= W_K + W_P$), W_K kinetische Energie, W_P potentielle Energie, W_D äußere Energie

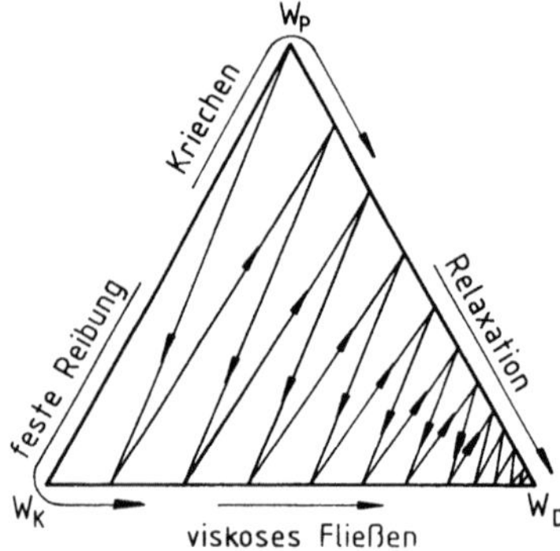

Abb. 5.4. Energetische Zustandsänderung bei gedämpfter freier Schwingung (Pfeile zeigen verschiedene Richtungen der Energiezerstreuung durch feste Reibung, Kriechen, viskoses (flüssiges) Fließen und Relaxation an) [2]; W_K kinetische Energie, W_P potentielle Energie, W_D äußere Energie

Schwingungen ist Abb. 5.4 zu entnehmen. Ist die gesamte mechanische Energie verbraucht, dann hören auch die Schwingungen auf.

Die meisten Fasern zählen jedoch zu den nur scheinbaren Festkörpern („Pseudofestkörper"); sie können als unterkühlte Flüssigkeit angesehen werden, die einen Umwandlungspunkt des mechanischen Verhaltens und damit eine *Fließgrenze* (rheologisch gesehen) bzw. *Reckgrenze* (technisch gesehen) aufweisen, die Freudenthal als Energiegrenze bzw. Energieschwelle ansieht. Diese Energieschwelle grenzt in etwa die reversibel aufgespeicherte Energie von jenen Bedingungen ab, bei denen keine weitere Energiespeicherung erfolgt, sondern die Energie, die das aufgespeicherte Potential überschreitet, sofort in Wärme umgewandelt wird. Während Glas als einphasiger Stoff keine Reckgrenze aufweist, sind z.B. Hochpolymere als „Fest-Flüssig-Systeme" mehrphasige Stoffe mit aufeinanderfolgenden – also nicht übereinstimmenden – Umwandlungspunkten, weshalb von einer genau definierten Reckgrenze nicht gesprochen werden kann. Es ist zweifellos recht anschaulich, den bei der Verformung von Fasern vor sich gehenden Veränderungen der inneren Energiesituation an Hand des „Energiedreiecks" von Freudenthal [2] nachzugehen.

Im Falle der Fasern ist es üblich, vom viskoelastischen Verhalten zu sprechen (s. auch Kap. 2), wobei die *Relaxation* von besonderer Bedeutung ist. Ganz allgemein geht es dabei um das zeitliche Zurückbleiben einer Wirkung hinter der Ursache. Ein Körper folgt also nicht unmittelbar einer von außen auf ihn einwirkenden Kraft, die mechanischer, elektrischer oder magnetischer Natur sein kann, sondern nähert sich umweltbedingt mehr oder weniger langsam einem der einwirkenden Kraft entsprechenden Endzustand, also dem Gleichgewichtszustand. Diesem Vorgang liegt vorwiegend folgendes Exponentialgesetz zu Grunde

$$x = x_0 \cdot e^{-\lambda \cdot t}. \tag{5.3}$$

x Zustand zur Zeit t
x_0 Zustand zur Zeit $t = 0$
λ Relaxations- oder Abklingkonstante

Im Falle der *Dehnungsrelaxation* (Kriechen, Retardation) polymerer Filamente ergibt sich unter der Wirkung einer konstanten Verformungskraft die Längenzunahme aus
– der Streckung der Moleküle (reversibel) und
– dem viskosen Fließen (irreversibel).

Der Vorgang wird von der Geschwindigkeit und der Dauer sowie der Höhe der einwirkenden Verformungskraft beeinflußt (Abb. 5.5). Bedeutsam ist das Kriechverhalten der polymeren Fasern vor allem bei technischen Textilien und bedarf wegen der zahlreichen Einflußgrößen umfangreicher empirischer Untersuchungen hoher Präzision. Das Kriechverhalten vieler anorganischer Körper läßt sich nach [4] durch (5.4) offensichtlich gut beschreiben

$$\dot{\varepsilon} = c \cdot \sigma^n \cdot \exp\left(-\frac{Q}{kT}\right). \tag{5.4}$$

c Konstante
$\dot{\varepsilon}$ Kriechgeschwindigkeit
σ Spannung
$\exp\left(-Q/kT\right)$ Arrhenius-Term, der die Temperaturabhängigkeit
                          des Kriechverhaltens charakterisiert
k Boltzmann-Konstante
Q Aktivierungsenergie
T absolute Temperatur
n Stoffgröße: etwa 1 bei amorphen Festkörpern;
                          etwa 2 bei Festkörpern mit Superelastizität; max. 100

Bei der *Spannungsrelaxation* (Erschlaffen, Fließen) tritt bei konstantem Dehnungsbetrag in der Faser eine merkliche gegenseitige Verschiebung der Makromoleküle mit zunehmender Beanspruchungsdauer ein (viskoses Fließen), weshalb die Spannung abnimmt und einem Gleichgewichtszustand zustrebt (Abb. 5.6).

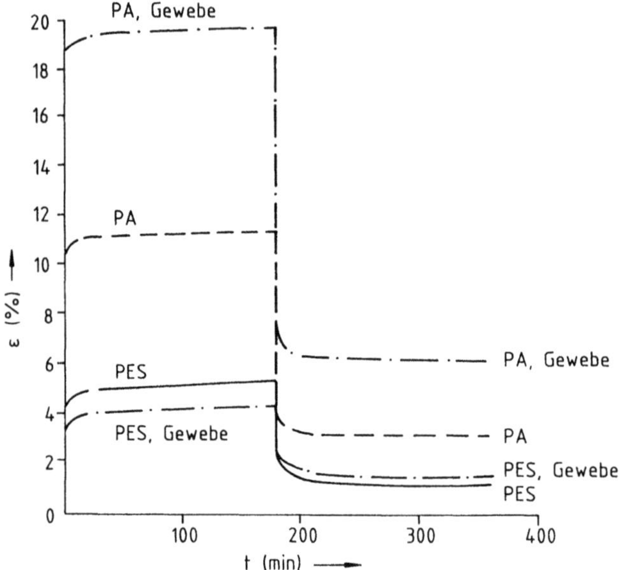

Abb. 5.5. Dehnungsrelaxation bei Belastung $(100\,\mathrm{N} \cdot \mathrm{mm}^{-2})$ und Entlastung von PA- und PES-Filamentgarnen sowie daraus hergestellten Geweben (Kettrichtung) [89]

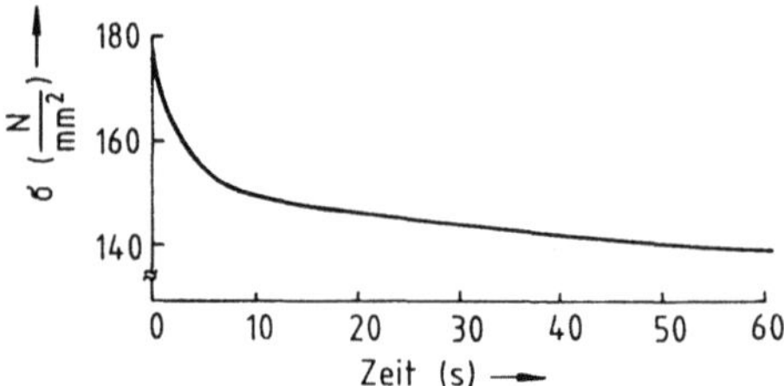

Abb. 5.6. Spannungsrelaxation von Viskosefilamentgarn [59]

Handelt es sich um eine *periodisch wechselnde Krafteinwirkung* mit sinusförmigem Verlauf über der Zeit, dann verursacht die Relaxation in den Beziehungen zwischen der Spannung $\sigma(t)$ und Dehnung $\varepsilon(t)$ eine material- und umweltbedingte, mehr oder weniger große Verschiebung (Verlustwinkel), was in Abb. 5.7 verdeutlicht ist [5]. Ein einzelner Be- und Entlastungszyklus stellt sich im Falle eines vollkommen elastischen Körpers im σ–ε-Diagramm als geschlossene Hysteresis-Schleife dar. Die Hysteresisfläche S ist mit der von der Spannungsamplitude σ_0 abhängigen Deformationsamplitude ε_0 und der Phasenverschiebung φ folgendermaßen verknüpft [5]

$$S = \pi \cdot \sigma_0 \cdot \varepsilon_0 \cdot \sin\varphi. \tag{5.5}$$

ε_0 und φ sind u. a. frequenz- und temperaturabhängig; Abb. 5.8 zeigt, daß mit steigender Temperatur drei verschiedene physikalische Polymerzustände

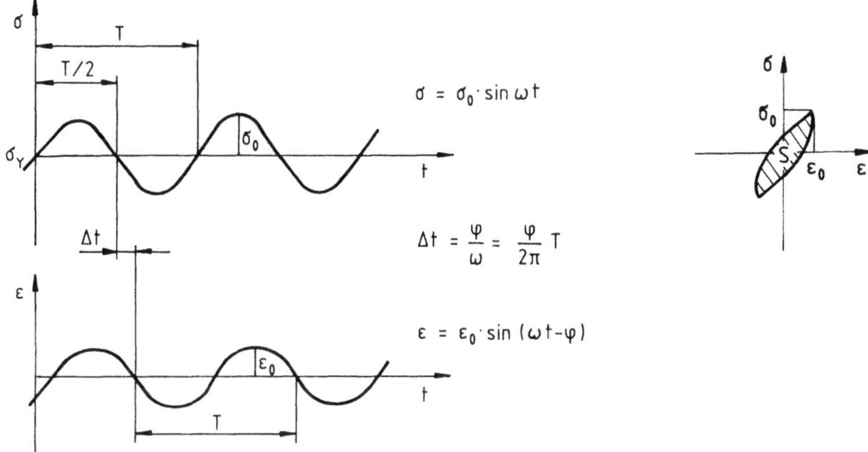

Abb. 5.7. Zurückbleiben der Dehnung hinter einer sinusförmigen Spannungseinwirkung; σ Spannung, σ_y Mittelspannung, σ_0 Spannungsamplitude, ε Dehnung, ε_0 Dehnungsamplitude, t Zeit, T Schwingungsdauer (von σ), ω Kreisfrequenz ($=2\pi/T$), φ Verlustwinkel (Phasenverschiebung zwischen σ und ε), S Hysteresisfläche

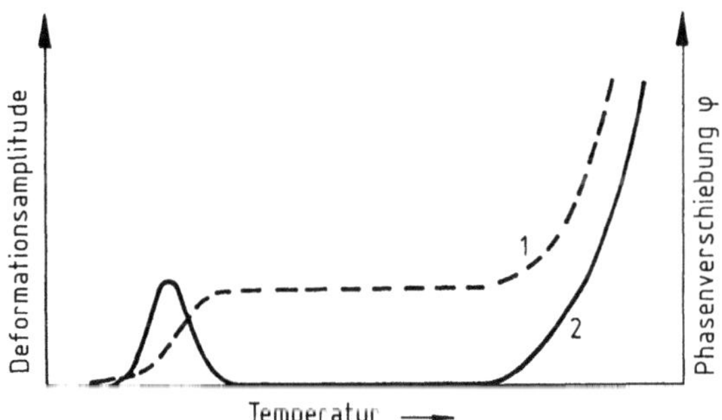

Abb. 5.8. Abhängigkeit der Deformationsamplitude und der Phasenverschiebung von der Temperatur bei Einwirkung einer periodischen Spannung von konstanter Amplitude und Frequenz [5]; *1* Deformationsamplitude, *2* Phasenverschiebung

durchlaufen werden (Glaszustand, kautschukelastischer Zustand, plastischer Zustand $\triangleq$ Kurvenanstieg).

Die Relaxation muß bei allen Eigenschaftsermittlungen bedacht werden, da anderenfalls Reproduzierbarkeit und Vergleichbarkeit der erhaltenen Werte nicht gegeben sein können. Auch der Faserhersteller ist gezwungen, das Relaxieren der Filamente zu berücksichtigen und baut im Interesse möglichst konstanter Filamenteigenschaften Relaxierbereiche in den technologischen Ablauf ein.

5.2 Zugbeanspruchung

Eine axiale Zugbeanspruchung an Fasern durch die Kraft F bewirkt unweiger-
lich in diesen eine Spannung $\sigma = F/A$ und damit eine mehr oder weniger große
Verformung (Längenänderung Δl bzw. Dehnung ε). Häufig wird übersehen
bzw. nicht berücksichtigt, daß mit der Dehnung zugleich eine Querschnittsver-
ringerung eintritt. Der jeweilige von der Dehnung abhängige Querschnitt A
ergibt sich aus

$$A \approx A_0 \cdot \frac{1}{1+\varepsilon} = \frac{Tt}{\varrho} \cdot \frac{1}{1+\varepsilon}. \tag{5.6}$$

A_0 Ausgangsquerschnitt
ε Dehnung
Tt Titer Tex
ϱ Dichte

Analog kann man auch von einer axialen Dehnung ausgehen und feststellen,
daß in der Faser die Spannung ansteigt. Dieser Zusammenhang von Kraft
(Spannung) und Verformung (Längenänderung bzw. Dehnung) findet bekanntlich im Kraft(Spannungs)-Dehnungs-Diagramm sichtbaren Ausdruck.
Wird die Zugbeanspruchung kontinuierlich gesteigert, so werden schließlich
Höchstzugspannung bzw. Höchstzugkraft-Dehnung der Meßprobe überschritten und es kommt zu deren Bruch. Bislang stand bei der Charakterisierung der Fasern die Festigkeit (Höchstzugspannung) im Vordergrund. Da aber
die Fasern beim normalen Einsatz in der Textilindustrie besonders im Falle der
synthetischen Chemiefasern wesentlich fester als erforderlich sind (Festigkeitsminderungen bei Veredlungsverfahren werden in Kauf genommen),
wird die Dehnung immer häufiger als primäre Charakterisierungsgröße
benutzt. Von besonderem Interesse ist das Dehnungsverhalten unterhalb der
Höchstzugkraft-Dehnung und unter Beachtung der Einwirkungsdauer. Damit
sind die elastischen bzw. plastischen Eigenschaften angesprochen, die ebenso
wichtig sind wie das dynamisch-mechanische Verhalten der Fasern bei den im
Einsatz vielfach vorkommenden Wechselbeanspruchungen. Daß der vorge-
nannte Komplex zusammenhängender Eigenschaften, auf die im folgenden
detailliert eingegangen wird, auch von zahlreichen äußeren Einwirkungen
abhängt, wurde schon mehrfach angesprochen.

5.2.1 Zugfestigkeit und Dehnbarkeit

Für die wichtigsten hochpolymeren Werkstoffgruppen sowie die normalen und
hochfesten Fasern lassen sich die in Tabelle 5.1 genannten *Richtwerte* für
Höchstzugkraft, Höchstzugkraft-Dehnung und Modul angeben.

In Tabelle 5.2 sind für die heute zur Verfügung stehenden Fasern die
feinheits- (bzw. masse-) und querschnittsbezogenen *Höchstzugkräfte* sowie
Höchstzugkraft-Dehnungen zusammengestellt, wobei trotz genormter Prüfbedingungen z.T. beträchtliche Werteunterschiede in den einzelnen Spezies,

Tabelle 5.1. Richtwerte für Höchstzugspannung, Höchstzugkraft-Dehnung und Modul wichtiger hochpolymerer Werkstoff- und Fasergruppen

Gruppe	Höchstzug-spannung MPa	Höchstzug-kraft-Dehnung %	Modul MPa
Elastomere (vulkanisierter Kautschuk)	20	700	1
Thermoplaste	100–300	200	1 000–3 000
Duroplaste	300–500	1	3 000–5 000
normale Fasern	< 1 000	< 50	10 000
hochfeste Fasern	≈ 2 000	2–5	200 000
superfeste Fasern	> 3 000	< 1	500 000

geprüft von verschiedenen Autoren, festzustellen sind. Aber auch der gleiche Fasertyp, gefertigt zu verschiedenen Zeiten, kann beim gleichen Autor beträchtliche Werteunterschiede aufweisen. Deshalb ist es für Nachschlagewerke zweckmäßig, Wertebereiche anzugeben. Die Ursachen für die Werteschwankungen sind mannigfaltig und können in Strukturschwankungen der Fasern, im Prüfgerät und in den Prüfbedingungen begründet sein, worauf z. T. in Abschn. 5.2.5 eingegangen wird. So weit wie möglich wurden auch die Höchstzugkräfte im nassen Zustand mit erfaßt und als *Naß-Höchstzugkraft-Verhältnis* (in % der Trocken-Höchstzugkraft) angegeben. Detaillierte Ausführungen zum Einfluß von Feuchte bzw. Wasser auf die F–ε-Charakteristik der Fasern bringt Abschn. 6.4.

Im Falle der Berechnung der Höchstzugspannung nach (5.6) ist zu beachten, ob die aus Tabelle 5.2 verwendeten Werte für die *Dichte*[5] im konkreten Fall wirklich zutreffend sind, da sich diese insbesondere durch Veredlungsbehandlungen z. T. beträchtlich verändern. So weist roher Flachs eine Dichte von $1{,}48\,\mathrm{g}\cdot\mathrm{cm}^{-3}$ auf, die durch eine Bleichbehandlung auf $1{,}52\,\mathrm{g}\cdot\mathrm{cm}^{-3}$ ansteigen kann, da Begleitsubstanzen niedrigerer Dichte (Pektine, Wachse, Fette usw.) entfernt wurden. Gleiches ist auch an Baumwolle feststellbar, deren Dichte durch das Bleichen $1{,}55{-}1{,}57\,\mathrm{g}\cdot\mathrm{cm}^{-3}$ erreicht. Die Dichte von Seide kann infolge der bekannten Seidenerschwerung auf Basis mineralischer Substanzen von $1{,}37\,\mathrm{g}\cdot\mathrm{cm}^{-3}$ auf über $1{,}80\,\mathrm{g}\cdot\mathrm{cm}^{-3}$ ansteigen. An Chemiefasern können Dichteveränderungen durch Schrumpfen, Quellen, Verformen unter Wärmeeinwirkung usw. eintreten. Bei vielen Fasern ist zwischen wirklicher und scheinbarer Dichte zu unterscheiden (Tabelle 5.3), was durch Hohlräume bedingt ist, welche für die bei der verwendeten Meßmethode (Auftriebs-, Pyknometer-, Schwebemethode) eingesetzten Flüssigkeiten nicht zugänglich sind.

Auf dem Weg zum derzeitigen Erkenntnisstand über den *strukturellen Aufbau* der hochpolymeren Fasern hat es viele Modellvorstellungen darüber gegeben (s. Abschn. 2.3), wie in der meist teilkristallinen Substanz (kristalliner

---

[5] Die in Tabelle 5.2 aufgeführten wirklichen Dichten (s. auch Tabelle 2.8) beziehen sich in der Regel auf den normalfeuchten Zustand ($\varphi = 65\%$).

Tabelle 5.2. Wichtige mechanische Eigenschaften der Fasern [7–9, 15 u. a.]

Faser	Dichte	Höchst-zugkraft trocken	Höchstzug-spannung trocken	Naß-Höchst-zugkraft-Verhältnis	Höchst-zugkraft-Dehnung trocken	Höchst-zugkraft-Dehnung naß	Modul
	$g \cdot cm^{-3}$	$N \cdot tex^{-1}$	$N \cdot mm^{-2}$	%	%	%	$kN \cdot mm^{-2}$
Naturfasern							
Baumwolle	1,52	0,15–0,55	220–830	100–120	6–10	7–11	4,5–11,0 (15,0)
Flachs (Elementarfaser)	1,48	0,52–0,60	770–890	102–106	3–4	4–5	
Hanf (Elementarfaser)	1,47	0,53–0,62	780–910	102–106	3–4	4–5	
Ramie (Elementarfaser)	1,50–1,55	0,50–0,70	760–1060	116–125	2,4	2,4	5,0–7,0
Jute (Elementarfaser)	1,44–1,49	0,30–0,40	435–580	85–110	1,3	1,3	5,0–(14,0)
Sisal (Elementarfaser)		0,30–0,45		105–110	2,3	2,8	
Kokos (Elementarfaser)	1,46	0,12–0,18	180–270	105–110	25–27 (techn. Faser)		6,0
Schafwolle	1,32	0,10–0,16	130–210	75–95	28–48	29–61	2,0–4,0
Seide	1,37	0,25–0,45	340–620	80–90	18–34	35–50	8,0–12,5
Asbest							
Chrysotil	2,5	0,22–0,37	550–925	100	1,2–1,8		30–65
Amphibol	3,1	0,03–0,66	93–2050	100			
Amosit	3,0–3,3	0,03–0,19	100–630	100			
Krokydolith	3,2–3,6	0,18–0,24	610–820	100	1,5		100–150

Tabelle 5.2 (Fortsetzung 1)

Faser	Dichte g·cm⁻³	Höchstzugkraft trocken N·tex⁻¹	Höchstzugspannung trocken N·mm⁻²	Naß-Höchstzugkraft-Verhältnis %	Höchstzugkraft-Dehnung trocken %	Höchstzugkraft-Dehnung naß %	Modul kN·mm⁻²
Viskosefilamentgarn							
normal	1,51	0,10–0,21	150–320	50–70	17–22	20–32	3,0–4,5
hochfest (Kord)	1,51	0,30–0,75	450–1130	55–80	10–16	18–30	8,0–13,0
Viskosespinnfaser							
normal	1,51	0,14–0,35	210–530	45–60	11–25	12–40	3,0–4,5
hochnaßfest	1,51	0,32–0,75	480–1130	60–85	15–22	14–30	
Modalfaser	1,51	0,35–0,45	530–680	70–80	6–15	8–16	
Cuprofilamentgarn	1,52	0,13–0,22	200–330	60–70	18–25	17–35	3,0–4,5
Cuprospinnfaser	1,52	0,10–0,23	150–200	63–68	30–35		
Acetatfilamentgarn	1,32	0,20–0,35	260–460	50–75	20–27	28–35	2,5–3,5
Acetatspinnfaser	1,32	0,14–0,16	190–210	50–65	20–30	30–40	
Triacetatfaser	1,29	0,20–0,35	260–450	50–80	25–28	30–40	2,5–4,5
Caseinfaser	1,30	≈0,10	≈130	45	60–70	100	3,7
Ca-Alginatfilamentgarn	1,65	0,10–0,15	165–250	25–30	≈15	≈25	

Chemiefasern aus natürlichen Polymeren

Tabelle 5.2 (Fortsetzung 2)

Synthetische Chemiefasern/Polymerisate

Faser	Dichte	Höchst-zugkraft trocken	Höchstzug-spannung trocken	Naß-Höchst-zugkraft-Verhältnis	Höchst-zugkraft-Dehnung trocken	Höchst-zugkraft-Dehnung naß	Modul
	$g \cdot cm^{-3}$	$N \cdot tex^{-1}$	$N \cdot mm^{-2}$	%	%	%	$kN \cdot mm^{-2}$
Polyacryl, Homopolymer							
Spinnfaser	1,17	0,35−0,50	410−590	80−100	25−35	25−35	10−12
Polyacryl, Copolymer							
Spinnfaser	1,17	0,17−0,45	200−530	75−95	20−60	22−65	3−7
Spinnfaser-bt (*Wolpryla 65*)	1,17	0,28−0,38	330−440	80−85	28−33	30−38	
Spinnfaser-HM (*Sekril*)	1,18	0,42−0,55	500−650		15		8−12
Polyvinylchlorid, nicht nachchloriert							
Spinnfaser (*Rhovyl*)	1,38	0,22−0,26	300−360	100	14−20	14−20	2−4
Spinnfaser (*Thermovyl*)	1,38	0,08−0,12	110−170	100	150−180	150−180	
Polyvinylchlorid, nachchloriert							
Spinnfaser (*Piviacid*)	1,44	≦0,16	≦250	≦100	≦ 4,5	≦ 4,5	
Polyethylen, Niederdruck (HD)							
Filamentgarn	0,95−0,96	0,32−0,36	300−340	100	10−45	10−45	1−5
Filamentgarn (*Dyneema*)	0,97	2,10−3,61	2000−3500	100	3,6	3,6	50−125
Spinnfaser	0,95−0,96	0,22−0,36	210−340	100	70−110	70−110	
Polypropylen, isotaktisch							
Filamentgarn	0,91	0,32−0,72	290−660	100	15−50	15−50	0,5−5
Spinnfaser	0,91	0,23−0,54	210−490	100	20−90	20−90	
Polyvinylalkohol							
Filamentgarn	1,31	0,30−0,77	400−1010	65−90	9−22	10−32	4−20
Spinnfaser	1,31	0,20−0,55	260−720	65−90	13−26	16−36	4−8
Fluoro							
Filamentgarn	2,1−2,3	0,08−0,18	180−400	100	18−40	18−40	0,7−4
Polyvinylidenchlorid							
Spinnfaser	1,7	0,35	600		15−30		3

Tabelle 5.2 (Fortsetzung 3)

Synthetische Chemiefasern/Polykondensate u. a.

Faser	Dichte $g \cdot cm^{-3}$	Höchstzugkraft trocken $N \cdot tex^{-1}$	Höchstzugspannung trocken $N \cdot mm^{-2}$	Naß-Höchstzugkraft-Verhältnis %	Höchstzugkraft-Dehnung trocken %	Höchstzugkraft-Dehnung naß %	Modul $kN \cdot mm^{-2}$
Polyamid 6.6							
Filamentgarn, normal	1,14	0,36–0,63	410–720	85–90	25–46	26–56	3,0
Filamentgarn, hochfest	1,14	0,68–0,81	780–930	85–90	15–20	16–25	5,0–8,3
Spinnfaser	1,14	0,32–0,63	360–720	80–90	30–60	31–75	1,1
Polyamid 6							
Filamentgarn, normal	1,14	0,36–0,68	410–720	85–90	25–46	30–50	2,0–3,5
Filamentgarn, hochfest	1,14	0,68–0,81	780–930	85–90	14–22	15–33	4,0–8,3
Spinnfaser	1,14	0,32–0,63	360–720	80–90	40–70	45–75	1,1
Polyamid 11	1,04	0,45–0,68	470–710	96–98	25–40	25–40	4,5
Aramid (*Nomex*)	1,38	0,44–0,53	610–740	75–80	22–35		7,5–20
(*Kevlar*)	1,44	≈2,0	≈2900		4–5		40–70
(*Kevlar 49*)	1,45	1,70–2,70	2470–3820		2–3		100–150
Polyester							
Filamentgarn, normal	1,39	0,41–0,54	570–750	≈100	16–40	16,8–42	10–15
Filamentgarn, extremfest	1,39	0,59–0,86	820–1200	≈100	8–15	8,4–16	10–15
Spinnfaser, normal	1,39	0,34–0,60	470–830	≈100	24–50	25,2–52,8	3–6
Spinnfaser, pillarm	1,39	0,25–0,40	350–560	≈100	30–44	31,5–46,2	3–6
Polycarbonatfilamentgarn	1,23	0,3–0,4	370–490	90–100	20–45	20–45	4,5–5,0
Polyimid (*P 84*)	1,41	0,33	423		5–6		2,6
Polyoxamidspinnfaser (*Vitrelle*)	1,15	0,4–0,5	460–575	95	65–68	68–75	
Polyoxydiazol – Filamentgarn	1,44	0,33–0,50	460–700		4,5–9,0		14–16
– Spinnfaser	1,40	0,24–0,32	330–440		25–35		14–16
Phenyl-Formaldehyd-Spinnfaser (*Kynol*)	1,27	0,12–0,16	150–200		30–60		3,3–4,5
Elastan	1,1–1,3	0,05–0,12	60–140	75–100	420–700	420–700	0,006–0,012

Tabelle 5.2 (Fortsetzung 4)

Faser	Dichte	Höchst-zugkraft trocken	Höchstzug-spannung trocken	Naß-Höchst-zugkraft-Verhältnis	Höchst-zugkraft-Dehnung trocken	Höchst-zugkraft-Dehnung naß	Modul
	$\mathrm{g\cdot cm^{-3}}$	$\mathrm{N\cdot tex^{-1}}$	$\mathrm{N\cdot mm^{-2}}$	%	%	%	$\mathrm{kN\cdot mm^{-2}}$
Glas							
A-Glas	2,48	0,99	2450				70
C-Glas	2,49	1,37	3400				70
D-Glas	2,16	1,14	2460		1–4		55
E-Glas	2,54	1,38	3500				77
S-, R-Glas	2,49	1,91–1,97	4750–4900				87
M-Glas	2,89	1,21	3500				117
Schlackefaser	2,30–2,75	0,21–0,35	530–900		1,6–1,8		
Siliciumdioxid-Spinnfaser							
(*Silica LT*)	1,8	0,15	250		2,0		13
(*Silica HT*)	2,0	0,40	800		1,5		56
Keramik							
Bornitrid-Spinnfaser	1,9	0,74	1400				90
Numiniumoxid-Spinnfaser	3,5	0,63	3200		≈2		450
Zirkoniumoxid-Spinnfaser	3,15	0,63	2000				175
Siliciumcarbid/Wolfram-Spinnfaser	4,84	0,41	2000				350
Whisker							
Aluminiumoxid	3,96	5,05	20 000				420
Siliciumcarbid	3,21	6,23	20 000				500
Graphit	2,2	9,09	20 000				720
Metallfäden bzw. -drähte (∅)							
Stahl-Kord (150 µm)	7,8	0,27	2100				205
Aluminium (20 µm)	2,7	0,26	700		1–2		70
Wolfram (12 µm)	19,3	0,15–0,21	3000–4000				350–420
Beryllium (127 µm)	1,8	0,72	1300				250
Kohlenstoff							
Standard (Typ III)	1,7	1,18	≈2000		0,8–1,8		200
hochfest (Typ II)	1,8	1,67	≈3000		0,5–1,1		250
hochmodulig (Typ I)	1,9	1,30	≈2500		0,4–0,6		400

Chemiefasern aus anorganischen Polymeren u.a.

Tabelle 5.3. Vergleich von wirklicher und scheinbarer Dichte ausgewählter Fasern

Faser	Wirkliche Dichte $g \cdot cm^{-3}$	Scheinbare Dichte $g \cdot cm^{-3}$
Kokos	1,46	0,95
Kapok	1,33	0,30
Kaninhaar	1,36	0,88
Viskose-Hohlfaser	1,52	0,40

Anteil häufig 40–75%, neuerdings sogar bis zu 95%) die Moleküle oder die aus diesen gebildeten Fibrillen angeordnet sind, welche Formen (Fransen- oder Faltungskristallit, Vorhandensein von Fehlstellen) und Abmessungen die kristallinen Bereiche aufweisen, wie diese untereinander und mit den amorphen Bereichen verbunden sind (tie-Moleküle; Fibrillen-, Lamellen- bzw. Schichtstruktur), wie sich bei Verformung (z. B. Recken) bzw. Deformation die Anordnungen verändern und dabei Einfluß auf die Fasereigenschaften nehmen. Wie Abb. 5.9 ausgehend vom Zweiphasenmodell mit Faltungskristalliten verdeutlicht, ist der Zusammenhalt bzw. die Festigkeit der Bereiche zwischen den Kristalliten (Lamellen) um so größer, je mehr gleichlange Makromolekülabschnitte sich zwischen den Lamellen befinden. Bei Zugbelastung werden sowohl die Hauptvalenzbindungen dieser Makromoleküle als auch die Nebenvalenzkräfte zwischen den Makromolekülen beansprucht. Dabei werden bei langsamer Zugbeanspruchung infolge möglicher Platzwechselvorgänge nacheinander die Hauptvalenzbindungen einzelner Makromoleküle überlastet, während bei schneller (bes. schlagartiger) Zugbeanspruchung (Retardationsvorgänge sind zurückgedrängt) die Gleichzeitigkeit der Beanspruchung der Hauptvalenzbindungen mehrerer Makromoleküle zunimmt [11]. Letzterer Fall bewirkt verständlicherweise höhere Höchstzugkräfte. Analoge Zusammenhänge gelten für das Zweiphasenmodell mit Fransenkristalliten. Es wird derzeit angenommen, daß in cellulosischen Naturfasern Fransenkristallite vorliegen, während es sich bei den üblichen Fasern aus synthetischen Polymeren vorzugsweise um Faltungskristallite handelt [12].

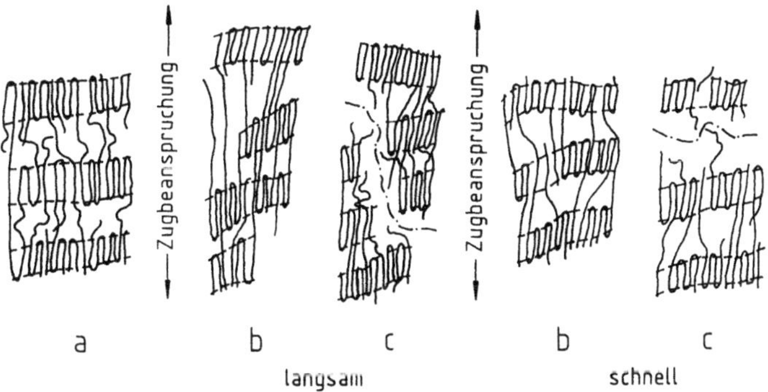

Abb. 5.9. Gerecktes Polyamidfilamentgarn bei langsamer und schneller Zugbeanspruchung [11]. **a** Unbeansprucht; **b** kurz vor dem Bruch; **c** im Moment des Bruchs

Vielfach interessiert die *theoretische Festigkeit* der Fasern, wenn alle Hauptvalenzbindungen gleichmäßig zum Tragen kommen. Bereits Meyer und Mark [13] stellten fest, daß Cellulosefasern auf Grund der Bindungsenergie der Hauptvalenzbindungen eine theoretische Höchstzugspannung von $8000 \, \text{N} \cdot \text{mm}^{-2}$ erreichen könnten. Da aber bei der Zugbeanspruchung hauptsächlich Nebenvalenzkräfte zwischen den Kettenmolekülen die Kraftübertragung übernehmen und daher die Beanspruchung der Hauptvalenzbindungen ungleichmäßig erfolgt, kann bei höchstorientierten Strukturen maximal ein Widerstand gegen das Abgleiten ideal parallel gelagerter Kettenmoleküle von etwa $2000 \, \text{N} \cdot \text{mm}^{-2}$ erwartet werden. Bekanntlich liegt aber eine Zweiphasenstruktur vor, so daß bei realen Cellulosefasern nur $800 \, \text{N} \cdot \text{mm}^{-2}$ erreicht werden. An synthetischen Chemiefasern sind die theoretischen Werte z. B. nach Mjasnikova [9] ebenfalls nicht erreichbar, weil bei der Fadenbildung bzw. Kristallisation sich sehr komplizierte übermolekulare Strukturen mit vielen hierarchischen Ebenen ausbilden, durch die die Eigenschaften der einzelnen Moleküle überdeckt werden. Ziel der Chemiefaserhersteller ist es deshalb, optimale übermolekulare Strukturen zu erreichen. Bezogen auf die von vielen Faktoren beeinflußte Höchstzugspannung vertreten Mjasnikova et al. [9] die Ansicht, „die polymeren Werkstoffe nicht durch ihre Festigkeit, sondern durch ihre Lebensdauer τ bei gegebener Belastung σ zu charakterisieren, da der Bruch des Polymeren ein thermisch aktivierter Prozeß ist". Zwischen τ und σ besteht nach der bekannten Zurkov-Gleichung folgende Beziehung

$$\tau = \tau_0 \cdot \exp\left[(U_0 - \gamma\sigma)/RT\right]. \tag{5.7}$$

τ Lebensdauer
τ_0 Konstante, entspricht etwa der Periodendauer der Wärmeschwingungen $(10^{-12}\text{--}10^{-13} \, \text{s})$
σ Belastung
U_0 Aktivierungsenergie des mechanischen Bruchs der chemischen Bindung
R Gaskonstante
T Temperatur
γ strukturabhängiger Koeffizient

Die mittlere Höchstzugspannung σ_H läßt sich unter Nutzung von (5.7) folgendermaßen darstellen

$$\sigma_H = \frac{U_0}{\gamma} - \frac{RT}{\gamma} \cdot \ln\left(\frac{\tau}{\tau_0}\right). \tag{5.8}$$

Daraus geht die bekannte Tatsache hervor, daß Höchstzugspannungen und andere mechanische Eigenschaften nur dann miteinander vergleichbar sind, wenn dies bei gleichen Temperaturen, Belastungszeiten usw. geschieht. Da theoretische Höchstzugspannungen bei $T = 0 \, \text{K}$ errechnet werden ($\sigma_{\text{th}, 0\,\text{K}}$), ist es im Falle eines Vergleiches mit den bei üblichen Versuchsbedingungen (z. B. Raumtemperatur und Lebensdauer $\tau = 1\text{--}10 \, \text{s}$) ermittelten Werten erforderlich, die theoretische Höchstzugspannung auf die realen Versuchsbedingungen umzurechnen; man spricht dann von der „real erreichbaren *Grenzfestigkeit*

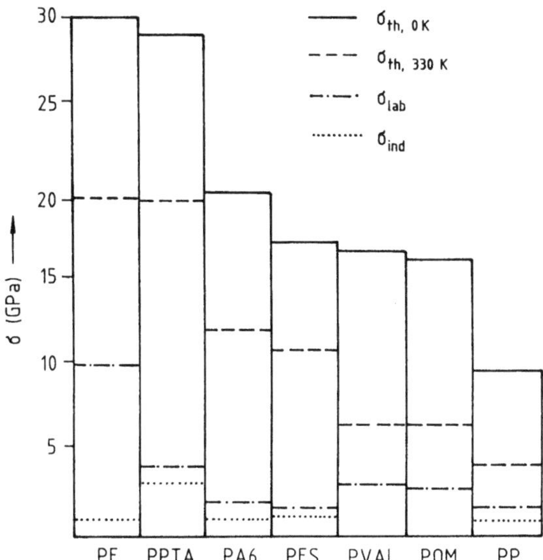

Abb. 5.10. Beträge der theoretischen Höchstzugspannung und der real erreichbaren Grenz-Höchstzugspannung im Vergleich zu den in Laboratorien und in der Industire erreichten Werten verschiedener Fasern (nach [9])

$\sigma_{th,\,330\,K}$" [9, 14]. In Abb. 5.10 sind für bekannte Polymere nicht nur $\sigma_{th,\,0\,K}$ und $\sigma_{th,\,330\,K}$, sondern auch die in Laboratorien σ_{lab} und in der Industrie σ_{ind} erzielten maximalen Werte nach verschiedenen Autoren zusammengestellt [9]. Es zeigt sich, daß die jeweilige Grenzfestigkeit (Grenz-Höchstzugspannung) vor allem von Polyamid und Polyester bei weitem nicht erreicht wird. Dagegen erweist sich Polyethylen mit etwa 50 % der dazu noch besonders hohen Grenzfestigkeit als besonders günstig strukturiert. Auch die Werte von Polyvinylalkohol-, Polyoxymethylen- und Polypropylenfasern nähern sich mehr oder weniger dem 50 %-Wert der allerdings wesentlich niedrigeren Grenzfestigkeiten. Ähnlich liegen die Verhältnisse für die Moduln [9], worauf hier nur hingewiesen werden soll.

Für die „klassischen" Textilwaren reichen die bisher erreichten Festigkeiten im allgemeinen aus. Einige synthetische Chemiefasern weisen, wie schon erwähnt, sogar so hohe Festigkeiten auf, daß man z. B. Festigkeitsminderungen im Interesse der Vermeidung von Pillingbildung bewußt herbeiführt oder diese bei speziellen Veredlungsverfahren ohne Gebrauchswertminderung in Kauf nimmt.

Anders liegen die Verhältnisse beim Einsatz vor allem der synthetischen Chemiefasern im Industriebereich und bei der Schaffung von Konstruktionswerkstoffen auf Verbundbasis. Hier sind es vor allem die in Tabelle 2.2 aufgeführten Spezialpolymere, die die Polyester- und Polyamidfasern in den Festigkcitswerten weit hinter sich lassen. Wie Abb. 5.10 erkennen läßt, sind auch bei diesen Hochleistungsfasern die theoretisch möglichen Höchstzugspannungen noch lange nicht erreicht, weshalb gegenwärtig weltweit darüber

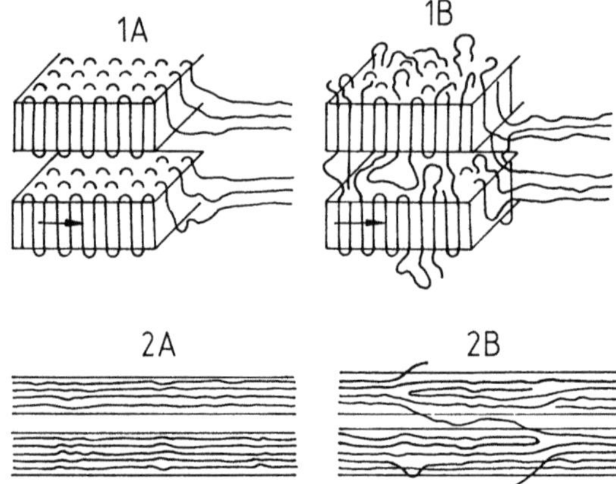

Abb. 5.11. Schema einer idealen (1 A) und einer realen (1 B) Lamelle und der sich daraus bei der Reckung ergebenden idealen (2 A) und realen (2 B) Mikrofibrille; 2 B entspricht hochfester Faser, → Reckrichtung

geforscht wird, wie man den Grenzwerten möglichst nahe kommen kann. Dabei strebt man Hochleistungsfasern an, die neben hoher Höchstzugspannung auch einen hohen Zugmodul aufweisen [9, 15, 16]. Im Falle der aromatischen Polyamide (z. B. *Kevlar*), die aus flüssigkristallinen Lösungen (nematische Phase) zu höchstorientierten Fäden verformt werden können (Fähigkeit zur Selbstorientierung), handelt es sich um *steifkettige* Polymere mit sehr hoher Anisotropie. Daraus resultiert zwar eine sehr hohe Höchstzugspannung, jedoch zeigen sich Mängel im Druck- bzw. Stauchverhalten [17, 18].

Im Falle von *flexibelkettigen* Polymeren ist man bestrebt, die molekularen Faltungen auseinanderzuziehen (Abb. 5.11) und durch spezielle Orientierungsmaßnahmen eine aus kompakten Mikrofibrillen bestehende festere Struktur zu erzielen. Dabei geht es um Mehrschrittreckungen, Variationen der Temperatur-Kraft-Bedingungen, Zonenerwärmung, Reckgeschwindigkeit, zeitliche Trennung von Orientierung und Kristallisation usw., wodurch man ganz erstaunliche Festigkeitssteigerungen erreicht. Beim Lösungsspinnverfahren erkannte man, daß sich mit abnehmender Lösungskonzentration die Reckfähigkeit und folglich die mechanischen Werte verbessern [18]. Die Ursache hierzu wird darin gesehen, daß Kettenverhakungen die Reckbarkeit beeinträchtigen: je länger die Moleküle sind, umso weniger dicht müssen also die Lösungen eingestellt sein, um eine hohe Reckbarkeit zu gewährleisten. Eine Reduzierung der Verhakungen wird auch durch kurzkettige Anteile erreicht [19]. Die größten Fortschritte wurden bisher mit Polyethylenfasern erzielt; hier wird industriell die PE-Faser *Dyneema* für Verstärkungszwecke mit 2,0– 3,5 GPa angeboten [20]. Höchstzugspannungen von nahezu 10 GPa (Abb. 5.10) sind schon erreicht worden. Es bleibt aber zu bedenken, daß die industrielle Nutzung derartiger technologischer Varianten vorerst eingeschränkt sein wird, da die Erzeugung derartiger Fasern noch sehr aufwendig ist.

Tabelle 5.4. Festigkeit und Dehnung in Korrelation zum Fibrillen-Neigungswinkel an verschiedenen Cellulosefasern [21]

.Faser	Höchstzug-spannung $N \cdot mm^{-2}$	Höchstzugkraft-Dehnung %	Neigungswinkel der Fibrillen zur Faserachse
Ramie	1050	5	12,5°
Baumwolle	440	11	25°
Viskosespinnfaser	150	35	30–35°

Mit Zugspannung bzw. Höchstzugspannung sind Dehnung bzw. *Höchstzugkraft-Dehnung* der Fasern gekoppelt. Die in Tabelle 5.2 enthaltenen Werte sind normgerecht ermittelt und lassen erkennen, daß organische Fsern mit hoher Festigkeit meist relativ niedrige Dehnungswerte auf Grund hoher Orientierung sowie hoher Kristallinität aufweisen. Im Falle der Chemiefasern ist dies durch das Recken bedingt. Bei Cellulose-Natur- und -Chemiefasern ist erkennbar, daß mit zunehmendem Neigungswinkel der Fibrillen zur Faserachse die Dehnungen zu- und die Höchstzugspannungen abnehmen (Tabelle 5.4) [21]. Im nassen Zustand zeigen die hygroskopischen Fasern etwa 4–10% höhere Höchstzugkraft-Dehnungswerte.

5.2.2 Kraft-Dehnungs-Diagramme

Wie mannigfaltig Zugkraft-Dehnungs-Kurven ($F-\varepsilon$ bzw. $f-\varepsilon$) verlaufen können, läßt Abb. 5.12 erkennen. Extrem steil und geradlinig ist die Kraft-Dehnungs-Kurve der Kohlenstoffasern, was auch auf die meisten sonstigen anorganischen Fasern sowie verschiedene Hochleistungsfasern (z. B. *Kevlar*) zutrifft. Organische Fasern mit hohem Anfangsmodul weisen zwar auch relativ steile Kraft-Dehnungs-Kurven auf, jedoch sind diese nicht geradlinig. Für die klassischen Einsatzzwecke der Chemiefasern lassen sich diese Kurven insbesondere durch unterschiedliches Recken „wunschgemäß" (CO-, WO-Typ, technische Filamente usw.) einstellen.

Abbildung 5.13 zeigt die Kraft-Dehnungs-Kurven für *unterschiedlich gereckte PA 6-Filamentgarne*, die von Schultze-Gebhardt [25] umfassend diskutiert wurden. Beim ungereckten Material wird bei $\varepsilon \approx 10\%$ die Fließgrenze erreicht; das Fließen mit Teleskopeffekt erfolgt bei einer niedrigen Kraft. Ab $\varepsilon \approx 200\%$ kommt es durch die Orientierung der Makromoleküle in Beanspruchungsrichtung zu weiteren intermolekularen Wechselwirkungen, weshalb das aneinander Abgleiten der Makromoleküle mit einem Kraftanstieg verbunden ist, bis schließlich die Höchstzugkraft erreicht wird. Je nach Größe des Reckverhältnisses RV und folglich des in der Meßprobe vorhandenen Orientierungsgrades wird der Fließbereich kleiner und verschwindet im Falle des Polyamid bei $RV \approx 2,5-3,0$ vollständig.

Auch die Spannungs-Dehnungs-Kurve von *Viskosefilamentgarn* (trocken und naß) ist strukturell gedeutet worden (Abb. 5.14). Die Kurve des trockenen

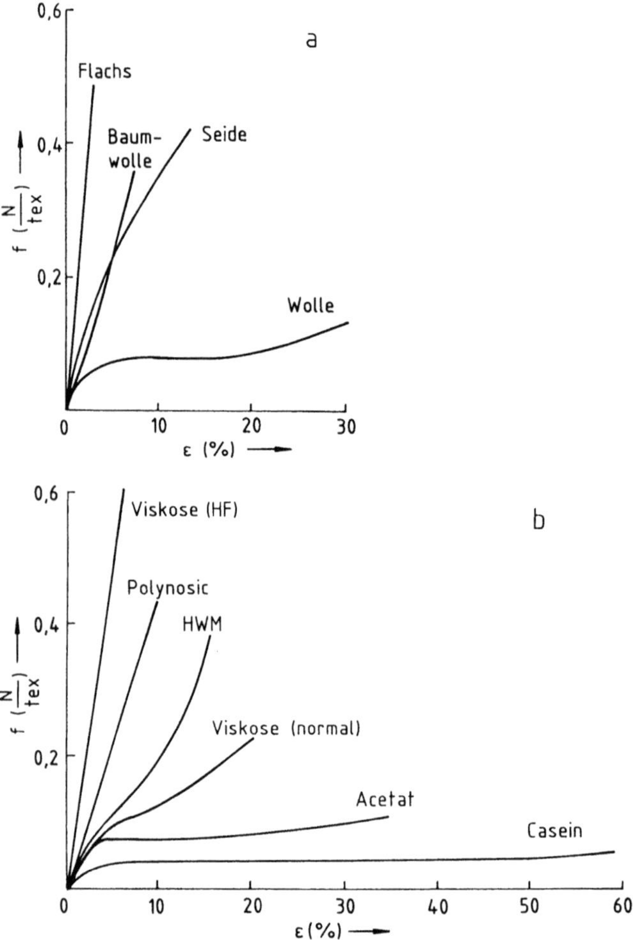

Abb. 5.12. Typische Kraft-Dehnungs-Kurven gebräuchlicher Fasern. **a** Naturfasern; **b** Chemiefasern aus natürlichen Polymeren; **c** Chemiefasern aus synthetischen Polymeren; **d** Spezialfasern für technischen Einsatz

Fadens setzt sich aus zwei Kurventeilen unterschiedlicher Steigung zusammen. Im Teil I liegen elastische Deformation infolge Streckung der Valenzwinkel in den tie-Molekülen sowie Beginn der Lösung von Haftpunkten zwischen den verknäulten Molekülen vor, was zur Erhöhung der potentiellen Energie und zu einer Dehnung von 2–3% führt. Im Teil II geht es hauptsächlich um die Entknäuelung der Fadenmoleküle in den nichtkristallinen Bereichen, wobei nacheinander weitere Haftpunkte zwischen sich kreuzenden Fadenmolekülen gelöst werden. Nach Beenden der Verformung bilden sich erneut Haftpunkte, die zur Blockierung der erzielten Dehnung (bleibende Dehnung) sowie Faserverfestigung beitragen. Diese Formänderung wird auch als blockiert elastisch bezeichnet, da sie durch Quellmittel (z. B. Wasser) aufgehoben werden

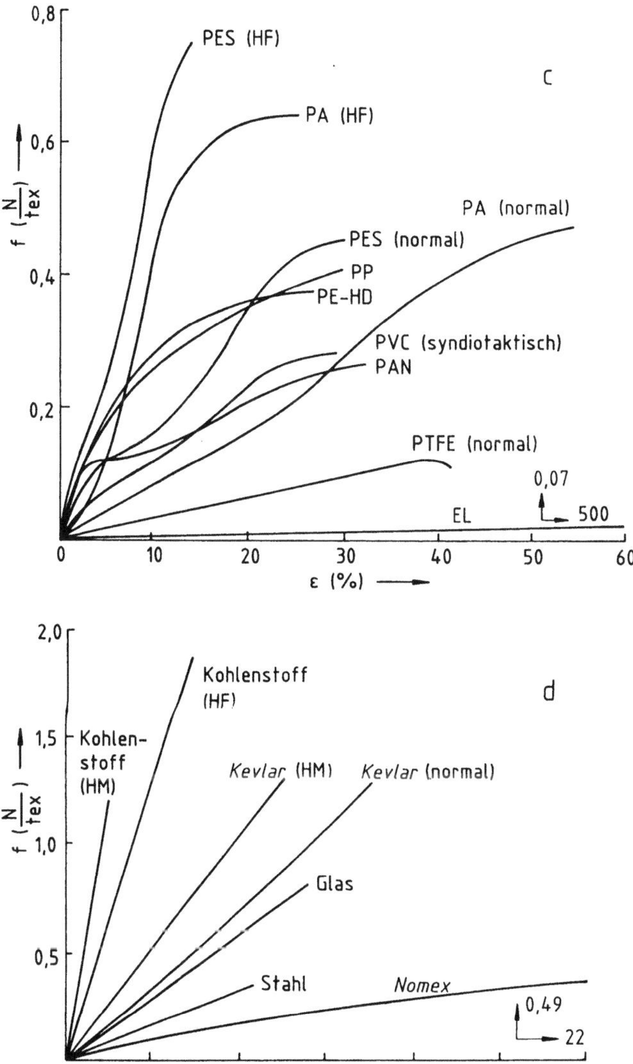

Abb. 5.12. c und d

kann. Die Fadenmoleküle nehmen infolge einer solchen Quellungsrückfederung ihre alte Länge wieder ein [24]. Im Bereich III kommt es zum plastischen Fließen, d.h. zu einer irreversiblen Schwerpunktverlagerung der Moleküle. Mit steigender Verformungsgeschwindigkeit wird der Kurvenabschnitt I immer steiler. Im Falle eines nassen Fadens sind die Haftpunkte von vornherein gelöst, so daß es zu einer flachen und fast geradlinigen Kurve kommt [24].

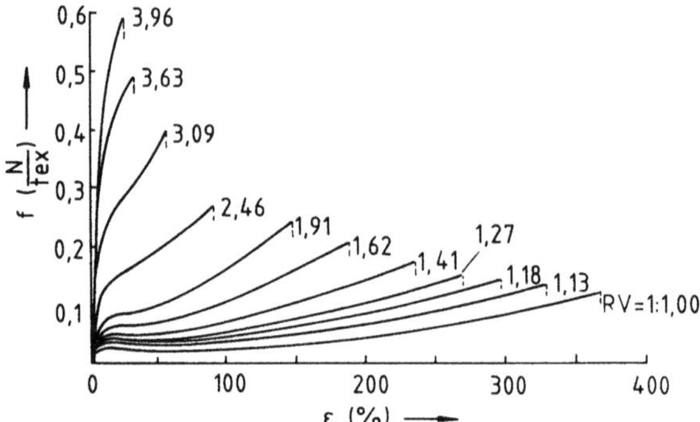

Abb. 5.13. Kraft-Dehnungs-Kurven verschieden gereckter Polyamidfäden [25]. Parameter: Reckverhältnis *RV*

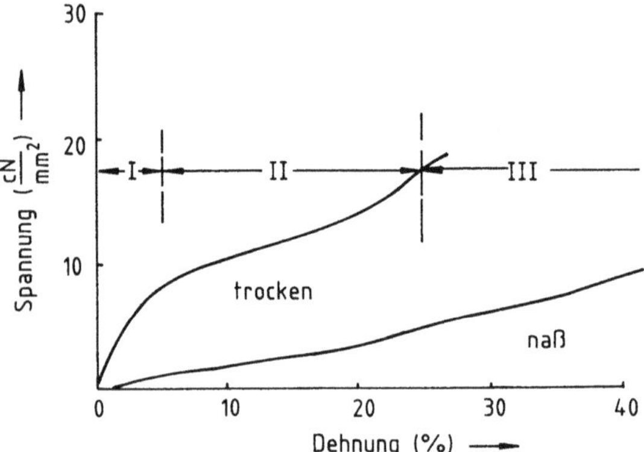

Abb. 5.14. Spannungs-Dehnungs-Kurven von Viskosefilamentgarn (trocken und naß) [24]; I elastische Deformation, II blockiert-elastische Deformation, III plastische Deformation

Abbildung 5.15 zeigt das Spannungs-Dehnungs-Diagramm für ein *Gummi-bändchen* sowie schematisch den beim Dehnen erfolgenden Übergang vom statistisch geknäuelten in den orientierten Zustand des vernetzten Kautschuk-materials. Dem Diagramm ist zu entnehmen, daß im Bereich geringer Belastung große Dehnungswirkungen (z. T. fast linear) eintreten, da sich anfangs nur die am wenigsten vernetzten Makromolekülteile an der Längsde-formation beteiligen. Mit steigender Belastung werden aber immer mehr Kettenteilstücke zur Längsorientierung gezwungen und tragen schließlich zu einer Versteifung der Meßprobe bei, da sie nun gestreckt vorliegen und mit anderen parallel orientierten Kettenabschnitten kristallisieren können, was Röntgenaufnahmen belegen. Damit wird auch der Spannungsanstieg ab 400 % Dehnung in Abb. 5.15 verständlich. Infolge der eingetretenen Kristallisation ist selbst bei größter Belastungseinwirkung ein gegenseitiges Gleiten der Ketten schließlich nicht mehr möglich, was zu einer hohen Reißfestigkeit führt. Die Kristallgitterkräfte sind allerdings bei normaler Temperatur so gering, daß die

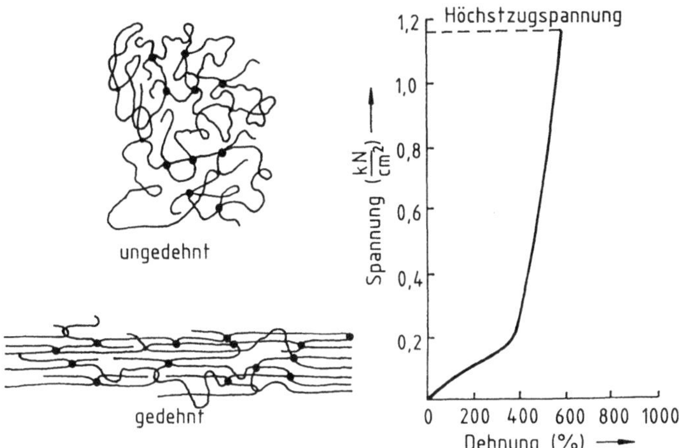

Abb. 5.15. Spannungs-Dehnungs-Kurve eines Gummibändchens (Länge: 11 cm, Querschnitt: 3 mm²) sowie schematische Darstellung des Übergangs vom statistisch geknäuelten in den orientierten Zustand eines vernetzten Kautschuks (nach Vollmert [22])

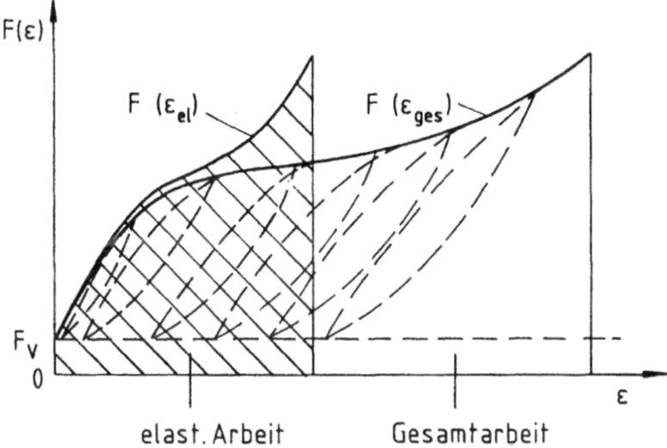

Abb. 5.16. Prinzip der Ermittlung der Gesamtarbeit und der elastischen Arbeit beim Zugelastizitätsversuch mit steigenden Dehnstufen (Entlastung auf Vorspannkraft F_v)

kristalline Struktur lediglich im gedehnten Zustand existent ist. Mit Verringerung bzw. Aufhebung der Spannung bewegt sich das System zurück zum statistisch geknäuelten Zustand und vergrößert damit seine Entropie (stabiler Zustand) [22].

Vor allem in der Anfangsphase der Chemiefaser-Entwicklung, als Lebensdauer und Gebrauchstüchtigkeit insbesondere der Viskosefasern noch unzureichend waren, spielten $F-\varepsilon$-Diagramme zur Ermittlung des elastischen und Gesamtarbeitsvermögens beim Zugversuch (Abb. 5.16) eine wichtige Rolle. In Tabelle 5.5 sind von Böhringer [31] zusammengestellte Werte der Höchstzugkraft-Arbeit (gesamte und elastische Arbeit) wichtiger Fasern wiedergegeben, auf die heute allerdings relativ selten zurückgegriffen wird. Nach einer Hypothese von Böhringer bürgt höchstes elastisches Arbeitsvermögen für

Tabelle 5.5. Höchstzugkraft-Arbeit, Höchstzugspannung und Schlingen-Höchstzugkraft-Verhältnis (nach Böhringer [31])

Faser	Höchstzugkraft-Arbeit		Höchstzug-spannung	Schlingen-Höchstzugkraft-Verhältnis
	gesamt $N \cdot m \cdot cm^{-3}$	elastisch $N \cdot m \cdot cm^{-3}$	$N \cdot mm^{-2}$	%
Polyamid	110	76	600	95
Polyester	98	61	650	90
Polyacryl	47	15	450	20
Polyvinylchlorid	80	24	300	30
Silicatspinnfaser	22	20	1650	3
Acetatspinnfaser	44	7	250	45
Caseinspinnfaser	43	15	150	65
Viskosespinnfaser	44	6,2	350	30
Seide	158	88	700	60
Schafwolle	64	32	250	65
Baumwolle	22	4,8	450	60
Flachs	18	8,4	850	20
Asbest	4,3	2,4	900	25

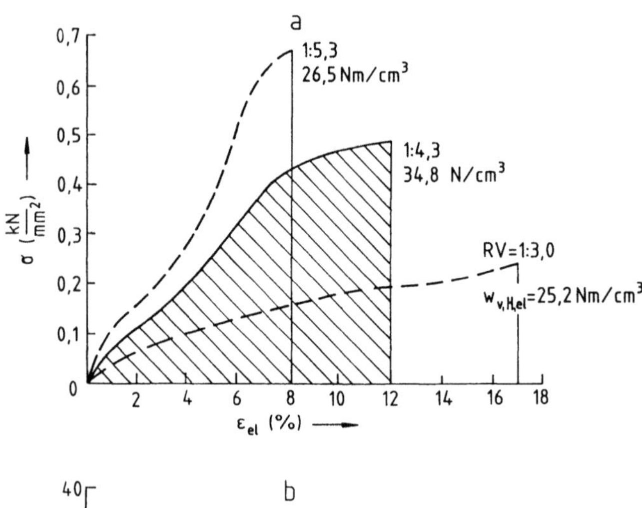

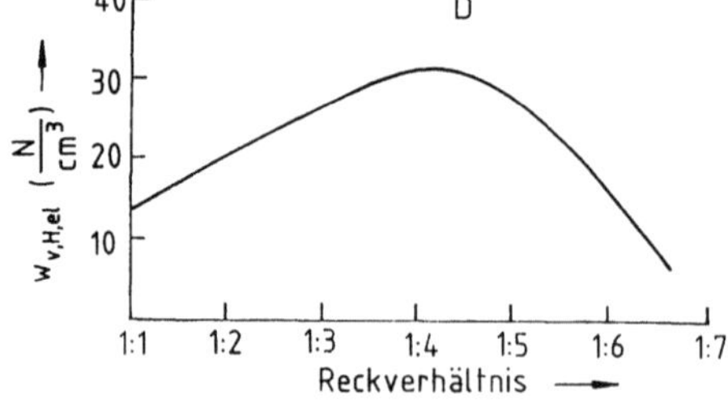

Abb. 5.17. Spannung in Abhängigkeit von der elastischen Dehnung zur Bestimmung der volumenbezogenen elastischen Höchstzugkraft-Arbeit $w_{v,H,el}$ bei unterschiedlichen Reckverhältnissen RV (**a**) sowie volumenbezogene elastische Höchstzugkraft-Arbeit in Abhängigkeit vom Reckverhältnis (**b**) [30]

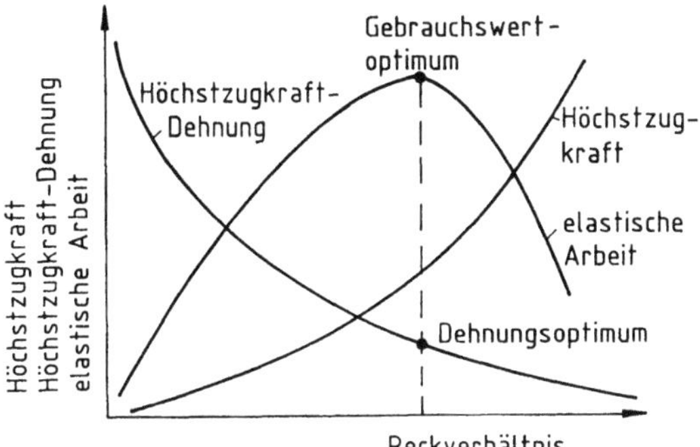

Abb. 5.18. Schema zur Erspinnung gebrauchswertoptimaler Chemiefasern (nach Böhringer [30])

höchsten Gebrauchswert [30]. Wie Abb. 5.17 erkennen läßt, ergeben mittlere Reckgrade höhere Werte für die elastische Arbeit als extreme Reckgrade. Abbildung 5.18 zeigt das Schema zur Herstellung gebrauchswertoptimaler Chemiefasern nach Böhringer [30], wonach das Kurvenmaximum der elastischen Arbeit das Reckoptimum ausweist. Für normalgereckte Viskosefasern gibt Böhringer eine elastische Arbeit von etwa $8{,}5 \, N \cdot m \cdot cm^{-3}$ und für hochgereckte von etwa $7{,}6 \, N \cdot m \cdot cm^{-3}$ an. Bei Trageversuchsreihen an Herrenoberhemden aus diesen Fasern ergaben sich für normalgereckte Typen 232 Tage und für hochgereckte Typen 198 Tage Tragedauer (beste Viskosefasern erreichten 276 Tage). Im Falle der Polyamidfasern liegen im Vergleich dazu die Werte für die elastische Arbeit bei $40-70$ (max. 100) $N \cdot m \cdot cm^{-3}$. Es sei noch vermerkt, daß sich das Kurvenmaximum der elastischen Arbeit infolge thermischer, mechanischer und chemischer Einwirkungen meist nach niederen Reckgraden verschiebt, wobei die Maxima bei mechanisch-technologischer Prüfung (nichtstatische Verfahren wie Faserscheuer- oder Faserbiegeprüfungen sowie Splittrigkeitsprüfung zur Nachahmung der Trommelwaschmaschinenbeanspruchung) mit denen aus röntgenographischen Untersuchungen korrelieren (Abb. 5.19). Allerdings stehen Meskat und Rosenberg [24] derartigen Betrachtungen wegen der breiten Werteverteilung skeptisch gegenüber. Auch deshalb verlagerten sich die Prüfmethoden in der weiteren Entwicklung zur Gebrauchswertoptimierung vor allem auf dynamische Wechselzugbeanspruchungen.

Kraft-Dehnungs-Kurven werden auch dazu verwendet, das *Arbeitsvermögen für Teilabschnitte* – z. B. bis zu einem bestimmten, technologisch interessierenden Dehnungsbetrag – zu ermitteln. Ein solches Beispiel enthält Abb. 5.20 für unbehandelte und in 0,5%iger wäßriger Chinonlösung gekochte Schafwolle, die γ- und Neutronenstrahlen [33] ausgesetzt wurde. Die im normalfeuchten Zustand erhaltenen Gesamtarbeitswerte sind im Diagramm eingetragen. Für den nassen Zustand wurde nur die spezifische Arbeit im Kurvenabschnitt bis zu 30% Dehnung ermittelt und bezogen auf die unbehandelte Faser („30%-Index" nach Speakman) angegeben. Es ist festzu-

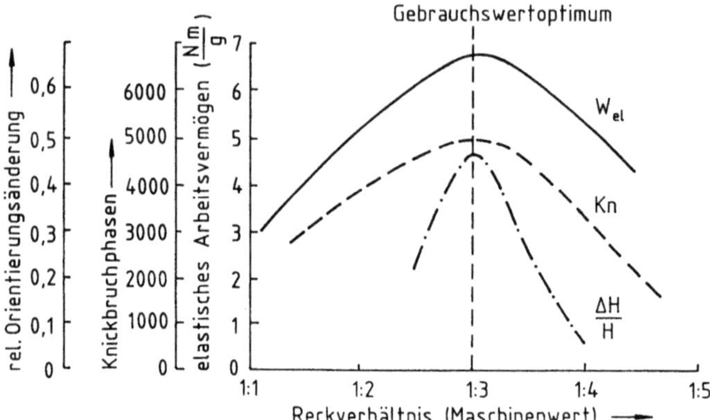

Abb. 5.19. Strukturabhängige Eigenschaften in Abhängigkeit vom Reckverhältnis [30]; W_{el} elastisches Arbeitsvermögen, *Kn* Knickbruchphasen, $\Delta H/H$ relative Orientierungsänderung

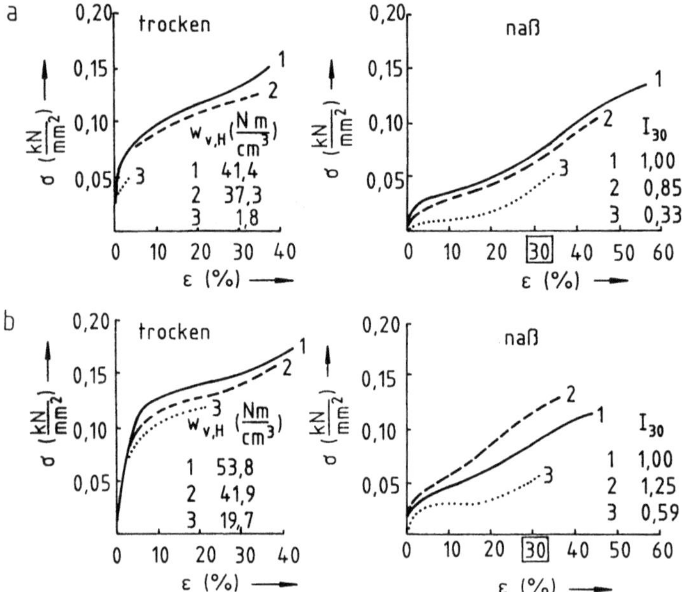

Abb. 5.20. Spannungs-Dehnungs-Diagramme (trocken und naß) verschieden bestrahlter Wolle [33]. **a** Unbehandelte Wolle; **b** Chinon-Wolle; *1* unbestrahlt, *2* bestrahlt mit γ-Strahlen, *3* bestrahlt mit Neutronenstrahlen, $w_{v,H}$ volumenbezogene Höchstzugkraft-Arbeit (trocken), I_{30} 30%-Index (naß)

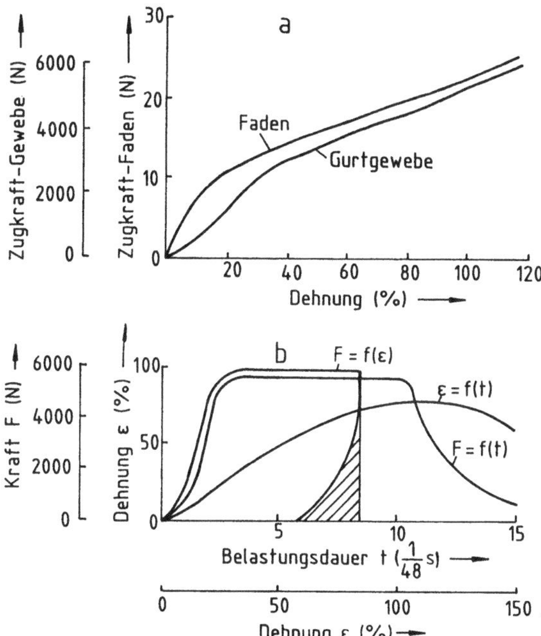

Abb. 5.21. Kraft-Dehnungs-Diagramme von teilgereckten PA-Kord [34]. **a** Quasi-statische Kraft-Dehnungs-Diagramme von Faden und Gurtgewebe; **b** dynamisches Kraft-Dehnungs-Diagramm $F = f(\varepsilon)$ vom Gurtgewebe bei abnehmender Dehngeschwindigkeit (Fallversuch mit $10,5\ \mathrm{m}\cdot\mathrm{s}^{-1}$ Anfangsgeschwindigkeit und Abbruch vor dem Bruch, um den elastischen Arbeitsanteil (schraffiert) erfassen zu können. $F = f(t)$ und $\varepsilon = f(t)$ wurden elektronisch (Kraft) bzw. mittels Filmkamera (Gurtverlängerung) erfaßt und aus diesen der Verlauf von $F = f(\varepsilon)$ konstruiert

stellen, daß die Reaktion der Wolle mit solchen aromatischen bifunktionellen Verbindungen (Grundgerüst zahlreicher synthetischer Farbstoffe) z.T. eine erhebliche Stabilisierung gegenüber der Wirkung ionisierender Strahlung bedingt, so daß sich die Chinon-Wolle als widerstandsfähiger bzw. gebrauchstüchtiger im Vergleich zu unbehandelter Wolle erweist.

Zur *Vernichtung kinetischer Energie* bzw. zum Erzielen möglichst hoher Bremsarbeit in Kletterseilen, Autosicherheitsgurten usw. werden Kraft-Dehnungs-Diagramme angestrebt, die ein hohes Arbeitsvermögen und möglichst geringe elastische Arbeitsanteile aufweisen. Barthel und Schauer [34] verwendeten dafür teilgereckte Polyamid-Kordgarne, die beim statischen Zugversuch am Faden sowie am Gewebegurt F–ε-Kurven mit Fließpunkt ergeben (Abb. 5.21 a). Ahmt man die Bedingungen einer Autosicherheitsgurtbeanspruchung (Fallversuch mit paralleler Erfassung des Kraft-Zeit-Verlaufes sowie Ermittlung des Dehnungs-Zeit-Verlaufes mittels Filmkamera) nach, so läßt sich das F–ε-Diagramm (Abb. 5.21 b) rekonstruieren. Dieses zeigt, daß nach dem Fließpunkt die Kraft etwa konstant bleibt, also eine beachtliche plastische und damit Arbeitsvermögen verbrauchende Verformung eintritt. Der elastische Arbeitsanteil soll für derartige Einsatzzwecke möglichst 10% der Gesamtarbeit nicht überschreiten.

Pohl [32] kritisierte, daß die Kraft-Dehnungs-Charakteristik „in den Industrielabors das Abfallprodukt einer gewöhnlichen Reißpunktbestimmung" sei und daß darüber hinausgehende wichtige Aussagen meist ignoriert werden. In seinen Arbeiten zur rechnergestützten Kennwerterfassung an Synthesefilamentgarnen geht er davon aus, daß der Kraft-Dehnungs-Charakteristik die wichtigsten Informationen über die Vorgeschichte „beim Hersteller aufgeprägt sind und Rückschlüsse auf die weitere Verarbeitungsfähigkeit des hochpolymeren Materials, also seine Zukunft", möglich sind. Eine umfassende Auswertung erhaltener $F\text{-}\varepsilon$-Kurven schließt die Ermittlung der „Tangentenmodul-Kennlinie" $(m(\varepsilon) = \mathrm{d}F(\varepsilon)/\mathrm{d}\varepsilon)$ ein, worauf im folgenden Abschnitt näher eingegangen wird.

5.2.3 Elastisches Verhalten

Zur Kennzeichnung des elastischen Verhaltens von Werkstoffen, z. B. des Maschinenbaus, ist es üblich, den *Zugmodul E* anzugeben. Im Falle der Fasern bzw. Textilien wird heute vorwiegend vom Modul *m* gesprochen. Dieser bezieht sich auf den Anfangsbereich der Kraft-Dehnungs-Kurve bis zum Erreichen der Proportionalitätsgrenze, d. h. der Grenze der Gültigkeit des bekannten Hookeschen Gesetzes

$$m = \frac{\sigma_\mathrm{p}}{\varepsilon_\mathrm{p}}. \tag{5.9}$$

σ_p Zugspannung an der Proportionalitätsgrenze
ε_p Dehnung an der Proportionalitätsgrenze

In Tabelle 5.2 sind der Literatur entnommene Moduln zusammengestellt, die auf Zugprüfungen beruhen, aber Details der Versuchsbedingungen und Definitionen oft vermissen lassen. Sie ermöglichen also bestenfalls eine Groborientierung.

Den Moduln, die für Verstärkungsfasern von besonderem Interesse sind, wurden in Abb. 5.22 deren Höchstzugspannungen gegenübergestellt. Wie sich Art und Menge der Fasern im Kunststoffverbund-Werkstoff auswirken, ist der Abb. 5.23 zu entnehmen. Berücksichtigt man die Masseunterschiede („spezifischer Elastizitätsmodul", „spezifische Zugefestigkeit"), dann ergeben sich beträchtliche Reihungsunterschiede. Die mit den hochfesten/hochmoduligen Polyethylenfasern verstärkten Kunststoffe nehmen eine Spitzenposition ein (Abb. 5.24) [15, 16, 41].

Wegen der meist viskoelastischen Eigenschaften der Fasern kam es zu Abwandlungen des Modul-Begriffes. Während es ursprünglich nur um den linear ansteigenden Anfangsteil der $F\text{-}\varepsilon$-Kurve (*Anfangsmodul*) ging, wendete man das den Anstieg der Anfangstangente charakterisierende Verhältnis $\Delta\sigma/\Delta\varepsilon$ immer häufiger für die Charakterisierung auch anderer Bereiche der

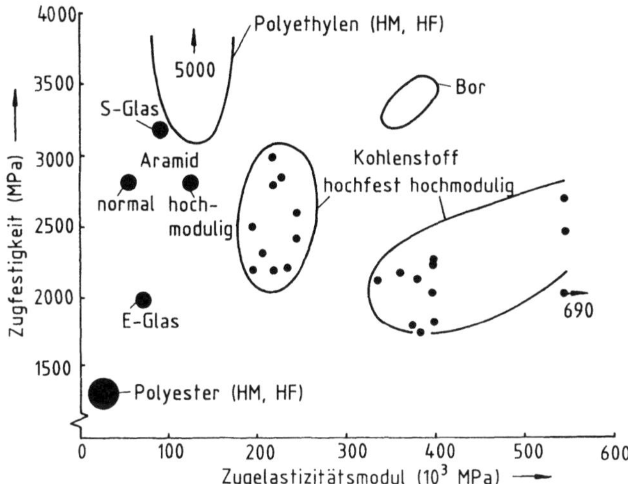

Abb. 5.22. Zugfestigkeit und Modul ausgewählter Verstärkungsfasern [15, 16, 41]

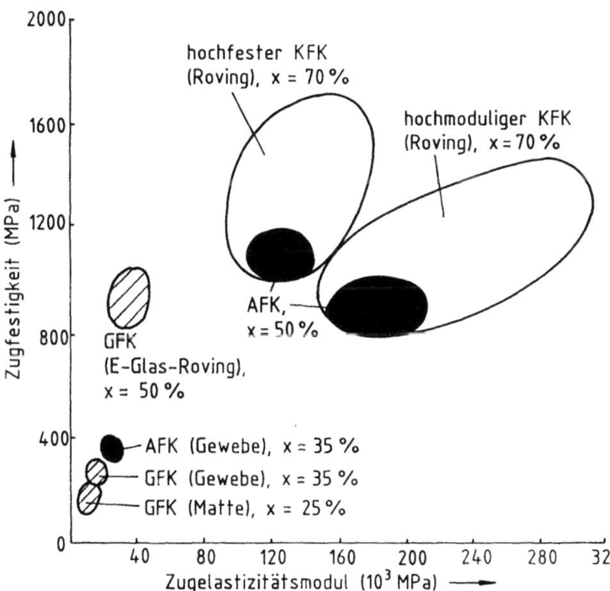

Abb. 5.23. Zugfestigkeit und Modul ausgewählter faserverstärkter Kunststoffe [15, 16, 41]; GFK glasfaserverstärkter Kunststoff, AFK aramidfaserverstärkter Kunststoff, KFK kohlenstoffaserverstärkter Kunststoff, *x* Verstärkungsfaseranteil

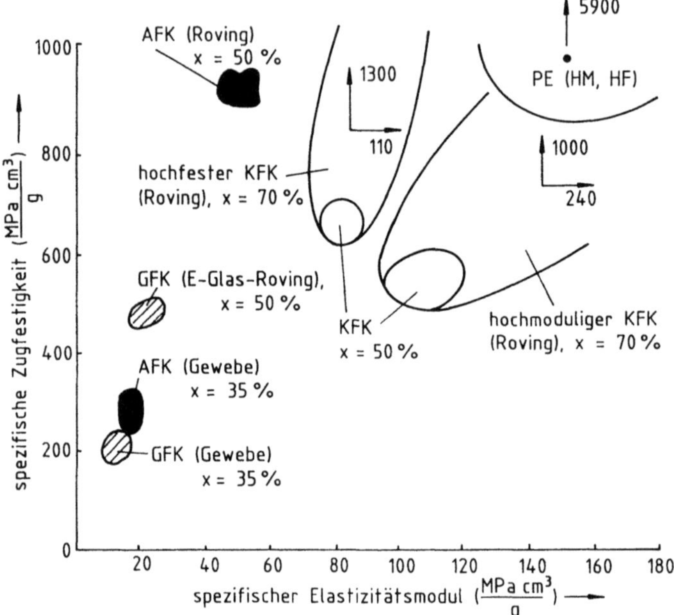

Abb. 5.24. Spezifische Zugfestigkeit und spezifischer Modul ausgewählter faserverstärkter Kunststoffe [15, 16, 41]; GFK glasfaserverstärkter Kunststoff, AFK aramidfaserverstärkter Kunststoff, KFK kohlenstoffaserverstärkter Kunststoff, x Verstärkungsfaseranteil

F-ε-Kurve an („*momentaner Modul*"). Bauer und Winkler [35] haben sich ausführlich mit den sehr zahlreichen in der Literatur vorliegenden Modul-Begriffen im Hinblick auf eine Systematisierung der Tangenten- und Sekanten-Moduln auseinandergesetzt, jedoch von einer Veröffentlichung der gefundenen Modul-Zahlenwerte wegen Fehlens von Definitionen und Bezugsgrößen Abstand genommen.

Immer häufiger wird für spezielle Aussagen die *1. Ableitung* der Spannung nach der Dehnung genutzt und mit Begriffen wie Dehnungsmodul, momentaner bzw. differentieller Elastizitätsmodul, Tangentenmodul usw. belegt. Es sei hier angemerkt, daß bereits in den 50er Jahren Wegener [38] mechanisch und photometrisch arbeitende Geräte zur Ermittlung der Kraft-Dehnungs-Kurve und ihrer 1. Ableitung entwickelte. In den 60er Jahren konnte er mit Stein [39] auf ein elektrisches Verfahren übergehen, das z. B. Egbers [40] nutzte und schon damals vom „momentanen Elastizitätsmodul" sprach. Auch Bauer u. a. [37] nutzten die 1. Ableitung der f-ε-Kurve unter dem Begriff „*Tangentenmodul*". Die Autoren untersuchten die nichtlinear verlaufenden f-ε-Kurven von PA, PES und PAN bezüglich dieses Tangentenmoduls und stellten heraus, daß auf diese Weise schon geringe Änderungen der Herstellungsparameter, Feuchte- und Temperatureinflüsse erfaßbar sind und somit diese Methode zur Ermittlung von Prozeßstörungsursachen verwendbar ist. Das setzt eine geeignete Abtastung der Meßwerte voraus, was beim heutigen Stand der Elektronik

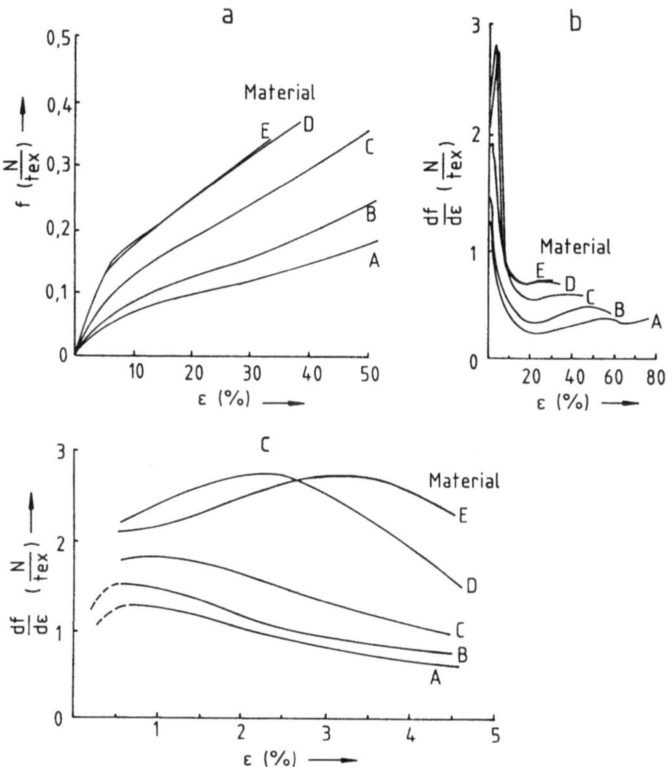

Abb. 5.25. Kraft-Dehnungs-Kurven für unterschiedlich gereckte Polyamidfilamentgarne (für Material A → E ansteigendes Reckverhältnis) (**a**) und deren Tangentenmoduln $df/d\varepsilon$ in Abhängigkeit von der Dehnung ε (**b**) – für den Dehnungsbereich bis 4% (**c**) – bei $0{,}17\% \cdot s^{-1}$ Dehngeschwindigkeit [37]

kein Problem ist. Wie die Abb. 5.25 und 5.26 erkennen lassen, weisen die von ihnen untersuchten synthetischen Chemiefasern nur einen sehr kleinen linearen Anfangsbereich auf. Die Autoren plädieren deshalb gegen die Verwendung des Kennwertes „Anfangsmodul", da dessen korrekte Bestimmung nicht möglich sei.

Schultze-Gebhardt hat die f–ε- in Verbindung mit den f'–ε-Kurven ausgehend von der Faserstruktur und unter Berücksichtigung verschiedener äußerer Einflüsse gedeutet. Im Falle orientierter PA 6-Filamentgarne [25] unterteilte er den Kurvenverlauf in vier Abschnitte (Abb. 5.27):

1. Abnahme der Steigung von $df/d\varepsilon$ bis zu einem Minimum: Platzwechselvorgänge erfolgen in nichtkristallinen Bereichen, Spannungsrelaxation führt mit zunehmender Dehnung (Beanspruchungsdauer) zur Verminderung des Widerstandes gegen die Veränderung der Molekülanordnung in den nichtkristallinen Bereichen, nach Entspannen wäre vollkommene elastische Erholungsfähigkeit gegeben;

2. Zunahme der Steigung von $df/d\varepsilon$ bis zu einem Maximum: bedingt durch Kettenverschlaufungen, -verhakungen und Streckung von Molekülketten

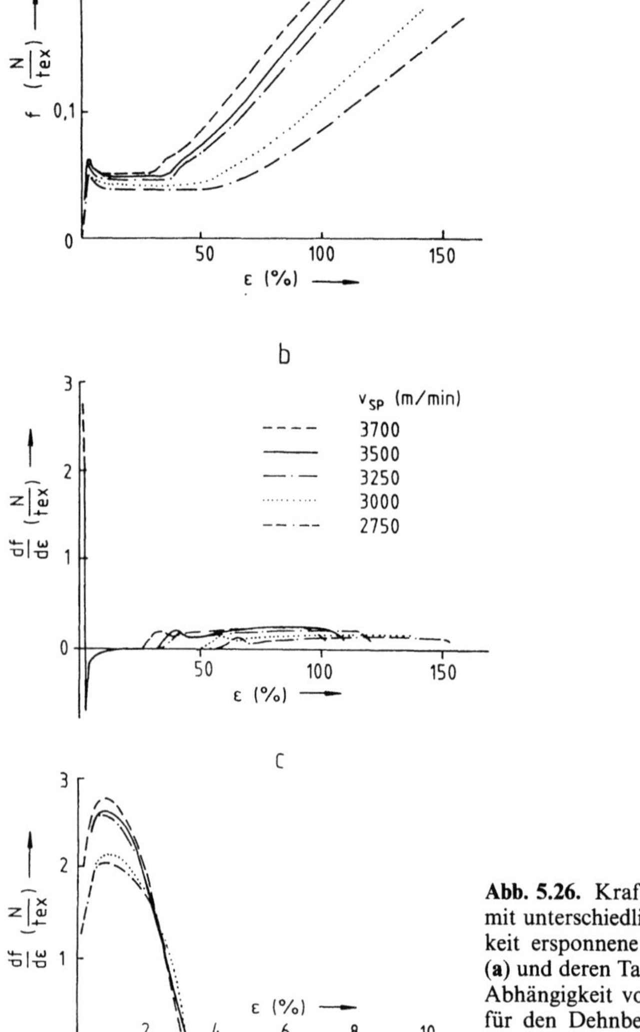

Abb. 5.26. Kraft-Dehnungs-Kurve für mit unterschiedlicher Spinngeschwindigkeit ersponnene Polyesterfilamentgarne (**a**) und deren Tangentenmoduln df/dε in Abhängigkeit von der Dehnung ε (**b**) – für den Dehnbereich bis 9% (**c**) – bei $0,17\% \cdot s^{-1}$ Dehngeschwindigkeit [37]

in nichtkristallinen Bereichen nimmt der Widerstand gegenüber Platzwechselvorgängen stark zu, nach Entspannen wäre vollkommen elastische Erholung gegeben, wenngleich diese eine längere Erholungsdauer als bei 1. erforderte;

3. Abnahme der Steigung df/dε bis zum „Fließpunkt" (f_f, ε_f): maximal belastete nichtkristalline Bereiche und fehlgeordnete Kristallite reißen, wodurch die die Kristallite verbindenden gespannten tie-Moleküle zeit-

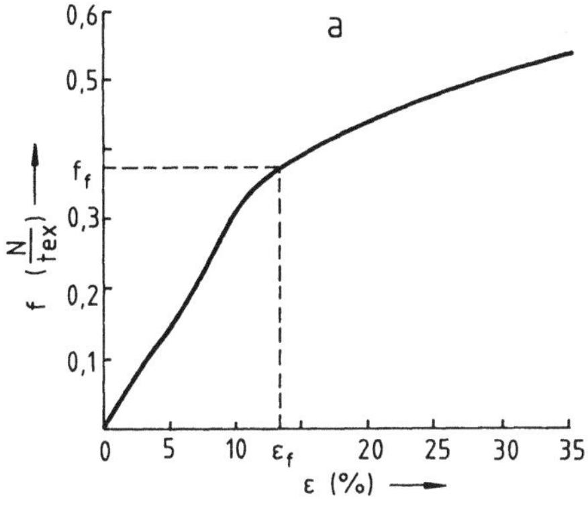

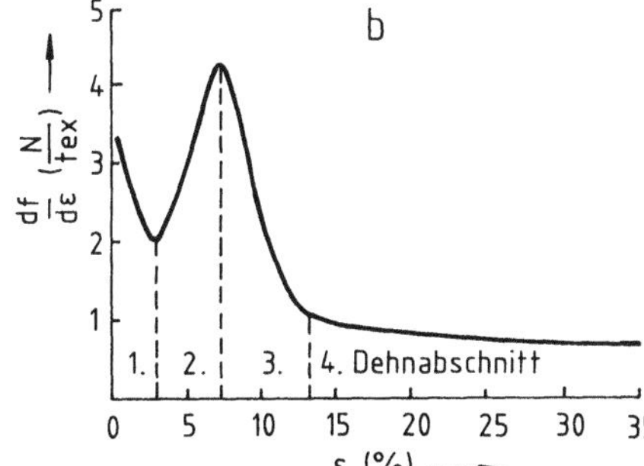

Abb. 5.27. Kraft-Dehnungs-Kurve eines PA 6-Filamentgarns (a) und deren 1. Ableitung (b) [25], f_f, ε_f „Fließpunkt"

weilig entlastet werden, nach Entlasten ist mit einem bleibenden Dehnungsanteil zu rechnen;

4. Fließbereich mit niedrigem und weiter abnehmendem Modul $df/d\varepsilon$: es kommt zum Abgleiten kristalliner Bereiche verbunden mit bleibender Dehnung nach Entlastung.

Bei orientierten Polyesterfilamentgarnen ohne Schrumpfmöglichkeit [27] fehlen praktisch der 2. und 3. Dehnabschnitt (Abb. 5.28), da sich die steiferen Makromoleküle weniger leicht in Faltungskristallite einordnen lassen (obwohl diese nicht gänzlich auszuschließen sind); das f–ε-Verhalten wird mit zunehmendem Orientierungsgrad immer stärker durch die verspannten tie-Molekülabschnitte bestimmt. Polybutylenterephthalat [27] weist auf Grund der gegenüber Polyethylenterephthalat flexibleren Ketten eine deutlich höhere Kristallisationsneigung (parakristallines Schichtgitter aus Faltungskristalliten mit relativ lockeren zwischenkristallinen Bereichen) auf und zeigt folglich ein dem Polyamid ähnliches f'–ε-Verhalten. Während heißgereckte Polycarbonatfäden [28] (Kristallinitätsgrad $\approx 14\%$) analog gerecktem Polyethylenterephthalat monoton abnehmende f'–ε-Kurven aufweisen, führt das Recken in Gegenwart von Quellmitteln (höhere molekulare Beweglichkeit bedingt stärkere Kristallisation während des Orientierens: Kristallinitätsgrad $\approx 24\%$) zu einem dem Polyamid ähnlichen f'–ε-Verlauf.

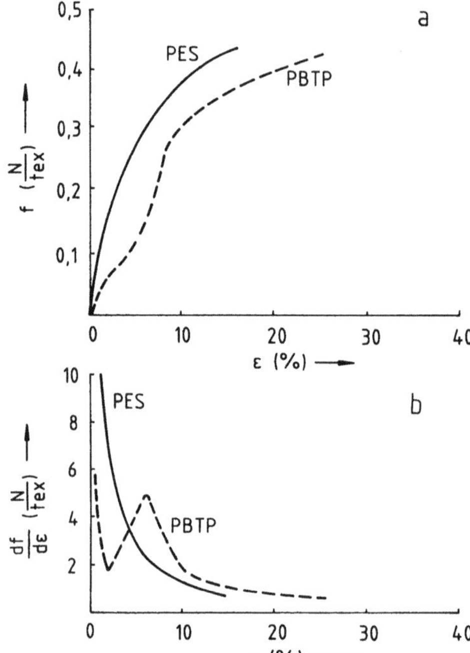

Abb. 5.28. Kraft-Dehnungs-Kurven gereckter Polyesterfäden (**a**) und deren 1. Ableitung (**b**) [27]

Von technologischem Interesse ist eine Arbeit von Weinsdörfer [36], der die $\sigma'-\varepsilon$-Kurve zur Aufklärung der Strukturunterschiede von unterschiedlich texturierten Polyesterfilamentgarnen nutzt (normal = Texturieren des gereckten Filamentgarnes, sequential = Recktexturieren in einem 2-Stufen-Prozeß, simultan = Recktexturieren in einem 1-Stufen-Prozeß). Abbildung 5.29 läßt erkennen, daß sich zwei Peaks ausbilden, die in Form und Größe verfahrensabhängig sind und daher z. B. bei der Eingangskontrolle zur Verfahrensidentifizierung genutzt werden können. Der zweite Peak ist beim Simultan-PES-Filamentgarn nur schwach im Vergleich zum Sequential-PES-Filamentgarn ausgeprägt, was gleichbedeutend mit geringerer Reckqualität ist. Dies ist dadurch bedingt, daß beim Simultanverfahren noch keine optimale Orientierung erreicht ist, wenn es unter dem Einfluß der hohen Texturiertemperatur bereits zu einer starken Kristallisation kommt. Je besser orientiert die Texturseide ist, um so stärker sind der erste und der zweite Peak in der $\sigma'-\varepsilon$-Kurve ausgeprägt. Dies unterstreicht die Vorzüge des Sequentialverfahrens, die mit abnehmender Spinngeschwindigkeit (Vororientierung des Materials) noch auffälliger werden.

Pohl [32] nutzte ebenfalls $\sigma'-\varepsilon$-Kurven von PES-Filamentgarnen als Eingangskontrolle im Hinblick auf die Gewährleistung von Farbgleichmäßigkeit im Texturseidenbetrieb.

In der Praxis wird das elastische Verhalten der Fasern meist an Hand der reversiblen und irreversiblen Dehnungsanteile charakterisiert. Wie Abb. 5.30 an einem Kraft-Dehnungs-Diagramm (Meßprobe wurde kurz vor dem Bruch

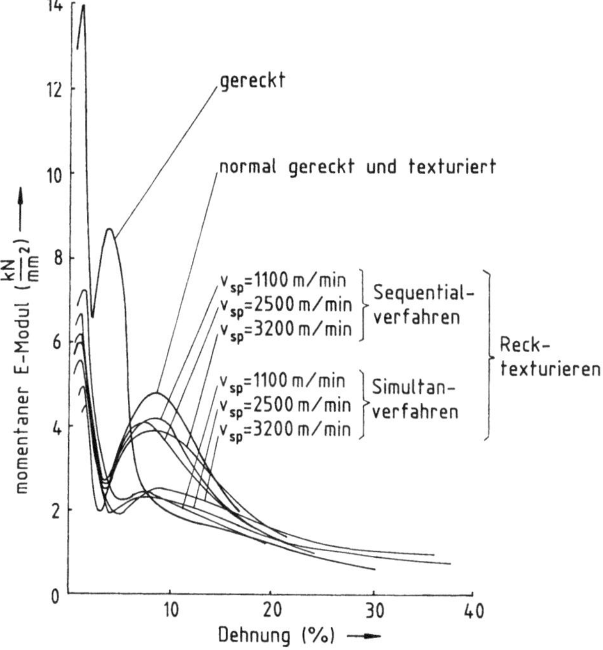

Abb. 5.29. Modul-Dehnungs-Kurven von texturierten Polyesterfilamentgarnen (konventionelles, Sequential- und Simultanverfahren) [36]

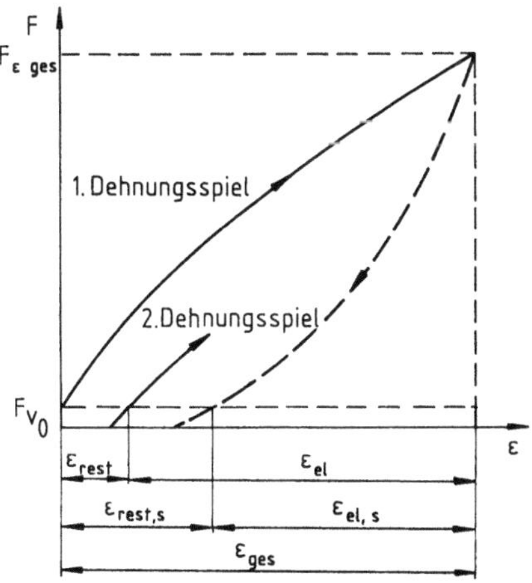

Abb. 5.30. Schematische Darstellung eines Dehnungsspiels zwischen den beiden Dehngrenzen $\varepsilon = 0$ und $\varepsilon = \varepsilon_{ges}$ ohne Pause der Klemmenbewegung an den Umkehrpunkten zur Ermittlung der Dehnungskomponenten; ε_{ges} Gesamtdehnung (= gewählte obere Dehngrenze), $\varepsilon_{el,\,s}$ sofortige elastische Erholung, ε_{el} elastische Dehnung, $\varepsilon_{rest,\,s}$ Restdehnung, sofort, ε_{rest} Restdehnung, $\varepsilon_{el,\,n}$ elastische Nachwirkung ($\varepsilon_{rest,\,s} - \varepsilon_{rest}$), F_v Vorspannkraft, $F_{\varepsilon,\,ges}$ Kraft bei der gewählten oberen Dehngrenze

entlastet) verdeutlicht, strebt die gedehnte Faser nach Entlastung der Ausgangslänge zu, wobei die elastische Nachwirkung in erster Linie zeitabhängig ist, aber auch durch das umgebende Medium (z. B. Feuchte, Temperatur) beeinflußt werden kann. Falls die hysteresisartige Be- und Entlastungskurve geschlossen vorliegt (s. Abb. 5.7), handelt es sich um einen vollkommen elastischen textilen Faserstoff ($\varepsilon_{rest} = 0$). Dem kommen z. B. Gummibändchen nahe, die Höchstzugkraft-Dehnungen von 600–900 % aufweisen (s. Abschn. 5.2.2). Bei den nur teilweise elastischen textilen Faserstoffen (Abb. 5.30) ist die Hysteresisschleife nicht geschlossen, d. h. es bleibt nach einer bestimmten Erholungsdauer ein bleibender Dehnungsbetrag ($\varepsilon_{rest} > 0$) zurück. Nach DIN 53835 u. a. wird das *elastische Dehnungsverhältnis* nach (5.10) angegeben, das auch als Elastizitätsgrad bezeichnet wurde und z. T. noch wird:

$$D_D = \frac{\varepsilon_{el}}{\varepsilon_{ges}} = \frac{\Delta l_{el}}{\Delta l_{ges}}. \tag{5.10}$$

D_D elastisches Dehnungsverhältnis
ε_{el} elastische Dehnung
ε_{ges} Gesamtdehnung
Δl_{el} elastische Längenänderung
Δl_{ges} Gesamt-Längenänderung

In Übersichten [26, 42, 43] werden die elastischen Dehnungsverhältnisse häufig für 1, 2, 5 und 10 % Gesamtdehnung angegeben (Tabelle 5.6). In älteren Arbeiten werden die Elastizitätsgrade für verschiedene Kraftstufen (z. B. bei $\frac{1}{2}$- oder $\frac{2}{3}$-Bruchlast) [44] bestimmt.

Für Vergleiche kann es auch zweckmäßig sein, die elastischen Dehnungsverhältnisse in Abhängigkeit von der Dehnung oder Zugkraft bzw. Zugspannung darzustellen, was schon vor Jahrzehnten gemacht wurde (Abb. 5.31). Schultze-Gebhardt [27] hat in neuerer Zeit an Hand derartiger Kurven die Auswirkungen unterschiedlicher technologischer Parameter (Reckgrad, thermischer Schrumpf usw.) an PES und PBTP auf die elastischen Dehnungsverhältnisse dargestellt (Abb. 5.32). Bis zur Elastizitätsgrenze gilt $D_D = 1$. Diese liegt für PES bei höheren σ-Werten im Vergleich zu PBTP und verschiebt sich infolge thermischen Schrumpfes bei beiden Polymertypen zu niedrigeren σ-, aber höheren ε-Werten (Abb. 5.32b). Mit zunehmender Spannung fallen die elastischen Dehnungsverhältnisse ab, wobei der Zeiteinfluß auf die elastische Erholung aus dem Vergleich der Kurvenverläufe in Abb. 5.32a) und c) deutlich wird.

Eine allerdings ältere, aber sehr anschauliche Darstellung des Erholungsverhaltens (sofortige elastische Erholung, elastische Nachwirkung und bleibende Dehnung in % der Gesamtdehnung) zahlreicher Fasertypen – sowohl nach der Methode steigender Dehnungsstufen (Abb. 5.33a) als auch steigender Kraftstufen (Abb. 5.33b) ermittelt – liegt von Susich et al. [44] vor.

Abschließend ist festzustellen, daß die zahlreichen Verfahren zur Charakterisierung des elastischen Verhaltens der Fasern von verschiedenen Autoren recht unterschiedlich eingeschätzt und angewendet werden. Immer wieder werden

Tabelle 5.6. Elastische Dehnungsverhältnisse wichtiger Fasern bei verschiedenen Dehnungsstufen

Faser	Elastisches Dehnungsverhältnis D_D (%) bei Gesamtdehnungen von		
	2%	5%	10%
Baumwolle	75	45	–
Flachs	70	–	–
Wolle	95–99	60–70	40–50
Seide	95	70	65 (bei 20%)
Viskose	70–95	40–60	–
Acetat	90–95	40–60	–
Triacetat	85–90 (bei 3%)	55–70	40–45
Polyester, normal	90–98	70–90	50–80
Polyamid, normal	95–100	95–100	90–95
Polyamid, technische Typen	–	90–95	83–90
Elastan	–	–	93–98 (bei 300%)
Polyacryl	90–95	50–90	55–80
Modacryl (50–84% PAN-Anteil)	95–99	85–98	55–95
Polypropylen, normal	90–95	85–90	80–85
Polypropylen, spannungslos fixiert	95–100	90–95	85–90
Polyethylen, HD	95–100	90–95	80–90
Polyethylen, LD	–	95	88
Polyvinylchlorid, nicht nachchloriert } nachchloriert }	70–90	55–65	–
syndiotaktisch	90–95	75–80	45–55
Polyvinylalkohol	60–80	40–60	30–50
Metall	100 (bei 1%)		
Glas	100 (bei 1%)		
Polycarbonat	100	–	–
Polyphenylensulfid (*Ryton*)	100	96	86

Prüfvarianten vorgeschlagen, die sich dann doch nicht in der Praxis durchsetzen oder nur für enger begrenzte Grundlagenforschung geeignet sind. Meist begnügt man sich mit der Bestimmung des elastischen Dehnungsverhältnisses für bestimmte Dehnungs- oder Belastungsstufen. Die bei der Charakterisierung des elastischen Verhaltens von textilen Faserstoffen zu beachtenden Probleme wurden von Winkler und Bauer kritisch untersucht [45, 46].

5.2.4 Wechselzugbeanspruchungen

Neben den statischen Prüfverfahren wurden in neuerer Zeit dynamische Prüfverfahren entwickelt (vgl. Abb. 5.7 und 5.8), von denen man sich bessere

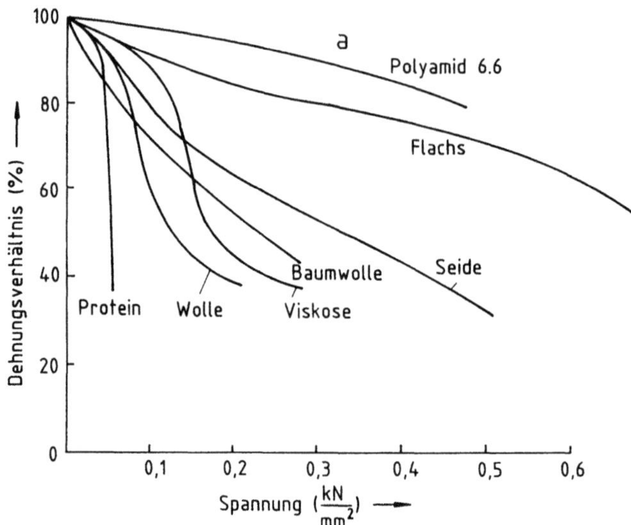

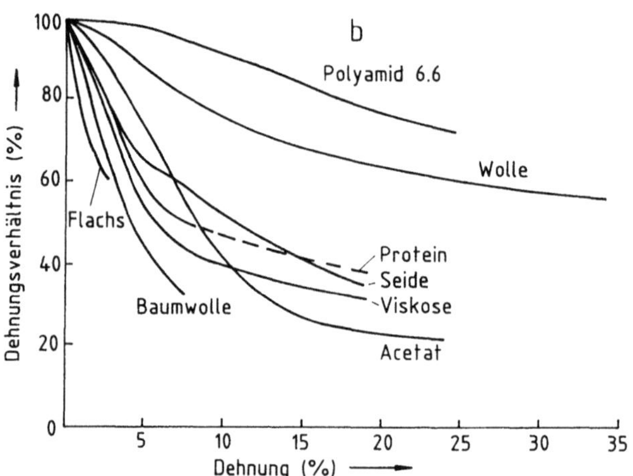

Abb. 5.31. Dehnungsverhältnis verschiedener Fasern. **a** Bei steigenden Belastungsstufen; **b** bei steigenden Dehnstufen; 10 mm Einspannlänge und Normalklima (nach Meredith [44])

Einblicke in Struktur und Eigenschaften der textilen Faserstoffe erhoffte. Im Falle von Wechselzugbeanspruchungen gibt es zahlreiche Prüfvarianten, die von Winkler in einer umfangreichen Arbeit [47] systematisiert wurden. Nach einer konstanten Vorbeanspruchung (Gleichspannung bzw. Gleichdehnung) wirken auf die Meßprobe Wechselbeanspruchungen (Wechselspannung bzw. Wechseldehnung) ein, für die determinierte Zeitfunktionen verwendet werden. Als Standardfunktionen nutzt man sprung- oder pulsförmige Funktionen oder die sinusförmige Anstiegsfunktion [48]. Ziel derartiger polymerphysikalischer Untersuchungen ist sowohl die Simulation praxisüblicher Beanspru-

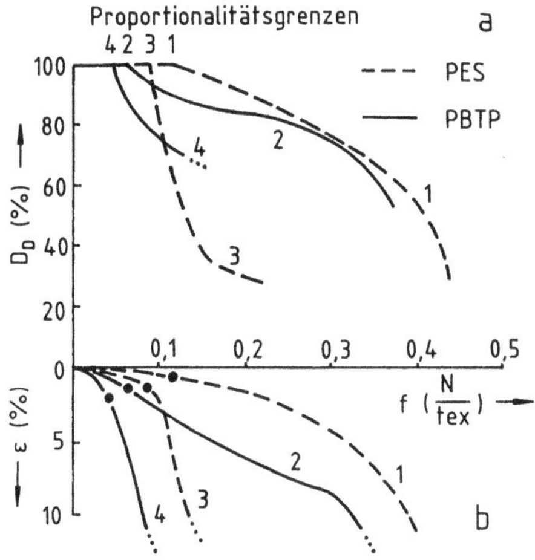

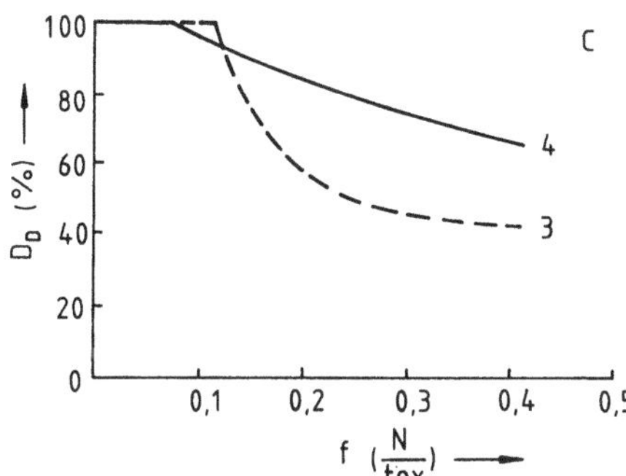

Abb. 5.32. Spannungs-Dehnungs- und elastisches Verhalten gereckter und thermisch geschrumpfter Polyesterfilamentgarne. **a** Dehnungsverhältnis D_D in Abhängigkeit von der feinheitsbezogenen Zugkraft f bei 20 s Be- und Entlastungsdauer; **b** zugehörige $f(\varepsilon)$-Charakteristik; **c** wie **a** bei 2 min Erholungsdauer nach Entlastung (nach Schultze-Gebhardt [27]); *1, 2* gereckt, *3* geschrumpft (Sattdampf, 135 °C), *4* geschrumpft (Sattdampf, 125 °C)

chungen an Fasern, Folien usw., als auch das Erstellen eines mathematischen Modells für das Zugspannungs-Dehnungs-Zeit-Verhalten einer Meßprobe. Letzteres ist sehr kompliziert und bezüglich der Auswertung problematisch; aber nach Winkler et al. [48, 49] ermöglicht die experimentelle Systemanalyse einen Ausweg aus dieser Situation. Die angesprochene Beanspruchungssimulation ist sehr aufwendig und nur für Untersuchungen spezieller Aufgabenstellungen ökonomisch vertretbar.

Interessant ist in diesem Zusammenhang ein Rückblick auf die Entwicklungstendenz bei der Prüfung von Festigkeits- und Formänderungseigenschaften: anfangs ging es um einfache Zugwechselprüfungen mittels Kurbeltrieb (z. B. Reifenkordprüfung nach Zoeppritz [51]), später wurde das Verfahren vielseitig verfeinert (z. B. nach dem Prinzip der periodisch wiederkehrenden oberen Lastgrenze) und neuerdings mit den elektronischen Möglichkeiten verknüpft, die zugleich vielseitige Auswertungen gestatten. Derartige dynamische Prüfgeräte waren zunächst gut ausgestatteten Forschungseinrichtungen (Eigenbau, hohe Kosten, Spezialisten) vorbehalten, werden nunmehr aber bei

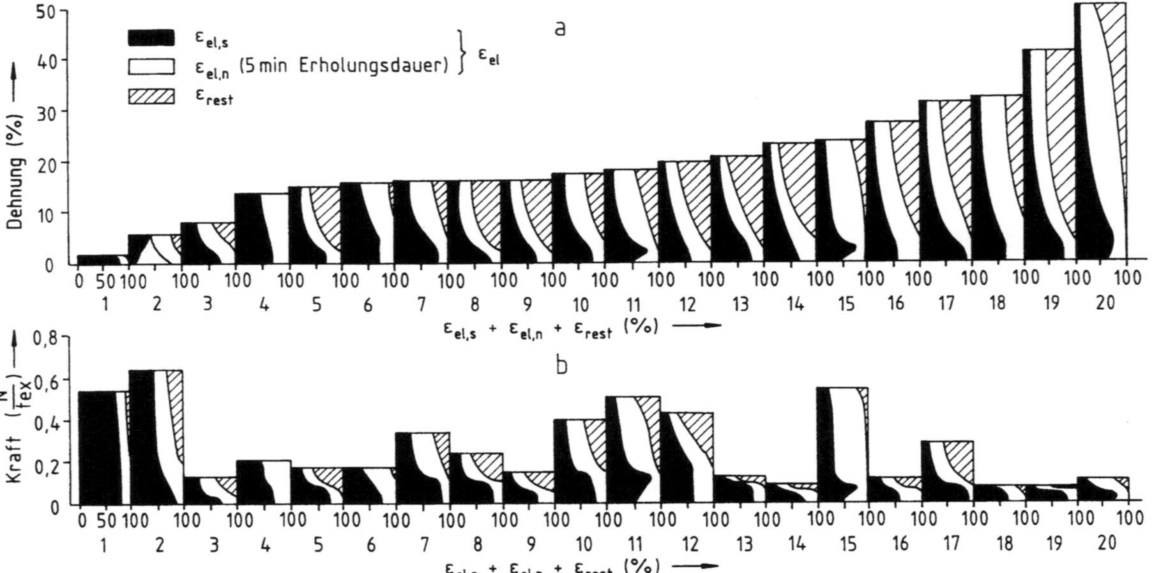

Abb. 5.33. Erholungsverhalten verschiedener Fasern (nach Susich und Backer in [44]) bei $\varphi = 65\%$ und $t = 21\,°C$. **a** Nach der Methode der steigenden Dehnungsstufen; **b** nach der Methode der steigenden Belastungsstufen; *1* Glasfilamentgarn (*Fiberglas*), *2* Cellulosespinnfasergarn (*Fortisan*), *3* Baumwollgarn, *4* Polyvinylidenchloridborste (*Saran*), *5* Viskosefilamentgarn, *6* Polyvinylidenchlorid-Filamentgarn *(Saran)*, *7* Polyvinylchlorid-Filamentgarn (*Vinyon*), *8* Viskosefilamentgarn, hochfest, *9* Viskosespinnfasergarn, *10* Polyacrylfilamentgarn (*Orlon*), *11* Polyesterfilamentgarn (*Dacron*), *12* Seide, *13* Acetatfilamentgarn, *14* Acetatspinnfasergarn, *15* Polyamid 6.6-Filamentgarn, *16* Mischpolymer-Spinnfasergarn (*Dynel*), *17* Polyvinylchlorid-Filamentgarn (*Vinyon*), *18* Wollgarn, *19* Caseinspinnfasergarn, *20* Polyethylenborste

der Beurteilung von textilen Faserstoffen für spezielle Textilien zunehmend auch in der Praxis angewendet. Dagegen haben sie sich in der Prüfpraxis der klassischen Chemiefaser- und Textilindustrie nicht so durchgesetzt, wie man dies ursprünglich erwartete. Dies liegt vor allem daran, daß im klassischen Einsatzbereich der Fasern meist keine Notwendigkeit für derartige Prüfungen besteht, da mit dem Aufkommen der synthetischen Chemiefasern diesbezügliche Mängel z. B. der Celluloseregeneratfasern bedeutungslos geworden sind. Auch ist festzustellen, daß – im Gegensatz zu früheren Zeiten – vor allem modische Textilien nicht bis zu deren physischem Verschleiß genutzt werden.

5.2.5 Einflüsse auf Festigkeit und Dehnung

Die bei Zugprüfungen an textilen Faserstoffen erhaltenen Festigkeits- und Dehnungswerte sind keine Materialkonstanten. Die Prüfergebnisse werden mehr oder weniger stark von den Beanspruchungs- bzw. Prüfbedingungen beeinflußt, wobei es sich neben den apparativen Gegebenheiten um den Zeitablauf, die Luftfeuchte, die Temperatur u. a. handelt. Diese Einflüsse sind in ähnlicher Weise auch bei Verarbeitungs- und Gebrauchsbeanspruchungen wirksam, weshalb die folgenden Ausführungen zum Einfluß der Prüfbedingungen auf die Meßwerte sinngemäß auch auf die Bedingungen bei Praxisbeanspruchungen anwendbar sind.

Ausgehend von modernen wegarmen Zugfestigkeitsprüfgeräten und genormten Prüfbedingungen ergibt sich bei Verminderung der *Ausgangslänge* für das zu prüfende Fasermaterial eine Erhöhung der mittleren Höchstzugspannung. Diese Erscheinung ist deutlicher ausgeprägt, wenn es sich um Materialien mit hohen inneren und äußeren Ungleichmäßigkeiten handelt, denn bei kurzen Ausgangslängen werden bei einer bestimmten Anzahl von Einzelprüfungen die „Schwachstellen" weniger häufig wirksam als bei großen Ausgangslängen.

Im Bereich niedriger *Prüfgeschwindigkeiten* werden bei Zugfestigkeitsprüfungen im Prinzip um so kleinere mittlere Höchstzugspannungen an der Meßprobe erhalten, je mehr Relaxations- bzw. Retardationserscheinungen wirksam werden können. Abbildung 5.34 läßt für ein gerecktes PA 6-Filamentgarn erkennen, daß mit der Prüfgeschwindigkeit die Höchstzugspannung zunächst zwar ansteigt, aber im Dehnungsgeschwindigkeitsbereich von $100-1000\% \cdot s^{-1}$ Höchstzugspannung und Höchstzugkraft-Dehnung beträchtlich abnehmen, was von Strukturveränderungen in der Faser, adiabatischer Erwärmung usw. verursacht wird [52]. Bei höchsten Dehnungsgeschwindigkeiten ($\dot{\varepsilon} > 10^4\% \cdot s^{-1}$) kann eine Probendeformation vor dem Reißen praktisch nicht mehr eintreten, Relaxation bzw. Retardation sind somit ausgeschaltet.

In der textilen Praxis hat man es häufig mit *kurzzeitigen Belastungen* bzw. Dehnungen zu tun, deren Auswirkungen auf die Qualität bzw. Haltbarkeit um so geringer sind, je kürzer die Einwirkungsdauer ist. So wird ein Fallschirmöffnungsstoß, der Sekundenbruchteile in Anspruch nimmt, von den Fallschirm-

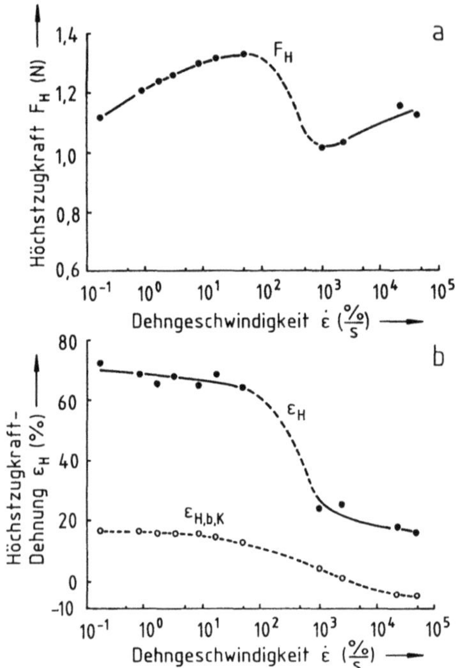

Abb. 5.34. Höchstzugkraft (**a**) und Höchstzugkraft-Dehnung (**b**) eines gereckten Polyamidfilamentgarns in Abhängigkeit von der Dehngeschwindigkeit [52], $\varepsilon_{H,b,K}$ Kurvenverlauf nach Korrektur des Klemmenfehlers

seilen schadlos überstanden, während sie bei gleichhoher statischer Belastung zerreißen würden. Kennt man diese Zusammenhänge, dann ist eine Überdimensionierung vermeidbar, Masse und damit Material können eingespart werden.

Längerzeitige Überdehnungen einzelner Kettfäden in der Webereivorbereitung können infolge Relaxation zu Glanz- oder Spannfäden und damit zu Gewebestreifigkeit und Bolderbildung führen. Berndt et al. [53] stellten an Triacetatfilamentgarn fest, daß eine Zugkraft von $11\,cN \cdot tex^{-1}$ bei einer Verformungsgeschwindigkeit von $4000\% \cdot s^{-1}$ eine bleibende Dehnung von weniger als 0,2% zur Folge hat; bei $400\% \cdot s^{-1}$ Verformungsgeschwindigkeit resultiert dagegen eine bleibende Dehnung von nahezu 6%. Deshalb sollte man z.B. beim Scheren mit maximal möglichen Geschwindigkeiten arbeiten. Diesbezügliche Zugversuche von Becker u. a. [54] mit hoher ($4000\% \cdot s^{-1}$) sowie niedriger Dehnungsgeschwindigkeit (statischer Zugversuch: $0,83\% \cdot s^{-1}$) führten unter Vorgabe von bestimmten tolerierten bleibenden Dehnungen zur Aufstellung von Toleranzgrenzen für maximal zulässige feinheitsbezogene Zugkräfte (Tabelle 5.7).

Tabelle 5.7. Maximal zulässige feinheitsbezogene Zugkräfte verschiedener Filamentgarne, bei denen eine bestimmte tolerierte bleibende Dehnung 60 s nach der Zugbeanspruchung nicht überschritten wird, für Dehngeschwindigkeiten von $4000\,\% \cdot s^{-1}$ (a) und $0,83\,\% \cdot s^{-1}$ (b)

Tolerierte bleibende Dehnung %	Maximal zulässige feinheitsbezogene Zugkräfte $cN \cdot tex^{-1}$									
	Viskose glatt		Polyester				Polyamid 6.6			
			texturiert		glatt		texturiert		glatt	
	a	b	a	b	a	b	a	b	a	b
0,5	12	7	14	9	37	22	21	13	43	18
1,0	13	7	17	11	38	25	26	16	47	27
2,0	14	8	22	14	39	28	32	21	51	34
4,0	17	9	28	20	40	30	39	28	–	–

5.2.6 Schrumpfverhalten nach Zugbeanspruchung

Der Zusammenhang von Verformungsgeschwindigkeit und *Schrumpfkraftverhalten* interessiert z. B. beim Schußeintrag beim Weben, beim Nähen mit hohen Stichzahlen, bei Reifenkarkassen und Fallschirmtextilien. Dabei handelt es sich um Aussagen bezüglich der im beanspruchten Material zurückgebliebenen latenten Spannungen, die beim isothermischen Erwärmen der Meßprobe eine entsprechende temperaturabhängige Rückstellkraft bedingen. Bossmann u. a. [55] verformten bei verschiedenen Zugbelastungen Synthesefilamentgarne mit $0,83\,\% \cdot s^{-1}$ und $8000\,\% \cdot s^{-1}$ Dehnungsgeschwindigkeit. Danach wurden die Proben 24 Stunden bei Normalklima unter Retardationsbedingungen ($1\ cN \cdot tex^{-1}$ Vorspannung) gelagert und anschließend die Gleichgewichtsschrumpfkraft nach Berndt und Heidemann [56] in Abhängigkeit von der Temperatur ermittelt. Abbildung 5.35 zeigt die temperaturbezogenen Gleichgewichtsschrumpfkräfte f_{sg} für nicht vorbeanspruchte und bei unterschiedlichen Dehnungsgeschwindigkeiten beanspruchte Synthesefilamentgarne. Die Kurvenverläufe gestatten interessante Einblicke in recht unterschiedliche struktur- und temperaturbedingte Verspannungssituationen. So liegt bereits im Original-PES-Filamentgarn eine bei Zimmertemperatur aufgetretene Überdehnung vor, die sich durch das Spannungsmaximum bei 50 °C bemerkbar macht. Dieses Maximum steigt nach Zugbelastung mit geringer Dehnungsgeschwindigkeit ($0,83\,\% \cdot s^{-1}$) um das 2- bis 3fache, verschwindet hingegen im Falle hoher Dehnungsgeschwindigkeit nahezu, weil sich bei der kurzzeitigen Zugbeanspruchung keine zusätzlichen blockierten Spannungen ausbilden können und die elastische Deformation zunimmt. Beim 150 °C-Maximum sind die Spannungen durch Kristallisation blockiert. Nach einer kurzzeitigen Zugbeanspruchung tritt nur geringfügige Veränderung des Maximums im Vergleich zum Originalmaterial ein (evtl. auf innere Erwärmungseffekte zurückführbar). Dagegen verringern langfristige Zugbeanspruchungen (bei geringer Deh-

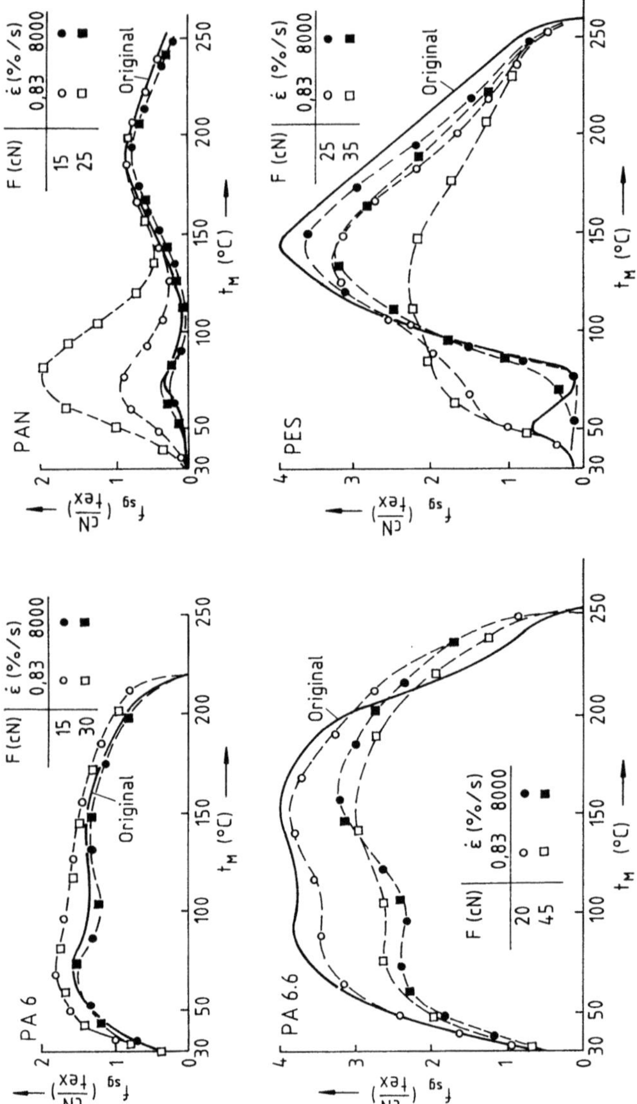

Abb. 5.35. Gleichgewichtsschrumpfkräfte f_{sg} verschiedener synthetischer Filamentgarne nach Zugbelastung auf zwei verschiedene Kraftstufen F bei verschiedenen Dehngeschwindigkeiten $\dot{\varepsilon}$ [55]

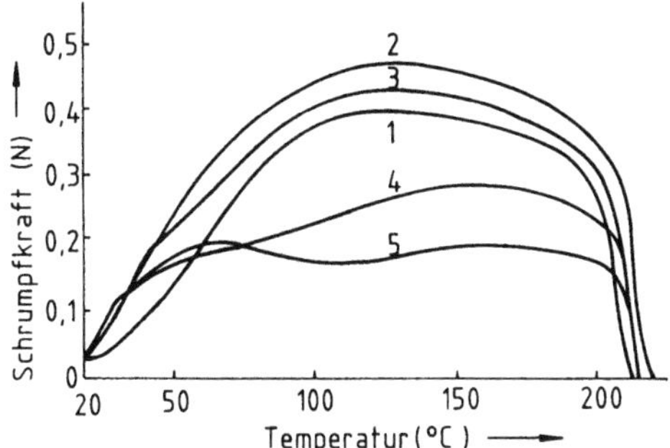

Abb. 5.36. Einfluß des Feuchtezuschlages u von Polyamid 6-Filamentgarnen auf den Verlauf der isometrischen Schrumpfkraftkurven [57]; *1* $u = 0,31\%$ ($\varphi = 0\%$), *2* $u = 1,17\%$ *($\varphi = 25\%$), *3* $u = 2,11\%$ ($\varphi = 50\%$), *4* $u = 3,32\%$ ($\varphi = 75\%$), *5* $u = 5,04\%$ ($\varphi = 100\%$)

nungsgeschwindigkeit) das Schrumpfkraftmaximum beträchtlich, was auf den Abbau der durch Kristallite blockierten Spannungen und Relaxationsvorgänge – besonders im hohen Temperaturbereich – zurückzuführen ist [55]. An Polyacrylfilamentgarnen ist nach Zugbelastung mit geringer Dehnungsgeschwindigkeit im unteren Temperaturbereich eine beträchtliche Zunahme der blockierten Spannungen zu beobachten, was – allerdings etwas weniger ausgeprägt – auch an Polyamid 6-Filamentgarnen auftritt. Dagegen ist an beiden Materialien eine relativ gute Übereinstimmung der Schrumpfkraft-Temperatur-Kurven der Originalfilamentgarne und des nach Zugbeanspruchung bei hoher Dehnungsgeschwindigkeit erhaltenen Filamentgarnes zu erkennen. Wieder anders verhalten sich die Schrumpfkräfte im Polyamid 6.6-Filamentgarn, die auf Grund relativ hoher Orientierung der Moleküle zwischen 80 und 200 °C bemerkenswert hoch liegen. Bei Zugbeanspruchung mit geringer Dehnungsgeschwindigkeit bis über die Fließgrenze hinaus verlagern sich die Molekülketten in den nichtkristallinen Bereichen und bilden an geeigneter Stelle wieder neue intermolekulare Wechselwirkungen aus (führt zu niedrigen Schrumpfkräften). Nach Zugbeanspruchung solcher hochorientierter Filamentgarne mit hoher Dehnungsgeschwindigkeit wurden ebenfalls relativ niedrige Schrumpfkräfte gemessen, was mit den Feststellungen zu Abb. 5.34 korreliert.

Schrumpfkraftmessungen an zahlreichen textilen Faserstoffen in Abhängigkeit von der Temperatur und verschiedenen Vorbehandlungen liegen auch von anderen Autoren vor. Beispielsweise zeigen die Abb. 5.36 und 5.37 für Polyamid 6-Filamentgarne die Auswirkungen unterschiedlicher Feuchteaufnahmen und thermischer Vorbehandlungen (Fixierungen) auf den Verlauf isometrischer Schrumpfkraftkurven. In [57] werden hierzu ausführlich die vor sich gehenden übermolekularen Strukturveränderungen diskutiert.

An den in den Abb. 5.35–5.37 gezeigten Beispielen ist gut erkennbar, wie vielfältig Eigenschaften polymerer Fasern durch strukturelle Gegebenheiten und diese wiederum durch Verformung, Temperatur, Relaxation bzw. Retardation spannungs- und zeitabhängig und letztendlich auch durch umgebende

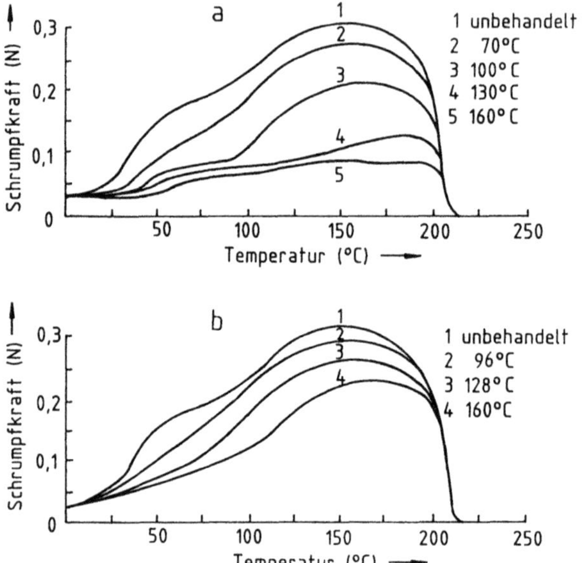

Abb. 5.37. Einfluß thermischer Vorbehandlungen von Polyamid 6-Filamentgarnen auf den Verlauf isometrischer Schrumpfkraftkurven [57]. **a** Wärmebehandlung ohne Schrumpfbehinderung; **b** Wärmebehandlung bei konstanter Länge

Medien, Alterung u. a. beeinflußt werden. Dies alles sollte bedacht werden, wenn man sich aus technologischen Gründen über *Schrumpfwerte* (wenn also der Rückstellkraft keine äußere Kraft entgegenwirkt) informieren muß, von denen einige in Tabelle 5.8 – nach einheitlichen Prüfmethoden ermittelt – zusammengestellt sind. Dabei zeigt sich, daß die Schrumpfwerte bei den verschiedenen Fasertypen und selbst bei verschiedenen Lieferungen des gleichen Fasertyps (insbesondere bei Hochschrumpftypen) stark schwanken, was zu Unterschieden im Verarbeitungsverhalten mit Qualitätsauswirkungen führen kann.

5.3 Biegebeanspruchungen

Im Gegensatz zu Zug- und Druckbeanspruchungen handelt es sich bei der Biegung von Fasern um eine komplexe Deformationsbeanspruchung. Wie Abb. 5.1 bereits erkennen ließ, enthält eine gebogene Faser eine neutrale Zone, der sich nach der Bogenaußenseite zunehmende Dehnungsbeanspruchung, nach der Bogeninnenseite hingegen zunehmende Stauchbeanspruchung anschließen. Da die meisten Fasern weder isotrop noch homogen sind, ist die neutrale Zone, die bei Biegung keiner Längenänderung unterliegt, nicht mittig angeordnet. Der stärksten Beanspruchung unterliegen die Faserbereiche unmittelbar im Innen- und im Außenbogen, in denen es zu mehr oder

Tabelle 5.8. Heißwasser- und Heißluftschrumpf von Chemiefaserstoffen (nach verschiedenen Autoren, insbesondere [26])

Faser		Heißwasserschrumpf bei 95 °C in %		Heißluftschrumpf (3 min) bei		
		unfixiert	fixiert	130	150	190 °C in %
Viskose	Sf/Fg	0,5–10				
Acetat	Sf/Fg					4–5
Triacetat	Sf/Fg	5–20				0,5–2
PAN, Homopolymer	Sf/Fg	14–16	≈1			
PAN, Copolymer	Sf/Fg	16–22 (40)	0,5–5,0			
Modacryl	Sf/Fg	16	0,2–5,0	5–30		
CLF, ataktisch	Sf/Fg	20–30				
PVAL, acetalysiert	Sf/Fg		2–3			
Fluoro	Sf/Fg		2			3 (177 °C) 11 (177 °C/ 1000 h) 24 (288 °C)
PA 6/PA 6.6	Sf		0,5–1,5			
PA 6/PA 6.6	Fg	8–15	1–5	1–15		2–18
PA 6/PA 6.6	Fg-hf	≈10	≈1			
Aramid (*Nomex*)	Fg		1,5		0,1	0,5
Aramid (*Kevlar*)	Fg		0,1		0,1	0,1
Polyester	Sf		0,5–1			
Polyester	Fg	5–10	0,5–1,5	2–15		3–20
Polyester	Fg-hf	7–8	<1			
Polycarbonat	Fg		0,2–0,5			
Elastan	Fg	3–15			5–10	
Polyimid	Fg	<0,5				1 (250 °C/ 0,5 h)
Polyethylen, HD	Fg	5–12				
PP, isotaktisch	Fg	0–5		2–10	30–50	

weniger großen Strukturveränderungen kommen kann, deren Ausmaß von Temperatur, Feuchte, Beanspruchungsdauer u. a. abhängt.

Das Biegeverhalten umfaßt für die Verarbeitung und den Gebrauch wichtige Eigenschaften wie Steifheit – wichtig z. B. für den „textilen Habitus" –, Knitterneigung, Sprödigkeit und Dauerbiegebeständigkeit. Es wird durch verschiedene Prüfmerkmale wie Biegekraft, Biegearbeit, Biegemodul, Biegeelastizität, Durchbiegung usw. charakterisiert. Untersuchungen zum Biegeverhalten beziehen sich vor allem auf textile Fäden und Flächengebilde, die prüftechnisch einfacher als die unverarbeiteten Fasern zu handhaben sind. Meist handelt es sich um praxisnahe Prüfmethoden, die nicht genormt sind [50]. Die Beschreibung des Biegeverlaufs an Fasern unter Nutzung z. B. der Biegeformeln der klassischen Festigkeitslehre, die von normalen Festkörpern (z. B. Metalle) ausgeht und eindeutige Querschnitte sowie die Identität von Zug- und Biegemodul voraussetzt, ist problematisch. Wie man bei viskoelastischen Fasern trotzdem – meist sehr aufwendig – zu Ergebnissen kommt, ist in

Tabelle 5.9. Biegekraft und „spezifische Biegesteifheit" im Vergleich zu Biege- und Zugmodul [44, 59]

Faser		Biegekraft [44]	spezifische Biegesteifheit [59]	Biegemodul [59]	Zugmodul [59]
		$N \cdot tex^{-1}$	$mN \cdot mm^2 \cdot tex^{-2}$	$kN \cdot mm^{-2}$	$kN \cdot mm^{-2}$
Baumwolle		5,6	0,53	–	7,7
Flachs		26,5	–	–	–
Jute		18,1	–	–	–
Sisal		12,5	–	–	–
Wolle		0,4	0,24	3,9	5,2
Seide, entbastet		1,5	0,60	–	14,0
Viskose	Fg	1,0	0,35	10,0	8,7
Viskose	Fg-hf	2,3	0,69	20,0	–
Acetat	Fg	0,5	0,25	–	4,2
Casein	Sf	0,2	0,18	–	2,3
Glas	Fg	28,5	–	–	–
Polyacryl	Sf/Fg	0,8–2,7	0,33–0,48	6,0–8,1	4,9–7,0
Polyamid 6.6		≈1,0	0,15–0,22	2,5–3,6	1,9–3,8
Polyester (*Terylene*)	Sf	0,9	0,30	7,7	6,2
Polyester (*Dacron*)	Fg	1,6	–	–	–
Polyester (*Dacron*)	Fg-hf	2,8	–	–	–
Polypropylen		–	0,51	5,2	2,4

[26] an Hand zahlreicher Veröffentlichungen beschrieben. Allerdings liegen nur wenige und keineswegs die gesamte Faserpalette überstreichende Meßergebnisse vor, die außerdem als „Autor-spezifisch" einzuschätzen sind, aber für Trendbetrachtungen nützlich sein können. Nachfolgend wird auf einige solcher Ergebnisse eingegangen.

Die in Tabelle 5.9 zusammengestellten Biegekräfte (nach Koch [44]) zeigen deutliche Unterschiede zwischen den Faserarten. Sie lassen den Einfluß zunehmender Orientierung auf eine Erhöhung der *Biegesteifheit* und den Zusammenhang von Biegesteifheit und Konformation erkennen (z. B. liegen die Werte für Seide auf Grund der Zickzackform der Kettenmoleküle im Vergleich zu den Werten für Wolle – Helix-Form – deutlich höher).

Morton und Hearle [59] haben sich unter Berücksichtigung des Gestaltfaktors des Faserquerschnittes rechnerisch und experimentell und unter Nutzung der Arbeiten anderer Autoren (statische und dynamische Prüfverfahren) mit der Biegesteifheit auseinandergesetzt. Bei den von ihnen angeführten Meßwerten für die spezifische (feinheitsbezogene) Biegesteifheit (Tabelle 5.9) ist eine gewisse Korrelation mit den Biegekraft-Werten von Koch zu erkennen (z. B. Regression für Chemiefasern mit $B = 81\%$). Interessant ist in Tabelle 5.9 der Vergleich von Biege- und Zugmodul, wobei ersterer meist der größere ist. Daraus kann man schließen, daß die Fasern dem Stauchen einen größeren Widerstand entgegensetzen als dem Dehnen.

Tabelle 5.10. Biegesteifheit B und Variationskoeffizient V verschiedener Polyesterspinnfasern (*Diolen*, 0,17 tex, 40 mm, gl, hw) [60]

Fasertyp	Flocke		Kardenband		Streckenband		Flyervorgarn	
	B $kN \cdot mm^{-2}$	V %	B $kN \cdot mm^{-2}$	V %	B $kN \cdot mm^{-2}$	V %	B $kN \cdot mm^{-2}$	V %
hochmodulig, unfixiert	4,9	34	8,5	34	7,5	31	11,5	29
hochmodulig, fixiert	5,9	34	8,4	41	8,9	28	12,5	33
niedermodulig, unfixiert	4,4	36	5,8	39	8,3	30	8,9	28
niedermodulig, fixiert	6,55	37	7,7	39	7,5	31	10,2	29

Mayer [60, 61] ging bei der Ermittlung der Biegesteifheit synthetischer Chemiefasern von der Messung des Biegewinkels beim Freiträgerbiegeversuch aus. Vorkrümmung und Kräuselung wurden ebenso berücksichtigt wie Einflüsse von Dickeschwankungen, Feinheitsdifferenzen, unterschiedlichen Luftfeuchten (insbesondere an PA-Fasern) und thermischen Vorbehandlungen. Er untersuchte die Änderung der Biegesteifheit durch Beanspruchungen im Verarbeitungsprozeß (im Beispiel [60] von der Flocke über die Stufen Karde, Strecke und Flyer) für vier verschiedene handelsübliche Polyesterspinnfasertypen (*Diolen*). Dabei handelte es sich um Typen mit hohem bzw. mit niedrigem Zugmodul jeweils im unfixierten und fixierten Zustand. Trotz der hohen Variationskoeffizienten der ermittelten Werte für die Biegesteifheit (Tabelle 5.10) zeigt sich als Tendenz, daß die fixierten Fasern biegesteifer als die jeweils unfixierten Fasern sind (d. h. durch die intensiveren intermolekularen Wechselwirkungen im fixierten Material wird der Widerstand gegenüber den Zug- und Druckkräften beim Biegen erhöht) und daß gleichfalls die höhere Orientierung der Hochmodultypen größere Biegesteifheiten bedingt. Dieser Orientierungseinfluß auf die Biegesteifheit wird durch die Zugbeanspruchungen bei den textilen Verarbeitungsprozessen (insbesondere an der Karde und am Flyer) offensichtlich noch verstärkt.

Da sich die bisher bekannten Meßverfahren nur „wenig für eine reproduzierbare und absolute Messung von Kenngrößen zur Ermittlung der Biegesteifheit von Fasern" eignen, sind Offermann und Reumann dabei, eine Methode einzuführen, welche die bisherigen Mängel weitgehend vermeiden soll [62]. Abbildung 5.38 zeigt den Biegekraftverlauf bei einer Biegung von $0-80°$ und zurück nach $0°$ an einer groben PAN-Faser, wobei es zu einer Hysteresiskurve kommt. Bei feinen Fasern ist es allerdings noch erforderlich, die methodenbedingte Streuung der Meßwerte wesentlich einzuschränken.

Vorerst bleibt festzustellen, daß eine Reihung feinheitsbezogener Biegekräfte der gebräuchlichen Fasergruppen problematisch ist, da diese – wie z. T. schon erläutert – mehr oder weniger große Wertespannen in Abhängigkeit von

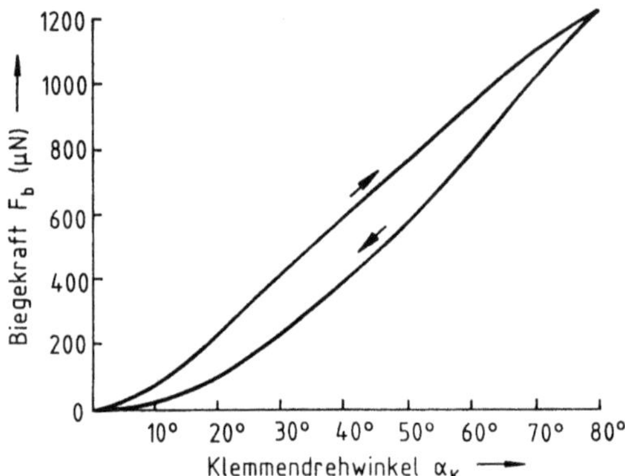

Abb. 5.38. Biegekraft einer PAN-Spinnfaser 6,4 tex bei Klemmendrehung von 0–80° und zurück [62]

Tabelle 5.11. Knitterwinkelbereiche für verschiedene Filamentgarne

Faser	Knitterwinkelbereiche	
	sofort Grad	nach Erholung Grad
Glas	173	
Cupro	75–81	105–110
Viskose, hochfest	106	135
Viskose, normal	70–93	114–124
Acetat	124–126	145–150
Polyvinylchlorid (*PeCe*)	140	154
Polyamid 6	138–142	147–156

Orientierung (normal – hochfest bzw. Spinnfaser – Filament), Querschnittsform, Thermobehandlung (Fixiergrad), diverse Veredlungsverfahren, Alterung usw. aufweisen können. Gegebenenfalls kann auf Tordierbeanspruchungen bzw. den Quersprödigkeitswinkel (Abschn. 5.5) ausgewichen werden, da erfahrungsgemäß zwischen Biege- und Torsionsverhalten gewisse korrelative Zusammenhänge bestehen und die Fasertordierung experimentell einfacher durchführbar ist.

Das *Knitterverhalten* ist vom biegeelastischen Anteil der Formänderungsarbeit abhängig. Vorrangig interessiert natürlich die Knitterneigung textiler Flächengebilde, auf die außer dem Biegemodul der Fasern die textile Konstruktion (Fadendrehung, Bindungsart, Fadendichte usw.) Einfluß nimmt. Bei der Beurteilung des Biegeverhaltens der Flächengebilde an Hand der Biegewinkel ist die Intensität der Faltenbeanspruchung zu beachten; es interessiert die Erholungsfähigkeit nach Beenden der Beanspruchung, was insbesondere Sommer und Mitarbeiter [50] umfassend untersuchten. Bezüglich der Prüfbedingungen sei auf DIN 53890 und DIN 53891 verwiesen.

Wesentlich seltener wurde das Knitterverhalten unverarbeiteter Fasern und Fäden untersucht, wobei auf Arbeiten z. B. von Krais [63] sowie Koch und Böhme [64] zurückgegriffen werden kann. Letztere untersuchten vor allem Chemiefilamentgarne, die zur Faltenbildung unter geringer Spannung auf eine Metallplatte aufgewickelt werden; nach einer Stunde werden die Fadenwindungen aufgeschnitten und an den V-förmigen Fadenstücken zeitabhängig der Knittererholungswinkel gemessen

$$\text{Knittererholbarkeit} = \frac{\alpha_{konst} - \alpha_{sofort}}{180° - \alpha_{sofort}} \cdot 100\,\%. \tag{5.11}$$

α_{sofort} Knittererholungswinkel sofort nach Entlastung
α_{konst} Knittererholungswinkel nach vollständiger Erholung

Als Qualitätsstufen der Knitterneigung werden angegeben:

Knitterwinkel α_{konst}	unter	80°	... sehr stark knitternd
	80 bis	100°	... stark knitternd
	100 bis	120°	... knitternd
	120 bis	< 180°	... schwach knitternd
		180°	... knitterfrei

Die von den Autoren erhaltenen Meßwerte sind in Tabelle 5.11 zusammengestellt und repräsentieren den damaligen Entwicklungsstand der Produkte. Grundsätzlich läßt sich innerhalb der einzelnen Fasergruppen folgende Einstufung bezüglich ihrer Knitterneigung (von schlecht nach gut gereiht) angeben:
- Naturfasern – Flachs, Baumwolle, Seide, Wolle,
- Celluloseregeneratfasern – Viskose, Cupro,
- Celluloseesterfasern – Acetat, Triacetat,
- Synthetische Chemiefasern – Polyacryl, Polyvinylchlorid, Polyamid, Polyester.

Zur schnellen und wenig aufwendigen komplexen Charakterisierung der Biege- und Querfestigkeitseigenschaften von Fasern eignen sich die Bestimmung von Knoten- und Schlingen-Höchstzugkraft, die meist in Prozent der Höchstzugkraft beim normalen Zugversuch (*Knoten-* bzw. *Schlingen-Höchstzugkraft-Verhältnis*) angegeben werden. Bei diesen Messungen treten starke Wertestreuungen auf, insbesondere bei Prüfmaterialien mit nicht kreisförmigem Querschnitt und rauher Oberfläche. Während an Fasern die Z- bzw. S-Knotung offensichtlich keine signifikanten Festigkeitsunterschiede bedingt, ist diese bei Garnen und Zwirnen im Zusammenhang mit deren Drehung zu berücksichtigen. Wie Tabelle 5.12 erkennen läßt, liegen die Höchstzugkraft-Verhältnisse bei der Knotenprüfung, bedingt durch die stärkere Quetsch- und Scherbeanspruchung, meist etwas niedriger als bei der Schlingenprüfung, was mit einer stärkeren Differenzierung der Knoten-Höchstzugkraft-Verhältnisse zwischen den Fasern einhergeht. Glatte Fasern weisen merklich größere Knoten-

Tabelle 5.12. Knoten- und Schlingen-Höchstzugkraft-Verhältnis gebräuchlicher Fasern

Faser	Knoten-Höchstzugkraft-Verhältnis %	Schlingen-Höchstzugkraft-Verhältnis %
Baumwolle	60–90	65–96
Flachs	20	–
Sisal	30	–
Wolle	65–85	75–85
Seide	60–90	80–90
Viskose, normal	45–50	35–67
Viskose, mittelorientiert	43–56	46–70
Viskose, hochorientiert	30	45–60
Cupro	65–70	70–75
Acetat	45	70–85
Acetat, verseift (*Fortisan*)	35–40	50
Triacetat	80–90	70–95
Casein	65	–
Alginat	60	–
Polyacryl, Homopolymer	70	60
Polyacryl, Copolymer (> 85 % AN)	75–80	70–80
Modacryl (50–84 % AN)	80	50–70
Polyvinylchlorid, ataktisch	60	65
Polyvinylalkohol, acetalisiert	45–75	40–80
Fluoro (*Teflon*)	75–90	60–90
Polyamid 6	75–80	60–95
Polyamid 6.6	60–90	70–95
Aramid (*Nomex*)	80–85	65
Aramid (*Kevlar*)	30–40	50–78
Polyester	40–85	60–95
Polycarbonat	–	60–75
Phenol-Formaldehyd (*Kynol*)	–	70
Polyimid (*P 84*)	74	60
Polyethylen, HD	70–90	60–90
Polypropylen, isotaktisch	70–90	85–95
Polyethylen (*Dyneema*)	33–55	40–65
Glas	10–25	30–60
Stahl	30–60	65
Kohlenstoff, HF	5	12
Kohlenstoff, HM	2	9

Höchstzugkraft-Verhältnisse als rauhe auf, was mit gleichmäßigerer Spannungsverteilung infolge fehlender Kerbwirkung in Verbindung gebracht werden kann. Die Schlingenprüfung wird aber häufig der Knotenprüfung vorgezogen, weil bei jener die Beanspruchungsverhältnisse weniger komplex sind, die Oberflächenbeschaffenheit das Ergebnis weniger beeinflußt und damit auch die Streuung der Meßwerte niedriger ist. Bemerkenswert ist noch, daß höchstorientierte Synthesefasern (*Kevlar, Dyneema*) und erst recht Kohlenstoff- und Glasfasern äußerst niedrige Werte aufweisen, was deren extreme

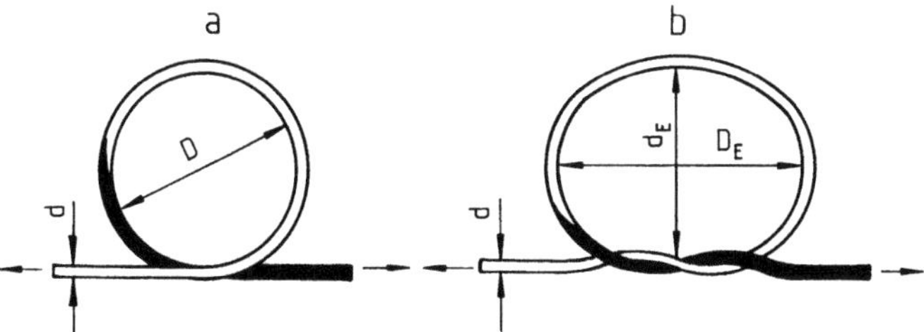

Abb. 5.39. Prinzip der Schlingenfähigkeitsprüfung an spröden Fasern. **a** Mittels einfacher Schlinge (D/d); **b** mittels Knotentest; Krümmungsradius $r_{\mathrm{E}} = d_{\mathrm{E}}^2/2 D_{\mathrm{E}}$, spez. Krümmungsradius $2 r_{\mathrm{E}}/d$

Sprödigkeit charakterisiert. Für Detailuntersuchungen an spröden Fasern ist daher die Schlingenfestigkeitsprüfung weniger gut geeignet.

Es lag nahe, an spröden Fasern die *Schlingenfähigkeit* durch das Verhältnis D/d bei einem Schlingentest (Abb. 5.39) zu charakterisieren, wobei D der Durchmesser der aus einer Faser gebildeten Schlinge im Augenblick des Bruchs und d der Faserdurchmesser sind. Je kleiner das Verhältnis D/d ausfällt, um so schmiegsamer sind die Fasern. In Anlehnung an Koch [65] wurde eine modifizierte Schlingenprüfmethode [66] entwickelt, die vom Schlingenumfang ausgeht und so die Unsicherheit der Schlingendurchmessererfassung im Augenblick des Schlingenbruchs umgeht. Mit der Schlingenfähigkeitsprüfung kann man z. B. den Einfluß verschiedener Spinnverfahren, unterschiedlicher Glaszusammensetzung sowie thermischer oder auch chemischer Behandlungen auf die Schmiegsamkeit messen [65, 66]. Beispielsweise wirkt sich höherer Alkaligehalt auf die Schlingenfähigkeit bzw. die Schmiegsamkeit von Glasfasern ungünstig aus. Weiterhin ist festzustellen, daß die Glasfasern mit abnehmendem Durchmesser schmiegsamer werden. In diesem Zusammenhang sei darauf hingewiesen, daß auf Grund des Feinheitseinflusses „Beta-Glasscide" mit etwa 3 µm Durchmesser sogar weicher als normale Synthesefilamente sein soll [67]. Das Knoten-Höchstzugkraft-Verhältnis der 3 µm-Glasfasern ist sogar 12mal größer als das der 9 µm-Glasfasern.

Neuerdings haben Wulfhorst und Becker [68] mit einem analogen „Filamentknotentest" (Abb. 5.39 b) die Schlingenfähigkeit von Glas- und Kohlenstoffasern untersucht. Sie beobachteten, daß Glasfasern nur im Bereich der stärksten Biegung brechen und die Bruchfläche eine typische seitliche Kerbe aufweist. Dagegen zerfällt die Kohlenstoffaser in mehrere Bruchstücke. Beiden vorgenannten Proben wurde Aramid ($d = 12$ µm) gegenübergestellt, an der Faserbeschädigungen erst bei kleinerem Schlingendurchmesser auftreten, wobei die Knickdeformationen („kink bands") an der Druckseite beginnen; bei höheren Belastungen spleißt die Faser an der Zugseite in „Fibrillenpakete" auf. In Tabelle 5.13 sind die an einigen Kohlenstoff- und Glasfasern erhaltenen Werte zusammengestellt, die mit Daten des Herstellers ergänzt wurden. Grundsätzlich ist festzustellen, daß E-Glasfasern biegsamer als Kohlenstofffasern sind, da mit wachsendem Zugmodul die Biegbarkeit abnimmt (hoher

Tabelle 5.13. Schlingenverhalten und andere Eigenschaften von Verstärkungsfasern (nach Wulfhorst und Becker [68])

Material Eigenschaften	Kohlenstoff						Glas	
	Tenax HTA	Tenax-J HTA	Tenax IM 600-X	Tenax HM 40	Filkor T 300	Torayka T 300 B	Vetrotex EC 9-68	Vetrotex EC 13-136
großer Ellipsendurchmesser D_E (µm)	272 ± 23	225 ± 19	203 ± 55	490 ± 98	322 ± 39	341 ± 51	283 ± 27	368 ± 37
kleiner Ellipsendurchmesser d_E (µm)	239 ± 20	196 ± 17	178 ± 48	441 ± 88	290 ± 35	309 ± 49	240 ± 23	322 ± 32
Krümmungsradius $r_E = d_E^2/2\,D_E$	105	85	78	198	131	140	102	134
spez. Krümmungsradius $2\,r_E/d$	30	24	31	61	37	40	23	21
Zugmodul $E_\parallel$ (GPa)	238	238	295	392	235	230	73	73
Höchstzugspannung σ_H (MPa)	3400	3400	5400	2250	3530	3430	2000	2000
Bruchdehnung ε_B (%)	1,4	1,4	1,8	0,5	1,5	1,4	2,0	2,0
Filamentdurchmesser d (µm)	7	7	5	6,5	7	7	9	13

Die Zeilen Zugmodul, Höchstzugspannung, Bruchdehnung und Filamentdurchmesser sind durch die Angabe „Firmen-Angaben[a]" zusammengefasst.

[a] An Garnen ermittelt

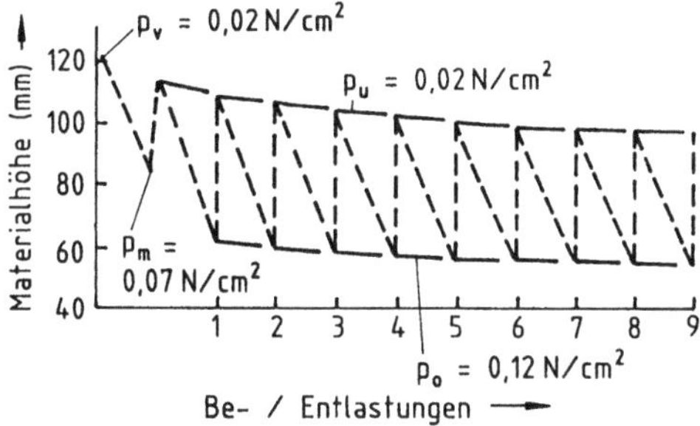

Abb. 5.40. Mehrfache Be- und Entlastung von Faserbauschen zwischen 0,02 und 0,12 N · cm^{-2}

spezifischer Krümmungsradius). Die Kenntnis dieser Zusammenhänge ist einerseits für die textile Verarbeitung (Fadenführungselemente usw.) und andererseits für die Verwendung dieser Materialien zur Kunststoffverstärkung bedeutsam.

In zunehmendem Maße werden „füllfähige" Fasern benötigt, d. h. ein Faserbausch muß einer äußeren Druckeinwirkung einen gewissen Widerstand entgegensetzen und nach Entlastung möglichst rasch und vollständig wieder in seinen voluminösen Ausgangszustand zurückkehren. Beispielsweise geht es darum, in Steppdecken, Betten usw. Naturdaunen (Flaumfedern) zu ersetzen. Aber auch im technischen Bereich sind volumenbeibehaltende Polster, Isolierschichten usw. aus Fasern (auch anorganischen Ursprungs!) sehr gefragt, obwohl ihnen Schaumstoffe auf Basis geeigneter Hochpolymerer (Polyurethan, Polystyren usw.) Konkurrenz machen.

Ein Maß für die Fülligkeit (Quilligkeit, Lebendigkeit) ist die *Bausch-* bzw. *Volumenelastizität* der Faserprobe, die am einfachsten mit Hilfe eines zylindrischen Gefäßes und eines Druckstempels an einem Faserbausch vorgegebener Masse geprüft wird. Dabei empfiehlt sich die Aufnahme mehrerer Be- und Entlastungszyklen (Abb. 5.40). Mit zunehmender Druckbeanspruchung bzw. Kompression kommt es im Bausch zum Verschieben von Faserschichten, Gleiten der Fasern aneinander, Verformen der Faserkräuselung und gegebenenfalls zu Quetschbeanspruchungen der Fasersubstanz. Je stärker die Widerstandsfähigkeit einer Faser gegenüber Quetschbeanspruchung ist (s. auch Abschn. 5.4), um so höher liegen die gemessenen Kompressionskräfte am Faserbausch. Die Einflüsse auf das Bauschverhalten von Fasern bei Druckbeanspruchung sind nach Mikut [71] in Abb. 5.41 dargestellt. Bisher konnte sich von den vielen entwickelten Prüfverfahren – hier seien nur Herzog [50], Vieth [69], Friedemann [70] und Mikut [71] als Autoren genannt – keines durchsetzen; d. h. es gibt keine diesbezügliche Prüfnorm.

Schließlich sei auf *Extremdruckversuche* von Busse, Kolb et al. [72] hingewiesen, bei denen Faserbausche mit Drücken von 700–7000 MPa eine Minute lang gepreßt wurden (Tablettierung). Geprüft wurde die Erholungsfähigkeit nach 15 min, 2 h, 24 h und 72 h. Folgende Reihung konnten die Autoren bez. der Erholungsfähigkeit (von „gut" nach „schlecht") ermitteln:

Gummi – *Saran* – *Nylon* – Wolle – Casein – *Vicara* – *Acrilan* – *Dacron* – *Dynel* – Acetat – Viskose.

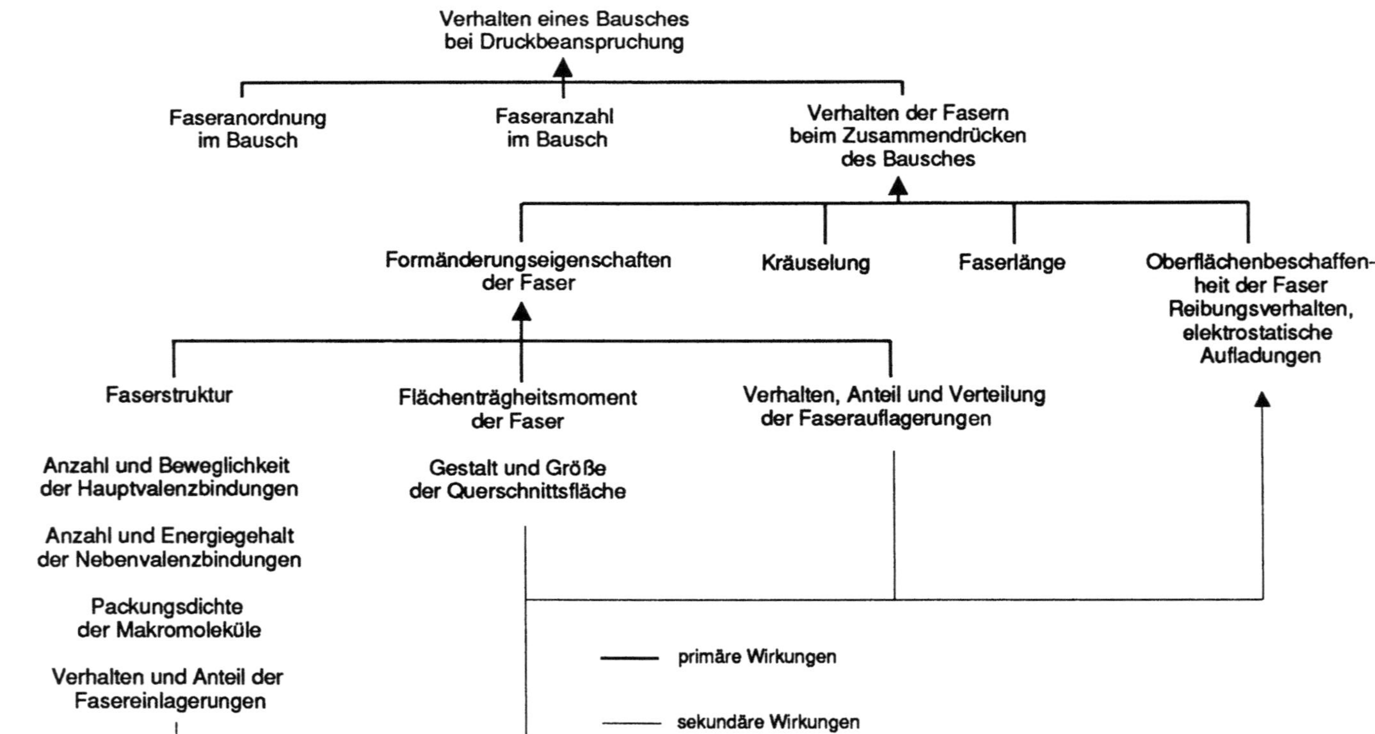

Abb. 5.41. Einflüsse auf das Verhalten eines Bausches bei Druckbeanspruchung [71]

5.4 Druckbeanspruchungen

Die meisten Fasern weisen anisotrope Struktur auf, die nach Schultze-Gebhardt [26] durch das Verhältnis von Längs- ($E_{\parallel}$) zu Quer-Elastizitätsmodul ($E_{\perp}$) (Tabelle 5.14) recht gut charakterisiert werden kann. Isotrope Strukturen liegen dagegen bei anorganischen Fasern (insbesondere aus Glas) vor. Folglich ist bei den verschiedenen Fasern ganz unterschiedliches Verhalten gegenüber radialen und axialen Druckbeanspruchungen zu erwarten. Da die experimentelle Bestimmung des Druckverhaltens der Fasern schwierig durchführbar ist, liegen bisher keine ausreichenden Kenntnisse über dieses Verhalten und dessen Deutung vor. Im folgenden wird auf eigene Untersuchungen eingegangen, die auch zur Klärung technologischer Probleme beitragen sollen.

5.4.1 Druckbeanspruchung durch Walzen

Vor allem in der Spinnerei und in der Textilveredlung werden die Eigenschaften der Fasern durch Walzenpressung mehr oder weniger gewollt oder ungewollt beeinflußt. Es kann dabei zu bleibenden Form- und Strukturveränderungen kommen. Mit einem Versuchskalander für Fäden oder Gewebebänder [74] wurden die in Tabelle 5.15 für verschiedene Borsten, Drähte und Garne aus Filamenten oder Spinnfasern zusammengestellten Längenänderungen nach 10maligem Walzen in Längsrichtung der Meßprobe bei etwa $2\,\text{m}\cdot\text{min}^{-1}$ Durchlaufgeschwindigkeit erhalten. Abbildung 5.42a läßt erkennen, daß bei den ersten Kalanderdurchläufen die Längenänderung am größten ist; sie kann positiv oder auch negativ sein. Bei den meisten polymeren Fasern treten Kürzungen ein, die mit der Höhe der Orientierung zunehmen. Ungereckte oder nur gering gereckte Fasern weisen dagegen Längungen auf. Ausgehend vom Zweiphasenstrukturmodell (Abb. 2.19) kann man diese Erscheinung so deuten, daß im Falle nicht oder gering orientierter Fasern die Verknäuelungen und

Tabelle 5.14. Zugmoduln verschiedener Fasern quer ($E_{\perp}$) und längs ($E_{\parallel}$) zur Faserachse und Anisotropiefaktor [26]

| Faser | $E_{\perp}$ | $E_{\parallel}$ | Anisotropie-faktor |
	daN $\cdot$ mm^{-2}	daN $\cdot$ mm^{-2}	$E_{\parallel}/E_{\perp}$
PA 6.6	137	345	2,5
PA 6.6	91	250	2,75
PA 6.6	40	360	9
PES, mittelorientiert	112	909	8,1
PES, mittelorientiert	62	1 408	23
PES, hochorientiert	24	1 340	56
PAN	31	280	13
PPTA (*Kevlar 49*)	76	13 000	171
PPTA (*Kevlar 29*)	77	6 700	87
CF	600	45 000	75

Tabelle 5.15. Längenänderungen verschiedener Fasern nach zehnmaligem Walzen

Material	Durch-messer mm	Feinheit tex	Längen-änderung %	Bemerkung	
Borsten/Drähte					
Polystyrenborste		140	+24,6	b	
Caseinborste		46	+21,9	b	
Viskoseroßhaar		40	+19,1	a	–
Naturroßhaar		46	+ 5,1	a	–
Aluminiumdraht	0,5		+ 5,0	}	andere
Kupferdraht	0,1		+ 4,8	}	Versuchs-
Zinkdraht	0,2		+ 1,2	}	anlage
Polyacrylborste		20	– 1,6	a	+
Polyamid 6-Borste	0,25	56	– 2,7	a	+
Polyvinylalkoholborste	0,37	140	–12,0	b	+
Filamentgarne					
Polyamid 6, ungereckt			+ 7,0	c	
Seide (bombyx mori)		7,6	– 1,8	a	–
Viskose-Kord		76	– 2,3	a	–
Polyamid 6-Kord			– 5,3	a	+
Polyester		6,4	– 6,5	a	+
Spinnfasergarn					
Protein			+14,2	b	
Wolle		28	+ 6,0	a	–
Baumwolle		36	– 5,0	a	–
Viskose		30	– 6,2	a	–
Polyacryl			– 6,4	b	
Flachs		140	–12,0	a	–

a 300 N Preßdruckkraft/Hartgummiwalzen
b 150 N Preßdruckkraft/Hartgummiwalzen
c 500 N Preßdruckkraft/Hartgummiwalzen
+ nach 4 Wochen: Längenänderung setzt sich in gleicher Richtung fort
– nach 4 Wochen: Längenänderung in Richtung Ausgangslänge

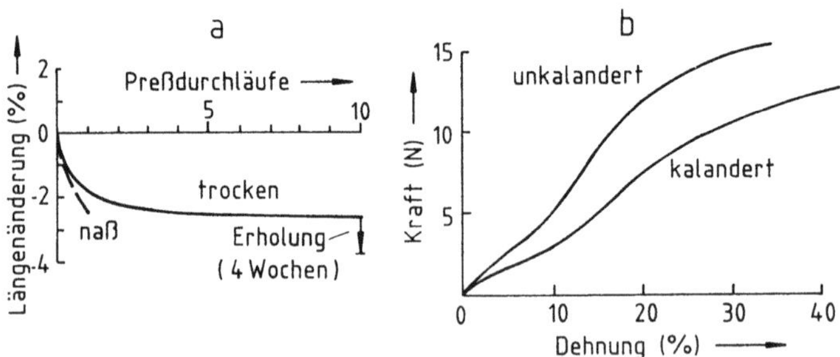

Abb. 5.42. Veränderung der Länge (**a**) und des Kraft-Dehnungs-Diagramms (**b**) einer PA 6-Borste (0,25 mm ∅) durch Walzenpressungen zwischen Hartgummi und Metallwalzen (30 N, 2 m · min^{-1})

Verschlaufungen der Molekülketten in den nichtkristallinen Bereichen bei Einwirkung der Walzendruckkraft ein Verdrängen der Masse in Faserlängsrichtung (Walzrichtung) erlauben. Im Falle gereckter Fasern werden dagegen die weitgehend in Faserlängsrichtung ausgerichteten Molekülketten in den nichtkristallinen Bereichen zwischen den Kristalliten bzw. Lamellen dem Verdrängen der Polymersubstanz in Faserlängsrichtung Widerstand entgegensetzen, so daß sie unter der Druckkraft nur quer zur Walzrichtung ausweichen kann. Das ist mit einer Desorientierung sowohl der Molekülketten in den nichtkristallinen Bereichen als auch einzelner Kristallite verbunden. Diese Aussage wird durch den im Vergleich zum Ausgangsmaterial flacheren Verlauf der $F-\varepsilon$-Kurve einer kalanderten PA 6-Borste (Abb. 5.42 b) untermauert.

Päßler [75] stellte an gerecktem PA 6-Monofil nach dem Walzen folgende strukturellen Veränderungen auf Grund von Röntgenanalysen fest:
- mit steigender Walzendruckkraft nimmt die Orientierung der kristallinen Bereiche zur Fadenachse ab,
- die kristallinen Bereiche werden kleiner,
- der kristalline Anteil (Ordnungsgrad) verringert sich.

Natürliche und chemische Eiweißfasern weisen nach dem Walzen z. T. beträchtliche Verlängerungen auf. Im Falle der Wollen, Haare und Borsten läßt sich diese Erscheinung mit der schraubenförmigen Struktur der Polypeptidketten (α-Keratin) erklären. Offensichtlich werden durch Walzenpressung die Helices (Schrauben) in Längsrichtung zur Faltblattstuktur des β-Keratins deformiert. Unter den Eiweißfasern weist lediglich Seide, deren Makromoleküle naturgegeben in Faltblattstrukturen und gut orientiert vorliegen, eine geringe Kürzung nach dem Walzen auf. Daß sich Metallfäden bzw. -drähte beim Walzen grundsätzlich längen, ist auf gegenseitige Gitterverschiebungen zurückzuführen. Die Gleitebenen des Gitters dürften in der 45°-Richtung zur Walzrichtung in Bewegung geraten. In Tabelle 5.15 ist noch angegeben, in welcher Richtung sich die Längen der Proben nach vier Wochen Erholungszeit verändern. Nicht alle Faserarten streben nur dem Ausgangszustand (also $\Delta l = 0$) zu; die meisten gereckten synthetischen Chemiefasern verkürzen sich weiter. Das beweist, daß durch das Walzen nicht nur latente Spannungen in der Faser entstanden sind, sondern daß es in Verbindung damit zu den o.g. Veränderungen der übermolekularen Struktur gekommen ist. Die Faser strebt während der Erholungsdauer einen energiearmen Zustand an, der infolge des geringeren Ordnungs- und Orientierungsgrades der gewalzten Probe nicht mit ihrem Ausgangszustand identisch ist.

Durch intensives Walzen wird der Faserquerschnitt beträchtlich verformt bzw. abgeplattet (Abb. 5.43). Infolge der strukturellen Veränderungen im Fadeninneren wird der Flächeninhalt der Faserquerschnitte größer. Abbildung 5.44 zeigt die an den verformten Querschnitten von PA 6-Monofil nach dem Walzen mit zunehmender Walzendruckkraft (0–100 N) in verschiedenen Querschnittsbereichen gemessenen Gangunterschiede [75]. Erwartungsgemäß sind die Strukturveränderungen in den unmittelbar mit den Walzen in Kontakt gekommenen mittleren Querschnittszonen am stärksten ausgeprägt, während

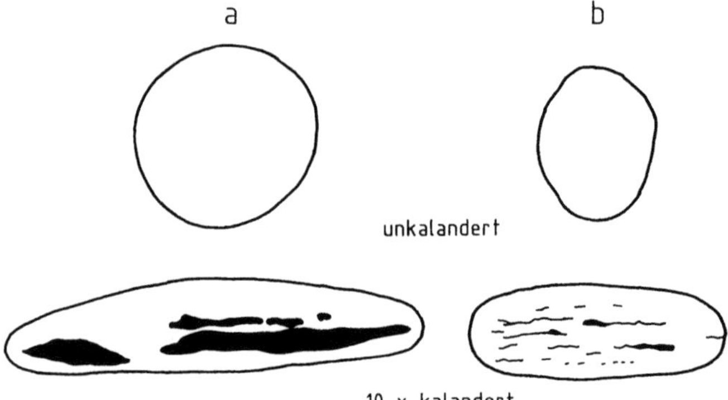

Abb. 5.44. Querschnitte von monofilem Polyamid 6 vor und nach dem Walzen bei Betrachtung im Polarisationsmikroskop zwischen gekreuzten Polarisatoren [75]

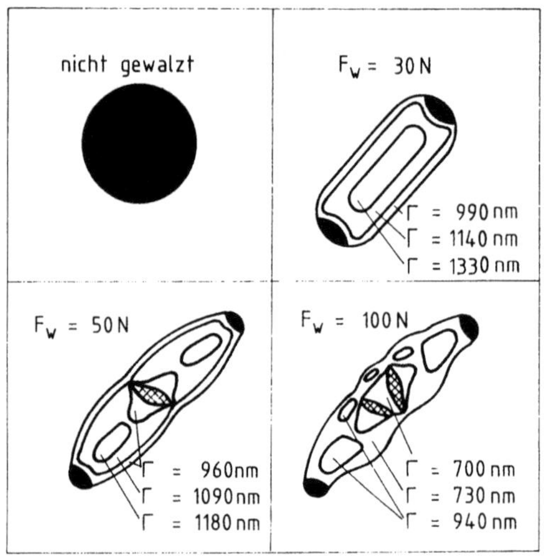

Abb. 5.44. Querschnitte von monofilem Polyamid 6 vor und nach dem Walzen bei Betrachtung im Polarisationsmikroskop zwischen gekreuzten Polarisationen [75]

die Randzonen der abgeplatteten Querschnitte (nicht mit den Walzen im Kontakt) wie die Ausgangsfaser keine Doppelbrechung aufweisen.

Werden Garne aus Filamenten oder Spinnfaser, Vorgarne, Faserlunten einer Walzenpressung ausgesetzt, tritt ungleichmäßige Quetschwirkung ein und bleibende Querschnittsverformungen entstehen insbesondere an gekreuzt liegenden Filamenten und Spinnfasern, was bevorzugt an Viskose- und Polypropylenfasern beobachtet wurde. Derartige wahllos verteilten Eindrücke (Abflachungen) erhöhen besonders an Vorgarnen die Haftkraft (Haftlänge). Abbildung 5.45 läßt erkennen, daß mit steigender Walzendruckkraft und bei höherem Viskosefaseranteil in der Viskose–Baumwolle-Fasermischung die

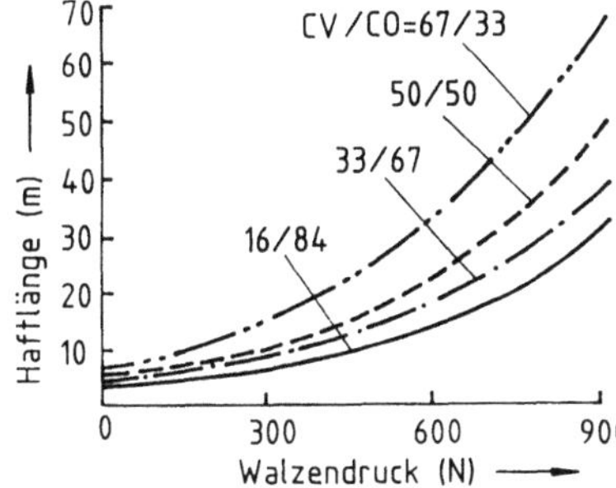

Abb. 5.45. Haftlängen in Abhängigkeit von der Walzendruckkraft an Viskose/Baumwolle-Streckenbändern, 3,85 ktex, verschiedener Mischungsverhältnisse

Haftkraft des Streckenbandes beträchtlich ansteigt. Durch derartige Haftkraftsteigerungen lassen sich gute Garne auch flyerlos erzeugen [77].

5.4.2 Statische radiale Quetschbeanspruchung

Mittels eines unikalen Feindickenmeßgerätes [78, 79], das eine kontinuierliche Meßkrafterhöhung von 0 bis 6 N gestattet, ist es möglich, an Einzelfasern mit kreisförmigem Querschnitt senkrecht zur Faserachse – also radial – das Verformungsverhalten hinsichtlich Plastizität, Elastizität, Härte u. a. vergleichend zu untersuchen [78–80]. Zur Prüfung der druckelastischen Eigenschaften der Fasern erfolgt die Belastung – analog dem Zugelastizitätsversuch – in ansteigenden Kraftstufen. Für jede Belastungsstufe wird die Gesamtdeformation Δd_{ges} (unter Last) und die bleibende Deformation Δd_{bl} (nach definierter Erholungsdauer) gemessen und daraus nach (5.12) die elastische Deformation sowie nach (5.13) das *elastische Deformationsverhältnis* (auch Druck- oder Quetschelastizitätsgrad genannt) berechnet

$$\Delta d_{\mathrm{el}} = \Delta d_{\mathrm{ges}} - \Delta d_{\mathrm{bl}} , \tag{5.12}$$

$$D_{\mathrm{d}} = \frac{\Delta d_{\mathrm{el}}}{\Delta d_{\mathrm{ges}}} \cdot 100\% . \tag{5.13}$$

In Abb. 5.46 sind die Untersuchungsergebnisse von 20 Fasertypen wiedergegeben. Die schwarze Fläche veranschaulicht die Abplattung des Faserkörpers unter Last, die der Härte der Fasersubstanz umgekehrt proportional ist. Die Diagramme lassen erkennen, daß nur Glasfasern vollkommen elastisch sind, während besonders PTFE-, aber auch PE- und PP-Fasern schon nach geringer Druckbelastung ein niedriges elastisches Deformationsverhältnis aufweisen. Wolle ist etwas druckelastischer als die Proteinfasern und den untersuchten PA-Typen ähnlich. PES ist nur im unteren Belastungsbereich etwas druckelastischer als PA, gegenüber höheren Drücken sogar empfindlicher.

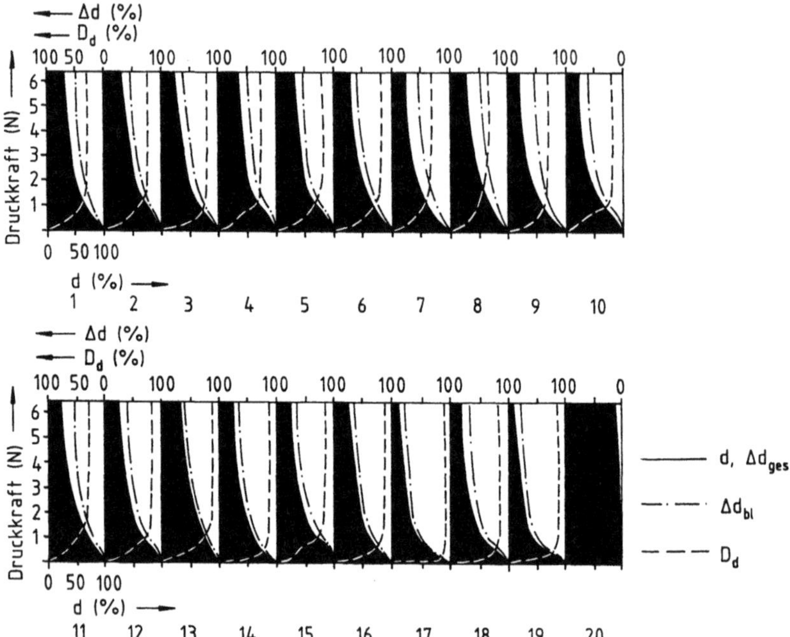

Abb. 5.46. Deformationsverhalten verschiedener Fasertypen ($d_0 \approx 20\,\mu$m) bei unterschiedlichen Druckeinwirkungen eines Tasters (Meßschneidenbreite: 0,9 mm) quer zur Faserlängsachse; d_0 Faserdicke vor Druckeinwirkung ($= 100\%$), d Faserdicke nach Druckeinwirkung (% von d_0), *1* Wolle, *2* Ardein (Erdnußeiweiß) *Ardil*, *3* Casein (Milcheiweiß) *Wipolan*, *4* Zein (Maiseiweiß) *Vicara*, *5* Zein (Maiseiweiß) *Zycon*, *6* Cupro *Cuprama*, *7* Polyamid 6 *Dederon*, *8* Polyamid 7 *Önanth*, *9* Polyamid 11 *Rilsan*, *10* Polyester *Grisuten*, *11* Polyester *Terylene*, *12* Polyester *Kodel*, *13* Polyacryl *Tacryl N*, *14* Polyacryl *X-51*, *15* Polyacryl *Zefran*, *16* Polyvinylchlorid *Thermovyl*, *17* Polytetrafluorethylen *Teflon*, *18* Polypropylen *Moplen*, *19* Polyethylen *Courlene X 3*, *20* Glas

5.4.3 Axialdruckbeanspruchung

Unter axial wirkendem Druck werden Fasern normalerweise ausknicken und eine Biegung aufweisen. Am Ausknicken können Fasern bzw. Fäden nur schwer gehindert werden; dichte Faserpackung im Teppichflor, kurze Borsten in Bürsten, in Gummi eingebettete Reifenkorde schützen davor zumindest bei geringen Druckeinwirkungen.

Die meßtechnische Erfassung des axialen Druckverhaltens der Fasern setzt Abmessungen der Meßprobe voraus (Länge der Meßprobe = Durchmesser der Faser), die ein Ausknicken unmöglich machen. Deshalb erfolgten Untersuchungen des Axialdruck-Längenänderungs-Verhaltens mittels eines unikalen Axialdruckprüfgerätes [81, 82] mit automatischer Beschickung und elektronischer Meßwerterfassung und -auswertung bisher nur an Borsten und Drähten [83, 85]. Da es bei der Axialdruckprüfung an Fasern nicht zum Bruch kommt, wurde als *Druckfestigkeit* die Druckspannung definiert, bei der das Fließen der

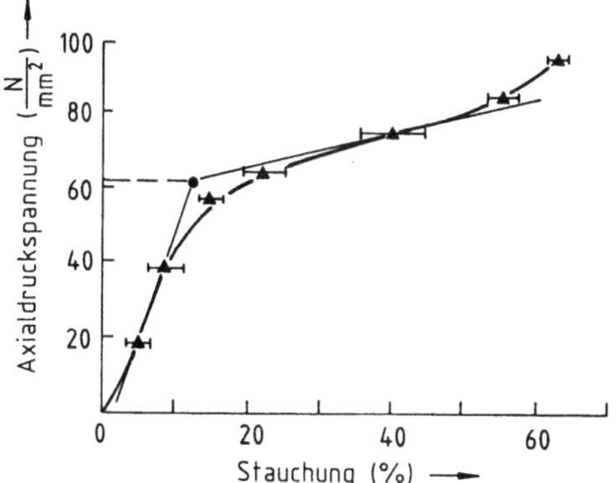

Abb. 5.47. Bestimmung der Axialdruckfestigkeit an Hand des Schnittpunktes der Tangenten am steilen und flachen Kurventeil

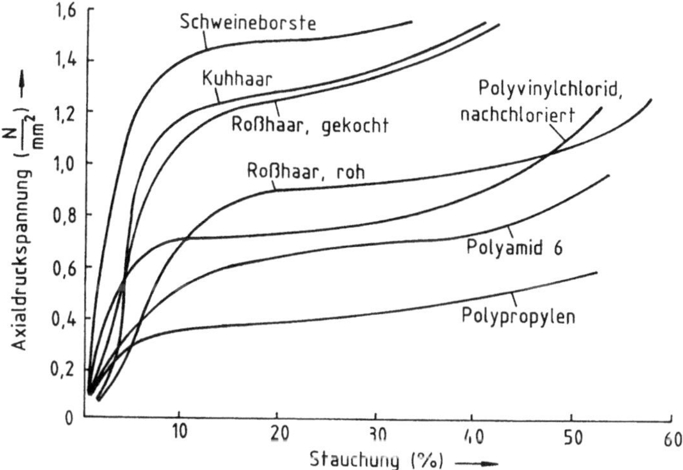

Abb. 5.48. Axialdruck-Stauch-Kurven an tierischen und synthetischen Borstenabschnitten

Probe einsetzt. Gemäß Abb. 5.47 entspricht dieser Wert dem Schnittpunkt der Tangenten an den steilen und den flachen Kurventeil. In Abb. 5.48 sind einige typische Axialdruck-Stauch-Kurven von tierischen und synthetischen Borstenabschnitten zusammengestellt. Die Kurvenverläufe ähneln Zugkraft-Dehnungs-Kurven: anfangs wird der Druckbeanspruchung ein hoher Widerstand entgegengesetzt, dann schließt sich eine Fließzone an, der eine gewisse Verfestigung folgt. Offensichtlich erfahren die in Borstenlängsachse ausgerichteten Struktureinheiten eine Desorientierung (Abb. 5.49) und es kommt zu einer Strukturauflockerung und auch Ordnungsminderung. Im weiteren Verlauf der Stauchung setzt eine Materialverdichtung mit zunehmender Querorientierung der Struktureinheiten ein. Abbildung 5.48 ist zu entnehmen, daß tierische Borsten einen höheren Stauchwiderstand als synthetische

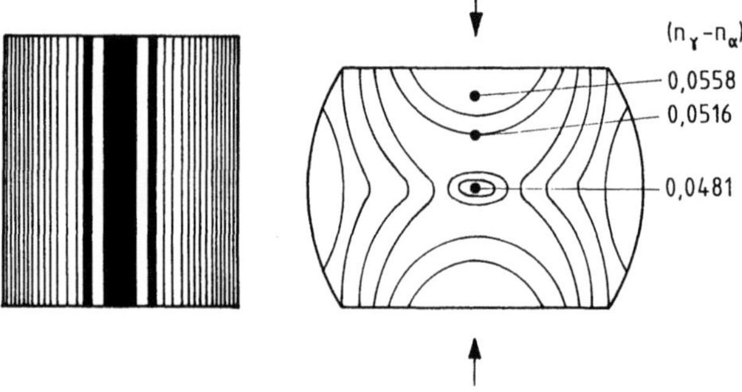

Abb. 5.49. Interferenzlinienverlauf in einer ungestauchten und einer gestauchten Polyamidborste und die durch die heterogene axiale Deformation bedingte spezifische Doppelbrechung

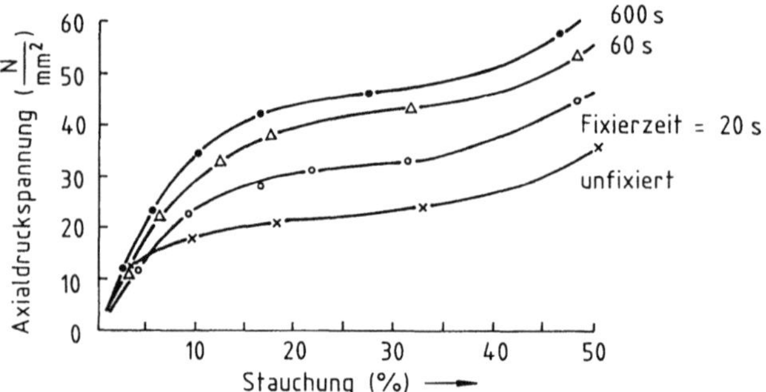

Abb. 5.50. Stauchverhalten von PA 6-Borsten in Abhängigkeit von der Fixierzeit

Tabelle 5.16. Axialdruckfestigkeit und Stauchmodul synthetischer und tierischer Borsten

Borste	Axialdruckfestigkeit MPa	Stauchmodul MPa
Polypropylen	32,4	1079
Polyamid 6	63,0	716
Polyvinylchlorid	67,1	1707
Roßhaar, Anlieferungszustand	84,2	1257
Roßhaar, gekocht	116,5	1501
Kuhhaar	118,5	2217
Schweineborste	139,3	3963

Borsten aufweisen. Dies dürfte auf die Helix-Konformation der Polypeptidketten zurückzuführen sein, die der Axialdruckbeanspruchung einen deutlich höheren Widerstand entgegensetzen als geknäuelt angeordnete Makromoleküle in den nichtkristallinen Bereichen der synthetischen Borsten. Mit steigender Fixierintensität der synthetischen Borsten erhöht sich ihr Widerstand gegen Stauchbeanspruchungen, was auf höhere Energie der intermolekularen Wechselwirkungen und höhere Ordnung zurückzuführen ist (Abb. 5.50). In Tabelle 5.16 sind Axialdruckfestigkeiten und Stauchelastizitätsmoduln für einige synthetische und tierische Borsten genannt.

5.5 Torsionsbeanspruchung

Bei den Prozeßstufen Spinnen, Zwirnen, Falschdrahttexturieren u.a. sind die Fasern Torsionsbeanspruchungen ausgesetzt. Dabei werden z.B. im Garn nicht alle Fasern gleichmäßig tordiert; einer echten Torsion unterliegen nur die im Garninneren befindlichen Fasern, während zur Garnperipherie hin Zug- und Biegebeanspruchungen überwiegen. Auch an einer einzelnen tordierten Faser wirken in Abhängigkeit vom Torsionswinkel und vom Abstand des betrachteten Faserelements von der Faserachse neben Scherung Zug- und Druckbeanspruchungen.

Zur Beurteilung des Verhaltens von Fasern gegenüber Torsionsbeanspruchung werden in der Literatur verschiedene Kennzahlen wie Torsionsmoment, Torsionsmodul, Torsionssteifheit, Quersprödigkeitswinkel, Bruchtorsionszahl und Torsionsfestigkeit herangezogen, die mit verschiedenen Meßverfahren mehr oder weniger aufwendig und sicher bestimmt werden können [85].

Bei der rechnerischen Behandlung der Torsionsvorgänge an Fasern kann im allgemeinen auf die für Drähte mit kreisförmigem Querschnitt abgeleiteten Formeln zurückgegriffen werden. Unter der Annahme reiner Torsion einer Faser läßt sich die Torsion auf eine vom Torsionswinkel abhängige Scherung zurückführen [59]. Dabei wirkt ein Kräftepaar mit einem Moment M_t in der Querschnittsebene gegen die *Torsionssteifheit* R_t der Faser. Die Torsionssteifheit, d.h. der Widerstand gegen Verdrehung, wird vom geometrisch bedingten polaren Flächenträgheitsmoment I_p und dem materialbedingten Schub- oder *Torsionsmodul* $G_{\|}$ nach (5.14) bestimmt

$$R_t = I_p \cdot G_{\|} \, . \tag{5.14}$$

Das Torsionsmoment M_t hängt von der Drehungszahl τ ab, die sich gemäß (5.15) aus dem auf die Ausgangslänge l bezogenen Torsionswinkel Θ ergibt (s. Abb. 5.1)

$$M_t = R_t \cdot R_t \cdot \frac{\Theta}{l} \, . \tag{5.15}$$

Nach einem von Morton und Permanyer [86] angegebenen Meßverfahren nach dem Prinzip der Torsionswaage läßt sich das Torsionsmoment in Abhängigkeit von der Verdrehung und der Länge einer tordierten Faser bestimmen und nach (5.15) die Torsionssteifheit R_t berechnen. Die Berechnung des Torsionsmoduls nach (5.14) setzt die genaue Kenntnis des polaren Flächenträghcitsmomentes der Faser bzw. gemäß (5.16) eines geometrischen Gestaltfaktors [59] für den jeweiligen Faserquerschnitt voraus

$$R_t = \varepsilon \cdot \frac{Tt^2}{\varrho} \cdot G_{\parallel\,spez} \cdot \tag{5.16}$$

ε Gestaltfaktor
Tt Titer Tex
ϱ Faserdichte
$G_{\parallel\,spez}$ spezifischer (feinheitsbezogener) Torsionsmodul ($N \cdot tex^{-1}$)

Wegen der differenzierten Querschnittsformen der Natur- und Chemiefasern ist der Berechnungsaufwand für den Torsionsmodul auch nach (5.16) sehr hoch. Um trotzdem die gemessenen Torsionssteifheiten verschiedener Fasern vergleichen zu können, empfiehlt sich der Bezug auf den jeweiligen Titer [59]; die spezifische Torsionssteifheit ergibt sich aus R_t/Tt^2.

In Tabelle 5.17 sind Torsionsmodul und spezifische Torsionssteifheit verschiedener Fasern zusammengestellt. Die Reihung der Fasern entspricht ihrer differenzierten molekularen und übermolekularen Struktur. Innerhalb eines Polymertyps führt steigender Reckgrad zu höherer Anisotropie und Steifheit und somit zu höherem Torsionsmodul.

Die Torsionsmoduln sind generell viel kleiner als die Zugmoduln (vgl. Tabelle 5.14), was auf den unterschiedlichen Beanspruchungsmechanismus der zwischenmolekularen Bindungskräfte zurückzuführen ist. Der Torsionsmodul

Tabelle 5.17. Torsionsmodul, spezifische Torsionssteifheit und Verhältnis Zugmodul/Torsionsmodul (nach verschiedenen Autoren [59, 92, 93])

Faser		Torsionsmodul $G_\parallel$ $kN \cdot mm^{-2}$	spezifische Torsionssteifheit R_t/Tt^2 $mN \cdot mm^2 \cdot tex^{-2}$	Zugmodul/ Torsionsmodul
Elastan	Fg	0,005	–	–
Polyethylen, LD	Fg	0,05	–	–
Fluoro	Fg	0,4–0,6	–	–
Polyamid 6	Fg	0,34	–	–
Polyamid 6	Fg-hf	0,80	–	–
Polyamid 6.6	Fg	0,52	0,041–0,060	5,8
Polyvinylchlorid, nicht nachchloriert	Fg	0,9–1,0	–	–
Polyester	Fg	0,92	0,067	–
Polyester	Fg-hf	1,6	–	–
Acetat	Fg	0,8–1,1	0,064	8,1
Viskose	Fg	1,12	0,058–0,097	8,2
Cupro	Fg	1,56	–	–
Wolle		1,1–1,3	0,12	3,2
Casein	Sf	1,36	0,11	2,2
Flachs		1,35	–	19
Polyacryl		1,8–2,0	0,12–0,18	–
Baumwolle		2,56	0,16	3,7
Seide		2,1–3,2	0,16	3,9
Glas		$\leqq 40$	–	2,0
Stahl		58,5–74	–	2,8

ist nach [87] besser als der Zugmodul geeignet, die bei Veredlungsvorgängen
eingetretenen Veränderungen der technologischen Eigenschaften von Textil-
materialien zu beschreiben, da eine chemische Behandlung bevorzugt die
intermolekularen Wechselwirkungen der Fasern verändert und gerade diese bei
einer Torsionsbeanspruchung besonders in den äußeren Faserbereichen großen Beanspruchungen ausgesetzt sind.

In den Arbeiten von Koch und später auch von anderen Autoren hat sich die
Torsionsbeanspruchung bis zum Bruch, die von der Scherfestigkeit abhängt,
als ein die Quersprödigkeit der Fasern gut charakterisierendes Merkmal
erwiesen. Die Bestimmung des feinheitsunabhängigen Quersprödigkeitswinkels nach Koch [88] bzw. die Bestimmung der Bruchtorsionszahl [89] stellen
noch heute praktikable Methoden dar, die auch am einfachen Drehungsprüf-
gerät realisiert werden können.

Unter der Voraussetzung gleichmäßiger Drehungsverteilung und kreisförmigen Faserquerschnitts wird der Steigungswinkel der Schraubenlinie bei der
Drehungszahl Z_B im Augenblick des Bruchs (Abb. 5.51) nach (5.17) berechnet
und als *Quersprödigkeitswinkel* α_D bezeichnet [88]

$$\tan\alpha_\mathrm{D} = \frac{l}{\pi \cdot d \cdot Z_\mathrm{B}}. \tag{5.17}$$

Der Faserdurchmesser $d\,(\mu\mathrm{m})$ kann aus Titer (tex) und Dichte $\varrho\,(\mathrm{g}\cdot\mathrm{cm}^{-3})$ zu

$$d = 35{,}68\,\sqrt{\frac{Tt}{\varrho}} \tag{5.18}$$

berechnet werden; bei unrunden Fasern bringt diese Vereinfachung allerdings
einen entsprechenden Fehler mit sich.

Der Bruchmechanismus bei Torsionsbeanspruchung zeigt ebenfalls, daß
beim Scheren primär intermolekulare Wechselwirkungen insbesondere in den
interfibrillären Bereichen gestört werden, so daß es beim Bruch häufig zu einem

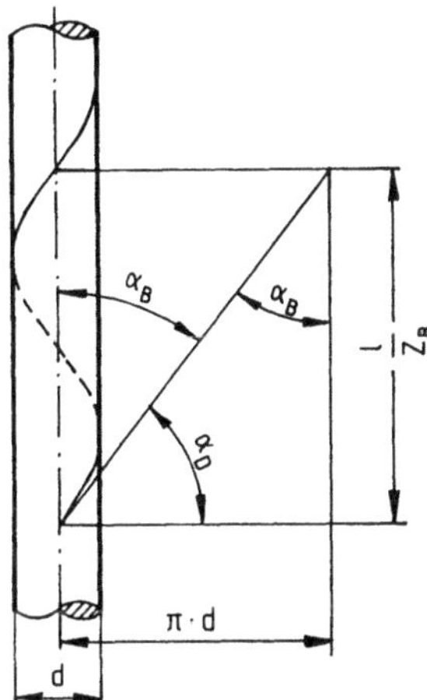

Abb. 5.51. Definition des Quersprödigkeitswinkels α_D und
des Bruchtorsionswinkels α_B; *l* Länge der Probe, *d* Durchmesser der Probe, Z_B Anzahl der Drehungen bis zum Bruch

Tabelle 5.18. Quersprödigkeitswinkel (nach Koch et al. [88])

Faser		Quersprödig-keitswinkel α_D Grad	Klassifizierung
Polyvinylchlorid (*Thermovyl*)	Sf	27	
Polyamid	Sf	27 −41	
Casein	Sf	28 −44	
Polyester	Sf	30,5−49	extrem
Polyester (*Tekmilon*)	Fg	36,5	geschmeidig
Polyamid	Fg	35,5−41	
Polyamid 11 (*Rilsan*)	Sf/Fg	37 −43	
Qiana		34 −47	
		40°	
Polyvinylchlorid	Sf	37 −50	
Polyester	Sf	41,5−47,5	
Acetat	Sf/Fg	44 −49,5	geschmeidig
Polyvinylchlorid, nachchloriert	Sf	45	
Polyacryl	Sf	45 −52	
Cupro	Sf	48 −50	
		50°	
Aramid (*Nomex*)	Fg	40 −67	
Wolle		48,5−51,5	
Polyvinylchlorid, nachchloriert	Fg	50,5	
Seide, entbastet		51	normal
Viskose	Fg	51 −54,5	schmiegsam
Baumwolle		53 −56	
Cupro	Fg	55 −56,5	
Viskose	Fg-hf	56,5−58,5	
		60°	
Flachs, roh		60,5	spröde
Flachs, gebleicht		68,5	
		70°	
Glas, Ziehverfahren	Fg	82 −84,5	
Glas, Blasverfahren	Sf	86,5−87,5	extrem
Kohlenstoff	Fg	84 −88	spröde
Gestein	Sf	87,5−88,5	

fibrillären Aufspleißen der Faser kommt [90], zumal die intermolekularen Wechselwirkungskräfte in der Nähe der Faseroberfläche höher beansprucht werden als im Faserinneren. Das belegen auch Untersuchungen zum Pillbildungsmechanismus [91] an Polyesterfasern, die bei zyklischer Torsionsverformung Risse in der äußeren Faserschicht und ein „Abschuppen von Hautschichten" aufweisen.

Tabelle 5.18 [88] ermöglicht einen Vergleich der Quersprödigkeitswinkel verschiedener Natur- und Chemiefasern. Die von Koch vorgenommene Klassifizierung der Fasern von „extrem geschmeidig" bis „extrem spröde" kann zur Einstufung ihrer Verformungsfähigkeit beim Verdrehen und ihrer Quersprödigkeit bei Verarbeitung und im Gebrauch herangezogen werden. Die Typen *Qiana* und *Nomex* weisen erwartungsgemäß auf Grund ihrer anderen

molekularen Strukturen im Vergleich zu aliphatischen Polyamiden höhere
Quersprödigkeitswinkel auf. Innerhalb eines Polymertyps wachsen mit steigendem Reckgrad Anisotropie und Versprödung an [88]. Aus gleichem Grunde
weisen in der Regel Filamente gegenüber Spinnfasern höhere Quersprödigkeitswinkel auf.

Ein Vergleich der Torsionsmoduln und der Quersprödigkeitswinkel läßt den
direkten Zusammenhang erkennen: Fasertypen mit hoher Sprödigkeit haben
auch einen hohen Torsionsmodul. In der Praxis kann man daher auf die
einfachere Methode der Bestimmung des Quersprödigkeitswinkels bzw. der
Bruchtorsionszahl zurückgreifen, obwohl in kaum einem Fall Fasern unter
normalen Verhältnissen derart auf Torsion beansprucht werden, daß deren
Scherfestigkeit überschritten wird und ein Bruch erfolgt. Noch informativer
dürften die Meßergebnisse über Ermüdungserscheinungen bei Wechseltor-
sionsbeanspruchung oder anderen praxisnahen Beanspruchungsarten wie die
Kombination von Wechsel-Zug, -Biegung und -Torsion sein [94, 95].

5.6 Scheuerbeanspruchung

Bei Beurteilung des Gebrauchsverhaltens von Textilien hat die Scheuerbestän-
digkeitsprüfung besondere Bedeutung. Bei der Scheuerbeanspruchung verei-
nen sich Reiben, Dehnen, Stauchen, Quetschen, Biegen, Tordieren u. a., wobei
die Intensität der Beanspruchung von der Oberflächenbeschaffenheit der
Meßprobe, der Scheuerprüfmethode und der Umgebungssituation (Feuchte,
Temperatur usw.) abhängt. Es stehen heute sehr viele Scheuerprüfmethoden
für Fasern, Fäden und Flächengebilde zur Verfügung, die z. T. gezielt mit
vorgenannten und weiteren Einwirkungen verbunden sind [50]. Da die Fasern
auf die zahlreichen Prüfvarianten unterschiedlich ansprechen, ergeben sich
Fragen nach der besten Korrelation zum Gebrauchsverhalten. Wie unterschiedlich Scheuerprüfergebnisse bei 14 verschiedenen Prüfverfahren ausfallen
können, haben Morton und Hearle [59] an 10 verschiedenen Faserarten (nicht
immer voll durchgeprüft) aufgezeigt. Bezogen auf die Scheuerbeständigkeit
von Polyamid (*Nylon*) gleich 100% ergaben sich folgende relative Scheuerbe-
ständigkeiten:

Polyester (*Terylene, Dacron*)	42	– 77%
Wolle	20	–100%
Baumwolle	16	– 44%
Viskose	0,28	– 17%

Um die Scheuerbeständigkeit der Fasern als Materialeigenschaft quantitativ
erfassen zu können, ist eine Prüfung an der Faser bzw. am Filament notwendig.
Dafür gibt es relativ wenige Prüfverfahren, wobei Längsscheuerung ggf. mit
statischer oder dynamischer Zug- und/oder Biegebeanspruchung kombiniert
wird. Geräte zur Schlingenscheuerung setzen sich immer mehr durch [96]. Nach

Tabelle 5.19. Schlingenscheuerfestigkeit verschiedener Filamentgarne (nach [42])

Faser	Feinheit	Doppelhubzahl bis zum Bruch nach ICI		Naß-Scheuerhub-Verhältnis
	tex	trocken	naß	%
Polyamid (*Nylon*)	0,33	8800	3890	44,2
Polyester (*Terylene*)	0,22	1980	1870	94,4
Polyacryl (*Orlon*)	0,28	135	139	103,0
Viskose	0,22	880	28	3,2
Acetat	0,44	409	58	14,4
Acetat, verseift (*Fortisan*)	0,04	5	1	20,0

bisher vorliegenden Erfahrungen läßt sich folgende Gruppeneinteilung der Fasern hinsichtlich ihrer Scheuerbeständigkeit vornehmen:

ausgezeichnet	– Polyamid
sehr gut	– Polyester
gut	– Wolle, Modacryl, Polyvinylchlorid, Polyacryl, Aramid
mäßig	– Baumwolle, Modal, Viskose

Für die Widerstandsfähigkeit gegen Scheuern sind Temperatur, relative Luftfeuchte, Licht- und Wettereinfluß von Bedeutung. Sommer [97] stellte fest, daß Abrieb und Festigkeitsverlust sowohl mit steigender Prüftemperatur als auch mit steigender Luftfeuchte zunehmen. Das dürfte einerseits mit der Temperaturabhängigkeit der Reibungszahl zusammenhängen, andererseits mit der geringeren Bindungsenergie der intra- und intermolekularen Wechselwirkungen infolge der Zunahme der Wärmeschwingungen der Makromoleküle mit steigender Temperatur bzw. infolge Anwesenheit von Quellmittelmolekülen zwischen den Makromolekülen. Eine Verminderung des Durchschnittspolymerisationsgrades (z. B. photochemischer Abbau) führt ebenfalls zu verschlechterter Scheuerbeständigkeit.

Mit einem Fadenschlingenscheuerprüfgerät nach ICI wurden an Chemiefilamentgarnen die in Tabelle 5.19 zusammengestellten Werte erhalten [42]. Herausragend ist die hohe Scheuerbeständigkeit der Polyamidfäden im normalfeuchten und nassen Zustand, die auf starken intermolekularen Wechselwirkungen – bedingt durch den hohen Orientierungsgrad der Molekülketten – beruht. Den Einfluß einer Gefügeauflockerung durch Quellen in Wasser auf die Widerstandsfähigkeit gegen Scheuerbeanspruchung kann man durch das *Naß-Scheuerhub-Verhältnis* (bezogen auf die Doppelhubzahl bis zum Bruch im normalfeuchten Zustand) charakterisieren, das mit steigender Hygroskopizität der Fasern deutlich abfällt.

Trotz des hohen Aufwands und möglicher Fehlerquellen bei der Prüfung der Scheuerbeständigkeit an Fasern sind derartige Meßwerte nach wie vor für den Chemiefaserhersteller von großem Interesse, da er gerade bei Faserneuentwicklungen oder bei Erweiterung der Einsatzgebiete eines bekannten Fasertyps Aussagen über das für Verarbeitung und Gebrauch wichtige Verschleißverhalten erhält [29].

Literatur

1. Böhringer H (1950) Die Gütevorschrift für Zellwolle. Faserforsch. u. Textiltechn. 1:9–20
2. Freudenthal AM (1955) Inelastisches Verhalten von Werkstoffen. Verlag Technik, Berlin
3. Eisenschütz R, Rabinowitsch B, Weissenberg K (1929) Mitt. dtsch. Materialprüfanstalt 9:91
4. Cai Z, Ehrler P, Methfessel G et al. (1988) Das Kriechverhalten Technischer Textilien: Ein Prüfgerät mit pneumatischer Erzeugung der Dauerbelastung. Text. Prax. 43:488–490
5. Strepichejew AA, Derewizkaja WA (1965) Grundlagen der Chemie hochmolekularer Verbindungen. Akademische Verlagsgesellschaft Geest u. Portig K.G., Leipzig
6. Elias HG (1990) Makromoleküle, Teil I: Grundlagen, Struktur, Synthese, Eigenschaften, (1992) Teil II: Technologien, 5. Aufl. Hüthig u. Wepf, Basel Heidelberg
7. Neumann J, Rühlmann K (1988) Chemiefaserstoffe für technische Textilien. Tech. Text. 31:35–38
8. Rätzsch M (1986) Entwicklungen auf dem Gebiet der organischen Hochpolymere, Sitzungsberichte der AdW der DDR, Nr. 1/N. Akademie-Verlag, Berlin
9. Mjasnikova LP (1984) Höchstorientierte Polymere – Mechanische Eigenschaften und strukturelle Besonderheiten, Plaste u. Kautschuk 33:121–127
10. Bobeth W, Martin H (1961) Zur Naßfestigkeit der Stengel-, Blatt- und Fruchtfasern, Faserforsch. u. Textiltechn. 587–593
11. Bobeth W, Reumann RD (1976) Bruchendenanalyse an mit unterschiedlichen Geschwindigkeiten und bei verschiedenen Temperaturen gedehnten PA 6-Monofilen, Faserforsch. u. Textiltechn. 27:87–94
12. Schurz J (1974) Physikalische Chemie der Hochpolymeren, Springer, Berlin Heidelberg New York
13. Meyer KH, Mark H (1950) Makromolekulare Chemie, 2. Aufl. Akademische Verlagsgesellschaft Geest u. Portig K.G., Leipzig
14. Perepelkin PE (1985) Struktura i svojstva volokon, Chimija, Moskva
15. Lange K, Hirte R (1985) Hochleistungsfaserstoffe (Teil I), Prinzipien der Herstellung und Anwendungsmöglichkeiten, Formeln, Faserstoffe, Fertigware 4:44–53
16. Hirte R, Lange K (1986) Hochleistungsfaserstoffe (Teil II), Faserstoffe mit hoher Festigkeit und hohem Modul aus flexibelkettigen Polymeren, Formeln, Faserstoffe, Fertigware 3:38–42
17. Heintze A (1986) Kevlar: Fasereigenschaften und Einsatzgebiete. Chemiefasern-Text. Ind. 36/88:T128–T133
18. Smith P, Lemstra PJ (1980) Ultra-drawing of high molecular weight polyethylene cast from solution, Colloid Polym. Sci. 258:891–894
19. Cifferi A, Ward JM (1979) Ultra high modulus polymers, Appl. Science Publishers, London
20. – (1985) Dyneema – Polyethylenfaser für technische Einsatzgebiete, Chemiefasern-Text. Ind. 35/87:33–34
21. Reimers H (1922) Mitt. Forschungsinstitut Karlsruhe 5:109
22. Vollmert B (1962) Grundriß der Makromolekularen Chemie, Springer, Berlin Göttingen Heidelberg
23. Rogowin ZA (1982) Chemiefasern, Chemie – Technologie, Georg Thieme, Stuttgart New York
24. Stuart HA (1956) Die Physik der Hochpolymeren, 4. Band. Springer, Berlin Göttingen Heidelberg
25. Schultze-Gebhardt F (1977) Zur Deutung der Spannungsdehnungscharakteristik orientierter Polyamidfäden, Faserforsch. u. Textiltechn. 28:467–474
26. v. Falkai B (1981) Synthesefasern, Verlag Chemie, Weinheim Deerfield Beach/Florida Basel
27. Schultze-Gebhardt F (1979) Zur Deutung der Spannungs-Dehnungs-Charakteristik orientierter Polyesterfäden, Acta Polym. 30:652–663
28. Schultze-Gebhardt F (1980) Die Spannungs-Dehnungs-Charakteristik orientierter Polycarbonat-Fäden, Acta Polym. 31:368–373

29. Wulfhorst B, Becker G (1989) Verarbeitungsverhalten von Hochmodul-Filamentgarnen für Faserverbundwerkstoffe, Text.-Prax. Int. 44:978–981
30. Böhringer H (1957) Gebrauchswertoptimale Erspinnung von Chemiefasern, Akademie-Verlag, Berlin
31. Böhringer H (1955) Textile Analyse der synthetischen Fasern, Faserforsch. u. Textiltechn. 6:314–328
32. Pohl K (1988) Rechnergestützte Kennwertermittlung an Syntheseseiden, Textiltechnik 38:588–591
33. Satlow G, Zahn H (1957) Über die Veränderung der Festigkeit und Dehnung von Wolle nach radioaktiver Bestrahlung, Text.-Prax. 12:419–425
34. Barthel R, Schauer G (1964) Untersuchungen zur Entwicklung eines Autosicherheitsgurtes, Faserforsch. u. Textiltechn. 15:137–144
35. Winkler F, Bauer A (1968, 1969) Dynamische Zugprüfung von Fäden, Faserforsch. u. Textiltechn. 19:278–284, 20:141–148, 368–377
36. Weinsdörfer H (1974) Die Strecktexturierung von Polyesterfäden nach dem Simultan- und Sequentialverfahren. Dissertation Universität Stuttgart
37. Bauer A, Eberhard R, Schulze RD (1980) Spannungs-Dehnungsverhalten von Chemiefaserstoffen, Textiltechnik 30:219–223
38. Wegener W (1951) Meßgerät für die gleichzeitige Ermittlung der spannungs- und zeitabhängigen Dehnung und Dehnungsänderung auf Zug beanspruchter Garne, Melliand Textilber. 32:928–933
39. Wegener W, Stein W (1964) Elektrische Meßverfahren zur gleichzeitigen Ermittlung der Kraft-Dehnungskurve und ihrer ersten Ableitung, Zeitschr. Ges. Textilind. 66:760–764, 827–890
40. Egbers G (1965) Zusammenhang zwischen dynamometrischen Eigenschaften und der Struktur eines vorbehandelten Polyamid 6-Monofils, Dissertation TH Aachen
41. Kaufmann S, Lauck I (1983) Einsatz von hochleistungsverstärktem Plast zur Minimierung der Fehler beim Messen großer Längen, Feingerätetechnik 32:460–464
42. Fourné (1964) Synthetische Fasern, Herstellung und Verarbeitung, Wissenschaftliche Verlagsgesellschaft mbH, Stuttgart
43. Denkendorfer Fasertafel 1986. Institut für Textil- und Verfahrenstechnik Denkendorf/Textil-Praxis
44. Koch PA (1954) Faserstoffe, in: Landolt-Börnstein (Hrsg) Zahlenwerte und Funktionen aus Physik, Chemie, Astronomie, Geophysik, Technik, Band IV. Teil 1. Springer, Berlin Göttingen Heidelberg
45. Winkler F (1963) Neues Verfahren zur Bestimmung der zugelastischen Eigenschaften von Textilien und seine Anwendung zur Prüfung von Chemiefäden. Chemiefasersymposium 1962. Akademie-Verlag, Berlin
46. Bauer A, Winkler F (1974) Zugelastische Untersuchungen, ihre Durchführung und Auswertung. I. Der Einfluß unterschiedlicher Prüfbedingungen auf die Elastizitätskenngrößen, Faserforsch. u. Textiltechn. 25:205–210
47. Winkler F (1958, 1959) Systematik der dynamischen Prüfverfahren für hochpolymere Festkörper, Faserforsch. u. Textiltechn. 9:109–117, 476–484, 10:75–83
48. Winkler F, Bauer A, Nitzsche K (1974, 1975, 1976, 1978) Relaxationsuntersuchungen an polymeren Festkörpern unter dem Gesichtspunkt der experimentellen Systemanalyse, Faserforsch. u. Textiltechn. 25:445–450, 26:527–531, 27:245–252, 29:214–220
49. Nitzsche K, Bauer A (1986) Deformationsverhalten und Struktur von Faserstoffen, Textiltechnik 36:239–242
50. Wegener W (1960) Festigkeits- und Formänderungseigenschaften, in: Sommer H, Winkler F, Die Prüfung der Textilien, Springer, Berlin Göttingen Heidelberg
51. Zoeppritz P (1936) Dauerprüfung und Ermüdung von Gespinsten. Dissertation TH Aachen
52. Bobeth W, Reumann RD (1975) Untersuchungen zum Deformationsverhalten von Polyamidseiden bei unterschiedlichen Dehnungsgeschwindigkeiten, Textiltechnik 25:233–238

53. Berndt HJ, van der Weyden H, Bossmann A et al. (1985) Einfluß von Kurzzeitbeanspruchungen auf die Restdehnung von Triacetat-Filamentgarn, Melliand Textilber. 66:248
54. Becker O, Stein W, Lenßen G et al. (1984) Auswirkungen kurzzeitiger Zugbeanspruchungen auf die Garneigenschaften bei der Verarbeitung, Melliand Textilber. 65:442–446
55. Bossmann A, Beier M, Schollmeyer E (1989) Einfluß der Verformungsgeschwindigkeit bei der Verdehnung von Synthese-Filamentgarnen auf das Stauchverhalten, Text.-Prax. Int. 44:111–113
56. Berndt HJ, Heidemann G (1980) Beschreibung des inneren Spannungszustandes von Polyester-Faserstoffen durch Messung der Gleichgewichtsschrumpfkraft, Colloid Polym. Sci. 258:612–620
57. Dietrich K, Roose M, Bobeth W (1978) Über die Struktur von Matrix-Fibrillen-Fäden, Faserforsch. u. Textiltechn. 29:407–413
58. Görlach H (1978) Eigenschaften hochfester Chemiefasern für technische Anwendungsbereiche, Chemiefasern-Text.-Ind. 28/80:895–906
59. Morton WE, Hearle JWS (1975) Physical Properties of Textile Fibres. William Heinemann Ltd., London
60. Mayer D, Modi Z (1976) Die Untersuchung der Steifheit von Chemiefasern und deren Zusammenhang mit dem Verarbeitungsverhalten auf der Baumwollkarde, Melliand Textilber. 57:11–18
61. Mayer D, Modi Z (1970) Neues Biegesteifigkeitsmeßgerät für Einzelkapillaren, Fasern, Garne, Gewebe, Folien und Papiere, Text.-Prax. 25:464–468
62. Offermann P, Reumann RD (1980) Charakterisierung der Biegesteifigkeit von Fasern und Fäden. Teil 1: Ermittlung der Biegesteifigkeit von Fasern und Fäden nach einem neuen Verfahren, Textiltechnik 30:385–388
63. Krais P (1919) Das Knittern und Faltigwerden von Textilien, Text. Forsch. 1:71
64. Koch PA, Böhme W (1950) Die Prüfung der verschiedenen Kunstseidenarten auf ihre Knitterneigung, Z. Ges. Textilind. 52:487–494, 525–526
65. Koch PA (1952) Glasfäden-Untersuchungen. X. Schlingenfestigkeitsprüfungen von Glasfäden, Glastech. Ber. 25:101–103
66. Bobeth W, Schöne A (1966) Mikroskopische Untersuchungen an Glasfaserstoffen, Faserforsch. u. Textiltechn. 17:214–220
67. Amory G (1969) Jüngste Entwicklungen bei Glasfasergarnen, Melliand Textilber. 50:1283–1286
68. Wulfhorst B, Becker G (1988) Biegeuntersuchungen an Glas- und Kohlenstoff-Filamenten, Chemiefasern-Text.-Ind. 38/90:T114–T115
69. Vieth H (1959) Über ein Verfahren zur Messung der Bauschigkeit an der Faserflocke, Faserforsch. u. Textiltechn. 10:104–114
70. Friedemann W (1964) Über Bauschigkeitsmessungen an Chemiefaserstoffen, Faserforsch. u. Textiltechn. 15:340–352
71. Mikut R (1970) Beitrag zur Bestimmung des Verhaltens von Bauschen und Fäden bei Druckeinwirkung. Faserforsch. u. Textiltechn. 21:323–332, 389–397
72. Kolb HJ, Stanley HE, Busse WF et al. (1953) Application of high compression stresses to textile fibres, Text. Res. J. 23:84–90; 377–383
73. Bieringer H et al. (1987) Eigenschaften von Polyimid, Kunststoffe 77:1173–1176
74. Bobeth W (1957) Zum Quetschverhalten der Textilien. Dt. Textiltechn. 7:153–158
75. Bobeth W, Päßler H (1968) Zum Verhalten von Fäden bei Druckbeanspruchungen durch Walzen, Faserforsch. u. Textiltechn. 19:418–422, 441–446, 514–518
76. Hearle JWS, Peters RH (1963) Fibre structure, The Textile Institute and Butterworths, Manchester London
77. Bobeth W (1964) Zur Nutzanwendung hoher Drücke in der Spinnerei, Dt. Textiltechn. 14:118–127
78. Lehmann R (1958) Ein neues Gerät zum Messen von dünnen Drähten und Fasern, Feingerätetechnik 7:230–234
79. Bobeth W, Vollrath L (1958) Mechanisches Feindickenmeßgerät mit variierbaren Meßkräften für vielseitige Einzelfaser-Untersuchungen, Faserforsch. u. Textiltechn. 9:543–550

80. Bobeth W, Vollrath L (1963) Zum Deformationsverhalten bei Quetschbeanspruchungen, Faserforsch. u. Textiltechn. 14:431–439, 489–494
81. Bobeth W, Luczak H, Päßler H et al. (1967) Untersuchung des axialen Druckverhaltens von Faserstoffen, Faserforsch. u. Textiltechn. 18:547–553
82. Bobeth W, Faulstich H, Sonntag P et al. (1970) Automatische Textilprüfung mit elektronischer Meßwerterfassung und Meßwertauswertung am Beispiel der Axialdruckprüfung, Faserforsch. u. Textiltechn. 21:453–459
83. Bobeth W, Schubert B (1970) Axialdruckprüfung an synthetischen und tierischen Borsten verschiedener Vorbehandlungen, Faserforsch. u. Textiltechn. 21:1–7
84. Bobeth W, Faulstich H, Tausch-Marton H (1975) Studie zum Stauchverhalten und dessen Beziehungen zu Gebrauchseigenschaften am Beispiel synthetischer Monofile, Faserforsch. u. Textiltechn. 26:28–37
85. Sommer H, Winkler F (1960) Die Prüfung von Textilien, in: Siebel E (Hrsg) Handbuch der Werkstoffprüfung, 2. Aufl., 5. Band. Springer, Berlin Göttingen Heidelberg
86. Morton WE, Permanyer F (1947) The measurement of torsional relaxation in the textile fibres, J. Text. Inst. 38:T 54–T 59
87. Kärrholm M, Nordhammer G, Friberg O (1955) Penetration of alkaline solutions into wool fibres determined by changes in the rigidity modulus, Text. Res. J. 25:922–929
88. Koch PA, Freier G, Hoffmann B (1973) Untersuchungen über die Quersprödigkeit neuer Synthesefasern sowie über die Beziehung zwischen Querschnittsform bzw. -aufbau und Quersprödigkeit bei Synthesefasern, 2. Aufl. Forschungsbericht des Landes Nordrhein-Westfalen Nr. 2298, Westdeutscher Verlag, Opladen
89. Bobeth W, Kittelmann W, Faber S et al. (1962) Über das Kriechverhalten von Segelflugzeug-Bespannstoffen, Faserforsch. u. Textiltechn. 13:531–540
90. De Vries KL, Luntz RD, Williams ML (1972) Effect of torsion on uniaxial bond rupture in monofilament Nylon 6.6, J. Polym. Sci., Polym. Lett. 10:409–414
91. Goswami BC, Duckett KE, Vigo TL (1980) Torsional fatigue and the initiation mechanism of pilling, Text. Res. Inst. 8:481–485
92. Meredith R (1952) The torsional rigidity of the textile fibres, J. Text. Inst. 45:T 489–T 503
93. Perepelkin KE (1974) Gegenwärtige Vorstellungen über die Struktur, die Spinnprinzipien und die physikalischen Eigenschaften hochorientierter Chemiefaserstoffe, Faserforsch. u. Textiltechn. 25:251–267
94. Bechlenberg H (1954) Neue Prüfverfahren und Prüfgeräte für die textile Forschung und Praxis. Reyon, Zellwolle u.a. Chemiefasern 4:343–350
95. Hearle JWS, Wong BS (1977) Comparative study of the fatigue failure of Nylon 6.6, Polyester and Polypropylen fibres, J. Text. Inst. 68:89–94
96. Golz J (1977) Schlingenscheuerprüfung. Methode zur Charakterisierung der Pillneigung von Fasern, Textiltechnik 27:637–640
97. Sommer H (1956) Eigenschaftsänderungen der Textilien durch Umwelteinflüsse, Faserforsch. u. Textiltechn. 7:1–13

6 Verhalten bei Feuchte- bzw. Wassereinwirkung

Bei der Herstellung bzw. Gewinnung, Verarbeitung sowie Nutzanwendung von insbesondere hygroskopischen Fasern spielt das Klima eine wichtige Rolle, da der Wasserdampfgehalt der Luft und deren Temperatur sowie der Luftdruck mit den wetterbedingten sowie tageszeitlichen Schwankungen Einfluß auf die Fasereigenschaften nehmen. Darüber hinaus interessieren z. B. für den Fall der Naßveredlung mit nachfolgender Trocknung die Wechselwirkungen von Fasern und Wasser. Schon lange haben sich viele Autoren mit diesen Problemen befaßt und zahlreiche Detailerkenntnisse erarbeitet, die für die wissenschaftliche Durchdringung dieses Komplexes, die Verarbeitung und den Gebrauch der Fasern wichtig sind. Nachfolgend wird hierauf applikationsbezogen näher eingegangen.

6.1 Definitionen

In den zurückliegenden Jahrzehnten wurden bezüglich der Feuchte- bzw. Wasseraufnahme Begriffe verwendet, die heute nicht mehr genutzt werden oder in ihrer Bedeutung verändert wurden. In der nachstehenden Übersicht sind die wichtigsten gültigen Begriffe zusammengefaßt sowie definiert (vgl. DIN 1310, DIN 53800, DIN 53822–53825). Ältere Begriffe wurden in Klammern hinzugefügt.

Feuchte (Feuchtigkeit): in oder auf festen Stoffen ein- oder angelagerte Flüssigkeit; Kristallwasser in festen Stoffen gehört nicht zur Feuchte;
feucht: Zustand, in dem ein fester Stoff nachweisbare Mengen an Feuchte enthält;
naß: Zustand, in dem ein fester Stoff größere, meist äußerlich erkennbare Mengen Feuchte bzw. Wasser enthält;
normaltrocken bzw. normalfeucht: Zustand eines Stoffes nach Auslegen im Normalklima (20 °C $\pm$ 2 K und 65% $\pm$ 2% relative Luftfeuchte), Massekonstanz muß durch Feuchteaufnahme (Absorption) erreicht werden;

Feuchteanteil f: Verhältnis des im festen Stoff enthaltenen Wassers ($w = m_f - m_{tr}$) zur Feuchtmasse (Feuchtigkeitsgehalt, relativer Feuchtegehalt)

$$f = \frac{m_f - m_{tr}}{m_f} \cdot 100\,\% ; \qquad (6.1)$$

m_f Masse der Probe im feuchten oder nassen Zustand
m_{tr} Masse der Probe im trockenen Zustand

Feuchtezuschlag u: Verhältnis des im festen Stoff enthaltenen Wassers zur Trockenmasse (Feuchtesatz, absoluter Feuchtigkeitsgehalt, Feuchtegehalt bezogen auf die Trockenmasse)

$$u = \frac{m_f - m_{tr}}{m_{tr}} \cdot 100\,\% : \qquad (6.2)$$

Anmerkung. Bei der Berechnung der Handelsmasse nach DIN 53 822 kommen handelsübliche oder besonders vereinbarte Handelszuschläge („Reprisen") r_t (% der Trockenmasse m_{tr}) zur Anwendung, die nur bei einigen Faserarten mit den bei Normalklima (65 % rel. Luftfeuchte und 20 °C) ermittelten Feuchtezuschlägen u übereinstimmen.

Umrechnungen zwischen *Feuchteanteil f* und *Feuchtezuschlag u* sind folgendermaßen möglich:

$$u = \frac{f}{1 - f}, \qquad (6.3)$$

$$f = \frac{u}{1 + u}. \qquad (6.4)$$

Die Feuchte der Luft wird entweder an Hand der Wasserdampfmasse oder des Wasserdampfteildrucks folgendermaßen berechnet:

Sättigungsgrad der Luft: Verhältnis der in einem Luftvolumen vorhandenen Wasserdampfmasse m_d zur möglichen Sättigungsmasse m_t

$$\psi = \frac{m_d}{m_t} \cdot 100\,\% ; \qquad (6.5)$$

relative Luftfeuchte: Verhältnis des Wasserdampfteildruckes p_d zum möglichen Sättigungsdruck p_t

$$\varphi = \frac{p_d}{p_t} \cdot 100\,\% . \qquad (6.6)$$

Beide Größen sind temperaturabhängig und stimmen nahezu überein ($\varphi \approx \psi$). Bei gleichbleibendem Wasserdampfdruck bzw. gleichbleibender Wasserdampfmasse sinkt mit steigender Temperatur die relative Luftfeuchte.

Tabelle 6.1. Luftfeuchte und Dampfdruck im Sättigungszustand der Luft bei verschiedenen Temperaturen

Temperatur °C	maximale Luftfeuchte $g \cdot m^{-3}$	Sättigungsdruck Pa
10	9,41	1228
15	12,85	1705
20	17,31	2337
25	23,07	3167
30	30,39	4242

Weitere Charakteristische Merkmale der feuchten Luft sind:

spezifische Luftfeuchte:	g Wasser pro kg feuchte Luft,
absolute Luftfeuchte:	g Wasser pro m feuchte Luft,
maximale Luftfeuchte:	absolute Luftfeuchte im Sättigungszustand. Dieser Betrag ist beträchtlich temperaturabhängig, was in Tabelle 6.1 einige Beispiele für gebräuchliche Temperaturen zeigen [2].

6.2 Sorptionsverhalten

Die Feuchteaufnahmefähigkeit (Hygroskopizität) der verschiedenen Fasern hängt ab von

- dem Vorhandensein hydrophiler Gruppen in der Makromolekülkette oder als Seitengruppe ($-COO-$, $-SO_3H$, $-SO_3-$, $-OH$, $-NH_2$, $>C=O$), die das Wassermoleküle mit den o. g. Gruppen des Polymeren in Wechselwirkung treten können),
- der Zugänglichkeit dieser Gruppen für die von außen einwirkende Feuchte (in den nichtkristallinen Bereichen sind die inter- und intramolekularen Wechselwirkungen geringer als in kristallinen Bereichen, so daß hier die Wassermoleküle mit dem o. g. Gruppen des Polymeren in Wechselwirkung treten können),
- der Größe und Häufigkeit von Poren (Porenmodell) bzw. Löchern (freies Volumenmodell), in denen sich das Wasser als Assoziat (freies Wasser, vgl. Abschn. 2.5) befindet.

Einwirkungen von Wasser im dampfförmigen bzw. flüssigen Zustand sind bei den meisten Fasern mit Quellungserscheinungen verbunden, weshalb Weltzien [1] die Begriffe Trockenquellung (bei Wasserdampfeinwirkung) und Naßquellung (bei Wassereinwirkung) einführte.

Wirkt Wasserdampf auf Fasern ein, so lagert sich Feuchte zunächst auf der Oberfläche ab (*Adsorption*), dringt aber allmählich in den gesamten Faserkörper mehr oder weniger stark ein (*Absorption*). Die Adsorption geht innerhalb

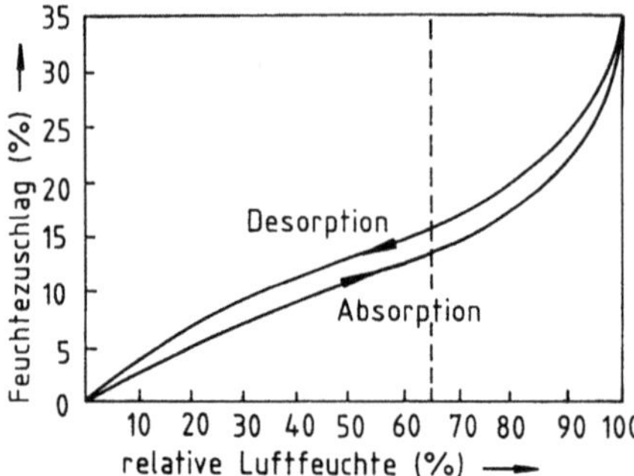

Abb. 6.1. Absorptions- und Desorptionskurven (Hysteresis) von Wolle

weniger Sekunden vor sich und hängt quantitativ von den Oberflächenkräften der Fasersubstanz (vgl. Abschn. 4.2), den geometrischen Abmessungen des Faserquerschnitts (rund: kleinste spezifische Oberfläche, stark gegliedert: wesentlich größere spezifische Oberfläche) und den Oberflächenrauhigkeiten ab. Hingegen verläuft der Absorptionsprozeß wesentlich langsamer (einige Stunden), bis der Wasserdampf durch Diffusion in die zwischenmolekularen Räume eingedrungen ist und das Absorptionsgleichgewicht erreicht hat. Die Geschwindigkeit der Feuchteaufnahme verringert sich mit der Annäherung an den Gleichgewichtszustand.

Sorptionsvorgänge sind auf Grund der Reaktionen zwischen den Substanz- und Wassermolekülen im allgemeinen mit einer Wärmeentwicklung verbunden, tragen also exothermen Charakter. Im umgekehrten Fall (*Desorption*), wenn der Gleichgewichtszustand durch Feuchteabgabe der Fasern an die trockenere Luft erreicht werden soll, muß dem System Wärme zugeführt werden. Die Desorption erfolgt besonders bei den stark quellenden Fasern nicht vollständig, so daß die Gleichgewichtsfeuchte im Falle der Desorption höher liegt als bei der Absorption unter sonst gleichen Bedingungen (Quellungshysteresis-Verlauf in Abb. 6.1). Deshalb ist es in der Textilprüfung im Hinblick auf die Reproduzierbarkeit der Meßergebnisse üblich, den Gleichgewichtszustand über die Absorption herbeizuführen (ggf. 1 h bei 50 °C vortrocknen).

Die *Reproduzierbarkeit* von Feuchteaufnahmemessungen hängt außerdem mehr oder weniger von folgenden Einflüssen ab [3]:

Temperatur. Mit steigender Temperatur bei gleichbleibender relativer Luftfeuchte verringert sich die Feuchteaufnahme. Allerdings beträgt der Unterschied der bei 20 und 25 °C gemessenen Feuchtezuschläge kaum mehr als 0,25% Feuchtezuschlag.

Luftdruck. Dieser kann nach Untersuchungen von Kowalewsky [4] bei extremen Luftdruckunterschieden Veränderungen im Feuchtezuschlag bis zu 0,5% ergeben. Nach Schaposchnikoff [5] erhöht sich mit steigendem Luftdruck das Feuchteaufnahmevermögen der Fasern ebenfalls; verminderter Luftdruck soll hingegen die Geschwindigkeit der Feuchteaufnahme steigern.

Tabelle 6.2. Änderung der Feuchteaufnahme im Normalklima nach Extraktion der Proben [3]

Faser	Feuchtezuschlag %	
	nicht extrahiert	extrahiert
Baumwolle	8,40	9,07
Schafwolle	13,15	15,03
Viskose	12,83	15,17
Acetat	6,01	7,08

Begleitsubstanzen. Die in den 20er Jahren von Obermiller und Goertz [6] sehr exakt aufgenommenen Absorptions- bzw. Quellungsisothermen wurden an extrahierten Fasern erhalten. Eine Extraktion mit Petrolether während drei Stunden im Soxhlet-Apparat bewirkt, daß die Adsorptionsfähigkeit der Fasersubstanz für die Luftfeuchte größer wird (Beseitigung hydrophober Auf- und Einlagerungen), was höhere Feuchtezuschläge ergibt, wie den Vergleichswerten der Tabelle 6.2 zu entnehmen ist. Andererseits hat sich gezeigt, daß z. B. hydrophobierte Viskosefasern bei üblichen Normalklima-Auslegezeiten zunächst niedrigere Feuchtezuschläge als normale Viskosefasern aufweisen; jedoch erhöhen sich diese innerhalb von 8 Tagen um etwa 1,25%. Somit ist zu bedenken, ob ein- oder aufgebrachte Substanzen (Avivagen, Präparationen, Imprägnierungen, Farbstoffe) die fasertypische Feuchteaufnahme nur verzögern oder echt verändern. Wenn man heute den für den praktischen Gebrauch benötigten Feuchtezuschlag (also die „wahre Feuchteaufnahme") bestimmen will, dann beläßt man die naturgegebenen oder herstellungsbedingten Begleitsubstanzen, verzichtet also auf eine vorherige Extraktion. Nur in Sonderfällen, wenn man neben dem Feuchtezuschlag auch den Begleitstoffzuschlag kennen muß, wird nach Extraktion mit geeigneten Lösemitteln oder kochendem Wasser in einer zweiten Untersuchung der Feuchtezuschlag des extrahierten Materials bestimmt. Die Differenz der Feuchtezuschläge ohne und mit Extraktion ergibt den Begleitstoffzuschlag.

Luftbewegung. Der Gleichgewichtszustand der Feuchteaufnahme bei Normalklima ist dann erreicht, wenn der Feuchtezuschlag innerhalb einer Stunde sich maximal nur noch um 0,1% verändert. In unbewegter Luft ist dieser Zustand erfahrungsgemäß nach 12 h (aufgelockerte Faserproben), 24 h (Stränge, Spulen, textile Flächengebilde) bzw. 72 h (Schwergewebe) erreicht. Verkürzt werden diese Zeiten in bewegter Luft (mindestens $1 \text{ m} \cdot \text{s}^{-1}$), wobei Mindestauslegezeiten von 2–8 h erreicht werden können, die sich nach der Höhe des Feuchtezuschlages der Proben bei Normalklima richten. Das setzt voraus, daß die Proben gleichmäßig zugänglich sind, die Einwirkung der bewegten Luft an den Proben gleich intensiv ist und keine Störeinwirkungen durch Behältnisse, Unterlagen, Wände, Beleuchtung usw. auftreten.

Trocknungsbedingungen. Die Reproduzierbarkeit der Meßwerte hängt auch von dem Feuchtebestimmungsverfahren ab. In der Praxis wird der Feuchtezuschlag hauptsächlich durch Trocknen bei 105–110 °C und Wägen vor und nach dem Trocknen ermittelt (Wägegläschen oder Konditionierapparat). Massekonstanz beim Trocknen ist dann erreicht, wenn zwischen zwei im 10-Minuten-Abstand erfolgten Wägungen die Masse der zweiten Wägung weniger als 0,05 % von der ersten Wägung abweicht. Das Endergebnis ist abhängig vom Feuchtegehalt der Luft beim Trocknen (soll gem. DIN 53 800 dem Feuchtegehalt bei Normalklima entsprechen, andernfalls ist eine Korrektur erforderlich) und der tatsächlich verwendeten Trocknungstemperatur (möglichst 105 °C $\pm$ 3 K, sofern bei dieser Temperatur noch keine Strukturveränderungen der Fasern erfolgen). Eine vollständige Trocknung erfordert absolut trockene Luft oder Trocknen im Vakuum. Es muß also damit gerechnet werden, daß bei Verwendung von Trocknungsluft im Normalzustand in Abhängigkeit von der Faserart bis zu etwa 1 % Restfeuchte in der getrockneten Probe verbleiben kann [7]. Verwendet man indirekte Methoden zur Feuchtebestimmung (z. B. dielektrische Methoden, elektrische Leitfähigkeitsmessungen), dann kommen weitere Ungenauigkeiten hinzu, da diese Methoden auf die durch das Trocknungsverfahren erhaltenen Werte geeicht wurden. Für wissenschaftliche Zwecke sind Methoden geeignet, die durch Destillation mit wasserunlöslichen Flüssigkeiten, z. B. Toluen, den Wasseranteil ermitteln (Schleppdestillation) [2].

Die Kenntnis der Feuchteaufnahmefähigkeit (auch als hygroskopische Kraft charakterisiert) der Fasern (Trockenquellung) ist von großer Bedeutung für deren Verarbeitung und im Gebrauch. In Tabelle 6.3 sind die bei Normalklima normgerecht ermittelten Feuchtezuschläge zusammengestellt. Setzt man voraus, daß die oben dargestellten Einflußgrößen beherrscht wurden, dann verbleiben noch die den Fasern immanenten Eigenschaftsschwankungen, bedingt durch unterschiedliche Wachstumsverhältnisse, Provenienzen, Aufbereitungsverfahren usw. bei Naturfasern und Substanz-, Struktur-, Avivage-Unterschiede usw. bei Chemiefasern. Derartige Unterschiede wirken sich bei Fasern mit hoher hygroskopischer Kraft (Cellulose- und Eiweißfasern) stärker aus als bei den weniger hygroskopischen synthetischen Chemiefasern.

Wie sich die Feuchteaufnahme an Fasern über dem gesamten Bereich der relativen Luftfeuchten (0–100 %) darstellt, zeigen die in Abb. 6.2 nach Obermiller [6] wiedergegebenen Absorptionsisothermen, die später mit denen der neueren Fasern ergänzt wurden. Die mehr oder weniger S-förmig gekrümmten Kurven zeigen im Mittelteil (etwa zwischen 30 und 70 % relative Luftfeuchte) den geringsten Anstieg und geradlinigen Verlauf. Zahlreiche Autoren haben versucht, den Verlauf dieser Absorptions- bzw. Quellungsisothermen in Gleichungen zu fassen [2]. In diesem Zusammenhang wäre es empfehlenswert, diese Isothermen mit den heutigen apparativen Möglichkeiten erneut aufzunehmen, um verläßlicher deren tatsächlichen Verlauf mit den gegenseitigen Überschneidungen besonders in den nicht geradlinig verlaufenden Bereichen vorliegen zu haben, denn das Verhalten der Fasern in feuchtearmer und feuchtereicher Luft findet aus anwendungstechnischer Sicht

Tabelle 6.3. Feuchteaufnahme von Fasern bei 65% relativer Luftfeuchte und 20 °C (nach verschiedenen Autoren [11])

Faser	Feuchtezuschlag %	
	gebräuchlicher Wert	erfaßter Wertebereich
Glas	0	0
Polyethylen	0	0
Polypropylen	0	0
Polytetrafluorethylen	0	0
Polyvinylchlorid	0	0–0,4
Polyvinylidenchlorid	0	0
Mischpolymerisat (*Dynel*)	0,5	
Polyester	0,5	0,2–0,5
Polyacryl (*Wolpryla*)	1,0	1,0–2,5
Polyacryl (*Acrilan*)	2,0	
Polyurethan	1,5	0,5–1,5
Aramid (*Kevlar*)	2,0	2,0–3,0–(5,0)
Aramid (*Nomex*)	4,5	4,5–5,0
Polyamid 4.6 (*Stanyl*)	4,5	4,5–5,0
Polyamid 6, Polyamid 6.6	4,0	3,5–4,5
Polyamid 11	1,0	0,9–1,3
Polyamid (*Qiana*)	2,0	1,5–2,0
Triacetat	4,0	2,0–6,0
Polyvinylalkohol	5,0	3,5–5,0
Acetat	6,5	6,0–8,0
Asbest (Amphibolasbest)	1,0	0,8–1,5
Asbest (Serpentinasbest)	1,8	
Ramie	7,5	
Baumwolle (roh)	8,0	6,0–11,0
Baumwolle (merzerisiert)	11,0	
Flachs (Flockenflachs)	8,5	
Flachs (roh)	10,0	9,0–10,0
Hanf (Flockenhanf)	8,5	
Hanf (roh)	10,5	
Kokos	10,0	
Jute	10,5	
Seide (roh)	10,5	9,9–11,0
Seide (entbastet)	9,5	
Cupro	12,5	11,0–13,0
Viskose (normal)	13,5	12,0–14,0
Viskose (hochfest)	12,5	
Casein	14,0	
Schafwolle (gewaschen)	14,5	14,0–17,0
Calciumalginat	20,5	

zunehmend Interesse. Daß die Absorptionsisothermen besonders für stark hygroskopische Fasern bei steigenden Temperaturen einen unterschiedlichen Verlauf nehmen, zeigt für merzerisierte Baumwolle Abb. 6.3 [10]. Dabei wird deutlich, daß durch die Wärmeaufnahme aus der umgebenden Luft der exotherme Sorptionsprozeß zurückgedrängt wird und daß mit steigender

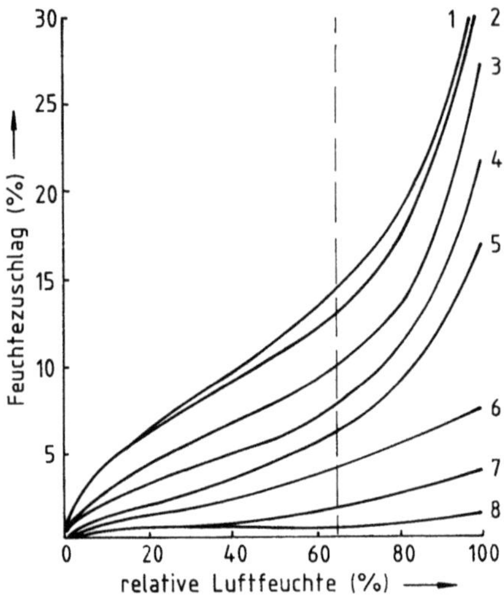

Abb. 6.2. Absorptionsisothermen von Fasern zwischen 0 und 100% relativer Luftfeuchte (nach Obermiller et al. [6]); *1* Wolle, *2* Viskose, *3* Seide, *4* Baumwolle, *5* Acetat, *6* Polyamid, *7* Polyacryl, *8* Polyester

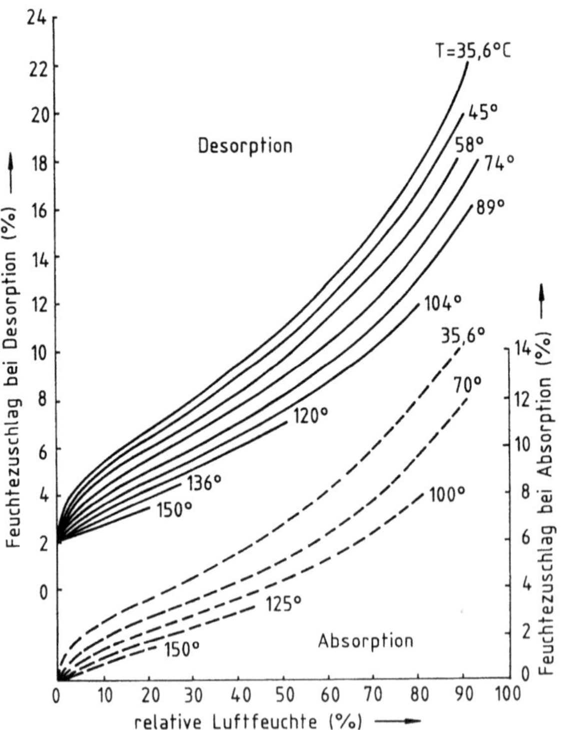

Abb. 6.3. Absorptions- und Desorptionskurven für merzerisierte Baumwolle bei unterschiedlichen Temperaturen *T* (nach [10])

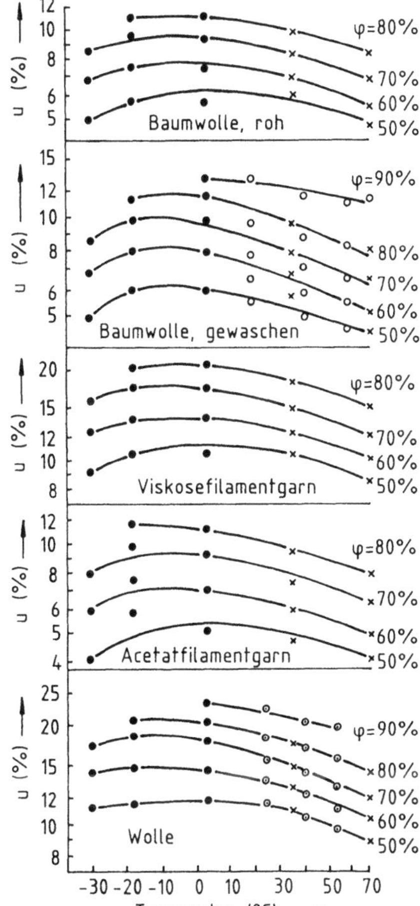

Abb. 6.4. Feuchteaufnahme (Absorption) von Fasern in Abhängigkeit von der Temperatur (nach verschiedenen Autoren [11])

Temperatur der Unterschied zwischen den Absorptions- und Desorptionsisothermen geringer wird.

Wesentlich seltener sind analoge Versuche für Temperaturen unter 20 °C durchgeführt worden. In Abb. 6.4 gibt Koch [11] nach Darling Feuchteaufnahmekurven verschiedener Fasern für +70 bis −30 °C (bei verschiedenen relativen Luftfeuchten) wieder, die mit Werten anderer Autoren ergänzt wurden. Den Kurvenverläufen ist zu entnehmen, daß die höchsten Feuchteaufnahmewerte im Bereich von −20 bis +20 °C erreicht werden. In einer neueren Arbeit hat Becker [12] Absorptionsisothermen bis zu −30 °C aufgenommen (Abb. 6.5).

Im Zusammenhang mit der Naßveredlung und Waschbehandlung von Fasern findet die *Naßquellung* besonderes Interesse. Um zu vergleichbaren quantitativen Aussagen über verschiedene Fasern zu gelangen, ermittelt man das *Wasserrückhaltevermögen*. Dazu werden die nassen Proben normgerecht

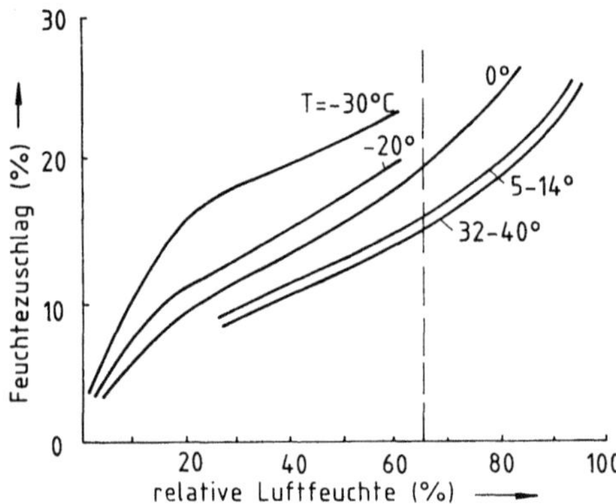

Abb. 6.5. Absorptionsisothermen von gewaschenem Wollgarn bei verschiedenen Lufttemperaturen T (nach [12])

Tabelle 6.4. Wasserrückhaltevermögen von Fasern [11, 14, 15]

Faser	Wasserrückhaltevermögen %
Baumwolle	45–50
Flachs	50–55
Wolle	40–45
Seide, entbastet	40–50
Viskose, normal	85–120
Modal (HWM)	60–80
Modal (Polynosic)	75
Cupro	90–125
Acetat	20–30
Triacetat	10–18
Glas	0
Polymid 6	10–15
Polyamid 6.6	10–15
Polyamid 11	3–7
Polyester	3–5
Polyacryl (Homopolymer)	4–6
Polyacryl (Copolymer)	5–12
Polyacryl (*Dunova*)	30
Polyvinylchlorid	4–6
Elastan (Polyurethanelastomer)	7–11
Polyvinylalkohol	25–35
Aramid (*Nomex*)	12–17

zentrifugiert und anschließend deren Naß- und Trockenmassen bestimmt, wobei die Differenz das zurückgehaltene Wasser darstellt und in Prozent (bezogen auf die Trockenmasse) angegeben wird. Tabelle 6.4 enthält für die bekanntesten Fasern Wertebereiche für das Wasserrückhaltevermögen. Es zeichnen sich analog zur Trockenquellung beträchtliche Unterschiede zwischen den einzelnen Fasern und auch innerhalb einer Faserart ab, bedingt vor allem durch ihre unterschiedliche chemische und physikalische Struktur. Das höchste Wasserrückhaltevermögen weisen die normalen Viskose- und Cuprofasern auf, was auf der besonders guten Zugänglichkeit der OH-Gruppen (Solvatation) für die Wassermoleküle beruht (geringerer Kristallinitätsgrad von etwa 40%, Kristallite sind in gewissem Umfang für die Wassermoleküle sogar zugänglich). Das Wasserrückhaltevermögen ist geringer bei den kompakten Cellulosefasern mit einem höheren übermolekularen Ordnungszustand und gut ausgebildeten Strukturelementen. Das zeigt sich bereits bei den Modalfasern und ganz besonders bei den Naturfasern aus Cellulose und Eiweiß (Fibrillarstruktur mit kompakten Kristalliten, die für die Wassermoleküle nicht zugänglich sind). Andererseits wird an durch Merzerisation veredelter Baumwolle das Wasserrückhaltevermögen beträchtlich vergrößert, da – wie bei den normalen Viskosefasern – auch in den Kristalliten die zwischen den Celluloseketten wirkenden Kohäsionskräfte z. T. freigesetzt werden und nunmehr Wasserbindungen (intramicellare Quellung) eingehen können [13]. Wenig quellbar sind die Acetatfasern, da die für die Wasserbindung verantwortlichen OH-Gruppen weitgehend verestert vorliegen. Geringfügig sind Wasserrückhaltevermögen bzw. Quellbarkeit bei den meisten synthetischen Chemiefasern (Polyamid und vor allem Polyvinylalkohol ausgenommen), absolut nicht vorhanden bei Fluoro- und Glasfasern. Ebenso wie die Trockenquellung kann auch die Naßquellung durch chemische und thermische Einwirkungen beträchtlich beeinflußt werden. Bereits verunreinigtes Wasser (Salze usw.) kann eine Quellungsminderung bewirken, da die im Wasser enthaltenen Substanzen u. U. OH-Gruppen der Fasern absättigen und einer Wasserbindung zuvorkommen können, ggf. sogar stabile intermolekulare Brücken (Ca-, Mg-, Fe-Ionen) aufbauen.

Abweichungen von den in Tabelle 6.4 zusammengestellten Werten für das Wasserrückhaltevermögen können weiterhin auftreten, wenn die Fasern längere Zeit im Gebrauch und häufigen Wäschen mit anschließender Trocknung ausgesetzt waren. Diese und auch andere Einwirkungen führen zu Substanzveränderungen bzw. Alterungserscheinungen, die die Hygroskopizität verändern. So wurde an Viskosefasern festgestellt [8], daß nach 15maligem Durchnässen und Trocknen bei 60 °C der Quellungsgrad von 98,2% auf 54,6% zurückging, d. h. es wurde wesentlich weniger Wasser aufgenommen, was auch die Anfärbbarkeit verminderte [9]. Offensichtlich werden bei jeder Waschbehandlung unter latenten Spannungen stehende Nebenvalenzbindungen gelöst, so daß sich Molekülkettenabschnitte verlagern und beim Trocknen stabilere inter- und intracatenare Kräfte ausbilden können. Dadurch kommt es zur Minderung der Zugänglichkeit der hydrophilen Gruppen in der Faser und damit zu geringerer Quellfähigkeit. Dieser Vorgang nähert sich mit der Benutzungsdauer asymptotisch einem Grenzwert.

Das aufgenommene Wasser unterliegt in normaler Umgebung der Verdunstung, wobei für die Bekleidungsphysiologie die *Feuchtefühlgrenze* interessiert. Darunter wird der Zustand verstanden, bei dem sich das Material gerade nicht mehr naß anfühlt. In Tabelle 6.5 sind einige Werte angeführt, bei denen dieser stark subjektiv beeinflußte Zustand etwa erreicht ist.

Tabelle 6.5. Feuchtefühlgrenze verschiedener Fasern

Faser	Feuchtezuschlag %
Polyacryl, porös	19
Viskose	16
Wolle	13
Baumwolle	11
Polyamid	5–8
Polyacryl	5
Polyester	2

6.3 Feuchteeinfluß auf die äußere Beschaffenheit

Die mit der Sorption von Flüssigwasser oder Wasserdampf verbundene
Quellung der Fasern verändert mehr oder weniger stark deren Gefüge und damit deren äußere Beschaffenheit und Eigenschaften. Bei Feuchteeinwirkung
verändern besonders die hygroskopischen Fasern ihre Dimensionen, wobei in
Abhängigkeit vom strukturellen Aufbau (Orientierung) anisotropes Verhalten
zu beobachten ist, indem die Dimensionsänderungen in Faserlängsrichtung
wesentlich geringer sind als in Querrichtung (Tabelle 6.6). Die diffundierenden
Wassermoleküle dringen insbesondere in den amorphen Bereichen zwischen
die Moleküle bzw. Fibrillen ein, die überwiegend längs zur Faserachse
angeordnet sind, weshalb es zur Aufweitung des Gefüges hauptsächlich in
Querrichtung kommt. Höhere Faserorientierung bedingt also niedrigere
Längsquellungswerte (vgl. beispielsweise Baumwolle – Baumwolle, merzeri-
siert – Flachs). Unterschiedliche Kristallinitäts- und Orientierungsgrade sind
auch die Ursache für die relativ große Spannweite der angegebenen Meßwerte
für Chemiefasern auf Cellulosegrundlage sowie für die Differenz zwischen
vergleichbaren Meßwerten für Natur- und Chemiefasern auf Cellulosebasis
(vgl. Abschn. 6.2). Bei Geweben aus Fasern mit hoher Breiten- bzw. Volumenquellung muß man bei zunehmender Feuchteeinwirkung (Schwitzen, Regen
usw.) in Kauf nehmen, daß die Gewebeporen und damit auch die Luftdurchlässigkeit kleiner werden, was das Mikroklima für den Träger solcher Bekleidung
nachteilig verändert. An den Synthesefasern tritt dieser Effekt praktisch nicht
in Erscheinung, da deren maximale Volumenquellung vorwiegend unter 10 %
liegt. Die mit der Volumenzunahme verbundene meist positive Längenänderung ist relativ gering (Tabelle 6.6). Dieser normalerweise reversible Effekt bei
Menschenhaar und Polyamidfäden wird bei eichbaren Haarhygrometern oder
Haarhygrographen benutzt, um die relative Luftfeuchte als Funktion der
jeweiligen Haarlänge anzuzeigen. Diese Fäden müssen allerdings völlig frei von
inneren Spannungen zur Anwendung gelangen. Wäre das nicht der Fall,
bedingt durch Herstellung oder Verarbeitung (latente Spannungen), dann käme

Tabelle 6.6. Dimensionsänderungen an Fasern infolge Quellung (nach Literatur-Zusammenstellung von Koch [11] et al.)

Fasern	Längs-quellung	Breitenquellung		Volumen-quellung
		Durch-messer	Querschnitts-fläche	
	%	%	%	%
Baumwolle	1,1 – 2,8	7 –20	20 – 42	34 – 44
Baumwolle, merzerisiert	0,1	17	24 – 46	41
Flachs	0,05– 0,2		47	
Jute		20 –21	40	45
Ramie			37	
Schafwolle	0,3 – 3,0	14,8 –17	22 – 26	36 – 41
Seide	1,3 – 1,7	16,3 –18,7	19 – 20	30 – 43,2
Viskosefilamentgarn, normal	3,0 –10,1	25 –52	66 –114	74 –127
Viskosespinnfaser	1,4 – 7,6			
Cuprofilamentgarn	2,4 – 4,3	32 –42	56 – 62	64 –107
Cuprospinnfaser	3,1 – 7,7			
Acetatfilamentgarn	0,14	0,6 –14,0	5,7– 14,0	6,0
Triacetat	minimal		2 – 3	
Polyamid	2,7 – 6,9	1,29– 2,6	1,6– 3,2	8,1– 11,1
Polyester	minimal		1	
Polyacryl	minimal		5,1	9

es durch Feuchteeinwirkung zum Abbau dieser Verspannungen unter Längenminderung (irreversibler Schrumpf).

6.4 Feuchteeinfluß auf die physikalischen Eigenschaften

Mit der Veränderung des Quellungszustandes tritt auch eine Veränderung der mechanisch-technologischen Eigenschaften der Fasern ein, wobei natürlich die stark quellenden Fasern mehr betroffen sind als die wenig oder nicht quellenden [24]. Mit der quellungsbedingten Auflockerung des Gefüges kommt es zur Verminderung von Reißkraft, Elastizität, Torsionsfestigkeit, Scheuerfestigkeit, Knittererholungswinkel, spezifischem elektrischen Widerstand usw., dagegen vergrößern sich Reißdehnung und Deformierbarkeit, wovon Fasern mit einem geringen Formänderungswiderstand stärker betroffen sind. Nur Baumwollfasern und Elementarfasern, z. B. vom Flachs, zeigen trotz hoher Quellwerte im nassen Zustand größere Festigkeiten als im trockenen Zustand. Dies hängt im Falle der Baumwolle mit der schraubenförmigen Anordnung der Fibrillen zusammen, die dadurch beim Quellen fester gegeneinander gepreßt werden und somit dem Gleiten aneinander bei äußerer Krafteinwirkung einen höheren Widerstand entgegensetzen.

Umfangreiche Untersuchungen [16] an verschiedenen technischen Fasern im nassen Zustand und mit Einspannlängen von 50 mm ließen aber erkennen, daß – außer bei Ramie – die Naß-Höchstzugkraft-Verhältnisse meist beträchtlich unter 100 % liegen:

Flachs	15–40 %,
Hanf	30–40 %,
Kokos	etwa 50 %,
Jute	etwa 90 %,
Ramie	100–130 %.

Dies ist darauf zurückzuführen, daß die die Elementarfasern zusammenhaltenden Substanzen (Pektine usw.) im nassen Zustand quellen und an Wirksamkeit verlieren. Das hohe Naß-Höchstzugkraft-Verhältnis von Jute beruht auf dem hohen Ligningehalt und folglich geringem Quellvermögen der Klebsubstanz.

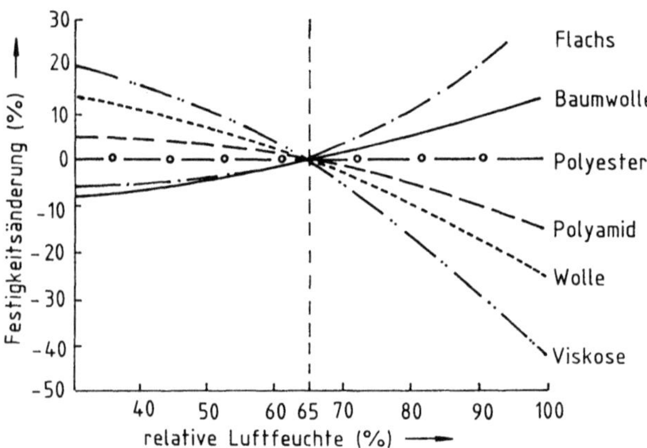

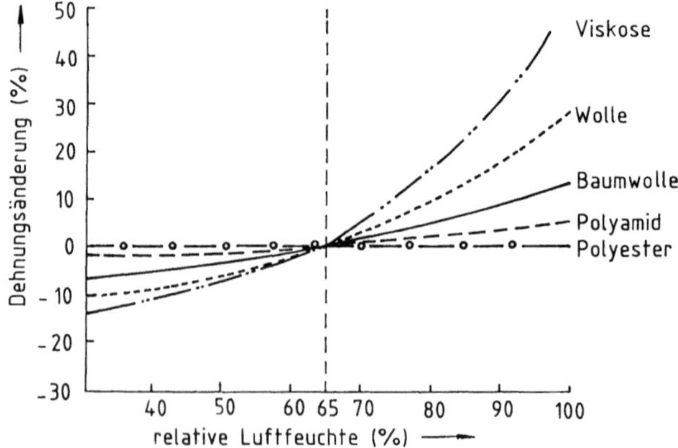

Abb. 6.6. Änderung der Festigkeit und Dehnung in Abhängigkeit von der relativen Luftfeuchte bei 20 °C – bezogen auf den normalfeuchten Zustand – für ausgewählte Fasern (nach Pollit et al. [19])

Bei Ramie sind die relativ dicken Elementarfasern wesentlich länger als die Prüflänge, so daß in diesem Fall Elementarfaserverklebungen bezüglich der Festigkeit im nassen Zustand keine Rolle spielen.

Daß die Naß-Höchstzugkräfte von Spinnfasergarnen keinen merklichen Abfall gegenüber der Trocken-Höchstzugkraft aufweisen, z. B.

Flachsgarn 90–120 %,
Jutegarn 90–120 %,
Ramiegarn 110–130 %.

ist auf den garndrehungsbedingten reibintensiven Zusammenhalt zurückzuführen, der im nassen Zustand infolge Quellung und dadurch verstärkter gegenseitiger Faserpressung sogar zunehmen kann.

Die Abb. 6.6–6.10 zeigen typische Beispiele für den Einfluß der Quellung auf wichtige mechanisch-technologische Eigenschaften.

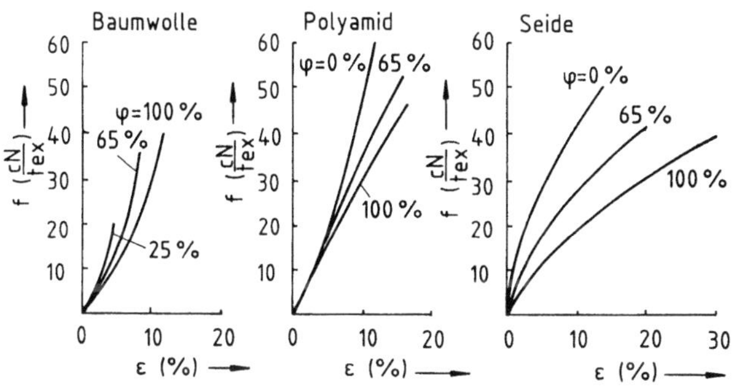

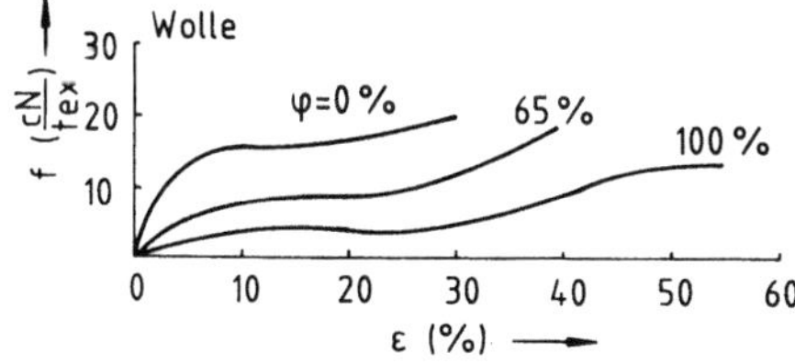

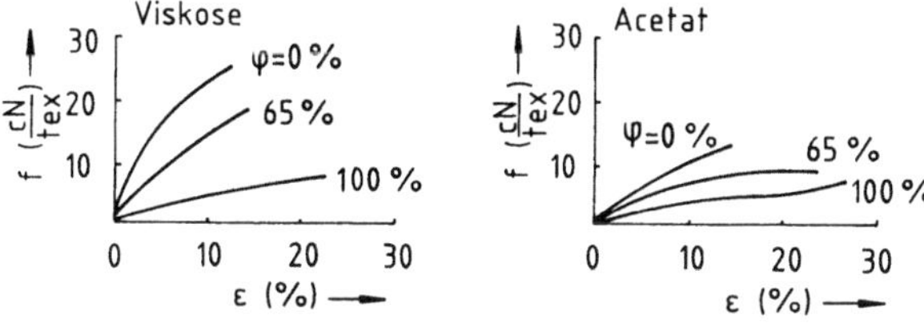

Abb. 6.7. Einfluß der relativen Luftfeuchte bei 20 °C auf den Verlauf der Kraft-Dehnungs-Schaulinie (nach [11])

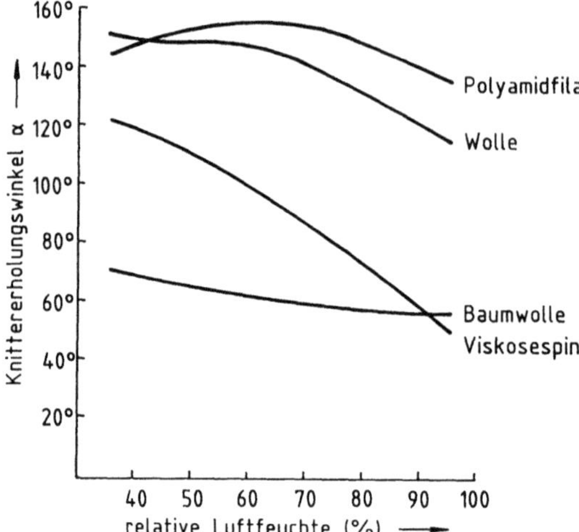

Abb. 6.8. Abhängigkeit des Knitter-erholungswinkels (nach 60 min) von der relativen Luftfeuchte bei 20 °C (nach [19])

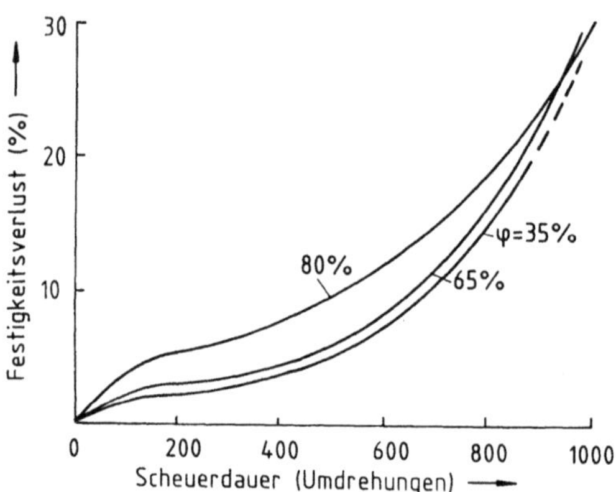

Abb. 6.9. Festigkeitsverlust-Scheuer-kennlinie eines Tuches (Wolle) – Einfluß verschiedener relativer Luftfeuchten bei 20 °C [19]

6.5 Feuchtetransport und Trocknung

Feuchtetransport und Trocknungsverhalten der Fasern interessieren vor allem im Zusammenhang mit den Problemen der Bekleidungshygiene. Das Feuchte-transportvermögen ist von zahlreichen Einflüssen abhängig, die sich etwa folgendermaßen ordnen lassen [17]:

chemische Einflüsse
- chemische Beschaffenheit der Fasern,
- Wasseraufnahme und Wasserbindung,
- Quellungsinstensität/Sorption,
- Hydrophilie/Hydrophobie der Faseroberfläche;

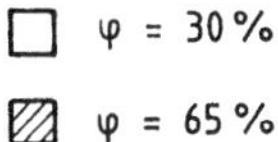

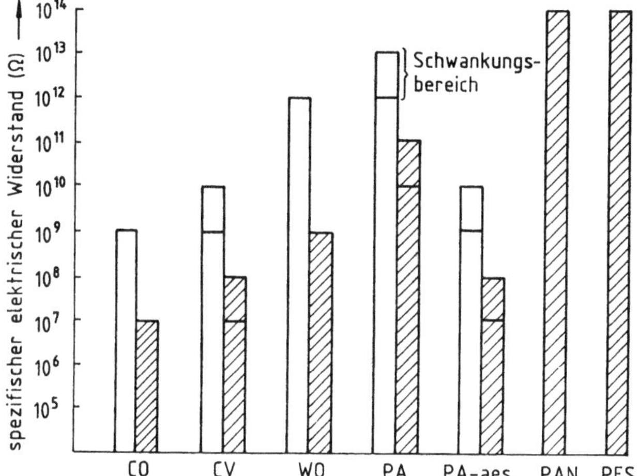

Abb. 6.10. Spezifischer elektrischer Widerstand einiger Fasern – Einfluß verschiedener relativer Luftfeuchten (nach [20]), aes antielektrostatisch ausgerüstet

physikalische Einflüsse
- Temperatur,
- Luftumwälzung,
- absolute und relative Luftfeuchte,
- Wärmeleitfähigkeit,
- Oberflächenstruktur der Fasern,
- Zugänglichkeit von Faserkapillaren;

textilkonstruktive Einflüsse
- Feinheit und Querschnittsbeschaffenheit (Riefen, Kerben, Rillen usw.),
- Fadendrehung und Konstruktion des Fadens, Fadendichte,
- Flächenstruktur und Ausrüstung,
- Flächenmasse.

Der Feuchtetransportmechanismus beruht hauptsächlich auf folgenden Vorgängen:
- Diffusion von Wasserdampf durch die „Poren" der Fäden bzw. textilen Flächengebilde,
- Feuchteaufnahme der Fasern durch Quellung in Abhängigkeit von der Luftfeuchte,
- Flüssigwassertransport infolge Kapillarwirkungen an den Fasern (*Saugvermögen*),

jeweils in Abhängigkeit von den übrigen angeführten Einflüssen.

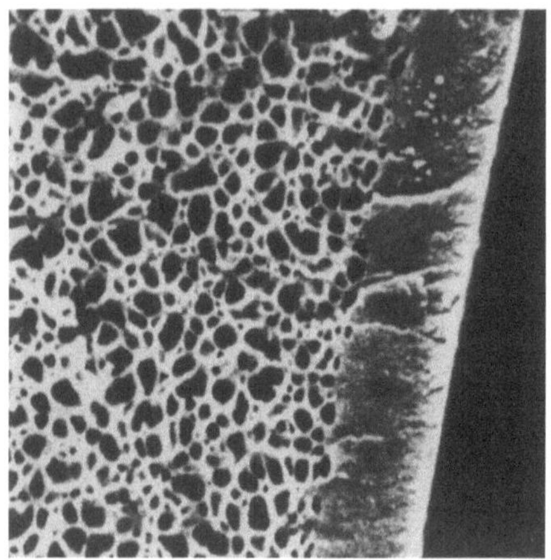

Abb. 6.11. Mantel und Porensystem im Längsschnitt einer *Dunova*-Faser (PAN) –Aufnahme mit Rasterelektronenmikroskop [18]

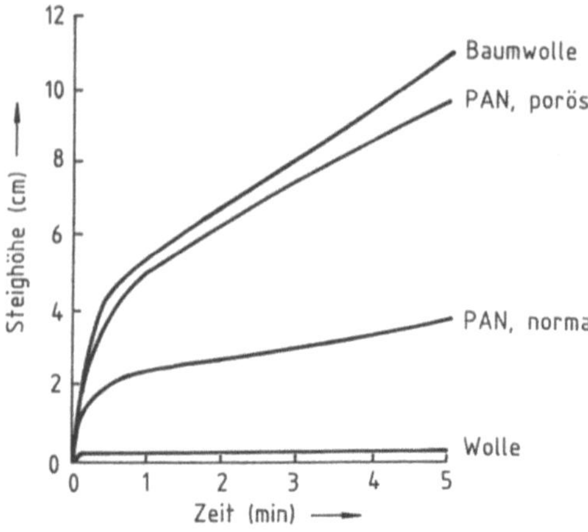

Abb. 6.12. Vergleich der Steighöhen von Wasser (nach DIN 53924) in Feinrippware aus verschiedenen Fasern in Abhängigkeit von der Zeit (nach [18])

Während in früheren Jahren die bekleidungsphysiologischen Mechanismen hauptsächlich in der Feuchteaufnahmefähigkeit der Fasern gesehen wurden, wird heute den Feuchtetransporteigenschaften (Kapillarwirkung an den Poren, Kerben usw.) der nicht oder nur wenig quellenden Synthesefasern die größere Bedeutung zugemessen [25, 26]. Besonders an Polyacrylfasern wurden in letzter Zeit durch gezielte Oberflächenfurchung (bis hin zur Bildung winziger Schlitze an der Oberfläche sowie Kapillaren im Inneren der Fasern) regelrechte „Saugsysteme" geschaffen, die den Schweiß vom Körper weg zur Oberfläche des Bekleidungstextils transportieren sollen. Gleiches gilt für die poröse Kern/Mantel-Faser *Dunova* der BAYER AG (Abb. 6.11), deren Saugvermögen im Vergleich zu anderen Fasern der Abb. 6.12 zu entnehmen ist [18], sowie für feinstperforierte Folien (Regenkleidung) und Microfaserschichten mit deutlich erhöhter Kapillarwirkung auf Grund der großen spezifischen Oberfläche. Das minimale Saugvermögen der Wolle beruht dagegen auf deren Oberflächenhydrophobie, obwohl die Faser zahlreiche hydrophile Gruppen (vor allem Amino-, Carboxyl-, Hydroxylgruppen) enthält und ein hohes Feuchteaufnahmevermögen aufweist.

Das Verhalten der Fasern gegenüber Feuchte und ihre bekleidungsphysiologische Wirksamkeit demonstriert Umbach [26] anschaulich an Wetterbekleidung. Deren Anforderungsprofil wird einerseits durch die Forderung nach Wasserdichtheit (von außen nach innen) und andererseits nach geringem Wasserdampf-Durchgangswiderstand (von innen nach außen) geprägt. Im Falle einer mikroporigen hydrophoben Membran (z. B. aus Polytetrafluorethylen mit einem zusammenhängenden Porensystem, das aus 1,4 Milliarden Poren pro cm^2 mit Porendurchmessern von durchschnittlich 0,2 µm besteht [26]) können diese beiden, sich scheinbar widersprechenden Anforderungen recht gut erfüllt werden. Dies macht deutlich, daß Wasserdampf- und Flüssigwassertransport nicht miteinander korrelieren. Die Begründung hierfür findet sich in der Tatsache, daß der genannte Porendurchmesser dem 670fachen Durchmesser eines Wasserdampfmoleküls entspricht, dagegen aber nur 1/500 des Durchmessers eines Nebelwassertropfens beträgt.

Hygroskopizität ermöglicht zwar den Wasserdampftransport entlang den hydrophilen Gruppen der Molekülketten, sie ist jedoch im Hinblick auf einen geringen Wasserdampf-Diffusionswiderstand insofern ungünstig, weil durch die Breitenquellung die Poren zwischen den Fasern verkleinert werden.

Eine hohe Luftdurchlässigkeit ist dagegen für das Abführen der Körperfeuchte nicht zwingend notwendig; sie wirkt sich im Gegenteil bei kaltem Klima nachteilig auf das Wärmeisolationsvermögen der Kleidung aus. Außerdem wird die Luftdurchlässigkeit textiler Flächengebilde erst bei sehr hohen Windgeschwindigkeiten angesprochen.

Wie komplex der Einfluß des Feuchteverhaltens der Fasern bezüglich der thermophysiologischen Eigenschaften der Kleidung ist, erkennt man daran, daß bei der Feuchteabsorption Adsorptionswärme frei wird, die zum Warmhaltevermögen der Kleidung beitragen sollte. Es ist weiter zu erwarten, daß dieser Effekt gerade bei Wolle wegen ihrer hohen Feuchteaufnahmefähigkeit bereits bei niedrigen Luftfeuchten ($\varphi = 30\%$) besonders ausgeprägt ist [27]:

$$\text{Wolle} \quad u = 10,5\%,$$
$$\text{Baumwolle} \quad u = 5,0\%,$$
$$\text{Polyester} \quad u = 1,4\%.$$

Dieser Wärmeeffekt kann allerdings vom Träger nur bemerkt werden, solange sich die Temperatur in der hautnahen Zone relativ schnell verändert, d. h. während der Feuchteaufnahme trockener bzw. zuvor getrockneter Wolle [28]. Bei Änderung der Umgebungsfeuchte in der entgegengesetzten Richtung wird zur Verdunstung des Wassers Wärme verbraucht, die der Haut entzogen wird [29]. Wie sich diese Erscheinung im Tragegefühl („kalter Griff") ausdrückt, ist auch noch von der Gestaltung der Oberfläche des textilen Flächengebildes abhängig. Dagegen kann sich ein dünnes Flächengebilde mit geringer Wärmeisolation wegen der Haarigkeit seiner Oberfläche sogar warm anfühlen [29],

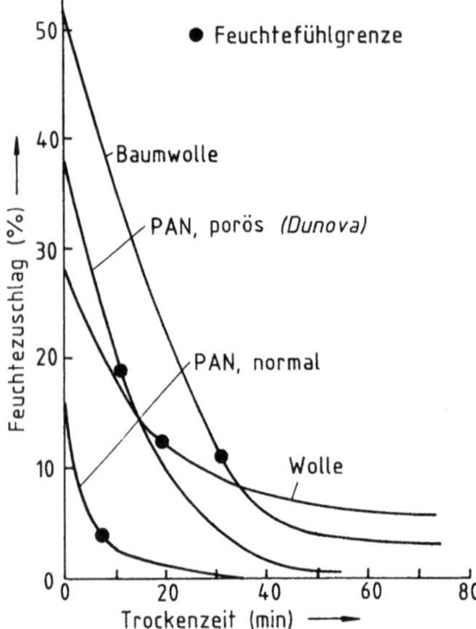

Abb. 6.13. Trocknung von Strickstücken gleicher Konstruktion (nach [21])

was die Bedeutung der textilen Konstruktion des Flächengebildes bei der Beurteilung des thermophysiologischen Komforts einer Bekleidungstextilie unterstreicht.

Der erstrebte Tragekomfort liegt erst dann vor, wenn alle Teile einer Bekleidung aufeinander so abgestimmt sind, daß insbesondere bei instationären Tragesituationen Schweiß bzw. Feuchte schnell von der Körperoberfläche abgeführt werden, also in Körpernähe der Feuchteanstieg nur langsam erfolgt und der Maximalwert möglichst niedrig liegt.

Bekleidungshygienisch besonders vorteilhaft ist bei Einschichtkleidung die Verwendung einer textilen Doppelschicht, deren untere Schicht aus synthetischen Chemiefasern mit dem Körper Kontakt hat und durch Kapillaraktivität Wasserdampf (Schweiß) vom Körper wegtransportieren kann. Diesen Schweiß übernimmt die aus hygroskopischen Fasern (z. B. Cellulose) bestehende obere Schicht, in der er einerseits gespeichert und andererseits nach außen verdunstet wird. Der Körper ist also durch die isolierende untere Schicht aus Synthesefasern gegenüber Wärmeentzug zum Verdunsten der Feuchte der oberen Schicht geschützt. Dieser Effekt sollte auch bei der Zusammenstellung von Mehrschichtkleidung genutzt werden.

Im Zusammenhang mit dem Feuchtetransport muß auch die Wasserentfernung bzw. Trocknung betrachtet werden. Während anhaftendes Wasser durch Abquetschen, Absaugen oder Schleudern entfernbar ist, benötigt man zur Entfernung des Quellwassers Verdunstungswärme. In Sonderfällen läßt sich auch mit anderen Flüssigkeiten (z. B. Alkohole) eine Wasserverdunstung erreichen (z. B. an Acryl-Gelfaser). In Porösfasern kann es bei Wasserverdunstung zur merklichen Bildung von Rückständen durch im Wasser enthaltene Substanzen kommen. Abbildung 6.13 läßt erkennen [21], daß die Trocknungs-

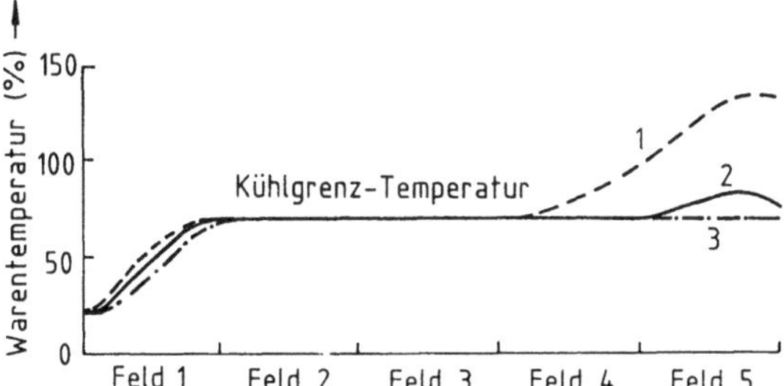

Abb. 6.14. Schematischer Verlauf der Temperatur für unterschiedlich schwere Waren in einem Fünf-Felder-Trockenrahmen bei einer Lufttemperatur am Düsenaustritt von 150 °C und konstanter Warengeschwindigkeit [23]; *1* leichte Ware, *2* mittelschwere Ware, *3* schwere Ware

zeiten nach dem Abschleudern des anhaftenden Wassers von der Art des strukturellen Aufbaus sowie der Substanz der Fasern und der Art der Wassereinlagerung (gebundenes oder freies Wasser) abhängig sind. Offensichtlich trocknet die Wolle wesentlich langsamer als die Porösfaser *Dunova*, die das Wasser ohne wesentliche Wechselwirkung mit der Fasersubstanz lediglich „ein- bzw. zwischenlagert". Bei derartigen Trockenvorgängen ist aber noch zu unterscheiden, ob die Wärme von außen (Strahlung, Wärmeleitung, Konvektion) herangeführt wird oder ob es sich um „direkte" Heizung handelt, bei der die Wärme durch Hochfrequenzeinwirkung am hochpolaren Wasser „vor Ort" erzeugt wird und die meisten Fasersubstanzen wenig oder gar nicht aufgeheizt werden (von Fasern mit polaren Gruppen wie Polyacrylnitril und Polyamid abgesehen) [22].

Daß auch die Art der Wasserentfernung Einfluß auf manche Eigenschaften (z. B. Griff, Vergilbung, Migration) nehmen kann, ist zwar allgemein bekannt, sollte aber auf weite Sicht einer tiefergehenden Untersuchung unterzogen werden. Derartige Auswirkungen der Trocknung treten allerdings erst in Erscheinung, wenn eine bestimmte Restfeuchte unterschritten wird und z. B. an einem Trocknungsspannrahmen die Warentemperatur infolge fehlender Feuchteumhüllung von einem konstanten Temperaturwert anzusteigen beginnt (Abb. 6.14). Dabei ist noch zu berücksichtigen, daß die Temperaturverteilung im Trockengut nicht gleichmäßig ist, da der Kern der Ware länger Feuchte aufweist als die Oberfläche. Nur im Falle der Hochfrequenztrocknung ist bei dafür geeigneten Faserarten das Übertrocknen schon trockener Schichten nicht zu befürchten. Es ist hierbei möglich, ein Feuchteprofil von ± 1 % innerhalb des gesamten Trockenguts zu erzielen [22].

Literatur

1. Weltzien W (1934) Die Feuchtigkeitsaufnahme und -abgabe von Faserstoffen in Abhängigkeit von der Luftfeuchtigkeit und Temperatur, Mh. Seide Kunstseide 39: 343, 390

2. Sommer H, Winkler F (1960) Prüfung von Textilien, in: Siebel E (Hrst) Handbuch der Werkstoffprüfung 2. Aufl. 5. Band. Springer, Berlin Göttingen Heidelberg

3. Bobeth W (1941) Die wahre Feuchtigkeitsaufnahme verschiedener Faserstoffe und deren Mischungen bei Normbedingungen als Grundlage für die Berechnung von quantitativ-chemischen Mischgespinstanalysen, Klepzigs Text.-Z. 44:975–982

4. Kowalewsky SN (1929) Wassergehalt der Wolle im Verhältnis zur Feuchtigkeit und Temperatur der Luft, Melliand Textilber. 10:782–784

5. Schaposchnikoff WG (1928) Über die Feuchtigkeit der Textilrohstoffe, Melliand Textilber. 9:844–850

6. Obermiller J, Goertz M (1926) Die Abhängigkeit des Feuchtigkeitsgehaltes der Textilfasern von der herrschenden Luftfeuchtigkeit, Melliand Textilber. 7:71–76

7. Reumann RD (1984) Prüfen von Textilien, 3. Band. Fachbuchverlag, Leipzig

8. Lauer K, Bezner O, Dobberstein O (1950, 1951) Zur Kenntnis der Zellulosefasern, Kolloid-Z. 116:28–33, 121:36–39

9. Götze K (1951) Chemiefasern nach dem Viskoseverfahren (Reyon und Zellwolle), 2. Aufl. Springer, Berlin Göttingen Heidelberg

10. Toner RK, Brown CF, Whitwell IC (1947) Text. Res. J. 17:7–18

11. Koch PA (1955) Faserstoffe in: Landoldt-Börnstein (Hrsg), Zahlenwerte und Funktionen aus physik. Chemie, Astronomie, Geophysik, Technik, 6. Aufl. Band IV/1. Springer, Berlin Göttingen Heidelberg

12. Becker O (1981) Absorptionsisothermen von gewaschenem Wollgarn bei tiefen Lufttemperaturen, Melliand Textilber. 62:897

13. Ulrich HM (1956) Handbuch der chemischen Untersuchung der Textilfaserstoffe, 2. Band. Springer, Wien

14. Wagner E (1981) Die textilen Rohstoffe (Natur- und Chemiefaserstoffe), 6. Aufl. Dr. Spohr-Verlag/Deutscher Fachverlag, Frankfurt/M.

15. v. Falkai B (1981) Synthesefasern, Verlag Chemie, Weinheim

16. Bobeth W, Martin H (1961) Zur Naßfestigkeit der Stengel-, Blatt- und Fruchtfasern, Faserforsch. u. Textiltechn. 12:587–593

17. Peitscher M, Robinson T (1976) Hydrophiles Ausrüsten von Synthesefasern und deren Mischungen mit Cellulosefasern – Problematik und Prüfmethoden, Text.-Prax. 31:1180–1190

18. Körner W, Blankenstein G, Dorsch P et al. (1979) Dunova, eine Synthesefaser für hohen Tragekomfort, Chemiefasern-Text.-Ind. 29/81:452–462

19. Sommer H (1956) Eigenschaftsänderung der Textilien durch Umwelteinflüsse, Faserforsch. u. Textiltechn. 7:1–13

20. Banke KH, Löbl W, Hasse I (1981) Zum Einfluß bestimmter physikalischer Eigenschaften von Chemiefaserstoffen auf den Komfort von Bekleidungserzeugnissen, Formeln, Faserstoffe, Fertigware 3:5–20

21. – (1977) Saugfähige Textilfaser – eine neue Generation der Synthesefasern, Wirkerei- und Strickerei-Technik 27:442–445

22. Holland IM (1986) Vorteile der Hochfrequenztrocknung von Textilien, Melliand Textilber. 67:137–140

23. Beckstein H (1974) Temperatur- und Restfeuchtemessungen an Textilien – Regelung von Trocknungsvorgängen, Textilveredlung 9:401–408

24. Hearle JWS, Peters RH (1960) Moisture in Textiles. The Textile Institute, Butterworths Scientific Publications, Manchester London

25. Umbach KH (1991) Tragekomfort von Kleidungskombinationen. 30. Internat. Chemiefasertagung. 12.–14. 6. 1991, Dornbirn

26. Umbach KH (1986) Funktionelle Wetterschutzkleidung mit guten bekleidungsphysiologischen Trageeigenschaften, Melliand Textilber. 67:277–287

27. Doehner H, Reumuth H (1964) Wollkunde, 2. Aufl. Paul Paray, Berlin Hamburg

28. Stuart IM, Schneider AM, Turner TR (1989) Perception of the heat of sorption of wool, Text. Res. J. 59:324–329

29. Schneider AM, Holcombe BV (1991) Properties influencing coolness to the touch of fabrics, Text. Res. J. 61:488–494

7 Thermisches Verhalten

Mit steigenden oder fallenden Temperaturen verhalten sich die Fasern so unterschiedlich, daß diesbezügliche Detailkenntnisse für den Nutzer unumgänglich sind. Hinzu kommt, daß Umgebungsbedingungen wie Luftfeuchte, Flüssigkeiten, Strahlungen, Stickstoff, Sauerstoff, Begleitsubstanzen (Farbstoffe, Mattierungsmittel, Präparationsmittel u. a.) sowie die Dauer der Wärmeeinwirkung bei der jeweiligen Temperatur (ggf. zusammen mit speziellen mechanischen Einwirkungen) zusätzlich Einfluß nehmen.

Die Anforderungen an Textilien im technischen Einsatzbereich hinsichtlich thermischer Beständigkeit sind in neuerer Zeit extrem angestiegen. Sie konnten bisher auf Basis anorganischer Hochpolymerer mehr oder weniger gut abgedeckt werden. Nunmehr wurden auch verschiedene hochtemperaturbeständige organische Fasern entwickelt, die sich gegenüber den anorganischen Fasern insbesondere durch höhere Flexibilität und niedrigere Dichte auszeichnen. Ein aktuelles Beispiel sind die allerdings noch sehr kostenaufwendigen Kohlenstoffasern [1], die aus Polyacryl- oder Cellulosefasern durch spezielle Carbonisierungsbehandlungen oder aus Teerprodukten erzeugt werden.

Bei hinreichender Kenntnis des Verhaltens der Fasern bei unterschiedlichen Temperaturen (s. Abschn. 2.4) ist es möglich, daraus technisch/technologischen Nutzen zu ziehen. Das betrifft z. B.
- das Spinnschmelzen von thermoplastischen Polymeren,
- das Recken und Texturieren synthetischer Chemiefasern,
- das Fixieren und Formgeben von synthetischen Chemiefasern und Wolle,
- das Hochtemperaturfärben kompakter synthetischer Chemiefasern,
- das Thermoveredeln von Textilien aus Glasfilamentgarnen (Einprägen der Bindebögen),
- das Trocknen von Fasern bzw. Textilien,
- die Naßveredlung von Fasern bzw. Textilien,
- das Carbonisieren von Polyacryl- und Cellulosefasern (Herstellung von Kohlenstoffasern),
- die Brennbarkeitsminderung der Fasern.

7.1 Thermische Kenngrößen

Temperaturen zur Charakterisierung des thermischen Verhaltens gebräuchlicher Fasern sind in Tabelle 7.1 zusammengestellt.

Tabelle 7.1. Temperaturen zur Charakterisierung des thermischen Verhaltens von Fasern (nach Dietz, Koch, Wagner, v. Falkai, Egbers, Meckel, Perepelkin, Bobeth et al.)

Faser	Einfrier-temperatur	Schmelz-temperatur	Zersetzungs-temperatur	Dauer-temperatur beständigkeit	Erweichungs-bereich	Spezifische Wärme	Wärmeleit-fähigkeit
	°C	°C	°C	°C	°C	$J \cdot g^{-1} \cdot K^{-1}$	$W \cdot m^{-1} \cdot K^{-1}$
Wolle	(174)		130–140	80–90		1,3 – 1,6	0,30
Seide			170–180	80–90		1,38	0,2–0,4
Baumwolle			175–200	75–80		1,34	0,54
Flachs	220–370					1,4	0,3
Viskose	für trockene		175–205			1,35–1,5	0,3–0,6
Cupro	Cellulose		175–205				
Acetat			255–260		180–190	1,3 – 1,5	0,3–0,6
Triacetat	170–180		290–300	90–110	250	1,5	0,3
Polyamid 6	40–60	215–220	310–380	75–85	170–200	1,5 – 1,9	0,29
Polyamid 6.6	45–65	255–260	310–380	75–85	220–235	1,5 – 1,9	
Polyamid 11	46–56	190			165–175		
Aramid (*Nomex*)	≈ 260		≈ 370			1,2	0,13
Aramid (*Kevlar*)	≈ 300		≈ 550	180		1,4	0,05
Polyester	70–80–(100)	250–260	283–306	140–160	230–250	1,1 – 1,4	0,2–0,3
Polycarbonat	130–180	255–265				1,2	
Elastan			230–270		175–(230)		0,15
Polyethylen	– (70–100)	124–138			105–120	1,4 – 1,9	0,35
Polypropylen	– (12–20)	175	328–410		150–155	1,6 –2,0	0,1–0,3
Polyacryl	50–100		≈ 300	125–135	235–330	1,2 –1,5	0,2
Polyvinylchlorid	75–100		180	60	72–75	0,8 0,9	0,27
Polyvinylchlorid, nachchloriert	70		210		80–90		0,18
Polyvinylalkohol	75–90		230–238		200		
Polybenzimidazol (*PBI*)	430		460	< 260			
Polystyren	100			60–90	80–100	1,6	0,3

Tabelle 7.1 (Fortsetzung)

Faser	Einfrier-temperatur	Schmelz-temperatur	Zersetzungs-temperatur	Dauer-temperatur beständigkeit	Erweichungs-bereich	Spezifische Wärme	Wärmeleit-fähigkeit
	°C	°C	°C	°C	°C	$J \cdot g^{-1} \cdot K^{-1}$	$W \cdot m^{-1} \cdot K^{-1}$
Fluoro	10–30		350–400	200–250	325	1,0	0,24
Polyvinylidenchlorid	– 20		150–160		115–120		
Kohlenstoff			3650	2500		0,71	15–120
Keramik		1815		1435		0,8 –1,0	
Bornitrid			>3000	3000 (in Inertgas)			
Quarz		1700–1800		1200–1300	1500	0,75	10,5
Glas, E-Glas	850/960	1300–1500		250–300	675–850	0,7 –0,8	3,56
A-Glas		1100–1200			500–800		
Metall		1400 (Stahl)		820–1370 je nach Metall		0,46	15,0
Asbest			1200–1550	400 (Chrysotil) 300 (Krokydolith)		1,05	0,070 (Rohdichte 3 g·cm^{-3})

Tabelle 7.2. Gebrauchsrelevante thermische Daten wichtiger Fasern (nach verschiedenen Autoren)

Faser	Bügel-temperatur °C	Wasch-temperatur °C	Verfärbungs-temperatur °C	Wärme-festigkeit 0 °C
Baumwolle	180–200	95–100	120–150	
Flachs	215–240	95–100	265–320	
Wolle	160–170	30– 40	40	205–300
Seide	140–160	30– 40		205–300
Celluloseregenerat	150–180	60–100		
Acetat	170–180	30– 50		
Triacetat	180–190	30		
Polyamid 6	110–120	30– 60	150	193
Polyamid 6.6	120–150	30– 60	150	240
Polyester	140–150	70–100		230
Polyacryl	120–130	40– 50	235	
Polyvinylchlorid	60– 80	30– 40		

Auf die Abhängigkeit der *Glas-* und *Schmelztemperatur* der Fasern von der molekularen und übermolekularen Struktur der Polymeren wurde in Abschn. 2.4 bereits eingegangen.

Bei thermoplastischen Fasern liegt die *Zersetzungstemperatur* je nach den Umgebungsbedingungen mehr oder weniger weit über der Schmelztemperatur. Bei den übrigen Fasern sind häufig Schmelzen und Zersetzen nicht exakt voneinander zu trennen.

Die Temperaturangaben zum *Erweichungsbereich* haben orientierenden Charakter und stellen eine Auswahl aus zahlreichen Veröffentlichungen dar, wobei die möglichen Ursachen der Unterschiede bei den einzelnen Sortimenten verschiedener Produzenten nicht hinreichend erfaßbar sind. Der Erweichungsbereich thermoplastischer Fasern liegt mehr oder weniger weit unter der Schmelztemperatur. Am oberen Bereichsende wird schließlich die Wärmefestigkeit 0 erreicht (Tabelle 7.2). Nahe dem oberen Ende des Erweichungsbereiches ist eine gezielte Verformung in Verbindung mit nachfolgender Abkühlung besonders gut möglich. Davon wird beim Thermofixieren (Bügeln, Texturieren u. a.) Gebrauch gemacht. Die meisten Veredlungsbehandlungen lassen sich überhaupt erst oberhalb der Einfriertemperatur wirksam durchführen. Im Falle des Polycarbonats mit seinem sperrigen Kettenbau und der hohen Glastemperatur ist eine auffallend geringe Temperaturabhängigkeit der Fasereigenschaften verständlich; dafür muß allerdings eine Erschwerung der Formgebung (z. B. Texturierung) in Kauf genommen werden [2].

Bei den Glasfasern liegen Erweichungsbereich und Schmelztemperatur besonders weit auseinander; Formgebungen bei der Thermoveredlung (Fixieren der Bindebögen) erfolgen bei etwa 650 °C (Schmelzpunkt über 1300 °C). Im Falle absolut trockener Cellulose und Proteine tritt bei Temperaturerhöhung kein Erweichen ein; sie zersetzen sich vorher.

Die für den praktischen Gebrauch wichtige *Dauertemperaturbeständigkeit* liegt relativ niedrig und kann ebenfalls nur als Orientierungswert angesehen werden, da sie vielen Einflußgrößen unterliegt. Hierauf und auf weitere für den praktischen Gebrauch interessierende Temperaturen wird an anderer Stelle [4] näher eingegangen. Die orientierenden Werte für die *spezifische Wärme* stammen von zahlreichen Autoren, deren Meßmethoden nicht immer bekannt bzw. unterschiedlich sind. Auch ist zu bedenken, daß im praktischen Gebrauch der Fasern die spezifischen Wärmen der in den Textilien eingeschlossenen Substanzen wie Wasser, Luft usw. meist stärker ins Gewicht fallen. Außerdem ändern sich die spezifischen Wärmen mit der Temperatur beträchtlich [5]. Für die in Tabelle 7.1 angegebenen Werte der *Wärmeleitfähigkeit* gelten die gleichen Probleme; auch hier ist für den praktischen Gebrauch der Substanzwert von untergeordneter Bedeutung.

Für den Einsatz der wichtigsten Fasern interessieren noch zahlreiche weitere thermische Daten (Tabelle 7.2), die ebenfalls nur grobe Richtwerte sind, da auch hier zahlreiche Verfahrenseinflüsse und Begleitsubstanzen wirksam sein können. Das trifft ganz besonders auf die *Bügeltemperatur* zu, auf die Druck, Anwesenheit von Feuchte und Einwirkungsdauer entscheidenden Einfluß haben. Im Bereich der oberen Temperaturen sollte unbedingt mit einem feuchten Tuch gearbeitet werden. Im Falle der *Waschtemperaturen* handelt es sich um Empfehlungen, bei denen die Gebrauchseigenschaften des Waschgutes weitgehend erhalten bleiben, wozu auch die Formbeständigkeit gehört (vgl. Tabelle 7.5). Von Interesse sind weiterhin die *Verfärbungstemperaturen*. Bei Wolle ist eine Gelbfärbung durch Begleitsubstanzen mehr oder weniger naturgegeben (s. Abschn. 11.2.1); sie verstärkt sich infolge chemischer Reaktionen insbesondere unter dem Einfluß von Temperatur, Zeit und pH-Wert, ist aber z. T. auswaschbar [4]. Bei höheren Temperaturen kommt noch eine Vergrauung hinzu.

7.2 Eigenschaftsänderungen durch Wärmeeinwirkung

7.2.1 Mechanische Eigenschaften

Zug-, Druck-, Dehn-, Scheuerverhalten usw. der Fasern verändern sich infolge Temperatureinwirkung in unterschiedlichem Maße. Dabei kommt es zu reversiblen und irreversiblen Eigenschaftsänderungen. Letztere werden mit steigender Temperatur und Dauer der Wärmeeinwirkung immer größer, so daß bei nachfolgender Prüfung im Zustand der Ausgangstemperatur veränderte, meist ungünstigere Werte gemessen werden. Dies ist bedingt durch Schwächung von inter- und intramolekularen Wechselwirkungen und den *Abbau* der Makromoleküle, wobei der rein thermische Abbau bei höheren Temperaturen als der oxidative und der hydrolytische Abbau vor sich geht. Daß hierbei die An- oder Abwesenheit von Sauerstoff sowie Feuchte einen recht unterschiedlichen Einfluß auf die Fasereigenschaften nehmen können, hat z. B. bereits in den 50er Jahren Agster [6] eingehend untersucht. Der Trend seiner Ergebnisse an damaligen Fasern ist Tabelle 7.3 zu entnehmen und dürfte auch heute noch zutreffend sein. Während im Normalfall bei Lufteinwirkung mit steigender

Tabelle 7.3. Trenddarstellung der Beständigkeitsabnahme von Fasern
bei steigenden Temperaturen und verschiedenen Erhitzungsmedien
(nach [6])

Erhitzungsart	Beständigkeitsabnahme auf Basis der Höchstzugkraft		
	gut	→	schlecht
Luft – 8 Tage 80–170 °C	**PES** – PAN – CV – PA		
Wasserdampf – 120 min 80–170 °C	PAN – CV – **PES** – PA – WO		
Metallbad – 120 min 80–170 °C	PAN – PA – CV – WO – **PES**		

Temperatur infolge hydrolytischer bzw. oxidativer Reaktionen die Reißkräfte
durchweg abnehmen, wobei sich Polyesterfilamentgarn noch am günstigsten
verhält, tritt bei Sauerstoffabwesenheit eine bemerkenswerte Reihungsver-
schiebung ein. Im Falle längerer Wasserdampfeinwirkung nehmen Polyacryl
und Viskose vordere Plätze ein, während Polyester und erst recht Polyamid und
Wolle nach hinten verschoben sind, da bei letzteren besonders die Peptidbindungen durch Wasserdampf angegriffen werden. Bei Wolle kommt noch die
Spaltung der Disulfidbrücken hinzu. Auch in Metallbädern ist Sauerstoff
ausgeschaltet; nur das in der jeweiligen Faser enthaltene Wasser kann
kurzzeitig wirksam werden. Deshalb verhält sich Wolle bei dieser Beanspruchungsart sogar günstiger als Polyester. Das Beispiel in Tabelle 7.3 weist auf die
Notwendigkeit hin, die Umgebungsverhältnisse unbedingt zu beachten, da
anderenfalls bei thermischen Eignungsprüfungen beträchtliche Fehleinschät-
zungen zustande kommen können. Normalerweise und auch bei den weiteren
Ausführungen kommt hauptsächlich die thermische Eignungsprüfung in Luft
in Betracht.
Die *Thermoplastizität* mancher synthetischer Chemiefasern ist für ihren
Einsatz bei thermischer Belastung nachteilig, weil es bereits bei relativ
niedrigen Temperaturen zu irreversiblen Eigenschaftsveränderungen kommt.
Rogowin [12] gibt an, daß PA 6-Fasern bei 120 °C etwa 50 % irreversible
Festigkeitsminderung aufweisen, hingegen die Festigkeiten der Viskosefasern
bei gleicher Temperatur nur um weniger als 10 % absinken. Thermisch bedingte
Eigenschaftsänderungen sind aber neben der Temperaturhöhe in starkem
Maße von deren Einwirkungsdauer abhängig. Nach Rogowin weisen von den
gebräuchlichen Fasern die Polyesterfasern gegen irreversible Veränderungen
durch Hitzeeinwirkung die höchste Beständigkeit auf: nach 1000stündiger
Wärmeeinwirkung bei 140 °C liegt der irreversible Festigkeitsverlust bei 50 %.
Alle anderen klassischen textilen Faserstoffe sind bei 140 °C bereits nach 70–
340 h völlig zerstört. In Tabelle 7.1 ist für Polyesterfasern die Dauertemperaturbeständigkeit sogar mit 140–160 °C angegeben; offensichtlich beziehen sich
diese Werte auf kürzere Einwirkungsdauer. Daß diese Verhältnisse bei

Luftabwesenheit ganz anders sein können, wurde an Hand der Tabelle 7.3 bereits erörtert.

Temperaturabhängige Eigenschaftsveränderungen werden allerdings über die Festigkeitsveränderungen nur relativ grob erfaßt. Andere Eigenschaften sprechen wesentlich differenzierter an, vor allem wenn die querelastischen Eigenschaften (intermolekulare Wechselwirkungen) stärker beansprucht werden, wie das z. B. bei Biege- und Quetschbeanspruchungen der Fall ist. Dies zeigt Tabelle 7.4, in der den Festigkeitswerten die wesentlich stärker abfallenden Biegewerte gegenüber gestellt sind [6].

Die thermomechanischen Eigenschaften der Fasern werden nicht nur von der Einwirkungsdauer der jeweiligen Temperatur, sondern auch von den zugleich einwirkenden Deformationskräften (Zug, Druck, Biegung, Torsion usw.) beeinflußt. In gewissem Umfang hängt bei gleicher Polymersubstanz die Stabilität gegen thermische Einwirkungen außerdem vom strukturellen Aufbau ab, weil z. B. bei hohem Orientierungsgrad synthetischer Chemiefasern eine größere Intensität der inter- und intramolekularen Wechselwirkungen vorliegt.

Abbildung 7.1 zeigt typische *thermomechanische Kurven* von amorphen und partiell-kristallinen Polymeren in einer spezifizierten Darstellung von Perepelkin [7]. Danach nimmt unter dem Einfluß einer konstanten Zugkraft mit steigender Temperatur die Beweglichkeit der Moleküle zu, wobei charakteristische Knickstellen zu erkennen sind, die mit der Sprödigkeits-, Glas-, Fließ- und Schmelztemperatur verbunden sind. Oberhalb der Glastemperatur nehmen bekanntlich (vgl. Abschn. 2.4.1) Schwingungs-, Rotations- und Segmentbeweglichkeit der Moleküle zu. Im Bereich der Sprödigkeitstemperatur treten zwar bereits erste Molekularbewegungen (z. B. an funktionellen Seitengruppen) auf, die aber normalerweise nicht für die Erhöhung der Deformierbarkeit der Polymere ausreichen. Je höher die Temperatur und damit auch der Wärmeinhalt werden, um so mehr steigt die Deformierbarkeit (kautschukelastischer Zustand), was schließlich zum Fließen bzw. Erweichen sowie zum Schmelzen führt. Der nutzbare *Arbeitstemperaturbereich* beim Einsatz von Fasern ist in Abb. 7.2 mit A gekennzeichnet; optimal ist dieser aber nur zwischen T_b und T_g, gekennzeichnet durch B. Die Deformierbarkeit beruht in erster Linie auf Veränderung der Lage der Makromoleküle in den am wenigsten geordneten (amorphen) Bereichen, was den unterschiedlichen Verlauf der Kurven 1 und 2 in Abb. 7.1 verständlich macht. Es ist – wie schon angedeutet – zu beachten, daß bei Anwesenheit von Feuchte, Monomeren, Weichmachern, Hilfsmitteln sich die Glastemperatur in Richtung niedrigerer Temperaturen verschiebt, was den optimalen Arbeitsbereich verkleinert. Außerdem bedingt das im praktischen Gebrauch der Fasern eine geringere Formstabilität (s. Abschn. 7.2.2), denn jeder Körper ist bestrebt, in den Zustand geringerer Energie zu gelangen, was bei Temperaturen über der Glastemperatur wegen der dann einsetzenden molekularen Beweglichkeit möglich ist. Der Glasumwandlungspunkt verschiebt sich aber mit zunehmender Höhe der Spannung und der Einwirkungsdauer dieser Spannungen zu höheren Temperaturen.

Tabelle 7.4. Höchstzugkraft und Biegebeständigkeit verschiedener Filamentgarne nach 8tägigem Erhitzen in Luft – in % des Ausgangswertes (nach Agster [6])

Temperatur °C	Viskose		Polyacryl		Polyamid		Polyester	
	Höchstzug-kraft %	Biege-beständigkeit %	Höchstzug-kraft %	Biege-beständigkeit %	Höchstzug-kraft %	Biege-beständigkeit %	Höchstzug-kraft %	Biege-beständigkeit %
60	97	57,9	100	100	100	100	100	100
100	88,1	50,1	100	100	85,5	25,5	100	100
120	66,8	34	100	95	49,2	0,2	99,5	85
140	58,5	6	84	60	24,2	0	93	45
160	40	0	53,5	0	10,7	0	81,5	21
180	0	0	10,7	0	0	0	55,2	0

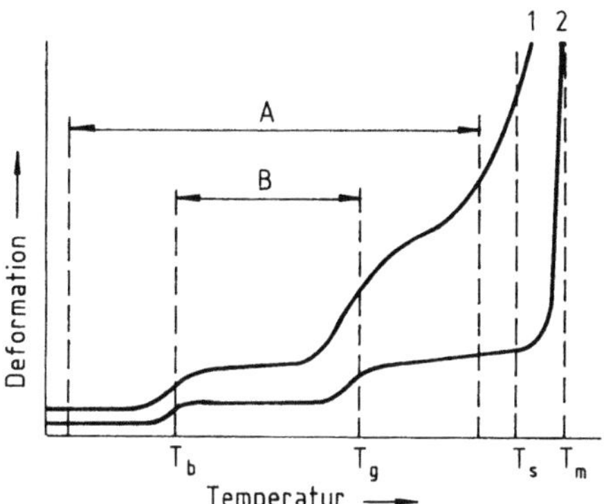

Abb. 7.1. Typische thermomechanische Kurven (nach [7]); *1* amorphe Polymere, *2* partiellkristalline Polymere, T_b Sprödigkeitstemperatur, T_s Fließtemperatur, T_g Glastemperatur, T_m Schmelztemperatur, A Arbeitstemperaturbereich, B optimaler Arbeitstemperaturbereich

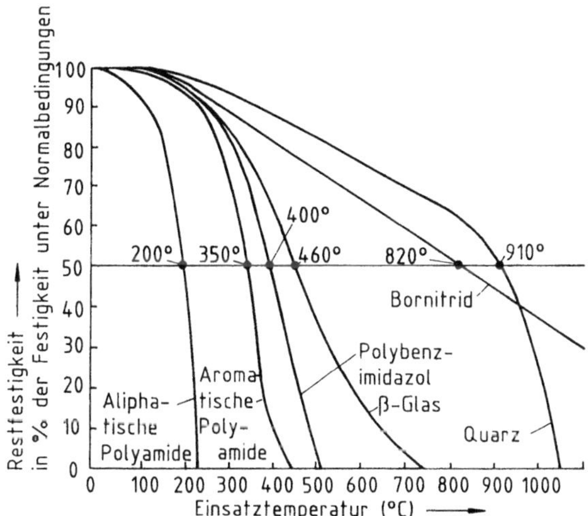

Abb. 7.2. Festigkeitsabnahme organischer und anorganischer Fasern bei zunehmender Temperatur [13,14]

Von besonderem Interesse ist der Eigenschaftsverfall hochtemperaturbeständiger Fasern. Als Beispiel ist in Abb. 7.2 die Abnahme der Festigkeit für organische und anorganische Faserstoffe bei Temperatureinwirkung nach Gloor [13] wiedergegeben, die Herlinger [14] näher interpretiert und dabei die chemischen und strukturellen Grundvoraussetzungen für die Erzeugung hochtemperaturbeständiger organischer Fasern diskutiert. Auch von Kaswell [15], Perepelkin und Muchin [7] wurden Restfestigkeiten in Abhängigkeit von der Temperatureinwirkung kurvenmäßig für verschiedenartige Fasern dargestellt und diskutiert. Es bleibt offen, welche Einwirkungsdauer dabei gewählt wurde.

Die zahlreichen in der Literatur anzutreffenden Kennwerte sind recht unterschiedlich und lassen nicht immer erkennen, wie und unter welchen Bedingungen sie erhalten wurden. Wichtig sind deshalb Forschungsarbeiten, die sich um ein tieferes Eindringen in die sehr komplexen Einflußgrößen auf das thermische Verhalten der Fasern bemühen, wobei neben den „klassischen" Polymeren mit ihren relativ flexiblen Kettenmolekülen nunmehr Polymere mit steifen Kettenmolekülen (aromatische Polyamide, Polyimide u. a. – s. Tabelle 2.2) an Bedeutung gewinnen.

7.2.2 Formbeständigkeit

Schrumpf, Faltenbeständigkeit, Knitterresistenz usw. sind Gebrauchseigenschaften, die mit der thermisch bedingten molekularen Beweglichkeit und ggf. mit der Anwesenheit von Wasser sowie weiteren quellend oder weichmachenden Substanzen verbunden sind. Bekanntlich befinden sich Fasern während der Herstellung und Verarbeitung zu Textilien unter Spannung und werden mehr oder weniger bleibend gedehnt. Fäden und Flächengebilde enthalten somit latent Spannungen, deren Lösung nur dann möglich wird, wenn der Wärmeinhalt so groß ist, daß eine ausreichende molekulare Beweglichkeit (Temperatur der Faser $> T_g$) zustande kommt. In diesem Fall ist mit dem Spannungsabbau ein *Schrumpfen* verbunden. An Geweben wird allerdings der Faserschrumpf infolge Reibung bindungsabhängig behindert. Vor allem vom Trocknen der Baumwolle ist bekannt, daß an dieser im Restfeuchtebereich über 30–35 % noch kein signifikanter Schrumpf festzustellen ist. Erst am Ende des Trocknungsvorganges im Bereich von 25–28 % Restfeuchte tritt der eigentliche Schrumpf ein [8]. Dies ist dadurch bedingt, daß auch erst am Ende der Trocknung die Temperatur der Fasersubstanz ansteigt. Das auslösende Moment für ausreichende molekulare Beweglichkeit und Schrumpf ist somit hier im Anstieg des Wärmeinhaltes bei gleichzeitiger Anwesenheit von Feuchte zu sehen.

Die Formbeständigkeit wird durch die Energie der inter- und intramolekularen Wechselwirkungen beeinflußt, ist also von der molekularen und übermolekularen Struktur der Fasern abhängig. Perepelkin [7] stellte für bekannte klassische Chemiefasern die wichtigsten die Formbeständigkeit bestimmenden Faktoren zusammen (Tabelle 7.5), woraus z. B. hervorgeht, daß Polyesterfasern auf Grund der Eigensteifigkeit der Molekülketten eine hohe Formbeständigkeit aufweisen, während bei Cellulosefasern mit geringer Kettensteifigkeit nur durch Behandlung mit Vernetzungsmitteln hinreichende Formbeständigkeit (hier vor allem Knitterresistenz) erhalten wird. Die im Wollkeratin vorhandenen inter- und intramolekularen Wechselwirkungen und vor allem die Cystinbrücken haben ebenfalls einen wichtigen Einfluß auf die gute Formbeständigkeit von Wolltextilien.

Eine besondere Bedeutung kommt im Zusammenhang mit der Formbeständigkeit der Textilien der *Thermofixierung* thermoplastischer Fasern zu. Bei dieser wird durch Heißwasser, Heißluft oder Sattdampf den thermoplastischen

Tabelle 7.5. Wichtige Einflüsse auf die Formbeständigkeit der Fasern (nach Perepelkin [7])

Faser	Glas-temperatur °C	Ketten-steifheit	intermolekulare Wechselwirkungen	Kristallinität	Wasser-aufnahme	Güte der resultierenden Formbeständigkeit		
						kurz-zeitig	lang-zeitig	bei hydro-thermischer Behandlung
Polypropylen	−(12−20)	X	X	XXX	−	XX	X	X
Polyvinylchlorid (wenig kristallin)	75−82	XX	XX	X	X	X	X	XX
Polyacryl	75−100	XXX	XX	XX	X	XXX	XX	X
Polyvinylalkohol	75−90 [a]	X	XXX	XXX	XX	XX	X/XX [b]	X/XX [b]
Polyamid	40−60 [a]	X	XX	XXX	XX	XX	XX	X
Cellulose	220−370 [a]	X	XXX	XX	XXX	X/XX [b]	X/XX [b]	X/XX [b]
Triacetat	170−180	XXX	X	XX	XX	XX	XX	XX
Polyester	80−100	XXX	X	XXX	X	XXX	XXX	XXX

[a] Nimmt bei Anwesenheit von Feuchte stark ab
[b] Bei Behandlung mit Vernetzungsmitteln

X   − gering
XX   − mittel
XXX − hoch

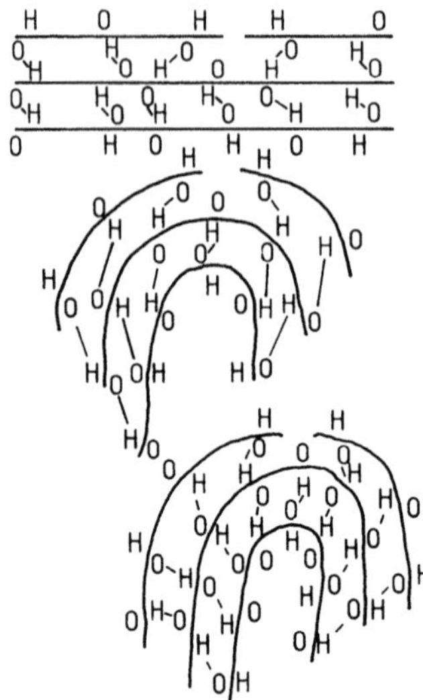

Abb. 7.3. Schematische Darstellung der Lage der für inter- und intramolekulare Wechselwirkungen wichtigen Molekülkettenglieder in Polyamidfäden vor und nach einer Biegeverformung und Thermofixierung [9]

Fasern so viel Wärmeenergie zugeführt, daß sich die infolge gezielter Verformung (z.B. Kräuselung, Texturierung, Faltenbildung in Flächengebilden) stark angespannten inter- und intramolekularen Wechselwirkungen (Wärmezuführung steigert die Wärmeschwingungen der Atome) lösen und bei anschließender Abkühlung neu formieren und dabei ein Energieminimum der Lage (Abb. 7.3) einnehmen. Damit ist die Verformung permanent und kann nur dann wieder aufgehoben werden, wenn mindestens die gleiche Wärmeenergie erneut zugeführt wird und damit die inter- und intramolekularen Wechselwirkungen wieder das gleiche Schwingungsspektrum aufweisen wie bei der ersten Wärmebehandlung. Falls bei einer Erzeugnisfertigung mehrere Wärmebehandlungen erforderlich sind, muß überlegt werden, wie sich diese in ihrer Wirkung gegenseitig beeinflussen. Fourné [9] hat auf Basis der sich gegenseitig unterschiedlich stark überdeckenden Schwingungsspektren von Atomen bzw. Molekülgruppen bei verschiedenen Fixiertemperaturen für Polyamid 6 ermittelt, wie weit sich die Fixiereffekte verschieden intensiv fixierter Polyamid 6-Proben bei nachträglichem Kochen reversibel verhalten (Tabelle 7.6).

Tabelle 7.6. Überdeckung der bei verschiedenen Temperaturen an PA 6-Proben erzielten Fixiereffekte durch eine Kochbehandlung (nach Fourné [9])

Fixiertemperatur °C	Überdeckung des Fixiereffektes %
100	100
105	54
130	11,5
190	2,3

Der Fixiereffekt ist nicht nur von der Temperatur, sondern auch von der Verweildauer, der Spannungsgröße, der Abkühlungsgeschwindigkeit sowie ggf. von der Quellmittelanwesenheit (insbesondere Wasser) abhängig. Im letzteren Fall wird zum Erreichen der inneren Beweglichkeit (Platzwechselvorgänge in den zwischenmolekularen Beziehungen) weniger Energie benötigt, was besonders für Polyamide gilt (Wasser als Quellmittel bzw. Weichmacher). Als maximale *Fixiertemperaturen* (mit dann geringsten Verweilzeiten von 0–2 s) lassen sich im Falle der Heißluftfixierung etwa folgende Werte für die bekanntesten synthetischen Chemiefasern angeben:

PP   150 °C
PA 6   190 °C
PAN   220 °C
PA 6.6 225 °C
PES   230 °C

Diese Werte tangieren den Erweichungsbereich und liegen knapp unterhalb der 0-Festigkeit sowie 20–40 °C unter dem Schmelzpunkt. Bei Sattdampffixierung, die im Autoklaven erfolgt und eine längere Verweilzeit (z. B. 25 min) erfordert, werden meist 110–135 °C angewandt. Polyamid spricht auf diese Fixierart besonders intensiv an; sie ist wirksamer als die Heißluftfixierung. Sattdampffixierte Polyamide bleiben „poriger", dadurch ist der Griff voller und nicht so „strohig" wie nach der Heißluftfixierung. Polyesterfasern, die sehr wenig wasserzugänglich sind, werden am wirksamsten in Heißluft fixiert. Dieser Unterschied der bei Heißluft- und Sattdampffixierung von Polyamid- und Polyesterfasern erzielbaren Fixiereffekte läßt sich z. B. durch das Quell- und Löseverhalten leicht nachweisen, wofür es mikroskopische und makroskopische Verfahren gibt. Je intensiver die Fixierung erfolgt, um so länger dauert die Quellungsumsetzung oder Auflösung in geeigneten Quell- oder Lösemitteln (Abb. 7.4) [10]. Der Fixierprozeß hat auch Einfluß auf die Ordnung und Orientierung und im Falle der Sattdampfbehandlung von Polyamiden auf die Färbegeschwindigkeit. Dies hängt mit der Umstrukturierung der teilkristallinen Fasersubstanz zusammen, und zwar beobachtet man infolge der Fixierung Kristallinitätsgradzunahme unter – insbesondere bei Schrumpfmöglichkeit – starker Auflockerung des ungeordneten Anteils [2].

7.3 Eigenschaftsveränderungen bei tiefen Temperaturen

Durch die technische Entwicklung bedingt gelangen polymere Werkstoffe bzw. Fasern in zunehmendem Maße auch bei tiefen Temperaturen zum Einsatz. Bereits Sommer [16] führte an klassischen textilen Faserstoffen systematische Untersuchungen über die bis – 40 °C eintretenden Veränderungen der mechanisch-technologischen Eigenschaften durch. Die ermittelten Eigenschaftsveränderungen erwiesen sich – im Gegensatz zum Verhalten der Fasern bei steigenden Temperaturen – als reversibel und sind hauptsächlich auf die Verringerung der Makromolekülbeweglichkeit in den nichtkristallinen Berei-

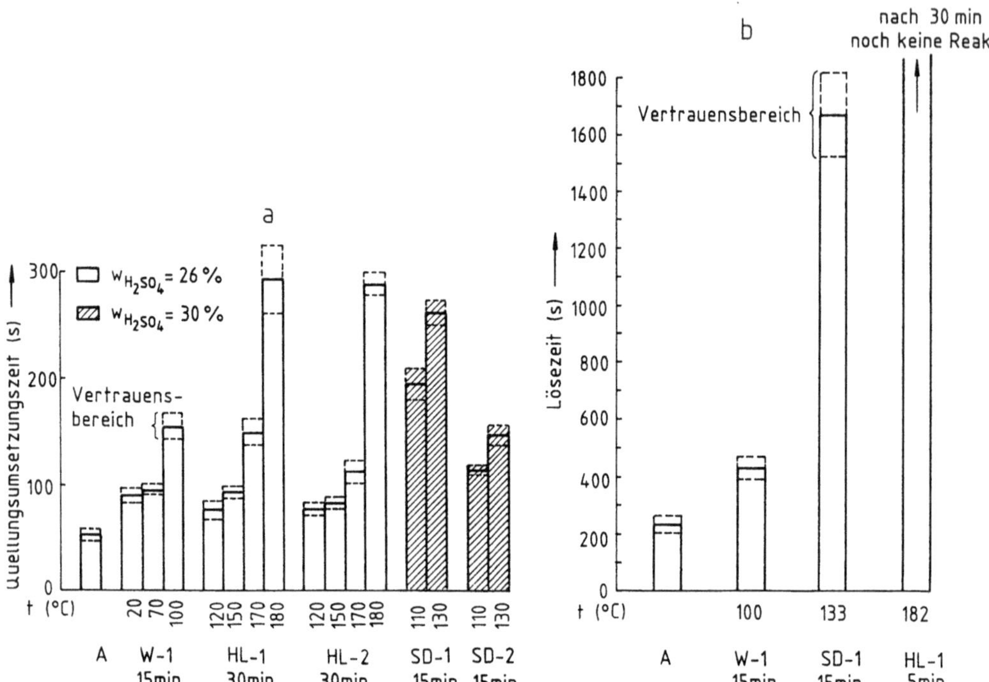

Abb. 7.4. Mikroskopischer Nachweis unterschiedlicher Fixierintensitäten. **a** Quellungs-
umsetzungszeiten (Zeit bis zum Verschwinden des „Scheinlumens"), Beispiel: Polyamidfila-
ment (2,2 tex) in 26- bzw. 30%iger Schwefelsäure; **b** Lösezeiten, Beispiel: Polyesterfilament
in 83%iger Schwefelsäure, A unbehandeltes Ausgangsmaterial, W-1 Wasserbehandlung im
Strang, HL-1 Heißluftfixierung im Strang, HL-2 Heißluftfixierung auf Spule, SD-1 Sattdampffixierung im Strang, SD-2 Sattdampffixierung auf Spule, w Massenanteil

chen zurückzuführen. Die wichtigsten von Sommer gewonnenen Detailerkenntnisse bzgl. des *Kälteverhaltens* sind folgende:

1. Die Zugfestigkeit (Abb. 7.5a) nimmt bei den meisten Fasern mit fallender
   Temperatur zu. Das hiervon abweichende Verhalten von Baumwolle und
   Flachs konnte nicht geklärt werden; vermutlich ist dies in der relativ hohen
   Wasseraufnahmefähigkeit bei gleichzeitig geringer innerer Oberfläche begründet (mechanisch störender Eisanteil).
2. Die Dehnung (Abb. 7.5b) nimmt mit fallender Temperatur ab.
3. Die Kraft-Dehnungs-Kurven (Abb. 7.5c) verlaufen mit fallender Temperatur meist steiler, besonders im Anfangsbereich.
4. Der Modul (Abb. 7.5d) steigt bei fast allen Fasern mit fallender Temperatur beträchtlich, ausgenommen bei Baumwolle und Flachs.
5. Die Zugspannung bei Fließbeginn nimmt mit fallender Temperatur bedeu-
   tend zu und ändert sich im Kältebereich bei den einzelnen Fasern linear um
   praktisch den gleichen Betrag wie die Höchstzugspannung.

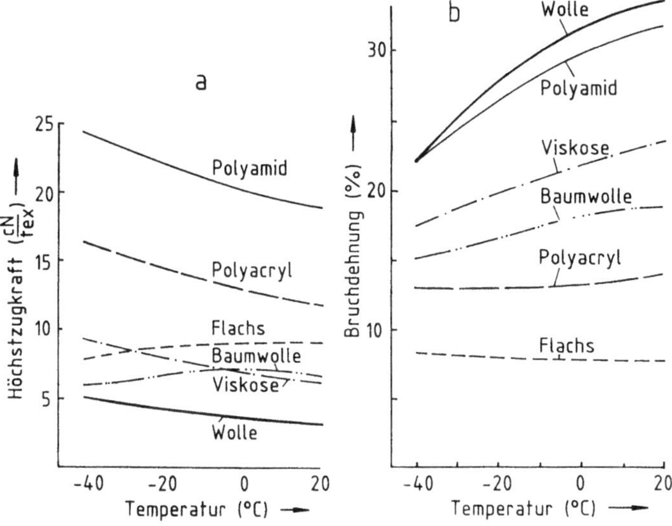

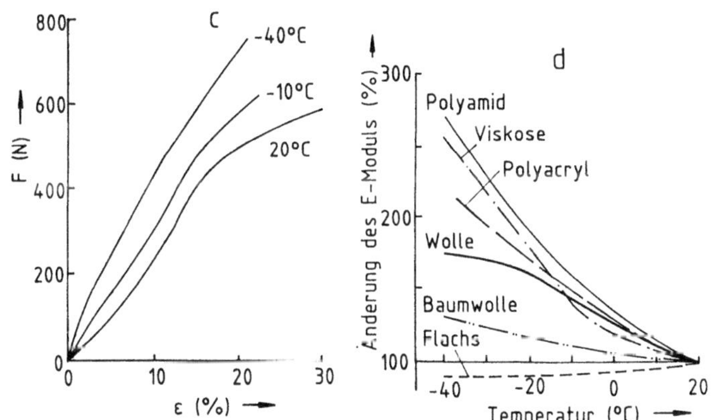

Abb. 7.5. Eigenschaftsveränderungen bei tiefen Temperaturen (nach Sommer). **a** Höchstzugkraft; **b** Bruchdehnung; **c** Kraft-Dehnungs-Kurven von Gewebe aus Polyamidfilamentgarn; **d** prozentuale Änderung der Moduln

Tabelle 7.7. Spezifische Wärme von Viskosespinnfasern bei unterschiedlichen Feuchten und Temperaturen (nach Götze [5])

Feuchte-zuschlag %	spezifische Wärme ($J \cdot g^{-1} \cdot K^{-1}$) bei verschiedenen Temperaturen (°C)								
	-40	-30	-20	-10	0	$+10$	$+20$	$+30$	$+40$
0	0,771	0,825	0,897	0,993	1,077	1,043	1,018	0,993	0,968
7,98	0,851	0,922	1,018	1,156	1,244	1,274	1,307	1,337	1,374
11,04	0,922	0,993	1,094	1,232	1,345	1,408	1,471	1,546	1,634
15,79	1,005	1,173	1,291	1,462	1,584	1,630	1,697	1,756	1,839
21,32	1,274	1,379	1,517	1,722	1,798	1,848	1,898	1,944	2,007
27,30	1,311	1,513	1,856	2,640	2,091	2,120	2,149	2,179	2,212
32,82	1,316	1,529	1,911	2,870	2,346	2,359	2,371	2,384	2,397
37,29	1,341	1,550	1,927	2,824	2,388	2,413	2,434	2,460	2,485
50,59	1,341	1,550	1,885	2,640	2,895	2,824	2,757	2,703	2,640
zum Vergleich Baumwolle									
6,85	0,850	0,918	1,001	1,115	1,274	1,307	1,341	1,382	1,420

Diese mit großem technischen Aufwand in Klimakammern durchgeführten Versuche verlangen eine für das Arbeiten bei tiefen Temperaturen geeignete Modifizierung der Prüfgeräte, um auch bei diesen Temperaturen normgerecht arbeiten zu können. Es ist auf Grund dieses Aufwandes nicht verwunderlich, wie Rogowin [12] feststellte, daß Angaben über Zusammenhänge zwischen molekularer und übermolekularer Struktur der Fasern und den Veränderungen der Elastizität und der Ermüdungsfestigkeit bei Verminderung der Temperaturen bis zu -40 bzw. $-60\,°C$ in der Literatur nur sehr spärlich zu finden sind. Die wenigen Angaben würden zudem den Feuchteeinfluß bei schnellem Wechsel von Temperaturen über $0\,°C$ in Bereiche mit niedrigeren Temperaturen, der in der Praxis in verschiedener Form relativ häufig vorkommt, nicht berücksichtigen. Rogowin [12] weist auch darauf hin, daß bei Einsatz von Textilien im Weltraum zur Wirkung der sehr tiefen Temperaturen noch das hohe Vakuum und die intensive UV-Bestrahlung hinzukommen. Nähere Angaben sind hierzu in der Literatur nicht vorhanden.

Die umfangreichen Arbeiten von Sommer und Mitarbeitern über das Kälteverhalten wichtiger Fasern wurden durch *kalorimetrische Untersuchungen* mit einem adiabatischen Kalorimeter [5] insofern ergänzt, als nunmehr die Veränderung der spezifischen Wärmen sowohl in Abhängigkeit von der Temperatur im Bereich von -40 bis $+40\,°C$ als auch von unterschiedlichen Feuchteanteilen vorliegen. Tabelle 7.7 enthält für die stark hygroskopischen Viskosefasern umfangreiche Meßergebnisse, nach denen die spezifischen Wärmen mit Temperatur- und Feuchtezunahme von $0,771 - 2,640\,J \cdot kg^{-1} \cdot K^{-1}$ ansteigen. Auch wurde untersucht, wie groß die Mengen nicht einfrierenden Wassers in Viskose- und Baumwollfasern sind. Danach ist der Eisanteil stark vom Gesamtwassergehalt abhängig. Mit abnehmendem Feuchteanteil verschiebt sich der Gefrierbereich nach tieferen Temperaturen. Unterhalb eines bestimmten Wassergehaltes tritt keine Eisbildung mehr ein. Derartige Untersuchungen lassen in gewissem Umfang auch Rückschlüsse auf den Zustand der Faserstruktur zu [5, 17, 18].

Anorganische Fasern, insbesondere Glasfasern, zeigen bei tiefen Temperaturen praktisch keine Eigenschaftsveränderungen. Aus dem Kunststoffsektor ist bekannt, daß Polyethylen als Folie für Feinfrostbeutel bis zu − 40 °C beständig ist. Auch von Polyvinylchlorid, Polystyren usw. werden diese und z. T. noch wesentlich tiefere Temperaturen (− 150 bis − 200 °C) unbeschadet überstanden.

7.4 Brennverhalten

Die zur Verfügung stehenden Fasern zeigen ein sehr unterschiedliches Brennverhalten (sehr leicht bis nicht brennbar), das einerseits von der Fasersubstanz und andererseits von Begleitsubstanzen, dem Verarbeitungszustand sowie den praktischen Anwendungsbedingungen abhängt.

Bevor bei externer Wärmezufuhr textile Faserstoffe entflammen, werden substanzverändernde Phasen durchlaufen, von denen Schmelz- bzw. Zersetzungstemperaturen (Tabelle 7.1) und die sich bildenden flüchtigen Substanzen interessieren. Die beim *Entflammen* vor sich gehenden Prozesse sind kompliziert, da sie in beträchtlichem Maße von den jeweiligen Außenbedingungen beeinflußt werden. Wichtig ist zu wissen, ob die jeweilige Faserart eine hohe oder niedrige Verbrennungswärme aufweist, wie hoch die Selbstentzündungstemperatur liegt und welche Effekte Zusatzkomponenten im positiven oder negativen Sinne bewirken können. Die hohe Bedeutung des Brennverhaltens der Textilien und Plaste hat in den vergangenen Jahrzehnten eine zunehmend intensive Forschungstätigkeit bewirkt. Trotzdem bleiben nach wie vor noch zahlreiche Fragen und Probleme zu klären.

Wie der *Ablauf des Brennprozesses* grundsätzlich gesehen werden kann, zeigt Abb. 7.6 [20]. Danach kommt es durch die Hitzeeinwirkung zu physikalischen und chemischen Veränderungen bzw. Abbaureaktionen der Ausgangssubstanz, wobei sich gasförmige Verbindungen bilden, die sich in Mischung mit Luft entzünden und bei hinreichender Flammenenergie den Brennvorgang nicht zum Erliegen kommen lassen. Auch kommt es dann infolge Pyrolyse zu weiteren Aufspaltungen und zur Bildung den Brennvorgang intensivierender Gase. Dieser Vorgang wird einerseits beeinflußt durch die Probenbeschaffenheit (A) hinsichtlich
- der spezifischen Wärme des Polymers (Tabelle 7.1),
- der Wärmeleitfähigkeit des Polymers (Tabelle 7.1),
- der Schmelzwärme des Polymers (Tabelle 7.1),
- des Wärmeentzugs durch evtl. abtropfende Polymerschmelze,
- des Flammpunktes (Fremdzündung) bzw. Zündpunktes (Selbstzündung) des Polymers (Tabelle 7.8), bei denen ein plötzlicher Übergang von endothermen Vorgängen in exotherme erfolgt,
- der Gewebekonstruktion (dichtere Gewebe brennen langsamer als dünnere, da behinderter Luftzutritt),

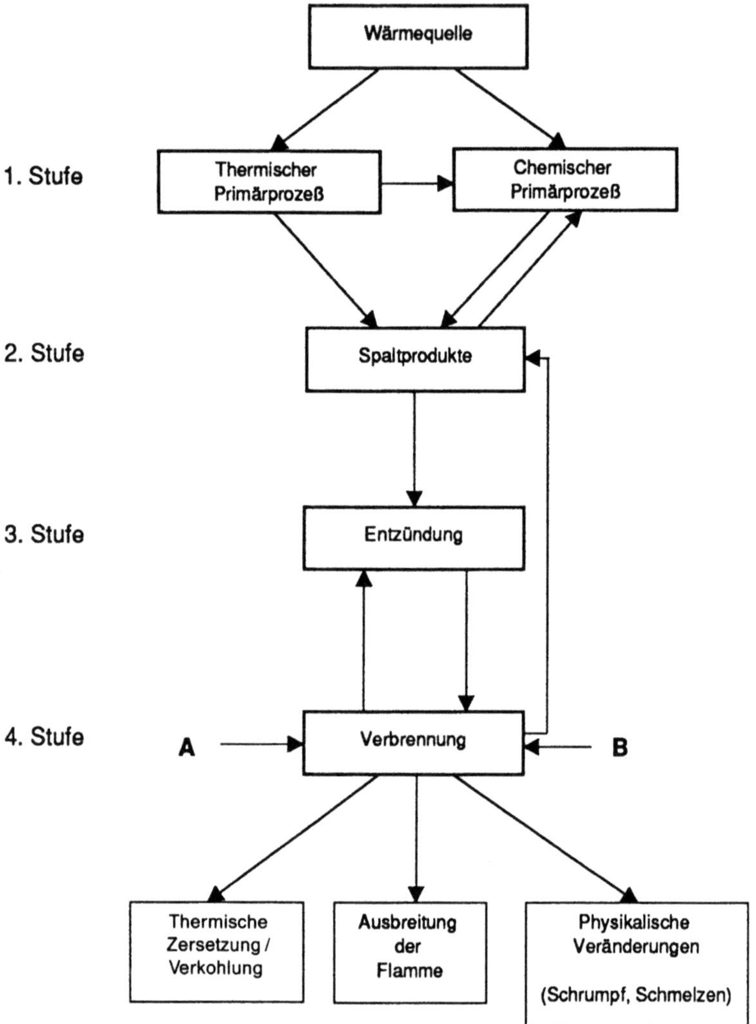

Abb. 7.6. Grundsätzlicher Ablauf des Brennprozesses (nach [19]); A Einflußgrößen der Beschaffenheit der Meßprobe, B Einflußgrößen durch Strukturveränderungen

– der Feinheit (dünnere Fasern mit relativ größerer Oberfläche brennen schneller als dickere),
– der Begleitsubstanzen wie Auflagerungen (z. B. Avivage) oder Einlagerungen (z. B. Farbstoffe),

andererseits durch Strukturveränderungen bei Wärmezufuhr (B) hinsichtlich
– Bruch der Kettenmoleküle – Radikalbildung,
– Oxidation,

Tabelle 7.8. Thermische Kennwerte wichtiger Fasern (nach verschiedenen Autoren [21, 22])

Faser	Flammpunkt (Fremdzündung) °C	Zündpunkt (Selbstzündung) °C	Zündenergie kJ · g^{-1}	Flammentemperatur °C	Verbrennungswärme kJ · g^{-1}
Baumwolle	325	400	0,42	850−880	18,85
Acetat				960	
Triacetat				885	
Wolle	350	590	0,76	680−841	20,7
Polyamid 6	390	510	0,94	875	33,1
Aramid (*Nomex*)	490	675			
Aramid (*Kevlar*)	550	700			
Polyester	390	510	0,70	690−700	23,9
Polyacryl	250	515	0,62	855−895	36,0
Polypropylen	400	530		840	44,0
Polyvinylchlorid				850	
Phenol-Formaldehyd (*Kynol*)	500				

- Abspaltung niedermolekularer Verbindungen und Ausbildung von konjugierten Doppelbindungen in der Kette bzw. zwischenmolekularen Vernetzungen,
- Zerstörung der übermolekularen Struktur (Schrumpfen, Schmelzen),
- Masseverlust durch Pyrolyse (zahlreiche brennbare Verbindungen in Gasform).

Wie sich Flammpunkt, Zündpunkt, Flammentemperatur, Zündungsenergie und Verbrennungswärmen bei wichtigen klassischen textilen Faserstoffen unterscheiden, kann in etwa an Hand der aus der Literatur entnommenen Werte in der Tabelle 7.8 eingeschätzt werden. Danach sind im Falle der Zündung von außen Cellulose- und Polyacrylfasern am gefährdetsten; auch weisen diese eine relativ niedrige Zündenergie und hohe Flammentemperatur auf, woraus sich die leichte Brennbarkeit erklärt. Höhere Verbrennungswärmen der Textilien sind nachteilig, weil in diesem Falle nach Abbruch der Wärmezufuhr der Brennvorgang relativ langsamer beendet wird. Ein Material brennt nur dann selbständig weiter, wenn die bei der Verbrennung freiwerdende Energie gleich oder größer als die Summe der Energiebeträge ist, die für die endothermen Vorgänge bis zum Erreichen der Zündtemperatur erforderlich sind. Einsele [23] stellte zu diesen Vorgängen bis zur Zündung folgende energetische Bilanz für thermoplastische Fasern auf:

Erhitzen auf Schmelztemperatur ($\approx 250\,°C$)	$293\ \mathrm{J\cdot g^{-1}}$
Schmelzwärme	$126\ \mathrm{J\cdot g^{-1}}$
Erwärmung auf Zersetzungstemperatur ($\approx 400\,°C$)	$210\ \mathrm{J\cdot g^{-1}}$
Zersetzung	$2514\ \mathrm{J\cdot g^{-1}}$
Verdampfung der Pyrolyseprodukte	$628\ \mathrm{J\cdot g^{-1}}$
Erhitzen der Dämpfe auf Zündtemperatur ($\approx 600\,°C$)	$84\ \mathrm{J\cdot g^{-1}}$
Summe	$3855\ \mathrm{J\cdot g^{-1}}$
Wärmeabgabe an Umgebung	$4200-12400\ \mathrm{J\cdot g^{-1}}$

Wichtig sind auch Kenntnisse über die Zusammensetzung der *Zersetzungs-* und *Verbrennungsprodukte*, von denen bei den üblichen Fasern von Peukert [22] nahezu 80 nachgewiesen wurden. Da Brandgasbestandteile physiologische Auswirkungen auf den Menschen haben können, sind von Rieber [25] für die häufigsten bzw. gefährlichsten Gase letale Konzentrationen ($\mathrm{cm^3\cdot m^{-3}}$ Luft) in Tabelle 7.9 zusammengestellt worden, denen die betreffenden Fasern zugeordnet wurden. Im Falle des Salzsäuregases ist außerdem die Korrosion der meisten Werkstoffe zu beachten. Von Einsele [35] wurde nach eingehender Behandlung der Toxizitätsprobleme an textilen Brandgasen festgestellt, daß über 90% der tödlichen Brandgasvergiftungen auf CO zurückzuführen sind. Auf tödliche Vergiftungen durch HCN entfallen etwa 4% und je 2% auf HCl, HF und andere Substanzen.

Mit der Bildung flüchtiger Verbindungen tritt bei steigenden Temperaturen *Masseverlust* ein (Abb. 7.7). Wenn alle flüchtigen Verbindungen in Luft bzw. Stickstoff bei $500-1000\,°C$ ausgetrieben sind, dann bleiben die in Tabelle 7.10

Tabelle 7.9. Mögliche Brandgasbestandteile ($cm^3 \cdot m^{-3}$) und deren physiologische Effekte (nach Rieber [25]) ergänzt mit Faser-Beispielen

Effekt	CO Kohlen-monoxid	CO_2 Kohlen-dioxid	HCl Salzsäure-gas	$COCl_2$ Phosgen	HCN Blausäure-gas	SO_2 Schwefel-dioxid	NO/NO_2 Nitrose Gase
für 1 h ohne Folgen	400–500	3000–3500	50–100	etwa 5	50–60	60–100	etwa 80
tödlich in 1/2 h	4000		etwa 2000	etwa 30	etwa 150	etwa 400	
sofort tödlich	10 000	60 000–70 000	1300–2000	50	180–270	500–600	200–700
Faser-Zuordnungen	alle Fasern	alle Fasern	CLF	CLF	PAN WO	WO	PA, PAN, WO

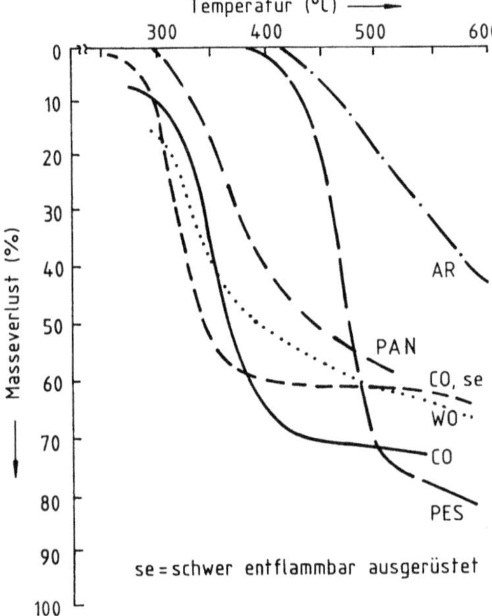

Abb. 7.7. Pyrolysebedingter Masseverlust einiger Fasern bei verschiedenen Temperaturen, Pyrolysedauer: 1 min (nach Rieber [25])

Tabelle 7.10. Rückstand bei der Pyrolyse verschiedener Fasern [25]

Faser	Rückstand bei Pyrolyse % der Ausgangsmasse			
	in Luft		in Stickstoff	
	500 °C	1000 °C	500 °C	1000 °C
Baumwolle	5,5	0,0	5,9	0,0
Baumwolle, schwerentflammbar	22,5	4,8	32,0	30,0
Wolle	47,5	0,8	39,5	43,0
Wolle, schwerentflammbar	7,5	3.7	17,2	22,6
Polyacryl	44,0	0,0	39,1	34,0
Polyester	0,0	0,0	1,4	0,0
Polyamid	0,0	1,0	5,0	0,9
Aramid (*Nomex*)	65,0	1,0	66,0	44,0

genannten Pyrolyserückstände (vorwiegend Kohle) übrig. Bei den klassischen textilen Faserstoffen sind meist die flüchtigen Anteile groß und das zurückbleibende Verkohlungsprodukt gering, so daß die Faserform nicht erhalten bleibt. Der *Ablauf der Pyrolyse* kann das Ergebnis sehr wesentlich beeinflussen, was aus Arbeiten anderer Autoren hervorgeht. So kann bei einigen Fasern (Polyacryl, Viskose u. a.) unter spezifischen Pyrolysebedingungen die Faserform nicht nur erhalten bleiben, sondern auch eine Umstrukturierung (Ausbildung der „Kohlenstoffstruktur") bewirkt werden. Abbildung 7.8 [7] verdeutlicht dies an Hand des erneuten Anstiegs von Zugmodul und Zugfestigkeit der Fasern bei steigender Pyrolysetemperatur ab etwa 500 °C. Beispielsweise führt

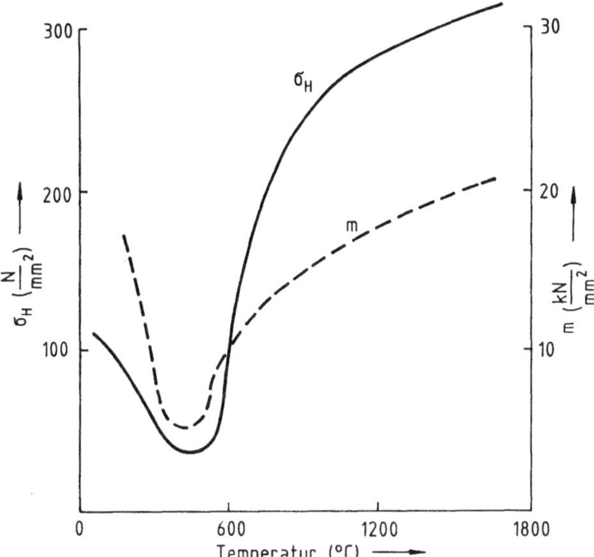

Abb. 7.8. Einfluß der Pyrolysetemperatur auf die Veränderung des Moduls m und der Höchstzugspannung σ_H von Viskosespinnfasern (nach [7])

langsame Oxidation von Polyacrylfasern zur Bildung konjugierter Ringe. Damit steigt die Pyrolysebeständigkeit bei ausreichendem Eigenschaftsniveau, was die carbonisierten Fasern auszeichnet. An solchen thermooxidierten Polyacrylfasern besteht hoher Bedarf als Asbest-Substitut.

Starke Rauchentwicklung weist auf Brandvorgänge vorwiegend im unteren Temperaturbereich, dem sog. *Schwelbereich* [25], hin, wobei infolge Luftmangels unvollständige Verbrennung mit Emission von flüssigen und festen Abbauprodukten (Ruß, Asche) eintritt. Erfahrungsgemäß nimmt die Rauchentwicklung von Fasern in nachstehender Reihenfolge zu:
Wolle < Cellulose < Polyamid < Polyester [26].

Zur Prüfung des Brennverhaltens von textilen Faserstoffen und Flächengebilden wurden weltweit zahlreiche Prüfmethoden entwickelt, die mehr oder weniger gut zur Aufklärung
- materialbedingter Einflüsse (wie Konstitution des/der Polymeren, flammenhemmende Zusätze),
- konstruktionsbedingter Einflüsse (wie Faserfeinheit, Flächenmasse, Flächengebildekonstruktion einschl. Rückenbeschichtung oder Polgestaltung)

geeignet sind.

Im Zusammenhang mit der Aufklärung materialbedingter Einflußgrößen auf das Brennverhalten ist der *Sauerstoffindex*, Limiting Oxygen Index (LOI), von Interesse. Dieser ist durch die nach dem Zünden zur Aufrechterhaltung des Brennens minimal notwendige O_2-Konzentration in einem N_2/O_2-Gemisch definiert:

$$LOI = \frac{v_{O_2}}{v_{O_2} + v_{N_2}} \cdot 100. \tag{7.1}$$

v_{O_2} Volumenanteil Sauerstoff $\Big\}$ im N_2/O_2-Gemisch
v_{N_2} Volumenanteil Stickstoff

In der Testapparatur ist der Prüfling senkrecht angeordnet. Vorwiegend wird oben gezündet, was höhere LOI-Werte liefert als Zündung von unten (z. B. bei einem Woll-Nadelfilz: $LOI_{oben} = 26$, $LOI_{unten} = 20$ [22]). Je niedriger der LOI-Wert ist, um so leichter brennbar ist das Material. Für die klassischen textilen Faserstoffe liegen diese Werte zwischen 17–20. In Tabelle 7.11 sind LOI-Werte aus der einschlägigen Literatur zusammengestellt, die allerdings nur Richtwerte darstellen, da zahlreiche Randbedingungen bei der Prüfung Verschiebungen bewirken können.

Der LOI-Wert *sinkt*
- mit steigender Temperatur
  z. B. Baumwolle: bei   20 °C: LOI = 19,2,
                  bei 100 °C: LOI = 16,0,
- bei Anwendung nichtschmelzender Stützschichten oder -fasern für Meßproben aus thermoplastischen Fasern (Schmelzpunkt liegt unterhalb des Flammpunktes), die das Schrumpfen des Prüflings und Abtropfen von Polymerschmelze und damit das Abführen von Wärme aus der Brennzone vermeiden,

bzw. *steigt*
- durch Schmelzen der Faser (Wärmeverbrauch),
- bei abnehmendem H-Gehalt bzw. ansteigendem Halogengehalt in der Polymerkette,
- mit steigender Bindungsenergie in der Polymerkette (z. B. hohe Energie der C–C–C-Bindung in der Graphitstruktur [7]),
- bei flammenhemmender Ausrüstung der Fasern (s. Abschn. 7.5), wobei eine wirksame Flammenhemmung ab LOI = 25–27 erwartet werden kann.

Zur näheren Untersuchung des Brennverlaufs kann der LOI-Tester in Verbindung mit einem Rauchdichtemeßgerät betrieben werden [26], wodurch die flüssigen und festen Verbrennungsprodukte (aber nicht die gasförmigen!) erfaßt werden. Die *Rauchdichte* ist als die durch eine Rauchschicht von 1 cm Dicke bewirkte Dämpfung des Lichtes einer Lichtquelle definiert. Abbildung 7.9 zeigt, daß der zeitliche Verlauf der Rauchentwicklung bei den einzelnen Fasern sehr unterschiedlich sein kann. Während Baumwolle unter vergleichbaren Bedingungen – auch bei flammenhemmender Ausrüstung – mit geringer Rauchentwicklung verbrennt, ist diese bei den untersuchten synthetischen Chemiefaserstoffen wesentlich höher. Abbildung 7.9 b zeigt außerdem, daß sich der Zusatz flammenhemmender Mittel auf die Rauchentwicklung beim Brennen synthetischer Chemiefaserstoffe ungünstig auswirken kann, indem das Rauchdichte-Maximum höher ausfällt (PES) oder früher auftritt (PA 6.6).

Tabelle 7.11. LOI-Werte zur Charakterisierung der Brennbarkeit von Textilien (nach verschiedenen Autoren)

Faser	LOI-Werte
Baumwolle	18–20
Baumwolle, schwerentflammbar	28
Wolle	24–25
Wolle, schwerentflammbar	33
Seide	23
Celluloseregenerat	19–20
Viskose, schwerentflammbar	30
Acetat	16–19
Triacetat	18,5
Polyvinylalkohol	19–20
Polyvinylchlorid	32–37
Polyamid	20–21
Polyester	20–22
Polyacryl	17–18
Polyolefine	17–20
Modacryl	26–31
Aramid (*Nomex, Fenilon*)	27–30
Polyamidimid (*Kermel*)	27–32
Phenol-Formaldehyd (*Kynol*)	29–36
Aramid (*Kevlar*)	31
Polyvinylchlorid	35–39
Polybenzimidazol (*PBI*)	36–43
Polyimid (*P84*)	37–38
Polyterephthaloyloxalamidrazon (*Enkatherm*)	40–58
Polyvinylidenchlorid	50–60
Kohlenstoff	60
Fluoro	95

Selbst die Farbstoffauswahl spielt eine Rolle: beispielsweise sollte man Chromfarbstoffe beim Färben von Wolle für Flugzeugteppiche, -bezugsstoffe oder Schutzkleidung für Feuerwehrleute vermeiden, während verschiedene 1:2-Metallkomplex- und feingemahlene Säurefarbstoffe eine Verbesserung der Echtheit flammenhemmender Ausrüstungen bewirken [39].

Mikut [29] entwickelte eine Prüfapparatur zur Charakterisierung des Brennverhaltens an einem unverfestigten Parallelfaservlies bzw. an Filamentkabelabschnitten, um substanzbedingte Einflüsse erfassen und konstruktionsbedingte Einflüsse ausschalten zu können. Die stark unterschiedlichen Verhaltensweisen verschiedener Fasern beim Brennvorgang ließen es zweckmäßig erscheinen, die Bewertung bei leicht brennbaren Fasern (Meßproben brennen über die ganze Länge ab) nach der *Brenngeschwindigkeit* v_b und die der übrigen Fasern nach der *Brenndauer* t_b vorzunehmen. Tabelle 7.12 zeigt für die untersuchten Fasern deren Aufteilung auf zwei Brenngruppen, wobei im Falle der Brenngruppen A und B mit Untergruppen weitere Differenzierungen vorgenommen wurden.

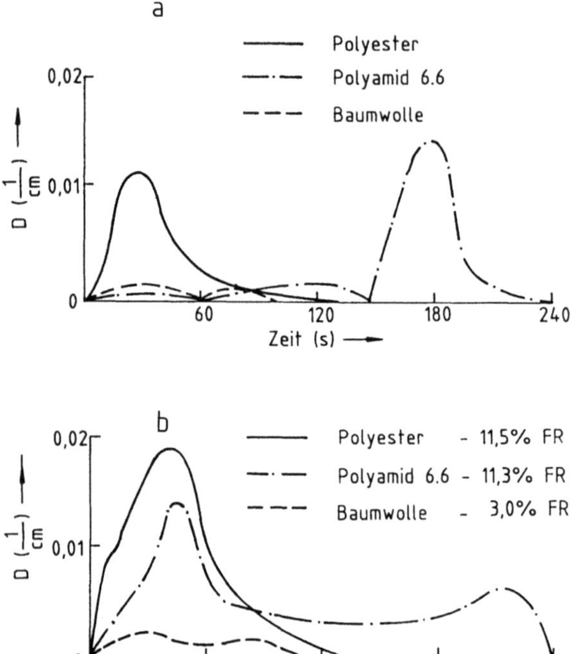

Abb. 7.9. Rauchdichte von unbehandelten (**a**) und von flammenhemmend ausgerüsteten (**b**) Polyester-, Polyamid 6.6- und Baumwollproben [28], FR flame retardants, Flammenschutzmittel

Für die praxisnahe Brennprüfung an textilen Endprodukten (Flächengebilde, Kleidungsstücke, Formkörper) stehen zahlreiche und z.T. genormte Prüfverfahren [22] zur Verfügung, was bis zur ISO-Normung für Hitze- und Flammenschutzkleidung reicht und zugleich den Asbestersatz berücksichtigt [36]. Die mit diesem Verfahren erhaltenen Prüfergebnisse stimmen aus bereits dargelegten Gründen nicht immer mit den in Tabelle 7.12 wiedergegebenen Ergebnissen überein. Wie vielfältig die Problematik brennender Textilien sich in der menschlichen Gesellschaft darstellt, ist von Meckel [37] umfassend wiedergegeben. Danach liegen die Brandursachen in erster Linie im leichtfertigen Umgang mit Zündquellen, wobei es sich hauptsächlich um Raucherutensilien handelt. Der wachsende Anteil an Chemiefasern hat die Brandhäufigkeitszunahme nicht beeinflußt.

In Anlehnung an zahlreiche Veröffentlichungen wurden in Tabelle 7.13 die wichtigsten Fasern bezüglich ihrer *Entflammbarkeit* eingestuft. Es muß hier nochmals betont werden, daß eine Reihe von Besonderheiten den Brennvorgang maßgeblich beeinflussen können:

– Bedeutsam für das Brennverhalten ist – wie bereits erwähnt – das Schmelzen thermoplastischer Fasern bei Temperaturen unterhalb des Flammpunktes. Tropft bei Flammeneinwirkung Schmelze ab, so ist damit ein Wärmeentzug

Tabelle 7.12. Zuordnung der Fasern zu Brenngruppen in Abhängigkeit von Brenngeschwindigkeit v_b (mm · s^{-1}) oder Brenndauer t_b (s) [29]

Brenngruppe	Kurzcharakteristik	Untergruppe	Merkmal	Faserbeispiele
A	*leicht brennbar*	A I	$v_b > 15$	CV, CO
	Meßprobe brennt über	A II	$5 \leqq v_b \leqq 15$	PAN, CA
	die gesamte Länge ab	A III	$v_b < 5$	PVAL
B	*schwer brennbar*	B I	$t_b > 20$	WO
	Meßprobe brennt über	B II	$10 \leqq t_b \leqq 20$	AR
	eine Teillänge ab	B III	$5 < t_b < 10$	
C	*nicht brennbar*		$t_b \leqq 5$	CLF
	kein Brennen nach			
	Ablauf der Zünddauer			

Tabelle 7.13. Entflammbarkeit von Fasern (nach Reese [30] et al.)

Einstufung	Faser
nicht entflammbar	Asbest
	Glas
	Keramik
	Metall
	Mineral
	Kohlenstoff
	Polyvinylchlorid
	Aramid
	Polycarbonat
	Polyamidimid (*Kermel*)
	Phenol-Formaldehyd (*Kynol*)
	Polybenzimidazol (*PBI*)
	Fluoro [a]
schwer entflammbar	Polyamid [b]
	Polyester [b]
	Polyethylen [b]
	Wolle
	Acetat
leicht entflammbar	Viskose
	Cupro
	Baumwolle
	Flachs
	Hanf
	Jute
	Seide
sehr leicht entflammbar	Kapok
	Polyacryl [c]

[a] HF-Abspaltung ab 220 °C
[b] Schmelzetropfen beachten
[c] Cyanwasserstoffbildung, besonders bei unvollständigem Verbrennen

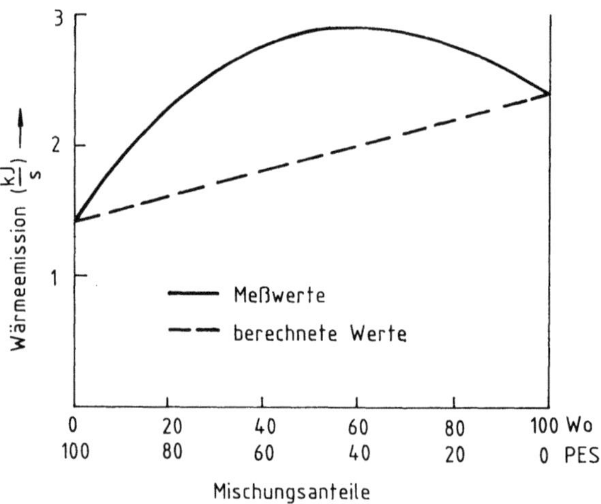

Abb. 7.10. Synergistischer Effekt bezüglich der Wärmeemission beim Verbrennen von Wolle-Polyester-Fasermischungen (nach [24])

an dem betreffenden Material verbunden, der u. U. so groß ist, daß der Brennvorgang zum Erliegen kommt. Die abtropfende Schmelze kann jedoch zu schweren Hautverletzungen führen oder ggf. als neue Zündquelle wirksam werden.

- Setzt nach Abbruch der Wärmezufuhr der Brennprozeß aus, dann kann u. U. noch ein Nachglimmen zurückbleiben, das im weiteren Verlauf des Brandgeschehens (insbesondere bei Sauerstoffzutritt) möglicherweise zu einem neuen Entflammen führt.
- Im Falle von Fasermischungen ergeben sich Wärmeemissionen, die nicht der Summe der Einzelkomponenten entsprechen. Als Beispiel zeigt Abb. 7.10 eine Gegenüberstellung der für verschiedene Wolle-Polyesterfaser-Mischungen berechneten und gemessenen Wärmeemissionswerte. Die an den Fasermischungen gemessenen Werte sind im Vergleich zu den rechnerisch ermittelten erhöht und beruhen auf einer Art katalytischer Wirkung (Synergismus). Daher werden häufig in den Rauchgasen der Fasermischungen Bestandteile nachgewiesen, die beim Verbrennen der einzelnen Komponenten nicht auftreten [24]. Außerdem können nicht schmelzende Fasern als Stützfasern fungieren. Deshalb ist es unbedingt notwendig, z. B. zur Beurteilung der Brandgefahr bei Produktions- und Lagerprozessen die jeweiligen Fasermischungen zusätzlich zu den Einzelkomponenten zu prüfen.
- Ähnliche Effekte (katalytische Wirkung, Stützskelettbildung) können auch durch Faserbegleitsubstanzen, wie Präparationsmittel, Appreturen, Ausrüstungsmittel der Textilveredlung, Farbstoffe, Mattierungsmittel, Verschmutzung, Waschmittelrückstände, hervorgerufen werden. So konnte bei einem spektakulären Brandunfall einer Frau (Trainingsanzug wurde durch abspringenden Zündholzkopf in Brand gesetzt) [31] nachträglich der

Tabelle 7.14. Entflammbarkeit von gefärbten Polyamid 6.6-Geweben sowie Baumwollgeweben gemäß USA-FS 5908 [32] (Zünddauer jeweils 1,5 s)

Gewebe	Gesamt-brenndauer s	Befund
Polyamid 6.6-Chiffon, etwa 80 g · m^{-2}, unbehandelt	–	brennt nicht, schmilzt örtlich
dsgl. mit Chromschwarz-Färbung	7,0	Probe verbrennt vollständig, schmilzt, tropft ab
dsgl. mit Chromschwarz-Färbung und Silicon-Ausrüstung	5,5	Probe verbrennt vollständig, schmilzt, tropft ab
Baumwollgewebe, etwa 80 g · m^{-2}, unbehandelt	5,0	Probe verbrennt vollständig

nachteilige Einfluß einer Chromschwarz-Färbung und Siliconausrüstung auf das Brennverhalten eines Polyamidgewebes nachgewiesen werden [32] (Tabelle 7.14).

Das Löschen eines Brandes kann erreicht werden durch
- Entfernen der Zündquelle, wenn die frei werdende Verbrennungswärme nicht ausreicht, die Zersetzungsreaktion und damit die Bildung eines brennbaren Gas-Luft-Gemisches in Gang zu halten,
- Abführen von Wärme aus der Brandzone (Verdampfen des Löschmittels, Abführen heißer Brandgase, Abkühlen),
- Vermeiden weiteren Sauerstoffzutritts (Schaum, Sand, Decke, Wälzen am Boden, unbrennbares Gas – z. B. CO_2).

7.5 Brennbarkeitsminderung

Für die Minderung der Entflamm- und Brennbarkeit brennbarer Fasern bzw. Textilien bieten sich grundsätzlich folgende Möglichkeiten an:
1. Verwendung von Co- oder Mischpolymeren, bei denen der Wasserstoffgehalt der Kettenmoleküle reduziert ist. So haben z. B. halogenhaltige Fasern (*Wolpryla-se, Verel, Dynel, Saran* u. a.) flammenhemmende Eigenschaften (vgl. Tabelle 7.11). Die Verminderung der Brennbarkeit von Polyacrylfasern mit zunehmendem Vinylidenchloridgehalt zeigt Abb. 7.11.
2. Verwendung flammenhemmender Additive, die den Polymeren vor oder während der Fasererzeugung zugesetzt werden. Beispielsweise enthalten die schwerentflammbaren Viskosefasern der Chemiefaser Lenzing AG als Flammschutzmittel ein Phosphorderivat (Abb. 7.12). Daraus hergestellte Textilien erreichen einen LOI-Wert von etwa 28 [33].
3. Ausrüstung textiler Flächengebilde mit flammenhemmenden Chemikalien, wobei möglichst wasser- bzw. waschbeständige Flammschutzeffekte bei

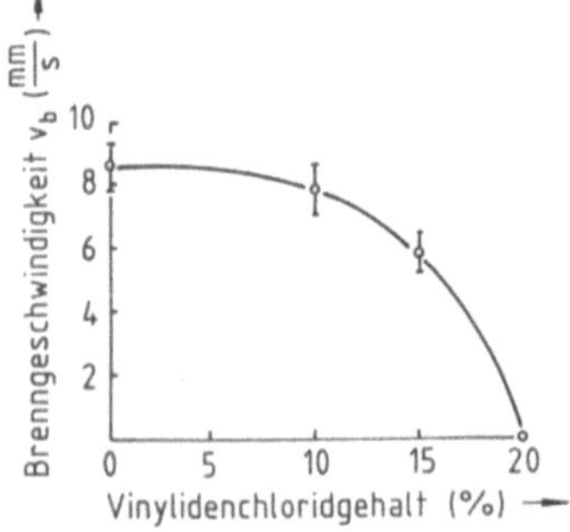

Abb. 7.11. Einfluß des Vinylidenchloridgehaltes auf das Brennverhalten von Polyacrylfaservliesen (nach Mikut [29])

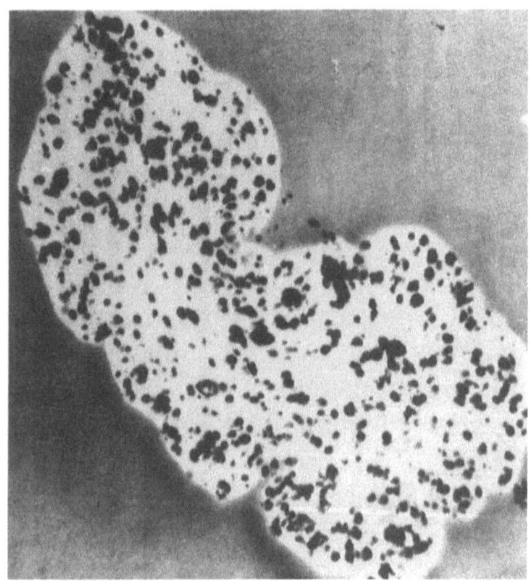

Abb. 7.12. Querschnitt einer schwer entflammbaren Viskosefaser (Chemiefaser Lenzing AG) mit Phosphorderivateinlagerungen [33]

Beibehaltung der äußeren und inneren Eigenschaften angestrebt werden. So ist es z. B. möglich, mit feuerfest ausgerüsteter Baumwolle LOI-Werte von 31−32 zu erreichen [15].

Besonders in den vergangenen drei Jahrzehnten sind zahlreiche Forschungsarbeiten über *Flammschutzmittel* und deren Applikation durchgeführt worden, die zu einer Vielzahl von Handelsprodukten führten. Dabei versucht man chemische, mechanische, thermische oder aerodynamische Faktoren des Brennvorgangs zu beeinflussen. Angewendet werden organische halogenhaltige und phosphorhaltige Verbindungen, Ammoniumsalze, Borsäure, Borax, Metalloxide, Silicate, Alkalihalogentitanate und -zirkonate (Zipro-Verfahren bei Wollveredlung [40]), Erdalkalisulfate und -phospate, Harnstoff u. a., meist in Mischungen mit mehr oder weniger großen synergistischen Effekten. Spalten die Substanzen bei der Flammeneinwirkung nichtbrennbare Gase bzw. Wasserdampf ab (z. B. Ammoniumsalze, Chlorparaffine, kristallwasserhaltige Substanzen), dann wird das Weiterbrennen durch „Verdünnung" der brennbaren Gasanteile bzw. Sauerstoffmangel unterbunden. Es ist aber auch möglich, daß leicht schmelzbare Substanzen (z. B. Borax) einen glasartigen Überzug bilden, wodurch das Eindringen der Flammen behindert wird. Schließlich ist die flammenhemmende Wirkung einer Mineralisierung (Silikate, Phosphate, Sulfate, Metalloxide) zu erwähnen. Dieser zusätzliche Effekt bei der Zinn-Phosphat-Silicat-Erschwerung der Seide (Behandlung in aufeinanderfolgenden Bädern aus Zinntetrachlorid („Pinke"), Natriumphosphat (Phosphatierung), Wasserglas) ist schon lange bekannt. Mineralisierte Fasern bilden bei Flammeneinwirkung eine schwer schmelzbare Asche.

Obwohl bei der Flammfestausrüstung in neuerer Zeit beträchtliche Fortschritte insbesondere an Cellulosefasern, Wolle und z. T. an synthetischen Chemiefasern erzielt wurden, sind noch zahlreiche *Probleme* und wissenschaftliche Untermauerungen offen. Besondere Bemühungen erfordert die Flammfestausrüstung der thermoplastischen Fasern, was z. B. einer Veröffentlichung von Stepniczka [34] über flammfeste Polyamid-Textilien zu entnehmen ist. Wenn nämlich Textilien aus thermoplastischen Fasern infolge der flammenhemmenden Zusätze beim Brennen nicht abtropfen und damit kein Wärmeentzug eintritt, erhöht sich sogar deren Brennbarkeit.

Abschließend sei auf den neuesten Bericht des Normenausschusses Materialprüfung 543 über das Brennverhalten von Textilien [38] hingewiesen, in dem die neuesten Erkenntnisse, gesetzlichen Bestimmungen sowie nationalen und ISO-Normen zusammengefaßt sind.

Literatur

1. Fitzer E (1980) Thermischer Abbau von Polymeren bis zum elementaren Kohlenstoff – ein Weg zu Werkstoffen der Zukunft, Angew. Chem. 92:375–386
2. v. Falkai B (1981) Synthesefasern, Verlag Chemie, Weinheim
3. Hinrichsen G (1977) Aufgaben und Ziele der Polymerphysik im Rahmen der Herstellung und der Charakterisierung von Synthesefasern, Melliand Textilber. 58:7–11, 100–107
4. Görlach H (1956) Thermische Daten verschiedener Faserstoffe, Chemiefasern 10:800–806
5. Götze W (1966) Kalorimetrische Untersuchungen an textilen Faserstoffen im Temperaturbereich von − 40 °C bis + 40 °C. Dissertation Technische Universität Dresden
6. Agster A (1956) Die Einwirkung höherer Temperaturen auf natürliche und synthetische Faserstoffe, Melliand Textilber. 37:1338–1344
7. Perepelkin KE, Muchin BA (1976) Der Einfluß der molekularen und supramolekularen Struktur der Chemiefasern auf ihre thermischen Eigenschaften, Lenzinger Ber. 40:46–66
8. – (1986) Grundsätzliche Überlegungen zum Schrumpfverhalten von Textilien am Beispiel eines Schrumpftrockners, Text.-Prax. 41:175–176
9. Fourné F (1953) Synthetische Fasern, Konradin-Verlag, Stuttgart
10. Bobeth W (1959/60) Nutzanwendung von Quellungs- und Lösungsvorgängen unter dem Mikroskop für die Textilprüfung, Wiss. Z. TH Dresden 9:65–75
11. Meiswinkel HJ (1980) Chemische und physikalische Grundlagen der Vergilbung von Wolle. Dissertation TH Aachen
12. Rogowin ZA, Albrecht W (Hrsg) (1982) Chemiefasern: Chemie-Technologie, Georg Thieme, Stuttgart
13. Gloor WH (1967) Military Applications of High Temperature Fibres, J. Polym. Sci. 19:3–6

14. Herlinger H (1971) Hochtemperaturbeständige Fasermaterialien aus organischen Grundstoffen, Lenzinger Ber. 32:31–38
15. Kaswell ER (1972) Überlegungen und Informationen über flammfeste Produkte, Lenzinger Ber. 33:12–22
16. Sommer H, Barth R (1957, 1959, 1961) Untersuchungen über das Kälteverhalten von Textilien I–IV, Faserforsch. u. Textiltechn. 8:171–179, 211–222, 10:8–21, 12:141–149
17. Götze W, Winkler F (1967) Kalorimetrische Untersuchungen an textilen Faserstoffen I–V, Faserforsch. u. Textiltechn. 18:119–123, 222–227, 292–295, 385–389, 475–479
18. Götze W, Winkler F (1967) Wärmetechnische Messungen an Faserstoffen im Temperaturbereich von − 40 °C bis + 40 °C, Feingerätetechnik 16:176–184
19. Einhorn IN (1971) J. Macromol. Sci. Revs., Polymer Technol. D1 (2):113–184
20. Carl W (1976) Brennverhalten von Textilien, Lenzinger Ber. 40:88–95
21. Einsele U (1972) Über die Flammfestausrüstung von Textilien, Text.-Prax. 27:172–175
22. Peukert I (1981) Anmerkungen zum Brandverhalten von Textilien, Textiltechnik 31:642–649, 713–717
23. Einsele U (1976) Über Wirkungsweise und synergistische Effekte bei Flammschutzmitteln für Chemiefasern, Lenzinger Ber. 40:102–115
24. Martin IR, Miller B (1978) The Thermal and Flammability Behavior of Polyester-Wool Blends, Text. Res. J. 48:97–103
25. Rieber M (1976) Textilbrände – ihre Entstehung, ihre Auswirkung und Möglichkeiten zu ihrer Reduzierung, Lenzinger Ber. 40:69–79
26. Krahne B (1979) Anforderungen an Textilien mit verminderter Brennbarkeit, Melliand Textilber. 60:46–49
27. Gotschy F (1977) Schwerentflammbare Viskosefasern aus Lenzing, Lenzinger Ber. 43:131–139
28. Krahne B (1977) Zersetzungs- bzw. Verbrennungsgase und Rauchentwicklung textiler Rohstoffe sowie deren FR-Modifikationen, Melliand Textilber. 58:64–70
29. Mikut I (1980) Prüfmethode zur Beurteilung des Brennverhaltens am Faserstoff, Textiltechnik 30:584–590
30. Reese HJ (1964) Die Entwicklung und Bewährung der flammfesten Ausrüstung, SVF-Fachorgan 19:792–803
31. Martin EP (1964) Zur Frage der Brennbarkeit moderner Textilgewebe, SVF-Fachorgan 19:766–776
32. Aenishänslein R (1964) Gedanken zur Problematik der Prüfung von Textilien auf Brennbarkeit und Flammfestigkeit, SVF-Fachorgan 19:776–791
33. Gotschy F (1977) Schwerentflammbare Viskosefasern aus Lenzing, Lenzinger Ber. 43:131–139
34. Stepniczka HE (1973) Die Herstellung schwer entflammbarer Polyamidgewebe, Textilveredlung 8:293–310
35. Einsele U (1988) Zur Problematik der Brandgase von Textilien, Melliand Textilber. 69:820–827
36. Rook A (1987) Prüfung und Bewertung persönlicher Schutzausrüstungen, Melliand Textilber. 68:396–401
37. Meckel L (1984) Textilien und Feuer, Melliand Textilber. 65:623–629
38. – (1991) Das Brennverhalten von Textilien, Kriterien, Prüfmethoden, gesetzliche Maßnahmen (Ausgabe 1991), Chemiefasern-Text.-Ind. 41/93:364–373
39. Bearpark I, Marriot FW, Park J (1986) A practical introduction to the dyeing and finishing of wool fabrics; The Eastern Press, London
40. Peter M, Rouette HK (1989) Grundlagen der Textilveredlung, 13. überarb. Aufl. Deutscher Fachverlag, Frankfurt/M

8 Verhalten bei Einwirkung ionisierender Strahlen

Als die Kerntechnik mit der Errichtung des ersten Kernreaktors ihren Aufschwung nahm, ging es insbesondere darum, solche hochpolymere Werkstoffe zu finden, die in Strahlungsfeldern in Form verschiedenartiger Teile (Dichtungen u. a.) gegenüber der Einwirkung energiereicher Strahlung hinreichende Stabilität aufwiesen. Durch Anwendung der Elektronenresonanzspektroskopie bei der Untersuchung des Verhaltens von Polymeren bei Einwirkung energiereicher Strahlung konnte festgestellt werden, daß hierbei freie Radikale gebildet werden, die man für vielfältige Sekundärreaktionen zur Eigenschaftsbeeinflussung nutzen kann.

8.1 Strahlungsarten, Wechselwirkungen mit Materie

Chemische Reaktionen in polymeren Werkstoffen können sowohl durch Korpuskularstrahlen als auch durch Strahlenquanten (elektromagnetische Strahlung) ausgelöst werden.

Von den bekannten *Korpuskularstrahlen* (z.B. Elektronen, Positronen, Protonen, Neutronen) werden für strahlenchemische Prozesse hauptsächlich Elektronenstrahlen eingesetzt, die mittels Elektronenbeschleunigern auf die erforderliche Energie (für technologische Prozesse zwischen 150 keV und einigen MeV) gebracht werden, die der angelegten Beschleunigungsspannung direkt proportional ist. Die erforderliche Elektronenenergie wird von der Dicke der zu bestrahlenden Schicht bestimmt, wobei wegen der Tiefendosisverteilung (Abb. 8.1), die charakteristisch für die Wechselwirkung zwischen Elektronenstrahlung und Materie ist, die Elektronenenergie im Hinblick auf eine bestmögliche Dosisverteilung im bestrahlten Objekt bei jedem Anwendungsfall zu optimieren ist [1, 2].

Als *elektromagnetische Strahlung* werden für strahlenchemische Prozesse sowohl Gammastrahlen als auch Röntgen-(Brems-)Strahlen verwendet. Die Parameter dieser Strahlungsarten sind in Tabelle 8.1 dargestellt. Als Strahlungsquellen für Gammastrahlen werden die Radionuklide Cobalt-60 und Cäsium-137 eingesetzt; Röntgenbremsstrahlen hingegen erhält man durch Beschuß geeigneter Targets (u.a. aus Tantal oder Wolfram) mit hochbeschleunigten Elektronen. Elektromagnetische Strahlungen werden in der bestrahlten Substanz nach anderen Gesetzmäßigkeiten als die Elektronenstrahlung absor-

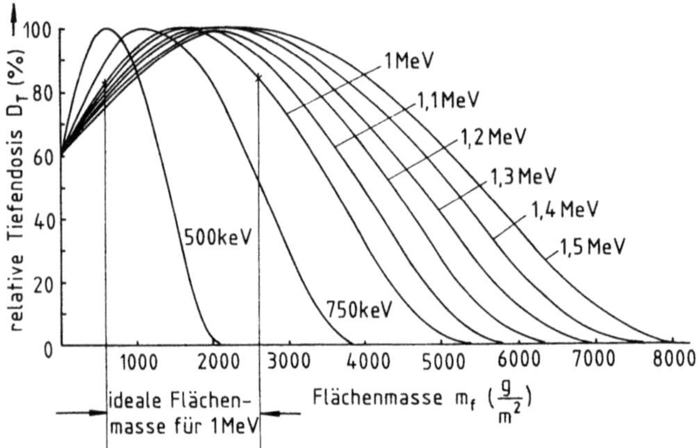

Abb. 8.1. Tiefendosisverteilungen für Elektronenstrahlen im Energiebereich zwischen 0,5 und 1,5 MeV (nach [1, 2])

Tabelle 8.1. Parameter verschiedener Arten von elektromagnetischen Wellen (aus [1])

Art der Strahlung	Wellenlänge cm	Frequenz s^{-1}	Energie eV
Licht-, Ultraviolett-Strahlung	$10^{-4}-10^{-6}$	$10^{14}-10^{16}$	$10^{0}-10^{2}$
Röntgenstrahlung	$10^{-6}-10^{-9}$	$10^{16}-10^{19}$	$10^{2}-10^{5}$
Gammastrahlung	$10^{-9}-10^{-12}$	$10^{19}-10^{22}$	$10^{5}-10^{8}$

biert. Der Energieverlust erfolgt in Abhängigkeit von der Schichtdicke der bestrahlten Substanz nach einem Exponentialgesetz; die sogenannte „Halbwertschichtdicke" liegt für den in Frage kommenden Energiebereich in der Größenordnung von etwa 50 cm (bei einer Materialdichte von $\varrho = 1 \text{ g} \cdot \text{cm}^{-3}$). Die Reichweite elektromagnetischer Strahlungen liegt also bei vergleichbaren Strahlungsenergien etwa um den Faktor 100 höher als die der Elektronenstrahlung, weshalb erstere ausschließlich für die Bestrahlung dickerer Objekte (z. B. Bestrahlung von in Kartons verpackten Materialien, u.a. zu deren Sterilisation) verwendet werden.

Der strahlenchemische Effekt wird insbesondere durch die Konzentration freier Radikale im bestrahlten Objekt bestimmt und ist direkt proportional der *Energiedosis*, d.h. der Strahlungsenergie, die von einer Masseeinheit der bestrahlten Substanz absorbiert wird ($1 \text{ J} \cdot \text{kg}^{-1} = 1 \text{ Gy}$ [6]). Für strahlenchemische Prozesse an hochpolymeren Werkstoffen werden Energiedosen in der Größenordnung von 10–100 kGy (das entspricht einigen Mrad) benötigt, wobei gilt

$$10 \text{ kGy} = 1 \text{ Mrad} = \frac{1 \text{ kWh}}{360 \text{ kg}}. \tag{8.1}$$

---

[6] Nach einem der Pioniere auf dem Gebiet der Strahlendosimetrie (Gray) benannt. Eine weitere Einheit für die Energiedosis, die in der Literatur noch häufig zu finden ist, ist das rad (**r**adiation **a**bsorbed **d**ose), das einer Energieabsorption von 100 erg je g äquivalent ist.

Mit dieser Gleichung ist auch der Bezug zur *Strahlungsleistung* von Elektronenbeschleunigern hergestellt, die sich aus dem Produkt von Beschleunigungsspannung und Strahlstrom ergibt. Bei industriellen Elektronenbeschleunigern
liegt diese im Bereich zwischen 10 und einigen 100 kW.

8.2 Strahlungsreaktionen an Polymeren

Der wesentlichste Unterschied zwischen Licht- bzw. UV-Strahlung einerseits
und energiereicher Strahlung andererseits besteht darin, daß letztere die
Moleküle der bestrahlten Substanz ionisieren kann, weshalb man von ionisierender Strahlung spricht;

$$\text{Ionisation: } M \rightsquigarrow M^+ + e^-. \tag{8.2}$$

Daneben können Moleküle der bestrahlten Substanz angeregt werden;

$$\text{Anregung: } M \rightsquigarrow M^*. \tag{8.3}$$

Das nach (8.2) gebildete Ionenpaar kann durch Rekombination ebenfalls zu
einem angeregten Molekül führen;

$$\text{Anregung durch Ladungsneutralisation: } M^+ + e^- \rightarrow M^*. \tag{8.4}$$

Die nach (8.3) und (8.4) gebildeten angeregten Moleküle können spontan in
freie Radikale zerfallen;

$$\text{Radikalbildung: } M^* \rightarrow R^{1\cdot} + R^{2\cdot}, \tag{8.5}$$

die den Ausgangspunkt für radikalisch initiierte Reaktionen darstellen.

Als Folge der Radikalbildung kann das bestrahlte Polymer einem strahlenchemischen *Abbau* unterliegen, insbesondere dann, wenn während der Bestrahlung Luftsauerstoff (Radikalfänger!) vorhanden ist. Eine strahlenchemisch
initiierte *Vernetzung* tritt auf, wenn Radikale zweier benachbarter Makromoleküle durch Ausbildung einer kovalenten Bindung miteinander reagieren.

Die Ausbeute strahlenchemischer Reaktionen in hochpolymeren Werkstoffen wird durch den G-Wert charakterisiert. Dieser gibt die Anzahl der
veränderten (Radikalbildung, Vernetzung, Abbau) Moleküle je 100 eV absor-
bierter Energie an, d.h. also die effektiv eingetretenen chemischen Ereignisse.
Für ausgewählte Hochpolymere sind diese G-Werte für Radikalbildung (G_R),
Molekülabbau (G_A) bzw. -vernetzung (G_V) in Tabelle 8.2 dargestellt. Daraus
ist ersichtlich, daß einige Polymere bei Einwirkung energiereicher Strahlung
vorwiegend vernetzen, andere hingegen abgebaut werden.

Man hat vielfach versucht, die verschiedenen Werkstoffe in strahlenchemisch abbauende und strahlenchemisch vernetzbare einzuteilen. Eine derartige
Einteilung (Tabelle 8.3) ist aber nur bedingt möglich, weil neben der Polymerstruktur eine ganze Reihe weiterer Faktoren (u.a.) An- oder Abwesenheit
bestimmter Reaktionspartner, z.B. Luftsauerstoff während der Bestrahlung,
Geschwindigkeit der Energiezufuhr bzw. Dosisleistung) das Verhalten von
Polymeren bei Einwirkung ionisierender Strahlung beeinflussen. Beispielsweise gehört Polyamid nach Tabelle 8.3 zu den überwiegend vernetzenden

Tabelle 8.2. G-Werte der Radikalbildung (G_R) in bestrahlten Polymeren sowie deren Halbwertzeiten bei Raumtemperatur (nach [17]) und G-Werte für Molekülabbau (G_A) bzw. Molekülvernetzung (G_V) [3]

Polymeres	G_R	G_R-Halbwertzeit bei Raumtemperatur Tage	G_A	G_V
Polyethylen	0,03	80	–	2
Polypropylen	0,01	6		
Polyamid 6	0,01	4	2,4	0,77
Cellulose (Baumwoll-Linters)	2,8	5		
Polyethylenterephthalat	0,07	20	0,16	0,08
Polyvinylchlorid	0,63			
Polymethylmethacrylat	0,16	5		
Polytetrafluorethylen			0,1	–

Tabelle 8.3. Verhalten einiger Polymerer bei Einwirkung energiereicher Strahlung (nach [1, 4])

Überwiegend Vernetzung	Überwiegend Abbau
Polyethylen	Polyisobutylen
Polypropylen	Polymethylmethacrylat
Polyisopren	Polymethacrylsäure
Polybutadien	Polymethacrylamid
Polystyren	Poly-α-methacrylnitril
Polyethylenoxid	Poly-α-methylstyren
Polyacrylat	Polycarbonat
Polyacrylamid	Polytetrafluorethylen
Polyacrylnitril	Polytrifluorchlorethylen
Polyvinylalkohol	Polyvinylfluorid
Polyvinylacetat	Polyvinylidenchlorid
Polyamid	Polyvinylformaldehyd
Polyvinylpyrrolidon	Polyvinylbutyral
Polyurethan	Polyoxymethylen
Polychloropren	Thiokol
Polymethylvinylketon	Cellulose
Naturkautschuk	Cellulosederivate
Polysiloxan	Butylkautschuk
Polysulfon	
Phenol-Formaldehyd-Harz	
Harnstoff-Formaldehyd-Harz	
Melamin-Formaldehyd-Harz	
Butadien-Acrylnitril-Copolymer	
Butadien-Styren-Copolymer	
Styren-Acrylnitril-Copolymer	
Tetrafluorethylen-Hexafluorpropylen-Copolymer	

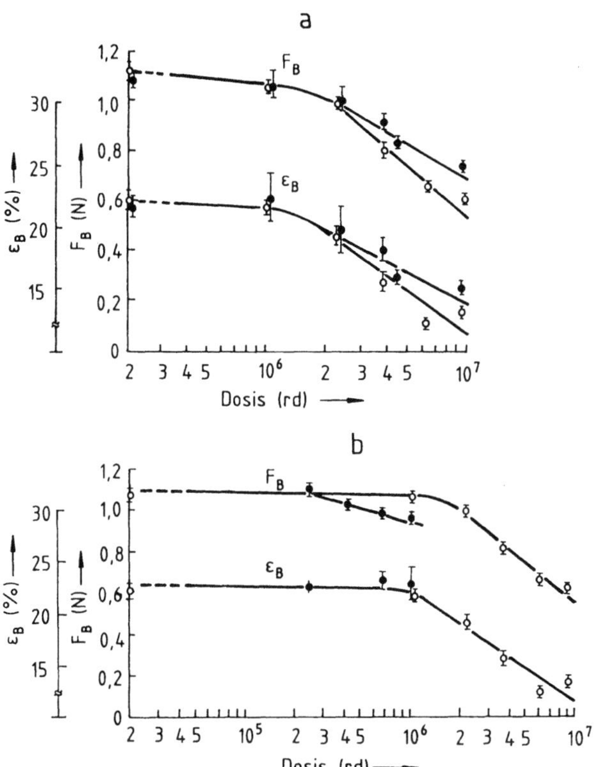

Abb. 8.2. Abhängigkeit der Bruchkraft F_B und der Bruchdehnung ε_B eines Polyamid 6-Filaments (verstreckt und gewaschen) von der Dosis – Einfluß von: **a** Zeitdauer nach der Bestrahlung (Dosisleistung $D_L = 17{,}4 \cdot 10^4$ rd/h); ● 3 Monate nach der Bestrahlung geprüft, ○ 24 Monate nach der Bestrahlung geprüft; **b** Dosisleistung D_L (24 Monate nach der Bestrahlung geprüft); ○ $D_L = 17{,}4 \cdot 10^4$ rd/h, ● $D_L = 1{,}9 \cdot 10^4$ rd/h

Polymeren. Das gilt jedoch nur bei hohen Dosisleistungen (d.h. bei Verwendung von Elektronenstrahlung). Bei Anwendung von Gammastrahlen (geringe Dosisleistung) hat der Luftsauerstoff die Möglichkeit, bereits während der Bestrahlung in das Polymer zu diffundieren und dort die gebildeten freien Radikale zu blockieren und damit eine Vernetzung zu verhindern.

Abbau des Polyamids tritt etwa ab einer Energiedosis von 10 kGy auf, was in einer deutlichen Abnahme von Bruchkraft und -dehnung zum Ausdruck kommt (Abb. 8.2). Bis zu einer Energiedosis von etwa 20 kGy sind keine statistisch gesicherten Unterschiede zwischen den Ergebnissen des nach 3 bzw. 24 Monaten nach der Bestrahlung durchgeführten Zugversuches zu verzeichnen (Abb. 8.2a). Erst oberhalb dieser Dosis unterscheiden sich Bruchkraft und -dehnung der unterschiedlich lange nach der Bestrahlung gelagerten Proben und zwar um so mehr, je größer die Gesamtdosis war. Diese Tatsache ist darauf zurückzuführen, daß die durch die Bestrahlung entstehenden Primärradikale eine sehr lange Lebensdauer haben (viele Monate) und während der Lagerung weiterhin mit dem Luftsauerstoff reagieren können. Außerdem ist auf Grund des Sauerstoffeinflusses die Abnahme der Bruchkraft bei einer bestimmten Dosis bei geringer Dosisleistung größer als bei höherer Dosisleistung (Abb. 8.2b).

In die Radikalchemie kann zusätzlich dadurch eingegriffen werden, daß man das bestrahlte (radikalisierte) Polymer mit einer (polymerisationsfähigen) monomeren Substanz in Kontakt bringt, wodurch ein „Aufpolymerisieren" (*Pfropfen*) einer Polymerkette auf die Ausgangspolymermatrix erfolgt. Dadurch ist es möglich, die Eigenschaften des Grundpolymers in weiten Grenzen zu variieren.

8.3 Eigenschaftsbeeinflussung von textilen Faserstoffen und Textilien durch strahlenchemisch initiierte Pfropfung

Die strahlenchemisch initiierte Pfropfpolymerisation kann nach zwei unterschiedlichen Techniken, nämlich Simultan- und Vorbestrahlungsmethode, erfolgen. Bei der *Simultanmethode* wird der polymere Ausgangswerkstoff zunächst mit dem Monomeren „beladen" (z.B. durch Quellen in einer wäßrigen Monomerlösung), anschließend wird das derart vorbehandelte Polymer bestrahlt. Bei der *Vorbestrahlungsmethode* wird der polymere Werkstoff zunächst mittels Elektronenstrahlung bestrahlt und anschließend mit der meist in flüssiger Phase vorliegenden monomeren Substanz behandelt. Eine Sonderform der Vorbestrahlungsmethode arbeitet mit Peroxiden als Zwischenstufe, die bei Anwesenheit von Luftsauerstoff über den folgenden Reaktionszyklus gebildet werden können:

$$R^1\cdot + O_2 \qquad\qquad \rightarrow R^1 - O - O\cdot, \qquad\qquad (8.6)$$

$$R^1 - O - O\cdot + R^2 H \rightarrow R^2\cdot + R^1 - O - O - H, \qquad (8.7)$$

$$R^2\cdot + O_2 \qquad\qquad \rightarrow R^2 - O - O\cdot, \qquad\qquad (8.8)$$

$$R^2 - O - O\cdot + R^1\cdot \rightarrow R^2 - O - O - R^1. \qquad\qquad (8.9)$$

Durch thermische Spaltung der auf diese Weise gebildeten makromolekularen Peroxide kann über die entstehenden Alkoxyradikale eine Pfropfung ausgelöst werden, wenn das Polymere in geeigneter Weise mit einer monomeren Substanz zusammengebracht wird. Diese Verfahrensweise hat gegenüber der Vorbestrahlungsmethode, bei der auf Primärradikale gepropft wird, den besonderen Vorzug, daß Bestrahlungs- und Pfropfprozeß räumlich und zeitlich voneinander getrennt werden können. Sie ist u.a. beim Pfropfen von Acrylsäure auf Polyesterfasern möglich.

Grundsätzlich kann in Abhängigkeit von den Modifizierungsbedingungen (Faser-/Materialdicke, Diffusionsgeschwindigkeit, Dosisleistung, Sauerstoffan- oder -abwesenheit während der Bestrahlung, Simultan- oder Vorbestrah-

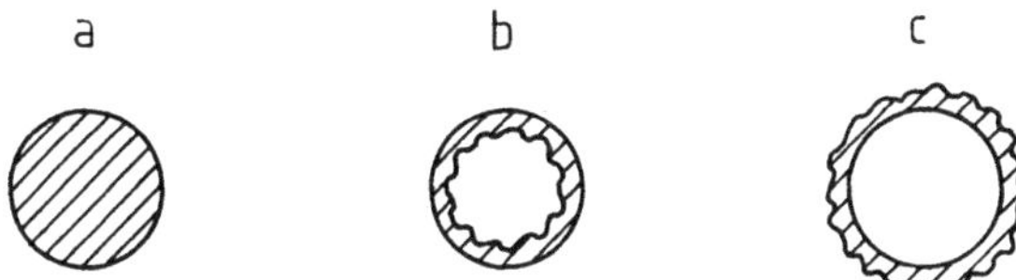

Abb. 8.3. Mögliche Verteilungen der monomeren Substanz im oder auf dem Grundpolymer. **a** Homogene Verteilung des Monomers über den gesamten Querschnitt; Beispiel: Grundpolymer – Polyamid, Monomer – Acrylamid, Acrylsäure; **b** Monomer in der Randzone des Grundpolymers (Kern-Mantel-Effekt); Beispiel: Grundpolymer – Polyamid, Monomer – Styren; **c** Ummantelung des Grundpolymers durch die vernetzte Modifizierungssubstanz, Beispiel: Grundpolymer – Polyester, Modifizierungssubstanz – Polyethylenglykolacrylat

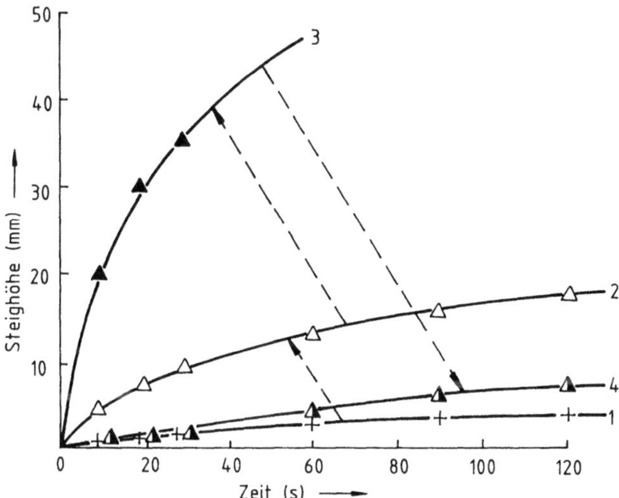

Abb. 8.4. Feuchtetransport eines mit Acrylsäure gepfropften textilen Flächengebildes aus Polyesterfilamentgarn; _1_ Ausgangsmaterial, _2_ gepfropft, _3_ gepfropft, mit Na^+ umgesetzt, _4_ dsgl. nach Wäsche in hartem Wasser

lungsmethode) die modifizierende Substanz (Monomer bzw. Oligomer) auf bzw. in der Faser unterschiedlich lokalisiert werden (Abb. 8.3).

Die vorwiegend in den 70er Jahren durchgeführten Forschungsarbeiten [5–11] zur strahlenchemischen Modifizierung von Fasern und Textilien bezogen sich vorwiegend auf synthetische Polymere (Polyamid, Polyethylenterephthalat, Polyacrylnitril), weil diese für bestimmte Einsatzzwecke sowohl auf dem Bekleidungssektor als auch bei technischen Textilien bestimmter zusätzlicher Eigenschaften bedürfen, die die Ausgangspolymere nicht aufweisen; diese sind insbesondere

– Färbbarkeit mit bestimmten Farbstofftypen,
– Hydrophilie (Abb. 8.4),
– Hydrophobie,

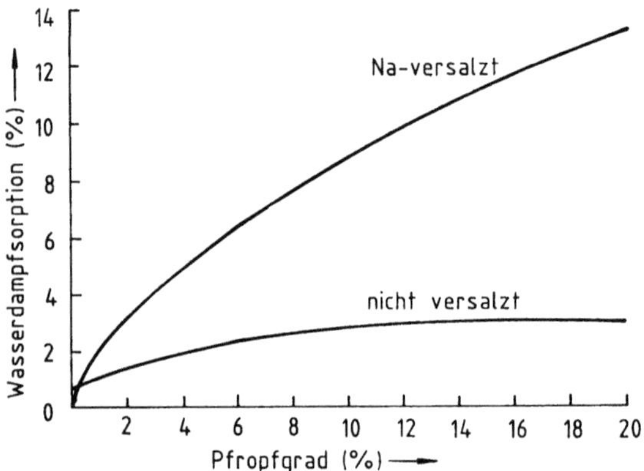

Abb. 8.5. Wasserdampfsorption bei 20 °C und 65% r. L. von mit Acrylsäure gepfropften Polyacrylfasern [16]

- Hygroskopizität (Abb. 8.5),
- antistatisches Verhalten (s. Abb. 9.11)
- Soil-Release-Verhalten,
- Beständigkeit gegen Mikroorganismen,
- Knitterarmut,
- verminderte Brennbarkeit,
- Ionenaustausch.

Die gute Zugänglichkeit der Polyamidmatrix für das Monomer bedingt nicht nur eine gute Pfropfbarkeit, sondern in Verbindung damit eine Strukturauflockerung und Desorientierung der Makromoleküle, was letztlich zu Schrumpf in Fadenlängsrichtung führt. Bei textilen Flächengebilden resultiert daraus ein Flächenschrumpf und eine Verdichtung des Flächengebildes. Dieser Flächenschrumpf (Abb. 8.6) kann gezielt für ein originelles Verfahren zur Strukturierung von glatten, hochproduktiv hergestellten Flächengebilden aus Polyamidfilamentgarnen (Gewebe, Gewirke, Gestricke) benutzt werden [12–15]. Dieses Verfahren zur strahlenchemischen *Partialmodifizierung* besteht in einer auf ausgewählte Bereiche des textilen Flächengebildes begrenzten strahlenchemisch initiierten Propfcopolymerisation – z. B. von Polyamid 6 mittels Acrylamid –, was zu folgenden permanenten Effekten führt:
- partieller Schrumpf des textilen Flächengebildes in den gepfropften Bereichen, wodurch das Flächengebilde eine reliefartige Gestalt annimmt (Flächenstruktur),
- die Strukturbeeinflussung der gepfropften Bereiche verändert das Färbeverhalten, was zu Farbmusterungen genutzt werden kann,
- durch das Pfropfen von Acrylamid erhält man eine erhöhte Feuchteaufnahme, wodurch der Tragekomfort textiler Materialen erhöht wird.

Es ist jedoch zu betonen, daß der Optimierung der Verfahrensbedingungen (u. a. Energiedosis und Dosisleistung, Pfropfgrad) bei der strahlenchemischen

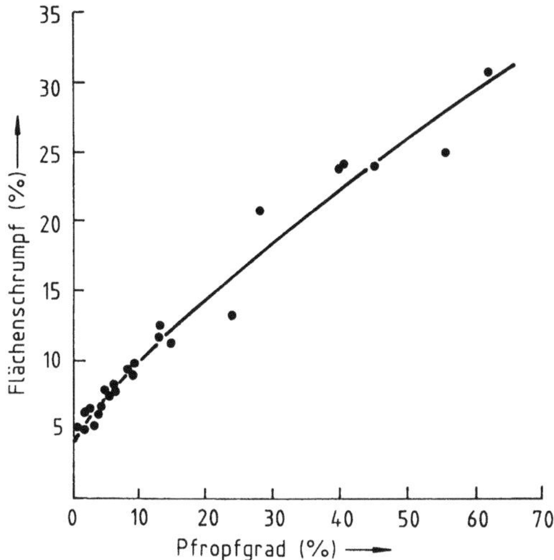

Abb. 8.6. Zusammenhang zwischen Flächenschrumpf und Pfropfgrad beim strahleninitiierten Pfropfen von Styren auf Gewebe aus Polyamid 6-Filamentgarn (*Dederon*) nach der Vorbestrahlungsmethode

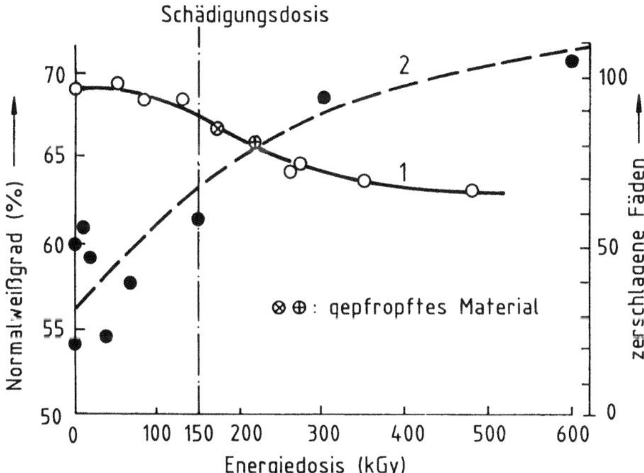

Abb. 8.7. Einfluß der Energiedisis auf den Weißgrad und die Verarbeitbarkeit (Anzahl der während der Verarbeitung zerschlagenen Fäden) von textilen Flächengebilden aus Polyesterfilamentgarn; *1* Normalweißgrad, *2* Anzahl der zerschlagenen Fäden

Modifizierung besondere Aufmerksamkeit geschenkt werden muß, weil sonst die angestrebten Eigenschaften mit *unerwünschten Begleiteffekten* verbunden sein können. So kann beispielsweise bereits die Bestrahlung den Weißgrad und die Verarbeitbarkeit negativ beeinflussen (Abb. 8.7). Wird aufgepfropfte Polyacrylsäure zum Erreichen von Hydrophilie und zur Verminderung der Neigung zu elektrostatischer Aufladung in das Na-acrylat umgewandelt, so ist die Permanenz der genannten Effekte gegenüber bestimmten Gebrauchsbela-

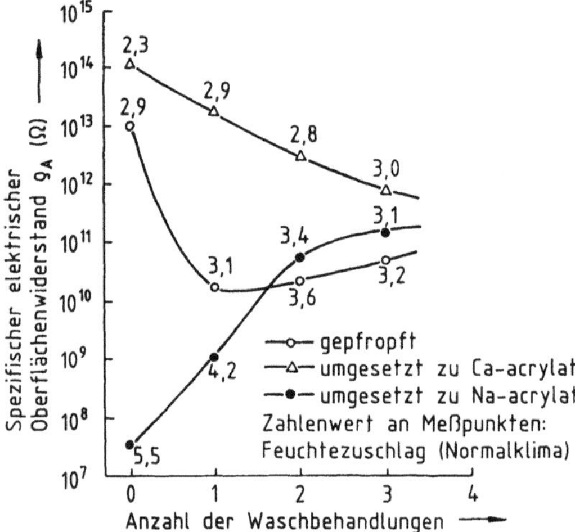

Abb. 8.8. Einfluß von Waschbehandlungen ($pH = 8{,}6$; 60 °C) auf den spezifischen elektrischen Oberflächenwiderstand eines mit Acrylsäure gepfropften textilen Flächengebildes aus Polyesterfilamentgarn

stungen (Waschbehandlungen in Wasser, welches Härtebildner enthält) auf Grund des möglichen Kationaustausches nur bedingt gewährleistet (Abb. 8.8). Schließlich kann bei hohem Pfropfgrad der Griff der textilen Flächengebilde steifer werden, was den Anwendungsumfang ggf. einschränken kann oder neue Anwendungen überhaupt erst möglich macht.

Auf dem Gebiet der Nutzanwendung strahlenchemischer Methoden zur Oberflächenmodifizierung von Polymeren ist im internationalen Maßstab ein bemerkenswertes Entwicklungstempo zu verzeichnen, das für bestimmte Einsatzvarianten (insbesondere Vernetzung der Polymeren sowie Beschichtung) durch jährliche Steigerungsraten bei großtechnisch realisierten Verfahren von 20 % und mehr gekennzeichnet ist. Hand in Hand geht dieser Trend mit bemerkenswerten Entwicklungen von Niederenergie-Elektronenbeschleunigern und geeigneten Auftragsanlagen sowie großen Aktivitäten der chemischen Industrie zur Schaffung spezieller Modifizierungsmittel. Letzteres hat mit bewirkt, daß verschiedene Autoren frühere Aufgaben bzw. Problemstellungen erneut aufgenommen haben. So führten Herlinger, Clauß und Einsele in den letzten Jahren interessante Arbeiten zur Textilveredlung über elektronenstrahlinduzierte Polymerisationsreaktionen durch und betonen, daß diese Technologie als energiesparend und schadstoffarm gelten kann [22]. Auf Basis neuer Modifizierungsmittel konnten sie vor allem an Polyester-, Polypropylen- und Baumwolltextilien neuartige Effekte und Erkenntnisse erzielen [18–20]. Aber noch immer ist das Problem der Materialversteifung bzw. -versprödung durch die ein- bzw. aufgelagerten und vernetzten Modifizierungsmittel nicht gelöst, besonders wenn zum Erreichen der gewünschten Effekte (z.B. Nichtbrennbarkeit) größere Mengen des Modifizierungsmittels erforderlich sind [21].

Literatur

1. Heger A, Dorschner H, Dunsch L et al. (1989) Technologie der Strahlenchemie von Polymeren, Carl Hanser, München
2. Heger A (1979) Beitrag zur Optimierung der Bestrahlungsparameter bei der strahlenchemischen Modifizierung polymerer Materialien unter Anwendung von Elektronenstrahlen, Dissertation Akademie der Wissenschaften der DDR
3. Gysling H (1985) Einwirkung energiereicher Strahlung, in: Batzer H (Hrsg) Polymere Werkstoffe, Georg Thieme, Stuttgart, S 558–561
4. Weber F (1957) Strahlungseffekte auf Textilien, Prakt. Chemie 8:174–175
5. Okoniewski P (1984) Stand und Entwicklungstendenzen der Modifizierung textiler Materialien, Formeln, Faserstoffe, Fertigware 8:1–15
6. Heger A (1973) Nutzungsmöglichkeiten strahlenchemischer Verfahren, insbesondere bei der Herstellung von Faserstoffen und in der Textilveredlung, Textiltechnik 23:655–656, 690–694
7. Heger A, Mäder E, Dorschner H (1979) Internationaler Stand und Entwicklungstendenzen bei der industriellen Nutzung strahlenchemischer Verfahren auf dem Polymergebiet, Textiltechnik 29:687–692
8. Heger A (1967) Die Strahlenchemie von Faserstoffen und Textilien in technischer und ökonomischer Sicht, Dt. Textiltechn. 17:307–318
9. Wetzler K, Reicherdt W, Heger A et al. (1982) Möglichkeiten der Modifizierung organischer hochpolymerer Werkstoffe mittels ionisierender Strahlung, Sitzung der Klasse Werkstoffwissenschaften der Akademie der Wissenschaften der DDR, 2. Dez 1982
10. Orechov V., Gomosova R., Korableva EV et al. (1974) Untersuchungen textiler Prozesse der kontinuierlichen strahlenchemischen Modifizierung textiler Materialien in wäßriger Phase, Symposium Strahlenchemische Pfropfpolymerisation, 2.–4. Sept 1974, Symp. Mat., S 8–16, Taschkent
11. Wanjuschkin B, Orechov V, Pismannik KD et al. (1974) Strahlenchemisches Verfahren zur kontinuierlichen Pfropfung von flächenförmigen Polymeren in wäßriger Phase mittels Elektronenbeschleuniger. Symposium Strahlenchemische Pfropfpolymerisation, 2.–4. Sept 1974, Symp. Mat., S 321–328, Taschkent
12. Bobeth W, Heger A, Päßler H et al. (1973) Die Anwendung von Elektronenbeschleunigern für die Modifizierung textiler Materialien, Faserforsch. u. Textiltechn. 24:412–417
13. Bobeth W, Heger A, Päßler H (1969) Verfahren zur Texturierung von Flächengebilden, insbesondere von textilen Flächengebilden, DD-PS 81 839. Anm. 1.8.69, Ausg. 12.5.71
14. Rätzsch M, Päßler H, Heger A (1985) Technological Aspects of Planar Structurizing on Woven and Knitted Fabrics by Localized Radiation Induced Grafting, Radiat. Phys. Chem. 25:461–464
15. Bobeth W, Heger A, Päßler H (1975) Neuere Ergebnisse bei der strahlenchemischen Modifizierung textiler Materialien, Melliand Textilber. 56:572–577
16. Ihme B, Stephan M (1972) Beitrag zur Modifizierung, insbesondere strahlenchemische Modifizierung, von Polyacrylnitrilfaserstoffen auf der Basis verbesserter Zugänglichkeit, Dissertation Technische Universität Dresden
17. Rexer E, Wuckel L (1965) Chemische Veränderungen von Stoffen durch energiereiche Strahlung, Deutscher Verlag für Grundstoffindustrie, Leipzig
18. Clauß B, Herlinger H (1988) Elektronenstrahlinduzierte Polymerisationsreaktionen in der Textilveredlung. 3. Mitteilung: Antielektrostatikausrüstung und Hydrophilierung von Polyestertextilien mit Polyethylenglykoldimethacrylaten, Text.-Prax.-Int. 43:270–277
19. Einsele U (1989) Elektronenstrahlinduzierte Polymerisationsreaktionen in der Textilveredlung. 6. Mitteilung: Modifizierung von PP-Fasern durch elektronenstrahlinduzierte Pfropfreaktionen, Text.-Pax.-Int. 44:1312–1316
20. Clauß B (1990) Elektronenstrahlinduzierte Polymerisationsreaktionen in der Textilveredlung. 7. Mitteilung: Elektronenstrahlinduzierte Binderverfestigung von Vliesen, Text.-Prax.-Int. 45:270–274

21. Einsele U (1991) Elektronenstrahlinduzierte Polymerisationsreaktionen in der Textilver-
    edlung. 8. Mitteilung: Strahlenchemische Veredlung von Baumwolle, Melliand Textilber.
    72:440–446
22. Herlinger H, Einsele U (1988) Anwendung von Elektronenbeschleunigern in der
    Textilveredlung, eine energiesparende und schadstoffarme Technologie, Text.-Prax.-Int.
    43:1199

9 Elektrische Eigenschaften

Die zur Verfügung stehenden Fasern reichen in ihren elektrischen Eigenschaften vom Nichtleiter (Isolator) über den Halbleiter bis zum elektrischen Leiter, wobei diese Eigenschaften einerseits durch die chemische Zusammensetzung vorgegeben sind oder andererseits zum Teil durch Ein- oder Auflagerungen von Modifizierungsmitteln gezielt eingestellt werden können. Verarbeiter und Nutzer der Fasern interessieren vor allem deren Verhalten im elektrostatischen Feld, deren elektrische Leitfähigkeit und deren elektrostatische Aufladung bei der Verarbeitung und im Gebrauch. Allerdings ist dabei zu beachten, daß die elektrischen Eigenschaften der Fasern beeinflußt sein können durch
- das Umfeld (Temperatur, Feuchte, Strahlung usw.),
- Begleitsubstanzen (Präparationen, Avivagen, Veredlungssubstanzen u.a.),
- Verunreinigungen (Staub der Luft, Salze im Wasser),
- Kontaktpartner (Transport- bzw. Leitelemente, Lagerflächen, Verpakkungsmaterial u.a.).

Die wissenschaftliche Durchdringung des elektrischen Verhaltens der Werkstoffe ist zwar weit vorangekommen und hat die außerordentlich große Differenziertheit auch hinsichtlich der Fasern erkennen lassen, doch sind noch zahlreiche offene Probleme vorhanden. Ein tieferes Eindringen in dieses Gebiet ist nur an Hand der Spezialliteratur möglich. Im folgenden wird lediglich auf die derzeit für den Textiltechnologen wichtigen Zusammenhänge und Eigenschaften näher eingegangen.

9.1 Dielektrisches Verhalten

Das dielektrische Verhalten wenig oder praktisch nichtleitender Stoffe hat in wissenschaftlicher Hinsicht (z.B. Strukturaufklärung) und bei technisch/technologischer Nutzung (z.B. Kondensatorkapazitäten, Werkstoffprüfung, dielektrische Trocknung) grundsätzliche Bedeutung [1, 2]. Neben z.B. Gläsern, Keramiken, Asbesten, vielen Salzen und Oxiden sowie Wasser und Luft gehören auch Polymere und daraus hergestellte Fasern zu den Dielektrika.

Das dielektrische Verhalten derartiger Stoffe wird durch den spezifischen elektrischen Widerstand, die Dielektrizitätskonstante und den Verlustwinkel

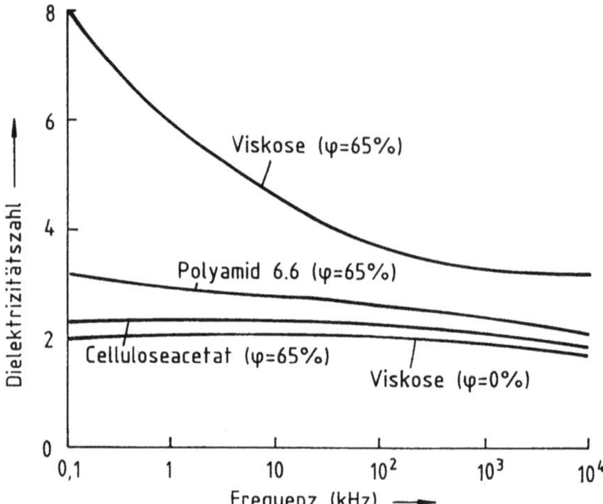

Abb. 9.1. Änderung der Dielektrizitätszahl verschiedener Fasern mit der Frequenz des angelegten Wechselstromes (nach [3])

charakterisiert. Die Kapazität eines Kondensators beträgt in Luft (eigentlich Vakuum) $C_0 = Q_0/U$ und bei Anwesenheit eines beliebigen Dielektrikums $C = Q/U$. Bei Anlegen eines elektrischen Feldes (Gleich- oder Wechselstrom) ergibt sich aus dem Verhältnis der Kapazitäten C/C_0 bzw. der zugehörigen Ladungsmengen Q/Q_0 die *Dielektrizitätszahl* ε_r (häufig nur mit ε gekennzeichnet [7]). Dabei kommt es im Dielektrikum zum Aufbau eines Gegenfeldes infolge Parallelausrichtung bereits vorhandener Dipole zu den Feldlinien (temperaturabhängige "Orientierungspolarisation") bzw. zur Entstehung neuer Dipole ("induzierte Dipole") durch Verschiebung des positiven und negativen Ladungsschwerpunktes in elektrisch neutralen Molekülen (temperaturunabhängige "Verschiebungspolarisation").

Wird Wechselstrom angewendet, dann müssen die Dipole analog zu den Feldschwingungen jeweils Gegenfelder aufbauen, wobei es infolge der laufenden Umpolung zu innerer Reibung kommt und erregende und erregte Schwingung gegeneinander in Phasenverschiebung geraten. Die hierbei verbrauchte Energie wird dem elektrischen Feld entzogen und setzt sich in Wärme um ("dielektrische Verluste"). Wechselstrom und Wechselspannung sind somit um $90°\text{-}\delta$ gegeneinander phasenverschoben, wobei δ der Verlustwinkel ist und $\tan \delta$ (Verlustfaktor) die Güte eines Dielektrikums charakterisiert.

Daß sich Dielektrizitätszahlen mit der *Frequenz* verändern, insbesondere bei Feuchteanwesenheit, zeigt Abb. 9.1. Bei sehr hohen Frequenzen, wenn die Dipole den schnellen Umpolungen nicht mehr entsprechen können und zum Stillstand kommen, ergibt sich auf Grund ihrer dann ungeordneten Lage eine

---

[7] Dielektrizitätskonstante $\varepsilon = \varepsilon_r \cdot \varepsilon_0$, wobei ε_r die Dielektrizitätszahl ($\varepsilon_r > 1$, für Vakuum $\varepsilon_r = 1$) und ε_0 die Dielektrizitätskonstante des Vakuums ($\varepsilon_0 = 8{,}854 \cdot 10^{-12}\,\text{F} \cdot \text{m}^{-1}$) bzw. die elektrische Feldkonstante (auch Influenzkonstante genannt) darstellen.

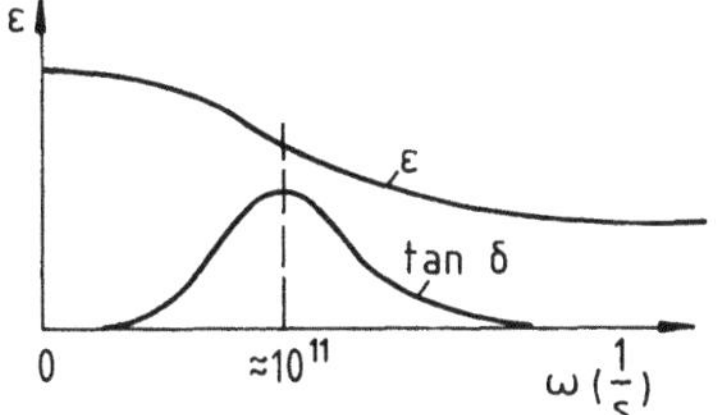

Abb. 9.2. Schematischer Verlauf der Dielektrizitätszahl ε und des Verlustfaktors $\tan\delta$ als Funktion der Frequenz ω (nach [1])

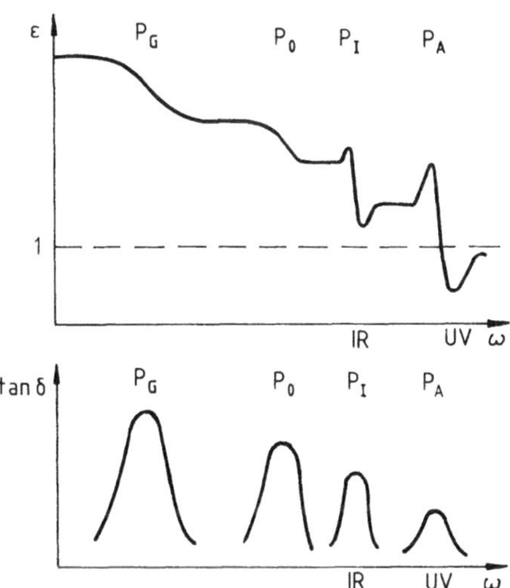

Abb. 9.3. Schematische Darstellung der Anteile der Polarisationsmechanismen an der Gesamtheit der Polarisation in Abhängigkeit von der Frequenz ω (nach [1]); P_G Grenzflächenpolarisation, P_O Orientierungspolarisation, P_I Ionenpolarisation, P_A Atompolarisation, IR Infrarotgebiet, UV Ultraviolettgebiet

niedrige Dielektrizitätszahl. In Verbindung damit sinkt der Verlustfaktor $\tan\delta$ nach Durchlaufen eines Maximums (hohe Energiesorption infolge Schwingungen im Resonanzbereich) auf Null ab (Abb. 9.2). Auf Grund unterschiedlicher Polarisationszustände treten im Frequenzbereich bis zum UV-Licht mehrere Resonanzzonen – verknüpft mit starkem Abfall der Dielektrizitätszahl – auf (Abb. 9.3).

Dielektrische Erwärmung, die mit Frequenzsteigerung zunimmt (so lange, wie die Dipole den Umpolungen noch nachkommen können, d.h. bis zum Maximum von $\tan\delta$), ist als Energieverlust meist unerwünscht. Nur im Falle der Trocknung dafür geeigneter dielektrischer Materialien (d.h. gegenüber Wasser deutlich niedrigerer Verlustfaktor bei der Hochfrequenztrocknung z.B. mit 27,12 MHz) wird die dielektrische Erwärmung des Wassers ausgenutzt. Die Vorteile werden in der Energiekosteneinsparung, im geringen Platzbedarf der Anlagen und vor allem in der sehr hohen Trocknungsgeschwindigkeit gesehen. Während bei konventioneller Trocknung auf dielektrische Materialien nur $0,01\,\text{W}\cdot\text{cm}^{-3}$ übertragbar sind, erreicht man bei Nutzung der Hochfrequenzenergie meist $0,2-5\,\text{W}\cdot\text{cm}^{-3}$ und mehr. Maßgebend für die Anwendung der Hochfrequenztrocknung an Textilien ist vor allem die Erzielung einer recht

Tabelle 9.1. Dielektrizitätszahlen für Fasern und weitere gebräuchliche Dielektrika

Material	ε	kHz	Ergänzungen	Literatur
Luft (0 °C)	1,00059			[38]
Wasser (18 °C)	81,1			
Baumwolle	18[a]	1	3,2 (0% r.L.) 7,1 (45% r.L.)	[8]
Baumwolle	5	1500		[40]
Viskose	8,4[a]	1	3,6 (0% r.L.) 5,4 (45% r.L.)	[8]
Acetat	3,5[a]	1	2,6 (0% r.L.) 3,0 (45% r.L.)	[8]
Wolle	5,5[a]	1	2,7 (0% r.L.) 3,5 (45% r.L.)	[8]
Polyamid 6.6	3,7[a]	1	2,5 (0% r.L.) 2,9 (45% r.L.)	[8]
Polyamid 6, 6.6	3,8–4,3	0,05		[39]
Polyamid 6, 6.6	3,4–3,8	1000		[39]
Polyimid	3,6	0,06		[39]
Polyacryl (*Orlon*)	4,2[a]	1	2,8 (0% r.L.) 3,3 (45% r.L.)	[8]
Polyester (*Dacron*)	2,3[a]	1	2,3 (0% r.L.) 2,3 (45% r.L.)	[8]
Polyvinylidenchlorid (*Saran*)	2,9[a]	1	2,9 (0% r.L.) 2,9 (45% r.L.)	[8]
Polypropylen	2,38		bei Querlage zu den Kraftlinien 2,0	[6]
Fluoro	2,00		bei Querlage zu den Kraftlinien 1,73	[6]
Polyacryl (*Nitron*)	4,53		bei Querlage zu den Kraftlinien 3,17	[6]
Polystyren	2–3	1500		[40]
Polyvinylchlorid	3,3–3,8			[38]
Glasseide	4,4[a]	1	3,7 (0% r.L.) 3,7 (45% r.L.)	[8]
E-Glasseide	6,1	1000		[12]
A-Glasseide	6,5	1000		[12]
D-Glasseide	3,9	1000	für hochfrequenztechn. Einsatz	[12]
Glas	2–16	1500		[38]
Gummi, roh	3,0	0,8		[40]
Porzellan	6	1500		[40]
Phenolpreßharz + Asbest	10	0,8		[41]
Phenolpreßharz + Textilfasern	8	0,8		[41]
Phenolpreßharz ohne Füllung	5	0,8		[41]
Keramische Spezialmassen	$\leqq 5000$			[38]

[a] Bei 65% relativer Luftfeuchte

gleichmäßigen Restfeuchteverteilung auch bei großen Materialdicken (Färbe-spulen, Fadenstränge, Stofflagen usw.) und ungleichmäßiger Ausgangsfeuch-teverteilung [4, 5].

Eine exakte Bestimmung der Dielektrizitätszahl am Faser-Grundmaterial ist normalerweise nicht möglich, da sich dieses in Mischung mit aufgenommener Luftfeuchte und Luft befindet, wozu noch Begleitsubstanzen und Verunreini-gungen kommen können. Tabelle 9.1 enthält für den praktischen Gebrauch bzw. für Vergleichszwecke Dielektrizitätszahlen für einige Faserarten, weitere gebräuchliche Dielektrika sowie Luft (Vakuum = 1) und Wasser, die sich etwa folgendermaßen ordnen lassen [4, 6]:

1. Niedrigste ε-Werte weisen Fasern auf, die unpolar sind und deren Moleküle einen völlig symmetrischen Aufbau sowie geringe dielektrische Verluste und eine nur schwache Abhängigkeit von der Frequenz haben. Die elektrische Polarisation bewirkt hauptsächlich eine Änderung der Elektronen- und Atomstruktur. Hierzu gehören Polyethylen, Polytetrafluorethylen, Quarzglas u. a.
2. Relativ niedrige ε-Werte liegen vor, wenn nur C- und H-Atome am Molekülkettenaufbau beteiligt sind. Hierzu gehören Polystyren, Polyisopren und Polybutadien, bei denen zwischen Dielektrizitätszahl und optischem Brechungsindex n die Beziehung $\varepsilon = n^2$ besteht.
3. Die ε-Werte liegen oberhalb 2,5, wenn in die Moleküle noch Sauerstoff, Stickstoff oder Halogene eingebaut sind oder ein merklicher Feuchteanteil hinzukommt. Es handelt sich dann hauptsächlich um Fasern mit konstantem Dipolmoment, bei denen eine dielektrische Dispersion auftritt, d. h. es besteht eine Frequenzabhängigkeit der Dielektrizitätszahl. Hierzu gehören Polyamid, Wolle, Baumwolle, Celluloseregeneratfasern, Polyvinylchlorid, Phenoplaste, A- und E-Glas u. a.
4. Extrem hohe ε-Werte (z. B. zur Erreichung hoher Kondensatorkapazitäten gemäß $C = \varepsilon \cdot C_0$ lassen sich mit speziellen keramischen Werkstoffen erhalten, wobei die Dielektrizitätszahl des Wassers erreicht bzw. beträchtlich überschritten wird.

Der hohe ε-Wert für Wasser infolge des starken Dipolcharakters macht verständlich, warum der ε-Wert von hygroskopischen Fasern vom Feuchteanteil abhängig ist (Abb. 9.4). Auf Grund der sehr unterschiedlichen ε-Werte von trockenen Faserstoffen und Wasser ist es möglich, *kapazitive Feuchtebestimmungen* an Textilien durchzuführen, wenn zuvor eine Eichung des kapazitiven Meßgerätes vorgenommen wurde.

Mit Kondensatoren arbeiten auch *Gleichmäßigkeitsprüfverfahren* an laufenden Fäden bzw. Flächengebilden, wobei Masseschwankungen der Meßprobe (als Dielektrikum) analoge Kapazitätsschwankungen am Prüfgerät bewirken. Das setzt allerdings konstante Temperatur und Luftfeuchte (Normalklima) und konstante Frequenz des Wechselstromes während der Prüfung voraus.

Das polarisierte Dielektrikum erreicht nach Abschalten des elektrischen Feldes nicht sofort den Ausgangszustand, sondern klingt hinsichtlich der Dipolumlagerung infolge *Relaxation* temperaturabhängig nach einem Exponentialgesetz ab. Dabei besteht Analogie zur mechanischen Relaxation.

An Besonderheiten der Fasern ist noch zu erwähnen, daß diese längs und quer zur Faserachse unterschiedliche Dielektrizitätszahlen aufweisen, falls eine merkliche *Strukturanisotropie* (meist infolge Reckung) vorliegt. Die an Chemiefasern längs gemessenen Werte können maximal 1,5fach größer als die quer zur Faserachse gemessenen sein (in [6]). Balls [9] ermittelte an Baumwolle $\varepsilon = 6$ (längs) bzw. $\varepsilon = 3$ (quer). An Wolle wurde festgestellt, daß in deren verschiedenen Schichten die Dielektrizitätszahlen in Verbindung mit der Feuchteeinwir-

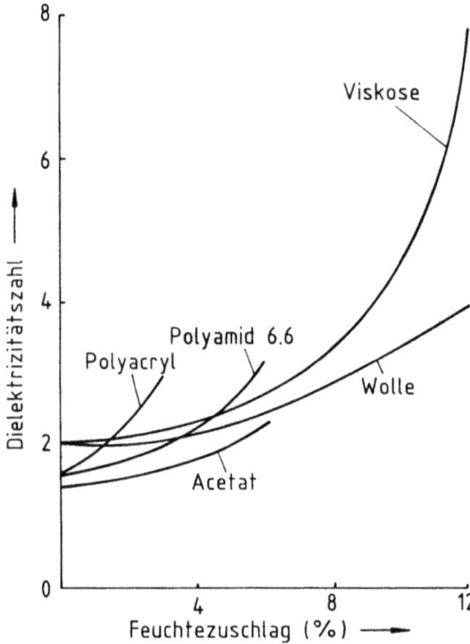

Abb. 9.4. Änderung der Dielektrizitätszahl verschiedener Fasern mit steigendem Feuchtezuschlag (nach [3])

kung unterschiedlich sein können. Für den praktischen Gebrauch wird ein über den Querschnitt integrierter ε-Wert angewendet [6, 10].

9.2 Widerstand bzw. Leitfähigkeit

Bekanntlich ergibt sich der elektrische Widerstand $R(\Omega)$ aus dem Verhältnis von elektrischer Spannung $U(\mathrm{V})$ zu Stromstärke $I(\mathrm{A})$

$$R = \frac{U}{I} \tag{9.1}$$

Der Kehrwert $G = 1/R$ ist der elektrische Leitwert und wird in Siemens ($\mathrm{S} = \Omega^{-1}$) angegeben.

Der spezifische elektrische Widerstand ϱ ist eine Materialkonstante und ergibt sich unter Berücksichtigung der Querschnittsfläche A (m^2) und der Länge l (m) des Leiters aus dem Verhältnis $\varrho = R \cdot A/l$ und wird in Ohm-meter ($\Omega \cdot \mathrm{m}$) angegeben (aus $\Omega \cdot \mathrm{m}^2 \cdot \mathrm{m}^{-1}$).

Der Kehrwert $\gamma = 1/\varrho$ ist die elektrische Leitfähigkeit ($\mathrm{S} \cdot \mathrm{m}^{-1}$).

In Metallen sind freie oder locker gebundene Elektronen die Ladungsträger (*Elektronenleitung*). Die Energien der Elektronen, die freie Beweglichkeit haben, bilden beim Bändermodell das Leitungsband – im Gegensatz zum Valenzband (Energien der Valenzelektronen im Gitterverband). Die Leitfähigkeit beruht auf der Streuung der Elektronen an schwingenden Gitterbausteinen und nimmt mit steigender Temperatur ab [13].

In Flüssigkeiten und in festen Salzen, die typische Ionenverbindungen darstellen, sind Ionen die Ladungsträger (*Ionenleitung*). Die wandernden Ionen besetzen Fehlstellen im Gitter (Ionendefektleitung); überschüssige Ionen finden sich an Zwischengitterplätzen wieder (Ionenüberschußleitung). Die Ionenleitung nimmt mit steigender Temperatur zu [7].

Bei Halbleitern liegt zwischen dem Valenz- und dem Leitungsband ein Energiebereich, der erst durch Energiezufuhr (Wärme, Licht) von den Ladungsträgern – Elektronen und Ionen – überwunden werden kann. Folglich werden Halbleiter mit steigender Temperatur leitfähiger. Halbleiter sind bei tiefen Temperaturen Isolatoren, bei hohen Temperaturen metallisch leitend. Die Leitfähigkeit der Halbleiter ist darüber hinaus stark von der Dotierung (Anwesenheit von Fremdatomen), Strahlungseinwirkung, mechanischen Beanspruchung und umgebenden Atmosphäre abhängig.

Bei Polymeren sind Elektronen und Ionen (in Zuschlagstoffen, Verunreinigungen, Abbauprodukten bzw. ionare Eigenleitung) für den Ladungstransport verantwortlich. Nach Hänsel [14] ist eine Eigenleitung entsprechend dem für den kristallinen Festkörper entwickelten Bändermodell auszuschließen. Vielmehr ist der "Ladungstransport in polymeren Festkörpern in Form eines phononenassistierten Hopping-Prozesses über lokalisierte Zentren" (chemische und physikalische Defekte der Polymerkette) nächster Nachbarn zu interpretieren. Somit stehen Kettenverzweigungen (Raumladungszentren), Elektronenaffinität der Polymerkette (Haftstellen), Fehlordnungen in der übermolekularen Struktur (z. B. Verschlaufungen), Faltungen, Verzweigungen, Kettenenden mit der elektrischen Leitfähigkeit in polymeren Festkörpern in unmittelbarem Zusammenhang [14].

Die als Isolatoren, Halbleiter und Leiter zur Verfügung stehenden Werkstoffe lassen sich hinsichtlich ihrer *Leitfähigkeit* etwa 24 Größenordnungen zuordnen. Wegner [13] hat diesen Werkstoffen in Abb. 9.5 dotiertes Polyacetylen gegenübergestellt, das in seinen elektrischen Eigenschaften mit zunehmender Menge an Dotanten (Dotierungsmitteln), z.B. J_2, JBr, Br_2, AsF_5, Na_2, $AgBF_4$, $AgClO_4$, $(FSO_2O-)_2$, vom Isolator bis zum Leiter gewandelt werden kann. Allerdings handelt es sich hier um erste Ergebnisse einer Substanzklasse; es wird derzeit intensiv erforscht, ob auch andere Substanzklassen befriedigend in ihren elektrischen Eigenschaften verändert werden können und ob eine hinreichende Theorie hierfür entwickelt werden kann.

Grundsätzlich hängt die elektrische Leitfähigkeit von der Anzahl der Ladungsträger n, der Ladungsgröße q und der Beweglichkeit der Ladungsträger μ_i folgendermaßen ab

$$\gamma = \sum q_i \cdot n_i \cdot \mu_i \,. \tag{9.2}$$

Die Ladung eines Elektrons beträgt $\bar{e} = -1{,}6 \cdot 10^{-19}\,\text{A} \cdot \text{s}$ (Elementarladung), die der Ionen das Ein- bzw. Vielfache.

Die Beweglichkeit der Ionen in reinen hochmolekularen Stoffen ist immer dann gering, wenn die Messungen unterhalb der Einfriertemperatur erfolgen, da dann eine hohe Viskosität (etwa 10^{13} P) vorliegt. Sinkt die Viskosität mit steigender Temperatur, dann erhöht sich die Ionenbeweglichkeit und die elektrische Leitfähigkeit steigt an [2]. Der Knickpunkt in der Abhängigkeit der elektrischen Leitfähigkeit von der Temperatur bei T_g kann zur Bestimmung der

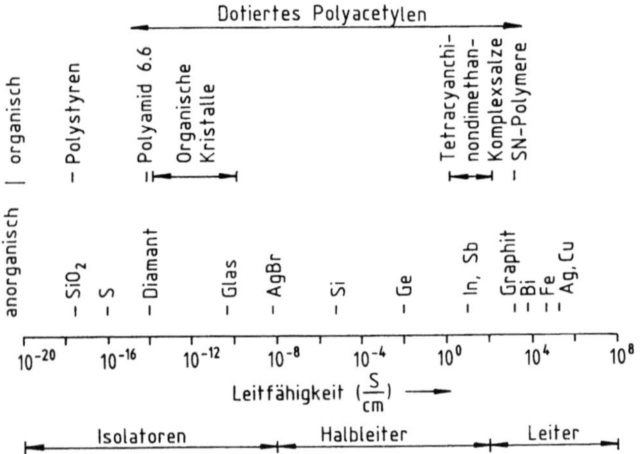

Abb. 9.5. Leitfähigkeit einiger typischer Substanzklassen (nach [13])

Einfriertemperatur genutzt werden. Die entsprechende Erniedrigung des elektrischen Widerstands geht aus Abb. 9.6 hervor.

In Ionenkristallen ist die Ionenbeweglichkeit μ_i – wie bereits angedeutet – eng mit dem Diffusionsgesetz

$$\mu_i = \frac{q \cdot D}{k \cdot T} \tag{9.3}$$

q Ladung
D Diffusionskoeffizient
k Boltzmann-Konstante
T Temperatur (K)

verknüpft [7]. Bei keramischen Werkstoffen, die für elektrische Isolierungen verwendet werden, sinkt deshalb mit steigender Temperatur die Isolierfähigkeit rasch ab. Das gilt auch für Gläser bzw. Glasfasern, deren Ionenleitung oberhalb der Einfriertemperatur T_g schließlich so zunimmt, daß beispielsweise die Platindüsenschmelzwannen für die Glasfadenerzeugung über Widerstandsheizung mittels in die Glasschmelze eingeführter Molybdänelektroden (2 V, 4000–6000 A) beheizt werden können (1100–1500 °C) [11]. Bezüglich der erforderlichen Schmelztemperatur besteht Abhängigkeit von der Glaszusammensetzung, indem z. B. bereits geringe Mengen Na-Ionen im Kieselglas dieses "weicher", d.h. bei niedrigen Temperaturen schmelzbar, machen. Wegen der leichten Beweglichkeit der Na-Ionen innerhalb der Netzwerkstruktur kommt es zu einer Vergrößerung der elektrischen Leitfähigkeit und damit zur Verminderung der elektrischen *Isoliereigenschaften*. Deshalb ist für elektrotechnische Zwecke Glasseide nur mit weniger als 1 % Alkalioxid-Anteil geeignet ("E-Glasseide" – Aluminium-Bor-Silicat-Glas). Alkali-Kalk-Glas mit oder ohne Borzusatz und einem Alkalioxidgehalt von über 1 % bis zu etwa 15 % liefert die "A-Glasseiden" bzw. "C-Glasseiden" (mit erhöhtem Borzusatz – besondere chemische Widerstandsfähigkeit!), deren spezifischen Widerstän-

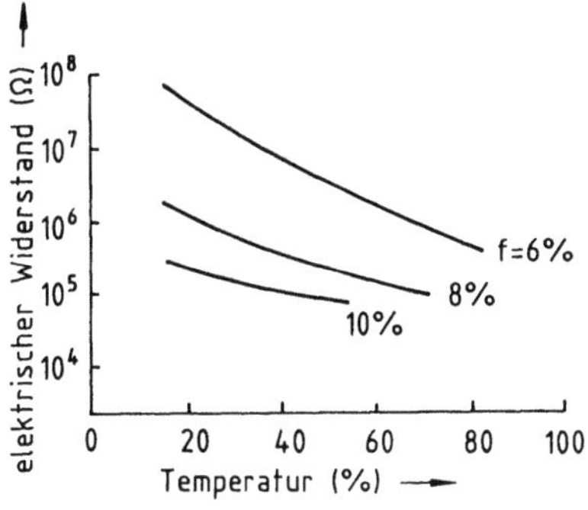

Abb. 9.6. Änderung des elektrischen Widerstandes von Baumwolle in Abhängigkeit von der Temperatur, Parameter: Feuchteanteil f (nach [3])

Tabelle 9.2. Einfluß von Temperatur und Luftfeuchte auf den spezifischen elektrischen Widerstand verschiedener Glasseiden [12]

Umgebungsbedingungen	spezifischer Widerstand $\Omega \cdot cm$	
	E-Glasseide	A-Glasseide
bei 20 °C	10^{15}	10^{12}
bei 250 °C	10^{13}	10^{10}
bei 20 % r. L.	$2 \ \cdot 10^{15}$	$4 \ \cdot 10^{12}$
bei 40 % r. L.	$6 \ \cdot 10^{14}$	$1,8 \cdot 10^{12}$
bei 60 % r. L.	$7 \ \cdot 10^{12}$	$7,5 \cdot 10^{11}$
bei 80 % r. L.	$9 \ \cdot 10^{12}$	$9,8 \cdot 10^{10}$
bei 100 % r. L.	$3,4 \cdot 10^{11}$	$2,8 \cdot 10^{9}$

de um Größenordnungen kleiner als die der E-Glasseide sind. Der Tabelle 9.2 ist der Einfluß von Temperatur und Luftfeuchte auf die spezifischen Widerstände typischer Glasseiden zu entnehmen [4].

Für den praktischen Gebrauch sind in Tab. 9.3 die *spezifischen elektrischen Widerstände* der gebräuchlichen Fasern zusammengestellt, wobei auch Metalle berücksichtigt sind. Teilweise wurde der Bezug zur Feuchteaufnahme und zur Dielektrizitätszahl hergestellt. Bekanntlich steigt mit wachsender Dielektrizitätszahl ε die Ionendissoziation und nimmt der elektrische Widerstand der Fasern ab [3], wobei folgender funktioneller Zusammenhang besteht:

$$\log R = \frac{A}{\varepsilon} + B. \tag{9.4}$$

R Ohmscher Widerstand
A, B Konstanten

Analoges gilt für den Feuchtezuschlag u der Fasern, mit dessen Anstieg (Abb. 9.6 und 9.7) der elektrische Widerstand nach (9.5) absinkt.

$$R = \frac{A}{u^n}. \tag{9.5}$$

A Apparatekonstante
n Materialkonstante

Tabelle 9.3. Spezifischer elektrischer Widerstand von Fasern und anderen Materialien sowie deren Feuchteaufnahme bei 20 °C und 65 % relativer Luftfeuchte (nach verschiedenen Autoren)

Material	spezifischer elektrischer Widerstand $\Omega \cdot cm$	Feuchtezuschlag %
Silber, Kupfer, Aluminium	$\sim 10^{-6}$	–
Stahl, Chrom, Nickel	$\sim 10^{-4}$	–
Kohlenstoff	$\sim 10^{-3}$	–
Viskose	$10^{7} - 10^{8}$	12 – 14
Baumwolle	10^{7}	6 – 11
Seide	$2,7 \cdot 10^{10}$	9 – 11
Wolle/Protein	$10^{10} - 10^{11}$	14 – 17
Acetat	$10^{9} - 10^{12}$	6 – 8
Polyamid 6, 6.6	$10^{9} - 10^{12}$	3,5 – 4,5
Polyacryl	$10^{9} - 10^{14}$	1,0 – 2,5
Polyester	$10^{11} - 10^{14}$	0,2 – 0,5
Polyvinylchlorid	$10^{12} - 10^{14}$	0,0 – 0,4
Polyolefin	$10^{13} - 10^{17}$	0
Polycarbonat	$\sim 10^{17}$	0
Fluoro	$\sim 10^{18}$	0
Glas	$10^{12} - 10^{15}$	0

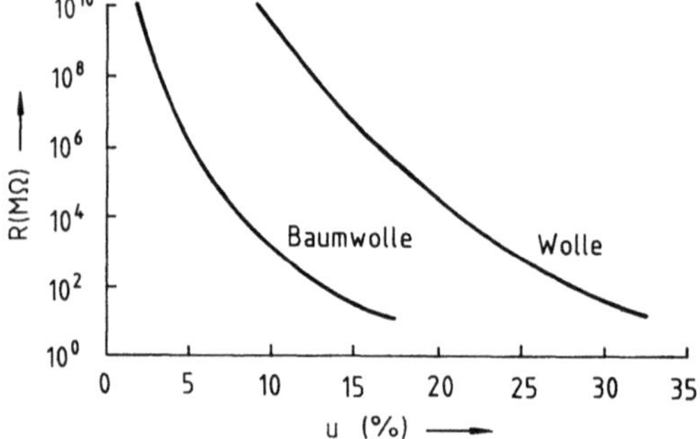

Abb. 9.7. Elektrischer Widerstand R von Baumwolle und Wolle in Abhängigkeit vom Feuchtezuschlag u bei 25 °C (nach [3])

Zwischen 90 und 10 % relativer Luftfeuchte kann sich der Faserwiderstand um bis zu 6 Zehnerpotenzen verändern. Mit Hilfe elektrischer Widerstandsmessungen ist es daher an Fasern (auch in Fadenform oder als flächige Textilie) möglich, deren Feuchteanteil zu ermitteln, wobei – analog zum dielektrischen Prüfverfahren – eine Geräteeichung vorausgehen muß. Bei gleichem Feuchtezuschlag haben z. B. Proteinfasern einen viel höheren Widerstand als Cellulosefasern [3].

Besonders zu beachten ist die Wirkung von "ionischen Unreinheiten", die als Begleitsubstanzen (Tenside und andere Verarbeitungshilfsmittel) mehr oder weniger dissoziiert vorliegen, also an der Stromleitung maßgeblich beteiligt sein können. Waschen, Extrahieren oder Auskochen der Fasern erhöht deren elektrischen Widerstand, da hierbei die ionischen Verunreinigungen gemindert werden. Von Baumwolle ist bekannt, daß deren elektrischer Widerstand bei mehrfachem Waschen in destilliertem Wasser um mehr als das Zehnfache ansteigen kann. Umgekehrt erniedrigt die Aufnahme von monovalenten, anorganischen Salzen den Widerstand. Bivalente Ionen hingegen (z. B. Calciumsulfatlösung) verursachen keine Herabsetzung des Widerstandes. Diese Effekte sind bei optimaler Ausrüstung von Textilien zu bedenken, da sie auch deren Antistatikverhalten beeinflussen [3].

Die Kenntnis des elektrischen Widerstandes ist wichtig für die Beurteilung der elektrischen Isolierfähigkeit dieser Stoffe. Für gleiche elektrische Isolierwirkung benötigt man z. B. bei Glasseide 0,100 mm, Baumwolle 0,113 mm und Asbest 0,200 mm Schichtdicke.

9.3 Elektrostatische Aufladung

Beim Verarbeiten und im Gebrauch der textilen Faserstoffe spielen elektrostatische Aufladungen eine zunehmend wichtige Rolle, was insbesondere auf die Nutzung zahlreicher synthetischer Polymerer zurückzuführen ist. Das Wissen über die Entstehung, Beeinflussung bzw. Beseitigung der elektrostatischen Aufladung ist infolge einer Vielzahl komplex wirkender Einflüsse noch keineswegs lückenlos.

Grundsätzlich bildet sich bei Berührung von zwei verschiedenartigen, elektrisch neutralen Festkörpern, wenn mindestens einer ein Nichtleiter ist, an der Berührungsfläche eine elektrische Doppelschicht aus [15], die man gemäß Abb. 9.8 aus Dipolen bestehend ansehen kann [16]. An beiden Oberflächen ist auf diese Weise gleichgroßer Ladungsüberschuß mit entgegengesetztem Vorzeichen entstanden. Trennt man die beiden Oberflächen, bleibt die Ladungsverschiebung erhalten und beide Oberflächen tragen nunmehr eine Überschußladung entgegengesetzter Polarität.

Allerdings können bis zu einem Abstand von etwa 1 nm Elektronen infolge Tunneleffekt noch die Seite wechseln. Bei derartigen Paarungen zweier Festkörper interessieren Ladungshöhe sowie Polarität. Letztere hängt davon ab, welches Material leichter Elektronen abgibt (Elektronendonator) und sich damit positiv auflädt, während das andere Material (Elektronenakzeptor) durch die aufgenommenen Elektronen negativ wird. Nach Coehn [17] geben Materialien mit der höheren Dielektrizitätszahl (relativ viele freie Ionen) leichter Elektronen ab und laden sich damit positiv auf. Unter diesem Aspekt läßt sich für interessierende Materialien experimentell eine Ladungs- bzw.

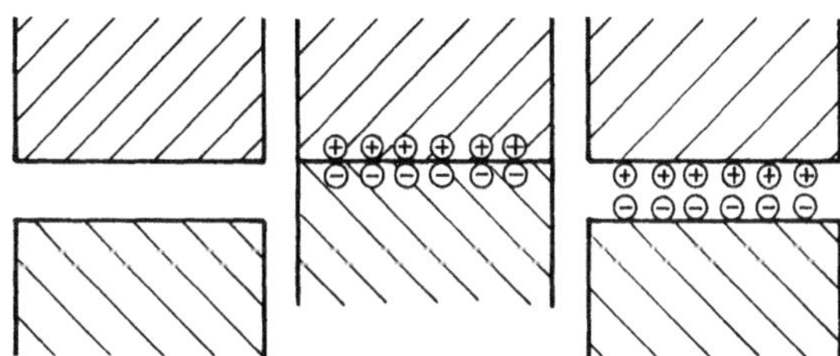

Abb. 9.8. Ladungstrennung beim Berühren und Trennen zweier Oberflächen

Spannungsreihe zwischen einem positiven und einem negativen Ende aufstellen ("*Triboelektrische Spannungsreihe*"). Tabelle 9.4 enthält Spannungsreihen verschiedener Autoren [16, 18–20], die z.T. unterschiedliche Reihenfolgen aufweisen. Das ist bedingt durch zahlreiche Einflüsse (Feuchte, Begleitsubstanzen, Verunreinigungen, Strukturbeschaffenheit, Kontaktierungsintensität usw.), worüber nähere Ausführungen z.B. bei Löbel [21], Wegener [22] und Zimmerli [20] zu finden sind. Einige Autoren waren bestrebt, Korrelationen zwischen spezifischem elektrischen Widerstand, Wassergehalt und Lichtbeständigkeit einerseits und der Materialanordnung in der Spannungsreihe andererseits nachzuweisen [21, 23]. Zusammenfassend läßt sich dazu nur feststellen, daß unter Berücksichtigung der neueren organischen und auch anorganischen Materialien und Fasern im mittleren Teil der Spannungsreihe der spezifische Widerstand am geringsten und der Wassergehalt am größten ist, während die Lichtbeständigkeit keine klare Korrelation zur Aufladung aufweist.

Tabelle 9.4 enthält in der letzten Spalte eine quantitative Spannungsreihe auf der Grundlage der bei Berührung zweier Materialien unter vergleichbaren Bedingungen gemessenen Ladungshöhe und -polarität. Diese wurde willkürlich – offensichtlich in Anlehnung an Grüner [8] [24] – auf die zwei Bezugspunkte Messing $= 0$ und Glas $= + 10$ bezogen und wegen des Zusammenhangs zwischen Ladung und Berührungsspannung als "Spannungskonstante" definiert. Da sich die meisten Materialien z.B. infolge Hygroskopizität, Begleitsubstanzen, Verunreinigungen, Strukturunterschieden nicht ausreichend konstant verhalten, sind für die Spannungskonstante jeweils Wertebereiche angegeben. Das verdeutlicht zugleich, daß elektrostatische Spannungsreihen, im Gegensatz zur elektrochemischen Spannungsreihe, nur orientierende Aussagen zulassen und man im konkreten Fall auf Kontrollmessungen zurückgreifen sollte.

Neben der Ladungshöhe (Ladungsentstehung) ist die Dauer des Ladungsausgleichs (Ladungsverteilung) von Interesse, die vom elektrischen Widerstand der Materialien abhängt. Sind beide kontaktierte Materialien Leiter, dann kommt es zwar zunächst auch zu einer Ladungstrennung, aber beim Trennen der Materialien erfolgt der Ausgleich so schnell, daß eine Aufladung praktisch nicht nachweisbar ist. Handelt es sich bei den kontaktierten Materialien um einen oder zwei Nichtleiter, deren Widerstand man meist als konstant annimmt, so wird die Überschußladung q_0 im Laufe der Zeit exponentiell gemäß (9.6) abgeleitet [20]

$$q = q_0 \cdot \mathrm{e}^{-t/\tau}. \tag{9.6}$$

τ Relaxationszeitkonstante ($\tau = R \cdot C$)
t Entladungszeit
R Ableitwiderstand
C Kapazität des aufgeladenen Materials

---

[8] Grüner stellt die Kontaktpotentialreihe mit noch mehr Materialien graphisch dar und gibt die mittleren Fehler mit an.

Tabelle 9.4. Elektrostatische Spannungsreihen verschiedener Autoren

Positives Ende				Spannungskonstante (33% r. L., 21 °C)		
Glas	Wolle	Glas	Wolle	+15	bis	+42
Menschenhaar	Polyamid 6.6	Wolle	Polyamid	+15	bis	+40
Polyamid (*Nylon*)	Viskose	Polyamid 6	Seide	+12	bis	+14
Wolle	Baumwolle	Polyamid 6.6	Papier	+11	bis	+14
Seide	Seide	Viskose	Stahl	+10,5		
Viskose	Acetat	Baumwolle	Glas	+10,0		
Baumwolle	Polymethacrylsäureester	Leder	Aluminium	+ 6,0		
Papier	Polyvinylalkohol	Acetat	Baumwolle	+ 5,5	bis	+ 6
Stengelfasern	Polyester (*Dacron*)	Haut	Leder	+ 3,5	bis	+ 8
Stahl	Polyacryl (*Orlon*)	Seide	Messing	0		
Hartgummi	Polyvinylchlorid	Polyvinylchlorid	Polypropylen	− 5	bis	−13
Acetat	Mischpolymer AN/VC (*Dynel*)	Polyester (*Dacron*)	Hartgummi	−13	bis	−15
synthetischer Gummi	Copolymer VD/VC (*Velon*)	Polyester (*Kodel*)	Gummi	−15	bis	−20
Polyester (*Dacron*)	Polyethylen	Modacryl				
Polyacryl (*Orlon*)	Fluoro (*Teflon*)	Polypropylen				
Polyvinylidenchlorid (*Saran*)		Fluoro (Teflon)				
Polyethylen						
nach [18]	nach [19]	nach [20]	nach [16]			

Negatives Ende

Ist der Widerstand der Fasern kleiner als $10^9\ \Omega$, dann hat die elektrostatische Aufladung wegen der raschen Ladungsverteilung praktisch keine Bedeutung mehr.

Für die Nutzanwendung vorgenannter Zusammenhänge im Textilbereich läßt sich zusammenfassend folgendes feststellen:

1. Bei Berührung bzw. Kontakt zweier Materialien (z.B. Faser/Faser, Faden/Führungswalze) entsteht ein Kontaktpotential. Dies ist um so größer, je weiter beide Berührungspartner in der elektrostatischen Spannungsreihe (Tabelle 9.4) voneinander entfernt sind.

2. Kommen zum Kontakt noch Reibung und Druck hinzu, verstärkt sich die Aufladung (größere Berührungsfläche!).

3. Sind die beiden Partner materialidentisch, dann entfällt bei Kontaktierung die Aufladung. Bei gegenseitiger Reibung (z.B. Gewebe/Gewebe) tritt aber trotzdem Aufladung ein, die auf den unsymmetrischen Charakter jeder Reibung zurückgeführt wird [21, 25]. Reibt z.B. eine kleinere Fläche auf einer größeren, so kommt es zu örtlichen Temperaturdifferenzen. Die verstärkte Wärmebewegung von Ionen bzw. Elektronen in der kleineren Fläche begünstigt deren Abwanderung, was eine positive Aufladung dieser Fläche zur Folge hat. Dieser "Flächeneffekt" tritt natürlich auch bei Reibpartnern auf, die nicht materialidentisch sind und wirkt verstärkend bzw. entgegengesetzt zum Kontaktpotential.

4. Wie sich die von der relativen Luftfeuchte abhängigen Feuchteschichten auf die durch Reibung bewirkte Aufladung auswirken, haben z.B. Sereda und Feldmann [26] untersucht (Abb. 9.9). Die Tendenz des Kurvenverlaufs ist für Fasern typisch und beruht auf der Überlagerung von Ladungsentstehung und -verteilung. Auf Grund des Dipolcharakters des Wassers steigt mit der Feuchteaufnahme der trockenen Fasern zunächst die Elektronenakzeptorwirkung. Das Maximum der Aufladbarkeit ist erreicht, wenn die monomo-

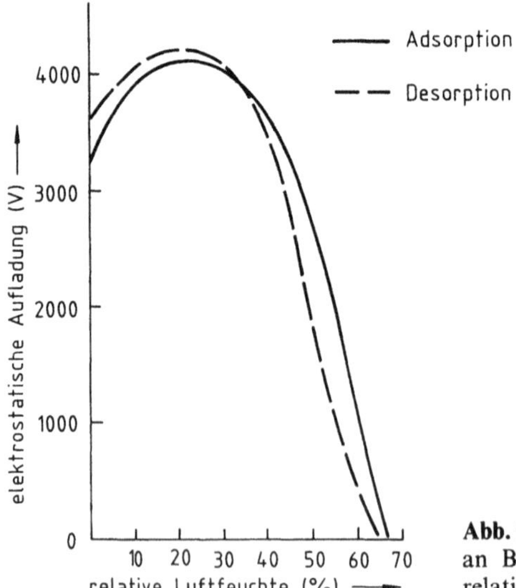

Abb. 9.9. Maximales elektrostatisches Potential an Baumwollgewebeproben bei verschiedenen relativen Luftfeuchten (nach [26])

Tabelle 9.5. Aufladungswerte verschiedener Fasern nach dem Verfahren von Sereda und Feldman [26] bei verschiedenen relativen Luftfeuchten

	Baumwolle	Wolle	Polyamid	Polypropylen
Aufladung bei 0% relativer Luftfeuchte	3200 V	2200 V	3500 V	2000 V
Aufladung bei 65% relativer Luftfeuchte	200 V	500 V	2700 V	3600 V
Aufladungsmaximum und zugehörige Luftfeuchte	4100 V 21%	3600 V 20%	4000 V 28%	3800 V 56%

lekulare Wasserschicht auf die Faseroberfläche vollständig ist. Seine Lage verschiebt sich mit zunehmender Hydrophobie der Fasern zu höheren Luftfeuchten (Tabelle 9.5). Bei weiterer Wasseraufnahme wird die Oberflächenleitung stärker wirksam, die zu einer Verteilung der Ladung über die Faseroberfläche führt. Der Abfall der Kurven nach Durchlaufen des Maximums ist um so stärker, je größer die spezifische Oberfläche des Materials ist. In Tabelle 9.5 sind für verschiedene Fasern die Aufladungen bei 0 und 65% relativer Luftfeuchte sowie die Maximalwerte mit den zugehörigen relativen Luftfeuchten zusammengestellt (nur Absorptionswerte). Im trockenen Zustand weisen Polyamid und Baumwolle die höchsten Aufladungswerte auf. Beide zeigen auch die höchsten Maximalwerte. Die Maximalwerte werden bei um so niedrigeren relativen Luftfeuchten erreicht, je größer die Feuchteaufnahmefähigkeit der Proben ist. Außer Wasser können Substanzen auf der Oberfläche (Avivage, diverse Verunreinigungen) die Situation verändern, was bei der Ladungstrennung bis zur Umpolarisierung gehen kann.

5. Textile Faserstoffe weisen auch im Wasser bzw. in wäßrigen Lösungen elektrische Aufladungen bzw. ein elektrokinetisches Grenzflächenpotential auf (s. Abschn. 4.2). Diese Aufladung ist für die meisten Fasern im Wasser negativ. Durch Zugabe mehrwertiger Anionen (z.B. $[Fe(CN)_6]^{3-}$) zur Flotte kann eine negative Ladung verstärkt werden. Hingegen tritt durch mehrwertige Kationen (z.B. Al^{3+}) eine Entladung bzw. sogar Umladung ein. So weisen z.B. Wolle unterhalb pH 3,4, Seide unterhalb pH 2,5 und Cellulosefasern unterhalb pH 2,0 positive Aufladungen auf.

Nur in wenigen Fällen ist die elektrostatische Aufladung von Fasern und Textilien erwünscht. Beispiele hierzu sind das elektrostatische Beflocken von Flächengebilden [27] – insbesondere Fußbodenauslegware –, Rheumawäsche (Glas- [11], *PeCe*-, PAN-Fasern), elektrostatisches Trennen von Stoffen (z.B. Glasentstaubung) u.a.

Unerwünschte elektrostatische Aufladungen, die beim Verarbeiten der Fasern zum Spreizen von Faserbändern und Fadenscharen, Kleben an Maschinenteilen, Walzen, Fadenführern usw. sowie beim Gebrauch von Fertigprodukten zu bekleidungshygienischen Beeinträchtigungen (fühlbare Entladungsschläge, Kleben der Kleidung am Körper, Anschmutzungseffekte u.a.) oder Störungen bei der Fertigung mikroelektronischer Bauelemente bzw. an elektronischen Anlagen und Geräten (empfindlich gegenüber elektrostatisch bedingten Entladungen [28]) führen, werden heute auf mannigfaltige Weise vermindert bzw. beseitigt.

Prophylaktische Maßnahmen zur Aufladungsbegrenzung können in der zweckmäßigen Auswahl der kontaktierenden Materialien an Hand der Spannungsreihe mit dem Ziel eines möglichst niedrigen Kontaktpotentials erfolgen (Fasermischungen, Walzenbeläge, Fadenführer usw.). Dazu kommt die Optimierung der Einflüsse der Reibungsdrücke, Zugkräfte, Verarbeitungsgeschwindigkeit, des Klimas usw. Wegener und Kesting [29] stellten z.B. fest, daß von drei verschiedenartigen Druckrollerbezügen der Baumwollspinnerei jener Bezug die geringste Aufladung bewirkte, der die niedrigste Dielektrizitätszahl und höchste Shore-Härte aufwies. Die Spinnerei-Literatur weist noch viele Beispiele auf, wie man der verarbeitungsbedingten Aufladung entgegenarbeitet [30]. Es ist aber auch zu erkennen, daß die hierbei angestrebten Wirkungen nur unter eng begrenzten Bedingungen erzielbar sind. Bereits durch geringfügige Veränderung des Klimas oder der Beschaffenheit der Fasern und deren Begleitsubstanzen können die Maßnahmen unwirksam werden.

Sicherer ist jedoch die genügend schnelle *Ableitung der elektrostatischen Aufladung* durch das aufgeladene Material selbst, was von dessen elektrischem Widerstand abhängig ist. Wie schon erwähnt, hat die elektrostatische Aufladung bei einem Widerstand kleiner etwa $10^9 \, \Omega$ keine Bedeutung mehr, was vor allem im Falle der Verarbeitungsbeanspruchungen wichtig ist. Im Falle der Bekleidungstextilien ist mit Tragebeeinträchtigungen durch elektrostatische Aufladung bereits bei einem Widerstand von $10^{11} \, \Omega$ nicht mehr zu rechnen, wobei von 20 °C und 30 % relativer Luftfeuchte (Klima in geheizten Räumen im Winter) ausgegangen wird; mit steigender relativer Luftfeuchte und Temperatur wird die Situation noch günstiger [31, 32].

Die *Minderung des Substanzwiderstandes* kann bereits bei der Faserherstellung durch geeignete Zusätze (Metall- bzw. Kohlenstoffpartikel, Salze) oder Mischpolymere erfolgen. Es ist auch möglich, den elektrischen Widerstand herabzusetzen, indem man z.B. geeignete Substanzen der fertigen Faser aufpfropft und damit die Oberflächenfeuchtesorption erhöht, was den spezifischen Widerstand absinken läßt. Die Abb. 9.10 und 9.11 zeigen die Auswirkung einer Acrylsäurepfropfung von Polyamid (strahlenchemisch initiiert) mit anschließender Na-Neutralisation [33, 34] auf Feuchteaufnahme und spezifischen Widerstand. Überwiegend wird aber mit einer antistatischen Ausrüstung im Sinne einer Präparation der Fasern oder Avivage textiler Flächengebilde gearbeitet, die zwar ausreichende Effekte bewirken, aber meist nicht ausreichend waschbeständig sind und die Abwasserbelastung erhöhen. Interessant ist dabei, daß die Wirksamkeit einer solchen Antistatik-Behandlung unter gleichen Bedingungen (Flottenkonzentration) mit zunehmender Feuchteaufnahmefähigkeit der Fasern absinkt. Dies liegt daran, daß hygro-

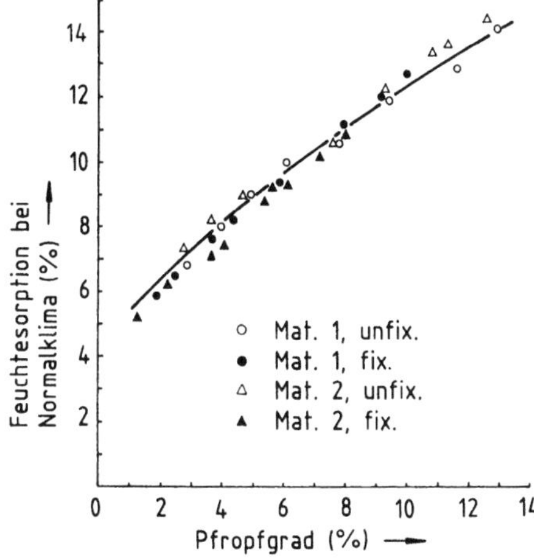

Abb. 9.10. Feuchtesorption von unfixierten und fixierten Gewirken aus Polyamidfilamentgarn bei Normalklima in Abhängigkeit vom Acrylsäurepfropfgrad [33]

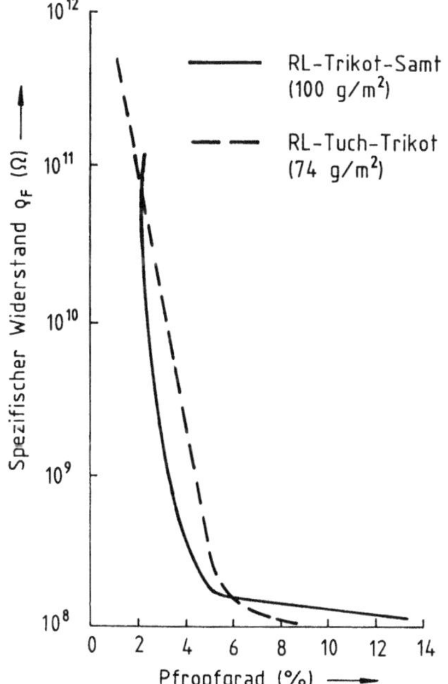

Abb. 9.11. Spezifischer elektrischer Widerstand von Gewirken aus Polyamidfilamentgarn in Abhängigkeit vom Acrylsäure-Pfropfgrad [33]

skopische Fasern aufquellen und das Antistatikmittel in die Faser eindringen kann, also nicht die genügend konzentrierte Oberflächenablagerung zustande kommt wie dies bei hydrophoben Fasern (CLF, PES, PP) der Fall ist. Deshalb ist bei hydrophilen Fasern (beginnt schon merklich bei PA) eine größere Flottenkonzentration erforderlich [35]. Wie sich verschiedene Ausrüstungsverfahren auf den Feuchtezuschlag und auf das Antistatikverhalten vor und nach 5maliger Wäsche auswirken, ist in den Tabellen 9.6 und 9.7 wiedergegeben [36].

Tabelle 9.6. Einfluß verschiedener Modifizierungsverfahren auf den Feuchtezuschlag u von Flächengebilden aus Polyamid- und Polyesterfilamentgarnen (65% r. L., 20 °C)

Polyamid		Feuchtezuschlag %		Polyester		Feuchtezuschlag %	
		gewaschen				gewaschen	
		0×	5×			0×	5×
ohne Ausrüstung		3,52		ohne Ausrüstung		0,35	
Ausrüstung mit Textilhilfsmitteln				Ausrüstung mit Textilhilfsmitteln			
– *Dilasoft RW*	(Sandoz)	3,62	3,50	– *Dilasoft RW*	(Sandoz)	0,25	0,34
– *Marvelan SF*	(Fettchemie)	3,52	3,80	– *Marvelan SF*	(Fettchemie)	0,33	0,38
– *Wofalor*	(CKB)	3,54	4,00	– *Wofalor*	(CKB)	0,28	0,28
Pfropfcopolymerisate				strahlenchemische Oberflächenmodifizierung			
– Acrylsäure/Na		8,08	7,33[a]	– Polyethylenglykolacrylat		0,90	1,70
– Acrylsäure /Ca		5,33	7,28[a]				
– Acrylamid (*Hidramid*)		5,36	6,63				
modifizierte Fasertypen				modifizierte Fasertypen			
– PA-S-aes	(CFK)	3,45	3,55	– *Refresca*	(Spring Mills)	0,31	0,24
– *Enka comfort*	(Enka)	3,29	3,57	– *Visa*	(Deering Milliken	0,31	
				– *Supervisa*	Research Corp.)	0,38	
Viskosefilamentgarn (zum Vergleich)		11,5		Viskosefilamentgarn (zum Vergleich)		11,5	

[a] Nur in weichem Wasser (bis zu 5° dH), 40 °C

Tabelle 9.7. Einfluß verschiedener Modifizierungsverfahren auf das Antistatikverhalten von Flächengebilden aus Polyamid- und Polyesterfilamentgarn (40 % r. L.)

Polyamid		Klebzeit s		Polyester		Klebzeit s	
		gewaschen 0×	5×			gewaschen 0×	5×
ohne Ausrüstung		> 600	> 600	ohne Ausrüstung		> 600	> 600
Ausrüstung mit Textilhilfsmitteln				Ausrüstung mit Textilhilfsmitteln			
– *Migafar FS*	(Ciba Geigy)	180	> 600	– *Migafar FS*	(Ciba Geigy)	0	> 600
– *Dilasoft RW*	(Sandoz)	> 600	> 600	– *Dilasoft RW*	(Sandoz)	0	> 600
– *Lurotex A 25*	(BASF)	80	> 600	– *Lurotex A 25*	(BASF)	0	560
– *Marvelan FS*	(Fettchemie)	> 600	> 600	– *Marvelan FS*	(Fettchemie)	0	> 600
– *Wofalor*	(CKB)	> 600	> 600	– *Wofalor*	(CKB)	21	> 600
Pfropfcopolymerisate				strahlenchemische Oberflächenmodifizierung			
– Acrylsäure/Na		3	13[a]	– Polyethylenglykolacrylat		7	2
– Acrylsäure /Ca		> 600	22[a]				
– Acrylamid (*Hidramid*)		> 600	> 600				
modifizierte Fasertypen				modifizierte Fasertypen			
– *PA-S-aes*	(CFK)	60	115	– *Refresca*	(Spring Mills)	> 600	> 600
– *Enka comfort*	(Enka)	132	61	– *Visa*	(Deering Milliken	210	> 600
				– *Supervisa*	Research Corp.)	510	> 600

[a] Nur in weichem Wasser (bis zu 5° dH), 40 °C

Die das Antistatikverhalten charakterisierende Klebzeit einer vorher durch Reibung standardgerecht aufgeladenen Meßprobe wurde an einer um 70° gegen die Horizontale geneigten Metallfläche (Cling-Test [31, 37]) bestimmt. Im Falle der Bekleidungstextilien sollte bei einer hinreichend antistatischen Ware eine Klebzeit von 300 s nicht überschritten werden. Strahlenchemisch initiierte Pfropfung von Acrylsäure auf PA 6-Flächengebilde mit nachträglicher Na-Salzbildung setzt zwar den elektrischen Widerstand bis zu 5 Größenordnungen ($10^8\ \Omega$) herab, jedoch kommt es beim Waschen in hartem Wasser zu einem Austausch der Na-Ionen gegen Ca-Ionen, was den erzielten Effekt mehr oder weniger rückgängig macht. Bei chemischer Reinigung bzw. Wäsche in weichem Wasser bleibt der günstige Effekt erhalten. Auf Polyesterfasern lassen sich leitfähige Oberflächenschichten auf Basis von Kondensationsprodukten aus Acrylaten und Ethylenglykol, Polyethylenglykol usw. aufbringen. Eine Ummantelung mit einem Polyethylenglykolacrylatfilm, der strahlenchemisch vernetzt und damit ausreichend waschbeständig wurde, ergab z.B. bei 2,5% Massezunahme beim Cling-Test hervorragende Klebzeiten, die auch nach 40 Wäschen weit unter der Klebzeit-Grenze von 300 s lagen [34, 36].

Für die Verarbeitung von synthetischen Chemiefasern insbesondere aus hydrophoben Substanzen ist die Verwendung von äußeren *Antistatika* unverzichtbar. Wie schon erwähnt, ist aber die Wirkung antistatischer Tenside an Polyamiden infolge ihrer Quellbarkeit geringer als bei Polyestern. Derartige Antistatika erhöhen einerseits die Leitfähigkeit der Fasern und erschweren andererseits den Übergang von Ladungsträgern zwischen den sich berührenden Oberflächen; auch werden die Faseroberflächen gleitfähiger und die Reibungseffekte geringer. Die Mehrzahl der antistatischen Präparationsmittel enthält grenzflächenaktive Stoffe, die einen polaren Charakter und asymmetrischen Aufbau (hydrophober Kohlenwasserstoffrest und endständige hydrophile Atomgruppierung) aufweisen. Dadurch kommt auf der Faser eine orientierte Anlagerung zustande, bei der der hydrophobe Rest von der Faseroberfläche angezogen, die hydrophile Gruppierung aber abgestoßen wird. Ist die relative Luftfeuchte genügend hoch, kommt es zur Ionendissoziation, die die gewünschte Leitfähigkeitserhöhung bewirkt. Günstig sind solche Antistatika, die bereits bei geringer relativer Luftfeuchte wirksam werden. Die zur Verfügung stehenden anionaktiven, kationaktiven und nichtionogenen Antistatikmittel auf der Basis von Paraffinkohlenwasserstoffen, Fetten, Ölen, hygroskopischen Substanzen usw. sind außerordentlich umfangreich, weshalb auf Spezialliteratur und Firmenprospekte verwiesen werden muß.

Grundsätzlich ist es also heute möglich, allen Fasern eine ausreichende waschbeständige elektrische Leitfähigkeit – zumindest auf der Außenschicht – zu erteilen, die Störungen durch elektrostatische Aufladungen nicht aufkommen läßt. Neben der Modifizierung der gesamten Fasersubstanz kann dies mit an der Faseroberfläche chemisch gebundenen Substanzen oder mittels eines antistatisch wirkenden unlöslichen Oberflächenfilms erreicht werden. Allerdings sind damit auch mehr oder weniger merkbare Eigenschaftsveränderungen (Festigkeit, Steifigkeit, Griff, Glanz, Verfärbung, Grauschleier u.a.) sowie Kostenerhöhungen verbunden. Wenn Waschbeständigkeit nicht erforderlich ist (Verarbeitung, Auslegware usw.), genügen die üblichen antistatischen Ausrüstungsmittel. Bei Bekleidungstextilien wird das Antistatikum häufig nach jeder Wäsche erneut mit einem Weichspüler aufgebracht, der aber nur bei hydrophoben Fasern hinreichend antistatisch wirksam ist.

Weitere Ableitungsverfahren nutzen den *Einfluß der Umgebungsbedingungen* aus, was schon lange in Spinnereien, Webereien und Wirkereien üblich ist. Löbel [31, 37] hat sich neben vielen anderen Autoren sehr umfassend mit den elektrostatischen Problemen an Textilien in der Verarbeitung und im Gebrauch befaßt. So treten z. B. oberhalb der folgenden Luftfeuchte-Grenzwerte keine elektrostatisch verursachten Verarbeitungsschwierigkeiten auf:

Baumwolle $\varphi > 50\%$

Viskose $\varphi > 60\%$

Wolle $\varphi > 80\%$

Eine Ableitung der Ladung unmittelbar durch die umgebende Luft ist noch dadurch möglich, daß diese mit Hilfe von Koronaentladungen, radioaktiver Strahlung oder durch Temperaturerhöhung ionisiert wird. Im Falle der Koronaentladungen handelt es sich um stille Entladungen (Influenzionisation) an den geerdeten Spitzen feiner Drähte (oder angespitzter bzw. scharfkantiger Stäbe) in unmittelbarer Nähe des Entstehungsortes der elektrostatischen Aufladung (z. B. Spinnerei-Streckwerk). Wirksamer sind Hochspannungsionisatoren (Eliminatoren), bei denen die Spitzenentladung künstlich aufrechterhalten wird. Nachteilig ist jedoch die Funkenbildung (akute Feuergefahr!). α- und β-Strahler können ebenfalls die Luft unmittelbar am Entstehungsort der elektrostatischen Aufladung ionisieren und den Ladungstransport bewirken. Abbildung 9.12 zeigt für verschiedene strahlende Substanzen die Ionisationsstromstärken in Abhängigkeit von der Entfernung zwischen Strahler und

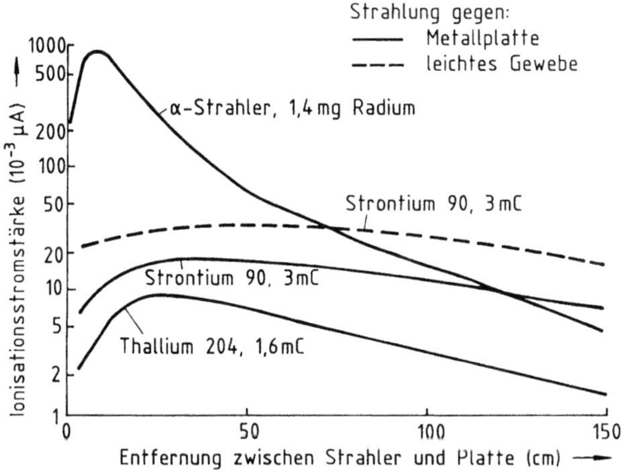

Abb. 9.12. Entladestrom in Abhängigkeit von der Entfernung bei verschiedenen Strahlern [25]

Gewebe bzw. Metallplatte. Allerdings ist man von deren Nutzung wieder abgekommen, weil zusätzliche Arbeitsschutzmaßnahmen erforderlich sind und grundsätzliche Vorbehalte gegenüber der Strahlennutzung bestehen.

Literatur

1. Weissmantel C et al. (Hrsg) (1970) Kleine Enzyklopädie: Atom, Struktur der Materie. Bibliographisches Institut, Leipzig
2. Stuart HA (1956) Die Physik der Hochpolymeren, 4. Band. Springer, Berlin Göttingen Heidelberg
3. Hearle JWS (1958) Elektrische Eigenschaften der Chemiefasern, Reyon, Zellwolle u.a. Chemiefasern 8:34–38, 129–133
4. Ameling B, Averbeck L, Leppin J (1987) Das THD-System – ein neuer HF-Textiltrockner mit automatischem Transportsystem, Melliand Textilber. 68:770–773
5. Gröbe V et al. (1988) Hochfrequenztrocknung von Polyacrylnitril-Faserkabeln, Acta Polym. 39:148–149
6. Radowizki WP, Strelzow BN (1975) Elektro-Aeromechanik textiler Faserstoffe, Fachbuchverlag, Leipzig
7. Schatt W (Hrsg) (1981) Einführung in die Werkstoffwissenschaft, 4. Aufl. Deutscher Verlag für Grundstoffindustrie, Leipzig
8. Hearle JWS, Peters RH (1960) Moisture in Textiles, The Textile Institute, Butterworths Scientific Publications, Manchester
9. Balls WL (1946) Nature, 158:9
10. Algie JE (1964) Dielectric Constant and Conductance Changes in Wool Fibers Produced by step Changes in the Relative Humidity, Text. Res. J. 34:477–486
11. Bobeth W, Böhme W, Techel J (1955) Anorganische Textilfaserstoffe, Verlag Technik, Berlin
12. Schmidt KAF (1972) Textilglas für die Kunststoffverstärkung, 2. Aufl. Zechner u. Hüthig, Speyer
13. Wegner G, Enkelmann V (1980) Fasern aus leitfähigen Polymeren – eine greifbare Utopie? Lenzinger Ber. 48:105–110
14. Hänsel H (1987) Einfluß von Struktur und Alterung auf die elektrischen Eigenschaften des hochohmigen Polymerfestkörpers, Acta Polym. 38:378–384
15. Helmholtz H (1879) Studien über elektrische Grenzschichten, Annal. Physik 7:337–382
16. Satlow G, Schröer S (1974) Über Möglichkeiten der Verminderung elektrostatischer Aufladungen bei textilen Fußbodenbelägen, Mittex 3:70–80
17. Coehn A, Curs A (1924) Studien zur Berührungselektrizität. Die Ladung von Metallen gegen Dielektrika. Z. Physik 29:186–195
18. Lehmicke DJ (1949) Elektrostatic Series of Materials, Amer. Dyestuff Reporter 38:853
19. Hersh SP, Montgomery DJ (1955, 1956) Static Elektrification of Filaments, Text. Res. J. 25:279–295, 26:903–913
20. Zimmerli T (1981) Prüfung und Beurteilung des statischen Verhaltens von textilen Flächengebilden, Textilveredlung 16:68–72
21. Meyer K (Hrsg) (1963) Statische Elektrizität bei der Verarbeitung von Chemiefasern, Fachbuchverlag, Leipzig
22. Wegener W (1980) Kausaler Zusammenhang zwischen Ursache und Wirkung elektrostatisch aufgeladener Fasern, Textilbetrieb 98:24–31
23. Sippel A (1954) Die Bedeutung und Beseitigung der elektrostatischen Aufladung der Textilfasern, Melliand Textilber. 35:831–835
24. Grüner H (1953) Untersuchungen über den Entstehungsmechanismus der elektrostatischen Aufladungen von Faserstoffen, Faserforsch. u. Textiltechn. 4:249–260, 275–287
25. Henry PSH (1958) Statische Elektrizität. Ciba-Rdsch. 141:2–29
26. Sereda PJ, Feldman RF (1955) Electrostatic Charging on Fabrics at various Humidities, J. Text. Inst. 55:T288–T298

27. Beršev JN, Liebscher U (1983) Elektrostatisches Beflocken, Fachbuchverlag, Leipzig
28. Löbel W (1987) Zum Wirkungsmechanismus der antistatischen Modifizierung bei Faserpolymeren, Acta Polym. 38:504–505
29. Wegener W, Kesting A (1955) Raumklima und elektrostatische Aufladung in Baumwollspinnereien, Melliand Textilber. 36:873–877
30. Wegener W (1981) Maßnahmen zur Begrenzung der elektrostatischen Aufladung und ihre Wirkungen, Textilbetrieb 99:21–31
31. Löbel W (1976) Elektrostatische Probleme bei Textilien, Textiltechnik 26:778–782
32. Martin H, Kretzschmar B (1978) Erfahrungen und Ergebnisse bei der Prüfung elektrostatischer Eigenschaften von Textilien, Textiltechnik 28:108–113
33. Bobeth W (1978) Beiträge des Institutes für Technologie der Fasern zur Verarbeitung und Applikation anorganischer und organischer Polymerer, Textiltechnik 28:710–718
34. Bobeth W, Ihme B, Mally A et al. (1982) Möglichkeiten zur Verbesserung ausgewählter Gebrauchseigenschaften von Bekleidungstextilien durch strahlenchemische Modifizierung, Textiltechnik 32:51–56
35. Wegener W, Sprenkmann W (1964) Betrachtungen über das unterschiedliche elektrostatische Verhalten avivierter Fasern und daraus gezogene Folgerungen für die kontinentale Kammgarnspinnerei, Text. Prax. 19:47–58, 163–170, 241–247
36. Bobeth W, Grosse I, Mally A (1980) Probleme der Wichtung und Optimierung von Gebrauchseigenschaften der Bekleidungshygiene, Bekleidung Maschenware 19:88–90, 108–111
37. Löbel W (1973) Elektrostatische Aufladungen beim Tragen von Bekleidungstextilien, Faserforsch. u. Textiltechn. 24:495–504
38. Gärtner R et al. (Hrsg) (1987) Kleine Enzyklopädie: Natur, Bibliographisches Institut, Leipzig
39. Schaaf W, Hahnemann A (1970) Verarbeitung von Plasten, Deutscher Verlag für Grundstoffindustrie, Leipzig
40. Houwink R (1939) Chemie und Technologie der Kunststoffe, Akademische Verlags-GmbH, Leipzig
41. Houwink R (1952) Grundriß der Technologie der synthetischen Hochmolekularen, Geest & Portig KG, Leipzig
42. Želtobrjuchov VF (1982) Elektrostatische Aufladung von Fasern und Möglichkeiten zu ihrer Beseitigung, Fortschrittsbericht, Acta Polym. 33:447–453
43. Vasilenok JL (1975) Schutz der Polymere vor elektrostatischer Aufladung (russ.), Chimija, Leningrad
44. Merkulova AI (1968) Methoden und Mittel zum Schutz des menschlichen Organismus vor elektrostatischer Aufladung (russ.) MDNTP, Moskau

10 Gebrauchsminderung durch Alterung und biologische Einwirkungen

10.1 Bedeutung des Alterungsvorganges

Werden Fasern bzw. Textilien über Monate oder Jahre gelagert, so stellen sich mehr oder weniger bemerkbare Eigenschaftsveränderungen ein, die positiv oder negativ sein können. Das zeigt sich bereits bei der Verarbeitung von Fasern. Läßt man z.B. getrocknetes Flachs-Röststroh mindestens 6 Wochen zwischenlagern, bevor man dieses dem Schwing- und Hechelprozeß zuführt, dann steigen Gesamtfaserausbeute und Langfaserausbeute um etwa 1,5 bzw. 4%, was bei großen Mengen eine nicht unwesentliche Gewinnsteigerung mit sich bringt. Nach Menzel [28] ist dieser Effekt nicht allein auf die Feuchteaufnahme zurückzuführen, sondern beruht auf einer die Geschmeidigkeit steigernden Fasererholung. Auch von gewaschener Wolle ist bekannt, daß diese nach Zwischenlagerung geschmeidiger und wesentlich besser verspinnbar wird. Von Chemiefasern in Filament- und Spinnfasergarnform ist wichtig zu wissen, daß unterschiedlich lange gelagerte Garne infolge Relaxation leicht veränderte Eigenschaften untereinander aufweisen können und deshalb nicht zusammen verarbeitet werden sollten. Die Folge könnten streifiges und boldriges Aussehen in der Kette und Banden im Schuß sein. Durch Lagern können auch die Gleit- und Reibungseigenschaften beeinflußt werden, wodurch sich bei der Weiterverarbeitung (z.B. Friktionstexturierung) Probleme ergeben.

Dimitrieva [29] berichtet über Veränderungen an unfixierten Filamentgarnen aus synthetischen Polymeren bei Lagerungszeiten bis zu 15 Jahren. Die Materialien befanden sich auf harten Aufmachungseinheiten in einem ungeheizten Raum mit Temperaturschwankungen von -10 bis $+30\,°C$ bei einer relativen Luftfeuchte bis zu 80% und ausreichendem Luftzutritt. Unter diesen Bedingungen war der Festigkeitsverlust mit etwa 10% vom Ausgangswert gering (Tabelle 10.1). Bereits nach wenigen Monaten trat eine merkliche Veränderung der Oberflächeneigenschaften ein, wodurch sich z.B. die Reibungszahl bis zu 20% veränderte. Der hierauf Einfluß nehmende extrahierbare Präparationsanteil war nach einem Jahr bereits auf die Hälfte abgesunken (flüchtige Bestandteile, Verharzung) und dürfte nach 10 Jahren kaum noch existent sein. Rasterelektronenmikroskopische Untersuchungen ließen an 10–15 Jahre gelagerten Materialien zahlreiche Mikroveränderungen an den Oberflächen erkennen, die aus Mikrorissen (längs und quer), Faltenbildungen, Fibrillenbil-

Tabelle 10.1. Höchstzugkraft und Höchstzugkraft-Dehnung von Filamentgarnen aus synthetischen Polymeren nach Langzeitlagerung [29]

Fasern		Feinheit tex	Lagerdauer Jahre	Höchstzugkraft % vom Ausgangswert	Höchstzugkraft-Dehnung % vom Ausgangswert
Kapron- Monofil	PA 6	3,3	15	76,0	65
Kapron-Multifil, unmattiert, ungewaschen	PA 6	29,4	11	96,0	97,2
Lavsan-Multifil	PES	11,1	15	97,0	93,0
Polypropylen-Multifil	PP	29,4	11	95,0	97,5
Nitron-Multifil	PAN	14,3	12	91,3	95,0
Chlorin-Multifil	CLF, nachchloriert	16,7	15	96,5	95,0

dungen an der Oberfläche, Sphärolithbildungen (z. T. zwischen den Filamenten) usw. bestanden. An *Lavsan*-Filamentgarn (Polyester) wurde eine vollständige Umbildung der Oberfläche beobachtet. Die Oberfläche von *Chlorin*-Filamentgarn (Polyvinylchlorid) enthielt sphärolithische Strukturen unterschiedlicher Größe sowie 0,1 μm große Poren, denen vermutlich Gase mit dem typischen Geruch lagernder Polyvinylchloridfasern entweichen. Damit verbunden war die Änderung textilphysikalischer Eigenschaften hinsichtlich Geschmeidigkeit bzw. Verarbeitbarkeit, wobei allerdings erstaunlich ist, daß die Höchstzugkraft-Dehnung relativ wenig abnahm (Tabelle 10.1).

Grundsätzlich ist festzustellen, daß die Alterung entscheidend von den Umweltbedingungen abhängt. Lichteinwirkungen, Luftverunreinigungen (Staub, Abgase verschiedener Art usw.), hohe Feuchte, Mikroorganismen, Insekten, Lagerungsart, Verpackungsmaterialien u.a. können die Alterung bzw. Schadensentstehung wesentlich beschleunigen. Örtliche Schäden entstehen z.B. durch Kontakt mit imprägniertem Holz, beschichteten Spanplatten, Mauerwerk, Metall, Phenol oder andere Verbindungen abgebenden Packpapieren oder Kartons, wobei schützende Polyethylenfolien wegen ihrer Gaspermeabilität unwirksam sind. Beispielsweise wird bei der Lagerung von Textilien oft an den der Luft zugewandten Teilen eine – weitgehend reversible – *Vergilbung* beobachtet, die auf der Bildung von Nitrosophenol beruht. Diese kommt zustande, wenn die Textilien Phenol aus der Umgebung aufnehmen konnten (Affinität fällt in der Reihenfolge Cellulose – Polyamid – Polyester – Polyacryl) und anschließend nitrose Gase der Luft einwirken. Diese Vergilbungsprodukte sind in vielen Lösemitteln und Wasser unterschiedlich löslich [30, 31].

In einzelnen Fällen kann auch schon eine Kurzzeitlagerung frisch ersponnener Filamentgarne aus synthetischen Polymeren zu wesentlichen Eigenschaftsveränderungen führen. Ein solches Alterungsverhalten ist von ungereckten

Polyesterfäden bekannt, das nach ein bis zwei Tagen abgeschlossen ist, aber auch schon durch 20minütiges Tempern bei 80 °C unter Spannung an den frisch ersponnenen Fäden erreicht werden kann. Durch diesen Alterungsvorgang wird der Nahordnungsgrad der Kettenmoleküle erhöht und eine gewisse *Versprödung* verursacht, die einen erhöhten Kraftaufwand beim Reckvorgang erforderlich macht [32]. Die Beständigkeit der Fäden gegen eine derartige Alterung erhöht sich beim Schnellspinnen von Polyesterfilamentgarnen infolge der durch die Orientierung ausgelösten Bildung hochgeordneter Bereiche, was folgende Angaben veranschaulichen [33]:

Spinngeschwindigkeit $m \cdot min^{-1}$	zulässige Lagerungszeit, bis zu der normale Reckbarkeit noch möglich ist
1200	2 Wochen
3000	18 Wochen
4000	18 Wochen

Die Kenntnis des Alterungsverhaltens ist also nicht nur für die diskontinuierliche Produktion von Bedeutung, sondern auch für die neuen kontinuierlichen Verfahren z. B. im Zusammenhang mit dem anschließenden Texturierprozeß an partiell orientierten Fäden (POY-Fäden). Temperatur- und Luftfeuchtigkeitserhöhung beschleunigen das Altern. Hierbei ist es ebenfalls wichtig, nicht unterschiedlich lang gelagerte ungereckte Polyesterfäden zusammen zu verarbeiten, zumal auch eine Abhängigkeit der *Verfärbung* von der Lagerungsdauer bestehen soll [33]. Eine starke Verzögerung dieser Alterung wurde bei Lagerung in flüssigem Stickstoff (− 180 °C) beobachtet [32].

In Abb. 10.1 ist für zwei Beispiele ein zeitabhängiger Eigenschaftsverfall dargestellt. Probe A scheint zum Zeitpunkt t_0 wesentlich günstiger als Probe B zu sein. Doch zum Zeitpunkt t_1 erweist sich die Probe B als günstiger, da deren Eigenschaftsverfall bzw. Alterung wesentlich langsamer verläuft. Dieses Beispiel ist von grundsätzlicher Bedeutung und muß stets bedacht werden,

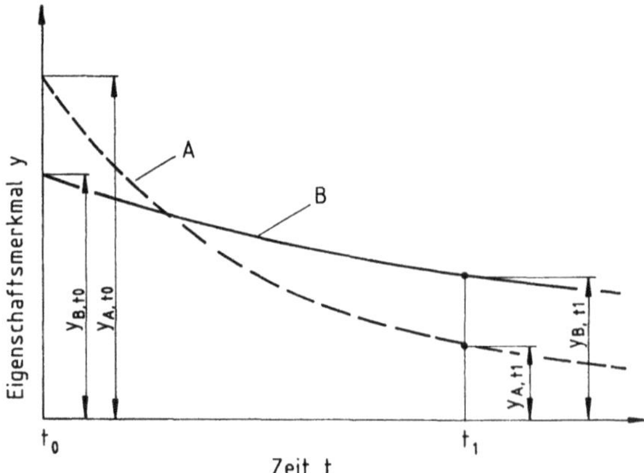

Abb. 10.1. Eigenschaftsverfall der Proben A und B über der Zeit t_0 nach t_1 (Alterung)

wenn man sich an Hand von üblichen Wertezusammenstellungen vergleichend über Festigkeit, Dehnung, Elastizität, Biegeverhalten und weitere physikalische und chemische Eigenschaften einzusetzender Fasern orientieren muß, da sich Tabellenwerte normalerweise auf den Zeitpunkt t_0 beziehen.

Die Alterung kann besonders bei der Bewahrung textiler Sachzeugnisse im *Museumswesen* zu Problemen führen. Es erhebt sich hier die Frage, ob es möglich ist, textile Sachzeugnisse so aufzubewahren, daß der Alterungsvorgang vermieden oder wenigstens weitgehend unterbunden wird (Vakuum, Ummantelung mit inertem Harz, Einfrieren). Bereits das in der Praxis der Textilindustrie übliche Aufbewahren von Referenzmustern (Faserproben, Gewebe usw.) für spätere Vergleiche bzw. Reklamationen muß in Verbindung mit den Alterungsprozessen (Aufbewahrungsbedingungen) gesehen und verstanden werden.

10.2 Alterungsmechanismus

Die Alterungsprozesse sind einerseits von der Materialbeschaffenheit (anfangs oft thermodynamisch instabil) und andererseits von zahlreichen Einflüssen von außen abhängig, wobei letztere meist chemische Reaktionen verursachen. Im Material selbst können Polymerisations- oder Polykondensationsprozesse noch nicht abgeschlossen sein, ändert sich das Gefüge durch Lösen von Nebenvalenzbindungen, nimmt der molekulare Ordnungszustand (Kristallinität) zu, gleichen sich innere Spannungen infolge extremer molekularer Orientierung oder instabiler Dichteverteilung aus, kommt es bei Mehrkomponentenmaterialien zu Entmischungen und Ionenwanderungen (z. B. in Glasfasern), lagern sich Oligomere auf der Faseroberfläche ab (z. B. Polyester), kommt es zur Wanderung und Austritt von Weichmachern (Polyacryl, Polyvinylchlorid), ändern sich Länge und Dicke der Fasern u. a. Diese vom Material ausgehenden Möglichkeiten (vorwiegend *physikalischer* Natur) der Eigenschaftsänderung von Fasern im Sinne eines Alterungsvorganges verteilen sich in ihrer Wirkung keineswegs gleichmäßig über einen bestimmten Zeitabschnitt. Die Eigenschaftsveränderungen sind zu Beginn des betrachteten Zeitabschnittes am größten und klingen allmählich ab (Abb. 10.1).

Die vorwiegend *chemisch* verursachten Alterungsvorgänge, die meist wesentlich stärker als die physikalischen in Erscheinung treten, beziehen sich auf stoffliche Veränderungen der Verbindung mit dem Abbau der Kettenmoleküle bzw. Verminderung der Molekularmasse. Ausgelöst werden diese Vorgänge durch Temperaturveränderungen, Licht, Feuchte, Luftsauerstoff, Chemikalien, ionisierende Strahlung, Mikroorganismen u. a. Die Folgen können dann thermischer, oxidativer, thermoxidativer, hydrolytischer, mikrobieller, aber natürlich auch physikalisch bedingter Abbau sein. Dazu kommen ggf. die Einflüsse von Begleitsubstanzen (Titandioxid, Eisensalze, Farbstoffe, Lichtstabilisatoren, Kunstharze, Fluoreszenzfarbstoffe u. a.) und Verunreinigungen, die diese Vorgänge beschleunigen oder verzögern können.

Für den Nachweis der durch Altern eingetretenen Gebrauchsminderungen kann man sich der textilphysikalischen Prüfmethoden bedienen, von denen erfahrungsgemäß Biege- und Scheuerprüfungen schneller ansprechen als Festigkeitsprüfungen; aber auch Farbveränderungen, äußere Beschaffenheit, Quell- und Löseverhalten können je nach Sortiment und Erfahrung für den Nachweis nützlich sein.

10.3 Einflüsse auf die Alterung

Die Einflußmöglichkeiten auf das Altern der Fasern sind sehr mannigfaltig und wirken im Komplex. Dabei ist es meist nicht möglich, die Gewichtigkeit der einzelnen Komponenten zu bestimmen, zumal sie sich auch in ihrer Wirkung gegenseitig verstärken oder auch vermindern können. Es ist deshalb für den praktischen Gebrauch nicht möglich, Alterungskenngrößen als Stoffwerte anzugeben, die sich auf das übliche Umweltverhalten beziehen. Es kann aber für die Vorhersage des Alterungsverhaltens nützlich sein, die zeitabhängigen Experimentalkurven für den Verfall ausgewählter Eigenschaften wichtiger Fasern in Betracht zu ziehen, die unter gleichen Bedingungen (z. B. einjährige Bewetterungsversuche [1]) aufgenommen wurden. Wie sich die einzelnen Einflüsse bei der Alterungsprüfung unter im Vergleich zur natürlichen Alterung verschärften Bedingungen auswirken, wird nachfolgend näher behandelt.

10.3.1 Wärmeeinwirkung

In Kapitel 7 wird das thermische Verhalten der Fasern ausführlich dargelegt, wobei es um thermische Kenngrößen, Verarbeitungsverhalten unter Wärmeeinwirkung und Eigenschaftsveränderungen geht. Wärmeeinflüsse (meist in Verbindung mit der vorhandenen Luftfeuchte) in der natürlichen Umwelt rufen zunächst nur reversible Eigenschaftsveränderungen hervor. Bei höherer Temperatur und insbesondere längerer Einwirkungsdauer kommt es zu irreversiblen Veränderungen infolge oxidativen thermischen Abbaus. Und zwar kann festgestellt werden, daß mit steigender Temperatur die Beweglichkeit der Moleküle größer wird, weil die inter- und intramolekularen Wechselwirkungen geringer werden, so daß die Faser gegen alle Arten äußerer Einwirkungen empfindlicher wird, d. h. schnelleren Eigenschaftsverfall erleidet. Es ist heute sehr verbreitet, dieses Verhalten zur Durchführung künstlicher Alterungen zu verwenden. Als Beispiel sei auf eine schweizerische Prüfnorm (SNV 98890) verwiesen, die eine *künstliche Wärmealterung* für Textilien bei 70 °C ± 1 K im normalen Trockenschrank mit Alterungsstufen gemäß Tabelle 10.2 vorschlägt. Die erzielte Zeitraffung ist mit etwa 1:40 beträchtlich. Höhere Temperaturen beschleunigen zwar die Alterung noch mehr, doch gleichzeitig wird die Problematik der Identität des Alterungsmechanismus mit der Langzeitalterung vergrößert. Vielfach spielt die Wärmeeinwirkung eine mittelbare Rolle, indem

Tabelle 10.2. Alterungsstufen bei künstlicher Wärmealterung (SNV 98 890) und natürlicher Alterung

Alterungsstufe	Alterungsdauer	
	künstliche Alterung (bei 70 °C ± 1 K) Tage	natürliche Alterung Monate
1	1	1– 2
2	3	3– 6
3	5	5–10
4	7	7–14
5	10	10–20
6	14	14–28

sie eine andere Einflußgröße wie Licht/Strahlung, Sauerstoff, Feuchte, Mikroorganismen in ihrer Wirkung verstärkt.

Glasfasern, die als Bandagenmaterial beim Vulkanisationsprozeß in der Gummiindustrie eingesetzt werden oder sich an undichten Stellen von Dampfleitungen befinden, werden nach kurzer Einsatzzeit völlig morsch. Dies steht im Zusammenhang mit der Hochtemperaturstruktur der Glasfäden infolge schlagartiger Abkühlung bei der Herstellung, wodurch es zu geringerer Entmischung der Komponenten kommt als bei langsamerer Abkühlung (Beispiel: Massivglas). Natürliche Alterung (Relaxation) bzw. Dampfbeaufschlagung im Sinne einer künstlichen Alterung bewirken strukturelle Umgruppierungen, was zugleich den Entmischungsgrad und die Dichte erhöht. Die hierbei in Mikrobereichen auftretenden Zugspannungen sowie die Spannungskonzentration an den Phasengrenzen wirken sich mindernd auf die physikalischen Eigenschaften, insbesondere die Festigkeit, aus [5]. Je nach Zusammensetzung und Beschaffenheit der Glasfäden geht der Alterungsprozeß unterschiedlich schnell vor sich.

10.3.2 Feuchteeinwirkung

In Tabelle 6.3 sind für gebräuchliche Fasern die Feuchteaufnahmewerte (Feuchtezuschläge) für 65 % relative Luftfeuchte und 20 °C zusammengestellt. Normalerweise verändert schwankende Luftfeuchte die Fasereigenschaften nur reversibel. Je hygroskopischer eine Faser ist, um so mehr verursachen die Trocken- und erst recht die Naßquellung eine Gefügeaufweitung der Faser und können in Verbindung mit anderen Einflußgrößen (z.B. Luftsauerstoff) irreversible Eigenschaftsverschlechterungen hervorrufen, also einen Alterungsprozeß bewirken. Cellulose- und Eiweißfasern sind von dieser Initiatorwirkung des Wassers, die zum hydrolytischen Abbau führt, wesentlich stärker betroffen als die meisten synthetischen Chemiefasern. Folglich werden z.B. Fischereitextilien in erster Linie aus hochfesten Polyesterfilamentgarnen hergestellt, da diese neben hoher Höchstzugspannung und Formbeständigkeit im nassen Zustand gegen Alterungseinflüsse wie Feuchte, Licht und Mikroorganismen sehr widerstandsfähig sind. Ein weiteres Beispiel zum Einfluß wiederholter Quellungs- und Entquellungsvorgänge auf das Alterungsverhalten ist das *Waschverhalten* der üblichen Haushaltstextilien aus 100% Baumwolle oder Baumwolle in Mischung mit Viskose- oder Polyesterspinnfasern. Hier wirken neben dem Wasser (erwärmt) Waschmittel, mitunter noch Härtebildner des Wassers, mechanische Beanspruchungen sowie eine nachfolgende Trocknung bei jedem Waschvorgang mit. Nach 50 Wäschen ist ein beträchtlicher Alterungsprozeß abgelaufen, der sich z. B. in der Minderung des Durchschnittspolymerisationsgrades und physikalischer Werte (insbesondere Festigkeit), Griffverhärtung, Vergrauung, Faserinkrustierungen bemerkbar macht. Untersucht man Viskosespinnfasern, so ist infolge der vielen Trocknungspassagen außerdem deren hygroskopische Kraft merklich abgesunken (geringeres Quellvermögen, Kristallinitätsänderung).

Daß *Dampfeinwirkungen* durch die komplexe Wirkung von Feuchte und Wärme schnell zu Alterung und Verschleiß führen, ist z. B. von den klassischen Baumwoll-Textilbezügen der Dampfbügelpressen bekannt. Dieses Problem konnte erst durch Verwendung von *Nomex*-Gewebebezügen (geringe Feuchteaufnahme, hohe Temperaturbeständigkeit des aromatischen Polyamids) hinreichend beherrscht werden.

10.3.3 Luft- bzw. Sauerstoffeinwirkung

Luftsauerstoff wird normalerweise gegenüber Fasern nur in Verbindung mit weiteren Einflußgrößen wie Luftfeuchte, Temperatur, UV-Strahlen usw. aktiv (Abschn. 10.3.4). Dagegen interessiert im Zusammenhang mit der natürlichen Alterung die Wirkung von Oxidationsmittelrückständen vom Waschen, Bleichen, Desinfizieren usw. infolge mangelhafter Nachbehandlung. Letzteres ist häufig bei Vorhandensein schwer entfernbarer Chloramine besonders bei Baumwolle zu beobachten, deren Verbleiben zeitabhängig zu Geruchsbelästigung, evtl. Vergilbung und Festigkeitsminderung führt, da es insbesondere in feuchter Umgebung zu Zersetzungen und Abspaltung von unterchloriger Säure bzw. Salzsäure kommt [6]. Auch bei Flachs, Polyamiden u. a. kann das Verbleiben von Chloritresten zeit- und umgebungsabhängig vorzeitig zu Gebrauchsminderungen im Sinne einer Alterung führen.

Tabelle 10.3 enthält grundsätzliche Aussagen zum Beständigkeitsverhalten der wichtigsten Fasern gegenüber den gebräuchlichen Oxidationsmitteln.

10.3.4 Optische und ionisierende Strahleneinwirkung

Naturgegebene und künstliche Licht- und Strahlenquellen können Energie in Form von Wellen oder von Teilchen im Raum ausbreiten und damit Werkstoffeigenschaften zeitabhängig beeinflussen. Im Falle der Wellenstrahlung handelt es sich um elektromagnetische Wellen und Schallwellen (Ultraschall). Korpuskularstrahlung enthält kleinste Teilchen (z. B. Elektronen, Ionen), bekannt vor allem durch die Alpha- und Beta-Strahlung.

Tabelle 10.3. Beständigkeit gegenüber gebräuchlichen Oxidationsmitteln

Bewertung	Faser
1 sehr gut	Polyester Polyvinylchlorid Aramid anorganische Fasern
2 gut	Acetat Triacetat Polyacryl
3 ausreichend	Baumwolle Polypropylen
4 schlecht	Wolle Seide Viskose Cupro Stengelfasern Blattfasern

Für die Alterung textiler Fasern ist hauptsächlich die Einwirkung des sichtbaren und des ultravioletten Lichtes bedeutsam. Jeder Wellenlänge entspricht dabei ein bestimmter Energiebetrag des zugehörigen Lichtquants (Photons). Mit abnehmender Wellenlänge steigt dieser Energiebetrag und wird schließlich so groß, daß er im Makromolekül einer Faser einen Bruch herbeiführen kann, sofern die eingebrachte Energie nicht schnell genug weitergeleitet bzw. zerteilt wird [7, 8]. Diese Weiterleitung bzw. Zerteilung bietet sich in kristallinen Bereichen mit den zahlreichen Wasserstoffbrücken wesentlich besser an als in amorphen Bereichen, wo Makromoleküle unregelmäßig und z. T. vereinzelt angeordnet sind und noch unter Zugspannung stehen können. Beispielsweise (vgl. Abschn. 11.3) werden zur Spaltung von C–O- oder C–C-Bindungen Energien von etwa $350\,\text{kJ} \cdot \text{mol}^{-1}$ benötigt. Die Strahlung einer Wellenlänge von 310 nm verfügt aber bereits über einen Energiebetrag von $385\,\text{kJ} \cdot \text{mol}^{-1}$. Derartige rein photochemisch ausgelöste Spaltungsvorgänge an Makromolekülen werden als Photolyse bezeichnet. Von Sippel [9, 10] wurde ein Diagramm (Abb. 10.2) veröffentlicht über die Intensität der Himmelsstrahlung in Abhängigkeit von der Wellenlänge bzw. Energie des Lichtes mit Bezug zum photochemischen Abbau von Viskosefasern. Diesem ist zu entnehmen, daß unterhalb bestimmter Wellenlängen der Abbau im Licht rein photolytisch erfolgt, dieser also von Temperatur, Sauerstoffeinwirkung, Feuchte sowie Katalysatoren unabhängig ist. Die *Grenzwellenlänge für photolytischen Abbau* variiert von Faserstoff zu Faserstoff [10]:

Polyamid	510 nm	Viskose	340 nm
Flachs	360 nm	Seide	310 nm
Baumwolle	350 nm	Polyester	285–310 nm

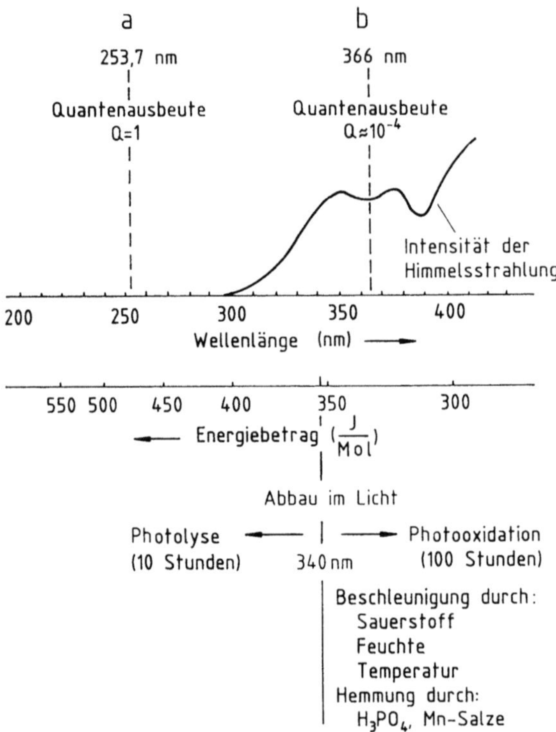

Abb. 10.2. Intensität der Himmelsstrahlung in Abhängigkeit von der Wellenlänge bzw. Energie des Lichtes mit Bezug zum photochemischen Abbau von Viskosefasern (nach Sippel [9], ergänzt von Sommer und Winkler [10]). **a** Wellenlänge des Hauptanteils (96 %) der Strahlung der von Egerton [18] verwendeten Niederdruck-Quecksilberdampflampe; **b** Maximum der UV-Strahlung des Sonnenlichtes

Oberhalb dieser Grenzen erfolgt die Spaltung chemischer Bindungen in zunehmendem Maße durch die Energie oxidativer und hydrolytischer Vorgänge (*Photooxidation*), die aber um eine Größenordnung langsamer verlaufen als die rein photolytischen. Das Licht steuert hier die fehlenden Energiebeträge bei und wirkt beschleunigend [8]. Diese von Licht bewirkten Vorgänge treten nur dann ein, wenn Strahlen der entsprechenden Wellenlängen von den Fasern absorbiert werden, was stoffabhängig sehr unterschiedlich sein kann. Für die Beurteilung der spektralen Beständigkeit eines polymeren Materials gegenüber Strahleneinwirkung ist das "activation spectrum" nach Searle geeignet, das die gewählte Materialeigenschaft der betrachteten Meßprobe als Funktion der eingestrahlten Wellenlänge der Sonne oder einer künstlichen Strahlenquelle wiedergibt [45]. Diese Darstellungsform (Abb. 10.3) zeigt direkt die für die Alterung kritischen Wellenlängenbereiche und kann sehr gut für vergleichende Bewertungen verschiedener Entwicklungsvarianten, z.B. Materialien mit unterschiedlichen Stabilisatorzusätzen, genutzt werden. Die aufgenommene Lichtenergie kann neben der photochemischen Absorption noch durch

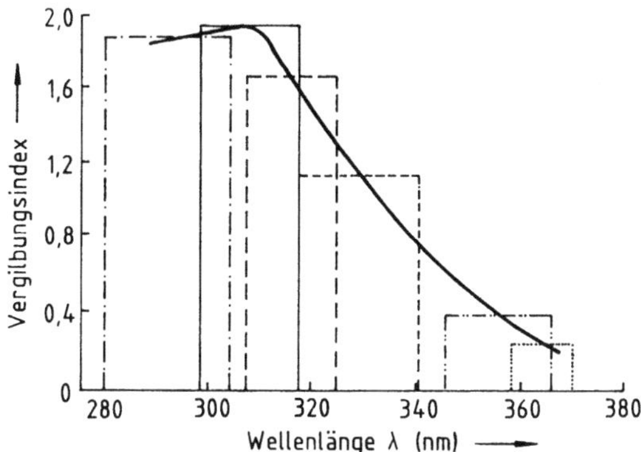

Abb. 10.3. Abhängigkeit der Vergilbung einer Polycarbonatfolie von der Wellenlänge der Strahlung einer Xenon-Lampe mit Borsilicatglas-Filter (activation spectrum), die gekennzeichneten Wellenlängenbereiche ergeben sich durch die auf die Meßprobe aufgelegten Filter (nach Searle [45])

Wärmeumwandlung und Fluoreszenz-Erscheinungen verbraucht werden [12, 13], wobei die Wärme – wie gezeigt – Alterungsvorgänge beschleunigt. Lichtschädigungen können aber auch durch katalytisch wirkende Fremdstoffe, die gewollt oder ungewollt anwesend sind, beeinflußt werden (Mattierungsmittel TiO_2, Farbstoffe, Veredlungsmittel, Chemikalienreste u.a.). Selbst die Beschaffenheit der Atmosphäre (Acidität der Industrieabgase, Staub, Feuchteanteil usw.) ist zu bedenken.

Ein besonderes Problem der Alterungsprüfung ist die Beschaffenheit des Sonnenlichtes bzw. des Lichtes der künstlichen Strahlungsquellen, womit sich Sommer und Winkler [10] intensiv befaßten. Im Falle der natürlichen Belichtung ist die *spektrale Energieverteilung* der Strahlung von ausschlaggebender Bedeutung. Allerdings ist diese laufend Veränderungen unterworfen, bedingt durch Sonnenstand, Bewölkungsgrad, Jahreszeit usw. Außerdem sind die Anordnung der Meßproben zur Sonne mit oder ohne Glasabdeckung und ggf. Klimatisierung (insbesondere Wärmeabführung) sowie die Auslegedauer zu beachten. Künstliche Lichtquellen ermöglichen dagegen einfacheres Arbeiten, zumal die Strahlungsintensität einigermaßen konstant gehalten werden kann. Allerdings weicht die spektrale Zusammensetzung und damit die Intensität der Strahlung mehr oder weniger von derjenigen der Globalstrahlung ab, was Tabelle 10.4 für verschiedene künstliche Lichtquellen ausweist [14]. Am günstigsten verhält sich diesbezüglich die Xenonlampe XBF 6000 (Abb. 10.4). Die zahlreichen Bestrahlungsversuche mit natürlichem Licht und künstlichen Lichtquellen lassen erkennen, daß die mehr oder weniger schnell bewirkten Eigenschaftsveränderungen an Fasern von sehr vielen Parametern abhängig sind und damit exakte und hinreichend reproduzierbare Aussagen beeinträchtigt werden. Auch rechnerische Beschreibungen von durch Bestrahlung veränderten Eigenschaften sind meist nur näherungsweise möglich. Beispielsweise hat Kaufmann [15] *Weißgradänderungen* von Viskosespinnfasern mittels spektraler Bestrahlung untersucht, wobei er sich einer Hg-

Tabelle 10.4. Strahlungsanteile einiger künstlicher Lichtquellen im Vergleich zum natürlichen Tageslicht [10, 14]

Wellenlängenbereich	Globalstrahlung nach Schulze	Kohlenbogen-Fadeometer	Glühlampe und Hochdruck-Quecksilber-dampflampe mit Filter BG 19 (2 mm)	Xenonlampe XBF 6000 mit Filter KG1 (2 mm)
nm	%	%	%	%
280–315 (UV-B)	0,4	0,3	1,9	0,4
315–400 (UV-A)	9,1	77,6	6,9	11,9
400–800 (sichtbar)	90,5	22,1	91,2	87,7
280–800 (Gesamtstrahlung)	100,0	100,0	100,0	100,0

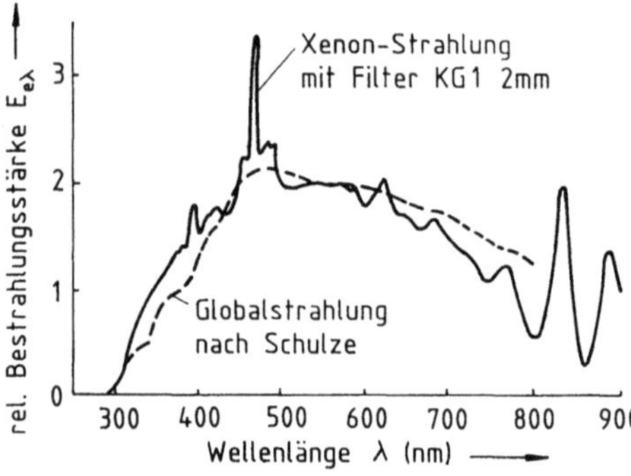

Abb. 10.4. Relative spektrale Bestrahlungsstärkeverteilung der Xenon-Lampe XBF 6000 mit Filter KG1 (2 mm) im Vergleich zur Globalstrahlung, bezogen auf die gleiche Gesamtstrahlung im Bereich bis 800 nm (nach Ilzhöfer [14])

Hochdruck-Lampe (300–400 nm) und einer Leuchtstofflampe (400–600 nm) bediente und mit diversen Filterkombinationen zahlreiche Wellenlängenbereiche herausfilterte. Die Versuche ergaben, daß im Falle einer Bestrahlungsdauer zwischen 10 und 87 Tagen die Weißgradzunahme bei 400–450 nm am größten ausfiel (Abb. 10.5). Die Kinetik der Weißgradänderung konnte der Autor mit einer theoretisch abgeleiteten Beziehung näherungsweise beschreiben. Aus derartigen Versuchen ging auch hervor, daß für die verwendeten 2,2 tex-Viskose-Teppichfasern (mattiert, roh, gelappt) eine Grenzwellenlänge von 330 nm existiert, bei deren Unterschreitung Vergilbung eintritt, die z.T. reversibel ist.

Natürlich sind derartige Bestrahlungseinwirkungen nicht ohne Einfluß auf die Festigkeit. Das Beispiel in Abb. 10.6 zeigt für verschiedene Filamentgarne aus synthetischen Polymeren das Rest-Höchstzugkraft-Verhältnis $f_{H,B}$ nach verschieden langer natürlicher Bestrahlung hinter Fensterglas in Schwarza (51°) und Havanna (23° geographischer Breite), wobei auf die Sonnenscheindauer (Sh) bezogen wurde. Für einen $f_{H,B}$-Wert von 40 % wurden bei Polyester in Havanna 750 Sh und in Schwarza etwa 1450 Sh benötigt, was in erster Linie auf die intensivere UV-Strahlung in Havanna zurückzuführen ist. Polyamid ist außerdem bei höheren Temperaturen lichtempfindlicher und spricht auch

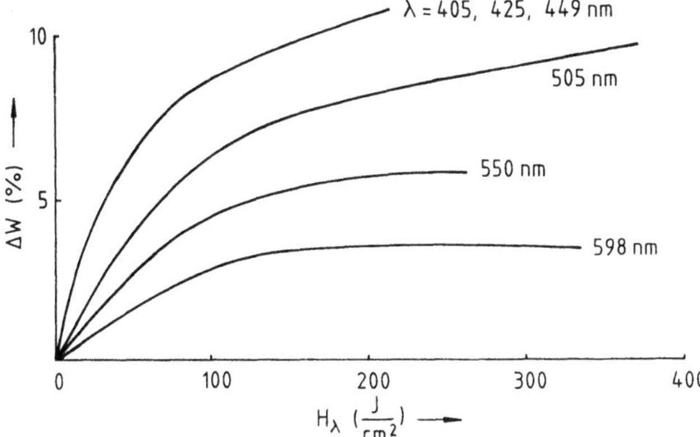

Abb. 10.5. Weißgradänderung ΔW von Viskosespinnfasern in Abhängigkeit von der spektralen Bestrahlung unter Verwendung einer Leuchtstoff-Lampe mit Metall-Interferenzfiltern [15]

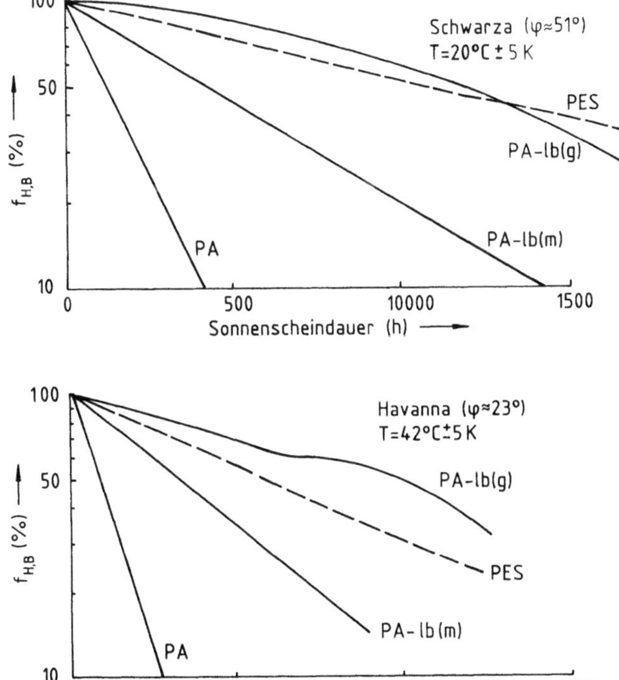

Abb. 10.6. Rest-Höchstzugkraft-Verhältnis $f_{H,B}$ von Filamentgarnen aus synthetischen Polymeren nach natürlicher Bestrahlung hinter Fensterglas in Schwarza und Havanne [16]; PA nicht stabilisiert, PA-lb (m) mittelmäßig stabilisiert, PA-lb (g) gut stabilisiert, PES nicht stabilisiert

Tabelle 10.5. Beständigkeit gegenüber Lichteinwirkung

Bewertung	Faser
1 sehr gut	Polyvinylchlorid Polyester Polyacryl
2 gut	Triacetat Acetat
3 ausreichend	Baumwolle Polyamid
4 kaum ausreichend	Hanf Flachs Ramie Wolle Seide Viskose Cupro
5 nicht ausreichend	Polyethylen Polypropylen Elastan (nicht modifiziert)

schneller auf UV-Strahlen an als Polyester [16]. Bei der Alterung von Chemiefasern spielt das TiO_2-Mattierungsmittel eine wichtige Rolle, was die elektronenmikroskopisch nachweisbare bevorzugte Polymerschädigung in unmittelbarer Umgebung der TiO_2-Pigmente belegt [46]. Während das TiO_2 auf Grund seiner UV-Absorption die Photolyse des Polymers verzögert und somit bezüglich des reinen UV-Abbaus eine gewisse Schutzwirkung hat, beschleunigt es in Verbindung mit Luftsauerstoff und Luftfeuchte die Photooxidation des Polymers durch die Bildung von OH- und HO_2-Radikalen [47].

In Tabelle 10.5 erfolgte die Lichtbeständigkeitszuordnung wichtiger Fasern zu fünf Qualitätsstufen. Die Unsicherheiten der Reihung beruhen hauptsächlich auf der geometrischen Form (geringe Eindringtiefe der UV-Strahlen) und auf Begleitsubstanzen (z.B. Pektine, Mattierungsmittel, Oberflächenauflagerungen) und unterschiedlichen Strukturen (z.B. Reckgrad).

Winkler und Mitarbeiter [17–19], die vom *Belichtungs-Höchstzugkraft-Verhältnis* $f_{H,B}$ (statt Rest-Höchstzugkraft-Verhältnis) sprechen, haben in umfangreichen Untersuchungsreihen versucht, die Zuverlässigkeit bzw. Reproduzierbarkeit natürlicher und künstlicher Belichtungsverfahren (Proben unter Fensterglas bzw. UV-durchlässigem Glas) zu erhöhen und beide zudem in Übereinstimmung hinsichtlich des Abbauverlaufes zu bringen, wobei möglichst schnelle Wirksamkeit der künstlichen Belichtung angestrebt wurde.

Hinsichtlich der Wirkung ionisierender Strahlen (vgl. auch Kap. 8) besteht insofern zur Lichteinwirkung ein Unterschied, als die Eindringtiefe z.B. von β- und γ-Strahlen grundsätzlich größer als die des Lichtes ist und die Abbaumechanismen nicht hinreichend identisch sind. Der bewirkte Polymerisationsgradabfall wurde z.B. an γ-bestrahlter Baumwolle untersucht [20] und folgende

Beziehung zwischen dem Polymerisationsgrad P und der Energiedosis N_n gefunden

$$\ln P = k' \cdot \ln N_n + K'. \tag{10.1}$$

    k', K' Konstanten

Abschließend ist festzustellen, daß es praktisch nicht möglich ist, durch künstliche Belichtung die natürlichen Alterungsbedingungen zu simulieren. Zeitraffende Methoden sind zwar bei der Qualitätsentwicklung und -überwachung unerläßlich, aber es ist wichtig, die Prüfbedingungen mit Bezug zum Prüfmaterial jeweils so zu wählen, daß bei der Kurzzeitprüfung ein mit der natürlichen Alterung vergleichbarer Abbaumechanismus gegeben ist.

10.3.5 Mikroorganismeneinwirkung

Mikroorganismen (Mikroben) kommen in Tausenden von Arten hauptsächlich als Pilze und Bakterien in unserem Umfeld vor. 1 Gramm Ackerboden aus 30 cm Tiefe enthält bis zu 3 Milliarden Keime von 20–30 verschiedenen Arten, in Flußwasser befinden sich nicht selten mehr als 1 Milliarde Keime je Liter, in bodennahen Luftschichten kommen bis zu 500 Keime/m^3 vor, Rohbaumwolle weist 10–50 Millionen Bakterien und bis zu 500 000 Pilzsporen je Gramm auf usw. [21]. Hinreichende Kenntnisse über die Eigenschaften dieser Mikroorganismen sind nicht nur bezüglich ihres Einflusses auf das Alterungsverhalten der Fasern, sondern neuerdings vor allem hinsichtlich ihrer technischen Nutzung (Biotechnologie) bei Wahrung des naturgegebenen biologischen Gleichgewichtes immer wichtiger. Die von den Mikroorganismen erzeugten verschiedenartigen Enzyme (früher als Fermente bezeichnet) sind Proteine, die als „Biokatalysatoren" in der Stoffwandlung große Bedeutung aufweisen, was bis hin zur Erschließung z. B. von Erzen reicht.

    Bezogen auf Fasern handelt es sich um Spezies, die Bindungen in Eiweißen, Cellulosen, Stärken, Pektinen u. a. spalten und dem Stoffkreislauf der Mikroorganismen zugänglich machen. Von Vorteil ist dieser Vorgang z. B. bei der Flachsaufschließung durch die Tau-, Kalt- oder Warmwasserröste, wobei die Klebsubstanzen (Pektine) zwischen dem Rindenparenchym und den Fasersträngen gelöst werden. Auch enzymhaltige Waschmittel für Textilien, die eiweißhaltige Verschmutzungen spalten, wurden eingeführt. In den meisten Fällen ist aber das Auftreten von Mikroorganismen an Naturfasern sowie an aus Cellulose oder Proteinen erzeugten Regenerat-Chemiefasern für die Alterungsbeständigkeit von Nachteil, sofern hohe Luft- und Faserfeuchte sowie für deren Entwicklung optimale Temperaturen (bis zu 40 °C) längere Zeit ungestört einwirken können. Tabelle 10.6 enthält typische faserschädigende Mikroorganismen. In der Literatur sind zahlreiche Beispiele beschrieben [22, 51], wie z. B. Schimmelpilze an Teppichen, Seilen, Zelten, Stores dann großen Schaden anrichten, wenn übermäßige Feuchte (Lager, feuchte Hauswand, tropfende Wasserleitung, Seilschlaufe in nicht austrocknendem Plastrohr) anwesend war. Luftfeuchten unter 70%, Temperaturen unter 10 °C und gute

Tabelle 10.6. Schädigende Mikroorganismen für Naturfasern [21]

Substanz	Faser	Besiedlung und Abbau durch Bakterien und Actinomyceten	Besiedlung und Abbau durch Pilze
Cellulose	Baumwolle	Aerobacter, Flavobakterien	Rhizopus, Mucor, Hormodendron
	Flachs Hanf Jute Sisal Kokos		Fusarium, Alternaria, Sporotrichum, Penicillium, Aspergillus, Chaetomium, Stachybotrys, Myrothecium Memnoniella, Cladosporium, Trichoderma
Proteine und Wollfett	Wolle	Bac. cereus, Bac. mesentericus Streptomyceten (Actinomyceten)	Alternaria, Stemphylium, Oidium, Penicillium, Aspergillus; Trichophyton, Microsporium (letztere sind Dermatophyten, die als Saprophyten auf der Wolle vorkommen)
	Rohseide	nach Beseitigung der Begleitproteine durch bakterielle Proteasen sehr widerstandsfähig	

Belüftung verhindern die Schimmelpilzentwicklung. Im Erdreich *vergrabene Textilien* aus Naturfasern sind dem Eigenschaftsabbau und damit der Alterung besonders schnell unterlegen. Die heute verfügbaren hochveredelnden und antimikrobiellen Ausrüstungsmittel können die Lebensdauer cellulosischer Fasern um ein Vielfaches erhöhen [24], doch dürfen sich diese Mittel nicht schädigend auf die Umwelt und den Menschen auswirken. Dazu kommen Probleme der Auswaschbarkeit, Verträglichkeit mit den Fasern und weiteren Hilfsmitteln, Geruchs- und Farblosigkeit [21–24].

In vielen Schriften wird behauptet, daß synthetische Chemiefasern gegenüber Mikroorganismen resistent seien. Die Erfahrungen haben aber gezeigt, daß die synthetischen Chemiefasern im Vergleich zu Naturfasern zwar wesentlich beständiger sind, aber im Laufe der Zeit je nach chemischer Zusammensetzung ebenfalls mehr oder weniger schnell Eigenschaftsminderungen aufweisen. Beispielsweise wurden verschiedenartige synthetische Chemiefasern bis zu 6 Monaten Belebtschlamm aus Abwässern ausgesetzt. An Hand mikroskopischer Schadstellenzählungen und der Erfassung von Orientierungs- und Festigkeitsminderungen wurde gezeigt, daß Polyamid-, Polyester-, Polyacrylfasern sowie einige Versuchsfasern merklich geschädigt waren. Die Versuchsergebnisse machten deutlich, daß größere spezifische Oberfläche und porösere Faserstruktur den Abbau förderten und *alle* Fasern äußerlich erkennbare Schäden (Aushöhlungen, Wandschädigungen, Aufspaltungen, Aufblähungen) aufweisen. Untersuchungen an Polyester-, Polyacryl- und Polypropylen-Spinnfasern auf mikrobiologische Beständigkeit gegenüber einem *Pilzkomplex* (GOST 15151-69, GOST 10692-64) ergaben [26], daß diese nach 4 Wochen zu 50% zerstört waren. Polyvinylchloridspinnfasern blieben bei diesen Versuchen ohne Schimmelbewuchs.

Nutzt man synthetische Chemiefasern (PA 6, PA 6.6, PES, PP, PAN) zum Einbau in einen lebenden Organismus, so muß auch hier mit einem mehr oder weniger schnellen Abbau durch Mikroorganismen gerechnet werden. Am ungünstigsten erwies sich nach Schwertassek und Dvorak [27] die *Implantation von Polyamiden*, an denen bereits nach 60 Tagen ein enzymatischer Abbau erkennbar wurde, der nach 210 Tagen zu teleskopartigen Zersetzungsformen führte. Hinsichtlich der Reißkraft wurden Halbwertszeiten an PA 6 von 38 Tagen und an PA 6.6 von 45 Tagen erreicht. Andererseits konnten an Gefäßprothesen aus Polyesterfilamentgarn nach 8,5 Jahren Verweildauer in einem menschlichen Organismus zwar gewisse, vorwiegend wohl mechanisch bedingte Schäden festgestellt werden, doch wäre trotz gewisser Festigkeitsminderung und Versprödung die Gefäßprothese noch länger verwendungsfähig gewesen. Experimentell konnten enzymatische Einwirkungen nicht hinreichend nachgewiesen werden, man hält aber ihre abbauenden Wirkungen besonders in den nichtkristallinen Bereichen für möglich.

In Anbetracht der gegenwärtig sehr großen Forschungsaktivitäten auf dem Gebiet der Mikroorganismen ist es andererseits auch denkbar, daß Spezies gefunden bzw. entwickelt werden, die unter synthetische Chemiefasern bei der Aufbereitung wirksamer angreifen, diese zu Oligomeren abbauen und so für weitere Spezies zugängig machen. Selbst im Falle der antimikrobiell ausge-

Tabelle 10.7. Beständigkeit gegenüber Mikroorganismen

Bewertung	Faser
1 sehr gut	anorganische Fasern
	Fluoro
	Polyvinylchlorid
	Polycarbonat
2 gut	Polyacryl
	Polyester
	Polyethylen
	Polypropylen
3 mäßig	Polyamid 6.6
	Polyamid 6
	Polyvinylalkohol
	Elastan
	Aramid
	Triacetat
4 schlecht	Acetat
	Seide
	gebleichte Baumwolle
5 sehr schlecht	Baumwolle
	Sisal
	Jute
	Ramie
	Kokos
	Hanf
	Flachs
	Viskose
	Cupro
	Wolle

rüsteten Textilien muß man damit rechnen, daß es im Laufe der Zeit den Mikroorganismen infolge Selektion bzw. Mutation möglich sein wird, derartige Schutzbarrieren zu überwinden – analog z. B. dem allmählichen Wirkungsverlust von Insektiziden.

In Tabelle 10.7 wird versucht, die Beständigkeit der Fasern gegenüber Mikroorganismen auf Basis bisher bekannt gewordener Erfahrungen zu werten. Diese Wertung erfolgte in fünf Stufen von „sehr gut" bis „sehr schlecht". Daß hierbei z. T. beträchtliche Schwankungen in Kauf genommen werden müssen, hängt mit den jeweiligen äußeren Bedingungen, aber auch mit den Fasern selbst (geometrische Form, innere Struktur, Begleitsubstanzen, modifizierende Behandlungen, Gebrauchsbeanspruchungen, Alter) zusammen. Nur so ist es zu verstehen, daß z. B. Polyester- und Polyacrylfasern vielfach Spitzenstellungen einnehmen, mitunter aber auch nur zu mäßiger Beständigkeit tendieren. Noch ausgeprägter ist dieses Verhalten bei Polyamidfasern. In wichtigen Fällen ist es daher ratsam, die Beständigkeit der Fasern oder die Wirksamkeit antimikrobieller (fungizider) Ausrüstungen experimentell zu überprüfen. Über biologische Textilprüfverfahren, die von Bewuchsversuchen in Petrischalen mit ausgewählten Mikroben [21–23] bis zur Erdverrottung [26, 27] reichen, gibt es zahlreiche Veröffentlichungen.

10.3.6 Komplexe Umwelteinwirkung (Bewetterung)

Das komplexe Wirksamwerden der vorstehend besprochenen Einflußmöglichkeiten auf das Altern der Fasern tritt hauptsächlich beim Bewettern in Erscheinung. Von jeher wurde versucht, eine Beständigkeitsreihung für die zur Verfügung stehenden Fasern hinsichtlich des Bewetterungsverhaltens aufzustellen. Geprüft wurden wegen des geringeren Prüfaufwandes meist Festigkeit und Dehnung, obwohl Biegeverhalten, Höchstzugkraft-Arbeit und ggf. auch die Scheuerprüfung empfindlicher und z. T. sogar anders ansprechen. *Bewetterungsversuche* aus dem Zeitraum 1958/59 (Tabelle 10.8 [34]) lassen erkennen, daß an verschiedenen Natur- und Chemiefasern Rest-Höchstzugspannung und Rest-Höchstzugkraft-Arbeit zu unterschiedlichen Wertungsreihungen führen. Lediglich die Polyacryl- und Polyvinylchlorid-Materialien liegen bei dieser Auswahl unangefochten an der Spitze. Bei diesen Versuchen ist problematisch, daß es sich um mehr oder weniger dicke Kabel bzw. Garne handelt, bei denen somit die nicht dem Licht unmittelbar ausgesetzten Faseranteile unterschiedlich groß sind. Im Falle von Bewetterungsversuchen an technischen Geweben kommen strukturelle und geometrische Merkmale des Flächengebildes hinzu. So haben z. B. Kiseleva und Bufetov [35] an technischen Geweben nach einjähriger Bewetterung (im Raum Jaroslavl) gefunden, daß Gewebe aus Baumwolle (906 g · m^{-2}), *Lavsan*/PES (633 g · m^{-2}) und *Anid*/PA 6.6 (322 g · m^{-2}) am widerstandsfähigsten, solche aus CLF (480 g · m^{-2}), *Kapron*/PA 6 (682 g · m^{-2}) und Viskose (532 g · m^{-2}) am wenigsten widerstandsfähig sind. Bei derartigen Versuchen handelt es sich um praktische Einsatzerprobungen, bei denen die Höchstzugkraft gemessen wird und die Wetterbeständigkeit der verwendeten Fasern mehr oder weniger durch die Konstruktion des Faden- und Flächengebildes überdeckt wird. Aussagen über die tatsächliche Wetterbeständigkeit des jeweiligen textilen Faserstoffes sind daher nur bedingt möglich. Im Falle der Chemiefasern ist zu beachten, daß deren Eigenschaften durch den Hersteller im Laufe der Zeit mittels chemischer Zusätze, Polymermischung, physikalischer Modifizierungen usw. verbessert wurden und werden, was z. B. auch die Licht- und Wetterbeständigkeit betrifft. Vor 30 Jahren durchgeführte Bewetterungsversuche sind deshalb mit solchen der Gegenwart nur bedingt vergleichbar; hinzu kommen klimatische Unterschiede und erhöhte Belastungen der Luft durch Industrieabgase (einschließlich Verkehr). Da die Chemiefasern weltweit von zahlreichen Herstellern mit mehr oder weniger fortschrittlichen Technologien und Additiven erzeugt werden, können an ein und demselben Fasertyp beträchtliche Eigenschaftsunterschiede festgestellt werden, was sich auch auf die Bewetterungsbeständigkeit bezieht. Polypropylenfasern wurden bislang hinsichtlich Licht- und Wetterbeständigkeit als sehr schlecht eingestuft, jedoch werden diese ebenfalls laufend verbessert, da geeignete Additive

Tabelle 10.8. Eigenschaftsverfall durch Bewetterung nach 3 und 12 Monaten (21. 8. 58 – 20. 8. 59/Reutlingen) von Natur- und Chemiefasern (nach Lünenschloß et al. [34])

Material	Bewetterungsdauer 3 Monate			12 Monate		
	Rest-Höchst-zugspannung % der Ausgangs-Höchstzug-spannung	Rest-Bruchdehnung % der Ausgangs-Bruchdehnung	Rest-Höchst-zugkraft-Arbeit % der Ausgangs-Höchstzugkraft-Arbeit	Rest-Höchst-zug-spannung %	Rest-Bruch-dehnung %	Rest-Höchstzug-kraft-Arbeit %
Baumwollgarn Nm 17	72	65	52	33	41	15
Garn aus Langflachs Nm 12	92	100	74	28	48	14
Ramiegarn Nm 12	55	55	33	16	25	4
Reyonkord-Grundgarn Td 1100/480/60[a] glänzend	40	93	47	13	33	5
Cupresa-Faden Td 300/200/100[a] glänzend	44	21	16	–[b]	–[b]	–[b]
Celluloseacetat-Faden Td 300/50/150[a] glänzend	63	58	47	–[b]	–[b]	–[b]
Nylon-Kabel, Provenienz A Td 840/140/40[a] glänzend	64	59	40	37	45	14
Nylon-Kabel, Provenienz B Td 840/132/200[a] glänzend	82	83	64	46	58	24
Polyester-Kabel Td 1000/300/100[a] glänzend	77	51	39	50	37	15
Dralon-Kabel Td 3000/650/100[a] matt	100	95	94	100	91	92
Rhovyl-Spinnkabel Td 3500/600[a] glänzend	99	94	94	95	85	74

[a] Feinheit/Filamentanzahl/Drehungen je Meter
[b] Material vollkommen zerstört (z. T. schon nach 9 Monaten)

entwickelt wurden, die als UV-Absorber bzw. Alterungsstabilisatoren u.a. wirken.

Trotz der zahlreichen und sich laufend ändernden Einflüsse wird immer wieder versucht, eine Einschätzung der Bewetterungsbeständigkeit der gebräuchlichen Fasern zu geben. Grundsätzlich ist festzustellen, daß dabei die Lichteinwirkung den größten Einfluß hat und somit die Lichtbeständigkeit mit der Bewetterungsbeständigkeit relativ stark korreliert. Der Eigenschaftsverfall geht bei der Bewetterung insbesondere aufgrund des Feuchteeinflusses schneller voran als bei der üblichen Lichtbeständigkeitsprüfung. Die Übereinstimmung von natürlicher und künstlicher Bewetterung in ihrer Alterungsbeeinflussung ist ebenso problematisch wie bei der natürlichen und künstlichen Lichteinwirkung (s. Abschn. 10.3.4). Eines von vielen Beispielen künstlicher Bewetterungen ist in Abb. 10.7 nach Gorškova [4] wiedergegeben, die drei Gewebeproben aus synthetischen Filamentgarnen (PA, PES, PP) im benetzten Zustand (Benetzung alle 110 min für die Dauer von 10 min) und bei Temperaturen von 25, 40 und 60 °C einer Hg-Quarzlampen-Bestrahlung (8 h) aussetzte und den Alterungsbeständigkeitskoeffizienten K für Höchstzugspannung und Höchstzugkraft-Dehnung ermittelte

$$K = \frac{A_c}{A_0} \cdot 100\,(\%). \tag{10.2}$$

A_0, A_c Meßwerte der Eigenschaften vor und nach der künstlichen Bewetterung. Wie Abb. 10.7 erkennen läßt, nehmen Höchstzugspannung und Höchstzugkraft-Dehnung mit steigender Temperatur praktisch proportional und für die verschiedenen Fasertypen unterschiedlich stark ab. Somit ist die Empfindlichkeit der Proben gegenüber Temperaturerhöhung, die zur Beschleunigung der durch das Licht initiierten Oxidationsprozesse führt, unterschiedlich und

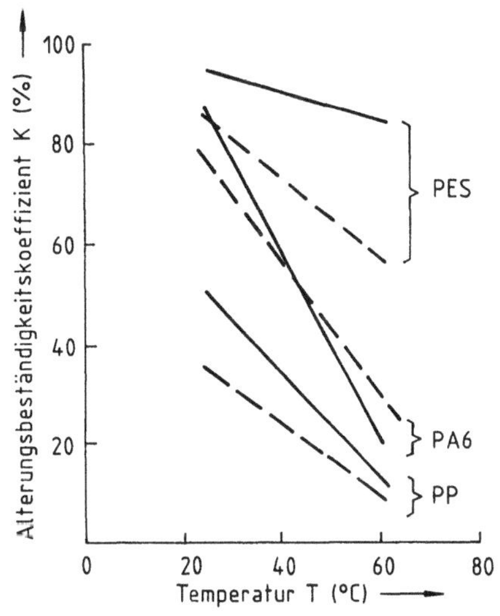

Abb. 10.7. Alterung verschiedener Filamentgarngewebe aus synthetischen Polymeren nach Hg-Quarzlampenbestrahlung bei unterschiedlichen Lagerungstemperaturen [4]; ——— Höchstzugspannung, – – – – Höchstzugkraft-Dehnung

Tabelle 10.9. Beständigkeit gegenüber Bewetterung

Bewertung	Faser
1 sehr gut	anorganische Fasern
	Fluoro Polyvinylchlorid Polystyren
2 gut	Polyacryl Polyester
	Aramid
3 ausreichend	Polyamid 6.6 Polyamid 6 Polyvinylalkohol
	Triacetat Acetat
	Baumwolle
4 kaum ausreichend	Hanf Flachs Ramie
	Seide Wolle
	Viskose Cupro Polyethylen
5 nicht ausreichend	Polypropylen Elastan

abhängig von der Faserart. Folglich kann auch keine für alle Fasern gültige einheitliche Arbeitstemperatur angegeben werden, bei der größtmögliche Übereinstimmung der Alterungskinetik der mechanischen Eigenschaften bei künstlicher und natürlicher Bewetterung besteht.

In Tabelle 10.9 wird versucht, die Bewetterungsbeständigkeit der gebräuchlichen Fasern 5 Bewertungsstufen zuzuordnen, wobei nochmals auf die vorstehend angesprochenen Probleme hingewiesen werden muß. Dieserhalb können insbesondere die Chemiefasern auch eine Stufe höher oder tiefer gefunden werden. Mit der Anordnung innerhalb der einzelnen Stufen ist auch eine Rangfolge verbunden.

10.4 Insekten- und Kleintierschäden

Eine vorschnelle Eignungsminderung kann an textilen Fasern auch durch die Einwirkung von Insekten und Kleintieren [37, 50] erfolgen. Laibach [36] berichtete über Schäden an über 400 zugereichten Garn- und Textilstücken, an denen 45 verschiedene Insektenarten als Schädlinge beteiligt waren. „Darunter

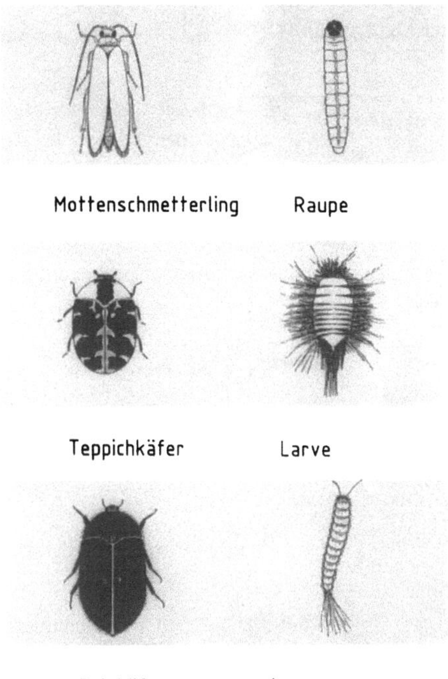

Abb. 10.8. Keratinverzehrende Woll-
schädlinge

waren die bekannten Großschädlinge für regenerierte Cellulosen: Silberfischchen und Schaben, Grillen, Laufkäfer, Messingkäfer, Holzwürmer,
Holzwespen, Speckkäfer, Korn- und Mehlkäfer, Apfelwickler, Teppichkäfer,
Pelzkäfer, Pelz- und Kleidermotten." Die Ursachen sind fast ausschließlich auf
unsachgemäße Lagerung zurückzuführen bzw. im Falle von Wollschädlingen
(insbesondere Kleidermotte) auf das Unterlassen einer Imprägnierung der
Wolle mit MKS-Produkten (**Motten-Käfer-Schutz**). Die bedeutendsten *Woll-
schutzmittel* sind *Mitin-* und *Eulan*-Produkte, die wie Dispersionsfarbstoffe auf
die Faser aufziehen, z.B. während des Färbens, der Wäsche in Wasser oder
organischen Lösungsmitteln, beim Spinnschmälzen oder beim Aufsprühen auf
die fertige Ware, was auch im Haushalt erfolgen kann [48, 49]. Ihre Toxizität
gegenüber Säugetieren ist in der Regel gering, doch ist die Abwasserproblema-
tik wegen der Toxizität gegenüber Fischen und Wasserpflanzen nicht zu
unterschätzen [50].

Den volkswirtschaftlich größten Schaden verursachen nach wie vor die
Kleidermotten. Deren Raupen sowie auch die der Teppich- und Pelzkäfer
(Abb. 10.8) haben im Verdauungstrakt eine alkalische Reduktionszone, an die
sich gegebenenfalls noch eine Oxidationszone anschließt, in der die Disulfid-
brücken des Cystins aufgebrochen werden, so daß nun die aktiven Gruppen der
Enzyme die separierten Proteinketten leicht angreifen können [50]. Im Falle der
Proteinfasern (Casein-, Maiseiweißfasern u.a.) sind die Eiweißkörper unver-
daulich oder mehr oder weniger stark angreifbar, gegebenenfalls kann es im

Tabelle 10.10. Verhalten wichtiger Fasern gegenüber keratin-
verzehrenden Insekten, insbesondere der Kleidermottenraupen

Bewertung	Faser
1 sehr gut	anorganische Fasern
	Fluoro
	Polycarbonat
2 gut	Stengelfasern
	Blattfasern
	Kokos
	Baumwolle
3 mäßig	Polyester
	Polyamid
	Polyacryl
	Polyvinylchlorid
	Polyethylen
	Polypropylen
4 schlecht	Viskose
	Cupro
	Triacetat
	Acetat
	Proteinfasern
5 sehr schlecht	Seide
	Haare
	Wolle

Verdauungsschlauch der Raupe zum Zerfall kommen [38]. Sämtliche andere
Fasern sind für die Mottenraupen unverdaulich, was aber nicht besagt, daß
diese nicht zerbissen, gefressen und unverdaut durch den Darmtrakt transpor-
tiert werden und im Kot nachweisbar sind. Umfangreiche Untersuchungen von
Wolf [39] mit eingrenzenden Fraßgemischversuchen führten zu einer Rangfolge der relativen Fraßbevorzugung, die von der Zerbeißbarkeit (Zahl der
notwendigen Bisse der Mandibeln) weitgehend abhängig ist und mit der
Bewertungsreihe hinsichtlich der Resistenz der Fasern gegenüber der Kleidermottenraupen auf Basis bekannt gewordener Erfahrungen in Tabelle 10.10
korreliert. Die Stufe 5 stellt dabei einen Sprung insofern dar, als es nur hier um
Keratinzersetzung geht. Die Stufen 1–4 charakterisieren lediglich die Zerbeiß-
häufigkeit bzw. den Zerbeißwiderstand. Auch Glasfasern werden u.U. zerbissen und verschlungen [40]. Grundsätzlich werden aber nichtwollene Textilien
von Motten nicht „befallen". An diesen treten wertmindernde Fraßschäden
nur dann auf, wenn abgebissene Partikel zum Bau von Köchern (für
Aufenthalt der Raupen bzw. Puppen) benötigt werden oder der Weg zu
Wollmaterial freigelegt werden muß, wobei auch Papier und Zellophanfolien
zerbissen werden [41]. Da Rohwollen, Halb- und viele Fertigfabrikate nach wie
vor nicht mit MKS-Mitteln geschützt werden, haben die keratinverdauenden
Insekten weiterhin Überlebenschancen. Allerdings sind dazu dunkle, ruhige

Orte und wenig bewegte keratinhaltige Produkte erforderlich; Verschmutzungen (Wollfett, Proteine) und Wärme wirken begünstigend. Auch heute wird ab und zu über Lagerschäden an Ballen und sogar konfektionierter Ware berichtet [42].

Von Silberfischchen (Lepisma saccharina L.) ist bekannt, daß von diesen vor allem Celluloseregeneratfasern angegriffen werden, und zwar um so mehr, wenn sich an diesen eingetrocknete Zuckerreste (Fruchtsäfte, Marmelade, Honig usw.), aber auch Stärke oder eiweißhaltige Produkte befinden. Die Cellulose kann im regenerierten Zustand als Zusatz- oder Notnahrung dienen, nicht aber die native Cellulose [43]. Eine echte Celluloseverdauung erfolgt bei Termiten, was auf Mitwirkung der im Darm anwesenden Mikroorganismen zurückgeführt wird. Ohrwürmer (Forficula auricularia L.) können die üblichen textilen Faserstoffe zwar nicht verdauen, haben aber unter besonderen Umständen an nicht zu dicht eingestellten Geweben Beißschäden vor allem dann verursacht, wenn fraßanreizende Verschmutzungen (Fruchtsaft, Butter usw.) vorlagen [44].

Wenn man bedenkt, daß gegenwärtig etwa eine Million verschiedenartiger Insekten bekannt sind, dann ist die Zahl der ernst zu nehmenden Textilschädlinge in unseren Breiten minimal und vor allem beherrschbar. Es ist aber unter besonderen Umständen möglich, daß zeitweise gewisse Insekten verstärkt in Erscheinung treten und zu Textilschäden führen. Das ist auch im Zusammenhang mit dem intensiven Welthandel zu sehen, der zu starker Verbreitung der Insektenarten über die ganze Welt beiträgt. Tropische Arten (z. B. Termiten) können durchaus in den geheizten Räumlichkeiten unserer Breiten eine gewisse Zeit existieren und u. U. zu Schäden an Textilien führen.

Kleintierschäden treten nur sehr selten und unter meist sehr extremen Bedingungen auf. Vor allem handelt es sich um Nagetiere (Mäuse, Ratten u. a.), die textile Hindernisse (z. B. in der Landwirtschaft), Bandagen zur Isolierung an Rohren oder elektrische Leitungen, Filter u. a. zerstören können.

Literatur

1. Lünenschloß J, Kurth H (1960) Der Einfluß der Bewetterung auf die Eigenschaften der verschiedenen textilen Faserstoffe, Text.-Prax. 15:1146–1150
2. Freudenthal AM (1955) Inelastisches Verhalten von Werkstoffen, Verlag Technik, Berlin
3. Bartenew GM, Kartaschow EM (1981) Theorie der Lebensdauer polymerer Fasern, Plaste u. Kautschuk 28:241–245
4. Gorškova SS (1981) Temperatureinfluß bei beschleunigter Licht- und Wärmealterung von synthetischen Geweben, Sowj. Beitr. Faserforsch. Textiltechn. 18:558–559
5. Bobeth W (1973) Herstellung, Struktur, Eigenschaften und Einsatz von Glasseiden, Wissenschaftliche Thesen der Akademie der Wissenschaften der DDR 4
6. Rath H (1963) Lehrbuch der Textilchemie, 2. Aufl. Springer, Berlin Göttingen Heidelberg
7. Launer HF, Wilson WK (1949) The Photochemistry of Cellulose. Effects of Water Vapor and Oxygen in the Far and Near Ultraviolett Region, J. Amer. chem. Soc. 71:958–962
8. Sippel A (1951) Chemiefasern und Licht, Melliand Textilber. 32:205–209
9. Sippel A (1952) Photochemie der Textilfasern, Wege zur Faserforschung und Faserverbesserung, Faserforsch. u. Textiltechn. 3:211–213

10. Sommer H, Winkler F (1960) Die Prüfung von Textilien, in: Siebel E (Hrsg) Handbuch der Werkstoffprüfung, 2. Aufl. 5. Band. Springer, Berlin Göttingen Heidelberg
11. Egerton GS (1949) The Mechanism of the Photochemical Degradation of Textile Materials, J. Soc. Dyers Colourists 65:764–777
12. Schaeffer A (1951) Photochemische und thermische Einflüsse auf Fasern und Farbstoffe, Melliand Textilber. 32:617–620
13. Schaeffer A (1956) Vorgänge beim Belichten gefärbter und ungefärbter Textilien, Melliand Textilber. 37:954–963, 1073–1077
14. Ilzhöfer H (1956) Die wassergekühlte Xenonlampe hoher Leistung – eine künstliche Strahlungsquelle für Lichtechtheitsprüfungen, Text.-Prax. 11:1220–1225
15. Kaufmann S (1971) Weißgradänderungen von Viskosefasern durch spektrale Bestrahlung, Faserforsch. u. Textiltechn. 22:16–21, 278–280, 316–319
16. Kaufmann S (1971) Physikalische Probleme bei der Einwirkung ultravioletter und sichtbarer Strahlung auf synthetische Faserstoffe, Faserforsch. u. Textiltechn. 22:120–129
17. Schmidt F, Pietschmann S, Winkler F (1968) Natürliche und künstliche Belichtung von Chemieseiden, Dt. Textiltechn. 18:249–253
18. Winkler F, Schmidt F (1970) Zusammenhänge zwischen natürlicher und künstlicher Belichtung von Syntheseseiden, Dt. Textiltechn. 20:722–725, 786–791
19. Winkler F, Schmidt F (1975) Zusammenhang zwischen der Beständigkeit polymerer Festkörper bei natürlicher und künstlicher Belichtung, Faserforsch. u. Textiltechn. 26:241–244
20. Arthur JCJ (1958) The Effects of Gamma Radiation on Cotton II.: Proposed Mechanism on the Effects of High Energy Gamma Radiation on Some of the Molecular Properties of Purified Cotton, Textile Res. J. 28:204–206
21. Wallhäuser KH, Fischer K (1970) Die antimikrobielle Ausrüstung von Textilien, Textilveredlung 5:3–14
22. Wälchi O (1969) Schimmelpilzschäden an Textilien und deren Verhütung durch schimmelfeste Ausrüstungen, Textilveredlung 4:620–629
23. Graf E, Segmüller M (1977) Möglichkeiten und Grenzen des Verrottungsschutzes bei Textilien aus zellulosischen Fasern, Textilveredlung 12:496–500
24. Médico A (1967) Gebrauchswertsteigerung nativer Zellulosefasern durch Licht-, Säure-, Verrottungs- und Wetterschutz, Textilveredlung 2:390–395
25. Ermilova IA, Alekseeva LN, Samolina II et al. (1982) Einfluß von Mikroorganismen auf die Struktur synthetischer Fasern, Sowj. Beitr. Faserforsch. Textiltechn. 19:274–276
26. Karaseva GG, Asmolova VI, Ustinova ET (1977) Die mikrobiologische Beständigkeit von Vliesstoffen aus Chemie- und Bastfasern, Sowj. Beitr. Faserforsch. Textiltechn. 14:378–379
27. Schwertassek K, Dvorak J (1970) Beitrag zum Studium des Abbaues von Synthesefaserstoffen im lebenden Organismus, Faserforsch. u. Textiltechn. 21:78–83
28. Menzel KC, Helbig P (1955) Die Zwischenlagerung von geröstetem Flachsstroh, zugleich ein Vergleich zwischen Laboratoriums- und Betriebsversuch, Faserforsch. u. Textiltechn. 6:62–70
29. Dimitrieva IA, Luk'janova LM, Trunova GG et al. (1981) Mikroveränderungen von Syntheseseiden bei Langzeitlagerung, Sowj. Beitr. Faserforsch. Textiltechn. 18:269–271
30. Hemmpel WH (1980) Reversible Vergilbungen an aviviertem Textilgut, Text.-Prax.-Int. 35:1213–1215
31. Hemmpel WH (1981) Reversible Vergilbungen am Textilgut – aus neuer Sicht. Interessante Erkenntnisse aus der Untersuchungspraxis, Text.-Prax.-Int. 36:1125–1132
32. Seyfart E (1970) Versuche zum Alterungsverhalten ungereckter Polyesterseiden, Faserforsch. u. Textiltechn. 21:176–179
33. Geller VE, Averkiev BN, Ajzenštejn EM (1982) Schnellspinnen von Polyesterseiden, Sowj. Beitr. Faserforsch. Textiltechn. 19:239–247
34. Lünenschloß J et al. (1960) Der Einfluß der Bewetterung auf die Eigenschaften der verschiedenen Faserstoffe, Text.-Prax. 15:931–939, 1011–1017, 1146–1150, 1283–1289

35. Kiseleva LD, Bufetov VA (1982) Veränderung technischer Gewebe durch Bewetterung, Sowj. Betr. Faserforsch. Textiltechn. 19:493–494
36. Laibach E (1966) Ernähren sich Motten von Perlon, Nylon und Chemiefasern? Spinner Weber Textilveredlung 84:975–984
37. Laibach E (1949) Warum wird Kunstseide von Silberfischchen (Lepisma saccharina) gefressen? Melliand Textilber. 29:295–299
38. Wolf S (1953/54) Chemiefaserstoffe im Mottenfraßversuch und bei Mottenbefall, Wiss. Z. TH Dresden 3:433–442
39. Wolf S (1954) Mottenfraß an Chemiefaserstoffen in Fasergemischen und Mischtextilgut, Faserforsch. u. Textiltechn. 5:68–77
40. Wolf S (1954) Zur Möglichkeit von Festigkeitsvergleichen an Wolle und Chemiefaserstoffen durch unmittelbare Beobachtung des Durchtrennungsvorganges im Mottenfraßversuch, Faserforsch. u. Textiltechn. 5:412–415
41. Wolf S (1953) Motten und nichtwollenes Textilmaterial, Faserforsch. u. Textiltechn. 4:417–439
42. Hemmpel WH (1986) Fressen Kleidermotten Polyester? Textilbetrieb 104:58–63
43. Wolf S (1960) Zum Fraßverhalten des Silberfischchens und seiner Widerstandsfähigkeit gegen Kontaktinsektizide, Faserforsch. u. Textiltechn. 11:236–240
44. Wolf S (1958) Zur Frage der Textilschädigungen durch Ohrwürmer, Faserforsch. u. Textiltechn. 9:445–449
45. Kockott D (1991) Möglichkeiten und Grenzen der zeitraffenden Bewitterung in Geräten mit Beispielen aus der Praxis. Atlas-Tagung „Künstliche Alterung von polymeren Werkstoffen", 18.4.1991, Leipzig
46. Lancendorfer T (1990) Möglichkeiten der Mikroskopie bei der Qualitätsbeurteilung und Fehlerkennung von Fasern und Flächengebilden, Melliand Textilber. 71:493–497
47. Völz HG, Kämpf G, Klaeren A (1976) Die photochemischen Abbaureaktionen bei der Bewitterung TiO_2-pigmentierter Bindemittel, Farbe und Lack 82:805–810
48. Zahn H, Wulfhorst B, Kütter H (1991) Faserstofftabellen nach P.-A. Koch – Wolle (Schafwolle) – Feine Tierhaare, 1. Ausg. 1991, Chemiefasern-Text.-Ind. 41/93:521–553 (speziell 539–540)
49. Veer V, Prasad R, Rao KM (1991) Deltamethrin spray as an insect repellent for woolen fabrics, Text. Res. J. 61:655–659
50. Lewis DM, Shaw T (1987) Insectproofing of wool, Rev. Prog. Coloration 17:86–94
51. Greaves PH, McCarthy BJ (1991) A microscopical study of severe biodeterioration in an textile floorcovering: A case history, J. Text. Inst. 82:291–295

11 Optische Eigenschaften

Glanz, Farbe, Weißgrad und Transparenz sowie Erwärmung, Festigkeitsver-
luste, Vergilbung, Vernetzungserscheinungen, aber auch die mikroskopische
Abbildung textiler Fasern sind das Ergebnis der Wechselwirkungen mit
elektromagnetischen Wellen. Das Spektrum der elektromagnetischen Wellen
erstreckt sich über den in Tabelle 11.1 angegebenen Bereich. Optische Strahlen
umfassen den Wellenlängenbereich von 100 nm bis 1 mm, somit das Ultraviolett, das sichtbare Licht und das Infrarot.

11.1 Physikalische Grundlagen

Trifft ein Lichtstrom auf ein lichtdurchlässiges Medium, so verliert dieser durch

- Reflexion,
- Streuung und
- Absorption

einen Teil seiner Energie [2].

Tabelle 11.1. Elektromagnetisches Spektrum [1]

Wellenart	Wellenlänge λ			
Rundfunk- und Fernsehen	10	km –	1	m
Mikrometerwellen	1	m –	1	mm
optische Strahlung	1	mm –	100	nm
Infrarot (IR)	1	mm –	780	nm
IR-C	1	mm –	3	µm
IR-B	3	µm –	1,4	µm
IR-A	1,4	µm –	780	nm
sichtbares Licht (VIS)	780	nm –	380	nm
Ultraviolett (UV)	380	nm –	100	nm
UV-A	380	nm –	315	nm
UV-B	315	nm –	280	nm
UV-C	280	nm –	100	nm
Röntgenstrahlung	10	nm –	0,001	nm
Gammastrahlung	0,1	nm –	10^{-5}	nm
kosmische Strahlung	$\leq 10^{-4}$ nm			

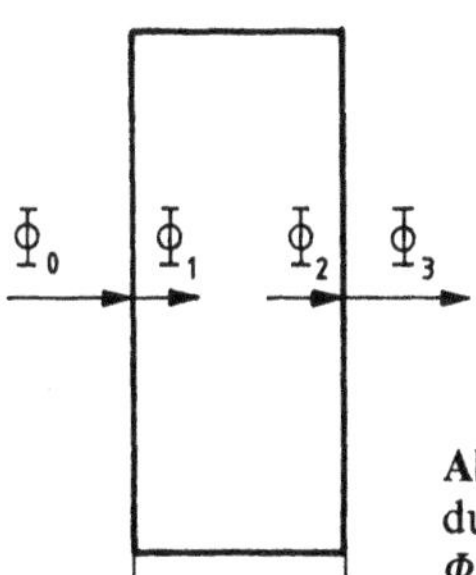

Abb. 11.1. Veränderung eines Lichtstromes Φ_0 beim Durchgang durch eine Platte der Dicke d (nach [2]); Φ_0 Lichtstrom vor der Platte, Φ_1 Lichtstrom nach Eintritt in die Platte, Φ_2 Lichststrom vor Austritt aus der Platte, Φ_3 Lichtstrom hinter der Platte

Die *Reflexion* ist die Ablenkung des Lichts an der Grenzfläche zwischen zwei verschiedenen Stoffen [1].

Streuung ist die Ablenkung des Lichts an kleinen Teilchen oder rauhen Oberflächen. Aus gerichtetem entsteht diffuses Licht [1].

Absorption ist die Aufnahme elektromagnetischer Strahlung im Innern eines Stoffes. Dadurch gehen die Atome oder Moleküle vom Grundzustand in den angeregten Zustand über. Die Rückkehr vom höheren Energieniveau in den Grundzustand erfolgt durch Strahlungsemission oder strahlungslos, beispielsweise durch Erhöhung der thermischen Energie des Systems [3].

Am Beispiel einer Platte definierter Dicke ist die Schwächung des Lichtstromes vom Betrag Φ_0 in Abb. 11.1 dargestellt. Das Verhältnis Φ_3 zu Φ_0 enthält die Reflexionsverluste an der Vorder- und Rückseite sowie die Absorption und Streuung, es dient der Kennzeichnung des *Transmissionsgrades D*

$$D = \frac{\Phi_3}{\Phi_0} \cdot 100\% \,. \tag{11.1}$$

Φ_3 Lichtstrom hinter der Platte
Φ_0 Lichtstrom vor der Platte

Der Reziprokwert der Transmission ist die *Opazität*, die demnach die Lichtundurchlässigkeit kennzeichnet.

Im *Reintransmissionsgrad* ϑ sind die Reflexionsverluste eliminiert

$$\vartheta = \frac{\Phi_2}{\Phi_1} \cdot 100\% \,. \tag{11.2}$$

Φ_2 Lichtstrom vor Austritt aus der Platte
Φ_1 Lichtstrom nach Eintritt in die Platte

Für die *Reintransmission* ϑ' gilt eine Exponentialfunktion unter der Voraussetzung eines homogenen Mediums und senkrechten Lichteinfalls von Φ_1 (Lambertsches Absorptionsgesetz)

$$\vartheta' = \frac{\Phi_2}{\Phi_1} = e^{-\kappa \cdot d} \,. \tag{11.3}$$

κ Absorptionskoeffizient, wellenlängenabhängig (mm^{-1})
d Dicke (mm)

Treten neben der Absorption auch deutliche Streuverluste auf, tritt an die Stelle des Absorptionskoeffizienten der Extinktionskoeffizient [1]. Die *Extinktion E* stellt den natürlichen Logarithmus der reziproken Reintransmission dar

$$E = \ln\frac{1}{\vartheta'} = \sigma \cdot d. \tag{11.4}$$

σ Extinktionskoeffizient

Innerhalb der Platte breitet sich das Licht mit einer gegenüber dem Vakuum geringeren Geschwindigkeit aus. Ursache ist die Wechselwirkung der Lichtwelle mit Dipolen, die durch das elektrische Wechselfeld der Lichtwelle induziert werden. Die Geschwindigkeit im Stoff ergibt sich aus dem Quotienten von Lichtgeschwindigkeit im Vakuum und der *Brechzahl* des Stoffes (11.5)

$$c = \frac{c_0}{n}. \tag{11.5}$$

c_0 Lichtgeschwindigkeit im Vakuum
c Lichtgeschwindigkeit im Stoff
n Brechzahl des Stoffes

Die Brechzahl drückt damit das Verhältnis der Lichtgeschwindigkeit im Vakuum zur Geschwindigkeit im Stoff aus [1]. Die von c_0 abweichende Geschwindigkeit im Stoff ruft bei nicht senkrecht auf die Oberfläche gerichtetem Lichteinfall eine Ablenkung des Strahles durch Brechung hervor. Den Zusammenhang zwischen Lichteinfalls- und Brechungswinkel an der Grenzfläche zwischen zwei Stoffen beschreibt das Brechungsgesetz nach Snellius (Abb. 11.2 und Gl. 11.6) [1]

$$n \cdot \sin\alpha = n' \cdot \sin\beta. \tag{11.6}$$

n, n' Brechzahl der beiden Stoffe
α Einfallswinkel
β Brechungswinkel

Erfolgt der Übergang von einem optisch dichteren (n) zu einem optisch dünneren (n') Medium ($n > n'$), tritt ab einem bestimmten Einfallswinkel α_G (11.7) *Totalreflexion* ein, d. h. der Sinus des Brechungswinkels β wird gleich eins

$$\sin\alpha_G = \frac{n'}{n}. \tag{11.7}$$

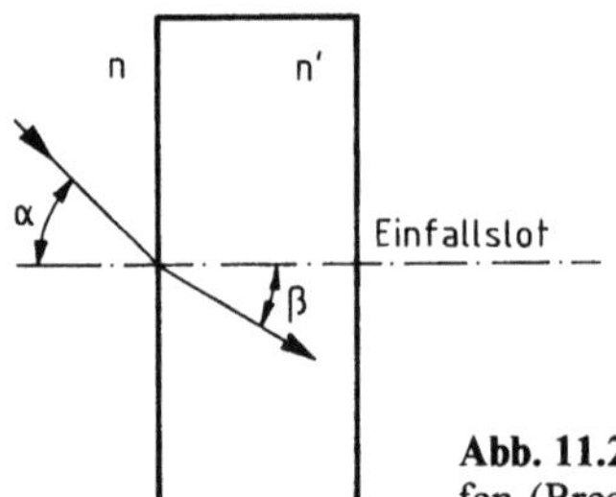

Abb. 11.2. Lichtbrechung an der Grenzfläche zwischen zwei Stoffen (Brechzahl $n < n'$) [1]; α Einfallswinkel, β Brechungswinkel

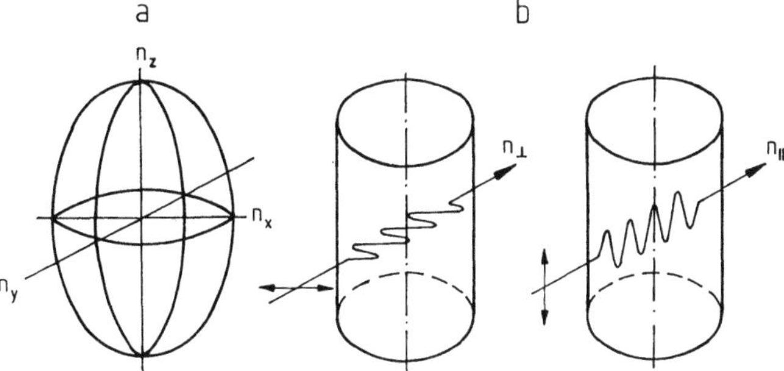

Abb. 11.3. Schematische Darstellungen zur Doppelbrechung. **a** Indikatrix [4], optisch zwei-achsig: $n_z > n_y > n_x$, optisch einachsig positiv: $n_x = n_y < n_z$, optisch isotrop: $n_x = n_y = n_z$; **b** Brechzahlen $n_\perp$ und $n_\parallel$ einachsig anisotroper Faserstoffe bei Lichteinfall senkrecht zur optischen Achse (Doppelbrechung $\Delta n = n_\parallel - n_\perp$) [5]

Ist der durchstrahlte Stoff zusätzlich optisch anisotrop (richtungsungleich), wird die Brechzahl richtungsabhängig. Für die Darstellung der richtungsab-hängigen Brechzahlen wird eine Indikatrix genutzt (Abb. 11.3 a). Die Abstände von einem Punkt im Innern des Stoffes in einer beliebigen Richtung sind der Brechzahl der Welle proportional, die in der betreffenden Richtung schwingt. Die Differenz zwischen zwei Brechzahlen entlang der Hauptachsen der Indikatrix wird als *Doppelbrechung* bezeichnet.

Die allgemeine Form der Indikatrix ist ein dreiachsiges Ellipsoid, das optisch zweiachsige Stoffe (trikline, monokline und rhombische Kristallsysteme) kennzeichnet. Mit steigender Kristallsymmetrie geht die Indikatrix in ein Rotationsellipsoid über, das das Verhalten optisch einachsiger Stoffe (trigona-le, tetragonale und hexagonale Kristallsysteme) charakterisiert. Für optisch isotrope Stoffe (kubische Kristallsysteme, Glas) entsteht eine Kugel [1, 4].

Bei einachsig anisotropen Fasern wird eine senkrecht zur Achse einfallende Lichtwelle allgemein in zwei polarisierte Anteile mit unterschiedlicher Ge-schwindigkeit zerlegt. Für die senkrecht zur Achse schwingende Lichtwelle ergibt sich die Brechzahl $n_\perp$, für die in Achsrichtung schwingende Welle die Brechzahl $n_\parallel$ (Abb. 11.3 b). Fällt das Licht in Achsrichtung ein, tritt nur eine Lichtgeschwindigkeit auf, der die Brechzahl $n_\perp$ zugeordnet ist.

Die Richtungen ohne Doppelbrechung in optisch anisotropen Stoffen werden als optische Achsen bezeichnet. Optisch zweiachsige Stoffe haben zwei, optisch einachsige Stoffe eine optische Achse.

11.2 Wahrnehmungen der Wechselwirkung optischer Strahlen mit Fasern ohne Zustandsänderung

11.2.1 Farbe

Damit ein nichtleuchtender Körper dem Auge farbig erscheint, ist eine selektive Absorption elektromagnetischer Strahlung im sichtbaren Bereich Voraussetzung.

Tabelle 11.2. Absorption und Reflexion (nach Mohler in [6])

Wellenlängenbereich nm	Absorbierte Spektralfarbe	Reflektierte Komplementärfarbe
400–435	violett	gelbgrün
435–480	blau (indigo)	gelb
480–490	grünblau	orange
490–500	blaugrün	rot
500–560	grün	purpur
560–580	gelbgrün	violett
580–595	gelb	blau
595–605	orange	grünblau
605–750	rot	blaugrün

Wird die Gesamtheit des auftreffenden Lichtes reflektiert, erscheint der bestrahlte Körper weiß (vgl. Abschn. 11.2.2). Schwarz erscheint er, wenn keine Strahlung reflektiert wird. Schwarz, weiß und grau sind unbunte Farben, die sich allein durch ihre Helligkeit voneinander unterscheiden. Die *Helligkeit* stellt die Lichtstärke dar, die ein beleuchtetes Objekt zurückstrahlt.

Bei selektiver Absorption einer Spektralfarbe im sichtbaren Bereich ergänzen sich die restlichen reflektierten Farben zur Komplementärfarbe (Tabelle 11.2) [6].

Für die Absorption im sichtbaren Bereich sind Doppelbindungen notwendig. Mit steigender Anzahl Doppelbindungen in einem System werden die Absorptionen vom UV in das sichtbare Spektralgebiet verschoben, wobei konjugierte Doppelbindungen optisch besonders aktiv sind [6].

Die Absorption von Hochpolymeren über das gesamte Spektrum der elektromagnetischen Wellen zeigt Abb. 11.4. Infolge der geringen Absorption im sichtbaren Bereich sind zahlreiche Fasern weiß. Ein höherer Anteil von Doppelbindungen in der Faser oder bei Fremdsubstanzen führt zu einer *Eigenfarbe* (Tabelle 11.3).

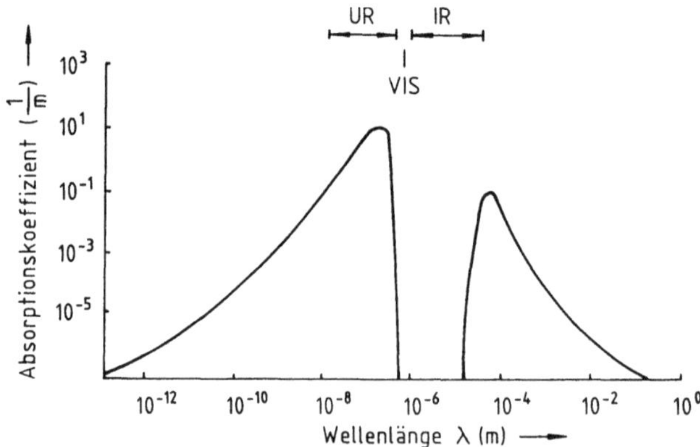

Abb. 11.4. Absorptionskoeffizient für Hochpolymere als Funktion der Wellenlänge [7]

Tabelle 11.3. Eigenfarbe von Fasern [8, 9, 10]

Faser	Eigenfarbe
Baumwolle	gelblichweiß
Flachs, roh	licht- bis aschblond
Hanf	gelbbraun oder silbrigweiß
Jute	gelbbraun, z.T. dunkel
Kokos	rostbraun
Viskose	leicht gelblich
Cupro	leicht bläulich
Wolle	weiß bis gelbstichig und weitere Naturfarben
Maulbeerseide	weiß oder gelblich
Tussahseide	gelb bis braun
Fluoro (*Teflon*)	weiß oder braun
Aramid (*Kevlar*)	gelb
Polyamidimid (*Kermel*)	ocker
Polyimid (*P84*)	gelb
Polybenzimidazol (*PBI*)	braun
Polyphenylsulfid (*Ryton*)	elfenbein
Polyetheretherketon (*Zyex*)	muskat
Phenol-Formaldehyd (*Kynol*)	goldgelb
Kohlenstoff	schwarz

Neben dem gezielten Färbeprozeß rufen auch Änderungen der Konstitution infolge Energieaufnahme durch Wärme (z. B. Überführung von Polyacrylfasern durch Pyrolyse in Kohlenstoffasern) oder elektromagnetische Strahlung Veränderungen im Absorptionsverhalten hervor, die als Vergilbung bis Schwarzfärbung in Erscheinung treten (vgl. Abschn. 11.3).

Weitere unerwünschte Farbänderungen können durch Modifizierung von Fasern entstehen. Grautöne sind z.B. die Folge einer Rußeinlagerung oder einer chemischen Bindung von Kupfersulfid an die Oberfläche von Polyamidfasern zur Verminderung der elektrostatischen Aufladung.

Spezifische Anfärbungen entstehen an Fasern auch nach Zugabe ausgewählter Chemikalien, die zu deren Identifizierung (s. Kap. 12) oder zum Schädigungsnachweis genutzt werden.

Zur vollständigen Kennzeichnung bunter Farben gehören neben dem Farbton noch die Sättigung und Helligkeit. Die *Sättigung* bringt die Lage einer Farbe im Farbdreieck zum Ausdruck, das auf den Schenkeln die reinen Spektralfarben (gesättigte Farben) und im Innern den Weißpunkt enthält. Die Sättigung sinkt in Richtung des Weißpunktes [1].

Die *Farbtiefe*, die die Stärke des visuellen Lichteindruckes beschreibt, ergibt sich aus Sättigung und Helligkeit. Färbungen erscheinen dann tiefer, wenn ein geringer Anteil des auftreffenden Lichtes reflektiert wird. Das gesamte reflektierte Licht setzt sich aus den an der Eintrittsfläche, an Inhomogenitäten in der Faser und an der Austrittsfläche reflektierten Anteilen zusammen. Das *Reflexionsvermögen R*, als Verhältnis des an den Grenzflächen reflektierten zum einfallenden Lichtstrom, errechnet sich für einen nicht absorbierenden

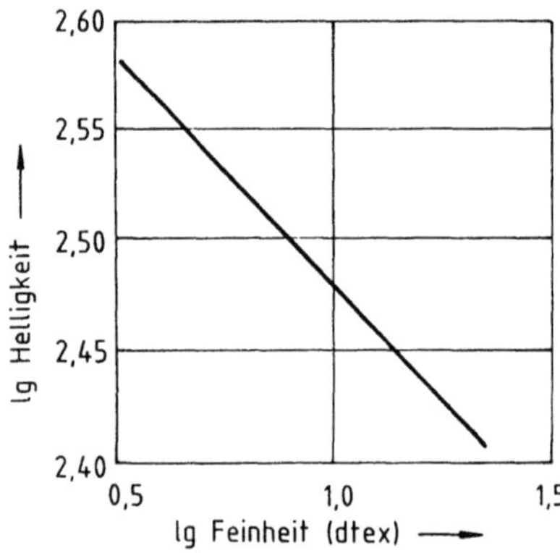

Abb. 11.5. Einfluß der Feinheit auf die Helligkeit von spinngefärbten Polyamidfasern nach [11]

Körper mit ebener Oberfläche bei senkrechtem Lichteinfall aus der Luft nach der Fresnelschen Formel [2]

$$R = \frac{(n-1)^2}{(n+1)^2} .$$ (11.8)

R Reflexionsvermögen (wellenlängenabhängig)
n Brechzahl des Stoffes

Nach (11.8) liegt das theoretisch mögliche Reflexionsvermögen der wichtigsten textilen Fasern zwischen
$R = 0,036$ (Triacetatfasern mit $n = 1,470$) und
$R = 0,057$ (Polyesterfasern mit $n = 1,630$).
Fasern mit niedriger Brechzahl führen daher zu einem tieferen Farbeindruck bei gleicher Farbstoffmenge.

Das reale Reflexionsvermögen ist geringer, da gefärbte Fasern das Licht absorbieren. Die Intensität des an der Austrittsfläche reflektierten Lichtes sinkt mit zunehmendem Lichtweg in der Faser nach einer Exponentialfunktion (vgl. Abschn. 11.1). Feinere Fasern ergeben daher durch den höheren Anteil reflektierten Lichtes einen helleren Farbeindruck (Abb. 11.5). Bei gleicher Feinheit führt auch eine Profilierung in mindestens einer Richtung zu einem kürzeren Lichtweg im Innern der Faser. Profilierte Fasern erscheinen somit im Vergleich zu kreisförmigen Querschnitten weniger intensiv gefärbt (Abb. 11.6). Zur Charakterisierung der Aufhellung der Färbung ist hier die „scheinbare Konzentrationsabnahme" des Farbstoffes verwendet.

Enthalten die Fasern zusätzlich Inhomogenitäten mit kleinen Abmessungen im Vergleich zur Wellenlänge, streuen diese das Licht gleichmäßig nach allen Richtungen (Rayleigh-Streuung). Bei Teilchen in der Größenordnung der Wellenlänge kommt es zur Interferenz der an unterschiedlichen Orten des Teilchens gestreuten Lichtwellen. Der in Lichteinfallsrichtung zurückgestreute Anteil sinkt mit zunehmender Teilchengröße [12]. Sehr kleine Inhomogenitäten in den Fasern in Form von Mattierungsmitteln und Hohlräumen verursachen daher eine geringere Farbtiefe. Die Abb. 11.7 und 11.8 zeigen am Beispiel der

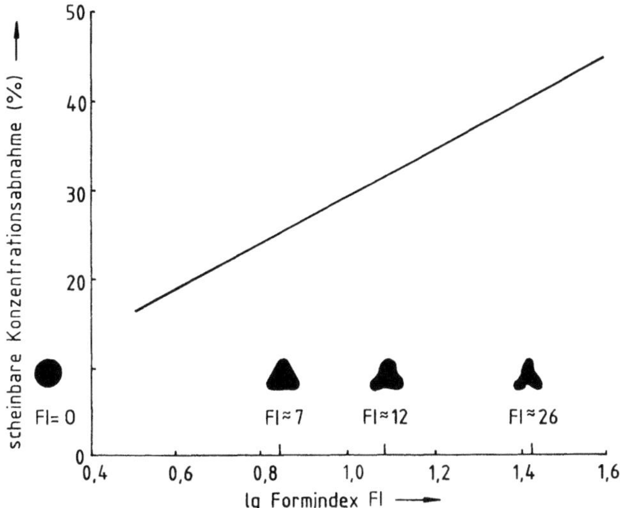

Abb. 11.6. Einfluß der Profilform, ausgedrückt durch den Formindex
$FI = (28.2 \cdot U/\sqrt{A})$
$- 100$ auf die Farbtiefe [11]; U Umfang, A Querschnittsfläche

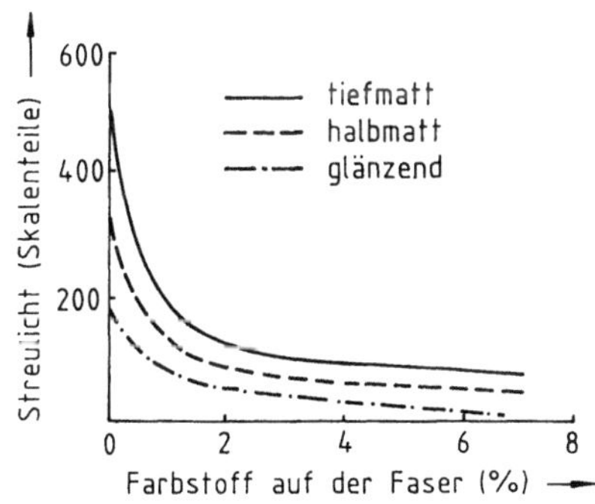

Abb. 11.7. Einfluß der Mattierung auf die Farbtiefe von Polyacrylfasern [13]

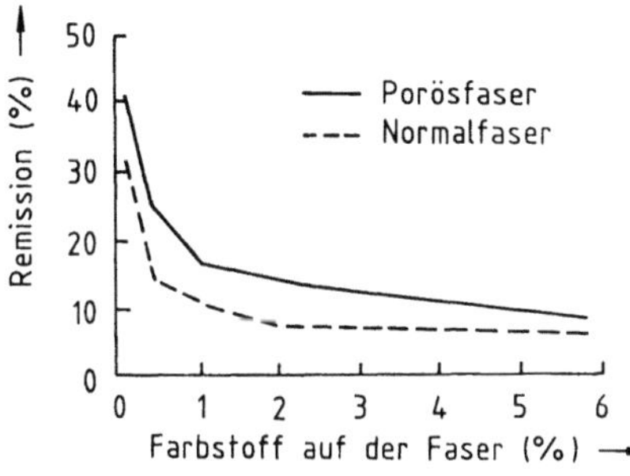

Abb. 11.8. Aufhellung von Polyacrylfasern durch Hohlräume [13]

unterschiedlich mattierten Polyacrylfasern *Dralon* und der Porösfaser *Dunova* diesen Aufhellungseffekt, ausgedrückt durch die Zunahme des Streulichtes bzw. der Remission.

Tiefere Anfärbungen konnten an Polyesterfasern nachgewiesen werden, nachdem die Oberfläche durch Laserbehandlung strukturiert wurde. Die Klärung steht noch aus, ob dieser Effekt auf die schnellere und intensivere Farbstoffaufnahme durch die vergrößerte Oberfläche oder auf Reflexionsunterschiede zurückzuführen ist [14].

Die Wirkung der diskutierten Einflußgrößen ist bei der Festlegung der notwendigen Farbstoffkonzentration zum Erzielen einer bestimmten Farbtiefe zu berücksichtigen. Zum Vermeiden einer Farbstreifigkeit sind gleichmäßige Querschnittsformen notwendig.

11.2.2 Weißgrad

Fasern erscheinen dann weiß, wenn das Licht ohne selektive Absorption reflektiert wird. Die Beurteilung des Weißgrades enthält die Helligkeit und den Farbeindruck. Als Maß für den Weißgrad werden der Reflexionsgrad im blauen und im roten Licht genutzt. Der Weißgrad errechnet sich nach der Formel von Stephansen und Hansen

$$W = 2B - R. \tag{11.9}$$

W Weißgrad
B Reflexionsgrad im blauen Licht (Schwerpunktwellenlänge 460 nm)
R Reflexionsgrad im roten Licht (Schwerpunktwellenlänge 615 nm)

Durch die doppelte Berücksichtigung des Blau-Reflexionsgrades wird eine bessere Übereinstimmung mit dem subjektiven Empfinden erreicht, da ein Gelbstich weniger weiß erscheint als ein Blaustich [15].

Vorrangig bei Naturfasern ist zur Erzielung eines reinen Weißes ein Bleichen notwendig, um Farbstoffe zu zerstören, die den Fasern ein gelbliches oder bräunliches Aussehen verleihen. Gleichzeitig werden das Weiß störende Verunreinigungen, z. B. Baumwollschalen entfernt oder deren Sichtbarkeit vermindert [6].

Ein gegenüber der Bleiche noch höherer Weißgrad wird durch optische Aufheller erzielt, die das UV-Licht in den sichtbaren Bereich transformieren [6].

11.2.3 Glanz

Eine gerichtete Lichtreflexion von Oberflächen führt abhängig von der Betrachtungsrichtung zu Helligkeitsunterschieden, die als Glanz empfunden werden. Reflektieren Oberflächen dagegen das Licht gleichmäßig nach allen Richtungen (diffus), so erscheinen sie dem Beobachter matt (Abb. 11.9).

Abb. 11.9. Möglichkeiten der räumlichen Lichtstärkeverteilung nach Oberflächenreflexion [1]

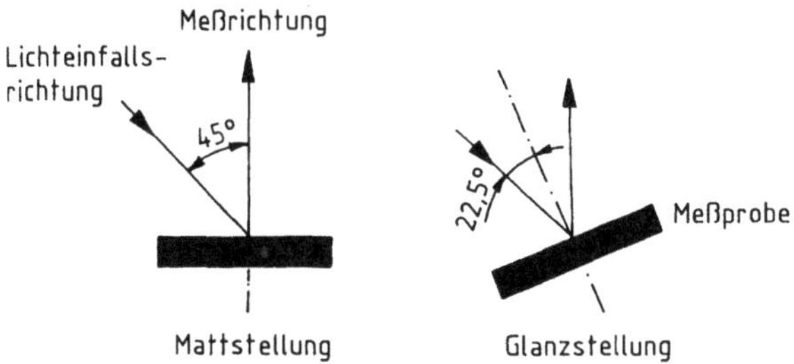

Abb. 11.10. Matt- und Spiegel-(Glanz-)stellung der Meßprobe bei der Glanzmessung

Von den verschiedenen, zur Charakterisierung des Glanzes entwickelten Kennwerten, wird die Glanzzahl nach (11.10) bevorzugt

$$G = 10\,(E_{45} - E_{22,5} + \log r)\,. \tag{11.10}$$

G Glanzzahl
E_{45} Extinktion in Mattstellung
$E_{22,5}$ Extinktion in Glanzstellung
r Korrekturfaktor zur Berücksichtigung des Eigenglanzes der Barytweißplatte ($r = 1,038$ für $22,5°$)

Diese Glanzzahl ist durch Logarithmieren aus der Richterschen Glanzzahl hervorgegangen, der das Verhältnis der Leuchtdichten bei Spiegel- und Mattstellung einer Meßprobe, bezogen auf eine Barytweißplatte als weitgehend matte Fläche zugrunde liegt (Abb. 11.10). Durch das Logarithmieren konnte Klughardt eine bessere Übereinstimmung mit der Glanzempfindung erreichen [15].

In [16] werden der Glanzzahl Empfindungsstufen zugeordnet (Tabelle 11.4).

Wesentliche Einflußgrößen auf den Glanz sind
– die Lichtbrechzahl der Faser,
– die Querschnittsform und Oberflächenbeschaffenheit der Faser und
– Streuzentren im Inneren der Faser (Mattierungsmittel, Hohlräume).

Diese Einflußgrößen sind auch für die Farbtiefe der Fasern entscheidend (vgl. Abschn. 11.2.1). Im Gegensatz zur Farbtiefe, für die das gesamte reflektierte Licht maßgebend ist, trägt zum Glanz nur der gerichtet reflektierte Anteil bei.

Tabelle 11.4. Zuordnung von Empfindungsstufen zu Glanz-zahlen (in [16])

Glanzzahl	Empfindungsstufe
0,5 – 1	tiefmatt
1 – 2	matt
2 – 4	halbmatt
4 – 8	glänzend
8 – 16	hochglänzend

Mit steigender Brechzahl der Fasern erhöht sich der theoretisch mögliche Glanz (vgl. 11.8).

Spezifische Querschnittsformen der Fasern führen zu unterschiedlichen Glanzeffekten. Konkave, konvexe, gelappte oder gezähnte Formen erhöhen den Streulichtanteil [17]. Damit sinkt der Glanz. Die überwiegend ebene Begrenzung des dreieckigen Querschnittes ergibt einen hohen Anteil gerichteter Reflexion und damit den höchsten Glanz (Abb. 11.11).

Lange bekannt ist auch die Glanzerhöhung der Baumwolle durch das Merzerisieren. Damit ist ein Übergang von der nierenförmigen in eine kreisförmige Querschnittsform verbunden und die Windungen der Faser drehen sich heraus.

Eine spezielle Form des Glanzes ist das *Glitzern*, das sich durch eine erhöhte gerichtete Lichtreflexion an bevorzugten Stellen im Vergleich zur Umgebung

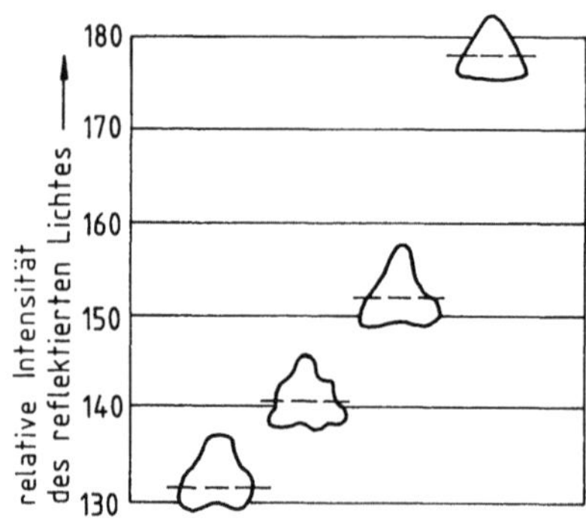

Abb. 11.11. Reflexhöhe beim Glanzwinkel für unterschiedliche Querschnittsformen (nach Knopp [17])

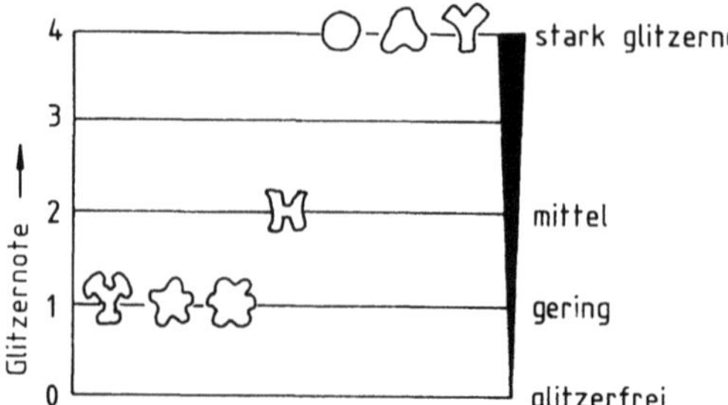

Abb. 11.12. Einfluß der Querschnittsform eines mattierten Polyesterfilament-garnes auf das Glitzerverhalten [18]

Tabelle 11.5. Mattierungsgrade [19]

TiO_2-Anzahl %	Mattierungsgrad
0 −0,03	glänzend
0,03−0,05	leichtmatt
0,25−0,35	halbmatt
0,45−1	matt
>1	tiefmatt

äußert. Schwab [18] ordnete ausgewählten Querschnittsformen Glitzernoten zu (Abb. 11.12).

Der *Glanzminderung* dienen Mattierungsmittel, meist Titandioxid (TiO_2). Die Wirksamkeit beruht auf der Erhöhung des Anteils gestreuten Lichtes gegenüber dem Anteil des regulär reflektierten Lichtes. Abhängig vom Anteil des Mattierungsmittels an der Fasersubstanz ergeben sich folgende verbale Bewertungen des Mattierungseffektes (Tabelle 11.5).

Gleichermaßen setzen Hohlräume in der Faser durch erhöhte Lichtstreuung den Glanz herab.

11.2.4 Schmutzsichtbarkeit

Das Vermögen der Faser zur Reflexion, Absorption und Streuung des Lichtes ist auch für die Schmutzsichtbarkeit verantwortlich. Schmutz hebt sich durch höhere Lichtabsorption von einer helleren Umgebung ab. Bei dunkleren Farben tritt daher der Schmutz weniger deutlich hervor.

Experimentell konnte eine geringere Schmutzsichtbarkeit durch Profilierung, Mattierung und durch Hohlräume im Vergleich zu homogenen Fasern mit kreisförmigen Querschnitten nachgewiesen werden (Tabelle 11.6). Diese Parameter erhöhen den Anteil des in Lichteinfallsrichtung rückgestreuten Lichtes. Es ist anzunehmen, daß dieses Licht an den Schmutzteilchen erneut gestreut wird, die dadurch heller erscheinen.

11.2.5 Fluoreszenz

Die Fähigkeit eines Stoffes, absorbiertes Licht durch intramolekulare Energieumwandlungen wiederum als Licht auszustrahlen, wird als Fluoreszenz bezeichnet. Nach der Stokesschen Regel ist das abgestrahlte Licht energieärmer (langwelliger) als das absorbierte Licht. Die Fluoreszenz klingt in 10^{-6}–10^{-9} Sekunden nach Abschalten der Anregung ab. Die Phosphoreszenz ist dagegen durch ein längeres Nachleuchten gekennzeichnet. Primärfluoreszenz geht von den Objekten selbst aus, während nach Anfärbung mit Fluorochromen Sekundärfluoreszenz entsteht [4].

Zur Beobachtung der Fluoreszenz erfolgt die Anregung mit dem energiereicheren UV-Licht, um eine Emission im sichtbaren Bereich zu erreichen.

Tabelle 11.6. Einfluß der Modifizierung von *Nylon*-Teppichfasern auf die Schmutzdeckung (nach [20])

Querschnittsform	Charakterisierung	Schmutzdeckung
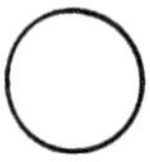	kreisförmig	schlecht
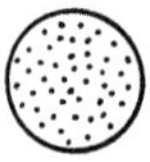	kreisförmig, mattiert mit TiO_2	befriedigend bis gut
	trilobal, reduzierter TiO_2-Gehalt	befriedigend bis gut
	kreisförmig, Hohlräume	sehr gut
	viereckig, vier Kanäle	gut bis sehr gut

Tabelle 11.7. Eigenfluoreszenz von Fasern im filtrierten UV-Licht (nach [16])

Faser	Fluoreszenzfarbe
Eiweißfasern	
Schafwolle	bläulichweiß
Maulbeerseide	bläulichweiß
Caseinfaser	bläulichweiß
Cellulosefasern	
Baumwolle	hell gelblichweiß
Baumwolle, merz.	bis braun
Viskose	schwefelgelb
Cupro	rötlichweiß
Celluloseester	
Acetat	bläulichviolett
Fasern aus synthetischen Polymeren und Mischpolymeren	
Polyvinylchlorid (*Piviacid, Rhovyl*)	matt blaugrün
Vinylchlorid/Vinylidenchlorid (*Saran*)	hell bläulichgrün
Vinylchlorid/Vinylacetat (*Vinyon*)	hell bläulichgrün
Vinylchlorid/Acrylnitril (*Vinyon N*)	hell bläulichgrün
Polyamid (*Nylon*)	bläulichweiß
Polyacryl (*Orlon*)	intensiv gelb

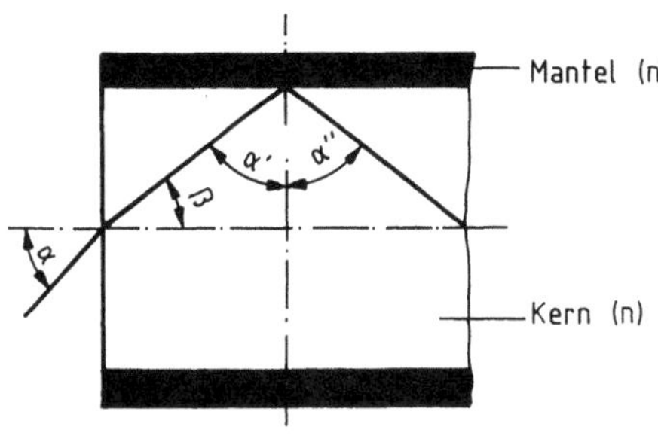

Abb. 11.13. Lichtleitfaser (nach [1]); α, α' Einfallswinkel, β Brechungswinkel, α'' Reflexionswinkel

Abhängig vom chemischen Aufbau weisen die Fasern eine Primärfluoreszenz auf, die zur Identifizierung genutzt werden kann (Tabelle 11.7). Voraussetzung ist jedoch, daß die Fasern ungefärbt und ohne Auflagerungen vorliegen. Weiterhin ist im UV-Licht der Nachweis über die Anwendung optischer Aufheller zu führen.

11.2.6 Lichtleitung

Zur Übertragung optischer Signale über einen längeren Weg werden lichtleitende Fäden aus optisch transparenten Stoffen unterschiedlicher Brechzahl in Kern-Mantel-Anordnung verwendet (vgl. Abschn. 11.1). Die Lichtführung erfolgt innerhalb des Kerns mit der höheren Brechzahl durch Totalreflexion an der Grenzfläche zum Mantel mit der kleineren Brechzahl (Abb. 11.13).

Lichtleitfasern (Lichtwellenleiter) bestehen für sichtbares Licht bevorzugt aus Polymethylmethacrylat (Kern) und partiell fluorierten Polymeren (Mantel), für UV-Licht aus hochreinem Kieselglas (Kern) und Polytetrafluorethylen-co-hexafluorpropylen (Mantel) [21].

Die Intensitätsabnahme der Lichtwelle ist von der Wellenlänge des Lichtes und den Eigenschaften der verwendeten Materialien (Lichtleitung/Totalreflexion) abhängig und der Länge des Wellenleiters proportional [1].

11.3 Zustandsänderungen von Fasern durch optische Strahlen

Im Gegensatz zu den in Abschn. 11.2 beschriebenen Wahrnehmungen, die an das gleichzeitige Vorhandensein der optischen Strahlung gebunden sind, bleiben die durch Strahlung verursachten Zustandsänderungen auch nach Aufhören der Strahlung bestehen. Für die Zustandsänderungen ist hauptsächlich die Strahlungsabsorption verantwortlich. Das Hauptabsorptionsgebiet der Polymeren liegt im UV-Bereich (vgl. Abschn. 11.2.1). Die dazugehörige Strahlungsenergie entspricht der Größenordnung der Bindungsenergie kova-

Tabelle 11.8. Bindungsenergie kovalenter Bindungen und zu ihrer Trennung notwendige Wellenlänge optischer Strahlen (nach [7])

Kovalente Bindung		Optische Strahlen	
Art	Bindungs-energie	Wellenlänge für die der Bindungsenergie äquivalente Strahlungs-energie (gerundet)	Art
	$kJ \cdot mol^{-1}$	nm	
O–O	147	815	IR
S–S	226	530	VIS
C–S	272	440	
C–Cl	318	375	UV
C–C (aliphatisch)	335	360	
C–O	358	335	
Si–O	373	320	
C–H, N–H	390	305	
C–N	410	290	
C–F	486	245	
C–C (aromatisch)	523	230	
C=S	536	225	
C=C	611	195	

lenter Bindungen, die für die am häufigsten in Fasern auftretenden Bindungen in Tabelle 11.8 enthalten sind.

Eine Folge der Trennung kovalenter Bindungen durch UV-Strahlen ist beispielsweise der *Kettenabbau* in Polyethylen unter Ausbildung freier Radikale [7]. Dazu ist nach Tabelle 11.8 eine Wellenlänge von $\lambda \leq 360$ nm notwendig.

Andererseits treten chemische Veränderungen des Kettenmoleküls ohne Abbau auf, wenn z. B. kovalente Bindungen der Substituenten getrennt werden. Beim Polyvinylchlorid läuft diese als Dehydrochlorierung bezeichnete Reaktion unter Ausbildung konjugierter Doppelbindungen ab. Das Fortschreiten dieser Reaktion ist infolge der Verlagerung der Absorption in Richtung des sichtbaren Bereiches mit der Zunahme der Doppelbindungen an der Verfärbung über Rot, Braun und Schwarz erkennbar.

Weiter können die gebildeten Radikale Vernetzungs- oder Copolymerisationsreaktionen auslösen (vgl. Abschn. 8.2). Eine *Vernetzung* von Polyvinylchlorid nach Abspaltung von H- und Cl- vermindert die Löslichkeit und Schmelzbarkeit [7].

Eine spezifische Form der Zustandsänderungen ist die *Strukturierung* der Oberfläche von Polyamid- und Polyesterfasern durch Behandlung mit einem UV-Impulslaser [22]. Durch die rauhe und damit vergrößerte Oberfläche ist eine höhere Aufnahme von Feinstaubpartikeln an Filtern gewährleistet. Bei Polyesterfasern führte die strukturierte Oberfläche zu tieferen Färbungen [14] (vgl. Abschn. 11.2.1).

11.4 Zustandscharakterisierung mit elektromagnetischen Strahlen

Wechselwirkungen mit elektromagnetischer Strahlung bilden auch die Grundlage der Zustandscharakterisierung von Fasern durch
- mikroskopische Abbildung,
- Beugungsmethoden und
- spektroskopische Methoden.

Während die mikroskopische Abbildung vorrangig auf die Darstellung der äußeren Form und der Struktur einschließlich deren Abmessungen von Fasern gerichtet ist, dienen Beugungsmethoden der Strukturaufklärung und spektroskopische Methoden sowohl der Bestimmung des chemischen als auch des strukturellen Aufbaus (vgl. Abschn. 2.4). Dieser Abschnitt bleibt auf die mikroskopische Abbildung beschränkt. Detaillierte Informationen zu Beugungs- und spektroskopischen Methoden sind in [3, 21, 23] enthalten.

Bei der *mikroskopischen Abbildung* entscheidet die Größe der zu untersuchenden Objekte oder Objekteinzelheiten über die zu verwendenden Strahlen. Das Grenzauflösungsvermögen, definiert als kleinster Abstand der gerade noch getrennt sichtbaren Objekteinzelheiten, errechnet sich nach Abbe zu

$$d = \frac{\lambda}{\sin\sigma} = \frac{\lambda}{A}. \tag{11.11}$$

d Abstand der gerade noch aufgelösten Objekteinzelheiten
λ Wellenlänge der verwendeten Strahlen
σ halber Öffnungswinkel des Objektivs
A numerische Apertur (für Immersionsobjektive gilt $A = n \cdot \sin\sigma$ mit n als Brechzahl der Immersionsflüssigkeit)

Danach ist das Auflösungsvermögen durch kleinere Wellenlängen oder eine höhere numerische Apertur zu verbessern. Mit dem Übergang von sichtbarem Licht auf Elektronenstrahlen sind kleinere Struktureinzelheiten auflösbar.

Vergleichsweise zum Arbeitsbereich der Licht- und Elektronenmikroskopie (Abb. 11.14) enthält Tabelle 11.9 die Abmessungen von Baueinheiten der Wolle. Mit dem Lichtmikroskop sind danach ohne besondere Vorkehrungen nur Bauteile oberhalb der Größe von Makrofibrillen auflösbar, wie zum Beispiel die Schuppen auf dem Wollhaar. Für die Abbildung der Feinstruktur muß der Übergang zum Elektronenmikroskop erfolgen, das im Grenzauflösungsvermögen bis zur Abbildung eines Kettenmoleküls reicht.

Die geringe Durchdringfähigkeit von Materie mit Elektronenstrahlen, die um 100 nm liegt, erfordert eine aufwendige *Präparationstechnik* (Abdruck, Ultradünnschnitt, Fibrillierung). Die einfachere Präparation von Objekten für das Rasterelektronenmikroskop, die im Befestigen auf einem metallischen Probenhalter und Bedampfen zum Vermeiden einer Aufladung besteht, die hohe Tiefenschärfe sowie der räumliche Eindruck der Abbildung sicherten dem Rasterelektronenmikroskop eine schnelle Verbreitung.

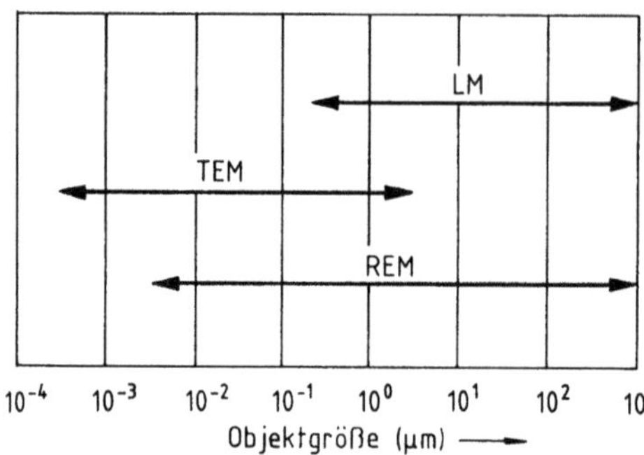

Abb. 11.14. Arbeitsbereiche in der Mikroskopie [23]; LM Lichtmikroskop, TEM Transmissionselektronenmikroskop, REM Rasterelektronenmikroskop

Tabelle 11.9. Abmessungen der Baueinheiten von Wolle [24, 25, 35]

Baueinheit	Durchmesser	Länge
Polypeptidkette (α-Helix)	1 nm	48 nm
Dimer (Doppelhelix)		48 nm
Tetramer	2 nm	48 nm
Protofilament (Protofibrille)	2 nm	1 000 nm
Intermediärfilament (Mikrofibrille)	8 – 12 nm	1 000 nm
Makrofilament (Makrofibrille)	300 nm	10 000 nm
Kortexzelle	5 µm	100 µm

Schuppe: Fläche 800 µm²

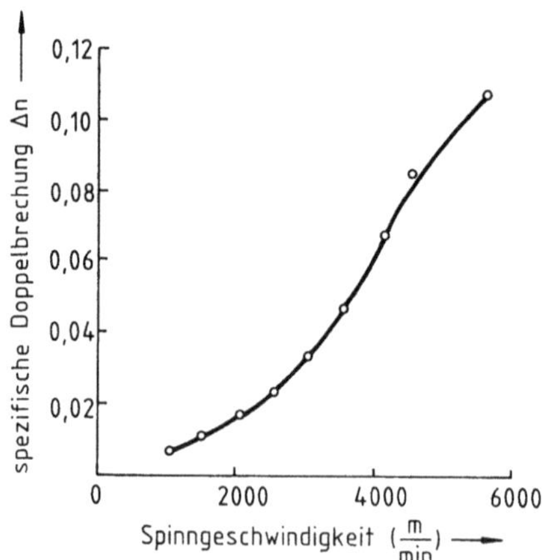

Abb. 11.15. Einfluß der Spinngeschwindigkeit auf die spezifische Doppelbrechung von Polyesterfilamentgarn (nach [19])

Tabelle 11.10. Spezielle Verfahren der Lichtmikroskopie im Vergleich zum Hellfeld (nach [4, 26])

Mikroskopisches Verfahren	Optisches Gesetz zur Abbildung	Anwendung
Hellfeld	Interferenz des direkten mit dem am Objekt gebeugten Licht	Längsansicht, Querschnitt, größere Objektdetails (Schuppen, Pigmente, Lumen)
schiefe Beleuchtung	Erhöhung der numerischen Apertur auf maximal das 2fache	kleinere Objektdetails aufgelöst, räumlicher Eindruck
Dunkelfeld	Abbildung durch das am Objekt gebeugte, gebrochene oder gestreute Licht	Abbildung der Umriß-linien von Objektdetails bis unter Auflösungs-grenze des LM (Pigmente, Hohlräume)
Phasenkontrast	Phasenänderung des direkten Lichtes gegenüber dem gebeugten Licht, um sichtbare Amplitudenänderungen zu erreichen	Kontrastierung sehr dünner Objekte ohne wesentliche Absorption (Quell-präparate), aber Bild-störung bei dicken Objekten
differentieller Interferenzkontrast	Aufspaltung des Bildes in 2 kohärente, um einen differentiellen Betrag lateral versetzte Anteile, die interferieren	reliefartige Kontrastierung (lineare Strukturen in Aufspaltungsrichtung nicht kontrastiert)
Interferenz-mikroskopie	objektunabhängige Auf-spaltung des Strahlenganges und Interferenz der Objektwellenfront mit einer Referenzwellenfront in der Zwischenbildebene	Brechzahlbestimmung, Messungen in der dritten Dimension
Polarisations-mikroskopie	Interferenz linear polari-sierter Wellen mit Gangunter-schieden infolge Anisotropie	anisotrope Faserstoffe, Bestimmung Brechzahl und spez. Doppelbrechung

Auch mit dem Lichtmikroskop ist durch Ausnutzung optischer Gesetzmä-ßigkeiten die Anwendung zu erweitern (Tabelle 11.10). Eine besondere Rolle spielt die Polarisationsmikroskopie. Sie dient vorrangig der Charakterisierung der Orientierung von Kettenmolekülen in Fasern durch die spezifische Doppelbrechung. Anhand der spezifischen Doppelbrechung ist z. B. die Erhöhung der Orientierung mit zunehmender Spinngeschwindigkeit zu verfol-gen (Abb. 11.15). Eine Übersicht über Brechzahlen und die spezifische Doppelbrechung der wichtigsten Fasern enthält Tabelle 11.11. Über weitere Anwendungsmöglichkeiten der Polarisationsmikroskopie informieren z. B. Koch und Stratmann in [32].

Tabelle 11.11. Brechzahlen und spezifische Doppelbrechung textiler Fasern

Faser	Mittlere Brechzahl	Brechzahlen für Lichtschwingungsrichtung zur Achsrichtung parallel senkrecht		Spez. Doppelbrechung	Literatur
	$\dfrac{n_{\parallel} + n_{\perp}}{2}$	$n_{\parallel}$	$n_{\perp}$	$\Delta n = n_{\parallel} - n_{\perp}$	
Triacetat	1,470			−0,002	[27]
	1,476			−0,005	[29]
	1,477	1,474	1,479	−0,005	[28]
Acetat	1,473	1,476	1,470	0,006	[28]
		1,478	1,473		[15]
	1,475			0,005	[27]
Polyacryl	1,520			−0,005	[29]
		1,515	1,517		[15]
X-51	1,520			−0,004	[27]
		1,516	1,520	−0,004	[31]
Acrilan	1,520			−0,004	[27]
		1,520	1,524	−0,004	[31]
Orlon		1,500– 1,510	1,500– 1,510		[31]
Orlon 81				0,010	[15]
Vinylchlorid-Copolymer					
Vinyon HH		1,526	1,526	0	[31]
Vinyon CF		1,532	1,527	0,005	[31]
Sisal	1,532	1,543	1,521	0,022	[28]
Alginate		1,530– 1,534	1,530– 1,534		[31]
Viskosefilamentgarn					
fein	1,532	1,550	1,514	0,036	[28]
normal	1,535			0,025	[27]
		1,546	1,523	0,023	[15]
hochfest	1,535			0,035	[27]
		1,555	1,517	0,038	[15]
grob		1,548	1,523	0,025	[28]
exttremfest	1,540			0,040	[27]
Zeinfaser		1,536	1,532	0,004	[15]
Vicara	1,535			0,004	[27]
		1,532– 1,536	1,532– 1,536		[31]
Polyethylenroßhaar	1,535			0,045	[27]
Polythene				0,040	[30]
Polyvinylacetal	1,535			0,025	[27]
Vinylon		1,547	1,522	0,025	[31]
Mischpolymerisat					
Dynel	1,535			0,005	[27]
		1,536	1,531	0,005	[31]
Cuprofilamentgarn					
fein	1,536	1,552	1.520	0,032	[28]
grob	1,538	1,548	1,527	0,021	[28]

Tabelle 11.11 (Fortsetzung)

Faser	Mittlere Brechzahl $\dfrac{n_\parallel + n_\perp}{2}$	Brechzahlen für Lichtschwingungsrichtung zur Achsrichtung parallel $n_\parallel$	senkrecht $n_\perp$	Spez. Doppelbrechung $\Delta n = n_\parallel - n_\perp$	Literatur
Cupro	1.540			0,030	[27]
		1,551	1,525	0,026	[15]
Caseinspinnfaser	1,540			0,001	[27]
		1,540	1,540		[15]
Erdnußeiweiß					
Ardil	1,545			0,001	[27]
		1,545	1,545		[15]
Asbest	1,545			−0,010	[29]
Glas	1,545			0	[27]
		1,545	1,545		[15]
		1,547	1,547		[31]
Schafwolle	1,550	1,555	1,545	0,010	[28]
		1,554	1,545		[15]
Polyamid		1,580	1,520		[15]
PA 6.6	1,550			0,055	[27]
Nylon				0,060	[30]
		1,582	1,519	0,063	[31]
PA 6	1,550			0,063	[29]
Baumwolle	1,555			0,050	[27]
		1,580	1,533		[28]
		1,577	1,531		[15]
		1,581– 1,573	1,531		[30]
merzerisiert	1,540			0,040	[27]
ohne Spannung		1,554	1,524	0,030	[28]
unter Spannung		1,566	1,522	0,055	[28]
Jute	1.557			0,041	[29]
		1,577	1,536		[30]
Hanf	1,558			0,055	[29]
Flachs	1,560			0,060	[27]
	1,562	1,595	1,528	0,067	[28]
		1,595	1,530		[30]
	1,563			0,062	[29]
Ramie	1,565			0,065	[27]
		1,597	1,531		[15]
Maulbeerseide	1,565			0,055	[27]
	1,567	1,595	1,538	0,037	[28]
		1,590	1,535		[15]
Polyester					
Terylene	1,630			0,190	[27]
		1,725	1,537		[15]
Dacron		1,700	1,532	0,168	[31]

Zusätzlich bereichern *Quellungs-* und *Lösungsuntersuchungen* an Fasern die Strukturaufklärung, die Identifizierung und den Nachweis von Zustandsänderungen durch Beanspruchung. Umfangreiche Zusammenstellungen über die Nutzungsmöglichkeiten mikroskopischer Verfahren geben Bobeth [33] sowie Bobeth und Mally [34].

Außer der am häufigsten genutzten Licht- und Elektronenmikroskopie sind auch die Röntgen-, UV- und IR-Mikroskopie bekannt. Während erstere zur Erhöhung des Auflösungsvermögens führen, ist die IR-Mikroskopie für solche Objekte nutzbar, die für das sichtbare Licht nahezu bzw. vollständig undurchlässig sind.

Literatur

1. Haferkorn H (Hrsg) (1988) BI-Lexikon, Optik, 1. Aufl. Bibliographisches Institut, Leipzig
2. Viehweg R, Braun D (Hrsg) (1975) Kunststoff-Handbuch, 1. Band. Carl Hanser, München
3. Doerffel K et al. (1975) Lehrwerk Chemie, Lehrbuch 3, Strukturaufklärung – Spektroskopie und Röntgenbeugung, Deutscher Verlag für Grundstoffindustrie, Leipzig
4. Beyer H (1988) Handbuch der Mikroskopie, 3. Aufl. Verlag Technik, Berlin
5. Hannes H (1972) Interferometrische Messung der Mikrostruktur von synthetischen Fasern, Kolloid- Z. Polym. 250:765–774
6. Rath H (1963) Lehrbuch der Textilchemie, Springer, Berlin Göttingen Heidelberg
7. Schatt W (1984) Einführung in die Werkstoffwissenschaft, Deutscher Verlag für Grundstoffindustrie, Leipzig
8. Bobeth W et al. (1967) Textile Faserstoffe, 1. Lehrbrief, in: TU Dresden (Hrsg) Lehrbriefe für das Fernstudium, 2. Aufl. Verlag Technik, Berlin
9. Rossbach V, Leumer G (1988) Qualitative Faseranalyse: Identifizierung von technischen Spezialfasern I, Melliand Textilber. 69:351–360
10. Stratmann M (1982) Hochtemperaturfasern und ihre Identifizierung, Melliand Textilber. 63:215–219
11. Steinlin F (1982) Zusammenhang zwischen Faserquerschnitt und Farbausfall bei Polyamid- und Polyesterfasern. 21. Internat. Chemiefasertagung, 22.–24. Sept. 1982, Dornbirn
12. Weissmantel C et al. (Hrsg) (1970) Atom: Struktur der Materie, Bibliographisches Institut, Leipzig
13. Dorsch P, Wilsing H, Peters KH (1981) Die Farbtiefen von Färbungen beeinflussenden Parameter, untersucht an Färbungen auf Polyacrylnitril-Fasern, Melliand Textilber. 62:188–193
14. Knittel D, Kleine S, Wefers L et al. (1989) Beeinflussung des Druckergebnisses auf Polyestergewebe durch Laservorbehandlung, Text.-Prax.-Int. 44:518–524
15. Sommer H, Winkler F (1960) Die Prüfung von Textilien, in: Siebel E (Hrsg) Handbuch der Werkstoffprüfung, 2. Aufl. 5. Band. Springer, Berlin Göttingen Heidelberg
16. Bobeth W et al. (1973) Textilprüfung, 6. Lehrbrief, in: TU Dresden (Hrsg) Lehrbriefe für das Fernstudium, Verlag Technik, Berlin
17. Knopp H (1974) Modifikation des Fadenquerschnitts zur Herstellung von Profilgarnen mit hohem Glitzereffekt aus Nylon 6, Lenzinger Ber. 36:160–167
18. Schwab ME (1979) Spinndüsen für profilierte supermatte Polyester-Filamente, Chemiefasern-Text.-Ind. 29/81:697–704
19. v. Falkai B (1981) Synthesefasern: Grundlagen, Technologie, Verarbeitung und Anwendung, Verlag Chemie, Weinheim

20. Breuninger A (1971) Neue Wege zum sauberer aussehenden Teppichboden durch Faser-Modifikationen, Melliand Textilber. 52:1444–1446
21. Elias HG (1981) Makromoleküle: Struktur, Eigenschaften, Synthesen, Stoffe, Technologie, 4. Aufl. Hüthig & Wepf, Basel
22. Bossmann A, Bahners T, Schollmeyer E (1987) Strukturierung der Oberfläche von PES- und PA 6.6-Fasern durch UV-Laserbestrahlung, Melliand Textilber. 68:136
23. Kämpf G (1982) Charakterisierung von Kunststoffen mit physikalischen Methoden: Verfahren und praktische Anwendung, Carl Hanser, München
24. Naupert A et al. (1963) Textile Faserstoffe, Fachbuchverlag, Leipzig
25. Zahn H (1986) Neues über den Feinbau von Textilfasern, Text.-Prax. Int. 41:1293–1297
26. Druckschrift Nr. 30-0540-1 des Kombinates Carl Zeiss Jena (1985) Kontrastverfahren in der Mikroskopie
27. Koch PA (1960) Rezeptbuch für Faserstoff-Laboratorien, Springer, Berlin Göttingen Heidelberg
28. Herzog A (1951) Handbuch der mikroskopischen Technik für Fasertechnologen, Akademie-Verlag, Berlin
29. Liebscher U (1981) Textile Faserstoffe, 1. Lehrbrief Eigenschaften, in: Zentralstelle für das Hochschulstudium des MHF (Hrsg) Lehrbriefe für das Fernstudium
30. Stoves JL (1957) Fibre Microscopy, National Trade Press, London
31. Heyn ANJ (1954) Fiber Microscopy, Interscience Publishers, New York
32. Koch PA, Stratmann M (1969) Chemiefaserstoffe im polarisierten Licht, Melliand Textilber. 50:333–336
33. Bobeth W (1965) Nutzungsmöglichkeiten der Textilmikroskopie, Dt. Textiltechn. 15:39–48, 93–99
34. Bobeth W, Mally A (1979) Beitrag der Textilmikroskopie zur Eigenschaftscharakterisierung von Faserstoffen, Formeln, Faserstoffe, Fertigware 1:1–19
35. Zahn H (1990) Neues über den Feinbau der Wollfaser, Textilveredlung 25:164–171

12 Verhalten bei Einwirkung von Chemikalien sowie Faseridentifizierung

Fasern treten bereits während ihrer Entstehung bzw. Bildung, in der Phase der Verarbeitung und Lagerung, im Gebrauch sowie während der Pflege gewollt oder zufällig mit den sie umgebenden Medien (Luft, Licht, Feuchte bzw. Wasser, organische Flüssigkeiten, Lösungen von organischen und anorganischen Verbindungen, Textilveredlungschemikalien wie Farbstoffe, Hilfsmittel, Oxidations- und Reduktionsmittel) in Wechselwirkung. Im Ergebnis kann es vorübergehend oder bleibend zu einer Veränderung der Konformation, der übermolekularen Struktur und/oder in Verbindung mit chemischen Reaktionen auch zu einer Änderung der chemischen Struktur und folglich zu erwünschten, aber auch unerwünschten Eigenschaftsänderungen kommen.

Kenntnisse über das chemische Verhalten eines faserbildenden Polymers sind daher wichtig für

- die Polymerbildung und Fasererspinnung im Falle der Chemiefasern (Inertgasatmosphäre im Synthesereaktor; Temperatur in Verbindung mit Luftsauerstoff und Feuchte bei der Schmelzeverarbeitung; Wahl des geeigneten Lösemittels für das Lösungsspinnverfahren),
- die Gewinnung (Naturfasern), Weiterverarbeitung und Lagerung der Fasern (Temperatur in Verbindung mit Luftsauerstoff und Feuchte),
- die Veredlung (Einfluß von Wasser, Säuren und Laugen, Oxidationsmitteln, Farbstoffen, Ausrüstungsmitteln, Avivagen, Präparationen u. a.),
- den Einsatz bzw. Gebrauch und die Pflege (z. B. Verhalten gegenüber Waschmitteln und Lösemitteln bei der Reinigung, Verhalten gegenüber Umwelteinflüssen und bei Havarien, insbesondere Bränden),
- die Kombination mit anderen Fasern oder Werkstoffen bzw. die Substitution von Werkstoffen (z. B. Fasern als Armierungskomponente für Zementbauteile, chirurgisches Nahtmaterial, Dialysematerial),
- die Faseridentifizierung (Verhalten gegenüber Chemikalien, Typreaktionen),
- die chemischen und physikalisch-chemischen Prüfmethoden (z. B. viskosimetrische Molmassenbestimmung: Wahl des Lösemittels).

12.1 Einfluß der Struktur der Fasern auf ihr chemisches Verhalten

Art, Intensität und Geschwindigkeit der Wechselwirkung von Fasern mit umgebenden Medien werden bestimmt durch

- die molekulare Struktur der Reaktionspartner und damit die Wechselwirkungskräfte an der Grenzfläche zwischen Faser und „angreifendem" Medium (auf die Tatsache, daß sich eine unpolare Faser besser in einem unpolaren Lösemittel löst – z.B. Polyethylen in unpolaren organischen Lösemitteln wie Toluen, Xylen – bzw. sich eine polare Faser besser in einem polaren Lösemittel löst – z.B. Polyacryl in Dimethylformamid – wurde bereits in Abschn. 2.4.3 hingewiesen),
- kovalente Vernetzungen (Verminderung von Quellbarkeit und Löslichkeit),
- die Molmasse des Polymers (innerhalb einer homologen Reihe nimmt z.B. die Löslichkeit mit zunehmender Kettenlänge ab),
- die übermolekulare Struktur der Faser,
- die Begleitsubstanzen aus dem natürlichen Faserbildungsprozeß (z.B. Wachs, Hemicellulosen, Pektine und Eiweiß im Falle der Baumwolle, Sericin als Seidenbast bei der Seide),
- die Reaktionsbedingungen (Konzentration, Temperatur, Einwirkungsdauer, Bewegung der Probe).

Prinzipiell sind bei der Einwirkung von Chemikalien folgende *Formen der Wechselwirkung* mit den Fasern möglich, die nacheinander oder gleichzeitig ablaufen können:

1. Hydratation bzw. Solvatation,
2. Quellung,
3. Reaktion mit funktionellen Gruppen der ungelösten Fasern (heterogene Reaktionen nur an der Oberfläche – z.B. chemische Oberflächenmodifizierung, Pfropfung, polymeranaloge Umsetzungen, Bleichen, Färben, Typreaktionen verbunden mit Farbänderungen),
4. Kettenlängenabnahme durch hydrolytischen, oxidativen, enzymatischen (ggf. verknüpft mit thermischem, mechanischem, photochemischem) Abbau,
5. Lösen der Fasern (Grundlagen s. Abschn. 2.4.3)
   - unter Beibehaltung der Kettenlänge in Form der Überwindung der intra- und intermolekularen Wechselwirkungen des Polymers durch geeignete Lösemittel,
   - Unter Beibehaltung der Kettenlänge durch Bildung eines Derivats infolge einer chemischen Reaktion und Lösen des Derivats,
   - in Verbindung mit einem hydrolytischen und/oder oxidativen Abbau der Makromoleküle (Kettenspaltung),
6. Reaktion mit funktionellen Gruppen im gelösten Zustand (Derivatbildung, Vernetzung, Typreaktionen u.a.).

Eine Gesamtübersicht über das Verhalten wichtiger Fasern in ausgewählten Lösemitteln gibt Tabelle 12.1; ergänzend bringt Tabelle 12.2 Aussagen zum

Tabelle 12.1. Verhalten wichtiger Fasern in ausgewählten Lösemitteln (nach [1])

Faser	Schwefelsäure konz.		Salpetersäure konz.		Salzsäure konz.		Salzsäure 6 n	Kalilauge 40 %ig
	ka	ko	ka	ko	ka	ko	ka —	— ko
natürliche Cellulosefasern (Baumwolle, Flachs, Hanf)	+	+	−	Z	−	Z	−	−
Celluloseregeneratfasern (Viskose, Cupro)	+	+	−	+	−	+	−	−
Acetat	+	+	+	+	+	+	−	Verseifung
Triacetat	+	+	+	+	(+)	+	−	Verseifung
Wolle	−	+	F	+	−	+ Z	−	+
Seide	+	+	Z	+	+[a]	+	−	+
Polyacryl	+ *	+	+ *	+ *	−	−	−	(±) F
Polyvinylchlorid	−	−	−	−	−	−	−	− F
Polyvinylchlorid, nachchloriert	−	+	−	(−)	−	−	−	−
Polyethylen, LD	−	+	−	(−)	−	−	−	(−)
Polyethylen, HD	−	+	−	−	−	−	−	−
Polypropylen	−	+	−	−	−	−	−	−
Polyvinylalkohol	+	+	+	+	+	+	+	+
Polyvinylidenchlorid	−	+	−	−	−	−	−	−
Polyamid 6.6	+ *	+	+ *	+ *	+ *	+ *	+ *	−
Polyamid 6	+ *	+	+ *	+ *	+ *	+ *	+ *	−
Polyester (Polyethylenterephthalat)	+ *	+	−	ZF *	−	−	−	(+) Z
Elastan (Polyurethanelastomer)	+ (*)	+	(−) ZF	+ *	−	−	−	(−) (Z)

Abkürzungen und Zeichenerklärungen:

ka	kalt
ko	kochend
+	vollständiges Lösen nach mindestens 15 min
(+)	langsames vollständiges Lösen
+[a]	nur Fibroin löst sich
−	keine makroskopische Veränderung, keine Lösung
(−)	Veränderung der Form (z. B. Zusammenballung), keine wahrnehmbare Lösung

Tabelle 12.1 (Fortsetzung)

Faser	Kali-lauge 5%ig		Soda-lösung		Eis-essig		Ameisen-säure 98–100%ig		Tetrachlor-kohlen-stoff	
	−	ko	−	ko	ka	ko	ka	ko	ka	ko
natürliche Cellulosefasern (Baumwolle, Flachs, Hanf)	−		−		−	−	−	−	−	−
Celluloseregeneratfasern (Viskose, Cupro)	−		−		−	−	−	−	−	−
Acetat	Verseifung		Verseifung		+	+	+	+	−	−
Triacetat	Verseifung		Verseifung		+	+	+	+	−	−
Wolle	+		(−)		−	−	−	−	−	−
Seide	(−)		−		−	−	(±)	+	−	−
Polyacryl	−		−		−	−	−	(±)	−	−
Polyvinylchlorid	−		−		−	−	−	−	−	−
Polyvinylchlorid, nachchloriert	−		−		−	−	−	−	−	−
Polyethylen, LD	(−)		(−)		−	(−)	−	(−)	−	+*
Polyethylen, HD	−		−		−	−	−	−	−	−
Polypropylen	−		−		−	−	−	−	−	−
Polyvinylalkohol	+		+		−	(−)	+	+	−	−
Polyvinylidenchlorid	−		−		−	−	−	−	−	−
Polyamid 6.6	−		−		−	+*	+*	+*	−	−
Polyamid 6	−		−		−	+*	+*	+*	−	−
Polyester (Polyethylenterephthalat)	−		−		−	−	−	−	−	−
Elastan (Polyurethanelastomer)	−		−		−	(±)	−	+*	−	−

(±) kein eindeutiges Verhalten im Sinne von Lösen oder Nichtlösen
* beim Abkühlen oder Verdünnen tritt Ausfällung ein
(*) die Ausfällung tritt erst später, nach vorhergehender Trübung ein
Q Quellung
Z Zerfall in Bruchstücke
F Farbtonänderung
konz konzentriert

Tabelle 12.1 (Fortsetzung)

Faser	Chloro-form		Methylen-chlorid		Tetra-chlor-ethylen		Schwefel-kohlen-stoff		Aceton	
	ka	ko	ka	ko	ka	ko	ka	ko	ka	ko
natürliche Cellulosefasern (Baumwolle, Flachs, Hanf)	−	−	−	−	−	−	−	−	−	−
Celluloseregeneratfasern (Viskose, Cupro)	−	−	−	−	−	−	−	−	−	−
Acetat	(−)	Z	(−)	Z	−	−	−	−	+	+
Triacetat	+	+	+	+	−	−	−	−	+	+
Wolle	−	−	−	−	−	−	−	−	−	−
Seide	−	−	−	−	−	−	−	−	−	−
Polyacryl	−	−	−	−	−	−	−	−	−	−
Polyvinylchlorid	Q	Z	(−) *	+ *	−	Q	(Q)	(Q)	(±) QZ	(+) *
Polyvinylchlorid, nachchloriert	−	−	+	+	Q	+	−	(−)	+	+
Polyethylen, LD	−	(+) *	−	−	−	+ *	−	−	−	−
Polyethylen, HD	−	−	−	−	−	+ *	−	−	−	−
Polypropylen	−	−	−	−	−	+	−	−	−	−
Polyvinylalkohol	−	−	−	−	−	−	−	−	−	−
Polyvinylidenchlorid	−	−	−	(−)	−	+ *	−	(−)	−	(+)
Polyamid 6.6	−	−	−	−	−	−	−	−	−	−
Polyamid 6	−	−	−	−	−	−	−	−	−	−
Polyester (Polyethylenterephthalat)	−	−	−	−	−	(−)	−	−	−	−
Elastan (Polyurethanelastomer)	−	−	−	−	−	−	−	−	−	−

Tabelle 12.1 (Fortsetzung)

Faser	Essig-ester		Benzen		Toluen		Xylen		Mono-chlor-benzen		o-Di-chlor-benzen	
	ka	ko	ka	ko	ka	ko	ka	ko	ka	ko	ka	ko
natürliche Cellulosefasern (Baumwolle, Flachs, Hanf)	−	−	−	−	−	−	−	−	−	−	−	−
Celluloseregeneratfasern (Viskose, Cupro)	−	−	−	−	−	−	−	−	−	−	−	−
Acetat	(+)	(+) Q	−	−	−	−	−	−	−	−	−	(−)
Triacetat	−	(−) Q	−	−	−	−	−	−	−	−	−	(−)
Wolle	−	−	−	−	−	−	−	−	−	−	−	−
Seide	−	−	−	−	−	−	−	−	−	−	−	−
Polyacryl	−	−	−	−	−	−	−	−	−	−	−	−
Polyvinylchlorid	Q	Z	(Q)	Q	Q	Z	Q	(+) Z	(Q)	+ *	Q	+ *
Polyvinylchlorid, nachchloriert	+	+	Q	+	(+)	+	(+)	+	+	+	+	+
Polyethylen, LD	−	−	−	+ *	−	+ *	−	+ *	−	+ *	−	+ *
Polyethylen, HD	−	−	−	−	−	+ *	−	+ *	−	+ *	−	+ *
Polypropylen	−	−	−	−	−	+ *	−	+ *	−	+ *	−	+ *
Polyvinylalkohol	−	−	−	−	−	−	−	−	−	−	−	− (F)
Polyvinylidenchlorid	−	−	(−)	(+)	(−)	+ *	(−)	+ *	−	− *	−	+ *
Polyamid 6.6	−	−	−	−	−	−	−	−	−	−	−	−
Polyamid 6	−	−	−	−	−	−	−	−	−	−	−	−
Polyester (Polyethylenterephthalat)	−	−	−	−	−	−	−	−	−	(−)	−	+ *
Elastan (Polyurethanelastomer)	−	−	−	−	−	−	−	−	−	−	−	(+) (Z)

Tabelle 12.1 (Fortsetzung)

Faser	o-Chlor-phenol		m-Kresol		Phenol 80%ig		Nitro-benzen		Cyclo-hexanon	
	ka	ko	ka	ko	ka	ko	ka	ko	ka	ko
natürliche Cellulosefasern (Baumwolle, Flachs, Hanf)	−	−	−	−	−	−	−	−	−	−
Celluloseregeneratfasern (Viskose, Cupro)	−	−	−	−	−	−	−	−	−	−
Acetat	+	+	+	+	+	+	−	+	(±)	+
Triacetat	+	+	+	+	+	+	−	+	(±)	+
Wolle	−	−	−	−	−	−	−	−	−	−
Seide	−	−	−	−	−	−	−	−	−	−
Polyacryl	−	(F)	−	−	−	(−)	−	− F	−	−
Polyvinylchlorid	−	+ *	−	+ *	−	+ (*)	(+)	+ *	+ *	+ *
Polyvinylchlorid, nachchloriert	+	+ *	−	+ *	−	+	+	+	+	+
Polyethylen, LD	−	Schmel-zen	−	(−)	−	(−)	−	(−)	−	(−)
Polyethylen, HD	−	Schmel-zen	−	(−)	−	(−)	−	(−)	−	(−)
Polypropylen	−	Schmel-zen	−	(−)	−	(−)	−	(−)	−	Z
Polyvinylalkohol	−	− F	−	+	−	(+)	−	− F	−	−
Polyvinylidenchlorid	−	+ *	−	+ F	−	+ F (*)	−	+ *	(Q)	+ *
Polyamid 6.6	+ *	+ *	+ *	+ *	+ *	+ *	−	(±)	−	(−)
Polyamid 6	+ *	+ *	+ *	+ *	+ *	+ *	−	(±)	−	(−)
Polyester (Polyethylenterephthalat)	(+)	+ *	−	+ *	(−) Q	+ *	−	+ *	−	(±) *
Elastan (Polyurethanelastomer)	−	+	−	+	−	+	−	+	Q	+

Tabelle 12.1 (Fortsetzung)

Faser	Dioxan		Tetra-hydro-furan		γ-Butyro-lacton		Dimethyl-form-amid		Morpho-lin	
	ka	ko	ka	ko	ka	ko	ka	ko	ka	ko
natürliche Cellulosefasern (Baumwolle, Flachs, Hanf)	−	−	−	−	−	−	−	−	−	−
Celluloseregeneratfasern (Viskose, Cupro)	−	−	−	−	−	−	−	−	−	−
Acetat	+	+	+	+	+	+	+	+	+	+
Triacetat	+	+	(−)	+	(+)	+	+	+	(+)	+
Wolle	−	−	−	−	−	−	−	−	−	−
Seide	−	−	−	−	−	−	−	−	−	−
Polyacryl	−	−	−	−	−	+	(±)	+	−	−
Polyvinylchlorid	(±) Q	+ *	+ *	+ *	− Q	+	+ *	+ *	(+)	+ *
Polyvinylchlorid, nachchloriert	+	+	+	+	(+)	+	+	+	+ F	+
Polyethylen, LD	−	(−)	−	(−)	−	(−)	−	(−)	−	(−)
Polyethylen, HD	−	−	−	−	−	(−)	−	(−)	−	(−)
Polypropylen	−	−	−	−	−	(−)	−	(−)	−	−
Polyvinylalkohol	−	−	−	−	−	−	−	−	−	−
Polyvinylidenchlorid	(Q)	+ *	+ *	+ *	−	+ *	−	+ *	(+) Z	($^+_*$) F
Polyamid 6.6	−	−	−	−	−	+ *	−	(−)	−	−
Polyamid 6	−	−	−	−	−	+ *	−	+ *	−	−
Polyester (Polyethylenterephthalat)	−	−	−	−	−	+ *	−	($^+_*$)	−	(±)
Elastan (Polyurethanelastomer)	−	Z	−	−	−	+	(±)	+	−	+

Tabelle 12.2. Verhalten von Spezialfasern in ausgewählten Lösemitteln (nach [2])

Polymer (Handelsname)	Kurz-zeichen	Schwefel-säure konz.		Methan-sulfonsäure	
		ka	ko	ka	ko
Aramid (*Nomex*)	PMI	+	+	−	+
				farblos	
Aramid (*Kevlar, Twaron*)	PPTA	Q	+	−	+
				gelb	
Aramid (*Technora*)	PEA	Q	+	Q	+
				gelb	
Polyimidamid (*Kermel*)	PAI	(+)	+	+	+
				orange	
Polybenzimidazol (*PBI*)	PBI	−	(+)	−	(+)
				hellbraun	
Polyimid (*P84*)	PI	+	+	−	+
				gelb	
Polyetheretherketon (*Zyex*)	PEEK	Q	+	−	+
				tiefrot	
Polyphenylensulfid (*Ryton*)	PPS	−	−	−	−
				violettbraun	
Polytetrafluorethylen	PTFE	−	−	−	−

Abkürzungen und Zeichenerklärungen s. Tabelle 12.1

Löslichkeitsverhalten von Spezialfasern, die auch ihrer Unterscheidung dienen. Im folgenden sollen am Beispiel ausgewählter Fasern faserspezifische
Besonderheiten besprochen werden.

Natur- und Chemiefasern aus Cellulose

Celluloseregeneratfasern (Viskose, Cupro) sind auf Grund der geringeren
Kristallinität für angreifende Medien zugänglicher als native Cellulosefasern,
wie z. B. Baumwolle und Flachs; dies bedingt eine vergleichsweise stärkere
Quellung und im Zusammenhang mit dem niedrigeren Polymerisationsgrad
eine höhere Löslichkeit.

Durch Modifizierung des konventionellen Viskoseverfahrens ist es im Falle
der Modalfasern möglich, Celluloseregeneratfasern mit einer höheren Molmasse und im Sinne der Eigenschaften günstigeren Struktur herzustellen; sie
weisen im Vergleich zur Viskosefaser höhere Festigkeit, höheren Naßmodul,
geringere Quellbarkeit sowie höhere Alkalibeständigkeit auf und sind somit
baumwollähnlicher.

Bei Acetatfasern ist die Möglichkeit der Wasserstoffbrückenbindung zum
Wasser durch die überwiegende Veresterung der OH-Gruppen deutlich geringer. Acetatfasern quellen in Wasser weniger als Viskosefasern und sind wegen
der geringen Anzahl OH-Gruppen auch nicht mit substantiven Farbstoffen
färbbar.

Tabelle 12.3. Lösemittel für Cellulose – wäßrige Systeme (nach [1])

Konzentrierte Säuren	Wäßrige Lösungen anorganischer Salze	Starke wäßrige Basen	Wäßrige Lösungen quartärer Basen	Wäßrige Metall-komplex-Lösungen
HCl	LiCl	LiOH	Tetraethylammo-niumhydroxid	Cuoxam
HBr	$ZnCl_2$	NaOH		Cuen
H_2SO_4	Thiocyanate	NaOH-ZnO	Triethylbenzyl-ammoniumhydroxid	Cuoxen
H_3PO_4	Iodide	NaOH-BeO		Nioxen
CF_3COOH			Tetraalkylphospho-niumhydroxid	Cadoxen
				Na-Fe-tartrat

Tabelle 12.4. Lösemittel für Cellulose – nichtwäßrige Systeme (Auswahl) (nach [3])

Einkomponentensysteme	Zweikomponentensysteme	Dreikomponentensysteme
Trifluoressigsäure	SO_2/Amin $(-20\,°C)$	SO_2/Amin/polare Flüssig-keit wie Formamid
Hydrazin (bei 150 °C)	Methylamin/Dimethyl-sulfoxid	SO_2/NH_3/polare Flüssig-keit
N-Alkylpyridinium-chloride	Paraformaldehyd/Di-methylsulfoxid	SO_2Cl_2/Amin/polare Flüssigkeit wie Formamid
N-Methyl-Morpholin-N-Oxid $\cdot$ H_2O	NH_3/Salze wie NaSCN oder NH_4SCN	NH_3/Na-halogenid/polare Flüssigkeit wie Formamid
	Chloral/polare Flüssig-keit wie Pyridin	
	N_2O_4/polare Flüssigkeit wie Dimethylformamid	
	NOCl bzw. $NOHSO_4$/ polare Flüssigkeit	
	SO_3/Dimethylformamid LiCl/Dimethylacetamid	

Das Löseverhalten der Cellulose ist u. a. im Zusammenhang mit dem Faserspinnverfahren eingehend mit der Zielstellung untersucht worden [3], das umweltfeindliche Cellulosexanthogenatverfahren durch ein CS_2-freies Spinn-verfahren ablösen zu können. Tabelle 12.3 gibt eine Zusammenstellung wäßriger Systeme, Tabelle 12.4 diejenige nichtwäßriger Systeme, die Lösemittel für Cellulose darstellen.

Cellulosefasern quellen in Laugen stärker als in Wasser. Die Quellbarkeit bzw. Löslichkeit der Celluloseregeneratfasern durchläuft in Abhängigkeit von der Natronlaugenkonzentration bei 10 % ein Maximum. Sie steigt mit fallender Temperatur. Dies hängt mit der Bildung und Temperaturbeständig-keit der Hydrate zusammen. Native Cellulose wird durch Natronlauge mit einer Konzentration über 10 % irreversibel in „Hydratcellulose" mit einem veränderten Raumgitter umgewandelt.

Auf Grund der Säureempfindlichkeit der Acetalbindung, die die Grundbausteine der Cellulose verknüpft, erfolgt vor allem durch Mineralsäuren hydrolytischer Abbau. Dies wird beim Prozeß der Carbonisierung der Wolle ausgenutzt: Entfernung der pflanzlichen Verunreinigungen durch eine Behandlung der verunreinigten Wolle mit Schwefelsäure unter definierten Bedingungen und mechanische Entfernung der abgebauten, versprödeten Pflanzenteile.

Das Reaktionsvermögen der Cellulose als Polyalkohol wird bei der chemischen Modifizierung der Cellulose durch folgende Reaktionen genutzt:
- Acylierung
- Alkylierung
- Acetalysierung.

Dadurch wird u. a. die Hygroskopizität der Fasern vermindert, wodurch sich seine Widerstandsfähigkeit gegenüber bleibenden Formänderungen, z. B. sein Naßknittererholungsvermögen, erhöht.

Alkali- oder Erdalkalisalze, die aus kleinem Kation und großem Anion bestehen, wirken auf Cellulose stark quellend und teilweise lösend. So kann Calciumrhodanid-Lösung zur Trennung von nativer und regenerierter Cellulose dienen, wobei sich erstere nicht löst.

Die Einwirkung von Oxidationsmitteln (z. B. beim Bleichen) führt zur Oxidation der primären und sekundären OH-Gruppen über Aldehyd- bzw. Keto- zu Carboxylgruppen. Dabei kann es schließlich zur Spaltung von Ketten kommen. Oxidativ geschädigte Cellulose (Oxycellulose) ist deshalb durch erhöhte Löslichkeit und bessere Färbbarkeit mit kationischen Farbstoffen nachzuweisen. Es sei erwähnt, daß Oxycellulose den Färbeprozeß stören kann, da sie auf bestimmte Farbstoffgruppen reduzierend wirkt.

Eiweißfasern

Das Fibroin der Seide enthält im Vergleich zum Keratin der Wolle nur Spuren der schwefelhaltigen Aminosäure Cystin, aber wesentlich mehr (etwa 40%) Glycin, welches keine funktionelle Seitengruppe in das Makromolekül einbringt. Darauf sind die vergleichsweise höhere Kristallinität und Festigkeit, aber geringere chemische Reaktionsfreudigkeit des Fibroins zurückzuführen.

Die Eiweiße beider Fasern zeigen das Verhalten von Polyampholyten bzw. Zwitterionen. Für diese ist das gleichzeitige Vorhandensein von kationischen Aminogruppen in der protonierten Form $-\overset{\oplus}{N}H_3$ und anionischen Carboxylationen $-COO^{\ominus}$ charakteristisch [13].

$$H_3\overset{\oplus}{N}-R-COOH \underset{+H^{\oplus}}{\overset{-H^{\oplus}}{\rightleftharpoons}} H_3\overset{\oplus}{N}-R-COO^{\ominus} \underset{+H^{\oplus}}{\overset{+OH^{\ominus} \atop -H_2O}{\rightleftharpoons}} H_2N-R-COO^{\ominus}$$

kationisch   isoionisch   anionisch

Im isoionischen Zustand ist die Zahl der kationischen $-\overset{\oplus}{N}H_3$-Gruppen und der anionischen Carboxylationen $-COO^{\ominus}$ gleich. Benachbarte entgegengesetzt geladene Gruppen bilden Salzbrücken, daneben liegen nicht geladene Gruppen vor. In diesem „isoionischen" Zustand oder Bereich haben Eiweißfasern ein Minimum an chemischer Reaktionsfähigkeit bzw. ein Maximum an Stabilität (maximal mögliche Zahl der Salzbrücken). Der „isoelektrische" Zustand ist dagegen vorhanden, wenn zwischen dem Protein (Eiweiß) und dem umgebenden Medium keine Potentialdifferenz meßbar ist. Hierbei spielt die Oberflächenladung des unlöslichen Eiweißes die entscheidende Rolle. Nach Elöd liegt der isoionische Zustand für Wolle bei pH 4,9 und für Seide bei pH 5,0; nach Sookne und Harris liegt der isoelektrische Bereich für Wolle bei pH 3,4–4,5 und für das Fibroin der Seide bei pH 3,6–4,3 (nach [11]). Konzentrierte Laugen und Säuren führen – insbesondere bei höherer Temperatur – zu einer Spaltung der Peptidbindungen und im Falle der Wolle auch der Cystinbindungen und damit zur Zerstörung der Faser.

Unter „milden" Bedingungen ist die Wolle gegenüber Oxidations- und Reduktionsmitteln beständig, so daß sie oxidativ und reduktiv gebleicht werden kann. Bei höherer Temperatur und höherer Konzentration kommt es jedoch zu erheblichen Faserschädigungen, wobei zunächst die Disulfidbindungen und später auch die Peptidbindungen gelöst werden. Die Möglichkeit der reversiblen Spaltung der Disulfidbrücken des Cystins wird beim Permanentfixieren von Wollgeweben ausgenutzt

$$R^1-S-S-R^2 \underset{\text{Oxidationsmittel}}{\overset{\text{Reduktionsmittel}}{\rightleftarrows}} R^1-S-H + H-S-R^2. \quad (12.2)$$

Polyesterfasern

Polyethylenterephthalat weist eine dicht gepackte, hochkristalline Struktur ohne Seitengruppen auf. Es ist deshalb relativ hydrophob und chemisch reaktionsträge. Gegenüber schwachen Säuren und Laugen ist es beständig. Konzentrierte Schwefelsäure löst Polyethylenterephthalat dagegen schon bei Zimmertemperatur auf. Durch konzentrierte heiße Laugen erfolgt von der Oberfläche her ein schichtenweises Abschälen durch Hydrolyse. Gegenüber Oxidations- und Reduktionsmitteln ist Polyethylenterephthalat relativ beständig.

Polyamidfasern

Die Beständigkeit der verschiedenen Polyamidfasertypen gegenüber chemischer und thermischer Beanspruchung korreliert mit der Zahl der inter- und intramolekularen Wechselwirkungen und nimmt in der Reihenfolge PA 11 – PA 6.6 – PA 6 ab. Die üblichen Polyamidfasern (PA 6 und PA 6.6) sind hydrophiler als PES. Beim Lagern können durch Wasseraufnahme konformative Änderungen ablaufen, die zur Veränderung der Kristallinität und damit zur Änderung des färberischen Verhaltens führen.

Die Empfindlichkeit gegenüber schwachen Mineralsäuren ist stärker ausgeprägt als beim PES: typisch für PA 6 und PA 6.6 ist deren Löslichkeit in kalter konz. Ameisensäure; PA 6 ist in 14%iger Salzsäure, PA 6.6 in 30%iger Salzsäure löslich, während PA 11 selbst in konz. Salzsäure (kalt) unlöslich ist.

Die Beständigkeit gegenüber verdünnten Laugen ist gut, durch konzentrierte Laugen erfolgt eine Zerstörung der Fasern.

Chlorhaltige Bleichmittel und Peroxide führen zur Faserschädigung. Durch den Einsatz von Stabilisatoren bei der Wasserstoffperoxidbleiche kann der Festigkeitsverlust in Grenzen gehalten werden, während ein Bleichen mit Natriumchlorit ohne derartige Stabilisatoren möglich ist.

Polyacrylfasern

Das chemische Verhalten verschiedener Polyacrylfasertypen kann auf Grund unterschiedlicher Comonomere differenziert sein. Die Beständigkeit gegenüber Säuren und Laugen mittlerer Konzentration und oxidierenden Chemikalien ist gut bis sehr gut. Lösung erfolgt in konz. Schwefel- und Salpetersäure. Durch Behandlung mit konz. Natronlauge in der Hitze erfolgt eine Verfärbung von Gelb über Braun bis Schwarz infolge der einsetzenden Cyclisierungsreaktion der Nitrilgruppen.

Elastanfasern

Unter „milden" Bedingungen ist Elastan (Polyurethanelastomerfaser) gegenüber Säuren, Laugen, Oxidations- und Reduktionsmitteln beständig. Es kann daher mit Peroxid oder Natriumdithionit gebleicht werden. Höhere Konzen-

Tabelle 12.5. Lösemittel für Chemiefasern aus synthetischen Polymeren (einschließlich Spezialfasern für den technischen Einsatz) (nach [2])

Faser	Kurzzeichen	Lösemittel
Polyacryl	PAN	Dimethylformamid
		Dimethylsulfoxid
		N,N-Dimethylacetamid
		Ethylencarbonat
		Magnesiumchlorid/Wasser
		Natriumrhodanid/Wasser
		Calciumrhodanid/Wasser
		γ-Butyrolacton
Polyamid	PA 6	m-Kresol
	PA 6.6	Lithiumchlorid/Ethanol
		Calciumchlorid/Methanol
		Ameisensäure
		Trifluoressigsäure
		2,2,2-Trifluorethanol
Polyester	PES	Dimethylformamid
(Polyethylenterephthalat)		Phenol/sym.-Tetrachlorethan
		m-Kresol
		Trifluoressigsäure
		Trifluoressigsäure/Methylenchlorid
		o-Dichlorbenzen
		1,1,1,3,3,3-Hexafluor-2-propanol

Tabelle 12.5 (Fortsetzung)

Faser	Kurzzeichen	Lösemittel
Polypropylen	PP	Xylen (Siedehitze) Perchlorethylen (Siedehitze) Dekalin (ab 80 °C) Tetralin (ab 70 °C) 1,2,4-Trichlorbenzen sym.-Tetrachlorethan
Fluoro (Polytetrafluorethylen)	PTFE	fluorierte Kohlenwasserstoffe (ab 330 °C – nur wenige Prozent)
Elastan (Polyurethan)	EL	Dimethylformamid N,N-Dimethylacetamid Hexamethylphosphorsäuretriamid Morpholin (Hitze) Cyclohexanon (Hitze)
Poly(m-phenylen- isophthalsäureamid) (*Nomex*)	PMI	N,N-Dimethylacetamid/Lithiumchlorid Dimethylformamid/Lithiumchlorid Methansulfonsäure Schwefelsäure
Poly(p-phenylen- terephthalsäureamid) (*Twaron*)	PPTA	Hexamethylphosphorsäuretriamid N-Methylpyrrolidon/Calciumchlorid Methansulfonsäure (Hitze) Schwefelsäure (Hitze)
Poly(p-phenylen-co- 3,4'-diphenylether- terephthalsäureamid) (*Technora*)	PEA	N-Methylpyrroliden/Calciumchlorid (Hitze) Methansulfonsäure (Hitze) Schwefelsäure (Hitze)
Poly(4,4'-diphenyl- methantrimelithimidamid) (*Kermel*)	PAI	Dimethylformamid N-Methylpyrrolidon Dimethylsulfoxid Methansulfonsäure Schwefelsäure
Poly(2,2'-m-phenylen- 5,5'-bis-benzimidazol) (*PBI*)	PBI	Dimethylacetamid/Lithiumchlorid (über 230 °C) Schwefelsäure (Hitze) Dimethylsulfoxid Methansulfonsäure (Hitze) Dimethylacetamid
Poly(4,4'-diphenyl- methan-co-2,6-toluylen- benzophenon- tetracarbonsäureamid) (*P 84*)	PI	Dimethylformamid Dimethylacetamid Dimethylsulfoxid N-Methylpyrrolidon Schwefelsäure Methansulfonsäure (Hitze)
Poly(p-etheretherketon) (*Zyex*)	PEEK	Schwefelsäure (Hitze) Methansulfonsäure (Hitze)
Poly(p-phenylensulfid) (*Ryron*)	PPS	α-Chlornaphthalin (ab 200 °C) N-Methylpyrrolidon (ab 200 °C) Diphenylether (ab 200 °C)

trationen und Temperaturen führen jedoch rasch zu einem Nachlassen der elastischen Eigenschaften und schließlich zur Zerstörung der Fasern.

Polyolefinfasern

Die chemische Beständigkeit der Polyolefinfasern ist sehr gut. Sie werden als beständig gegenüber Säuren und Alkalien angesehen und stellen unter vielen aggressiven Bedingungen die einzigen anwendbaren Textilfasern dar. Auch gegenüber üblichen organischen Lösemitteln sind sie weitgehend indifferent.

Eine Zusammenstellung geeigneter Lösemittel für synthetische Chemiefasern einschließlich Spezialfasern für technische Einsatzzwecke enthält Tabelle 12.5.

12.2 Faseridentifizierung

Zur Charakterisierung des Verhaltens der textilen Faserstoffe gegenüber einwirkenden Medien sind zahlreiche Methoden und Möglichkeiten bekannt (vgl. Methoden zur Strukturcharakterisierung in Abschn. 2.4), die vielfach auch zur Identifizierung der Fasern dienen können.

Eine bedeutende Rolle bei der Wechselwirkung mit den einwirkenden Medien spielt die Oberfläche textiler Gebilde in einer sehr geringen Dicke von nur wenigen Nanometern, die ausreichend für die Unterbringung weniger Moleküllagen ist. Sie bestimmt besonders die Eigenschaften wie Benetzbarkeit, Haftung, Diffusion, Bioverträglichkeit und Glanz. Zur Charakterisierung dieser Oberfläche stehen UV-, Fluoreszenz- und Röntgenphotoelektronenspektroskopie, Photometermikroskopie, Porosimetrie u. a. zur Verfügung [14].

Zur Faseridentifizierung werden im wesentlichen folgende Prüfmethoden angewendet:
1. *Schnellmethoden*
   - Brennprobe,
   - Trockene Destillation,
   - Anfärben mit Testfarbstofflösungen,
   - chemische Reaktionen mit Farbtönung (Typreaktionen),
   - makroskopisch beobachtete Lösereaktionen,
2. *Instrumentelle Methoden*
   - mikroskopische Betrachtung von Längsansicht und Querschnitt,
   - mikroskopisch beobachtete Quell- und Lösereaktionen sowie mikrochemische Reaktionen mit Farbtönung,
   - polarisationsoptische Untersuchungen (Doppelbrechung),
   - raster- und transmissionselektronenmikroskopische Abbildung,
   - Differenz-Thermoanalyse (Bestimmung der Glas-, Kristallisations-, Schmelz- und Zersetzungstemperatur),
   - Dichtebestimmung,

- Lumineszenzerscheinungen im UV-Licht (Eigenfluoreszenz oder Sekundärfluoreszenz auf Grund der unterschiedlichen Aufnahme sog. Fluorchrom-Farbstoffe),
- Röntgenweit- und -kleinwinkelmessungen,
- Analysierung des Absorptionsverhaltens im ultravioletten und sichtbaren Licht (UV/VIS-Spektroskopie) [2],
- IR-Spektroskopie [2],
- NMR-Spektroskopie (Untersuchung in Lösung bzw. in hochverdünnten Lösungen mit der Technik der Puls-Fourier-Transformation, Festkörper-NMR-Spektroskopie und zweidimensionale Kernresonanzspektroskopie) [4].

In der Regel ist eine Methode allein nicht umfassend aussagefähig, vor allem, wenn es sich nicht nur um das Erkennen der Zugehörigkeit zu bestimmten Fasergruppen handelt, sondern wenn detaillierte Unterscheidungen innerhalb der Gruppen gefragt sind.

In der Vergangenheit sind verschiedene *Bestimmungsschlüssel* erarbeitet worden, die die genau einzuhaltende Reihenfolge der durchzuführenden Reaktionen vorschreiben, mit denen nacheinander die einzelnen Fasern erkannt werden können. Es gibt Identifizierungsschemata, die sich auf ein Arbeitsprinzip beschränken (z. B. Mikrolöseversuche), andere kombinieren verschiedene der eingangs erwähnten Identifizierungsmethoden. Vom Zeitaufwand her ist es vorteilhaft, wenn der Bestimmungsschlüssel eingangs eine Gruppentrennung der Fasern durch eine oder zwei einfache Identifizierungsmethoden vorsieht, da auf diese Weise die Zahl der nach dem Bestimmungsschlüssel zwangsläufig durchzuführenden Reaktionen vermindert wird. Einschränkungen der Anwendbarkeit bestimmter Identifizierungsmethoden können bei Fasermischungen sowie bei gefärbten oder hochveredelten Materialien gegeben sein.

Probenvorbereitung. Vorhandene Präparationen oder Ausrüstungen würden die Charakterisierung der Fasern beeinflussen. Sie können wie folgt entfernt werden [5]:

1. *Spinnpräparationen* durch Extrahieren mit Dichlormethan

2. *Schlichten und Appreturen* a) wasserlösliche (z. B. Polyvinylalkohol, Polyvinylacetat, Carboxymethylcellulose, Acrylat) durch Behandlung mit Wasser; b) wasserunlösliche (z. B. Stärke) durch Behandlung mit Amylase und anschließendes Waschen mit Wasser

3. *Kunstharzausrüstungen* durch Kochen in 0,5 %iger Salzsäure und anschließendes Waschen mit Wasser

4. *Wachse, Fette, Öle* durch Behandlung mit $5\ \mathrm{g} \cdot \mathrm{l}^{-1}$ Marseiller Seife und Soda bei 70 °C während 30 min und Waschen mit Wasser.

Eine Zusammenstellung der Unterscheidungsmerkmale der Fasern bei *Schnell-methoden* bringt Tabelle 12.6.

- Brennprobe (bei einheitlichem Fasermaterial):
  Faserprobe mit kleiner Flamme entzünden und Beurteilung nach:
  - Entzündbarkeit,
  - Art des Abbrennens,
  - Verlöschen oder Weiterbrennen außerhalb der Flamme,
  - Abtropfen brennender oder geschmolzener Teile,
  - Rußbildung,
  - Geruch,
  - Verbrennungsrückstand.

So umstritten die Brennprobe auch sein mag, so ist sie doch vielfach das einzige Hilfsmittel, was man zur Verfügung hat, um in bestimmten Fällen an Ort und Stelle schnell wenigstens eine Gruppentrennung vorzunehmen. Bei richtiger Durchführung und etwas Erfahrung ist sie sogar bei Zweifasermischungen anwendbar.

- Trockene Destillation (bei einheitlichem Fasermaterial):
  Faserprobe in trockenem Reagenzglas erhitzen (pyrolysieren); Charakterisieren des Geruchs und des *p*H-Wertes der Dämpfe, indem angefeuchtetes *p*H-Papier in die Dämpfe gehalten wird.

- Anfärben mit Testfarbstofflösungen (auch bei Fasermischungen):
  Bei den Testfarbstofflösungen handelt es sich um Farbstoffmischungen, die die einzelnen Fasern in Abhängigkeit von ihrem unterschiedlichen chemischen Aufbau differenziert anfärben (Tabelle 12.6). Im Laufe der Zeit sind verschiedene Testfarbstofflösungen entwickelt worden, deren Zusammensetzung im allgemeinen nicht bekannt ist; z. B.:

Neokarmin W	Trika
Neokarmin MS	Hollborn-Textiltest
Neokarmin TA	Färbereagens nach Eppendahl
Detex	Färbereagens nach Schaeffer
Shirlastain	Färbereagens nach Draxl.

Testfärbungen sind nur bei ungefärbten Fasern anwendbar. Schon durch unterschiedliche Vorbeanspruchung können Farbton- und Farbintensitätsverschiebungen auftreten, die Fehlbeurteilungen bedingen. Auch das Beurteilen der Färbungen an Hand von Farbtafeln bereitet gewisse Schwierigkeiten. Diese kann man vermindern, indem man sich selbst eine Serie Vergleichsmuster herstellt. Dabei ist darauf zu achten, daß bei der Aufbewahrung Veränderungen durch Lichteinwirkung vermieden werden. Auch Kontrollausfärbungen mit einer zweiten Testfarbstofflösung können hilfreich sein.

Tabelle 12.7 zeigt einen *Lösemitteltrennungsgang für organische Fasern* (Bestimmungsschlüssel). Hierbei wird aus dem Verhalten gegenüber Lösemitteln auf die Faserart geschlossen.

Tabelle 12.6. Schnellmethoden zur Faseridentifizierung (nach [2, 5–7])

Faser bzw. Polymer	Brennprobe	Trockene Destillation pH-Wert	Anfärbung mit Testfarbstofflösung		
			Neocarmin MS	Neocarmin TA	Neocarmin W
Cellulosefasern (Baumwolle, Viskose Cupro, Modal)	schnelles Verbrennen mit leuchtender Flamme; Geruch nach verbranntem Papier; grauweißer Rückstand	5– 6	CO: blaugrau CUP: blau CV: blau	– – –	blauschwarz blau violettrot
Eiweißfasern (Wolle, Seide)	Langsames Verbrennen unter Zersetzung und Verkohlung; Geruch nach verbranntem Horn (nicht bei Seide); poröser schwarzer, später grauweißer Rückstand	9–10	WO: braun SE-roh: rotbraun SE-entbastet: violettrot	– – –	gelb grün hellbraun
Acetat, Triacetat	schnelles Verbrennen unter Verkohlung; Geruch nach verbranntem Papier und Essigsäure; grauweißer Rückstand	3– 4	CA: braunorange CTA: beige	– –	gelb gelb
Polyester	brennt in der Flamme rußend bräunlich zusammenschmelzend und abtropfend, bei Entfernung der Flamme verlöschend; aromatischer Geruch; dunkelbrauner, fadenziehender Rückstand	3– 4	zartrosa	–	–
Polyamid (aliphatisch)	brennt in der Flamme zusammenschmelzend und abtropfend, bei Entfernung der Flamme verlöschend; glasig gelbbrauner, fadenziehender Rückstand	10–11	rot	–	hellgelb
Polyacryl	erweichend und schnell entflammend, brennt mit gelber, rußender Flamme; beißend süßlicher Geruch; dunkler spröder Rückstand	je nach Art der Comonomere alkalisch oder sauer	graugelb	–	beige

Tabelle 12.6 (Fortsetzung)

Faser bzw. Polymer	Brennprobe	Trockene Destillation pH-Wert	Anfärbung mit Testfarbstofflösung		
			Neocarmin MS	Neocarmin TA	Neocarmin W
Polyurethan	brennt schmelzend mit leuchtender Flamme; stechender Geruch nach Isocyanat; harter brauner Rückstand	10–11	–	–	–
Polyolefin (Polyethylen, Polypropylen)	brennt schmelzend, abtropfend mit leuchtender Flamme mit blauem Kern; Geruch paraffinartig, opaler, harter Rückstand	6– 7	violettrosa	–	–
Polyvinylchlorid	schwarz zusammenschmelzend, brennt nur in der Flamme rußend; stechender Geruch nach HCl; schwarzer, spröder Rückstand	1	violettrosa	–	–
Fluoro (Polytetrafluorethylen)	nicht brennbar, schmilzt nicht; bei höheren Temperaturen *giftige* Zersetzungsgase; unveränderter Rückstand, bei hohen Temperaturen langsames Verdampfen	1	weiß oder braun	weiß oder braun	–
Poly-*m*-phenylenisophthalsäureamid (*Nomex*)	schwer entflammbar, nach Entzug der Flamme kein Weiterbrennen oder Nachglühen; über 400 °C Verformung und Verkohlung (schmilzt nicht)	9	violettrosa angeschmutzt	violettrosa	–
Poly-*p*-phenylenterephthalsäureamid (*Twaron, Kevlar*)	ähnlich wie *Nomex*, schmilzt nicht, über 500 °C Zersetzung	9	rosa angeschmutzt	beige, rosa angeschmutzt	–
Poly(*p*-phenylen-co-3,4'-diphenyletherterephthalsäureamid (*Technora*)		9	violettrosa angeschmutzt	beige, rosa	–

Tabelle 12.6 (Fortsetzung)

Faser bzw. Polymer	Brennprobe	Trockene Destillation pH-Wert	Anfärbung mit Testfarbstofflösung		
			Neocarmin MS	Neocarmin TA	Neocarmin W
Poly(4,4'-diphenyl-methantrimellith-imidamid) (*Kermel*)	nicht brennbar, schmilzt nicht, über 400 °C Zersetzung unter Ver-kohlung mit leichtem Schrumpf	1	karminrot	ocker, rot angeschmutzt	–
Poly(2,2'-*m*-pheny-len-5,5'-bis-benzimidazol) (*PBI*)	schwerer entflammbar als *Nomex*, nach Entzug der Flamme kein Weiterbrennen, schmilzt nicht	1	braun, rot angeschmutzt	braun	–
Poly(*p*-phenylen-sulfid) (*Ryton*)		2	violettrosa angeschmutzt	elfenbein	–
Poly(*p*-ether-etherketon) (*Zyex*)		2	rosaviolett	muskat	–
Poly(4,4'-diphenyl-methan-co-2,6-toluylen-benzo-phenontetracarbon-säureamid) (*P84*)	schwer entflammbar,	8– 9	rotviolett	gelb	–

Tabelle 12.7. Trennungsgang für organische Fasern (nach [5])

Lösung-gruppe	Lösemittel	gelöste Faser	Verhalten der Lösung
1	Methylenchlorid, kalt	Triacetat	mit Methanol Fällung
	Methylenchlorid, heiß	Polyvinylchlorid, nachchloriert	
2	Aceton, kalt	Acetat	mit Wasser Trübung
3	Tetrahydrofuran	Polyvinylchlorid, nicht nachchloriert Polyvinylidenchlorid	mit Methanol Fällung
4	Dimethylformamid	Polyamid 6 Elastan Polyacryl	mit Wasser Fällung
5	Ameisensäure 98%ig	Polyamid 6.6 Seide (zerfällt)	mit Wasser Fällung
6	o-Dichlorbenzen, heiß	Polyester (PES, PBTP)	Abkühlung Trübung
7	Xylen, heiß	Polyethylen, Polypropylen	Abkühlung Trübung
8	Natronlauge 5%ig, heiß	Wolle, Seide	Abkühlung, mit Salzsäure Trübung
9	Ameisensäure konz./$ZnCl_2$ (wasserfrei) 80:20 (Massenanteil) 10 min bei 70 °C	Viskose, Modal	mit Wasser Trübung
10	Schwefelsäure 98%ig, kalt	Baumwolle, Flachs	–
11	keine Lösemittel bekannt	Fluoro (Polytetrafluorethylen)	–

Die Faserprobe wird im Reagenzglas mit etwa 5 ml Lösemittel versetzt:

kalt – 30 min bei Zimmertemperatur schütteln,
heiß – 5 min bei Siedetemperatur des jeweiligen Lösemittels.
(Beachte: einige Lösemittel sind leicht brennbar und toxisch!)
Kontrollreaktion: Zusetzen der doppelten Menge eines „Nichtlösers"
zur abgekühlten Lösung führt zum Ausfällen des gelösten Polymers.

Die Faserprobe wird in der vorgegebenen Reihenfolge der Lösungsgruppen 1–
10 mit den jeweiligen Lösemitteln (jeweils neue Meßprobe) behandelt. Liegt
Löslichkeit vor, ist die Zuordnung der Faser gemäß Tabelle 12.7 möglich. Das
Verfahren ist bei Fasermischungen nicht anwendbar, da die Lösung einer
Komponente nicht eindeutig feststellbar ist. Außerdem ist zu beachten, daß

Tabelle 12.8. Einzelnachweise (Typreaktionen) zur Faseridentifizierung (nach [5])

Lösungs-gruppe	Lösemittel	gelöste Faser	Nachweis
1	Methylenchlorid, kalt	Triacetat	Schmelztemperatur: 300 °C Nachweis nach Feigl führt zur tiefblau gefärbten Lösung nach Behandlung mit Chlorzinkiodlösung (DAB 6) Gelbfärbung und dann Auflösung [7] nach Verseifung: mit Chlorzinkiodlösung (DAB 6) tiefe Blauviolettfärbung [7]
	Methylenchlorid, heiß	Polyvinylchlorid, nachchloriert	Beilstein-Probe auf Chlor positiv Chloridnachweis nach Aufschluß positiv Chlorzinkiodlösung (DAB 6) ist ohne Wirkung
2	Aceton, kalt	Acetat	Schmelztemperatur ≈ 250 °C Nachweis nach Feigl führt zur tiefblau gefärbten Lösung nach Behandlung mit Chlorzinkiodlösung (DAB 6) Gelbfärbung und dann Auflösung nach Verseifung: mit Chlorzinkiodlösung (DAB 6) tiefe Blauviolettfärbung
3	Tetrahydrofuran	Polyvinylchlorid, nicht nachchloriert, Polyvinylidenchlorid	Beilstein-Probe auf Chlor positiv Chloridnachweis nach Aufschluß positiv quantitative Chlorbestimmung nach Wurzschmitt [12] Polyvinylchlorid: $\approx 55\%$ Polyvinylidenchlorid: $\geqq 65\%$ Chlorzinkiodlösung (DAB 6) ist ohne Wirkung
4	Dimethylformamid	Polyamid 6	Probe auf Stickstoff positiv Schmelztemperatur 215–225 °C löslich in 14%iger Salzsäure Einwirkung von Chlorzinkiodlösung führt zunächst zur Gelbfärbung, danach ist mikroskopisch Frottébildung (frottéähnliche Zerklüftung der Oberfläche) zu beobachten

Tabelle 12.8 (Fortsetzung)

Lösungs-gruppe	Lösemittel	gelöste Faser	Nachweis
		Polyacryl	Farbreaktion durch Behandlung mit konzentrierter Natronlauge in der Hitze: gelb über braun bis schwarzbraun
			einige Körnchen Diphenylamin in 2 ml konzentrierter Schwefelsäure lösen, Hinzufügen von ein paar Tropfen Kupfersulfatlösung und schließlich die Faserprobe beifügen: sofortige Dunkelblaufärbung, die langsam in eine braune übergeht
			Chlorzinkiodlösung (DAB 6) führt nach anfänglicher Gelb- bis Orangefärbung zur Lösung, ohne vorher zu quellen
		Elastan	die Dämpfe der trockenen Destillation im Wattebausch auffangen, in Aceton geben und wenig 10%ige Natriumnitritlösung zusetzen: orange bis rotbraune Färbung (stark konzentrationsabhängig)
			Echtrotsalz GG (Fa. Hoechst) in Aceton/Eisessig lösen und mit einem Glasstab auf die Probe tüpfeln: sofortige Bildung eines roten Fleckes (aliphatische Isocyanate: orangefarben; aromatische Isocyanate: rot)
5	Ameisensäure 98%ig	Seide (Maulbeerseide) Polyamid 6.6	zerfällt
			Stickstoffnachweis positiv
			Schmelztemperatur: 250–265 °C
			löslich in 30%iger Salzsäure
			hydrolisierbar in 20%iger Salzsäure kochend unter Rückfluß bis zu 2 Stunden, beim Abkühlen fällt Adipinsäure aus, diese ist abzufiltrieren und mit Ether zu waschen (Schmelztemperatur: 152°C)
			Chlorzinkiodlösung (DAB 6) führt zunächst zur Gelbfärbung und danach zur Frottébildung (wie Polyamid 6)

Tabelle 12.8 (Fortsetzung)

Lösungs-gruppe	Lösemittel	gelöste Faser	Nachweis
6	*o*-Dichlorbenzen	Polyethylen-terephthalat (PES) Normaltyp, Polybutylen-terephthalat (PBTP)	Schmelztemperaturen: PES $\approx 255\,°\mathrm{C}$ PBTP $224-230\,°\mathrm{C}$ 30 min unter Rückfluß mit alkoholischer Natronlauge (0,5 n): verseifbar, Niederschlag des Salzes der Terephthalsäure mit Alkohol neutral waschen und in Wasser lösen, bei Zugabe von Salzsäure fällt die Terephthalsäure als weißer Niederschlag aus Chlorzinkiodlösung ist ohne Wirkung
7	Xylen	Polyethylen	Dichte: $\approx 0,9\ \mathrm{g \cdot cm^{-3}}$ (leichter als Wasser) Schmelztemperatur: $105-135\,°\mathrm{C}$ Quecksilbersalzprobe: negativ (brauner Fleck, gelber Rand)
		Polypropylen	Dichte: $\approx 0,9\ \mathrm{g \cdot cm^{-3}}$ (leichter als Wasser) Schmelztemperatur: $160-170\,°\mathrm{C}$ Quecksilbersalzprobe: positiv (intensiver gelber Fleck)
8	Natronlauge 5%ig	Wolle	Brennprobe: Geruch nach verbranntem Horn (nicht bei Seide) mikroskopischer Nachweis (Schuppenschicht) Chlorzinkiodlösung (DAB 6) ergibt blaßgelbe Färbung Bleiacetatprobe positiv (schwarzer Fleck) Einwirkung von konzentrierter Salpetersäure: Xanthoprotein-reaktion (Gelbfärbung)
		Seide	mikroskopischer Nachweis (dreieckförmiger Querschnitt) Chlorzinkiodlösung (DAB 6) ergibt blaßgelbe Färbung Unterscheidung von Maulbeer(edle)- und Tussah(wilde)-Seide: Maulbeerseide löst sich in kochender Salzsäure nach 1 min, Tussahseide erst nach mehreren Minuten Unterscheidung von Wolle und Seide: Seide löst sich in Ameisensäure/Zinkchlorid, Wolle bleibt ungelöst (kovalente Cystinbrücke)

Tabelle 12.8 (Fortsetzung)

Lösungs-gruppe	Lösemittel	gelöste Faser	Nachweis
9	Ameisensäure konz./Zink-chlorid (wasserfrei) 80:20 (Massen-anteil) 10 min bei 70 °C	Viskose, Modal	Mikroskopischer Nachweis Löslichkeit in Calciumrhodanid-lösung Chlorzinkiodlösung (DAB 6) führt zu einer blau- bis braunvioletten Färbung (intensiver als bei nativer Cellulose) Anfärbung mit Neocarmin W ergibt Rosafärbung (im Gegensatz zu Cupro, das sich intensiv blau färbt)
10	Schwefelsäure 98%ig, kalt	Baumwolle, Flachs	mikroskopischer Nachweis (Baumwolle: flachgedrückter Schlauch mit zahlreichen Windungen; nierenförmiger Querschnitt) Iod-Kaliumiodid-Test: (einige Sekunden mit dieser Lösung behandeln und danach in fließendem Wasser spülen): nichtmerzerisierte Baumwolle wird entfärbt, merzerisierte Baumwolle bleibt längere Zeit (je nach Merzerisierungsgrad) schwarzblau bis blau gefärbt
		Rückstand: Fluoro	Probe auf Fluor nach Aufschluß Kriechprobe auf Fluor elementares Fluor und schmelzende Alkalimetalle wirken zersetzend in fluorierten Kohlenwasserstoffen über 330 °C wenige Prozent löslich [2]

Hinweise zu den Typreaktionen

Chlorzinkiodlösung (DAB 6) [7]. 66 Gewichtsteile Zinkchlorid p. A. (trocken) werden in 64 Teilen Wasser gelöst, danach Zusetzen von 6 Teilen Kaliumiodid p. A. und soviel Iod, wie die Lösung aufnimmt.

Nachweis nach Feigl [5]. Probe mit wenigen ml 10%iger Salzsäure erhitzen und ammonia-kalisch stellen, zu 1 ml dieser Lösung 1 bis 2 Tropfen einer 5%igen Lanthannitrat-Lösung und 0,1 n Iod-Lösung geben.

Beilstein-Probe [5]. Faserprobe auf einen ausgeglühten Kupferdraht aufbringen und in die Oxidationsflamme des Brenners halten. Bei Anwesenheit von Chlor grüne Flamme.

Aufschluß durch Oxidationsschmelze [5]. Probe in der mehrfachen Menge einer Soda/Salpetermischung (1:3) im Porzellantiegel schmelzen, nach dem Abkühlen in destilliertem Wasser lösen.

– Probe auf Chlor: Lösung mit Salpetersäure ansäuern; durch Zugabe von Tropfen einer 5%igen Silbernitratlösung fällt ein weißer, käsiger Niederschlag aus, der sich bei Zugabe von Ammoniak im Überschuß wieder auflöst.

– Probe auf Fluor: Aus der mit Essigsäure angesäuerten Lösung fällt durch Zugabe von Calciumchlorid ein weißer schleimiger Niederschlag aus.

Kriechprobe auf Fluor [5]. Faserprobe im trockenen Reagenzglas mit konzentrierter Schwefelsäure versetzen und erwärmen. Die auftretenden Gasblasen kriechen ölartig am Glas empor und beim Umschütteln ist keine Benetzbarkeit der Glaswand gegeben.

Probe auf Stickstoff (Lassaigne-Aufschluß). Probe mit einem erbsengroßen Stück metallischen Natriums im Glühröhrchen bis zur Rotglut schmelzen (absolut wasserfrei arbeiten). Das heiße Röhrchen in ein Becherglas mit max. 10 ml Wasser geben und zerstören. Die Lösung kurz aufkochen und abfiltrieren.
Zum Filtrat wenige ml einer frisch hergestellten, gesättigten Eisen-II-sulfat-Lösung zugeben und aufkochen.
Zu der abgekühlten Lösung tropfenweise verdünnte Salzsäure zugeben bis das Eisenhydroxid gerade gelöst ist. Bei positiver Reaktion fällt ein intensiver blaugefärbter Niederschlag von Berliner Blau aus (eventuell 1 Tropfen Eisen-III-chlorid zusetzen). Bei niedrigem Stickstoffgehalt erhält man zunächst eine blaugrüne Lösung, der Niederschlag bildet sich erst nach längerem Stehen.

Quecksilbersalzprobe. Trockene Destillation der Probe, wobei die Öffnung des Reagenzglases mit einem Filterpapier bedeckt wird, das mit einer Lösung aus gelbem Quecksilber-II-oxid in Schwefelsäure (0,5 g/8 ml Wasser + 1,5 ml Schwefelsäure) getränkt ist. Im Falle von Polyethylen entsteht ein intensiver gelber Fleck.

Bleiacetatprobe. Trockene Destillation der Probe, wobei das Reagenzglas mit angefeuchtetem Bleiacetatpapier bedeckt wird. Im Falle von Wolle erfolgt die Bildung eines schwarzen Fleckes durch freiwerdenden Schwefelwasserstoff.

Iod-Kaliumiodidlösung. Lösen von 20 g Iod (doppelt sublimiert) in 100 ml einer gesättigten wäßrigen Lösung von Kaliumiodid (p. A.) [7].

Tabelle 12.9. Trennungsgang für anorganische Fasern (Einbettung unter dem Mikroskop) (nach [10])

Einbettung	Verhalten der Fasern
1. 2%ige Schwefelsäure	Schlackenwollen lösen sich unter Bildung von Calciumsulfatkristallen auf
2. 37%ige Schwefelsäure	Gesteinsfasern lösen sich unter Bildung von Calciumsulfatkristallen auf
3. 1:1-Mischung von 37%iger Schwefelsäure und 10%iger Flußsäure (H_2F_2)	Keramikfaser (*Fiberfrax*) löst sich ohne Rückstand auf
	Glasfasern lösen sich unter Bildung von Kristallen bzw. körnigem Rückstand in Abhängigkeit von der Faserzusammensetzung, -menge und -dicke mehr oder weniger schnell auf
4. 4:1-Mischung von 20%iger Flußsäure und 5%iger Kaliumhexacyanoferrat(II)-Lösung	Asbestfasern bleiben ungelöst und färben sich blau bzw. grünblau an (struktureller Aufbau in Bündelform erkennbar)
	Quarzfasern bleiben ungelöst und ungefärbt undurchsichtige, glattbegrenzte und gleichmäßig dicke „Drähte" sind im allgemeinen Metallfäden, die anhand qualitativer Nachweise (aus der Literatur bekannt) als aus Kupfer, Nickel, Eisen usw. bestehend identifiziert werden können

chemisch geschädigte Fasern ein verändertes Löslichkeitsverhalten aufweisen können.

Zur Bestätigung des Ergebnisses bzw. zur Einzelunterscheidung der Fasern innerhalb einer Löslichkeitsgruppe dienen die in Tabelle 12.8 genannten Typreaktionen.

Insbesondere wegen des häufigen Auftretens von Fasermischungen ist die Faseridentifizierung mittels mikroskopischer Methoden [8, 9] sicherer als Reagenzglasversuche; allerdings sind einige Erfahrungen und Fertigkeiten notwendig. Zunächst betrachtet man Längsansicht und Querschnitt der Fasern und erhält so schon einen Hinweis darauf, ob es sich um eine einheitliche Faserprobe oder eine Fasermischung handelt und ob Natur- oder Chemiefasern vorliegen. Bei Naturfasern ist bis auf wenige Ausnahmen bereits an Hand der Fasertopographie eine Identifizierung möglich. Die exakte Faserbestimmung erfolgt anschließend durch mikroskopisch beobachtete Quell- und Lösereaktionen, ebenfalls nach einem Bestimmungsschlüssel [8], bei dem durch jede Reaktion jeweils eine Faserart eliminiert wird. Durch eine Bestätigungsreaktion wird das Ergebnis erhärtet oder eine detailliertere Unterscheidung ermöglicht.

Tabelle 12.9 zeigt einen *Trennungsgang für anorganische Fasern*, der auf spezifischen, unter dem Mikroskop zu beobachtenden Erscheinungsformen (Kristallbildung, Färbung, Lösung) bei Einbettung der Fasern in die vorgeschriebenen Reagenzien beruht.

Literatur

1. Stratmann M (1970) Das Löslichkeitsverhalten der Faserstoffe. Löslichkeitstabelle – Neue „Typreaktionen" – Einordnung neuer Faserarten, Text.-Ind. 72:13–19
2. Rossbach V, Leumer G (1988, 1989) Qualitative Faseranalyse: Identifizierung von technischen Spezialfasern I und II, Melliand Textilber. 69:351–360, 70:212–220
3. Berger W, Keck M (1989) Neue Ergebnisse auf dem Gebiet der Regeneratfaserforschung, Lenzinger Ber. 57:43–51
4. – (1989) Die Ordnung und Bewegung der Moleküle bestimmt die Eigenschaften von Kunststoffen, Seifen – Öle – Fette – Wachse 115:24
5. Rist D (1987) Chemische Faseranalyse, Textilveredlung 22:368–373
6. Koch PA (1973) Polyesterfasern, Chemiefasern-Text.-Ind. 23/75:831–843
   Koch PA (1975) Polyamidfasern, Chemiefasern-Text.-Ind. 25/77:1013–1021, 1093–1101
   Koch PA (1977) Polyacrylnitrilfasern – Modacrylfasern, Chemiefasern-Text.-Ind. 27/79:513–524
7. Merck E (1961) Chemisch-Technische Untersuchungsmethoden für die Textilindustrie, Verlag Chemie, Weinheim
8. Bobeth W (1965) Nutzungsmöglichkeiten der Textilmikroskopie, Dt. Textiltechn. 15:39–48, 93–99
9. Bobeth W, Mally A (1979) Beitrag der Textilmikroskopie zur Eigenschaftscharakterisierung von Faserstoffen, Formeln, Faserstoffe, Fertigware 1:1–19
10. Bobeth W, Müller U (1956) Zur Identifizierung anorganischer Faserstoffe, Faserforsch. u. Textiltechn. 7:497–504
11. Rath H (1972) Lehrbuch der Textilchemie, 3. Aufl. Springer, Berlin Heidelberg New York

12. Krause A, Lange A (1965) Kunststoffbestimmungsmöglichkeiten. Eine Anleitung zur einfachen qualitativen und quantitativen chemischen Analyse, Carl Hanser, München
13. Zahn H, Wulfhorst B, Külter H (1991) Wolle (Schafwolle) – Feine Tierhaare, Faserstofftabellen nach P.-A. Koch, 1. Ausg. 1991, Chemiefasern-Text.-Ind. 41/93:521–553
14. Höcker H (1992) Moderne Methoden der Oberflächenanalytik für die Textilveredlung, Melliand Textilber. 73:186–190

Symbolverzeichnis

Kapitel 2

a	Fadenendenabstand eines geknäuelten Makromoleküls
a	Abstand der Molekülgruppen
a_0	Atomabstand im Gleichgewichtszustand
$a_{\sigma max}$	Atomabstand an der Fließgrenze
c_i	Massenkonzentration der i-ten Fraktion
D	Verformungsgeschwindigkeit (Newtonsche Flüssigkeit)
D	Diffusionskoeffizient
DP	Durchschnittspolymerisationsgrad
K	Intensität der intermolekularen Wechselwirkungskräfte
K	Verteilungskoeffizient des Farbstoffs zwischen Substrat und Färbeflotte
m	Schermodul (Lösungen, Schmelzen)
m	Zugmodul (Festkörper)
$\bar{m}$	Massenmittel des Polymerisationsgrades
m_i, m	Molekülmassen-Häufigkeit (absolut) der i-ten Fraktion
M	Molmasse des Polymers
$\bar{M}_{krit}$	kritische Molmasse
$\bar{M}_w$	mittlere Molmasse (Massenmittel)
M_0	Molmasse des Grundbausteins
n	Fließexponent
n_i	molarer Anteil bzw. äquivalente Anzahl an Molekülen in der i-ten Fraktion
p	Umsatz
P	Polymerisationsgrad
P_i	Polymerisationsgrad der i-ten Fraktion
p/q	Anzahl der Grundbausteine p je Anzahl der Windungen q einer Helix
r	Trägheitsradius der Kettenglieder
R	Gaskonstante
S	Schwerpunkt
T	absolute Temperatur
T	Färbetemperatur
T_D	Glasumwandlungstemperatur unter Färbebedingungen

T_e Einfriertemperatur

T_g Glastemperatur, Glasumwandlungstemperatur

T_g^A Glastemperatur des Homopolymers aus dem Monomer A

T_g^{AB} Glastemperatur des statistischen Copolymers

T_g^B Glastemperatur des Homopolymers aus dem Monomer B

T_k Kristallisationstemperatur

T_m absolute Schmelztemperatur

T_m absolute Schmelztemperatur des Copolymers

T_{mA} absolute Schmelztemperatur des Homopolymers A

T_z Zersetzungstemperatur

w Massenanteil

W_A Massenbruch des Monomers A im Copolymer

W_B Massenbruch des Monomers B im Copolymer

X_A Molenbruch der kristallisierenden Komponente A

$\bar{z}$ Zahlenmittel des Polymerisationsgrades

z_i, z Molekülanzahl-Häufigkeit (absolut) der i-ten Fraktion

$z_i/\sum z_i$ Molekülanzahl-Häufigkeit (relativ) der i-ten Fraktion

δ Sprungdistanz des diffundierenden Farbstoffs

$\dot{\gamma}$ Deformationsgeschwindigkeit (viskoelastisches Polymer)

ΔG_L Änderung der freien Enthalpie beim Lösen

ΔG_m Änderung der freien Enthalpie beim Schmelzen

ΔG^∞ Änderung der freien Enthalpie für unendlich großen Einkristall

ΔH_H Enthalpieänderung zur Schaffung eines „Loches" für einen Diffusionssprung

ΔH_L Lösungsenthalpie

ΔH_m Schmelzenthalpie

ΔH^∞ Enthalpieänderung für unendlich großen Einkristall

ΔH_u Schmelzwärme der Grundeinheit der kristallisierenden Komponente

ΔS_L Lösungsentropie

ΔS_m Schmelzentropie

ΔS_m^∞ Schmelzentropie für unendlich großen Einkristall

ε Dehnung, Deformation

$\dot{\varepsilon}$ Deformationsgeschwindigkeit (viskoelastisches Polymer)

η Viskositätskoeffizient, Viskositätskonstante; auch: Schmelzviskosität

θ Volumenanteil der gequollenen nichtkristallinen Bereiche

θ Rotationswinkel, Azimutwinkel, Torsionswinkel

σ Zugspannung, Deformationsspannung

σ_{max} Fließgrenze

τ Schubspannung, Deformationsspannung

τ Labyrinthfaktor

Φ_0 Frequenz der Diffusionssprünge

Kapitel 3

a	Zellwanddicke der Baumwollfaser
A	Querschnittsfläche
b	Lumenbreite der Baumwollfaser
B	molekulare Beweglichkeit
d	Faserdurchmesser
F, F'	äußere Kraft
G	Gleichgewicht
Kg	Kräuselungsgrad
l	Faserlänge
l_k	Länge einer entkräuselten Faser
L_m	mittlere Faserlänge nach der Fasermasse
l_{Rv}	Länge einer gekräuselten Faser
L_a	mittlere Faserlänge nach der Faseranzahl
m	Fasermasse
n	Anzahl
Nm	metrische Nummer
S, S'	innere Spannung
t	Zeit
T	Temperatur
Td	Titer Denier
Tt	Titer Tex
V	Volumen
δ	Entkräuselung
Δl_k	Längendifferenz beim Entkräuseln ($= l_k - l_{Rv}$)

Kapitel 4

A_M	Platzbedarf eines adsorbierten Gasmoleküls
A_s	spezifische Oberfläche
c	Konzentration der Lösung
d	Abstand zwischen den Platten, Abstand der Partner
DFE	Differentialreibungszahl (directional frictional effect)
E	Wechselwirkungsenergie
E_{Disp}	Wechselwirkungsenergie zwischen planparallelen Festkörperplatten
e_0	Elementarladung
E_1	Adsorptionswärme für die erste adsorbierte Schicht
E_{12}	Wechselwirkungsenergie zwischen den Molekülen 1 und 2
E_2	Kondensationswärme des Meßgases
F	freie Energie
F	Reibungskraft
F_{el}	elektrostatische Anziehungskraft

h	Steighöhe der benetzenden Flüssigkeit
I	Strömungsstrom
k	Boltzmannkonstante
K	von der Kapillarform im Flächengebilde abhängiger Faktor
l	Länge des Kapillarsystems
L	Loschmidtsche Zahl
M	relative Molmasse des Meßgases
m_a	die beim relativen Druck p/p_s adsorbierte Gasmenge
m_E	Masse des Probenmaterials (Einwaage)
m_m	die für die Monoschichtbildung erforderliche Gasmenge
n	Exponent, materialabhängig
N	Normalkraft
O	Oberfläche
p	Druck
p	Dampfdruck der feinverteilten Flüssigkeit, Kapillardruck
p_s	Sättigungsdampfdruck
p_0	Dampfdruck der kompakten Flüssigkeit
q	Anzahl der Moleküle je Volumeneinheit
q	Querschnitt des Kapillarsystems
r	Kapillarradius
r	Molekülabstand
R	Gaskonstante
R	Rauhigkeitsfaktor
R	elektrischer Widerstand des Kapillarsystems
SAD	Verschmutzungsgrad (soiling additional density)
t	Zeit
T	absolute Temperatur
U	Strömungspotential, Potentialdifferenz
V	Volumen
V	Molvolumen der Flüssigkeit
W_1	Energie für den Übergang der Moleküle 1 in 1 cm^2 Grenzschicht
W_{12}	Wechselwirkungsenergie zwischen den Molekülen 1 und 2
W_2	Energie für den Übergang der Moleküle 2 in 1 cm^2 Grenzschicht
Z	Ladungszahl
α	Reibungszahl viskoelastischer Fasern
β	Londonsche Konstante
γ	Grenzflächenspannung zwischen Porenwand und Quecksilber
Δp	Druckdifferenz zwischen Einström- und Ausströmseite
ε	Dielektrizitätszahl
ε_0	elektrische Feldkonstante, Influenzkonstante
ζ	Potential an der Grenze starre/diffuse Doppelschicht ($=$ Zeta-Potential)
ζ_{abs}	Absolutwert des Zetapotentials
ζ_{max}	maximales Zetapotential in unterschiedlich konzentrierten KCl-Lösungen
η	dynamische Viskosität

θ	Kontaktwinkel, Randwinkel
θ	Kontaktwinkel zwischen Flüssigkeit und Kapillarwand
θ	Randwinkel auf einer rauhen Oberfläche (experimenteller Wert)
θ_0	Randwinkel auf einer glatten Oberfläche (theoretischer Wert)
κ	Debye-Hückel-Parameter
μ	Reibungszahl (Coulombsches Reibungsgesetz)
σ	freie Oberflächenenergie, Oberflächenspannung
σ^d	Dispersionsanteil der freien Oberflächenenergie
σ^p	polarer Anteil der freien Oberflächenenergie
σ^x	sonstige Anteile der freien Oberflächenenergie
σ_l	Oberflächenspannung der Flüssigkeit
σ_{lg}	Grenzflächenspannung flüssig-gasförmig
σ_s	Oberflächenspannung des Festkörpers
σ_{sg}	Grenzflächenspannung fest-gasförmig
σ_{sl}	Grenzflächenspannung fest-flüssig
ψ_0	Grenzflächenpotential des Festkörpers
ψ_δ	Grenzflächenpotential der Sternschicht

Kapitel 5

A	Querschnitt der gedehnten Faser
A_0	Querschnitt der Ausgangsfaser
B	Regressionskoeffizient, Bestimmtheitsmaß
B	Biegemodul, Biegesteifheit
B_T	feinheitsbezogene Biegesteifheit
d	Filament-, Faserdurchmesser
d_0	Ausgangsdurchmesser der Faser
D	Schlingendurchmesser
D_D	elastisches Dehnungsverhältnis
D_d	elastisches Deformationsverhältnis (Durchmesser), Druck-, Quetschelastizitätsgrad
d_E	kleiner Ellipsendurchmesser einer Fadenschlinge
D_E	großer Ellipsendurchmesser einer Fadenschlinge
d_0	Faserdurchmesser vor Druckeinwirkung
$d\sigma/d\varepsilon$	Tangentenmodul
E	Zug-Elastizitätsmodul, Zugmodul
$E_\parallel$	Zugmodul in Faserlängsrichtung
$E_\perp$	Zugmodul quer zur Faserachse
$E_\parallel/E_\perp$	Anisotropiefaktor
f	feinheitsbezogene Zugkraft
f'	1. Ableitung von f nach ε $(= df/d\varepsilon)$
F	Kraft
F_b	Biegekraft
F_d	Druckkraft

$F_{d\,\parallel}$	Axialdruckkraft
$F_{d\perp}$	Radialdruckkraft
f_f	feinheitsbezogene Zugkraft an der Fließgrenze
F_F	Kraft (Fadenprüfung)
F_G	Kraft (Gurtprüfung)
f_H	feinheitsbezogene Höchstzugkraft
F_H	Höchstzugkraft
F_s	Scherkraft
f_{sg}	temperaturabhängige feinheitsbezogene Gleichgewichtsschrumpfkraft
F_t	Torsionskraft
F_V	Vorspannkraft
F_W	Walzendruckkraft
F_z	Zugkraft
$F_{z\,\parallel}$	Längszugkraft
$F_{z\perp}$	Querzugkraft
F_ε	Kraft bei der Dehnung ε
$G_\parallel$	Torsionsmodul
$G_{\parallel\,spez}$	spezifischer (feinheitsbezogener) Torsionsmodul ($N \cdot tex^{-1}$)
$G_\perp$	Schermodul
I_p	polares Trägheitsmoment
I_{30}	30%-Index
k	Boltzmann-Konstante
Kn	Knickbruchphasen
l	Faserlänge
l_b	Biegelänge
m	Modul
M_t	Torsionsmoment
$m(\varepsilon)$	Tangentenmodul-Kennlinie
n	Stoffgröße
$n_\gamma - n_\alpha$	spezifische Doppelbrechung
p_m	mittlerer Druck bei Wechseldruckbeanspruchung
p_o	oberer Grenzwert bei Wechseldruckbeanspruchung
p_u	unterer Grenzwert bei Wechseldruckbeanspruchung
p_V	Vorspanndruck
Q	Aktivierungsenergie
$-Q/kT$	Arrhenius-Term
r	Faserradius
R	Gaskonstante
r_E	Krümmungsradius
R_t	Torsionssteifheit
RV	Reckverhältnis
S	Entropie
S	Hysteresisfläche
t	Zeit, Belastungsdauer
T	Temperatur

T	Schwingungsdauer der Spannung
T	Feinheit, Titer
t_M	Meßtemperatur
Tt	Titer Tex
U_0	Aktivierungsenergie des mechanischen Bruchs einer chemischen Bindung
V	Variationskoeffizient
v_{sp}	Spinngeschwindigkeit
W	Energieinhalt des Systems
W_a	Arbeit der äußteren Kräfte
W_D	äußere Energie
W_{el}	elastisches Arbeitsvermögen
W_H	Höchstzugkraft-Arbeit
W_i	Arbeit der inneren Kräfte
W_K	kinetische Energie
W_P	potentielle Energie
$w_{v,H}$	volumenbezogene Höchstzugkraft-Arbeit
z_B	Bruchtorsionszahl ($= \tan \alpha_B$)
Z_B	Drehungszahl im Augenblick des Bruchs
α	Drehwinkel
α_B	Bruchtorsionswinkel
α_D	Quersprödigkeitswinkel
α_K	Klemmendrehwinkel
α_{konst}	Knittererholungswinkel nach vollständiger Erholung
α_{sofort}	Knittererholungswinkel sofort nach Entlastung
β	Biegewinkel
γ	strukturabhängiger Koeffizient
Γ	Gangunterschied
Δd_{bl}	bleibende Deformation des Durchmessers
Δd_{el}	elastische Deformation des Durchmessers
Δd_{ges}	gesamte Deformation des Durchmessers
$\Delta H / H$	relative Orientierungsänderung
Δl	Längenänderung
$\Delta l_{B,el}$	elastischer Anteil der Längenänderung bei Bruch der Probe
$\Delta l_{B,ges}$	gesamte Längenänderung bei Bruch der Probe
Δl_{el}	elastische Längenänderung
Δl_{ges}	Gesamt-Längenänderung
$\Delta \sigma / \Delta \varepsilon$	momentaner Modul, Tangentenmodul
Δt	zeitliche Verschiebung zwischen σ und ε bei Wechselzugbeanspruchung
ε	Dehnung
ε	Gestaltfaktor
$\dot{\varepsilon}$	Dehngeschwindigkeit, Kriechgeschwindigkeit
ε_B	Bruchdehnung
ε_{el}	elastische Dehnung
$\varepsilon_{el,n}$	elastische Nachwirkung

$\varepsilon_{\mathrm{el,s}}$	sofortige elastische Erholung
ε_{f}	Dehnung am Fließpunkt
$\varepsilon_{\mathrm{ges}}$	Gesamtdehnung
ε_{H}	Höchstzugkraft-Dehnung
$\varepsilon_{\mathrm{H,b,K}}$	Höchstzugkraft-Dehnung nach Korrektur des Klemmenfehlers
ε_{p}	Dehnung an der Proportionalitätsgrenze
$\varepsilon_{\mathrm{rest}}$	Restdehnung
$\varepsilon_{\mathrm{rest,s}}$	Restdehnung, sofort
ε_0	Dehnungsamplitude
Θ	Torsionswinkel
λ	Relaxations-, Abklingkonstante
ϱ	Faserstoffdichte
σ	Spannung, Belastung
σ'	Tangentenmodul $(= \mathrm{d}\sigma/\mathrm{d}\varepsilon)$
$\sigma'(\varepsilon)$	Tangentenmodul-Kennlinie
σ_{f}	Zugspannung an der Fließgrenze
σ_{H}	Zugfestigkeit, Höchstzugspannung
σ_{ind}	im Industriemaßstab erreichte Höchstzugspannung
σ_{lab}	im Labormaßstab erreichte Höchstzugspannung
σ_{p}	Zugspannung an der Proportionalitätsgrenze
$\sigma_{\mathrm{th,0K}}$	theoretische Höchstzugspannung bei $0\,\mathrm{K}$
$\sigma_{\mathrm{th,330K}}$	theoretische Höchstzugspannung bei $330\,\mathrm{K}$
σ_0	Spannungsamplitude
σ_{y}	Mittelspannung
τ	Drehungszahl
τ	Lebensdauer
τ	Konstante entspricht etwa der Periodendauer der Wärmeschwingung
φ	Phasenverschiebung zwischen σ und ε bei Wechselzugbeanspruchung, Verlustwinkel
ω	Kreisfrequenz $(2\pi/T)$

Kapitel 6

f	feinheitsbezogene Höchstzugkraft
f	Feuchteanteil
m_{d}	Wasserdampfmasse in der Luft
m_{tr}	Masse der Probe im trockenen Zustand (Trockenmasse)
m_{f}	Masse der Probe im feuchten oder nassen Zustand (Feuchtmasse)
m_{t}	Sättigungsmasse an Wasserdampf
p_{d}	Wasserdampfteildruck
p_{t}	Sättigungsdruck
r_{t}	Handelszuschlag („Reprise")
T	Temperatur

u	Feuchtezuschlag
w	im festen Stoff enthaltene Wassermenge
α	Knittererholungswinkel
ε	Dehnung
φ	relative Luftfeuchte
ψ	Sättigungsgrad der Luft

Kapitel 7

D	Rauchdichte
F	Kraft
LOI	Sauerstoffindex
m	Modul
T	Temperatur
t_b	Brenndauer
T_b	Sprödigkeitstemperatur
T_g	Glastemperatur
T_m	Schmelztemperatur
T_s	Fließtemperatur
v_b	Brenngeschwindigkeit
v_{N_2}	Volumenanteil Stickstoff
v_{O_2}	Volumenanteil Sauerstoff
ε	Dehnung
ε_H	Höchstzugspannung

Kapitel 8

D	Energiedosis
D_L	Dosisleistung
D_T	relative Tiefendosis
e^-	Elementarladung
F_B	Bruchkraft
G_A	G-Wert für Molekülabbau
G_R	G-Wert der Radikalbildung
G_V	G-Wert für Molekülvernetzung
M	Molekül
M^+	ionisiertes Molekül
M*	angeregtes Molekül
m_f	Flächenmasse
PG	Pfropfgrad
$R^\bullet$	Radikal

W_N	Normalweißgrad
ε_B	Bruchdehnung
ϱ	Materialdichte
ϱ_A	spezifischer elektrischer Oberflächenwiderstand

Kapitel 9

A	Querschnittsfläche des Leiters
C	Kapazität des Kondensators in Luft
C_0	Kapazität des Kondensators im Vakuum
D	Diffusionskoeffizient
f	Feuchteanteil
G	elektrischer Leitwert
I	Stromstärke
k	Boltzmann-Konstante
l	Länge des Leiters
n	optischer Brechungsindex
n	Anzahl der Ladungsträger
n_i	Anzahl der i-ten Ladungsträger
P_A	Atompolarisation
P_G	Grenzflächenpolarisation
P_I	Ionenpolarisation
P_O	Orientierungspolarisation
q	zeitabhängige Ladungsgröße
Q	elektrische Ladung des Kondensators bei Vorhandensein eines Dielektrikums zwischen den Kondensatorplatten
q_i	Ladungsgröße des i-ten Ladungsträgers
q_0	Ladungshöhe zum Zeitpunkt t_0
Q_0	elektrische Ladung des Kondensators mit Luft bzw. Vakuum zwischen den Kondensatorplatten
R	elektrischer Widerstand
t	Entladungszeit
T	absolute Temperatur
$\tan \delta$	Verlustfaktor
T_g	Glastemperatur, Einfriertemperatur
u	Feuchtezuschlag
U	elektrische Spannung des Kondensators
γ	elektrische Leitfähigkeit
δ	Verlustwinkel
ε	Dielektrizitätskonstante
ε_r	Dielektrizitätszahl
ε_0	Dielektrizitätskonstante des Vakuums
μ_i	Beweglichkeit des i-ten Ladungsträgers
ϱ	spezifischer elektrischer Widerstand

τ	Relaxationszeitkonstante
φ	relative Luftfeuchte
ω	Frequenz

Kapitel 10

A_c	Meßwert der Eigenschaft A nach künstlicher Alterung
A_o	Meßwert der Eigenschaft A vor künstlicher Alterung
E_e	relative Bestrahlungsstärke
$f_{H,B}$	Rest-Höchstzugkraft-Verhältnis, Belichtungs-Höchstzugkraft-Verhältnis
H	Intensität der spektralen Bestrahlung
K	Alterungsbeständigkeitskoeffizient
Nm	metrische Nummer
N_n	Energiedosis
P	Polymerisationsgrad
Q	Quantenausbeute
Sh	Sonnenscheindauer
t	Alterungsdauer
T	Temperatur
Td	Titer Denier
t_0	Zeitpunkt des Beginns der Alterung
t_1	Zeitpunkt nach einer bestimmten Dauer der Alterung
y	Meßwert für das Eigenschaftsmerkmal
λ	Wellenlänge der elektromagnetischen Strahlung
ΔW	Weißgradänderung durch Alterung

Kapitel 11

A	Querschnittsfläche der Faser
A	numerische Apertur
B	Reflexionsgrad im blauen Licht
c	Lichtgeschwindigkeit im Stoff
c_0	Lichtgeschwindigkeit im Vakuum
d	Dicke der Platte
D	Transmissionsgrad
E	Extinktion
$E_{22,5}$	Extinktion in Glanzstellung
E_{45}	Extinktion in Mattstellung
FI	Formindex
G	Glanzzahl
n, n'	Brechzahl
$n_{\parallel}$	Brechzahl für Lichtschwingungsrichtung parallel zur Achse

$n_\perp$	Brechzahl für Lichtschwingungsrichtung senkrecht zur Achse
r	Faktor zur Berücksichtigung des Eigenglanzes der Barytweißplatte
R	Reflexionsvermögen
R	Reflexionsgrad im roten Licht
U	Umfang der Faser
W	Weißgrad
α, α'	Lichteinfallswinkel
α''	Reflexionswinkel
α_G	Grenzwinkel der Totalreflexion
β	Brechungswinkel
Δn	spezifische Doppelbrechung
ϑ	Reintransmissionsgrad
ϑ'	Reintransmission
κ	Absorptionskoeffizient
λ	Wellenlänge der elektromagnetischen Strahlung
σ	Extinktionskoeffizient
σ	halber Öffnungswinkel des Objektivs
Φ	Lichtstrom

Abkürzungen

aes	antielektrostatisch
AFK	aramidfaserverstärkter Kunststoff
A-Glas	Alkali-Kalk-Glas (in der Regel ohne Borzusatz)
bt, b-Typ	Baumwolltyp (CO-Typ)
C-Glas	Alkali-Kalk-Glas mit Borzusatz, besondere chemische Widerstandsfähigkeit
D-Glas	Spezialglas für erhöhte dielektrische Anforderungen
DP	Durchschnittspolymerisationsgrad
DSC	Differenz-Scanning-Kalorimetrie
DTA	Differenz-Thermoanalyse
E-Glas	Aluminium-Bor-Silikat-Glas
EM	Elektronenmikroskop (Transmissionselektronenmikroskop)
Fg	Filamentgarn
FI	Formindex
FR	(flame retardant) Flammenschutzmittel
ft	Feintyp
FTIR	Fourier-Transform-Infrarot
G_A	G-Wert für Molekülabbau
GFK	glasfaserverstärkter Kunststoff
gl	glänzend
G_R	G-Wert der Radikalbildung
gt	Grobtyp
G_V	G-Wert der Molekülvernetzung
HD	(high density) hohe Dichte
hf, HF	hochfest
hgl	hochglänzend
hm	halbmatt
HM	hochmodulig
hnf	hochnaßfest
HWM	(high-wet-modulus) Hoch-Naß-Modul
IR	Infrarot
jt	Jutetyp
KFK	kohlenstoffaserverstärkter Kunststoff
kt	Kordtyp
lb	lichtbeständig

lb(g)	gut lichtstabilisiert
lb(m)	mittelmäßig lichtstabilisiert
LCD	(liquid cristal diode) Flüssig-Kristall-Diode
LCP	(liquid cristal polymer) flüssigkristallines Polymer
LD	(low density) niedrige Dichte
LM	Lichtmikroskop
LOI	(limiting oxygen index) Sauerstoffindex
m	matt
M-Glas	Berrylium-haltiges Glas (hoher Modul)
N	Naßspinnverfahren
Nm	Nummer metrisch
NMR	(nuclear magnetic resonance) Kernresonanz
P_A	Atompolarisation
P_G	Grenzflächenpolarisation
P_I	Ionenpolarisation
P_O	Orientierungspolarisation
REM	Rasterelektronenmikroskop
R-Glas	Spezialglas für hohe mechanische Anforderungen, auch bei erhöhter Temperatur
r.L.	relative Luftfeuchte
RV	Reckverhältnis
S	Schmelzspinnverfahren
Sf	Spinnfaser
SAD-Wert	(soiling additional density) Verschmutzungsgrad
se	schwer entflammbar
S-Glas	Spezialglas für erhöhte mechanische Anforderungen, auch bei erhöhter Temperatur
T	Trockenspinnverfahren
Td	Titer-Denier
TEM	Transmissionselektronenmikroskop
TG	Thermogravimetrie
tm	tiefmatt
tt	Teppichtyp
Tt	Titer-Tex
UV	Ultraviolett
VIS	sichtbares Licht
wb	wärmebeständig
wt, w-Typ	Wolltyp (WO-Typ)

Anhang

Anhang 1.
Gültige und veraltete Feinheitssysteme sowie Umrechnungsbeziehungen

Feinheitssysteme	Einheiten	Umrechnungen			
		Tt	Nm	Td	
Basis: *Masse/Länge-Verhältnis*					gültiges System
Titer-Tex $\quad Tt$	1 tex = 1 g/1000 m	–	$\dfrac{1000}{Tt}$	$9 \cdot Tt$	
Titer-Denier $\quad Td$	1 den = 1 g/9000 m	$\dfrac{Td}{9}$	$\dfrac{9000}{Td}$	–	veraltete Systeme
Titer-Grex	1 gx = 1 g/10 000 m				
Basis: *Länge/Masse-Verhältnis*					
Nummer metrisch	$Nm = 1$ m/g	$\dfrac{1000}{Nm}$	–	$\dfrac{9000}{Td}$	
Englische Baumwollgarnnummer	$Ne_\mathrm{B} = 840$ yd/1 lb[a]	$\dfrac{590,5}{Ne_\mathrm{B}}$	$1,69 \cdot Ne_\mathrm{B}$	–	
Englische Kammgarnnummer	$Ne_\mathrm{K} = 560$ yd/1 lb	$\dfrac{885,8}{Ne_\mathrm{K}}$	$1,13 \cdot Ne_\mathrm{K}$	–	
Englische Streichgarnnummer	$Ne_\mathrm{W} = 256$ yd/1 lb	$\dfrac{1938}{Ne_\mathrm{W}}$	$0,52 \cdot Ne_\mathrm{W}$	–	
Englische Bastfasergarnnummer	$Ne_\mathrm{L} = 300$ yd/1 lb	$\dfrac{1654}{Ne_\mathrm{L}}$	$0,60 \cdot Ne_\mathrm{L}$	–	
Französische Baumwollgarnnummer	$Nf = 1000$ m/500 g	$\dfrac{500}{Nf}$	$2,00 \cdot Nf$	–	

[a] 1 Yard (yd) = 0,9144 m
1 pound (lb) = 454 g

Anhang 2.
Umrechnung alter und neuer Maßeinheiten von Kräften

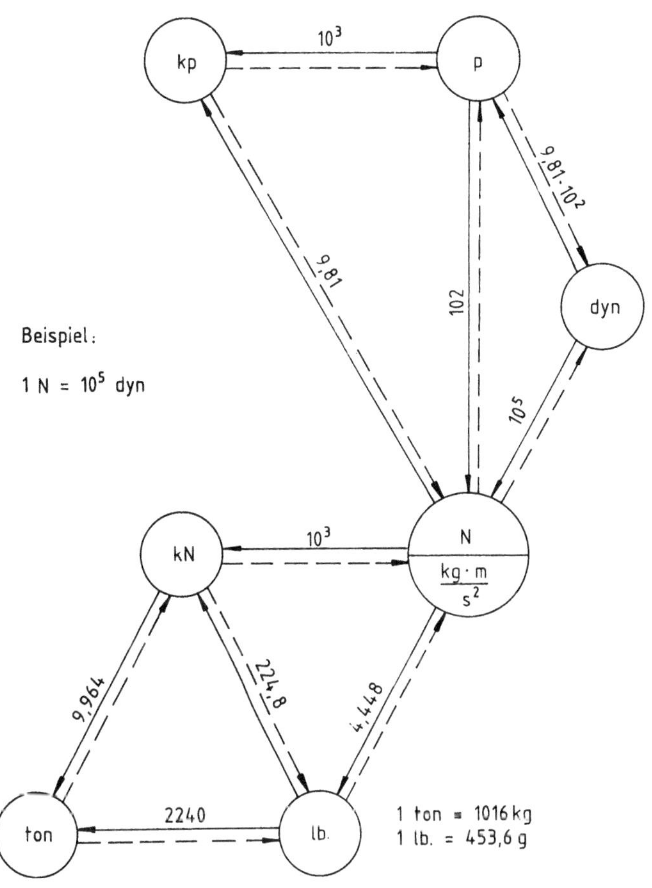

x $\xrightarrow{y}$ Zahlenwert x durch Divisor y dividieren
$\xleftarrow{\quad y\quad}$ z   Zahlenwert z mit Faktor y multiplizieren

Anhang 3.
Umrechnung alter und neuer Maßeinheiten von Spannungen, Festigkeiten, Drücken

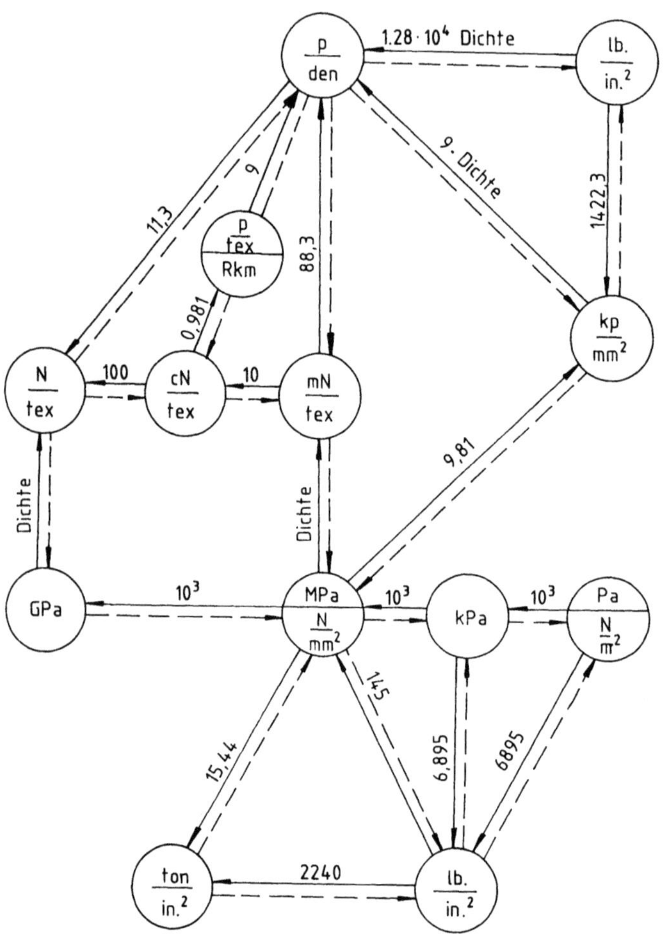

Sachwortverzeichnis

Kursive Seitenzahl bezieht sich auf Nennung der betreffenden Faser oder Substanz in einer Tabelle.

Additional material from *Textile Feserstoffe*
ISBN 978-3-642-77656-4, is available at http://extras.springer.com